绿色建筑施工与管理

（2020）

湖南省土木建筑学会　组织编写

杨承惄　　陈　浩　主　　编

张明亮　副主编

中国建材工业出版社

图书在版编目（CIP）数据

绿色建筑施工与管理 . 2020 / 杨承惄，陈浩主编 .
—北京：中国建材工业出版社，2020.10
ISBN 978-7-5160-3033-2

Ⅰ . ①绿… Ⅱ . ①杨… ②陈… Ⅲ . ①生态建筑—施
工管理—文集 Ⅳ . ① TU18-53

中国版本图书馆 CIP 数据核字（2020）第 153654 号

绿色建筑施工与管理（**2020**）
Lüse Jianzhu Shigong yu Guanli（2020）
湖南省土木建筑学会　组织编写
　杨承惄　　陈　浩主　编
　　　　张明亮　副 主 编
出版发行：中国建材工业出版社
地　　址：北京市海淀区三里河路 1 号
邮　　编：100044
经　　销：全国各地新华书店
印　　刷：北京鑫正大印刷有限公司
开　　本：787mm×1092mm　1/16
印　　张：35.5
字　　数：870 千字
版　　次：2020 年 10 月第 1 版
印　　次：2020 年 10 月第 1 次
定　　价：**168.00 元**

编 委 会

前　　言

　　2020年是全面建成小康社会和"十三五"规划的收官之年，即将迎来的是开启"第二个百年"新征程的起点。当前中国迈入中国特色社会主义新时代，各行各业都在深化改革、追求创新、推动高质量发展，这是时代赋予的新使命。习近平总书记指出，中国制造、中国创造、中国建造共同发力，改变着中国的面貌。进入新时代，绿色建造、智慧建造、建筑工业化等新型建造技术蓬勃兴起，不断提升行业的科技含量，推动转型升级。湖南省土木建筑学会施工专业学术委员会在习近平新时代中国特色社会主义思想指引下，充分发挥学会专业齐全，人才集中的优势，做好桥梁纽带作用，学会成员单位积极开展技术研究与发展工作，特别是在绿色建造和装配式建筑结构的研究与应用取得了较丰硕的成果。

　　例如，湖南建工集团在改制、转型、升级后，首创全国装配式建筑科技创新基地，建设了国家级装配式建筑产业基地，构建了建筑湘军"航母"企业。湖南建工集团与高等院校、科研院所建立了优秀的产学研用合作和科技创新平台，研发了装配式钢框架单元房组合结构体系、钢木组合结构体系等新型装配式建筑结构体系，形成了模块化组合单元房、预制混凝土管道井、电梯井等系列成果，部分成果经鉴定达到国际先进水平，在装配式建筑的理论分析、试验研究和工程应用等方面的成果为我国建筑可持续发展做出了积极贡献。

　　又如，湖南省第五工程有限公司自主研发的装配式钢筋混凝土部品部件，特别在连接点板和钢筋连接器等方面取得了较大突破，体现在结构新颖、受力明确、安全可靠、施工简便等方面，具有科学性，创新性和实用性，有力彰显了建筑湘军科技研发实力。

本书系湖南省土木建筑学会施工专业学术委员会 2020 年学术年会暨学术交流会的优秀论文成果，经省内著名专家、教授及学者认真评审，优选 108 篇汇集而成。全书分为四篇：

第 1 篇　综述、理论与应用；

第 2 篇　地基基础及处理；

第 3 篇　绿色建造与 BIM 技术；

第 4 篇　建筑经济与工程项目管理。

惟楚有材，于斯为盛。建筑湘军不仅在黄瓦红墙、飞檐斗拱和大屋顶、坡屋面等古建筑建造技术上造诣精深，在现代高层、超高层建筑以及装配式建筑等方面也高屋建瓴，在国内外享有盛名。我们要坚持科学发展观，力争在科技创新上起领军作用，在技术咨询中起智囊团作用，各领风骚，齐步今朝。特别是要立足国内，走向世界，在一带一路建设上建功立业，争创辉煌，同舟共济，为实现国家富强、民族振兴、人民幸福的伟大中国梦而努力奋斗！

主编

2020 年 7 月

目　　录

第1篇　综述、理论与应用

第 2 篇　地基基础及处理

第3篇 绿色建造与BIM技术

第 4 篇　建筑经济与工程项目管理

第1篇

综述、理论与应用

大跨度管廊架工艺管道前推输送施工技术

雷福鹏　陈方勇　康斯乐

湖南省工业设备安装有限公司, 株洲, 412000

摘　要：在大跨度管廊架管道穿越施工中常规穿管方法不能满足管道安装需要, 管廊管道采用前推输送技术进行穿管。施工时在管廊上每个钢结构横梁上布置滚筒, 利用卷扬机进行拉管, 可加快管道穿管速度, 提高管道安装效率, 节约施工成本。

关键词：大跨度；管廊架；管道穿越

浙江石油化工有限公司 4000 万吨 / 年炼化一体化项目一期工程, 全厂主管廊为国内最大管廊, 最大跨度为 6 轴 5 跨, 每跨 9m×3 跨 + 7m×2 跨, 管廊最大宽度达 41m, 管廊最大高度达 41m, 管廊长度约 2km, 跨度大且管廊另一侧紧靠装置区。常规穿管方法不能满足项目管道安装需要, 管廊管道采用前推输送技术进行穿管。施工时, 在管廊上各个钢结构横梁上布置滚筒, 利用卷扬机进行拉管, 可加快管道穿管速度, 提高管道安装效率, 达到节约成本及加快穿管速度的目的。

1　工程概况

浙江石油化工有限公司 4000 万吨 / 年炼化一体化项目一期工程建设地点位于浙江省舟山市。施工范围是石化大道以北全厂主管廊及管网。主要工作包括：工艺设备、工艺管线、电气、仪表、电信、采暖通风、消防、给排水系统 (含井室各管道井土方)、装置内钢结构等的安装、试验、调试工作, 防腐、保温、防火、衬里、二次灌浆, 配合需要送区域外的系统联调, 具体包含石化大道以北 1 号、5 号、6 号、7 号、8 号、9 号管廊的钢结构管道安装。

1 号管廊管道总长度约 67000m, 5 号管廊管道总长度约 58000m, 6 号管廊总长度约 52000m, 7 号管廊管道总长度约 2300m, 8 号管廊管道总长度约 42000m, 9 号管廊管道总长度约 300m, 管道总长度约 221600m。其中最大管径 2.53m, 含有 A335-P91、A333-6 等特殊材质。

2　施工准备

2.1　技术准备

根据施工图纸、现场条件等因素, 加工滚轮、弧形板设置、选择卷扬机及配套的钢丝绳、选择吊装机械, 编制施工方案。对作业人员进行技术交底及安全技术交底, 并做好交底记录。根据现场条件及材料到货情况编制穿管计划。

2.2　材料准备

滚轮及支座加工到位, 现场管道到位并具备安装条件。

2.3　施工机具准备

根据吊装方案确定吊车型号以及进场时间, 根据需吊装管道的重量选好吊装用绳索及卡具，选择合适吨位的卷扬机。

2.4 作业条件准备

（1）现场生命线、临时走道平台验收合格。

（2）钢结构已安装并焊接完成，且验收合格。

（3）管道已防腐，具备穿管条件。

3 穿管施工工艺流程

设计并加工滚轮→在管廊上选好集中穿管点→在管廊上固定滚轮→摆放好卷扬机及钢丝绳→在管口底部焊接弧形板→在穿管点吊装管道→用滚筒配合卷扬机拉管道→管道拉到位后连续拉管。

4 施工方法

因管廊跨度大且一侧靠近装置区，采用传统的穿管方法不能满足现场需求，且施工难度较大。改变传统利用葫芦就位的方法，而用滚筒及卷扬机配合进行穿管，可以只在管廊的一个位置连续穿管，效率高、速度快。

4.1 设计并加工滚轮

因正常穿管难以达到要求，通过项目技术人员策划，测算管道的重量及管径，选取合适的钢棒直径进行加工滚轮，并将托辊加工成一定的弧度，以减轻管道和钢结构之间的摩擦力。滚轮加工示意图及滚轮架实例如图1、图2所示。

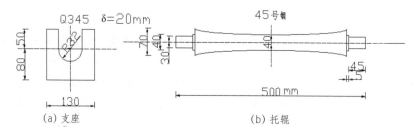

图1 滚轮加工示意图

4.2 在管廊上选好集中穿管点

因管道每根长度约12m，而钢结构轴线距离为9m，只能选取过路桁架（桁架长度为21m）。在桁架上焊接支架及管道，管道焊接时将管道设置成20°左右的坡度，利用重力将管道滑动到预定托管点，如图3所示。

图2 滚轮架实例

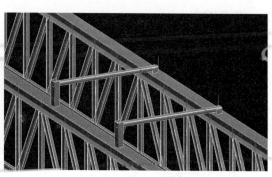

图3 管道托架

4.3　在管廊上固定滚轮

根据管道直径及管道壁厚，沿着穿管方向在管廊上每隔一定距离放置支座及托辊，支座必须要保证和管廊钢结构固定，需保证快速固定，拆卸容易，本工艺采用钢筋做的卡环进行快速固定快速拆卸，如图 4 所示。

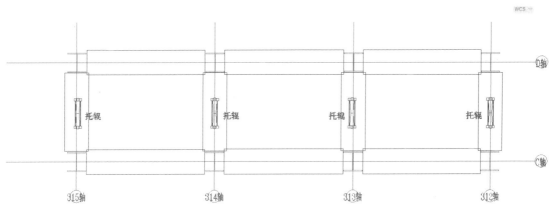

图 4　滚轮托架设置

4.4　摆放好卷扬机及钢丝绳

沿着管廊方向摆放好钢丝绳及卷扬机，选定卷扬机型号及钢丝绳大小。

4.5　管端底部防撞弧形板

为防止在拉动过程中，管口和滚筒、管口和钢结构横梁相撞，需设置弧形板以有效防止撞击，弧形板角度应平缓，并在管道内部焊接吊耳，为下部托拉管道做准备，如图 5 所示。

4.6　在穿管点吊装管道

应首先进行策划，根据现场材料情况，先穿哪条管线后穿哪条管线，为快速吊装管道做准备，应连续进行吊装，形成流水作业。

吊装管道时应注意管道滚动过程中的安全措施，防止管道滚动伤人，在滑动的管道上绑扎防护物品，防止滚动过快。

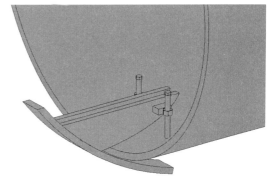

图 5　防撞弧型板

4.7　用滚筒配合卷扬机拉管道

管道到达指定位置后，将钢丝绳挂在预先焊在管道内部的吊耳上，沿着拖拉的方向做好警戒措施，卷扬机应缓慢拉动管道，管道运动过程中应及时纠偏，防止尾部偏离方向，根据管道长度可以连续拉设一条管道到位，待一跨管道完成后，可以将滚筒和卷扬机转移到另一跨继续拉设管道。

5　技术要求及注意事项

（1）穿管过程中应随时监控钢结构横梁变形情况以及钢结构焊接情况，如发现问题及时停止进行校正。

（2）应密切关注托辊变形情况，如发现滚筒弯曲变形应立即更换。

（3）管道拖拉过程中，应注意滚筒支座和钢结构的连接情况，防止在管道拖动过程中滚筒脱落，造成安全事故。

（4）搭设的脚手架通道必须牢固可靠，经专业人员检查验收合格并挂合格标识牌后，方可使用，沿着管廊穿管方向的生命线应连续拉设。

（5）作业前，应组织对卷扬机、钢丝绳、现场临时用电设施进行检查，为防止管道偏移，每隔一定的距离在钢梁上焊接挡板。

6　结论

针对横向多跨多层管廊大口径管道的穿管，各层钢结构已经安装，中间层管道不能从上部吊装到位，从侧面斜插穿管难度大难以到位，安全隐患大。在横向钢梁上固定自制支座，在支座上放置托辊，托辊两端设置槽钢挡板，管道吊装到托辊上，利用卷扬机牵引管道纵向移动，达到快速穿管的技术。针对大型管廊管道施工，采用这种技术效率高、速度快、节约成本，是可以推行的施工工艺。

参考文献

［1］ 于培旺. 管道安装施工技术［M］. 北京：化学工业出版社，2007.

［2］ 张战涛. 化工工艺管道的合理安装方法探讨［J］. 城市建设理论研究，电子版. 2015.5（13）136.

活性焦干法脱硫吸附塔模块化安装技术的应用

郝寸寸 陈方勇

湖南省工业设备安装有限公司，株洲，412000

摘 要：活性焦干法脱硫技术以其卓越的技术性能和多污染物协同处置的优势在烧结脱硫、焦化脱硫领域逐渐取代传统的湿法脱硫技术。核心设备吸附塔的目的是保证烟气与吸附塔内的活性焦充分碰撞、吸附，实现烟气更彻底的净化，因此，吸附塔是实行多级净化的常压大型吸附设备。经过多项目实践总结，"吸附塔模块化安装技术"能够实现工厂化生产，工效高，工期短，有很好的经济效益和社会效益，为以后类似活性焦干法脱硫项目吸附塔设备制造提供了良好的技术。

关键词：吸附塔；模块化；深化设计

在国家推动钢铁产业升级，改善大气环境质量的大形势下，活性焦干法脱硫技术以其卓越的技术性能和多污染物协同处置的优势在烧结脱硫、焦化脱硫领域逐渐取代传统的湿法脱硫技术。活性焦干法烟气净化技术主要通过烟气在吸附塔内流动，让烟气和吸附塔料室里的活性焦产生惯性碰撞和表面吸附实现粉尘、重金属、二恶英等的过滤除尘，通过活性焦表面反应化学吸附实现脱硫、再通过解吸实现脱碳，通过 NH_3 化学吸附实现脱硝，通过物料循环系统实现活性炭的再生。

1 工程概况

某新建钢厂 $2 \times 240m^2$ 烧结机烟气超低排放项目的活性焦干法脱硫吸附塔为三合一、四合一塔并联组成的实行两级床净化吸附设备，$L \times D \times H = 55.0m \times 11.5m \times 30.0m$，约为 $20000m^3$，约2400t，塔的整体布置图如（图1、图2）所示。

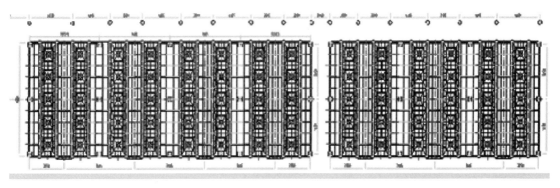

图1 吸附塔平面图

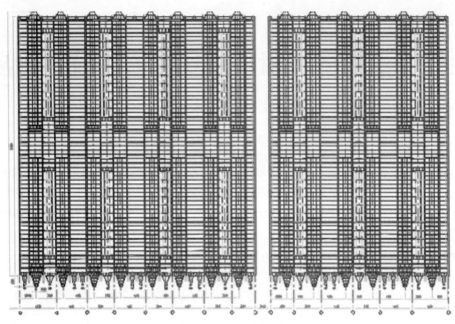

图 2　吸附塔立面图

2　吸附塔构造特点

（1）吸附塔由气室、料室构成，零部件数量大，但结构简单。

（2）塔体料室的折弯板数量 6 万余片，数量大，加工精度要求高。

（3）组成吸附塔的格栅片、格栅箱体数量大，格栅片 560 片，格栅箱 280 个。

（4）折弯板、格栅片、格栅箱、锥形灰斗等焊接工程量巨大，仅装配后的塔体焊接总长度达 8 万多米。

（5）烧结机烟气净化区域布局紧凑，可用于制作的施工场地非常有限。

3　吸附塔模块化深化设计

（1）传统的大型塔类设备现场制作、分段组装、整体吊装的施工方法，不能解决现场施工场地不足、高空焊接工程量大、危险性高、生产效率低下等问题，难以满足工期、成本、质量等要求。

（2）根据吸附塔构造特点，借鉴"工厂化预制、装配式施工"理念，通过应用 BIM 技术构建吸附塔模型，将吸附塔的技术参数直观地呈现出来并反复优化，将吸附塔各区域模块化，使各构件工厂化生产成为可能，模块化吊装得到实现。

（3）吸附塔的模块分解

①吸附塔模块化分解原则见表 1。

表 1　吸附塔模块化分解原则

分解原则	分解要求
满足构造要求	吸附塔部件易于工厂化生产，平台、栏杆、壁板制作成片，角钢支撑、平台支腿等制作成件，底锥、中锥、顶锥、格栅箱体制作成模块，烟气进出口、顶置料仓制作成整体
满足运输要求	公路运输对长度、高度的限制
满足吊装需要	单模块重量有效满足起重设备的选择

②吸附塔模块设计

根据吸附塔设计参数及施工条件，利用 BIM 技术对吸附塔建模，模拟安装过程并进行优化，将吸附塔料室分解为料室底锥模块、格栅箱体模块、过渡段、料室顶锥模块，将壁板分解成便于运输的片状结构。

格栅箱体模块由两片格栅片、两片壁板及隔板、拉杆等部件装配组成，具体的模块分解见表 2。

表 2　吸附塔模块设计清单

序号	名称	BIM 模型	尺寸 长 × 宽 × 高（m）	数量	单重（t）
1	料室底锥模块		$11.5 \times 2.2 \times 2.8$	14	11.2
2	一级床底部格栅箱体模块		$11.5 \times 2.2 \times 3$	14	7.2
3	一级床中部格栅箱体模块 1-3		$11.5 \times 2.2 \times 3$	42	8.0
4	中间过渡段下段		$11.5 \times 2.2 \times 2.5$	14	6.5
5	中间过渡段上段		$11.5 \times 2.2 \times 2$	14	13.5
6	二级床底部格栅箱体模块		$11.5 \times 2.2 \times 3$	14	8.0
7	二级床中部格栅箱体模块 1-3		$11.5 \times 2.2 \times 3$	42	8.0
8	料室顶锥模块		$11.5 \times 2.2 \times 1.1$	14	
9	气室卸灰斗		$11.5 \times 0.98 \times 1.01$	21	2.0

续表

序号	名称	BIM 模型	尺寸 长×宽×高（m）	数量	单重（t）
10	气室壁板		11.5×6 6×1.5 11.5×6		
13	烟气进出口锥体模块		9.96×1.6/ ϕ2.4×3.8	14	7.0
14	支撑件、连接板、楼梯、平台、栏杆			散件	

4 区域模块制作

（1）根据吸附塔模块设计，采用工厂化生产。

（2）料室底锥、料室顶锥、气室卸灰斗的制作按照"多联锥模块工厂化生产工艺"进行。

（3）格栅箱体、中间过渡段制作按照"活性焦干法脱硫技术吸附塔格栅箱模块化装配施工工法"进行制作。

5 区域模块安装技术

5.1 吸附塔模块化吊装技术

（1）吊装平面布置：为了充分利用有限空间，现场布置应尽量减少临建，吸附塔安装施工平面布置及吸附塔模块化吊装平面布置见图3。

（2）根据现场条件、部件模块几何尺寸及重量、吊装高度等，拟采用履带吊进行吊装。

（3）吊装顺序

①吊装顺序：料室底锥模块→一级床底部格栅箱体模块→一级床中部格栅箱体模块→中间过渡段下段→中间过渡段上段→二级床底部格栅箱体模块→二级床中部格栅箱体模块→料室顶锥模块→塔烟气进出口锥体模块。

②气室壁板现拼装成11.25m×12m大片，逐段分片吊装；平台栏杆、内部支撑等散件随料室箱体模块逐段安装，烟气进出口锥管整体吊装。

③吊装平面图如图4所示。

（4）吊装方案选定

①吊装方案对比选择

根据施工场地、施工道路、吊装最大

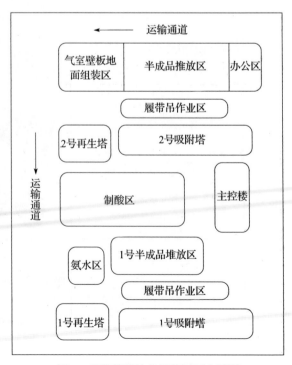

图3　吸附塔模块化吊装平面布置图

几何尺寸及重量，从吊装的技术可行性、安全性、进度、成本四个方面，对汽车吊、塔吊、履带吊三种吊装方法综合对比，选用 150t 履带吊进行吸附塔模块吊装，效益最优。

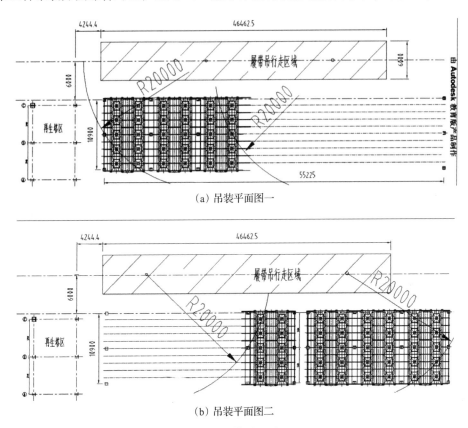

(a) 吊装平面图一

(b) 吊装平面图二

图 4　吊装平面图

②吊装工况的验证

吊装荷载计算：本工程选取安装在吸附塔顶部重 9.6t 的顶置料仓模块作为受力核算的代表性构件进行验证，它的吊装工况能覆盖吸附塔所有模块的吊装。

5.2　吸附塔模块化安装工艺

（1）吸附塔安装工艺如图 5 所示。

（2）吸附塔基础验收及放线

①按照设计图进行吸收塔基础放线，对预埋铁的标高、基础中心线及平整度进行复测，符合规范要求即办理基础验收交接手续。

②根据复测结果安装底锥模块各支撑点垫铁组，并调整垫铁顶部标高至图纸要求。

（3）各模块吊装

①料室底锥模块安装

在垫铁上安装四氟板，按吊装方案吊装料室底锥模块。料室底锥模块由基础一侧开始依次进行吊装就位，就位完成后对每个料室底锥模块找正使其中心线与基础中心线的偏差、垂直度、水平度符合要求（图 6、图 7）。按图纸要求找出三合一和四合一中的固定点将固定支腿与预埋件钢板焊接牢固，然后依次紧固各地脚螺帽，留下 0.5～1mm 间隙，再用锁紧螺母锁死，保持该间隙。

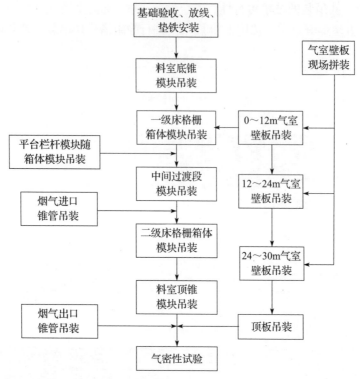

图 5　吸附塔安装工艺示意图

图 6　料室底锥模块吊装（一）

图 7　料室底锥模块吊装（二）

②料室格栅箱体安装

以料室底锥模块为基准开始料室格栅箱体的逐层吊装，按照吊装方案逐层吊装，吊装完成后对每一层料室箱体进行找正。用经纬仪和水准仪测量料室箱体垂直度和水平度（图 8），使料室箱体的垂直度误差不得大于 1mm/m，整体垂直度误差不得大于 20mm，且不得连续向单侧倾斜。每个箱

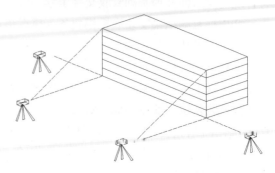

图 8　料室格栅箱体测量示意图

体找正合格后方可进行正式焊接。

③气室壁板的吊装

气室壁板加工厂制作成 6m×3m 的片状，为减少高空组对焊接作业量，在现场拼装成 11.25×12.0m、重约 14t 的大型部件，拼装时，按设计图将平台支撑及壁板支撑连接板装配好。在吊装两气室壁板前接缝处安装对接作业临时平台。壁板吊装就位后调整 H 型钢立柱的中心线，使立柱的中心线与基础的中心线重合，并用垫铁组调整其标高，在 H 型钢平行、垂直两个方向进行测量，其标高、垂直度符合要求（图 9、图 10）。

图 9　壁板吊装　　　　　　　　　图 10　壁板垂直度测量

④烟气进出口锥体模块、料室顶锥模块、平台栏杆模块等的吊装与格栅箱体模块的吊装依次进行。

（4）吸附塔焊接工艺

①吸附塔所用钢材材质有 Q235、Q345、20、S304 等，所采用焊接方法有焊条电弧焊、二氧化碳气体保护焊，焊接工艺成熟。焊接前应检查焊接材料牌号与工艺文件及焊接工艺卡的规定是否相符。

气室壁板、顶板焊接：内壁为连续焊缝，保证焊缝高度，焊缝不得有夹渣、气孔，确保其气密性良好，为减小其焊接变形采用间断焊接的方式，焊接 1500mm 左右停止，冷却后再继续施焊。外表面为间断角焊缝（焊 100mm 跳 100mm）；焊角高度按接触处板最小壁厚。

H 型钢立柱对接处须与垫板环向连续焊接，焊角高度按接触件的最小厚度，对接完成后在接头两侧焊接贴板，也为环向连续焊接，所有立柱对接焊缝及贴板焊接不得有遗漏或漏焊现象。

支撑件为双支角钢，角钢与填板、连接板之间焊缝均为双面连续焊缝，立柱上所有垫板（贴板）的焊缝均为环向连续焊接，不得有漏焊。

料室内隔板与立柱为双面连续焊接，料室内拉杆与垫板、垫板与立柱间均为环向连续焊接。

（5）整体气密性试验

①气密性试验的条件

试验前对参加试验的相关人员进行技术交底和安全技术交底并签字。

吸附塔单塔安装焊接完毕，塔内杂物清理、吹扫完毕，经总包及监理验收合格。

所有焊缝外观检查均合格，按要求进行煤油渗透试验且试验合格。

试验前，封堵除气密性试验与塔的连接口外的人孔、氮气吹扫口、仪表管口、喷氨管口，各连接部位的紧固螺栓应装配齐全并完全紧固，确保无泄漏，管口封堵方法见表4。

表4　管口封堵方法

序号	管口	连接方式	封堵方法
1	喷氨管口	法兰	盲板及密封垫片
2	氮气管口	法兰	盲板及密封垫片
3	测温仪表套管管口	法兰	无须封堵
4	压力变送器管口	法兰	盲板及密封垫片
5	人孔、手孔口	法兰	密封垫片或石棉绳
6	烟气进出口（较大管口）	焊接	临时盲板焊接
7	取样口	法兰	盲板及密封垫片
8	清灰口	法兰	盲板及密封垫片
9	料室进出口	焊接	临时盲板焊接

气密性试验用离心风机已准备好，试验压力表（试验用表2块、备用表1块）送检合格。连接气室卸灰口与离心风机，安装试验压力表，示意如图11所示。

②气密性试验方法

试验介质采用空气，设备采用离心风机。试验压力4000Pa，保压2h后压力不低于2800Pa试验合格。

试验时，打开进气阀开启风机，分段缓慢升压进行，升至试验压力的50%～80%时保压5～10min，检查焊缝和各连接部位是否正常，如无泄漏可继续升压至试验压力4000Pa，当塔顶、塔底压力表读数一致时，关闭塔底进气阀进行保压，保压2h后塔顶及塔底压力表读数不低于2800Pa时即为试验合格。

保压期间，检查人员用肥皂水对塔体外部密封焊缝及封堵管口进行检漏。发现

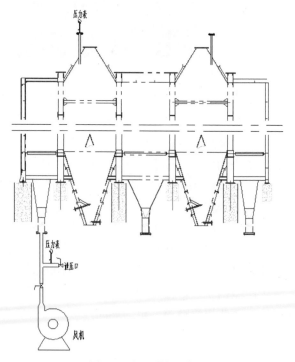

图11　试压系统示意图

有泄漏，用记号笔做可靠标记，泄压后对泄露点进行修补，修补后要重新进行试验。

待试验完成后必须将所有管口恢复原状。

气密性试验完毕后做好试验记录。

气密性试验时，试验区域实行隔离措施，拉警戒线并安排专人值守，无关人员禁止进

入；气密性试验完毕后，需对试验系统进行泄压。

6　结语

核心设备吸附塔的目的是保证烟气与吸附塔内的活性焦充分碰撞、吸附，实现烟气更彻底的净化，因此，吸附塔是实行多级净化的常压大型吸附设备。经过多项目实践总结，"吸附塔模块化安装技术"能够实现工厂化生产，工效高，工期短，有很好的经济效益和社会效益，为以后类似活性焦干法脱硫项目吸附塔设备制造提供了良好的技术。

参考文献

[1]　活性焦干法脱硫技术规范：DL/T 1657—2016［S］.

[2]　上海克硫环保科技股份有限公司. 料室格栅施工图纸：C1818S-SB-013［S］.

重型钢结构构件在有限空间内的吊装

倪志雄　刘凌峰

湖南省郴州建设集团有限公司，郴州，423000

摘　要： 重型钢结构构件在有限的空间内无法使用大型机械设备一次性吊装完成，本文总结了使用人工位移、自制吊装工具相结合的方式顺利完成钢结构构件吊装施工，可为类似条件下的钢结构吊装施工提供参考和借鉴。

关键词： 重型钢结构构件；有限空间；人工位移；吊装

1　工程概况

本工程共八层，第七层楼面（相对标高 +33.000m）为局部钢结构，主体已施工封顶，无法使用大型机械设备一次性吊装到位，使用人工位移、自制吊装工具的方式进行吊装施工。

1.1　钢结构梁的概况（表 1）

表 1　钢结构构件梁跨度、数量、重量统计表

序号	梁代号	规格尺寸（mm）	跨度（m）	数量（支）	重量（t）
1	GKL1-1	箱型 1200×500×22×22	18.2	1	10.69
2	GKL1-2	箱型 1200×500×22×22	18.2	1	10.69
3	GKL1-3	箱型 1200×500×22×22	14.6	1	8.58
4	GKL1-4	箱型 1200×500×22×22	8.4	1	4.93
5	GKL1-5	箱型 1200×500×22×22	7.34	1	4.31
	总计		—	5	39.2

1.2　七层楼面钢结构梁的设计图（图 1）

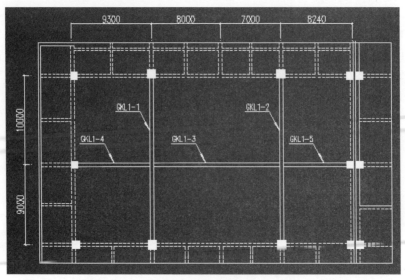

图 1　第七层楼面钢结构梁的设计图

1.3 钢结构的主要特点

钢结构安装的主要构件为主钢结构材质为Q345B，主体结构钢梁板材厚度为$\delta = 8 \sim 22mm$；重型钢结构；连接采用扭剪形高强度螺栓连接。

2 钢结构的吊装施工

2.1 钢结构施工流程

梁构件吊运至六楼楼面（标高 +27.600m）→人工水平位移→ GKL1-1、GKL1-2、GKL1-3 组装拼接→二次人工位移→人工吊装至七楼楼面（标高 +33.000m）→ GKL1-4、GKL1-5 梁吊装。

2.2 钢结构吊装前的准备

（1）钢梁吊装、平移

①由两台 75t 汽车吊双机抬吊的方法，将 GKL1-1、GKL1-2、GKL1-3、GKL1-4、GKL1-5 共五根重型钢梁吊至建筑物六层楼面（标高 +27.600m）依次摆放（图2）。

②利用第六层楼面为操作平台，使用千斤顶、搬运坦克车（图3）、滑轮等工具将 GKL1-1、GKL1-3 钢梁人工位移至相应的位置，搬运坦克车作为平移行走工具。

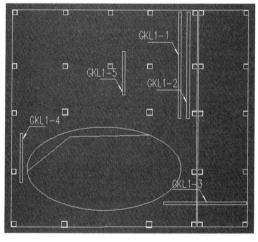

图2 第六层楼面钢梁摆放示意图

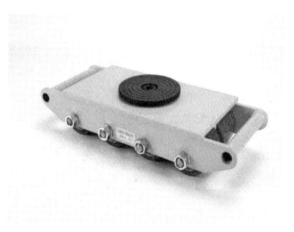

图3 搬运坦克车示意图

（2）将 GKL1-1 和 GKL1-3 拼装在一起，并把螺栓拧紧，用钢丝绳张拉紧（图4）。

（3）利用搬运坦克车，将 GKL1-1 和 GKL1-3 钢梁人工向左移位至相应位置，预留出 GKL1-2 的拼装位置（图5）。

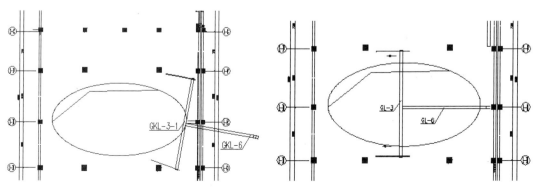

图4 钢梁拼装及位移图（一）   图5 钢梁拼装及位移图（二）

（4）将梁 GKL1-1、GKL1-2 和 GKL1-3 拼装在一起（图 6），并把螺栓拧紧，用钢丝绳张拉紧；然后继续用人工位移的方法位移至设计图纸所要求的位置进行吊装（图 7）。

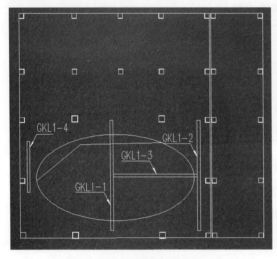
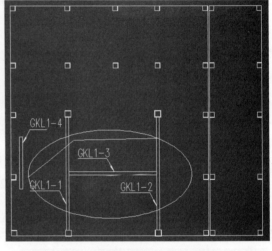

图 6　钢梁拼装及位移图（三）　　　　图 7　钢梁拼装及位移图（四）

2.3　钢结构整体吊装至第七层楼面

拼装好的 GKL1-1、GKL1-2 和 GKL1-3 的三根钢梁平移到预定吊装位置后，在预先制作好的 A 型吊装支架安装在 4 个结构柱上（图 8），上悬挂手拉葫芦：用四个 10t、6m 的手拉葫芦同时起吊（图 9），在起吊前先试吊，试吊方法：先把钢梁整体吊离楼面 50mm 的高度，然后每个吊点加载 200kg 的负荷，检查手拉葫芦及钢丝绳的情况，一切正常后继续起吊，直至吊到第七层安装位置（图 10）。

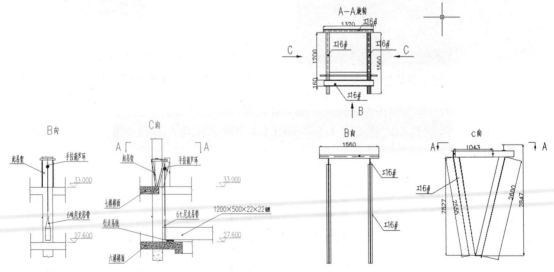

图 8　A 型吊装支架图

2.4　GKL1-4、GKL1-5 的吊装方法

（1）人工使用搬运坦克车等工具平移的方法将 GKL1-4 钢梁移到至相应位置（图 11），

钢梁底面使用地滚龙移动；在对应此钢梁的柱上安装 B 型吊装支架，利用已吊装完成的梁 GKL1-1 与 GKL1-3 作为施工平台，在两钢梁交叉处另行安装 B 型吊装支架。

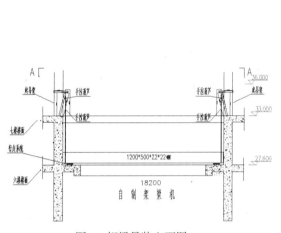

图 9 钢梁吊装立面图

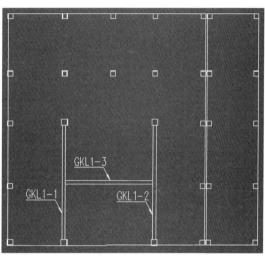

图 10 钢梁吊装至七层楼面平面图

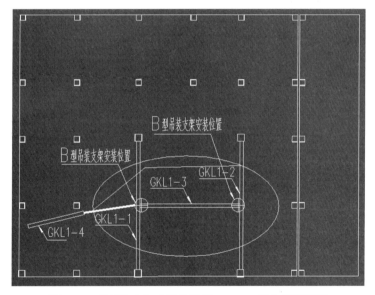

图 11 B 型吊装支架安装位置及 GKL1-4 梁位置平面图

（2）人工拉安装在 B 型吊装支架上的手拉葫芦平移 GKL1-4 钢梁（图 12、图 13），GKL1-4 钢梁平移过程中，为了防止手拉葫芦起吊时突然窜动引起 GKL1-4 钢梁失稳，在钢梁后方 ϕ20 麻绳牵引。

（3）在结构柱上安装 A 型吊装支架，GKL1-4 钢梁平移至吊装位置后，人工同时拉动吊装支架上的手拉葫芦，吊装至第七层楼面，安装高强螺杆固定到位。GKL1-5 钢梁时在已吊装完成的梁 GKL1-2 与 GKL1-3 作为施工平台相同，安装 B 型吊装支架，具体方法同 GKL1-4 钢梁吊装方法。完成 GKL1-4、GKL1-5 钢梁吊装施工（图 14、图 15）。

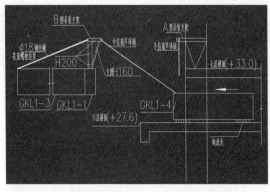

图 12　B 型吊装支架及 GKL1-4 钢梁平移示意图（一）

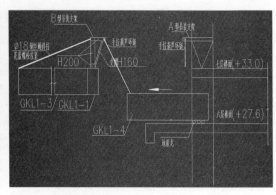

图 13　B 型吊装支架及 GKL1-4 钢梁平移示意图（二）

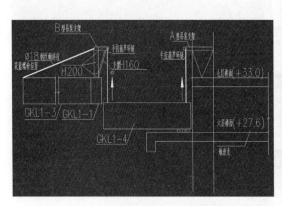

图 14　B 型吊装支架及 GKL1-4 钢梁吊装立面图

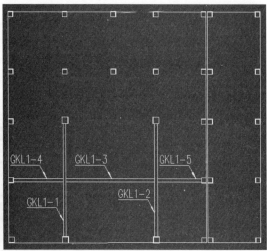

图 15　全部钢梁完成吊装后平面图

2.5　测量校正

（1）标高调整

当一跨即两排钢梁全部吊装完毕后，用一台水准仪（精度在 ±3mm/km）架在梁上或专门搭设的平台上，进行每梁两端高程的引测，将测量的数据加权平均，算出一个标准值（此标准值的标高符合允许偏差），根据这一标准值计算出各点所需要加的垫板厚度，在吊车梁端部设置千斤顶顶空，在梁的两端垫好垫板。

（2）纵横十字线的校正

柱子安装完后，及时将柱间支撑安装好形成排架，首先要用经纬仪在柱子纵向侧端部从柱基控制轴线引到牛腿顶部，定出轴线距离吊车梁中心线的距离，在吊车顶面中心线拉一通长钢丝，逐根吊车梁端部调整到位，可用千斤顶或手拉葫芦进行轴线位移。

（3）吊车梁垂直度校正

从吊车梁上翼缘挂吊铊下来，检测钢梁的垂直度。

3　结语

本钢结构工程钢梁吊装完成后，经现场验收，质量达到合格。钢结构在有限的空间内，无法一次性使用大吊车吊装到位、直接安装，是施工单位在施工中经常遇到的难题，因工程的情况不同采用的施工方法也各不相同。本土法使用人工位移、自制吊装工具结合的方式在重型钢构件受空间小、无法使用大型机械设备吊装时应用，取得了成功的经验，具有较好经济效益和社会效益。

参考文献

［1］ 钢结构设计标准：GB 50017—2017［S］.

［2］ 钢结构工程施工质量验收规范：GB 50205-2001［S］.

衡阳华菱连轧管有限公司四机四流园坯连铸机设备基础基坑支护实例

牛建东[1]　谭旭亮[2、3]

1. 中南大学土木工程学院，长沙，410075；
2. 长沙恒德岩土工程技术有限公司，长沙，410009；
3. 湖南望新建设集团股份有限公司，长沙，410100

摘　要： 以实际工程为例，介绍了在原厂房基础承台四周进行开挖，采用钢管桩对承台基础进行加固设计，以及设计方案确定和施工工艺，对类似基坑支护提供了借鉴。

关键词： 基坑支护；钢管桩加固；施工技术

1　工程概况及地层岩性

1.1　工程概况

衡阳华菱连轧管有限公司一炼钢技术改造工程场地位于衡阳钢管有限公司厂区内，原一炼钢厂房的西侧及南侧，为旧厂房改建项目，在原厂房基础四周开挖，支护深度 5～11.5m。为确保基坑开挖不对原厂房结构产生影响，保证其正常使用，设计采用钢管桩进行支护，基坑为临时性支护，安全等级为一级。

1.2　地层岩性

根据勘察报告，场地内揭露地层自上而下依次为填土①，粉质黏土②及灰岩③等。

2　支护方案设计

2.1　基坑支护方案确定

设计时考虑三种支护方案：①桩锚支护方案；②护壁桩支护方案；③钢管桩支护方案。由于基坑开挖紧贴基础承台，经过论证比较，从工期、造价、安全、场区环境等方面综合考虑，确定采用钢管桩支护方案。

2.2　基坑支护方案概述

基坑采用钢管桩进行支护，间距 325mm、长度约为 10.0～17.0m，嵌入基底 3.0～7.5m，采用 ϕ159 钢管，壁厚 6mm。钢通过植筋的方式，扩大原承台基础，浇筑一道截面尺寸为 $b \times h = 300mm \times 500mm$ 梁，钢管桩入梁深度不小于 400mm，将钢管与承台融为一体，钢管桩外侧采用型钢锁定，控制承台基础的变形（图1、图2）。

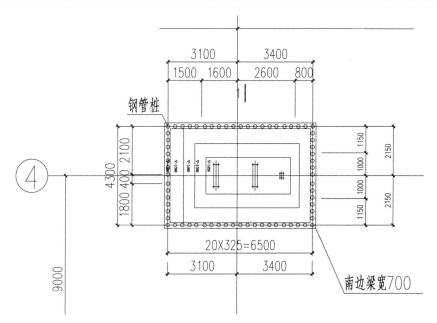

图 1 基坑支护平面图（单位：mm）

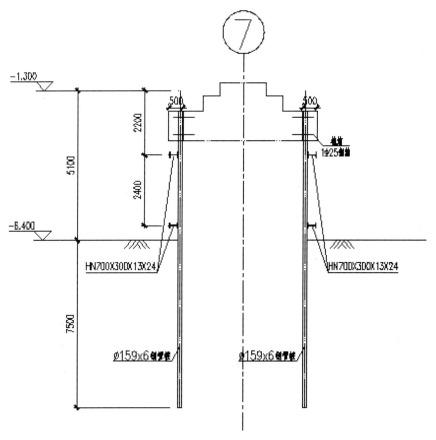

图 2 基坑支护剖面图（单位：mm）

2.3 基坑支护结构设计

2.3.1 支护计算参数及方法

（1）设计所需参数根据场地表层现场开挖断面踏勘及结合有关工程经验综合确定，基坑主要岩土层变形、支护计算所需的主要参数取 $C = 25\text{kPa}$，$\phi = 20°$

（2）计算选取 1-1 剖面 7 轴，计算承台及基坑的稳定性。由于 1-1 剖面承台四周都进行垂直开挖，土体的主动土压力很小，故只对钢管桩承载力及植筋梁钢筋的抗剪切能力进行验算。

（3）计算时假定地表活荷载 $q_0 = 20\text{kN/m}^3$。土体按堆载计算 $q_n = q_0 + \gamma_1 \cdot h_1$。

2.3.2 钢管桩承载力计算

承台荷载约 1600kN，承台周围钢管桩数量 68 根，平均每根钢管桩承担 $1600 \div 68 = 23.5\text{kN}$。

按照钢管混凝土承载力标准（《钢管混凝土结构设计与施工规程》CECS28：90 计算）$\phi159 \times 6$ 钢管。

$$N_0 = f_c A_c (1 + \sqrt{\theta} + \theta)$$
$$\theta = f_a A_a / f_c A_c$$

式中　f_c——钢管中混凝土强度标准值，按 C30 取 $15 \times 10^3 \text{kN/m}^2$；

A_a——钢管截面积 $1.4695 \times 10^3 \text{mm}^2$；

A_c——钢管中的混凝土面积 $1.8376 \times 10^3 \text{mm}^2$；

θ——钢管混凝土套箍系数，$\theta = 16.8$；

$N_0 = 15 \times 10^3 \times 1.8376 \times 10^3 \times (1 + \sqrt{16.8} + 16.8) = 603.62\text{kN}$ 设安全系数 $\gamma = 1.5$

$N_0 = 603.62 \div 1.5 = 402.4\text{kN} \gg 23.5\text{kN}$

因此钢管桩承载力满足设计要求。

2.3.3 承台植筋梁钢筋抗剪切能力验算

承台承荷载约 1600kN，承台植筋梁钢筋根数 144 根，采用 25 二级钢筋，每根钢筋须承担剪切力 $1600/144 = 11.11\text{kN}$，钢筋抗剪强度根据经验值 0.6～0.8 倍钢筋抗拉强度，取 0.6 倍。Φ25（HRB335）钢筋抗拉强度 f_y 取 300N/mm^2，Φ25（HRB335）钢筋抗剪强度 $0.6f_y = 180\text{N/mm}^2$，Φ25（HRB335）钢筋面积 $a = 491\text{mm}^2$。设安全系数 $\gamma = 1.5$。

抗剪切力 $= 180 \times 491/\gamma = 58.92\text{kN} > 11.11\text{kN}$。因此梁的抗剪切能力满足设计要求。

3 施工工艺

总体施工步骤：施工准备→围栏防护→测量放样→钢管桩施工→基础承台植筋→植筋梁施工→第一层土方开挖→腰梁施工（型钢）→第二层土方开挖→腰梁（型钢）施工→……→施工至基底。

3.1 钢管桩施工

根据测量放样好的位置，将钻机就位，使得钻机主钻杆中心位置与桩对齐，保证钻杆中心位置与点位偏差不得超过 ±5cm。成孔深度超过设计深度 30cm，钻孔采用 $\phi180$ 孔径，钻头采用"冲击"钻头，当钻进到中间若遇有较硬的岩层或孤石，可改用金刚石钻头钻进穿过。以复合硅酸盐水泥（P·C32.5）和 40°B 水玻璃为主要制浆材料，水玻璃作为添加剂调节注浆液的初凝时间。水灰比为 0.6～0.75：1，水泥浆液和水玻璃液体体积比宜为 1：0.7～1：1，注浆压力控制在 1.5 ～ 2.0MPa。

3.2　钢管桩桩顶冠梁施工

在基坑开挖的基础承台外侧直径，采用 Φ25（HRB335）钢筋，上下各布置一层。在钢管两侧植筋且与钢管焊接牢靠，钢管外侧通长焊接 1Φ25（HRB335）钢筋。植完筋，固化养护达到设计要求强度后，支模浇筑 C30 混凝土，形成宽度为 300 ～ 400mm 梁，将钢管桩连接成一整体。施工时注意以下几点：

（1）植筋钻孔时应防止钻孔破坏结构钢筋。

（2）植筋清孔是锚筋工程中重要的环节，它直接影响锚固质量，必须清理干净并经验收后方可进行下道工序施工。

（3）注胶植筋时，应将钢筋迅速植入孔内并慢慢单向旋入，不可中途逆向反转。

（4）植筋施工的每道工序应经过专业工长检查合格后方可进行下道工序施工。

4　实施信息化施工管理

本工程挖深较大，支护型式较为独特，在土方开挖及地下旋流施工过程中，需对基坑进行安全监测。通过数据采集、资料处理、信息反馈、决策及预警处理等程序，全面掌握基坑及其周围环境的变化信息，实施信息化施工管理。

监测内容有：水平位移观测；周围临近建筑物的沉降观测。

根据施工过程中进行监测的资料显示，基坑水平位移及沉降都在规范允许值范围内，邻近建筑物、道路的沉降几乎为零，这充分说明独特钢管桩支护结构形式是成功的。

5　结语

该工程在支护结构形式上大胆创新，采用钢管桩支护结构，不但经济合理，安全可靠，而且为基坑的开挖施工创造了有利条件。缩短了工程工期。在基坑施工工程中采用多种有效的监测手段，实施信息化施工管理，保证施工的顺利进行。同时为那些场地狭窄或因周围环境情况不能采用拉锚或内撑的基坑支护工程提供了借鉴。

参考文献

［1］中国建筑科学研究院. 建筑基坑支护技术规程：JGJ 120—99［S］. 北京：中国建筑工业出版社，1999.

［2］中国建筑科学研究院. 建筑桩基技术规范：JGJ 94—2008［S］. 北京：中国建筑工业出版社，2002.

［3］李海光. 新型支挡结构设计与工程实例，第二版［M］. 北京：人民交通出版社.

加装电梯工程技术管理浅析

谢朝晖[1]　黄志强[2]　彭　航[2]　欧长红[3]

1. 湖南轨道置业投资有限公司，长沙，410001；

2. 湖南建工集团有限公司，长沙，410004；

3. 湖南东方红建设集团有限公司，长沙，410271

摘　要： 本文以超高层公用建筑或多层民用住宅加装、扩装、改装工程电梯的实践案例，剖析电梯加装工程的技术管理，可为加装电梯勘察、设计、采购、施工、验收管理人员参考。

关键词： 加装电梯；技术管理

　　加装电梯管理工作，涉及水工、电工（防雷）、煤气、供暖、通信、道路、消防、人防、建筑与结构的干涉性、和谐性、适用性等多专业的外围附属工程的技术裁定；还有电梯与井架，本身采购、制作、安装、吊装、验收、维护等特殊工种与特种作业管理及环境安全管理；还涉及电梯工程全寿命周期的物业管理。加装电梯的技术管理对关联方成本、福利、安全、对加装方案的可行性判断，综合的技术管理至为关键。

1　轨道集团新总部大楼加装观光电梯实例分析

　　轨道集团新总部大楼为已竣工超高层新建项目，地面绿化与亮化以及地下室等现场工况业以成形，塔吊与施工电梯早已退场，大型汽车吊进出场受场地空间限制、承载力限制、受本身吊装高度与成本约束。大楼竣工后，而碰上了根据东向室外加装观光电梯的现实需要，必须解决钢结构电梯井道的制作与安装，此时，新型工具式智能化桅杆起重机屋面吊装作业技术解决了这一需求，实践案例如图1所示。

图1　轨道投资集团超高层室外观光电梯及井道钢结构制作、安装与非常规吊装技术管理

2　电梯与加装工程的行政监管与质量安全技术管理

《质检总局关于推进电梯应急处置服务平台建设的指导意见》（质检办特函〔2015〕804 号），国家质检总局特种设备局，在上述《意见》中要求，“在 2015 年底前应基本完成平台建设，按照统一的数据归集规则，向总局电梯故障数据分析及风险监测综合信息平台（由中国特种设备安全与节能促进会管理）上传相关数据，更大范围开展电梯故障数据统计分析和风险监测预警。其他已运行的电梯应急处置服务平台，也应定期上传相关数据。各地工作中遇到的问题，请及时报总局特种设备局。”在上述《意见》中，早已规划电梯工程应急处置服务平台建设与信息化管理建设工作计划。

《国务院办公厅关于加强电梯质量安全工作的意见》的通知（国质检特〔2018〕75 号）。国家质检总局特种设备局上述《通知》中，特别是第四条，涉及加装电梯工程的管理工作要求的表述：涉及推动完善电梯质量安全工作机制。“各地质监部门（市场监督管理部门）要及时向当地党委、政府汇报，推动地方各级人民政府加强组织领导，建立电梯质量安全工作协调机制，将电梯质量安全工作情况纳入政府质量和安全生产考核体系，加强人员、装备和经费保障，对“三无电梯”和存在重大事故隐患的电梯开展重点挂牌督办和综合整治，建立电梯应急救援公共服务平台，制订老旧住宅电梯更新改造大修有关政策，不断完善电梯质量安全工作机制。要积极协调相关部门，推动完善政策保障，贯彻落实《意见》提出的相关工作任务。各单位贯彻落实情况要及时报告总局。”各级行政要求，倒逼各级主管机构、监督机构、行业机构、社会组织及业主对加装电梯工程的质量与安全管理。

加装电梯项目行政申报：应当获取行政许可，以及经济与政策支持。根据《住房城乡建设部办公厅　国家发展改革委办公厅　财政部办公厅关于做好 2019 年老旧小区改造工作的通知》（建办城函［2019］2443 号）文件精神，决定自 2019 年起，将老旧小区改造纳入城镇保障性安居工程，给予中央补助资金支持，并明确，加装电梯项目为纳入中央补助支持老旧小区改造内容之一。以及《湖南省城市既有住宅增设电梯指导意见》（湘建房［2018］159 号）工作部署，做好《2019—2021 年老旧小区加装电梯项目清单表》内容的申报管理工作（图 2）。

2019–2021 年老旧小区加装电梯项目清单表

填报单位：（并盖章）　　填报人：　　联系电话：

序号	市 州	市 县	小区名称	栋号	增设电梯台数（台）	投资估算（万元）	计划建设时间	牵头部门	备注
1	**市（示例）	市本级					2019.9-2019.12		
2		**县							
3		**市							
4									

填报说明：1、请参照表内示例认真填写完整；2、同一个地方按计划建设时间先后顺序排列；3、牵头部门填写本地该项工作牵头负责部门名称。

图 2　2019—2021 年老旧小区加装电梯项目清单表

加装电梯项目应委托物业审核：物业许可。依据《中华人民共和国物权法》《物业管理条例》2019 业主与业主委员会，授权与委托管理；加装电梯应项目咨询，技术许可；加装电梯应项目策划，实施方案许可；加装电梯应项目协议，进入实施阶段；加装电梯勘察设计，建筑型式与基础型式以及入户型式等应联合确认；加装电梯基础设计，基础结构型式确认与加固处理；入户联结基础与牛腿结构处理；井架结构设计与安装工程深度设计与优化处理；普通钢结构玻璃幕墙井架方案 – 井架维护周期短，砖混结构 – 生产周期长，现浇混凝土结构 – 生产影响周期更长，高强装配式结构，有吊装要求，一系列建筑问题、结构问题、施工问题、环境协调问题，风、光、电、气、雷等等，无一不是带专业性的技术管理问题。

加装电梯装饰与设计的技术问题：入户门廊与改造功能设计，外装与改建和谐设计；

电梯本身的采购及安装工程：电梯优化、采购及本体安装特殊性、特种设备维护与改造工程、特设验收工程、特种作业人员分包工程技术管理，全程法律与安全技术约束；

加装电梯附属电力工程：380V 专用输配电工程；

避雷工程：梯井避雷工程与房屋避雷工程连横设计制造与安装；加装电梯附属消防与应急工程；

抢修与维护工程：应急设施与通道设计、制造与安装等，局部构造优化与设计、制造及安装。

加装电梯工程竣工后，应当依法办理工程规划验收、消防验收和竣工验收等手续。

申请规划验收时，应当提供加装电梯工程的施工许可、竣工测绘成果等。加装的电梯须经特种设备检验检测机构监督检验合格取得安全合格标志，并办理使用登记后方可投入使用。对因加装电梯而增加的建筑面积，经约定为不可分摊公共面积后，属于该栋（梯）全体业主共同共有，不再变更各分户业主产权面积。因公共利益需要征收的，增加的建筑面积按折旧价予以补偿。

总之，加装电梯，技术的协调与方案的选择充满智慧的判断与关键专业技术的选择，更直接涉及广大业主们的生活成本、福利与安全，加建项目的单元工作量小，工作性质量多面广，参与方多且技术管理难度大，因此提出以上意见供参考。

参考文献

［1］ 湖南省既有多层住宅建筑增设电梯工程技术规程：DBJ43/T344—2019［S］.

［2］ 住房城乡建设部办公厅　国家发展改革委办公厅　财政部办公厅关于做好 2019 年老旧小区改造工作的通知（建办城函［2019］2443 号）.

［3］《国务院办公厅关于加强电梯质量安全工作的意见》的通知（国质检特〔2018〕75 号）.

［4］《质检总局关于推进电梯应急处置服务平台建设的指导意见》（质检办特函〔2015〕804 号）.

拉杆式壁挂悬挑脚手架在工程项目中的应用

卢　林

湖南长大建设集团股份有限公司，长沙，410015

摘　要：目前，拉杆式壁挂悬挑脚手架被越来越多地运用于房屋建筑工程中，与传统的悬挑脚手架相比较，拉杆式壁挂悬挑脚手架具有用钢量少、节约材料、场地占用少、节省空间、不妨碍砌体结构施工、无须穿剪力墙、整洁美观等诸多优点。以新天村生活安置小区二期工程为工程背景，通过工程应用表明，拉杆式壁挂悬挑脚手架对于进度控制、安全控制、质量控制、成本控制、现场文明施工等具有显著成效，具有广泛的应用价值。

关键词：高层建筑；悬挑脚手架；边梁；拉杆；工字钢

1　工程概况

新天村生活安置小区二期工程位于长沙市天心区新开铺街道，项目总建筑面积 59791.15m²。项目含 4 栋高层，均为框架剪力墙结构，其中 6 号、7 号、8 号楼为 18 层，标准层层高 2.9m，总建筑高度为 53.05m，9 号楼 26 层，标准层层高 2.9m，总建筑高度 79.2m。外脚手架采用落地式双排钢管脚手架 + 拉杆式壁挂悬挑脚手架，脚手架纵距 1.5m，横距 0.85m，步距 1.8m，钢管采用 $\phi48 \times 3.0mm$ 钢管，悬挑工字钢采用 18 号工字钢，拉杆采用 $\phi18$ 圆钢。6 号楼～9 号楼的悬挑架自三层板面起挑，三层以下采用落地式钢管脚手架，具体各楼栋搭设情况见表 1。

表 1　各楼脚手架情况

序号	栋号	脚手架形式	使用部位	悬挑架起挑层	悬挑架体高度
1	6、7、8 号楼	拉杆式悬挑脚手架	3F～18F	3F、9F、15F	17.4～19.8m
2	9 号楼	拉杆式悬挑脚手架	3F～26F	3F、9F、15F、21F	17.4～19.8m

2　工艺对比

拉杆式壁挂悬挑脚手架与传统悬挑脚手架的区别在于，拉杆式壁挂悬挑脚手架采用硬质的可调节拉杆代替了传统的钢丝绳拉索。如此一来，悬挑工字钢的受力方式发生改变，传统的悬挑脚手架主要受力构件为工字钢及预埋的 U 形环，钢丝绳不参与受力，为确保工字钢的稳定性，工字钢在建筑物内的卡固长度必须 ≥ 1.25 倍悬挑长度，由此造成建筑物内工字钢密布，钢材耗用量大，既不美观又不便于打扫卫生，也给外墙砌体结构的施工带来了不便，在遇有剪力墙处及建筑物阳角处还需穿剪力墙或柱，对于结构安全及防水性能有一定的影响，同时施工完毕后还需用氧割将预埋的 U 形环割断，费时费工费料。而拉杆式壁挂悬挑脚手架的主要受力方式为硬质拉杆及穿墙螺杆承受拉力，工字钢一端采用高强度螺杆螺栓通过建筑物边梁内预埋的套管后与建筑物连接，另一端通过耳板和硬质拉杆与上一层的边梁拉结，采用此种受力方式，有效地缩短了工字钢的长度，且使得工字钢不再置于楼板之上，极大地方便了后续各项工作的进行，同时也更加美观大方。

3　脚手架设计

3.1　脚手架选材

表 2　拉杆式悬挑脚手架主要构配件表

序号	名称	标准模数 / 规格参数	材料要求
1	钢管	ϕ48mm × 3.0mm 焊接钢管	《直缝电焊钢管》(GB/T13793—2016)《碳素结构钢》(GB/T 700—2006)
2	扣件	直角扣件重量 1.25kg、旋转扣件重量 1.25kg、对接扣件 1.6kg	《钢管脚手架扣件》(GB15831—2006)
3	悬挑钢梁	18 号国标工字钢	《热轧型钢》(GB/T 706—2016)
4	拉杆	ϕ18 圆钢车丝	
5	高强螺栓	M22 × 220（上）、M22 × 220（下）	《钢结构高强度螺栓连接技术规程》(JGJ 82—2011)

根据工程外截面的不同情况，本工程采用三种形式进行悬挑，悬挑脚手架钢挑梁采用 18 号工字钢，组成底部支撑。根据不同部位用途分为普通型、转角加长型和超长型三种。普通型长度为 1.3m，用于无障碍处工程临边；转角加长型长度为 1.40m、1.50m、1.6m、1.8m、2.0m，用于转角、间距过大部位、飘窗部位；超长型长度为 2.10m、2.20 ～ 2.6m，用于特殊部位。上、下拉杆为 Φ18 圆钢车丝，中间采用 ϕ32 无缝钢管制成的花蓝调节管用于调节拉杆。产品结构图如图 1 ～图 5 所示。

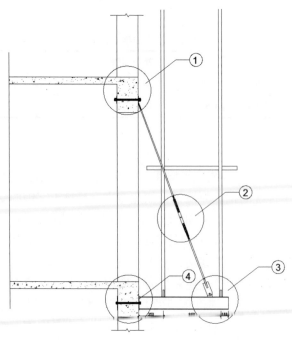

图 1　拉杆式悬挑脚手架示意图

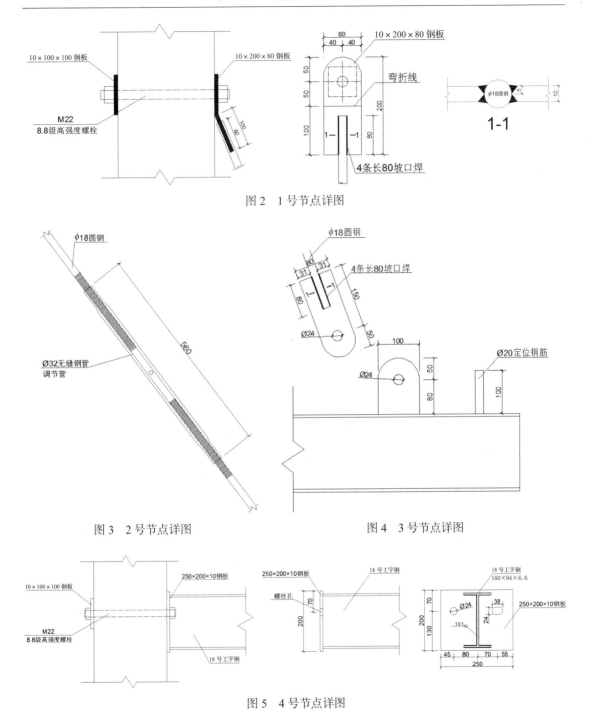

图2 1号节点详图

图3 2号节点详图

图4 3号节点详图

图5 4号节点详图

3.2 脚手架设计及构造

本项目已将悬挑架排布图及验算结果交设计院进行确认，并且根据设计院的意见对悬挑梁根部，部分梁钢筋进行局部加强，同时，考虑到外架均布施工荷载 3kPa，在悬挑工字钢、拉杆设置完毕后进行载荷试验（图6），通过试验确定拉杆承载力在 3t 以上。

（1）构件预埋：悬挑层楼层混凝土浇筑前，根据悬挑平面布置图在相应位置的梁或墙中预埋 φ25 镀锌钢管作为穿墙螺栓套管，采用焊接或短钢筋绑扎固定（图7）。

图 6　荷载试验　　　　　　图 7　穿墙螺栓套管

（2）悬挑梁：悬挑梁选用 18 号工字钢，工字钢在加工场内与 10mm×250mm×200mm 钢板焊接，翼缘及腹板处满焊，焊缝高度 10mm。悬挑梁运至施工现场后，按照《钢结构工程施工质量验收规范》（GB 50205—2001）的要求对焊缝进行超声波探伤检测，检测结果全部合格。工字钢端头距内 25cm 处焊接 10mm×100mm×130mm 钢板作为连接拉杆的耳板（图 8）。工字钢连接钢板通过 2 个 8.8 级 M22 型高强度螺栓与主体结构边梁连接。

（3）拉杆：拉杆由 2 根 φ18 圆钢及两端耳板、φ32 无缝钢管调节管组成。圆钢一端车丝，另一端与 10mm×200mm×80mm 钢板焊接，正反 4 条焊缝长度为 80mm。两根圆钢端头车丝部位通过 φ32 无缝钢管调节管连接，通过旋转调节管即可调节拉杆拉力。拉杆上部耳板通过 1 个 8.8 级 M22 型高强度螺栓与上层边梁连接，拉杆下部耳板与悬挑梁端头耳板连接。

图 8　悬挑梁耳板　　　　　　图 9　φ32 无缝钢管调节管

（4）建筑物阳台处悬挑工字钢附着处理措施：为了保证悬挑架在阳台处的安全，设计院将外搭挑架荷载算入阳台设计荷载中，适当增加了阳台钢筋用量，确保拉杆壁挂悬挑架的安全。

4　施工工艺

4.1　施工工艺流程

悬挑工字钢加工→螺栓套筒预埋、固定→悬挑层主体结构混凝土浇筑、养护→悬挑梁工字钢安装→拉杆螺栓套筒预埋、固定→悬挑层上层混凝土浇筑→拉杆连接→脚手架安装→脚手架拆除。

（1）悬挑工字钢加工：根据设计图纸及现场情况，绘制型钢布置图，对工字钢进行设计。对于一般部位，采用1.3m长18号工字钢，在飘窗位置，采用1.7m长工字钢，如图9所示。所有工字钢加工均在工厂进行，进场后按照《钢结构工程施工质量验收规范》（GB 50205—2001）的要求对焊缝进行超声波探伤检测，以确保其质量。

（2）螺栓套筒预埋、固定：螺栓套筒铁管规格为$\phi25$，根据剪力墙厚（梁厚、柱厚）确定预埋铁管长度。控制螺栓套筒中心线距板底120mm左右尽量保持所有预埋铁管处于同一水平面上。螺栓套筒采取焊接定位筋的方式固定，防止在混凝土浇捣时发生位移。

（3）悬挑层主体结构混凝土浇筑、养护：主体结构混凝土浇筑时安排专人看护螺栓套筒位置，防止套筒偏位，在进行振捣时，振动棒尽量避开安装了套筒的位置。混凝土浇筑完毕后采取洒水养护，养护时间不少于7d，确保其强度。

（4）悬挑梁工字钢安装：待混凝土浇筑24h后，即可在该部位进行型钢梁的安装，型钢梁与建筑结构边梁采用2根8.8级M22型高强度螺栓连接。首层安装时由于上部结构未完成，无法设置硬质拉杆，因此采用悬挑层下部脚手架作为硬质拉杆安装之前的临时支撑平台，荷载暂时由下部脚手架承担，待上一层结构混凝土浇筑完成达到设计强度75%后安装硬质拉杆。

（5）拉杆螺栓套筒预埋、固定：预埋拉杆螺栓套筒铁管规格为$\phi25$，根据剪力墙厚（梁厚、柱厚）确定预埋铁管长度。控制螺栓套筒中心线距板底120mm左右，尽量保持所有预埋铁管处于同一水平面上。

（6）悬挑层上层混凝土浇筑：浇筑上层主体结构混凝土，确保预埋套筒不偏位。

（7）拉杆连接：待上一层结构混凝土浇筑完成达到设计强度75%后安装花篮拉杆。安装拉杆时将上下两根拉杆通过调节管连接，调节管可通过中间的调节孔旋转以调节拉力。组装完成后拉杆上部与上层结构通过高强度螺栓连接，下部与工字钢端头的耳板连接。所有拉杆安装完毕后要调节中部的调节管，务必保证所有的拉杆拉力一致，已确保工字钢均匀受力。

（8）脚手架安装、拆除：悬挑工字钢达到使用条件后，在支撑架上搭设双排钢管脚手架。纵距1.5m，步距1.8m，横距0.85m，内立杆距建筑物0.35m。脚手架搭设前应编制专项施工方案，并对施工人员进行安全技术交底。脚手架的安装拆卸应由专业架子工担任，并经培训、考核合格后，持证上岗。

4.2　悬挑脚手架的验收

悬挑脚手架的验收分为进场验收和安装完成后的验收。材料进场时，由监理工程师对工字钢、高强度螺栓、螺帽、拉杆、钢板的品种、规格以及焊缝质量进行检查。工字钢、拉杆、钢板、高强度螺栓、螺帽主要检查产品的

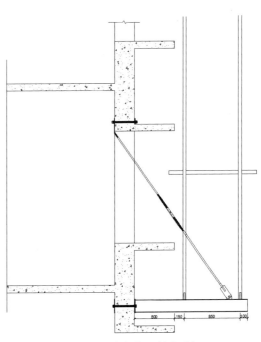

图10　飘窗部位悬挑脚手架

质量合格证明文件、中文标志及检验报告；高强度螺栓抽查数量为 5%，8.8 级 M22 型高强度螺栓预拉力标准值不小于 150kN。焊缝质量按照 II 级焊缝，探伤比例不少于 20%。

悬挑工字钢及拉杆安装完成后，由项目经理召集项目技术、质量、安全负责人、制作单位负责人及总监理工程师进行验收，对高强度螺栓、螺帽、钢垫板、拉杆的位置偏差和数量以及调节管的紧固、工字钢的水平、高差进行检查验收。其上部的钢管脚手架则按照传统的外脚手架进行验收。

5　工艺优点

（1）拉杆式壁挂悬挑脚手架用钢量少，节约材料。相比传统的悬挑脚手架，拉杆式壁挂悬挑脚手架工字钢长度仅为其一半左右。

（2）场地占用少，节省空间，不妨碍砌体结构施工。因拉杆式壁挂悬挑脚手架悬挂在边梁上，不占用楼板空间，不会妨碍到砌体结构的施工，同时也便于楼层打扫卫生。

（3）楼板无须预埋 U 形环，仅在边梁中预埋套管，工字钢拆除后无须切割 U 形环，仅需用砂浆填埋预留套管即可。

（4）无须穿剪力墙，也就不用填补穿墙孔洞，对结构防水有很大益处。

6　结论

通过与传统的悬挑脚手架的对比，拉杆式壁挂悬挑脚手架具有用钢量少，节约材料、场地占用少、节省空间、不妨碍砌体结构施工、无须穿剪力墙、整洁美观等诸多优点，对于进度控制、安全控制、质量控制、成本控制、现场文明施工等具有显著成效，具有广泛的应用价值。

参考文献

［1］　冶金工业部建筑研究总院．钢结构工程施工质量验收规范：GB 50205—2001［S］．北京：中国计划出版社．2002.

［2］　中华人民共和国住房和城乡建设部．建筑施工扣件式钢管脚手架安全技术规范：JGJ 130—2011［S］．北京：中国建筑工业出版社．2011.

顶拉结合式连墙件在施工中的应用分析

陈 刚

湖南省机械化施工有限公司，长沙，410015

摘 要：连墙件在建筑工程中发挥着保障脚手架安全的重要作用，无论是钢管扣件式脚手架还是门式脚手架，都需要用到它。在实际应用中预埋钢管法，因其施工简单、灵活而被广泛采用，而拉撑结合的方法用得较少，主要原因是施工不方便，安全系数相对较低，不被建设、监理、安监部门所接受。本文介绍的介于刚性与柔性之间的半刚性拉撑结合的连墙件，具有施工简单，安全可靠的优点，其适用于搭设高度在24m以下的钢管扣件式脚手架体系中。

关键词：外脚手架；连墙件；预埋；顶拉结合

连墙件在建筑工程中发挥着保障脚手架安全的重要作用，无论是钢管扣件式脚手架还是门式脚手架，都需要用到它。连墙件不仅是为了防止脚手架在风荷载和其他水平力作用下产生倾覆，更重要的是它对立杆起到中间支座的作用，大大增加立杆的承载能力。常用的安装方式有：适用于架体搭设高度在24m以下的拉撑结合的柔性连墙件；预埋钢管法的刚性连墙件；预埋钢管改进而来的后锚固连墙件；抱柱、洞口拉结连墙等方式。

在实际应用中，预埋钢管法因其施工简单、灵活而被广泛采用，而拉撑结合的方法用的较少，主要原因是施工不方便，安全系数相对较低，不被建设、监理、安监部门所接受。后锚固方法由于施工尤其是钻孔时极其麻烦通常是采用2颗膨胀锚栓，承载力不高，易松动，不可承受低周期反复荷载，施工要求高采用率较低。本文介绍的介于刚性与柔性之间的半刚性拉撑结合的连墙件，具有施工简单，安全可靠的优点，其适用于搭设高度在24m以下的钢管扣件式脚手架体系中。

1 结构安全性分析

拉撑结合的连墙件采用预埋钢筋与短钢管焊接后，再用扣件连接水平钢管与脚手架连成一体，如图1所示。在其工作时，架体产生的水平力通过钢管和其上焊接的预埋钢筋将力传递给结构主体，其与预埋短钢管式连墙件受力模型的主要区别在于与钢管焊接的钢筋是否能承受设计荷载。

单个连墙件约束外脚手架平面外变形所产生的轴向力 $N_0 = 3kN$（JGJ 130—2011 第5.1.12条），和风荷载产生的连墙件轴向力 $N_{lw} = 1.4\omega \cdot k \cdot A_w$，该值根据单位连墙件所覆盖的面积及所在地区的风荷载标准值进行计算。在中部地区，架体高度在24m以下的双排钢管扣件式外脚架的 N_{lw} 约在 4～6kN

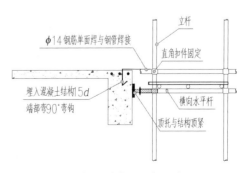

图1 拉撑结合连墙件示意图

之间。单个连墙件受的轴向力 $N_1 = N_0 + N_{lw}$，最大值约为 9kN。对比预埋钢管式连墙件，双扣件的设计承载力设计值为 $12 \times 0.8 = 9.6kN$，按 10kN 进行验算。

根据《建筑施工扣件式钢管脚手架安全技术规范》（JGJ 130—2011）第 5.1.12 条：

强度 $\sigma = \dfrac{N_1}{A_C} \leqslant 0.85f$　　　　稳定 $\dfrac{N_1}{\phi A} \leqslant 0.85f$

进行稳定性验算：

按钢管计算，取计算长度 600，长细比 $\lambda = l_0/i = 600/16 = 37.5$，查《建筑施工扣件式钢管脚手架安全技术规范》表 A.0.6 得，$\phi = 0.896$，

$(N_{lw} + N_0)/(\phi A_c) = 10 \times 10^3/(0.896 \times 384) = 29.064 N/mm^2 \leqslant 0.85 \times [f] = 0.85 \times 205 N/mm^2 = 174.25 N/mm^2$。

按钢筋计算，取计算长度 200，长细比 $\lambda = l_0/i = 200/3.5 = 57.14$，查《建筑施工扣件式钢管脚手架安全技术规范》表 A.0.6 得，$\phi = 0.829$，

$(N_{lw} + N_0)/(\phi A_c) = 10 \times 10^3/(0.829 \times 153.86) = 78.40 N/mm^2 \leqslant 0.85 \times [f] = 0.85 \times 205 N/mm^2 = 174.25 N/mm^2$

按拉接部分钢筋的最小直径计算，钢筋的抗拉强度 $f_y = 205 N/mm^2$

$d_{min} = 2 \times (A/\pi)^{1/2} = 2 \times (N_1/f_y/\pi)^{1/2} = 2 \times (10 \times 10^3/205/3.142)^{1/2} = 7.88mm$，满足要求。

从上面的计算可以看出，采用图 1 所示的连墙件结构在强度、稳定性方面能满足要求。但在实际工作中连墙件的受力比较复杂，不仅仅是轴向力，还会有外架受力或基础沉降引起的弯矩，因此为确保外架安全，在连墙件下面节点范围内，增加横向顶撑来加强连墙件的抗弯能力，从而形成顶拉结合的稳定结构。

2　经济效益分析

我们知道预埋钢管方法在混凝土浇筑前用一竖向短钢管埋设于梁内约 20cm，露出梁背约 20cm，待混凝土浇筑完成后，用水平长钢管连接立杆与竖向短钢管即可，必须采用 2 个扣件，扣件数量相对较多。与短钢管连接的扣件有相当比例无法拆卸，最终报废，导致成本较高。采用预埋钢管方法时，在砌体施工时必须对连墙件的竖向短钢管位置留设洞口，待连墙件拆除后采用细石混凝土进行封堵。对洞口的封堵如稍有不慎，将导致洞口补不密实，从而给外墙防水留下难以弥补的隐患，尤其是东南沿海地区和内地多雨地区的建筑。

而采用顶拉结合式连墙件，结构简单、牢固，在工地现场就可以加工。在砌体施工时，不需要预留连墙件洞口，减少砌体后续补洞和内外墙抹灰修补工序，降低成本，减少外墙渗漏的风险；由于不需要进行外架补洞，外架落地的时间也相应缩短。具有成本低、施工简单、结构可靠的优点。具体费用对比分析见表 1。

表 1　预埋短钢式连墙件与顶拉结合式连墙件费用对比表

项目	预埋短钢管式连墙件		顶拉结合式连墙件	
材料损耗	500m 长短钢管预埋件	10 元	500m 长 ϕ14 钢筋	5 元
			200m 长短钢管（焊接头）	4 元
人工	切割预埋钢管	2 元	切割预埋钢筋	0.5 元
	洞口封堵	50 元	钢筋头防锈	0.5 元
合计		62 元		10 元

从上述分析可见，其经济效益明显。

3　施工中注意事项

预埋钢筋必须采用 Q235 级钢筋，钢筋直径不小于 12mm，与短钢管焊接的焊缝长度单面焊不小于 10d，双面焊不小于 5d。焊接时，须由专业焊工施焊，控制好电流，因钢管壁厚较薄，防止烧伤钢管。钢筋埋入混凝土结构内的长度不小于 15d，端部宜做成弯钩，并与结构钢筋绑扎。预埋钢筋外露长度不大于 200mm。为外墙装饰提供工作空间，钢管端头距结构面的距离不小于 100mm，如图 2 所示。

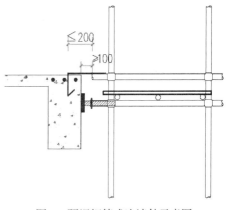

预埋件在结构施工时同步施工，待边梁模板拆除（3～5d）后，及时安装下部顶托，并与结构顶紧。在外墙装饰施工时，只需松动施工部位的顶托，施工完成后，再及时顶紧，严禁将顶托全部松掉施工。

图 2　预埋钢筋式连墙件示意图

4　实际应用

该连墙件在 2017 年度、2018 年度我公司平江县易地扶贫项目的九个安置点六层以内的砖混结构的安置房中得到应用，极大地减少了外墙渗漏风险，效果显著。尤其在工期紧张，外墙采用涂料的情况下，因其不需要堵脚手架眼，外架落地速度加快，油漆施工补漏面积小，减少了色差的出现。目前正在施工的联东 U 谷望城产业综合体项目，共 34 栋框架结构厂房项目中，又得到了建设、监理单位的肯定，大面积采用，极大地减少了外墙渗漏的风险源，节约了成本有较好的适用价值。

参考文献

建筑施工扣件式钢管脚手架安全技术规范：JGJ 130—2011 ［S］. 北京，中国建筑工业出版社，2011.

关于型条软包双层隔声墙施工工艺与技术的探讨

陈博矜　蒋海明

湖南六建装饰设计工程有限责任公司，长沙，410015

摘　要： 型条软包双层隔声墙不仅有效地解决了传统软包存在的诸多弊端，而且使装饰墙体兼具吸声、隔声、隔热等性能。罩面板、卡条、软包安装是本分项工程的质量控制点，可供参考选用。

关键词： 型条；空腔；罩面板；卡条；软包布

1　引言

　　型条软包双层隔声墙是一种在土建原有墙体和轻钢龙骨隔墙之间留置空腔，石膏板和防潮板做基层，型条软包做饰面的隔墙。它综合并优化了轻钢龙骨石膏板隔墙和软包两项施工工艺，使墙体兼具软包装饰、吸声、隔声、隔热等性能。精致的软包质量和优异的吸声、隔声、隔热性能，使型条软包双层隔声墙深受业主、设计师的青睐。近年来，公司有幸承接和实施的长沙星光天地银兴国际影城等项目，现就型条软包双层隔声墙与大家探讨。

2　工艺特点

　　（1）传统软包由机器生产，受设备制约，造型复杂、体量稍大的软包做不了，而型条软包可现场制作，造型、体量不受限制，适用性强（图1）。

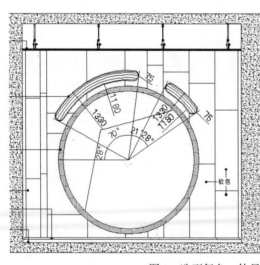

图1　造型复杂、体量大的型条软包

　　（2）与传统软包相比，型条软包采用锯齿状夹口和型条固定软包布，每块板独立安装不受邻板制约，安装拆卸方便，可根据需要拆洗或更换软包布、海绵，节材与环保。

　　（3）与传统软包相比，型条软包表面平整无皱褶，十字交叉处齐整无错位，线条笔直流畅，观感质量好。

（4）与传统隔墙相比，型条软包双层隔声墙安装了双层基层板，隔墙刚度更好，吸声、隔声、隔热效果更显著。

（5）与传统隔墙相比，型条软包双层隔声墙内置100mm厚空腔，龙骨框架内置50mm厚玻璃棉，减少了空气对流的可能，吸声、隔声、隔热效果更显著。

3 适用范围

适用于大型会议室、娱乐场所、家庭影院、戏剧院、影院影厅、播录音室等高档次装修，吸声、隔声、隔热要求较高的墙面装饰。

4 工艺原理

离墙100mm安装轻钢龙骨骨架；骨架背面满挂钢丝网；骨架内嵌玻璃棉；骨架外安装石膏板、防潮板；安装卡条；安装软包；收口处理（图2）。

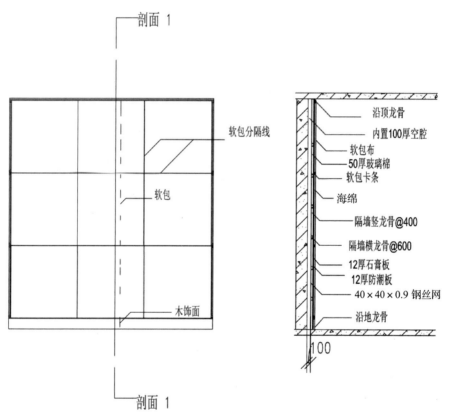

图2 工艺原理图

5 工艺流程及技术操作要点

5.1 施工工艺流程

弹线→骨架安装→挂钢丝网→嵌填玻璃棉→隐蔽验收→罩面板安装（石膏板、防潮板安装）→卡条安装→软包安装→收边处理。

5.2 技术操作要点

5.2.1 弹线

在基体上弹出水平线和竖向垂直线，以控制隔断龙骨安装的位置、格栅的平直度和固定点。

5.2.2　骨架安装

（1）沿弹线位置固定沿顶和沿地龙骨，各自交接后的龙骨，应保持平直。固定点间距应不大于 1m，龙骨的端部必须固定牢固。边框龙骨与基体之间，应按设计要求安装密封条。3.5～6m 的隔墙采用 C75 系列轻钢龙骨；6m 以上隔墙采用 C100 系列轻钢龙骨。

（2）当选用支撑卡系列龙骨时，应先将支撑卡安装在竖向龙骨的开口上，卡距为 400～600mm，距龙骨两端的距离为 20～25mm。

（3）门窗或特殊节点处，应使用附加龙骨，其安装应符合设计要求。

（4）骨架安装的允许偏差：立面垂直度，2mm；表面平整度，2mm。骨架安装效果如图 3 所示。

5.2.3　挂钢丝网

用 14 号铁丝将 40mm×40mm×0.9mm 的钢丝网与骨架背面固定。固定点横向间距 500～600mm，竖向间距为横龙骨高度。要求钢丝网满铺骨架，与骨架连接牢固，贴合紧密。

5.2.4　嵌填玻璃棉

50mm 厚玻璃棉满嵌骨架内，要求玻璃棉裁剪整齐，与钢丝网连接牢固。

5.2.5　隐蔽验收

封罩面板前，邀请监理工程师或业主现场代表，按相关规定进行隐蔽验收。隐蔽验收合格，方可进入下道工序。

5.2 6 罩面板（石膏板、防潮板）安装

安装石膏板前，应对预埋隔断中的管道和附于墙内的设备采取局部加强措施。

石膏板宜竖向铺设，长边接缝应落在竖向龙骨上。

石膏板采用自攻螺钉固定，周边螺钉的间距不应大于 200mm，中间部分螺钉的间距不应大于 300mm，螺钉与板边缘的距离应为 10～16mm。

安装石膏板应从板的中部开始向板的四周固定。钉头略埋入板内，但不得损坏石膏纸面。石膏板的接缝，一般为 3～6mm。

防潮板固定同石膏板，但与石膏板应错缝安装。

石膏板、防潮板安装后垂直度、表面平整度应符合规范要求（图4）。

图 3　骨架安装

图 4　罩面板安装

5.2.7　卡条安装

（1）根据施工图纸，将软包纵横向分格线或图案清晰准确地标定在防潮板上。

（2）剪卡条

将卡条放在绘制好的基层板上，对照绘好的图案线条，在线条交叉的位置作上记号，并剪出缺口。

弯曲卡条法。将卡条底板锯通（这里钢剪不适用，钢锯或者砂轮机较好用），每隔一小段锯一缺口，缺口稀密根据曲线的弧度而定，锯通了底板的卡条可以弯曲铺钉。

相交的卡条接口要剪整齐，角度要合适，拼接严密。卡条底板不能重叠。

（3）钉卡条

一般用气钉枪（又称马钉枪）固定卡条，常用1010号钉，也可用其他型号钉，但必须固定牢固。整幅软包墙面，四周卡条钉距20～30mm，中间卡条钉距40～60mm。

交叉点处理：卡条交叉处下方需多留空，以便藏多余的面料。齿夹部要剪出缺口，边沿齿夹部也要剪出缺口，收边卡条与中间卡条相交点要剪出缺口。

阳角处理：将第三根卡条的底部，靠近两根卡条的夹缝，根据需要在前面固定好的卡条的侧面固定，只选一个夹面料即可。

阴角处理：卡条跟另一墙面之间需留出间隙，间隙为卡条的高度。

电源口处理：在电源口底盒外围，用卡条钉一个框，框的大小以面板能盖住底盒为准。

弧线处理：将卡条底剪出缺口（缺口稀密根据弧度大小而定），以便弯曲。

5.2.8　软包安装

（1）填充软包吸声层

卡条固定完毕后，根据其分隔出的区域进行测量，按照测量的尺寸裁切海绵。若海绵厚度为40～50mm，裁切尺寸可适当缩小10mm。粘贴海绵时，出于环保考虑，尽量少用胶粘剂，能粘住就行。

（2）软包布裁剪

海绵粘贴完毕后，进入软包布裁剪工序。无论是自左而右，还是自上而下，每块宽高都应各多留出60～80mm的余量。有些规格的面料，大小正合适，不用裁剪，可直接安装。

（3）安装软包布

将裁剪好的面料，从边条开始，整齐均匀地用铲刀塞进夹口，注意边条外侧要留出不少于20mm的面料余边。每块边条塞完后，接着塞对边，再依次塞另两边，即可完成一块。不得一次直接塞完任意的一条直线，必须按顺序一块一块地进行。如遇十字交叉口处，将面料集结起皱的多余面料塞入夹口底部的夹槽内即可。塞布时，会遇到余量不可进行下一块时，就需要接续面料，此时将多余的面料剪掉，再将断槎全部塞进夹槽底部，才可接续面料。完成效果如图5。

图5　软包完成后效果

5.2.9　收边处理

　　面料塞完后，进行最后一道工序——收边。前面固定边条时，与边框留出的缝隙，就相当于一个夹口了。将之前留出的余边，统一裁剪成 15～20mm，沿边条塞进缝隙，如遇到厚海绵的弧度较大的软包安装，会因力度和面料伸缩性而出现弧边波浪（不平整），此时就要用铲刀再次塞进面料进行调整，直至平整。

6　应用实例

　　长沙星光天地银兴国际影城装饰装修工程位于湖南省长沙市雨花区，建筑面积约 8124.8m²，该影城型条软包双层隔声墙面积约 1500m²，采用本工艺施工。开工日期 2018 年 11 月，完工日期 2019 年 5 月。完工后，专业检测单位对剧场内混响时间、频率特性、背景噪声等主要建声指标进行了测试，测试结果符合设计要求。型条软包双层隔声墙达到了预期的吸声、隔声的效果。完成的软包与基层连接牢固、表面平整、洁净，无凹凸不平及皱褶，图案清晰、无色差，整体协调美观。软包垂直度、边框宽度高度等偏差控制在规范允许限值内。该影城开业以来，型条软包双层隔声墙经受了使用过程中的各种考验，质量和功能始终稳定可靠，得到了业主、设计、监理一致好评。

7　结语

　　型条软包双层隔声墙兼具软包装饰、吸声、隔声、隔热等多项性能，经工程实践证明该工艺成熟可靠，质量稳定，节材环保，经济效益和社会效益显著，应用前景广泛，值得推广。

参考文献

［1］　王勇. 室内装饰材料与应用［M］. 北京：中国电力出版社，2012.

［2］　孙晓红. 建筑装饰材料与施工工艺［M］. 北京：机械工业出版社，2013.

浅谈复合陶瓷薄板干挂施工方法的应用

郭益波

湖南六建装饰设计工程有限责任公司，长沙，410000

摘　要： 随着我国城市地下轨道工程的飞速发展，要求装饰装修工程在地下轨道工程中需要更加地多样化、优质化。复合陶瓷薄板就是一种既能最大化地体现色彩特征，又能确保安全，且施工便捷的材料。其上下采用通长铝合金挂件及螺栓组连接龙骨固定的模式，可实现前后左右活动调节与装配式安装，操作简单又无须开槽，施工现场无扬尘，施工过程绿色环保，经济效益和社会效益显著，可值得广泛推广与应用。

关键词： 绿色环保；节能节材；装配式；高强轻质；陶瓷薄板

陶瓷薄板是一种由高岭土和其他无机非金属材料，经成形、1200℃高温煅烧等工艺生产制成的板状陶瓷制品。厚度只有 5.5mm，具有质轻、节材、抗压、耐磨、抗划、超薄的特点。其色泽、品类丰富，不褪色、不变形、无色差，可实现天然石材的高仿真，是一种绿色、环保的新型材料。复合陶瓷薄板是由 5mm 玻璃与陶瓷薄板夹 0.76mmPVB 中间层复合而成的一种板材。

复合陶瓷薄板与玻璃复合而成的板体在公共建筑中的应用，能有效提升板体的抗冲击能力，最大限度地杜绝安全隐患，与传统陶瓷板相比，拥有优异的防火、防潮、防水、防酸碱、易清洁、易拆卸等通体板所具备的性能特点。

1　工艺特点

（1）总厚度 12mm，可实现各种天然石材 95% 仿真度，颜色质感可根据需求定制，无色差永不褪色，耐候性更强，抗折强度更高，无放射性物质产生。复合板采用 PVB 中间层，板面破碎碎片附着 PVB，不会脱落伤人。

（2）复合陶瓷薄板上下边采用通长铝合金挂件，挂件槽口内垫橡胶条，用螺栓将挂件与横龙骨固定，可实现前后左右调节，整体安装模式为装配式安装，操作简单，实用性强，无须开槽，无扬尘，施工过程绿色环保。

（3）除钢转接件与后（前）置预埋件焊接外，其他组件均采用螺栓连接的装配式安装，施工便捷，质量可靠，拆卸方便并可反复利用，节能节材明显。

（4）复合陶瓷薄板密度更小，作业人员劳动强度低，施工安全更有保障，成本低，经济效益和社会效率显著。

（5）采用复合板形式，其抗冲击能力强、防火、防潮、易清洁特点，特别适用地铁、隧道、机场等人流密集的大型公共场所。

2　适用范围

地铁站、高铁站、机场、住宅、汽车站、火车站、隧道等公共区域的内外墙墙面装饰工程。

3　工艺原理

（1）双钢角码转接件采用后置埋件与墙体固定，后置埋件采用4个M12×160mm化学锚栓（墙体为砌体结构则需采用对穿螺栓）与建筑混凝土主体固定，陶瓷薄板板块采用铝合金定制挂件与横龙骨进行连接安装，墙面陶瓷薄板横、竖剖面图如图1、图2所示。

（2）横龙骨（50mm×50mm×5mm热镀锌角钢）与主龙骨（40mm×80mm×5mm热镀锌方矩管）连接采用螺栓固定，横龙骨水平间距根据设计板块分割大小进行固定。

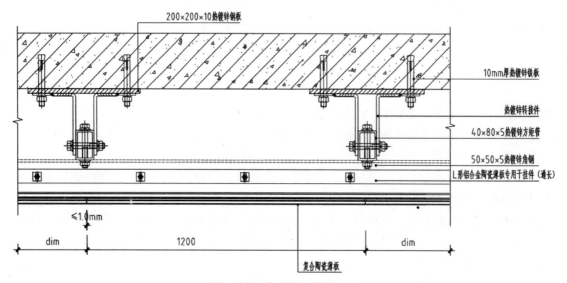

图1　墙面陶瓷薄板横剖面图

（3）主龙骨通过2个M12×100mm不锈钢螺栓与双钢角码转接件进行固定。

（4）面板通过通长铝合金挂件及不锈钢螺栓组与副龙骨实现卡扣式连接（图3）。

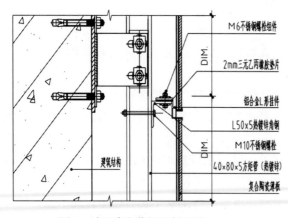

图2　墙面陶瓷薄板竖剖面图

图3　通长铝合金挂件与陶瓷薄板、横龙骨的连接照片

4　工艺流程和操作要点

4.1　工艺流程

测量放线→后置埋件安装→角码转接件安装→防雷安装→立柱安装→横梁安装→薄板安装→填缝→清理。

4.2　操作要点

4.2.1　测量放线

（1）初次弹线分格：根据排板图和板的尺寸先在墙上预排，重点是保证窗间墙排板的一致性，若建筑物实际尺寸与外装图纸有出入而出现非整板现象，要把非整板调整到房屋的阴阳角处，并做到窗两边对称。

（2）弹线确定主龙骨位置：初排经调整保证窗间墙排板一致后，用钢丝铅垂吊线确定主龙骨位置，竖向主龙骨间距 ≤ 1200mm，横向次龙骨间距 800mm。

4.2.2　后置埋件安装

（1）后置埋件定位

用硬纸板制作一块与后置埋件形状、规格一致的纸埋件，在纸埋件上画出竖直方向的中心线，将纸埋件靠在墙上中心线与竖向龙骨垂直定位线对齐，纸板上边线与每排后置埋件的水平安装控制线对齐，用记号笔分别在四个安装孔做记号。

（2）化学螺栓安装

①在定出的位置用冲击钻打孔，孔径、孔深根据设计图纸要求确定。

②用专用气筒或压缩空气机清理钻孔中的灰尘，建议重复进行不少于 3 次，孔内不应有灰尘与明水。

③将化学锚栓专用药水注入孔内，再用电锤将化学螺栓螺杆使用电钻及专用安装夹具，将螺杆强力旋转插入孔内。

④当旋至孔底或螺栓上的标志位置时，立刻停止旋转，取下安装夹具，凝胶后至完全固化前避免扰动。

（3）拉拔试验

化学螺栓的紧固程度和稳定性直接影响整个墙面的安全，因此必须通过锚栓拉拔试验来验证是否达到设计强度要求，取检验批总数的 1% 且不少于 3 根，抽检合格后，才能进行埋件安装。

（4）后置埋件安装

将后置埋件套在四根锚栓上，初步拧紧螺母，调整锚板的表面平整度和垂直度，然后拧紧螺母。安装完成后必须用扭矩扳手检验螺栓、螺母的拧紧力度，不小于 $60N \cdot m$，抽检率不少于 1/3，并点焊固定，保证安全可靠。

4.2.3　角码转接件安装

（1）角码安装

根据垂直控制线弹出角码安装位置线。角码焊接时，角码的位置应与墨线对准，并将同水平位置两侧的角码临时点焊，并进行检查，再将同一根立柱的中间角码点焊，检查调整同一根立柱角码的垂直度，符合要求后，进行角码与埋件的满焊。

（2）安装完成的后置埋件与角码转接件，经检查验收合格后，对焊接位置进行防腐、防锈处理。

4.2.4　防雷安装

根据设计图纸要求或采用 $\phi 12$ 防雷连接钢筋与后置埋件焊接，并连接至主体结构防雷系统，防雷连接钢筋水平设置间距不大于 10m。

4.2.5　立柱安装

（1）立柱采用镀锌方通，立柱下料完成后，根据角码转接件对螺栓孔进行定位，定位偏差小于 2mm，然后使用台钻钻螺栓安装孔，立柱正面需先根据板块的分割排板定位放线后再冲长条形孔，保证横龙骨安装后的可调性，冲孔长度不宜大于 5cm（该步骤对放线要求精度较高）。

（2）先安装墙面两端的立柱，立柱就位后通过不锈钢螺栓将立柱与角码转接件连接，根据垂直线及墙面端线，对立柱位置进行调整固定，确保立柱距墙面距离和垂直度。

（3）立柱从下而上逐层安装就位，对接处用镀锌角钢连接件做伸缩节，钢板上端用螺栓与上立柱固定，下端插入已安装的下立柱内，上下立柱接头留 20mm 伸缩缝隙。

4.2.6　横梁安装

（1）立柱安装完成后，根据水平安装控制线，按照板块的设计宽度及横缝宽度依次在立柱上弹出每排横梁的安装定位线，每排定位线沿建筑四周必须闭合，复核无误后方能安装横梁。

（2）横梁采用镀锌角钢通长横梁，长度根据设计要求确定（一般不小于 250mm），角钢下料完成后使用台钻，钻大小为 M10 的挂件螺栓安装孔。

（3）待调整完毕并复核无误后用不锈钢螺栓将横梁连接到立柱的螺栓孔洞内。

（4）横梁全部安装完成后须会同监理、建设单位进行龙骨隐蔽验收，验收合格后进行挂件、陶瓷板安装。

4.2.7　铝合金挂件安装

（1）铝合金挂件采用螺栓与横梁固定，挂件一端为可调节安装孔，另一端分别有向上和向下的槽口，上槽口比下槽口浅一半。

（2）用螺栓穿过挂件安装孔和绝缘垫片固定到横梁上，螺栓先不拧紧，待薄板检查调整平整度，垂直度后再拧紧。

（3）根据设计图纸要求，薄板安装离墙间距和墙面端线时，先拧紧最底排左右两侧的挂件，然后两挂件之间拉平整度控制线，再根据控制线依次拧紧最底排其他挂件的螺栓。

4.2.8　薄板安装

（1）为方便操作，薄板从下往上逐排安装，每排先安装转角处薄板，再安装中间薄板。

（2）每块薄板安装上下两道通长铝合金挂件，将三元乙丙橡胶条放入挂件槽口再将第一块薄板承载壁插入铝合金挂件槽口，扣上上排铝合金挂件，粗略调整薄板的位置后，初步拧紧螺栓。

（3）根据平整度控制线沿垂直墙面方向调整上排两个挂件，面板平整度符合要求后拧紧上排挂件螺栓；根据竖缝直线度控制线左右移动面板，使板边缘与控制线对齐。

（4）根据上述步骤依次安装其余薄板，左右移动调整正在安装的板块竖缝，以刚能卡住分缝铝合金托码为准，避免用力过猛使邻近板块发生位移；通过中间设置的竖缝直线度控制线进行纠偏减少误差积累，安装过程中要经常用 2m 靠尺检查板面安装的平整度。

4.2.9　填缝

（1）内墙干挂。横向缝采用铝合金挂件的自然缝，一般为 15mm，竖向缝隙根据业主需求采用填缝剂进行填缝处理，安装时竖向缝隙不能过大需保持 ≤ 1mm。

（2）外墙干挂。为了确保密封防雨性，首先嵌入 $\phi10$ 泡沫棒然后注入耐候结构胶进行嵌缝处理，缝隙宽度预留 10 ～ 15mm。

4.2.10　清理验收

薄板安装完成后，对完成面进行系统检查，检查是否有被污染弄脏的板块，污染部位先用棉布蘸少许清洁剂擦拭干净，再用清水布擦拭一遍；安装过程中和安装完成后要注意做好成品的保护工作，严禁蹬踏、重物撞击。

5 效益分析

薄板干挂规格精确，性能恒久稳定，适合工厂集成和规模化生产，所用材料可回收加工，有利于推进建筑产品的能源再生循环利用，薄板自身的自洁功能使建筑维护更轻松，后期维护费用低廉，不易吸附灰尘，污物不易沉积，雨水冲刷即可自洁，节省幕墙周期清洁费用。与同类幕墙工程相比，薄板施工工艺简单施工速度快，能缩短建设周期，所用材料属于低耗能，材料环保，建成后节能效果显著，符合当前节能环保降耗的社会主题，将在我国建筑干挂墙体装饰工程中得到更广泛的推广和应用。

目前我国尚无统一的施工工艺标准，本工法施工过程中参考借鉴了《建筑装饰装修工程施工质量验收标准》（GB 50210—2018）、《建筑幕墙》（GB/T 21086—2007），以及在薄板生产厂家的企业标准基础上，经实践总结形成工艺成熟、行之有效的施工技术措施，能确保大面积薄板幕墙安装施工质量，为类似工程施工提供了很好的参考借鉴，具有良好的社会效益。

6 结语

本工艺应用于常州地铁一期工程（森林公园站—南夏墅站）开工日期 2014 年 10 月 28日，竣工日期 2019 年 9 月 1 日。全线长 34.24km，全线商业区采用陶瓷薄板干挂施工，施工面积约 3000m^2，采用该工法进行施工，与主体结构连接牢固、表面平整度高、色泽统一并缩短了工期，效果得到业主一致好评，值得大面积运用与推广。

参考文献

［1］葛云发. 干挂石材幕墙施工技术要求［J］. 江西建材，2010.

［2］董奔. 浅谈石材幕墙的干挂法施工技术与质量控制措施［J］. 河南建材，2010.

浅析钢骨架吊顶施工技术和骨架核算

蒋海明　　张晶晶

湖南六建装饰设计工程有限责任公司，长沙，410000

摘　要：目前公共空间装饰装修中骨架吊顶材料施工方式主要有三类：轻钢龙骨、铝合金龙骨和木龙骨架。传统的铝合金龙骨吊顶施工成本造价高。木龙骨吊顶存在易燃易腐蚀、遇潮易吸水、发霉、变形等情况，吊顶也容易开裂。轻钢龙骨架吊顶技术大量使用，现场直接加工、焊接安装、操作简单，劳动强度小，安全可靠且经济适用。本文结合工程实践解决钢骨架吊顶工艺施工、材料成本、提升质量管理水平、满足人类美学和经济的需要等问题。

关键词：钢骨架；吊顶施工；材料核算

1 引言

钢骨架是一种以钢代木的新型骨架材料，它在装饰工程中广泛应用于吊顶、隔墙、棚架、墙壁面、造型、家具的骨架等结构中，起固定、支撑和承重的作用。设置灵活拆卸方便，并且具有质量轻、强度高，能防震、防火、隔热、隔声等多种特点。所以用正确的施工方法去使用正确的材料，才能以率真和美的方式去解决人类的需要。

2 钢骨架特点及适用范围

钢骨架采用电热焊接或螺栓连接，防火性能好，刚度大，便于上人检修顶内设备、线路；隔声性能好，可装配化施工，施工工艺简单、操作方便，劳动强度小，安全可靠且经济适用，适应多种室内外饰面材料安装。

3 工艺原理

根据吊顶龙骨的安装规律，采用槽钢及角钢骨架焊接的方式，在适当标高形成可以供龙骨生根的钢骨架网，将吊顶龙骨的生根点由原结构转换至设计标高处。转换支撑钢结构网格的设计尺寸可以根据实际吊顶龙骨的排布确定，一般横向角钢用于安装吊筋，间距在 900～1200mm，纵向方管支撑只起到系统稳定作用，间距在 2500～4000mm 之间，竖向角钢通过角钢角码、膨胀螺栓与结构顶或圈梁连接。

附转换支撑骨架平面布置示意图（图1）

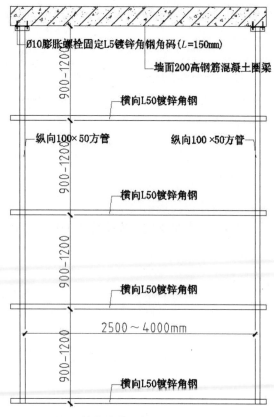

图1　转换支撑骨架平面布置示意图

和吊顶内横向剖面图（图 2）。

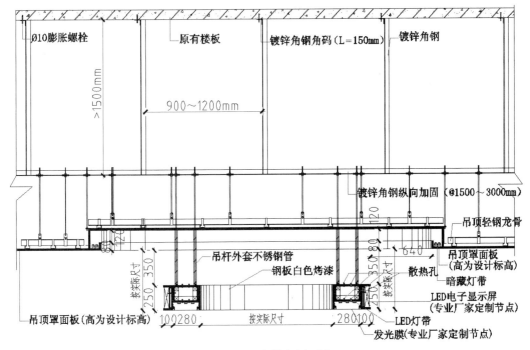

图 2　吊顶内横向剖面图

4　工艺流程及操作要点

4.1　工艺流程

钢骨架吊顶前期施工准备→弹线→转换支撑设计→钢骨架加工→活动脚手架搭设→测量放线→与原结构生根连接→钢骨架网格点焊及校正→钢骨架网格满焊接→防锈处理→验收合格后吊顶施工。

4.2　操作要点

前期施工准备→弹线→角码固定（网架结构底座固定）→竖向角钢焊接→平面钢骨架网格焊接→焊点防锈。

（1）根据土建方提供的现场标高点进行测量，复测各个点位的高差，掌握准确测量数据，数据打印以便现场使用。

做好施工人员文明、安全施工的培训工作。

做好图纸会审、设计交底、分项工程技术交底工作。

做好现场板块排板，画出排板图，并按照分格尺寸加工裁切钢骨架。

（2）根据设计要求确定钢龙骨的位置及高度，并在顶面、墙面上弹线，按所需龙骨的长度尺寸，对龙骨进行画线配料。先配长料，后配短料。量好尺寸后，用记号笔在龙骨上画出切截位置线。

（3）用长 15cm 的 5 号角钢做角码，膨胀螺栓固定于原混凝土结构顶面。如果原结构层为钢结构，可利用钢结构固定点位置调整转换支撑的固定点，采用钢板焊接等方式固定。

（4）竖向角钢焊接。按图纸设计要求，用 5 号镀锌角钢焊接在安装好的角码或底座上，焊接点采用满焊。竖向角钢焊接完成后，应在横向和纵向拉钢丝线检查，确保角钢顺直。焊接完成的角钢焊接部位应及时做防锈处理。

（5）平面角钢网格焊接。平面角钢焊接时，首先应核实标高是否符合设计要求，并预留出轻钢龙骨及罩面板的安装空间。相邻两排横向角钢的间距不应超出吊顶轻钢龙骨吊筋间距的允许范围（900～1200mm），并且每间隔2500～4000mm加一道通长的方管做纵向加固，以保证吊顶的整体稳定性。钢网架结构转换的固定点需结合工程实际情况根据网架结构的设计确定。竖向角钢或圆钢管与纵横向角钢网格的连接可采用钢板连接件焊接。

（6）钢架焊接完成后，应按照原编制方案校核，并检查焊点防锈。

吊杆外套不锈钢管吊顶安装和如图3、图4所示调整。

图3　吊杆外套不锈钢管吊顶安装

图4　吊杆外套不锈钢管吊顶调整

5　骨架材料

工程项目主要所选100×50镀锌方管、5号镀锌角钢、轻钢龙骨、膨胀螺栓、焊条、防锈漆等所有材料将根据下料图纸订货，并应符合设计规范要求，合格证、检验报告齐全，同时须满足行业标准要求。

5.1　轻钢龙骨

轻钢龙骨是以镀锌钢带或薄钢板由特制轧机以多道工艺轧制而成。它具有强度大、通用性强、耐火性好、安装简易等优点，可装配石膏板等各种饰面材料，是吊顶装饰龙骨支架。吊顶龙骨主要规格分为D38、D45、D50和D60；断面有U形、C形、T形及L形等。根据技术指标，分为优等品、一等品和合格品三个产品等级。

某公司生产的轻钢龙骨规格详见表1

表1　某公司生产轻钢龙骨规格

序号	名称	型号	系列	断面代号	规格代号	规格 $L×h×B$（mm）	材料厚度（mm）	截面面积（cm²）	质量（kg/m）	备注
1	轻钢龙骨	U	上人	U	UD	2000×62×31.5	1.5	1.88	1.47	该产品龙骨及配件外表面涂层颜色可根据需要进行配色
2				C	UZ	2000×50×19	0.5	0.5	0.39	
3				C	UZ1	500×25×19	0.5	0.4	0.312	
4				C	UZ2	600×25×19	0.5	0.4	0.312	
5			不上人	U	UD	2000×36×12	1	0.6	0.468	
6				U	UZ	2000×19×50	0.5	0.5	0.39	
7				C	UZ1	450×19×25	0.5	0.4	0.312	
8				C	UZ2	550×19×25	1.5	0.4	0.312	

5.2 吊顶轻钢龙骨材料核算

吊顶龙骨架核算时根据施工图上的吊顶架结构与尺寸，分别计算每间室内的吊顶龙骨和副龙骨的数量，再将各厅室内所需主、副龙骨的数量相加得总数 M。考虑到施工中规格尺寸与实际尺寸的差异，以及施工中的截断损耗等因素，需要将总数加 3% 的余量得到实际总数 $M_总$，以米（m）为单位。其经验公式为：

$$M_总 = 1.03M \qquad (1)$$

注意主、副龙骨的总数应分别计算，如果主、副龙骨的材料相同，则可一并计算。

5.3 轻钢龙骨吊顶辅件

主要辅件有：

吊件。用于悬吊主龙骨。

挂件。用于将副龙骨与主龙骨挂接。

接插件。用于副龙骨接头处的挂接。

连接件。用于主龙骨接头处的连接。

辅件的计算应按《轻钢龙骨施工图例》的规定进行。如果手头没有该资料，可按下列方法粗略计算。

以上人主龙骨吊件，以 1 ～ 1.5 件 /m 计算。而不上人主龙骨以 0.6 ～ 1 件 /m 计算。

副龙骨挂件、接插件可按经验公式计算：

$$挂件数量 = 副龙骨总数（m）/2 \times 1.3 \qquad (2)$$
$$接插件 = 副龙骨总数（m）/ 吊顶框架分格边长 \qquad (3)$$

5.4 吊件材料

吊件分标准吊件和自制吊件两种。标准吊件可按计算出的数量外购即可。自制吊件分吊杆材料、吊点铁件、射钉或膨胀螺栓、吊杆螺母等几种零件。上人龙骨架的吊杆用 $\phi 8$ 左右的钢条，并在吊杆的一端做出一段长为 30mm 的螺纹。吊杆长度要根据顶距楼板底的尺寸来定。不上人龙骨可用 10 号镀锌铁丝做吊杆。吊杆、吊点铁件的数量等于吊顶吊点数，或略多于吊点数。射钉、膨胀螺栓和吊杆螺母数量是吊点的两倍。

5.5 其他材料

油漆是吊点的吊件、吊杆防锈所需的材料，可按每 1kg 油漆涂刷 100m² 来计。每 1kg 防锈油漆需配 0.5kg 松节水和 0.25kg 棉纱丝。

总之，装饰工程牵涉面广，且变化较多。通过材料核算为工程项目提供出一个近似准确的材料单，以便进行施工备料工作，尽量减少不必要的浪费和资金的占用量。为工程顺利地进行开创一个良好的开端。

6 成品保护措施

焊接完成的部位及时涂刷防锈漆，以免生锈。

7 质量控制

依据《建筑装饰装修工程施工质量验收规范》（GB 50210—2008），在吊顶施工中应重点控制以下几个方面：

（1）钢骨架材料品种、质量必须符合设计要求。

（2）钢骨架吊顶必须调整平整。

（3）钢骨架吊顶的线条走向必须规整，吊顶线条的不规整使人有杂乱感，会破坏吊顶的装饰效果。

（4）钢骨架吊顶面与吊顶设备的关系处理得当，主要有灯盘和灯槽、空调出风口、消防烟雾报警器和喷淋头等。要求不破坏吊顶结构，不破坏顶面的完整性，与吊顶面衔接平整。

（5）暗龙骨吊顶工程安装允许偏差和检验方法应符合表2的规定。

表2　暗龙骨吊顶工程安装允许偏差和检验方法

项次	项目	允许偏差（mm）				检验方法
		纸面石膏板	金属板	矿棉板	木板、塑料板、格栅	
1	表面平整度	3.0	2.0	2.0	2.0	用2m靠尺和塞尺检查
2	接缝直线度	3.0	1.5	3.0	3.0	拉5m线，不足5m拉通线
3	接缝高低差	1.0	1.0	1.5	1.0	用钢尺和塞尺检查
4	水平度	5.0	4.0	5.0	3.0	在室内4角用尺量检查

8　应用实例

长沙银行股份有限公司湘银支行位于长沙市。建筑面积约4560m²。转换支撑钢骨架轻钢龙骨吊顶面积约1500m²。开工日期2014年12月，竣工日期2015年8月。采用该方法施工，钢骨架吊顶结构连接牢固，表面平整，垂直度、接缝高低差均符合设计与施工规范要求，达到了预期欧式装饰风格效果，取得了很好的经济收益和社会效益，受到了业主的一致好评，同时也为企业树立了良好的形象。

麓谷文化产业基地项目室内装饰装修工程位于长沙高新区，东临湖高路，北临欣盛路，麓谷文化产业基地项目总建筑面积192901.09m²，其中新闻产业中心建筑面积58815.24m²，创意产业楼及附属综合楼建筑面积56668.64m²，本次装修施工图范围内的建筑面积约48000m²。转换支撑钢骨架轻钢龙骨吊顶面积约45000m²。开工日期2017年8月，竣工日期2018年9月。该项方法由于提前策划，大大地降低人工成本和时间成本，减少后期的返工时间和费用，节约大量的材料。

长沙星光天地银兴国际影城装饰装修工程，位于湖南省长沙市雨花区，建筑面积约8124.8m²。转换支撑钢骨架轻钢龙骨吊顶面积约5500m²。开工日期2018年11月，竣工日期2019年5月。采用该骨架吊顶施工，钢骨架上增加适当的饰面塑造内容，就能更好的反映出装饰美学效果环境符合设计与施工规范要求。整个钢骨架吊顶工程严格前述施工，并且坚持上道工序不合格不得进行下道工序施工的质量控制原则，使工程质量得到保证，达到了预期目的。

9　结语

近年来，科学技术的进步，推动着装饰材料不断地更新换代，随之而来促使施工工艺方法也不断进步。我们在骨钢架吊顶基础上，用改变面材的造型，增加面材的艺术性，来给建筑师一个表现艺术构思的手段，也是一种非常好的方法。特别是对有着很大可塑性空间的顶棚和隔墙，只要在钢骨架上增加适当的饰面塑造内容，就能更好地反映出装饰美学效果环境。因而研究其施工技术对于拓展相关研究具有积极的意义。

参考文献

［1］　土海平．室内装饰工程手册，3版［M］．北京：中国建筑工业出版社，1998.
［2］　建筑装饰装修工程施工质量验收规范：GB 50210—2001［S］.

预制底板高注蜂巢芯壳模密肋空心楼盖施工技术

陈　伟　戴习东　孙志勇　张益清　贺少斌

湖南省第三工程有限公司，湘潭，411101

摘　要：大跨度、大空间建筑楼盖结构以往通过采用钢筋混凝土密肋楼盖来实现，现介绍一种预制底板蜂巢芯壳模密肋空心楼盖施工技术，采用该楼盖结构体系具有确保空心楼盖底板保护层厚度、抗上浮、减轻自重、提高净空、保温隔声、降低造价等优点。

关键词：预制底板；密肋楼盖；蜂巢芯；壳模

1　前言

近年来，随着各类公共建筑对大跨度、大空间的追求，使空心楼盖施工技术种类繁多，日新月异，而大跨度、大空间结构往往采用传统的钢筋混凝土密肋楼盖来实现，我司在湘潭市岳塘区湖湘学校建设项目中，采用预制底板高注蜂巢芯壳模密肋空心楼盖新型施工技术，既能满足本项目大跨度、大空间的结构要求，同时确保板底保护层厚度、抗上浮、简化施工工序、减少主材和周转材用量。施工工期、施工效果、施工成本等与其他空心楼盖施工工艺相比，有显著优势。我公司技术人员在施工中不断实践、改进和总结该项施工工艺，现将该施工工艺总结并形成施工技术。

2　工程概况

湘潭市岳塘区湖湘学校建设项目位于湘潭市中心地带，北邻湖湘公园，南邻市委市政府，总建筑面积为45786.27m²，本项目新建教学楼、科技楼及艺体楼，其中教学楼建筑面积为12801.03m²，科技楼及艺体楼建筑面积为5160.28m²，其结构类型均为框架结构；教学楼最大建筑高度为18.90m，科技楼最大建筑高度为11.70m，艺体馆最大建筑高度为15.60m。为保证大跨度、大空间要求，结构梁板原设计为传统的钢筋混凝土密肋楼盖。由于项目工期紧张，为了在保证项目质量安全的前提下简便施工、缩短工期及减少施工成本，通过前期与建设单位、设计单位沟通，将上述新建工程优化、变更为预制底板高注蜂巢芯密肋楼盖。优化变更后结构最大跨度10.50m，最大层高为4.50m，最大净高为4.18m。

3　技术原理

高注蜂巢芯密肋楼盖是一种混凝土框架暗梁、密肋梁板和免拆除的肋间预制底板、蜂巢芯壳模螺栓连接组成的结构体系。高注蜂巢芯产品是以有机高分子树脂（PP、PE）为主要原料，经合金改性，用特殊工艺加工制成壳模；以细石混凝土配以钢板网增强预制成底板，由二者组装而成的肋间免拆壳模。以该免拆壳模替代传统钢筋混凝土密肋楼盖中的肋梁侧模板、板底模板等（图1、图2）。

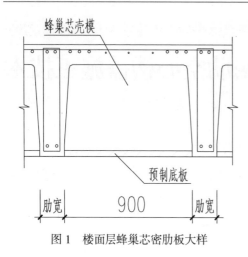

图 1　楼面层蜂巢芯密肋板大样

图 2　高注蜂巢芯壳模实图

4　施工工艺流程及施工方法

4.1　施工工艺流程

施工准备→支模架搭设及模板安装→定位放线→主梁钢筋安装→肋梁钢筋安装→蜂巢芯预制底板安装→水电管线预埋→蜂巢芯壳模安装→板钢筋安装→混凝土浇筑。

4.2　施工方法

4.2.1　施工准备

（1）根据设计施工图和高注蜂巢芯不同规格、数量编制使用计划并委托相关厂家生产。

（2）根据工程特点编制施工专项方案、技术交底文件等，组织施工管理人员、施工劳务人员进行针对性的技术交底、安全交底。

（3）对进场的高注蜂巢芯材料逐个检查、取样检测及验收。

4.2.2　支模架搭设及模板安装

（1）根据模板专项施工方案要求，进行支模架搭设。

（2）根据设计标高进行密肋楼盖底模板安装，并注意根据不同跨度对底模板进行1‰～3‰双向起拱。

（3）模板安装完成后，对板面进行清扫，对支模架进行检查。

4.2.3　定位放线

根据设计施工图对框架暗梁、肋梁、预埋套管等进行定位放线，肋梁间即为蜂巢芯安装位置。

4.2.4　主梁钢筋安装

根据设计施工图中梁配筋要求进行主梁钢筋或暗梁钢筋安装。

4.2.5　肋梁钢筋安装

（1）根据设计施工图中肋梁配筋要求进行肋梁钢筋安装。

（2）肋梁钢筋安装过程中注意肋梁纵向受力钢筋顺直、箍筋间距偏差满足规范要求（图3），并尽量不要移动已摆放好的蜂巢芯预制底板。

4.2.6　预制底板安装

（1）将本次施工面所需用的蜂巢芯预制底板使用垂直运输设备分批、分规格运输至板面。注意为避免集中荷载过大，预制底板在板面上必须分散堆放。

（2）预制底板安装前再次确认板面是否清洁，按照预先弹出的肋梁线，每块预制底板安排 2 人同时抬放至肋梁间，并摆放调整以保证肋梁截面尺寸。

4.2.7　水电管线预埋

根据水电安装设计图纸，将水电管线、暗盒等在肋梁中进行预埋，并与肋梁钢筋固定绑扎。为避免后期板底灯具、风扇等其他设备安装打孔时损坏其中预埋管线，肋梁中预埋管线尽量分散在肋梁两侧或肋梁中部。

4.2.8　蜂巢芯壳模安装

（1）蜂巢芯壳模安装前，将其预制底板中的锚固钢筋调整成 45° 左右锚入肋梁或主梁中，并再次检查预制底板位置是否准确，是否影响肋梁顺直和保护层厚度。

（2）将蜂巢芯壳模空腔一面扣在预制底板上，细微调整壳模位置，使壳模四边的固定孔与预制底板上的固定部位相对应。

（3）采用自攻螺丝配合电动螺丝刀将壳模与预制底板牢牢固定。

4.2.9　板钢筋安装

依据设计施工图，在肋梁及蜂巢芯壳模上方安装板面钢筋。安装过程中注意板面钢筋上下保护层厚度（图 4）。

图 3　肋梁钢筋安装

图 4　板面钢筋安装

4.2.10　混凝土浇筑

（1）混凝土浇筑前，检查蜂巢芯壳模在施工过程中是否有破损。局部小孔洞的破损可采用钢丝网片、胶带等封堵，破损严重的必须更换壳模。

（2）混凝土浇筑宜采用混凝土泵车进行浇筑，以避免泵管、布料机等对蜂巢芯的冲击。

（3）当必须采用泵管、布料机等设备时，泵管和布料机应尽量在框架梁上架设，并在泵管和布料机底部设置缓冲垫（比如废旧轮胎），以减少对蜂巢芯的冲击力。

（4）浇筑混凝土时必须按照平行分层方式浇筑，即第一次布料厚度不超过已安装蜂巢芯高度的一半，第二次布料在第一次布料初凝前完毕，振捣间距宜 ≤ 300mm，振捣时振动棒避免紧贴蜂巢芯壳模振捣。

5　质量控制

（1）由于密肋楼盖一般跨度较大，模板支架搭设及模板安装必须严格按照专项施工方案及相关规范要求进行。

（2）对参与蜂巢芯密肋楼盖施工的管理人员，施工劳务人员进行全面、有针对性的技术交底。

（3）进场的蜂巢芯产品必须经过相关检验试验，并验收合格；蜂巢芯预制底板的运输采用专用吊笼，壳模的吊运采用专用吊杆。

（4）蜂巢芯预制底板及盆模安装时，施工面要求清洁、干净。

（5）蜂巢芯密肋楼盖的肋梁位置及蜂巢芯的安装必须严格按照设计施工图中排板及规格进行，必须按照预留固定孔将壳模与预制底板相固定。

（6）蜂巢芯密肋楼盖肋间楼板部位，应严格控制板厚与设计相符，偏差不超过规范允许值。

（7）蜂巢芯安装完成后，应按照肋梁线及保护层厚度进行调整，确保肋梁平直。

（8）混凝土浇筑前必须对已安装的蜂巢芯进行全面检查，对可修补的破损部位进行封堵，损坏严重的必须进行更换。

（9）混凝土浇筑时严格按照平行分层要求浇筑，混凝土坍落度控制在160～180mm，主梁及肋梁振捣时振动棒快插慢拔，间距不大于300mm，板面混凝土拖棒振捣即可。

（10）混凝土浇筑完成，在混凝土终凝后立即进行覆膜养护或浇水养护。

6 安全措施

（1）加强安全生产的宣传教育和学习国家、省市有关安全生产的《规定》《条例》和《安全生产操作规程》，并要求作业人员在施工中严格遵守有关文件的规定。

（2）正式施工前，必须根据设计施工情况编制专项模板工程施工方案，对荷载进行详细计算，确定支模架搭设方案并报公司、监理等相关部门审核，在混凝土浇筑前对模板及其支撑体系全面检查。

（3）根据蜂巢芯密肋楼盖施工特点，对作业人员、管理人员进行专项安全技术交底。

7 环保措施

（1）教育作业人员自觉维护现场环境，组织文明施工。

（2）蜂巢芯壳模及预制底板按不同规格分类堆放，码堆整齐并标识清楚，有专人负责看管及调配。

（3）破损严重或残缺的蜂巢芯壳模不随意丢弃，集中归堆并按不可回收垃圾进行处理。

8 结语

预制底板高注蜂巢芯壳模密肋空心楼盖在本工程的应用，相较于传统钢筋混凝土密肋空心楼盖大大简化了施工程序，缩短了工期，减少了模板用量，减少了人工的投入，并且由于底板平整、干净，后期无须吊顶装饰，节约了部分造价。同时，由于预制底板高注蜂巢芯壳模密肋空心楼盖为空腔结构，减少了上下层间热量的传递，明显提高了隔热性、保温性，节能效果突出，有一定的推广应用前景。

参考文献

［1］高伟. 现浇混凝土箱式空心楼板施工方法［J］. 中国新技术新产品，2011（13）.

［2］佘令. 现浇空心楼盖（空心箱模）结构施工［J］城市建设理论研究，2011（35）.

［3］中国建筑科学研究院. 现浇混凝土空心楼盖结构技术规程：CECS175：2004［S］.

圆形检查井企口式预制混凝土井筒施工技术

王　山　吴凯明　龙　云　曾卫华　刘　毅

湖南省第三工程有限公司，湘潭，411101

摘　要： 市政道路雨污圆形检查井传统施工方法一般采用砖砌或者混凝土现场浇筑。砖砌检查井和混凝土现浇检查井由于原材料、施工工艺等原因造成检查井砌筑质量差，路面沉降、施工工期较长等问题。本技术介绍了圆形检查井企口式预制混凝土井筒施工技术是利用企口式预制混凝土井筒替代传统的砖砌检查井井筒，现场快速拼装，施工简单方便，降低了人工成本，提高了工作效率。

关键词： 圆形检查井；企口式；预制井筒；施工技术

　　市政工程雨污圆形检查井传统施工方法一般采用砖砌或者混凝土现场浇筑。砖砌检查井质量由于原材料强度不达标，操作工人砌筑水平参差不齐等原因造成检查井砌筑质量差和观感差，极易受通车条件影响造成塌陷损坏、路面沉降等质量通病问题。现浇混凝土检查井因施工工艺等原因造成检查井蜂窝麻面，施工工序复杂，施工周期较长等问题。圆形检查井企口式预制混凝土井筒施工技术是利用企口式预制混凝土井筒替代传统的砖砌检查井井筒，现场快速拼装，施工简单方便，降低了人工成本，提高了工作效率。

　　我公司通过在湘潭市河东风光带二期项目、石连路（沿江路—吉利东路）道路工程等施工项目中应用此施工工艺，均取得了很好的效果。现将该施工工艺总结并形成本施工技术。

1　工程概况

　　湘江河东风光带二期项目位于湖南省湘潭市，本项目南起湘黔铁路桥，北至沪昆高速公路桥，道路采用沥青混凝土路面，道路宽45～60m，全长7.275km，造价9亿元。工程包括道路、桥梁、涵洞、排水、亮化、交通、景观绿化等项目。雨水管布置在东、西侧机动车道下，雨水管道圆形检查井共计140座。污水管布置在东、西侧绿化带下，污水管道圆形检查井共计218座。

　　石连路（沿江路－吉利东路）道路工程位于湘潭九华经济开发区，道路全长为2455.944m，宽28～35m，工程造价1.35亿元。工程排水工程包含圆形检查井128座。

2　工艺原理

　　利用企口式预制混凝土井筒替代传统的砖砌检查井井筒，可以在施工现场或者预制加工厂集中成批量预制，现场按照检查井设计井深自由快速拼装，企口式预制井筒是由钢筋混凝土预制而成，整体强度高。企口式安装，防水效果好，有效解决砖砌和现浇混凝土检查井质量通病，施工简单方便。

3　施工工艺流程及施工方法

3.1　施工工艺流程

　　施工准备→检查井底板混凝土浇筑→第一节井筒吊装施工→标准节井筒吊装施工→井盖

板吊装施工→检查井周边回填→质量验收。

3.2 施工方法

3.2.1 施工准备

正式施工前，将施工所用的材料、人员、机具到位，技术人员熟悉图纸，了解相关参数。对现场预制和预制加工厂预制的井筒构件进场验收。核对进场构件外观质量、尺寸型号、出厂合格证及质量检验报告、吊装孔位置等，并按质量验收规定对构件进行复检。核对吊车等特种作业人员上岗证件，并对操作人员进行技术交底和安全交底，达到开工的条件（图1）。

3.2.2 检查井底板混凝土施工

检查井开挖至井底设计标高以上20cm，剩余20cm土层采用人工清土。检查检查井基坑尺寸、基底土质、地基承载力试验符合要求，对不符合要求的基底采用小片石换填处理并及时做好基坑排水。经建设、监理、设计、地勘等单位现场验槽后开始基础层混凝土施工。基础层混凝土一般采用现浇10cm厚C20混凝土。

3.2.3 第一节井筒吊装施工

底板混凝土达到一定强度后，开始吊装第一节含有管道插入口（二通或三通）的井筒。井筒采用M10砂浆座浆，确保井筒稳定性和牢固性。

3.2.4 标准节井筒吊装施工

第一节井筒吊装完成后，将根据检查井设计深度，吊装标准节井筒。标准节井筒规格0.25m、0.5m、1m等多种规格。井筒采用企口连接。为了确保检查井周边土体质量，一般采用黏性土和级配砂砾石逐层夯实。

3.2.5 井盖板吊装施工

井筒施工至设计标高时，为了解决井盖沉降引起行车不舒适的质量通病，采用钢筋加强预制混凝土井盖座。井盖底座在预制时置于井盖板中，形成整体。井盖板采用M10砂浆座浆，与井筒连接牢固（图2）。

图1 预制成品构件

图2 预制井筒及盖板施工

3.2.6 检查井周边回填

管道及检查井施工完毕后，待隐蔽工程验收合格后进行检查井周边回填。为了确保检查井周边土体质量，一般采用级配砂砾石或砂砾土逐层夯实，每层回填夯实高度不超过20cm。

3.2.7　质量验收

检查井预制井筒施工完成后，经建设、监理、设计等各方验收合格后方可进入下道工序。

4　施工质量控制

4.1　材料质量控制

圆形检查井预制混凝土井筒进场施工时应重点检查下列内容：进场构件外观质量、尺寸型号、出厂合格证及质量检验报告、吊装孔位置等，并按质量验收规定对构件进行复检。

4.2　施工过程中质量控制

（1）检查砂浆强度是否符合设计要求；

（2）检查底板混凝土是否符合设计要求；

（3）检查检查井地基承载力是否符合设计要求；

（4）检查井筒连接是否严密，垂直度是否满足要求；

（5）施工过程中需勤量测，发现偏差，及时纠偏校正。

5　安全措施

（1）在施工中贯彻执行"安全第一，预防为主，综合治理"的方针，采取有效措施确保施工安全。

（2）作业前，对现场管理人员和作业人员进行安全交底和安全教育。

（3）工程施工时，严格按照审批的方案和安全生产措施的要求组织。操作工人、汽车吊车司机等必须严守岗位履职，遵守安全生产操作规程。特种作业人员应经培训，持证上岗。安全员要深入施工现场，督促操作人员遵守操作规程，制止违章操作，无证操作，违章指挥和违章施工。

（4）严格执行操作规程，加强施工机械设备及临时用电检查，临时用电严格按照三相五线，一机一闸一漏，接零接地执行，做好抽水设备等用电设备的安全防护。

（5）施工现场用 2.5m 高围挡封闭施工，出入口建立门卫制度，夜间设置警示灯，严禁无关人员进入施工现场。基坑防护采用钢管防护，防护高度不低于 1.5m，悬挂警示标志。吊装作业派专人指挥和制订相应的安全技术措施，并划定作业范围，设置警戒线。

（6）超过一定深度的基坑开挖需编制专项施工方案，待专家论证通过后方可实施。

（7）针对施工现场存在的危险源制订应急预案，储备应急物资和人员，定期开展应急演练，遇到危险，随时启动应急预案。

（8）施工所用各种机具和劳动用品应经常检查，及时排除安全隐患，确保安全，严禁各类机械设备带病、超负荷、限位不灵敏等状态下操作。加强施工安全巡查，发现安全隐患，及时整改。

6　环保措施

（1）施工现场严禁焚烧建筑垃圾。

（2）严禁将有毒、有害废弃物作为回填用土，建筑垃圾及时清运。土方和建筑垃圾的清运采取封闭式运输车运输，并采取覆盖措施。

（3）现场实际建立洒水清扫制度，配备洒水设备，并由专人负责，采取有效的喷雾设备降尘。及时清理建筑垃圾，做到工完场清。

（4）施工现场土方作业应采取防止扬尘措施，对裸露的地面、集中堆放的土方采取防扬尘覆盖或者绿化处理。

（5）施工现场主要道路、出入口及材料加工厂地面进行硬化处理，道路畅通，路面平整坚实。现场进出口设车胎冲洗设施，保持进出车辆的清洁，防止渣土车带泥上路，配备专门清扫人员，将撒落土及时清理干净。

（6）夜间施工时，有防止照明灯具强光外泄、控制噪声等措施。

（7）加强物料管理。施工现场的材料、构配件、料具按平面布置码放整齐。施工现场预制或底板施工采用商品混凝土和商品砂浆。混凝土和砂浆施工应采取降尘、降噪措施。

（8）施工现场安装扬尘和噪声在线监测系统，实行动态管理。

7　结语

企口式预制井筒现场采用吊车或挖机，人工配合快速拼装。较传统砖砌和现浇混凝上检查井，节约了人工30%以上、节约机械材料费用成本20%以上，缩短了工期，提高了工作效率。圆形检查井企口式预制混凝土井筒能有效解决传统检查井造成的下沉、塌陷等质量通病，确保行车舒适度。预制井筒施工能减少材料损耗，减少标准砖的使用，能有效保护土地资源，保护环境，具有较好的社会效益和环保效益。在类似排水工程检查井施工中，可广泛推广应用。

参考文献

［1］曹生龙，萧岩，李林呈，等. 预制装配式混凝土检查井：CN2546500［P］.
［2］徐甜甜，李杰，任向癸. 应用于圆形检查井的钢薄板模板施工技术［J］. 现代物业（中旬刊），419(4)：192-193.
［3］吴纪东. 新型市政排水检查井——沉管式检查井的研究［J］. 给水排水（2）：92-95.
［4］给排水管道工程施工及验收规范：GB 50268—2008［S］. 北京：中国标准出版社，2016.

U 形砌块卡具加强技术研究

李　涛　肖　杰

湖南省沙坪建设有限公司，长沙，410000

摘　要：U 形砌块广泛应用于二次结构和小型梁柱免支模施工，它具有安装方便、快捷的优点。U 形砌块断面薄，自由端容易损坏。本文从需求分析、可行性，卡具设计、应用要点等方面认真探讨，研究卡具加强 U 形砌块的技术，解决 U 形砌块的薄弱点，推广 U 形砌块使用。

关键词：U 形砌块；自由端；卡具

1　引言

　　U 形砌块主要作为二次结构模板与砌体同时砌筑，可以省去构造柱与圈梁的模板支设，一次浇筑成型，并能达到清水砌体的建筑外观，经简单养护，强度亦能满足要求。由于 U 形砌块结构上存在自由端，且自由端断面薄，在运输、装卸、砌筑、振捣过程中容易损坏。施工中为防止 U 形砌块损坏，通常做法是提高混凝土等级，增加钢筋网补强，这样做提高了成本及加工难度，阻碍了 U 形砌块的推广。

　　本文使用 U 形砌块卡具，通过卡具吸收冲击和压力的办法，确保砌块自由端在各种情况下都不出现损坏，从而降低砌块推广难度。

2　卡具加强可行性

2.1　需求分析

　　（1）出厂前：U 形砌块成型后，需要堆放养护，堆放时 U 形砖仅有三个边，对齐难度高，需要卡具协助砌块对齐。

　　（2）运输阶段：运输时 U 形砖活动的概率远大于其他种类的砖块，需要卡具将 U 形砖固定。

　　（3）施工阶段：卡具既要确保安装时不影响 U 形口穿过预埋钢筋，又要在施工振捣时，抵抗混凝土侧压力和振捣棒振捣带来的冲击。

　　（4）后期处理阶段：卡具不得影响后期的抹灰或装饰施工。

　　（5）卡具成本要低，安拆方便。

2.2　可行性研究

　　（1）U 形砌块采用卡具，限制 U 形砌块自由端活动，提高自由端抗弯折能力；将 U 形砌块自由端的最大弯矩变为原来的 1/4（受到均匀荷载的情况下由 $\dfrac{ql^2}{2}$ 下降至 $\dfrac{ql^2}{8}$，局部受力的情况下由 Fl 下降至 $1/4Fl$），可极大的提高抗折能力，详见图 1。

　　（2）卡具可以设计成可回收利用型，成本远低于提高混凝土强度和增加钢筋网片。

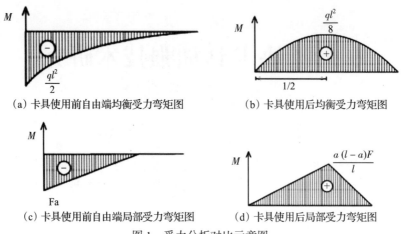

（a）卡具使用前自由端均衡受力弯矩图　　（b）卡具使用后均衡受力弯矩图

（c）卡具使用前自由端局部受力弯矩图　　（d）卡具使用后局部受力弯矩图

图1　受力分析对比示意图

3　卡具形状研究

（1）堆放和运输时，采用交叉式堆放，节省空间，方便对齐。以两砌块交叉式为整体，设置卡具，卡具要能从内挤住砌块，阻止砌块自动活动。经分析，采用2个卡具能满足要求，详见图2。

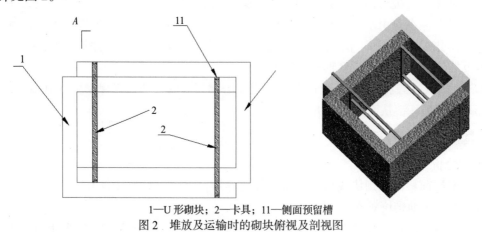

1—U形砌块；2—卡具；11—侧面预留槽
图2　堆放及运输时的砌块俯视及剖视图

（2）为方便卡具安拆，U形砌块预制时预留半圆或梯形沟槽。施工阶段，砌块安装时，拆除卡具，使U形口可以穿过预埋钢筋。安装完成后，内卡具可以回收利用，外卡具恢复至原位置，用于抵抗混凝土施工时侧压力和振捣冲击，详见图3。

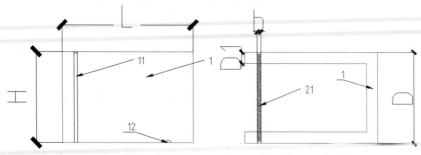

1—U形砌块；11—侧面预留槽；12—底部预留槽；21—外卡具
图3　施工阶段的砌块卡具拆除及恢复示意图

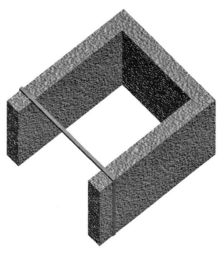

1—U 形砌块；11—侧面预留槽；12—底部预留槽；21—外卡具

图 3　施工阶段的砌块卡具拆除及恢复示意图（续）

（3）由上可知，卡具可由门式的外卡具和管槽式内卡具组成，卡口连接，详见图 4。

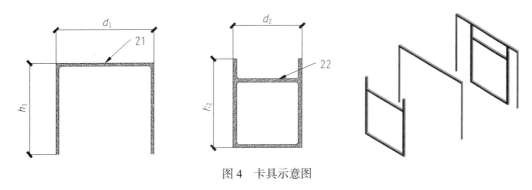

图 4　卡具示意图

4　卡具规格设计

（1）为方便砌筑施工，外卡具外侧应不超出砌块，即 $d_1 = D$；外卡具高度不宜超过砌块高度，即 $h_1 \leqslant H$；卡具厚度应等于沟槽深度，且为避免沟槽成为砌块薄弱点，沟槽深度不应超过自由端断面宽度的 1/3，即 $b \leqslant 1/3 \times D_1$。详见图 3、图 4。

（2）内卡具高应略小于砌块高，即 $h_2 \leqslant H$；内卡具宽度应等于砌块叠放时中间空隙宽度，即 $d_2 = D - 2 \times D_1$。详见图 3、图 4。

5　卡具材料选择

（1）外卡具主要抵抗施工中混凝土侧压力和振捣冲击力，由于外卡具需要刚度，且不可能重复利用，为降低成本，建议选择硬塑材质。

（2）内卡具主要抵抗运输和装卸时的冲击里，由于内卡具需要刚度、耐磨，且可以重复利用，易修复，建议选择金属材质。

6　应用要点

（1）卡具及沟槽设计应采用标准化设计和生产，发挥厂家的生产优势。

（2）侧面预留槽应提高精度，确保与卡具密贴。底部预留槽是为了叠放整齐，可降低精度和使用难度。

（3）卡具安装时宜先将一个砌块上好卡具，外卡具开口朝上放置，再将另一个砌块塞入，最后卡入第二套卡具，无松动后再堆放养护。拆除时先装先拆，后装后拆。

（4）砌块具备设计强度 1/3 后方可安装卡具，卡具安装时不可使用蛮力，以免造成破损。

（5）内卡具能临时固定在外卡具上，避免内卡具丢失，且拆除后分开存放，分开处理。连接装置应在内卡具上，多次利用以降低成本。

7　总结

从上文可知，卡具加强仅仅增加了外卡具费用及内卡具折旧费用，增加成本少，操作简单，效果远大于提高混凝土强度和增加钢筋网，更适合推广使用。文中仅对最常用的 U 形砌块卡具加强技术进行了论述，砌块卡具加强后，最大的弱点被弥补，适用范围明显扩大，值得工程人深入研究。

参考文献

杨春. 用于构造柱和圈梁的 U 形预制空腔模壳砌块施工技术.

背栓式干挂花岗岩石材吊顶施工方法

许功武

湖南省沙坪建设有限公司，长沙，410000

摘　要： 在一些大型公共建筑的外立面设计中，建筑师出于对室外特殊建筑效果的追求，可能需要利用天然石材作为吊顶材料。而石材作为吊顶往往给人以不安全感，本文通过介绍一种安全可靠的背栓式花岗岩石材吊顶施工工艺，以期探讨花岗岩石材作为吊顶的可行性。

关键词： 背栓；花岗岩；吊顶

1　引言

背栓式干挂花岗岩石材吊顶是通过背栓、连接件将石材板与骨架连接的一种吊顶石材固定方法。其施工顺序为在车间或现场利用专用 U 形件与背栓连接好，龙骨端利用转接角码与角钢次龙骨螺栓连接，最后将安装好挂件的石材板与转接角码进行螺栓连接。其中转接角码螺栓孔、U 形挂件与转接角码连接螺栓孔均设计为长孔，以实现施工时的定位调节和吊顶使用过程中的材料变形调节。

2　工艺原理

运用具有气压成孔技术的石材背栓钻孔设备，在石材板背部距板边 100～180mm 处进行磨孔、拓孔，并将成孔合格后的石材板与背栓采用尼龙网套柔性结合，并以每块石材板为单元将力直接通过骨架传递到主体结构。

3　施工工艺流程及操作要点

3.1　施工工艺流程

测量放线→石材板加工、成孔→装配组件→现场排号→吊顶板安装→石材拼缝注胶→吊顶表面清洁→质量验收。

3.2　操作要点

3.2.1　石材板成孔工艺及要求

（1）石材板成孔工艺：采用专用设备磨削柱状孔→拓孔→清孔。

（2）石材板成孔尺寸控制要求见图 1。

3.2.2　背栓植入

安置工作台（台面放置合适的橡胶板）→放置已成孔的石材板→将背栓植入石材板孔中→完成背栓紧固→组件抗拉拔试验。

旋进螺栓使胀管端扩张紧固，在背栓表面增加了尼龙网套，可提高背栓挂件的

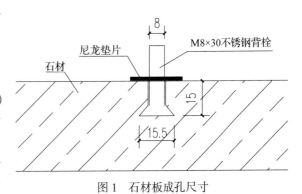

图 1　石材板成孔尺寸

抗震性能，排除背栓与石材板硬性接触而降低热胀冷缩效应。

3.2.3 石材吊顶板安装

在吊顶周围立面装修完成后，将组装完成的石材吊顶板沿吊顶纵向依次进行安装即可。每安装一块板时对其定位拉线进行复核调整。安装完若干块板后，要注意调整误差，不要积累。安装节点如图 2 所示。

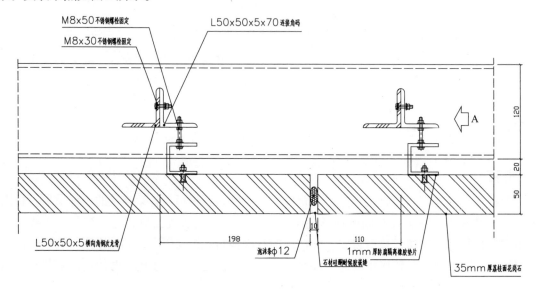

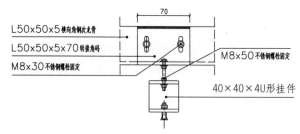

图 2　石材吊顶安装节点图

4　材料与设备

4.1　转接件及 U 形挂件

采用国产优质铝合金型材，材质为 6063-T5，化学成分符合《变形铝及铝合金化学成分》（GB/T 3190—2008）的规定。

4.2　背栓

石材 M8×30mm 背栓采用钳进式，底部扩压环型式的奥氏体 316L 不锈钢背栓，螺栓锚固深度 15mm，钻孔直径 13mm，底部扩孔直径 15.5mm，背栓由带有锥形后座的螺杆和套筒及扩压环组成。

4.3　石材（花岗石）

采用 35mm 厚花岗岩为石材吊顶面板，单块面积不大于 1m²。要求：

（1）良好、坚硬、耐久、成色好，具有统一的强度、颜色和纹理，不含石坑水、缺陷、裂缝、缝隙、突变、砂眼、黄铁矿或其他影响外观或结构完整性的矿物或其他有机性瑕疵，六面进口防护处理。

（2）花岗石吸水率：小于 0.8‰。

（3）花岗石最小允许密度：2560kg/m³。

（4）花岗石弯曲强度经法定检测机构确定并应大于 8MPa，MU130 等级。

（5）背面增加 3mm 厚环氧树脂胶满粘专用纤维网加强。

5　质量安全控制

（1）施工过程中严格执行《建筑机械使用安全技术规程》(JGJ 33—2012)、《建筑施工高处作业安全技术规范》(JGJ 80—2016)、《建筑施工安全检查标准》(JGJ 59—2011)和省、市、企业制定的施工现场及专业工种安全技术操作规程。

（2）各工种专业人员持证上岗，严格执行岗位责任制和"三级安全教育"制度，严格按照现场施工技术交底执行。

（3）为确保成孔质量和安全，背栓式花岗岩石材吊顶板厚度要求不小于 25mm。

（4）为防止吊顶石材开裂，石材加工时在石材背面满粘抗裂纤维网。

（5）严格按照《建筑装饰装修工程施工质量验收规范》(GB 50210—2018)、《金属与石材幕墙工程技术规范》(JGJ 133—2013)的要求执行。

（6）石材板成孔质量控制必须符合表 1 的有关规定。

表 1　石材板成孔允许偏差和检验方法

项目	允许偏差（mm）	检验方法
直孔孔径	−0.2 ～ +0.4	塞规检测仪、游标卡尺
锥形孔的口径	± 0.3	塞规检测仪
孔轴线的垂直度	≤ 0.5	主轴承直角度测试仪
孔的同轴度	≤ 0.5	圆度仪

其他质量要求按《金属与石材幕墙工程技术规范》(JGJ 133—2001)执行。

6　环保措施

石材成孔尽量采用工厂化施工，以减少现场加工扬尘。当必须进行现场成孔作业时，应设置专门的石材钻孔机防护棚和采取湿作业措施。

7　适用范围

本工法适用于室内、室外需要进行大面积石材吊顶的部位，适用于有抗震要求的地区或温差较大的地区。

8　应用优势

（1）对施工现场污染少，较为环保。

（2）可准确控制石材与锥形孔底的间距，确保吊顶的表面平整度及垂直度。

（3）每块石板材可独立安装、独立更换，作为独立单元受力，能排除硬性接触带来的荷载反应，具有更好的安全性能及抗风压、抗震和降低热胀冷缩效应等性能，使用寿命更高。节点做法灵活，使用过程中，维修更换方便。

（4）整个体系充分体现弹性设计思想，即在主体结构产生较大位移或因温度变化等因素共同作用的结构变形情况下，不会在板材内部产生附加应力。

（5）而背栓通过扩孔植入，石材板成孔质量好，安全性高，工厂化施工程度高，板材上墙后调整工作量少，可提高现场安装进度。

9 效益分析

9.1 社会效益

（1）石材饰面板安装后，即可受力，在其周边施工作业不受影响，便于连续施工作业，有效提高了施工效率。

（2）背栓钻孔设备利用气压成孔技术对石材板进行成孔作业，减少石材板的破损损耗。其可成批加工，精度好、效率高，大大加快了施工进度，且环保。

（3）该施工方法特别适用于抗震要求高或温差变化大的地区的石材吊顶。使设计师的柔性构造连接设计意图能得到更好的体现，为实现大面积石材吊顶提供有效的施工技术支持。

9.2 经济效益

背栓式干挂花岗岩石材吊顶具有较好的抗震性能、安全性能。便于维修、更换，降低维护、维修成本。同时由于施工速度快且石材损耗较少，节约了工程造价。

10 应用实例

常德市规划展示馆、美术艺术馆、城建档案馆系常德市地标建筑。其外立面装修大量采用背栓式干挂花岗岩石材吊顶，使用部位多达十几处，其中规划展示馆 $1294m^2$，美术艺术馆 $566m^2$，城建档案馆 $505m^2$，总应用面积 $2365m^2$。吊顶面标高 3.250～19.430m 不等，吊顶石材一般尺寸为 600mm×600mm、900mm×600mm，最大尺寸达到 1300mm×750mm。

该工程于 2012 年 9 月竣工验收，外立面幕墙为一大亮点，被评为 2012～2013 年度鲁班奖工程。该建筑在后续使用过程中，因其出众的外观效果获得社会一致好评，其中吊顶石材质量安全可靠，至今未出现任何返修和质量问题。

参考文献

［1］ 德国慧鱼集团，慧鱼（太仓）建筑锚栓有限公司. 慧鱼幕墙背挂系统
［2］ 背栓式石材幕墙施工工法：2005～2006 年度国家一级工法.

大跨度桁架高空组装法与纵横双向滑移法综合技术研究

孙宏军

湖南省沙坪建设有限公司，长沙，410000

摘　要：长沙柏宁酒店工程宴会厅上部屋面采用大跨度屋面钢桁架。针对现场场地狭窄，大型机械设备无法进入，桁架跨度大、面积大、吨位重等特点，对其屋面钢桁架安装施工技术进行了研究。结合工程实际，制定了高空组装法与纵横双向滑移法综合运用的安装方案，取得了较好的施工效果，对同类工程的施工具有一定的借鉴意义。

关键词：大跨度钢桁架；高空组装法；纵横双向滑移法

1　工程概况

本工程项目位于长沙市柏宁酒店宴会厅，宴会厅钢结构区域长度为 63m，宽度为 39m。主要由 11 榀主桁架和若干次梁组成，桁架杆件主要截面规格为 H400mm×400mm×28mm×35mm，单榀桁架质量约 32t，屋面总质量约 500t。工程现场场地狭窄，大型机械设备无法进入，仅有 TC5610 塔吊一台。

根据现场实际情况，为合理安全地进行屋面钢桁架的施工，对屋面大跨度桁架的安装方法进行了研究，最终选择以高空分片组装法与纵横双向滑移法相结合进行本工程大跨度桁架的安装施工。

2　屋面桁架施工难点、特点

2.1　桁架吨位重，现有设备能力有限，无法吊装

参照 TC5610 塔吊技术参数表可知：在 4 倍率滑轮组情况下塔吊主臂回转半径 13.7m 范围内起吊能力为 6t，不能满足单榀桁架吊装要求，且塔吊未完全覆盖屋面安装面。

2.2　场地受限，大型起重设备无法进入

因屋面位于 5 楼楼顶，距离地面 24m 高，且施工区域周边均为绿化植被，禁止破坏，故大型起重设备无法进入。

2.3　屋面面积大、跨度大、施工难度大

钢结构区域长度为 63m，跨度达 39m，吊装、组装、焊接、测量校正施工难度大，高空作业多，屋面结构示意如图 1 所示。

3　主要施工技术

总体思路：将屋盖钢结构按照榀数分成若干单元，各单元按照塔吊的起重能力又分为若干子段，确保空间单元形成稳定的受力体系，在满足此条件下尽量减少每单元桁架

图 1　屋面桁架结构示意图

数，但不得少于两榀桁架。各分段空间框架先横向滑移，组装成为整体空间框架几何稳定体系；再进行纵向滑移，滑移到设计位置后，与土建结构连接起来形成稳定结构体系。待所有滑移单元滑移到设计位置后，拆除滑移轨道，安装成品支座。如此逐片拼装，单元式滑移，直至完成整个屋盖的施工。

3.1 桁架分段制作

根据现场塔吊起重能力和宴会厅楼面场地情况，宴会厅屋面桁架工厂制作每榀桁架分解为 8 段（高度分为 2 段、长度分为 4 段），分段后构件最大长度为 9.96m，最大质量约为 4.134t，分段构件导致就位时塔吊主臂工作回转半径为 10.6m（小于 13.7m），在塔吊起重能力范围内起重储备能力约 50%，满足安全施工要求，解决了现场起重能力问题。单榀分段，详见图 2。

图 2　单榀桁架分段示意图

3.2 拼装胎架的设计、制作、安装

拼装胎架竖向支撑体系可采用方型钢柱、桁架体系，胎架及钢格构架应具有足够的强度和刚度；经计算可承担自重、拼装桁架传来的荷载及其他施工荷载。拼装胎架设计需要易于搭拆，必要时根据高度作成标准节，可通用；拼装胎架的柱脚定位必须是在楼面能承受上部荷载且经过设计部门核算通过后方可执行；拼装胎架的平台既可作为支撑平台，同时又兼做操作平台，面积根据操作空间定，见图 3。

图 3　拼装胎架示意图

3.3 桁架分片高空拼装、横向滑移

以每两榀桁架为一组，在临时组装平台上将各分段分别组装形成 4 个稳定空间分段框架，各个分段空间框架在组装平台滑移轨道上作横向滑移，形成由两榀桁架组成的稳定空间框架系统，详见图 4。

3.4 横向滑移与纵向滑移体系转换

桁架分片组装并顺利横向滑移到位形成单个空间框架后，即进行分段连接节点位置高强螺栓紧固定型，最后进行各接口焊接，检测合格后，准备体系转换。

图 4　横向滑移，组装图

进行空间框架顶升，支腿现场安装，焊接和滑移轨道转换。支腿安装焊接完成后可将空间框架下降并坐落到纵向滑移轨道滑块上，此空间框架体已与组装平台脱离、轨道过渡完成。作临时固定、纵向轴线找正工作后，空间框架即可开始纵向滑移工序。

3.5 空间框架单元纵向滑移

空间框架纵向滑移轨道设置在现场两根纵向轴线混凝土梁上，经计算确认现场混凝土梁挠度、弯矩、剪力等满足滑移要求。

由两榀桁架组成的稳定空间框架系统进行纵向滑移，直至空间框架滑移至设计安装位置，测量定位后即将两榀桁架安装固定，如图 5 所示。

图 5　纵向滑移示意图

循环上述工作，直至整个空间框架系统安装就位，最后完成屋面其他构件安装工作，形成整个屋面结构体系，如图 6 所示。

图 6　空间单元滑移施工完成图

4　操作要点

4.1　桁架整体拼装、焊接及轨道过渡

（1）钢结构桁架分段组装前应在临时组装钢平台上测量放线，保证桁架轴线平行度误差不大于 2mm、对角线误差不大于 3mm。在此基础上进行桁架分段节点位置的确定和桁架上下水平系杆位置的确定。第一榀分段桁架组装时要在临时组装平台位置用红色油漆单独放线，以确定第一榀分段桁架平面轴线、对角线。

（2）分段桁架组装时要根据工厂制作时的起拱数据进行桁架起拱垫板支撑，确保桁架起拱度满足规范要求。各分段桁架组装后要及时测量桁架垂直度和两榀分段桁架上下弦对角线，保证对角线误差不大于 3mm。

（3）钢结构桁架分段组装并顺利滑移到位形成整体空间框架后，应及时对空间框架几何尺寸、轴线、对角线、垂直度、起拱度及标高按照上述要求再次进行检查。

（4）框架空间尺寸确定并加固后即可进行分段连接节点位置高强螺栓紧固定型，最后进行各接口位置焊接。焊接施工完成后应及时进行焊缝探伤检查工作，确认焊接质量合格后应及时通知监理和甲方进行现场检查认可，必要时通知第三方检测单位现场复查。

（5）焊口处理时必须先采用碳弧气刨清根，清根后采用砂轮打磨焊口以清除渗碳层，焊接时单面坡口背面必须垫铺衬底板，以保证焊接质量。

4.2　滑块、防卡轨措施

空间框架纵向水平滑移过程中，应严格防止出现"卡轨"和"啃轨"现象的发生。在滑道和滑移支座设计时，应充分考虑预防措施。将滑移支座前端（滑移方向）设计为"雪橇"式，并将其两侧制作成带一定弧度的形式。滑块焊接在桁架支座的底部，每个支座下方各一块，如图7所示。

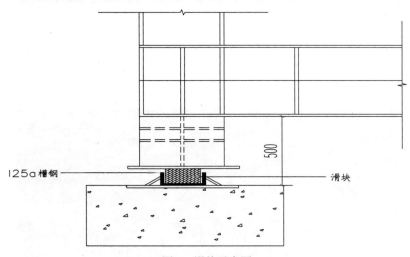

图7　滑块示意图

4.3　卸载

当由两榀桁架组装而成的空间框架钢结构滑移到设计位置后，用4台32t千斤顶将钢结构顶高10cm左右，割除支座部位滑移轨道、拆除滑移板后立即安装成品支座，成品支座安装时要求其标高误差不大于±1mm，轴线偏差不大于1mm。成品支座安装就位并与预埋板焊接完成后即进行空间框架安装就位工作，空间框架安装就位时要求桁架支座安装轴线误差不大于2mm，安装位置校核无误后同时进行千斤顶卸载，进行桁架支座与成品支座焊接，完成由两榀桁架组装而成的空间框架钢结构安装。

5　计算与分析

为保证桁架空间单元结构在滑移过程中安全稳定，需进行结构稳定性分析、胎架的承载力分析、楼面承载力分析、滑移摩擦力计算、滑移牵引力计算、滑移过程中抗倾覆计算、滑移轨道受力验算等多项力学分析。如通过运用 MIDAS GEN 软件进行施工过程中主要结构单元受力情况分析验算。

（1）对在施工过程中的临时支撑架体安全稳定性分析，满足要求，详见图8。

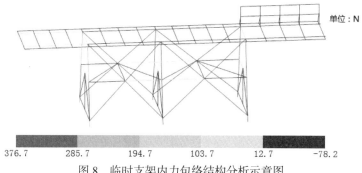

图 8　临时支架内力包络结构分析示意图

（2）对滑移过程中不同工况下空间单元进行分析，滑移时，结构的最大应力比为 0.16，应力比均小于 1，结构满足规范要求，如图 9 及图 10 所示。

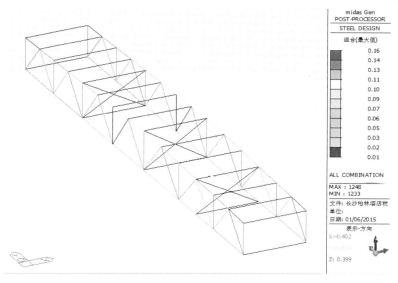

图 9　结构构件的整体应力比分布

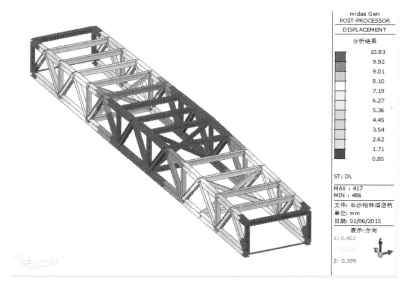

图 10　空间单元 DXYZ 变形分布

5　结语

在大跨度屋面桁架安装过程中，根据结构类型，安装难度等特点，结合现场施工实际情况，并对诸多大跨度空间结构安装方法进行对比，最终采用高空分片组装与纵横双向滑移法的方式，保证了安装质量，缩短了施工工期，节约了施工成本。

本文针对屋面桁架安装，积极创新。将高空组装法和纵横双向滑移法巧妙结合，并取得了良好的效果。对于同类大跨度桁架安装、施工工程，具有一定的参考和借鉴意义。

参考文献

［1］周观根，严永根，张贵第. 120m跨度干煤棚累积滑移法施工技术［J］. 施工技术，2006（3）：6-9.

［2］吴杏弟. 大跨度管桁架结构累积滑移法安装关键技术及应用［J］. 施工技术，2014（S1）：75-78.

后浇带早凿砂浆保护在施工中的应用

张　锋　李勤学　曾邵丰　张　勇　李　华

湖南省第四工程有限公司，长沙，410119

摘　要：结构混凝土在浇筑 24h 强度达到 30% 左右，可以上人行走而不会破坏混凝土表面。此时对后浇带施工缝进行凿毛处理，施工难度低，凿毛效果好，然后冲水对残渣进行清理，并做好施工缝处的保护。在结构混凝土养护 7d，混凝土强度达到 70% 左右，采用低强度的水泥砂浆进行封边保护，封边厚度约 5cm。在后浇带处具备混凝土浇筑的条件时对封边砂浆进行凿除清理，重新支模浇筑混凝土。

关键词：后浇带，早凿，低强度砂浆，封边保护

1　引言

传统方法是在施工缝处预留止水钢板，在新混凝土浇筑前，对接触面进行人工或机械凿毛，清洗后再次浇筑新混凝土，但无法有效地防止渗水，其中问题最突出的地方出现在后浇带处，本文主要阐述后浇带位置的处理。后浇带采用传统的凿毛方式，渗水之所以难以处理，原因有二。第一，后浇带一般留置在地下室顶板、侧墙、底板部分，混凝土强度高，后期凿毛难度非常大，不能保证凿毛的质量。第二，后浇带在主体结构完工后进行封堵，此时会存在很多建筑垃圾，再加上预留钢筋和钢板止水带的影响，垃圾清理不彻底，导致后浇筑混凝土不能与原接触面有效的结合，产生渗水。

鉴于以上原因，对后浇带处进行前期凿毛，然后用低强度砂浆进行封边保护，既降低了施工难度，保证了凿毛的质量，同时封边砂浆在后期进行凿除后直接用水进行冲洗，避免了施工缝处的垃圾污染。

2　施工工艺流程及操作要点

2.1　梁板后浇带早凿砂浆保护施工工艺

后浇带独立支模架搭设→底模安装→后浇带侧模安装→混凝土浇筑→后浇带侧模拆除→后浇带凿毛→低强度水泥砂浆保护→后浇带封盖保护→拆除盖板和底部模板→凿除封边砂浆→冲洗混凝土及砂浆碎块、浮尘→后浇带独立支模架搭设→底模安装→后浇带侧模安装→混凝土浇筑→养护。

2.2　操作要点

2.2.1　后浇带处独立支模架搭设、底模安装

后浇带支模架和主体支模架分开搭设，以不影响主体架拆除。后浇带处采用承插式钢管架，立杆横向、纵向间距均为 1200mm，水平杆步距同主体支模架。底模胶合板宽度 1220mm，确保后浇带悬臂板、梁有支撑。

2.2.2　侧模安装

后浇带侧模采用胶合板，高度同地下室顶板厚度，在上下层钢筋处根据板筋间距钻孔，

以便横向钢筋贯通。两侧模之间用木方支撑，防止混凝土浇筑时移位。侧模同时起到固定板筋的作用，如图1所示。

2.2.3　混凝土浇筑、侧模拆除

混凝土浇筑同普通混凝土施工，不再累述。混凝土浇筑完成约12h，将后浇带侧模拆除。

2.2.4　后浇带凿毛，水泥砂浆保护

在侧模拆除后，沿后浇带用电锤立即进行凿毛工作。尖镐的长度不小于20cm，以便凿毛底保护层和上下层钢筋之间的混凝土。凿出的混凝土渣、灰等暂时不需清理，待拆模时一起清理。凿毛完成后，用水冲洗毛边，清掉表面浮灰，然后用低强度水泥砂浆将毛边封住，水泥砂浆厚度以5cm为宜，如图2所示。

图1　后浇带侧模安装

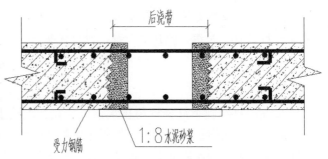

图2　后浇带低强度砂浆保护

2.2.5　后浇带封盖保护

水泥砂浆封边后，沿后浇带用胶合板和木方钉成U形盖板，沿盖板边用1：2水泥砂浆抹边，以保护后浇带处钢筋不被踩踏，垃圾不落入，如图3所示。

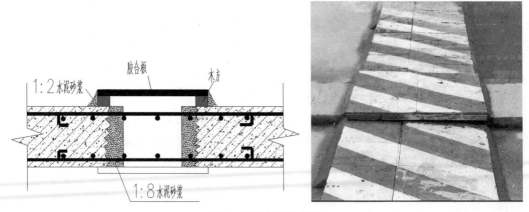

图3　后浇带封盖保护

2.2.6　凿除砂浆、清洗后浇带

待后浇带符合浇筑条件时，将顶部盖板和底模拆除，用电锤凿除封边砂浆，用水冲洗干净后，重新搭设底模，浇筑混凝土。由于砂浆强度远远低于结构混凝土，上下两层钢筋中间的部位也非常容易凿除，并且很容易就露出粉刷砂浆前的原始凿毛面，同时落入该处的垃圾随水泥砂浆的凿除，直接用水就可以冲洗掉。

2.2.7　后浇带独立支模架加固及搭设

后浇带独立支撑架体的加固及搭设，应根据图纸、施工组织设计等制定专项方案，并进行验算后组织实施。后浇带区域承重架为单独搭设，与其他地下室顶板部分的承重架分离，以保证梁板底模拆除后，后浇带的两侧支撑仍然保留并正常工作，避免形成悬挑结构。

2.3　塔吊预留洞口施工缝早凿砂浆保护施工工艺

塔吊预留洞口施工缝和后浇带区别在底模未封闭，施工工艺大同小异。

3　质量安全注意事项

（1）在混凝土浇筑完成时，应根据施工阶段的温度，根据混凝土强度 – 龄期曲线图，在混凝土强度达到 2.5MPa 可上人行走时方可拆除后浇带施工缝处的侧模，并进行凿毛冲洗作业。

（2）凿毛工作要合理配置人力物力，确保一天完成，否则混凝土强度增大会导致凿毛困难和凿毛的质量无法保证。

（3）后浇带具备封闭条件时，应先行拆除底模，以便彻底清洗残渣，保证接口质量。

（4）凿除保护砂浆时应确保露出原始混凝土凿毛面，并用高压水枪冲洗浮尘，防止在接口处残留砂浆，导致薄弱面的形成。

（5）混凝土浇筑前对锈蚀钢筋要进行除锈。

（6）浇筑封闭混凝土前应检查加固支模架。

（7）浇筑封闭混凝土时，应振捣密实，接口处应二次振捣，确保接缝严密。

（8）封闭混凝土应采用高一等级的微膨胀混凝土。

（9）在封闭混凝土浇筑并达到要求强度前，支撑体系不得拆除。

（10）高压水枪冲洗时，应和冲洗面保持 60° 左右的角度，不得垂直冲洗面层。

（11）凿毛时应先洒水，防止扬尘。

4　结语

后浇带早凿低强度砂浆保护的施工工艺，操作简单，施工难度低，可以有效地保证凿毛和清洗的施工质量，更加有利于后浇带新旧混凝土的结合，有效地降低了渗水隐患，同时降低了人工费用，具有较好的经济效益和社会效益。

参考文献

[1]　杨元伟，罗挺，温江，罗京，杨如龙. 地下室外墙后浇带外侧卡槽式模板施工技术 [J]. 施工技术. 2015（23）.

[2　张鹏，刘海燕. 建筑工程超长后浇带的施工技术研究 [J]. 建材与装饰. 2017（34）.

[3]　肖良丽，郑亚文. 混凝土强度的回弹测强曲线的建立和分析 [J]. 国外建材科技. 2007（03）.

[4]　张国炜. 混凝土二次浇筑凿毛过早对混凝土质量产生病害研究 [J]. 建筑安全. 2019（08）.

螺旋倒装安装施工技术在钢板筒仓工程中的应用

李良玉

湖南省第四工程有限公司，长沙，410119

摘　要：通过对印尼西加水泥厂钢板筒仓工程实例分析，详细叙述了螺旋倒装安装施工技术在钢板筒仓工程施工中的应用。该技术解决了钢板筒仓钢板连接焊接量大和钢板连接缝防水性难以保证的施工难题。工艺上保证了钢板筒仓安装质量，不需要搭设脚手架进行高空作业和大型机械吊装设备，保证了施工安全，机械自动化程度高，降低了工人的劳动强度，缩短了施工工期，降低了施工成本，经济效益显著。

关键词：钢板筒仓；螺旋倒装安装；施工技术

1　工程概况

　　印尼西加水泥厂钢板筒仓工程，是国内知名企业在境外投资建设的项目，由湖南四建总承包施工。工程位于印尼西加里曼丹省境内，该工程为两座钢板筒仓，筒仓直径15m、高23.56m。钢板筒仓壁采用镀锌钢板制作，筒仓壁内侧设型钢加强筋；钢板筒仓壁上中下三段镀锌钢板厚度分别为3.0mm、3.5mm、4.0mm；筒仓内壁加强筋为槽钢和工字钢；钢板筒仓顶盖结构由钢檩条、钢屋面板和钢栏杆组成，筒仓顶面栏杆高1.2m；钢板筒仓基础为钢筋混凝土基座，基顶标高为11.9m，如图1所示。

图1　钢板筒仓效果图

2　工程难点分析

2.1　钢板筒仓高度高

　　根据图纸设计，钢板筒仓顶标高35.46m，钢栏杆顶标高36.66m。如果采用焊接施工方法进行钢板筒仓安装施工，筒仓内外都需要搭设脚手架进行高空作业，同时钢板筒仓安装需要大型机械吊装设备分段吊装焊接施工或整体吊装，安全风险大，工期长，施工成本高。

2.2　钢板筒仓焊接量大、焊缝防水性难以保证

　　钢板筒仓直径15m，筒仓净空高度23.56m，筒仓钢板每圈焊缝长约50m，钢板筒仓安装焊接量大，且钢板焊缝防水性难以保证。

3　施工方案选择

　　根据钢板筒仓图纸设计，钢板筒仓壁上中下三段镀锌钢板厚度分别为3.0mm、3.5mm、4.0mm，钢板厚度较薄。综合考虑钢筒仓高度较高、钢板焊接量大、焊缝防水性难以保证、需要搭设脚手架进行高空作业和大型机械吊装设备等因素，决定采用倒装安装钢板筒仓；先做好筒仓顶节筒仓壁，然后在顶节筒仓壁顶面安装钢筒仓顶盖结构；钢板筒仓壁采用专用

卷仓设备机组卷制成型，螺旋上升至设计高度后下落到钢板筒仓基础面上连接固定的施工方法。

4　钢板筒仓安装施工

4.1　施工准备

（1）筒仓基础施工完成，基础面清理干净，复核基础面预埋件位置和标高，测量标出钢筒仓轴线和边线标记。

（2）施工图纸、施工组织设计齐全、对相关操作人员进行详细的施工技术交底。

（3）施工材料、施工设备、机具已进场并按要求检验合格。

（4）筒仓基础顶面平台周边防护栏杆安装完成。

4.2　工艺流程（图 2）

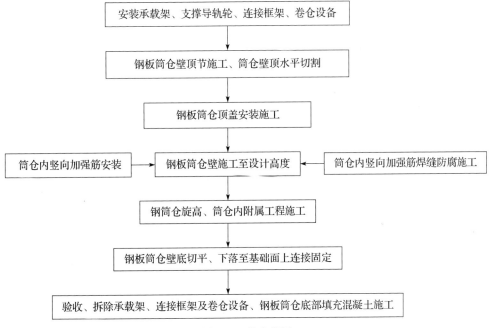

图 2　工艺流程图

4.3　施工要点

4.3.1　安装承载架、支撑导轨轮、连接框架、卷仓设备

（1）安装承载架

按照钢板筒仓施工图纸计算出钢板筒仓重量，计算确定承载架和支撑导轨轮的数量。根据标出的筒仓轴线和边线均匀布置安装承载架，承载架底座与钢板筒仓基础面上预埋件焊接固定或用膨胀螺栓与混凝土基础连接固定牢固，承载架的作用是给定钢板筒仓的正确直径和承载螺旋上升过程中的钢板筒仓重量。

（2）计算支撑导轨轮顶面高度、安装支撑导轨轮

根据卷材钢板宽度为 495mm 和卷仓设备参数确定钢板筒仓壁外侧螺旋凸肋间距；根据钢筒仓设计直径、周长及筒仓外侧螺旋凸肋间距计算确定螺旋凸肋环向斜度；根据钢筒仓壁外侧螺旋凸肋间距和支撑导轨轮数量计算确定承载架上支撑导轨轮顶面环向高差，承载架上

支撑导轨轮顶面之间环向坡度与筒仓壁外侧螺旋凸肋底环向斜度一致。

支撑导轨轮通过轴承与支撑导轨轮钢架连接；支撑导轨轮钢架底部与承载架立柱采用轴承铰连接；支撑导轨轮钢架和承载架立柱设有螺栓槽，支撑导轨轮钢架上端与承载架立柱上螺栓槽螺栓连接，通过调整此螺栓上下位置，调整钢板筒仓的直径和支撑导轨轮顶面高度。支撑导轨轮的作用是承载螺旋上升的钢筒仓重量并传力于承载架上，同时也是钢筒仓螺旋上升的环向轨道。

（3）安装连接框架

将连接框架与承载架采用螺栓连接，连接框架功能是将承载架有机的连接，锁定钢筒仓要求的直径，使承载架稳定工作。

（4）安装卷仓设备

卷仓设备包括开卷机、成型机、弯折机，确定卷仓设备位置，用汽车吊将卷仓设备吊至筒仓基础面平台上，按照施工方案中卷仓设备机具平面布置图要求安装就位，如图3所示。

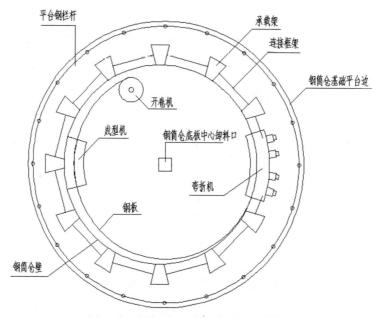

图3　钢板筒仓卷仓设备平面布置示意图

开卷机的作用是钢板卷材放置在开卷机上，提供所需要的钢板卷材空间高度，使钢板卷材顺利进入成型机。开卷机安放于钢筒仓圆周内侧，安放在成型机尾部方向的适当距离。

成型机功能是将钢板弯曲初步加工成型和把钢板弯成筒仓要求的曲率半径；由五组顺序安装的成型装置构成，电动机通过链传动、齿轮传动驱动短轴和长轴旋转，带动分别安装在短轴和长轴上的成套轧辊将钢板从开卷机上的钢卷盘中拉出，按照钢板筒仓的直径将钢板弯曲，同时在五组长下辊、短下辊、长上辊、短上辊的顺序作用下，将钢板的双边制成折形面；安装于第二、三、四组成型装置短轴下方的短下辊，使之为两体辊，辊内装有轴承，使其在加工钢板时减少回转带来的差速阻力，设备运转更加平稳，成型更加规范，加工能力显著增强。成型机位于筒仓圆周内侧，安放在弯折机尾部方向的规定距离。成型机安放就位时，调节成型机的筒仓径向水平，利用千斤顶和成型机支腿上调节高度装置调整成型机环向升角与筒仓壁外侧螺旋凸肋环向斜度保持基本一致。

弯折机的作用是将上下两块成型的钢板弯折、咬合、轧制到一起形成筒仓壁，并在钢筒仓壁外侧形成对钢筒仓起到加强作用的一条连续螺旋凸肋；同时弯折机齿轮减速机运转带动已成型的筒仓壁沿承载架上支撑导轨轮螺旋上升到设计高度；弯折机反转将钢筒仓螺旋下落至筒仓基础面上。弯折机安放在临时施工设备平台弯折机钢板出口方向的一端，并位于筒仓圆周线上；弯折机安放就位时，调节弯折机的筒仓径向水平，利用千斤顶和弯折机支腿上调节高度装置调整弯折机环向升角与筒仓壁外侧螺旋凸肋环向斜度保持基本一致，经弯折机弯折、咬合、轧制形成的筒仓壁位于钢筒仓圆周线上。

4.3.2　钢板筒仓壁顶节施工、筒仓壁顶水平切割

钢筒仓施工前，事先将筒仓所需要数量的钢板卷材吊至钢筒仓基础面平台上，利用钢制三角架和倒链葫芦将钢板卷材吊在开卷机上就位。调整支撑导轨轮钢架与承载架立柱力臂夹角以及支撑导轨轮螺旋上升角度。接通电源、施工设备调试、试车、联动试车；调节成型机、弯折机加工部件的运转间隙，切割卷材钢板板头使之顺利进入成型机，成型机将宽度为495mm的卷材钢板从开卷机上拉出，并将钢板上下两边初步轧制成折面和筒仓所需的弧度。通过弯折机沿承载架上支撑导轨轮行进一圈时，用钢卷尺丈量钢板筒仓壁周长，符合钢板筒仓设计直径后，再由弯折机将上下两块钢板弯折、咬合、轧制形成钢筒仓壁。用游标卡尺检查钢板筒仓壁外侧形成的螺旋凸肋厚度，符合设计规定要求后，进行钢板筒仓正常卷制施工；若不符合设计规定要求时，可调整弯折机出口咬边直至符合设计要求。筒仓壁卷制1m高时停止卷制，用等离子割枪将筒仓壁顶按照图纸设计要求进行水平切割。水平切割装置由机用等离子割枪、直线运动单元、横向调节导轨、弹性压紧装置及步进驱动系统组成。

4.3.3　钢板筒仓顶盖安装施工

筒仓壁顶水平切割后焊接下张环，在钢板筒仓基础平台上按照图纸设计要求焊接好上张环，并用钢卷尺检查上张环内径，将上张环置于钢支撑架上并使上张环处于筒仓中心，用平水尺检查上张环水平度。在上张环和下张环上划分标出檩条安装位置线，焊接安装筒仓顶檩条，檩条上焊接钢筒仓顶部盖板。盖板焊缝必须满焊，防止漏水。筒仓顶部盖板安装完成后，安装筒仓顶部四周钢栏杆，按设计要求在筒仓顶部盖板设计位置开设筒仓顶部进料孔、人孔等工艺孔。筒仓顶部盖板施工完成验收合格后及时做好焊缝防锈漆和钢筒仓顶盖钢结构防腐处理。按照图纸设计要求及安装数量划分标出筒仓壁内侧加强筋安装位置线。

4.3.4　钢板筒仓壁施工至设计高度

（1）卷仓设备将钢板弯曲、弯折、咬合、轧制形成钢筒仓壁

钢板从开卷机钢材卷盘中拉出送入成型机，成型机将钢板弯成筒仓直径所需要的弧度，并对钢板双边折弯成上下圈钢板相结合的型槽，检查其成型槽口的几何尺寸，符合规定后加工成型的钢板送入弯折机入口导槽。弯折机将上下钢板弯折、咬合、轧制到一起形成筒仓壁（图4），筒仓壁外侧上下钢板连接处形成一条5倍于钢板厚度、宽30～40mm连续螺旋扁圆形凸肋，提高筒仓环拉强度，加强筒仓承载力、整体性、稳定性、防水性和延长寿命。安装于承载架立柱上的同步检测机构（图5），通过摆杆检测缓冲带钢板的位置，同步传感器能很好地实现成型机与弯折机之间的速度匹配，实现机组的连续同步，改善筒仓壁的咬合成型质量。钢筒仓卷制过程中，卷材钢板端部接头连接时，采用拐尺或丁字尺画出切割线，将不规则的钢板端头用手提砂轮切割机切除，将前后两块钢板端头精确对准焊接，对接焊缝用手提砂轮抛光机磨平并将焊缝做好防腐处理。

图4　弯折机将上下钢板咬合　　　　　图5　同步检测器

（2）卷仓设备传动系统运转带动钢筒仓壁沿支撑导轨轮螺旋上升

弯折机将上下钢板弯折、咬合、轧制形成筒仓壁的同时，弯折机齿轮减速机传动系统运转带动成型的筒仓壁随筒仓壁外侧螺旋凸肋沿承载架上支撑导轨轮顶面螺旋上升（图6）。钢板筒仓壁在承载架上支撑导轨轮上每螺旋上升一圈即上升一块板宽高度，完成上升一圈筒仓壁。卷制设备卷制（弯折线）速度控制在5m/min以内，循环每圈筒仓壁安装施工螺旋上升到钢板筒仓设计高度。

图6　筒仓壁随外侧螺旋凸肋沿支撑导轨轮螺旋上升

（3）钢筒仓壁内侧竖向加强筋安装

钢板筒仓螺旋上升3～4m时，停止钢筒仓卷制施工，按照图纸设计要求在活动脚手架上焊接安装筒仓内壁竖向型钢加强筋和内钢爬梯、筒仓壁外侧螺旋钢梯。竖向型钢加强筋与筒仓壁内侧焊接严格按设计要求焊接，并用平水尺控制好加强筋垂直度。上下加强筋连接按设计要求用连接钢板满焊连接，所有焊缝和型钢加强筋及时按设计要求做好防腐处理。

4.3.5　钢板筒仓旋高、筒仓内附属工程施工

钢板筒仓上升到设计高度后，弯折机将钢板筒仓旋至适当高度，移出筒仓内开卷机和成型机等施工设备。按照图纸设计要求施工筒仓内钢筋混凝土减压锥等附属工程，附属工程施工完成验收合格后，及时清理筒仓内零星材料。

4.3.6　钢板筒仓壁底切平，下落到基础面上连接固定

钢板筒仓壁底部用等离子割枪进行水平切割，符合钢筒仓图纸设计高度及筒仓底部水平后，拆除弯折机位于钢筒仓壁内侧钢板导槽和靠背轮等装置。钢筒仓壁外侧弯折机齿轮减速机传动系统反转，带动钢板筒仓壁随筒仓壁外侧螺旋凸肋沿承载架上支撑导轨轮缓慢螺旋下落到筒仓基础面上。校核钢板筒仓准确位置及筒仓垂直度后将筒仓壁内侧竖向型钢加强筋与基础面上预埋件焊接固定。

4.3.7　验收、拆除承载架、连接框架及卷制设备、钢筒仓底部填充混凝土施工

钢板筒仓施工完成后对钢板筒仓安装施工质量按图纸设计和规范要求验收合格后，拆除钢筒仓基础面平台上承载架、连接框架及弯折机等卷制设备。按照图纸设计要求完成钢筒仓内钢筋混凝土减压锥与钢筒仓内壁之间底部填充混凝土施工。

5　经济效益分析

与钢筒仓传统施工方法相比，采用专用卷仓设备卷制成型螺旋上升施工技术，工效高，

缩短了施工工期。钢板与钢板连接不需要焊接，不需要搭设脚手架和高空作业，节省了大量人工费和材料租赁费，降低了施工成本和施工安全风险。钢筒仓采用薄镀锌钢板制作，钢板重量吨位少，工程造价低，投入使用后维护费用少，经济效益显著。

6　结语

螺旋倒装安装施工技术适用于直径 3.5 ～ 20m 以内、筒仓高度 30m 以下、钢板厚度 2 ～ 4mm 且中心装卸粉料的圆形钢板筒仓安装施工。工艺上保证了工程施工质量和施工安全，筒仓壁外侧连续环绕螺旋凸肋提高了筒仓承载力，加强了筒仓整体性、稳定性、防水性和抗震性。钢板筒仓外型美观、内壁光滑、密封性能好；机械自动化程度高，降低了工人劳动强度，在同类工程中推广应用价值大。

参考文献

［1］中华人民共和国国家粮食局. 粮食钢板筒仓设计规范 GB 50322—2011：［S］. 北京：中国计划出版社，2011.

［2］中华人民共和国国家粮食局. 粮食钢板筒仓施工与质量验收规范：GB/T 51239—2017［S］. 北京：中国计划出版社，2017.

［3］中华人民共和国国内贸易行业标准. 螺旋卷边式散装水泥钢板筒仓：SB/T 10744—2012［S］. 北京：中国标准出版社，2012.

［4］高宝军，魏莉，浅谈螺旋式钢板仓的施工工艺［J］. 青海科技，2009，［1］：78-81.

［5］丁军，螺旋卷曲成型工法在粉料仓中的应用［J］. 科技创新与应用，2012，［21］：103-104.

免支模构造柱在施工中的应用

李勤学　张　锋　张　勇　周廉政

湖南省第四工程有限公司，长沙，410119

摘　要： 为保证构造柱施工时随墙同时砌筑一次成形，减少支模和拆模程序，节约人力、物力投入，避免常见的跑模漏浆而造成的墙面平整度差、需剔凿或二次抹灰等易返工现象；在构造柱施工时采用预制成形的高强度砂浆内配钢丝网U形空心砌块作为构造柱结构外模，砌块厚度为20mm，外围宽度为墙体厚度，长度为墙体厚度和墙体厚度加60mm，将U形空心砌块插入构造柱，砌块与填充墙砌体砌筑两层约垂直高度600mm，浇筑一次构造柱混凝土，组砌至顶后从梁顶预留PVC管孔洞内进行浇筑振捣，一次成形构造柱施工，无须支模；该施工方法工艺合理，技术先进，适用性和可操作性强，应用范围广，经工程应用表明具有明显的效益。
关键词： 免支模；U形砌块；组合模具；孔洞预留

1　引言

常规构造柱施工工艺为先砌筑墙体，预留构造柱马牙槎，待二次结构墙体砌筑完成后在墙身及墙顶分别支设模板及撮箕口浇筑混凝土，由于混凝土本身收缩的特性，构造柱顶部与梁底部无法浇筑密实。同时由于常规构造柱施工无法对构造柱混凝土进行充分振捣，构造柱往往发生露筋、蜂窝、孔洞等质量通病。我公司在长期的施工过程中总结出经验，在主体结构施工阶段，构造柱插筋定位部位梁顶预留PVC管孔洞，墙体砌筑阶段将预制U形空心砌块作为构造柱外模，砌块与填充墙砌体砌筑两层约垂直高度600mm，浇筑一次构造柱混凝土，并放置拉结筋；在接近梁底部位浇筑混凝土时，从梁上预留的PVC管孔洞进行灌入并充分振捣，完全保证了构造柱底部、柱身、顶部混凝土浇筑成品质量。苗振铎在砌体填充墙结构中设置构造柱，解决了构造柱施工难度高，易产生漏浆漏振、蜂窝麻面隐患等质量通病，提高了砌体填充墙构造柱施工质量；杨宏、刘炳杜、何涛、严东、马可通过制作一种外腔模壳在进行砌体施工的同时，可以进行构造柱施工，能大大节约工期，具有很好的操作性；张春通过对二次结构构造柱、圈梁传统施工工艺改良，探索了一种基于U形预制空腔模壳砌块施工构造柱和圈梁的免支模施工工艺，工程应用效果良好。

2　施工工艺流程及操作要点

2.1　工艺流程

梁上预留混凝土浇筑孔→预制U形空心砌块→养护→施放砌体结构、构造柱边线→绑扎构造柱钢筋→600mm高U形空心砌块组装砌筑→侧边同等高度填充墙砌筑→浇筑混凝土→放置拉结筋→重复预制砌块、填充墙砌筑、浇混凝土至顶→顶部预留PVC管孔洞灌浆→养护。

2.2　操作要点

2.2.1　梁上预留混凝土浇筑孔

在主体结构施工时，在梁上竖向插入一根PVC管，PVC管外侧刷涂隔离剂，方便PVC

管在梁上预留混凝土浇筑后顺利取出。PVC 的外径根据梁钢筋的间距确定，最小不小于 40mm，如图 1 所示。

2.2.2　预制 U 形空心砌块

（1）U 形空心砌块模具制作

在构造柱施工准备阶段需现场预制 U 形空心砌块，U 形空心砌块的预制无须准备专用机械设备，即利用现场规格尺寸为 915mm×1830mm×12mm 机制木模板（九夹板）进行现场加工制作，U 形空气砌块模具从构造柱柱脚开始先退后进施工，共作两套，每套分为外模及内模。构造柱先退放张部位平面标准规格尺寸按长×宽×高为：（墙厚+120mm）×墙厚×300mm。模具高度可根据预制 U 形砌块与两侧填充墙砌块及楼层净高等进行调整，如 240mm×115mm×53mm 标准砖，灰缝厚度 8mm，砌筑 5 皮标准砖则模数高度为 5×53mm+4×8mm = 297mm，则 300mm 高预制 U 形砌块满足模数要求。其余预制砌块可根据不同类型填充墙砌块调整预制 U 形砌块高度，如图 2 所示。

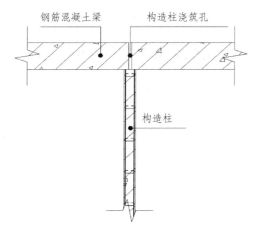

图 1　梁上孔洞预留图

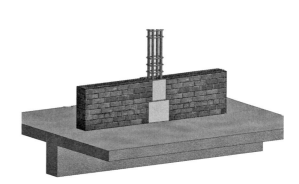

图 2　U 形砌块与标准砖模数构造图

U 形空心砌块内外模具按构造柱标准尺寸进行配模，且外模长边突出短边模板两侧各 150mm 范围内上下用 ϕ12 建筑穿墙螺杆拉紧固定。本工法构造柱施工马牙槎后进部位模具按构造柱柱脚模具长边缩短 120mm。构造柱柱脚部位内外模具如图 3～图 6 所示。

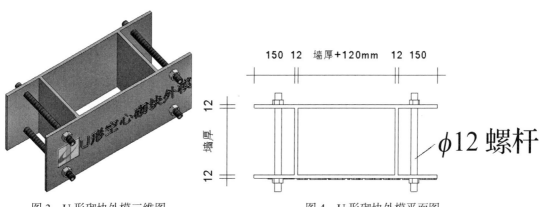

图 3　U 形砌块外模三维图

图 4　U 形砌块外模平面图

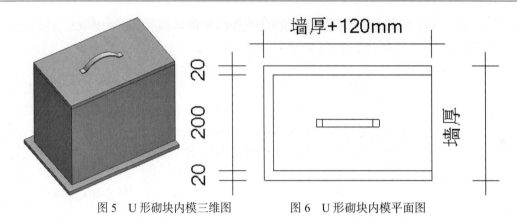

图 5　U 形砌块内模三维图　　　　　图 6　U 形砌块内模平面图

构造柱 U 形空心砌块模具采用现场模板材料即可制作，取材方便，制作成本低，工艺简单，可重复用于构造柱施工。模具浇筑水泥砂浆成模时，待高强度水泥砂浆达到初凝后，终凝前（约浇筑 6h）即可取出内模进行成品养护，达到最终强度。预制 U 形空心砌块内外模具组合如图 7 所示。

（2）U 形空心砌块制作

利用 U 形空心砌块模具预制空心砌块，浇筑前在模具内侧涂脱模剂，方便砌块在成型后能顺利取出，U 形空心砌块壁厚为 20mm，施工采用 M15 及以上高强度水泥砂浆浇筑，内配规格为 10mm×10mm×0.6mm 钢丝网，水泥砂浆浇筑时，手持橡皮锤敲击模具侧壁，使其水泥砂浆充分振捣密实。U 形空心砌块浇筑完成后在模具内进行初步养护，在达到初凝开始失去可塑性时，手持内模取出继续进行养护，养护龄期不少于 14d，预制时保持模块清洁，并均匀涂刷薄层脱模剂。预制 U 形空心砌块如图 8 所示。

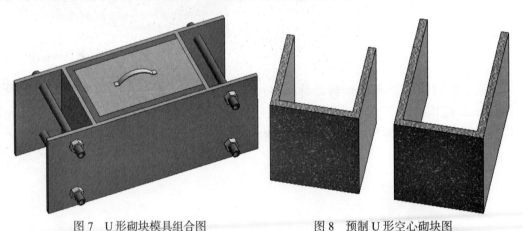

图 7　U 形砌块模具组合图　　　　　图 8　预制 U 形空心砌块图

2.2.3　养护

预制 U 形空心砌块成型后需及时进行养护，常温下养护时间不少于 14d，冬季施工养护时间不少于 28d。砌块完成后养护现场做好防雨遮盖，避免雨水直接冲淋，做好遮阳处理，避免高温引起砂浆中水分挥发过快，必要时应适当用喷雾器喷水养护。

2.2.4　施放砌体结构、构造柱边线

U 形空心砌块组装砌筑，在墙体砌筑前，需按施放边线进行预排板，保证砌块、填充墙位置准确，施放砌体结构、构造柱边线工艺要求可按一般构造柱施工放线要求同工序实施。

2.2.5　绑扎构造柱钢筋

预制 U 形空心砌块与预留 PVC 孔洞施工工法构造柱钢筋绑扎无特殊要求，可按常规施工技术要求实施，构造柱钢筋绑扎满足相关图纸及标准规范要求即可。

2.2.6　600mm 高 U 形空心砌块组装砌筑

（1）定位放线

U 形空心砌块组装砌筑前，进行墙体定位放线，按照设计施工图，放出墙体准确位置，包括构造柱的平面具体位置，相关人员进行尺寸和位置复核，确保尺寸位置准确无误后形成隐蔽验收资料，方可进行墙体砌筑。

（2）600mm 高 U 形空心砌块砌筑

构造柱 U 形空心砌块与墙体砌筑同时进行，每砌筑 2～3 皮约 600mm 高度后间歇，进行构造柱细石混凝土浇筑，其构造柱空心砌块内填芯混凝土采用图纸构造柱标号细石混凝土掺 5% 膨胀剂，在浇捣时，使用 $\phi30$ 振动棒在构造柱内进行振捣，同时辅以橡皮锤轻轻敲击下料，使细石混凝土浇筑充分密实。细石混凝土浇筑完成后在 600mm 高构造柱上放置两根 $\phi6$ 拉筋，长度 1m。空心砌块组合砌筑时灰缝砂浆厚度宜控制在 8～12mm 范围内，并不得少于拉筋直径厚度，使之与上皮 U 形空心砌块结合紧密。600mm 高空心砌块施工完成后，重复预制砌块、填充墙砌筑、浇混凝土工序至顶。U 形空心砌块组合砌筑构造柱如图 9、图 10 所示。

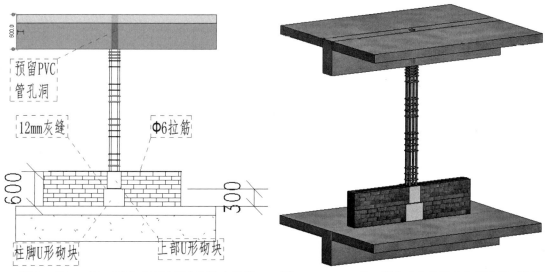

图 9　600mm 高 U 形空心砌块组合砌筑立面图　　图 10　600mm 高 U 形空心砌块组合砌筑局部三维图

2.2.7　顶部预留 PVC 管孔洞灌浆

（1）顶部空心砌块浇筑混凝土

顶部 U 形空心砌块及墙体顶部斜砖砌筑至梁顶后，按照构造柱的混凝土强度等级，从梁上口预留的孔洞将混凝土灌入，同时用小直径振捣棒（采用 $\phi30mm$ 振捣棒）进行充分振捣，混凝土浇筑到梁下口位置。

（2）梁上预留浇筑孔密封

采用比原梁设计混凝土高一等级的细石混凝土或灌浆料填充浇筑孔。U 形空心砌块与预留 PVC 孔洞施工工法实施如图 11、图 12 所示。

图 11　梁顶预留孔洞与空心砌块组合砌筑图　　　　图 12　预制 U 形砌块构造柱现场实景图

3　质量安全注意事项

（1）U 形空心砌块模具制作应标准规范，模板选用新模板，浇筑水泥砂浆前先均匀涂刷脱模剂。

（2）空心砌块拆模不宜过早，需满足砌块棱角不因拆模而破坏，砌块常温养护时间不得少于 14d，冬季施工养护时间不得少于 28d。

（3）构造柱 U 形空心砌块填芯混凝土应随砌随浇筑，分段浇捣密实。

（4）梁顶预埋 PVC 管孔洞位置正确，孔洞直径不得少于 40mm，在不破坏主筋位置的前提下尽可能扩大预留孔，方便后期混凝土浇筑和振捣。

（5）梁上预留孔洞采用比原梁设计混凝土高一等级的细石混凝土或灌浆料填充浇筑孔。

（6）空心砌块的养护避免雨水冲洗及高温暴晒，防止预制空心砌块高温引起砂浆中水分挥发过快，必要时应适当用喷雾器喷水养护。

（7）构造柱混凝土配料前严格控制混凝土配合比，浇筑时充分振捣密实。

（8）梁上预留孔洞灌浆前，现场采取措施进行封闭。

（9）楼层高度超过 2m 的填充墙砌筑和 U 形空心砌块组合砌筑需搭设操作平台，操作平台搭设及平台作业需满足高空作业和安全作业标准规范要求。

（10）不得酒后作业，不得穿拖鞋作业。

（11）模板切割作业时，严格按安全技术交底要求进行切割，切割机具施工前认真检查其工作性能。

（12）施工现场严禁电缆线随意拖地。

（13）工人进入施工现场必须正确佩戴安全帽，上操作平台作业必须配备安全带。

（14）在二次结构施工过程中安排专人对临边防护栏杆进行拆改，并及时恢复。

4　结语

本技术的特点有施工简单、操作方便、安全可靠、劳动强度小、施工速度快、工程质量容易保证，构造柱与墙体同时施工、无须支模、无扬尘污染，为绿色、环保、节能施工。施工应用能产生较大的经济效益和社会效益。在砌体工程边角、直形墙、拐角、丁字墙、十字墙等部位构造柱施工均可采用，施工技术值得推介在工程施工应用中。

参考文献

［1］ 苗振铎. 浅析建筑工程构造柱免支模施工方法［J］. 安徽建筑，2018（02）：118-119.

［2］ 杨宏，刘炳杜，何涛，严东，马可. 构造柱免支模外腔壳膜工艺［J］. 建筑技术，2018（10）：1064-1067.

［3］ 张春. 用于构造柱和圈梁的 U 形预制空腔模壳砌块施工技术［J］. 建筑施工，2016（12）：1689-1691.

绿色建筑施工与管理（2020）

浅谈提高外墙多彩仿石涂料施工质量

蒋艳华

湖南省第四工程有限公司，长沙，410119

摘　要： 外墙大理石或天然石材是传统的装饰材料，它具有强度高、耐风化、美观、质感丰富等优点，深受人们的喜爱。但由于其造价高、施工工艺复杂等原因限制了它的使用范围。随着我国新型装饰材料的不断涌现，我们开始使用人工材料来替代外墙大理石或天然石材。外墙仿石涂料就是很好的一种。外墙仿石涂料与外墙大理石或天然石材相比，由于其科技含量高，装饰效果极佳，对大理石或天然石材具有较高的仿真度，可以达到以假乱真的效果，且性能优异、施工简单，具有施工速度快、经济合理等特点，在外墙仿石漆施工中可广泛应用。

关键词： 提高表面平整度；饱满度；仿真度；环保；颜色均匀一致

1　外墙多彩仿石涂料施工优点

超环保节能：完全符合国家对建筑涂料的环保要求，在外墙的装饰中，多彩仿石涂料质量较轻，它不会给年久的墙体带来承重，彻底杜绝了传统石材的脱落隐患，还能配合外墙外保温材料进行专业的外墙仿石装饰。

抗龟裂性能：具有高度延展及耐屈曲特性，使其能非常有效地遮盖墙面上的细小裂纹，不会开裂保持涂层的牢固和光滑。

高效仿真性：适合设计复杂的建筑物，能达到客户理想的需求效果，在色彩上能模仿大理石和天然石材，在视觉的界面内可以以假乱真，涂膜平滑，更能达到巧夺天工，胜过大理石和天然石材的效果。

施工周期短：虽然对施工的要求较高，需使用专业喷枪，进行多种色彩的均匀喷涂，但只需单枪喷涂，一次成形，故可大大节省施工时间。

超自洁功能、超强耐刷洗：由于选用了优质的树脂基材，不论在普通环境还是酸雨侵蚀的恶劣环境，极强地提高了涂层的耐磨性和耐洗刷性。对灰尘和酸碱化合物具有较强的抵抗力，涂层即使受到污染后，也只需用水性清洗剂清除，不会影响涂装效果。

创意性极强：设计与施工不受任何限制，可根据设计师的意图任意改变之形状。也可根据建筑本身的设计、灵活地体现建筑物的线条与层次感。可适应任何不规则建筑墙面，可装饰任何弯曲、细边等部分。

2　外墙多彩仿石涂料施工工艺原理及工艺流程

多彩仿石涂料是多色、多相粒子混合共存，是通过物理变化及化学反应的多项转化，将液态水性树脂提炼包裹成胶状水性彩色颗粒，并均匀悬浮在特定水性乳液中，最终形成性能稳定、颗粒大小随意、不相融的液态共聚物。采用高压喷枪喷涂在墙上，干燥后便是石头状态，它能装饰出大理石或天然石材的效果，并呈现出丰富多彩的仿石涂层。适用于各种新建、改造等建筑物，如住宅、写字楼、宾馆、别墅、银行、医院、政府大楼，如图 1 所示。

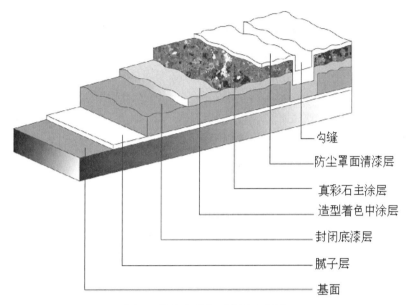

图 1　外墙多彩仿石涂料示意图

标注（从上到下）：勾缝、防尘罩面清漆层、真彩石主涂层、造型着色中涂层、封闭底漆层、腻子层、基面

施工工艺流程：基层处理→批涂平底腻子→批涂细腻子→打磨、腻子层养护→分格、贴分格条→涂刷外墙封底漆 →起分格条、刷漆、再贴分格条→滚涂弹性外墙漆→喷涂多彩仿石外墙涂料→起分格条、做细部处理→涂刷罩面清漆。

3　施工方法及操作要点

3.1　施工准备

（1）门窗必须按设计位置及标高提前安装好，并检查是否安装牢固，洞口四周缝隙堵实。高层建筑金属门窗防雷接地验收完毕。

（2）墙面基层及防水节点应处理完毕，完成雨水管卡，设备穿墙管等安装预埋工作，并将洞口用水泥砂浆抹平，堵实，晾干。

（3）脚手架应选用双排外架子或活动吊篮，墙面不宜留设脚手眼；脚手架距墙间隙应满足安全规范的要求，同时宜留出施工操作空间，脚手架的每步高度最好与外墙分格相适应。

（4）进行饰面施工前，对所采用的机械如空压机等应提前接好电源及高压气管，并应提前试机备用。

（5）根据设计需要，提前做好样板，并经鉴定合格。

（6）对不进行饰面的部位应进行遮挡，提前准备好遮挡板。操作施工时，现场的温度不得低于 5℃。

3.2　基层处理

（1）基层修补：基层为混凝土墙板，不抹灰时要事先清理表面流浆、尘土，将缺棱掉角及板面凹凸不平处刷水湿润，修补处刷含界面剂的水泥浆一道，随后抹 1:3 水泥砂浆局部勾抹平整，凹凸不大的部位可刮水泥腻子找平对其防水缝、槽进行处理后，进行淋水试验，不渗漏，方可进行下道工序。

（2）基层处理：抹灰打底前应对基层进行处理。对于混凝土基层，目前多采用水泥细砂浆掺界面剂进行"毛化处理"。即先将表面灰浆、尘土、污垢清刷干净，用10%火碱水将板面的油污刷掉，随即用净水将碱液冲净，晾干。然后用1:1水泥细砂浆内掺界面剂，喷或甩到墙上，其甩点要均匀，毛刺长度不宜大于8mm，终凝后浇水养护，直至水泥砂浆毛刺有较高的强度（用手掰不动）为止。基层为加气混凝土墙体，应对松动、灰浆不饱满的砌缝及梁、板下的顶头缝，用聚合物水泥砂浆填塞密实。将凸出墙面的灰浆刮净，凸出墙面不平整的部位剔凿；坑凹不平、缺棱掉角及设备管线槽、洞、孔用聚合物水泥砂浆整修密实、平顺。基层为砖墙时，要将墙面残余砂浆清理干净。

（3）吊垂直、套方、找规矩：按墙上已弹的基准线，分别在门口角、垛、墙面等处吊垂直、套方、抹灰饼。

（4）基层抹灰：基层为混凝土墙、砖墙墙面，抹1:3水泥砂浆，每遍厚度5～7mm，应分层分遍抹平，并用大杠刮平找直，木抹子搓毛。基层为加气混凝土墙体，刷聚合物水泥浆基层处理、抹灰刷底漆分格、弹线、粘条、喷涂仿石涂料、表面打磨喷、刷罩面漆、起分格条一道，紧跟抹底灰，不得在水泥浆风干后再抹灰，否则，容易形成隔离层，不利于砂浆与基层的粘结。底灰材料应选择与加气混凝土材料相适应的混合砂浆（如配比为1:0.5:5～6），厚度5mm，扫毛或画出纹线。然后用1:3水泥砂浆（厚度约5～8mm）抹第二遍，用大杠将抹灰面刮平，表面压光。用吊线板检查，要求垂直平整，阴阳角方正，顶板（梁）与墙面交角顺直，管后阴角顺直、平整、洁净。

（5）加强措施：如抹灰层局部厚度大于或等于35mm时，应按照设计要求采用加强网进行加强处理，以保证抹灰层与基体粘结牢固。不同材料墙体相交接部位的抹灰，应采用加强网进行防开裂处理，加强网与两侧墙体的搭接宽度不应小于100mm。

（6）当作业环境过于干燥且工程质量要求较高时，加气混凝土墙面抹灰后可采用防裂剂。底子灰抹完后，立即用喷雾器将防裂剂直接喷洒在底子灰上，防裂剂以雾状喷出，以使喷洒均匀，不漏喷，不宜过量和集中。操作时喷嘴倾斜向上仰，与墙面保持距离，以确保喷洒均匀适度，又不致将灰层冲坏为准。防裂剂喷撒2～3h内不要搓动，以免破坏防裂剂表层。

（7）底层砂浆厚度的控制：底层砂浆抹好后，面层预留厚度3mm为宜，可直接在打好的底灰上粘分格条进行喷涂。水泥砂浆底灰要求大杠刮平，木抹子搓平，表面无孔洞、无砂眼，面层颜色均匀一致，无划痕。

3.3　批刮外墙抗裂腻子

待墙体上修补的部位干燥两周（14d）后即可进行外墙专用腻子的施工。建议使用外墙抗裂腻子粗细搭配进行墙体的批刮。粗腻子作为外墙基层的找平材料，细腻子是作为墙体最后的收光使用，具有优异的耐水性，附着力强、粘结力高、抗裂及易刮涂等特点。

（1）搅拌方法：在容器中先注入量好的清水和添加剂，再按比例慢慢加入干粉料，用电动搅拌器低速充分搅拌，边倒边搅拌至均匀无结块、无沉淀物，成浓稠浆状即可。

（2）施工要点：用批刮工具满刮腻子，每次厚度控制在1mm左右。由于基层的腻子不同，其用量也不同，第一遍腻子的用量约为1.3kg/m²，第二遍递减。待腻子实干后方可进行下一道腻子的批刮，批嵌最后一道腻子时要避免有接槎。根据墙面平整度，腻子批刮次数一般为粗腻子、细腻子各一遍（理论用量 1.1 ~ 1.7kg/m² · mm）。

3.4　打磨、腻子养护

（1）最后一遍腻子干燥后即可进行打磨，打磨砂纸一般选用 240 ~ 360 目为宜。打磨保证平整、光滑、无砂眼、无刮刀痕等。

（2）打磨完后即将墙体上的粉尘清除干净，然后用清水将腻子层进行洒水养护，要求早晚各洒水两遍养护 3d 以上。

3.5　分格、弹线、贴分格条

根据图纸要求分格、弹线，并依据缝的宽窄、深浅选择分格胶条、粘分格胶条，要保证位置准确，要横平竖直（图 2）。

3.6　涂刷外墙封底漆

（1）滚涂封闭底漆必须待腻子实干后方能上底漆。检查被滚涂面，要求无刮痕、无浮灰，平整、光滑。

（2）按产品说明比例配制好底漆，在辊筒上蘸少量已配好的底漆在被涂墙面上轻缓平稳地来回滚动，直上直下避免歪扭蛇行。保持涂层厚度均匀一致、无漏涂（图 3）。

图 2　贴分格条　　　　　　　　　图 3　涂料刷外墙封底漆

3.7　起分格条、刷分格条漆、再贴分格条

滚涂抗污弹性外墙漆完成后，及时将分格条起出，并将缝内清洁。根据设计要求，在缝内做分格条漆，分格条漆完成干燥后，再按设计要求缝的宽窄选择分格胶条、粘分格胶条，要保证位置准确，要横平竖直。

3.8　滚涂弹性外墙漆

（1）检查底漆涂层，用 400 ~ 600 目耐水砂纸将凸出的灰层和砂粒打磨平整，再将浮灰清除，并用底漆对被打磨处进行修补，确保底漆涂层的完整。

（2）按产品说明比例配制好弹性外墙漆，在辊筒上蘸少量已配好的弹性外墙漆在被涂墙面上轻缓平稳地来回滚动，直上直下避免歪扭蛇行。保持涂层厚度、颜色均匀一致、无漏涂（图 4）。

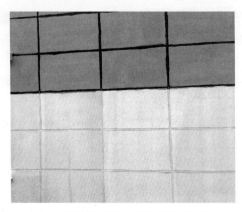

图 4　刷分格条漆和滚涂弹性外墙漆

图 5　喷涂仿石涂料

3.9　喷涂仿石涂料

大面积施工应采用喷涂工艺。炎热干燥的季节，喷涂之前应洒水湿润，开动空压机，检查高压胶管有无漏气，并将其压力稳定在 0.6MPa 左右。喷涂时，喷枪嘴应垂直于墙面且离开墙面 30 ~ 50cm，开动气管开关，用高压空气将砂浆喷吹到墙上，如果喷涂时压力有变化，可适当地调整喷嘴与墙面的距离。喷涂要分两步进行：首先快速喷一薄层附着，待第一层稍干后再缓慢均匀进行第二次喷涂，喷涂时务必使涂层厚薄均匀、不露底、浮点大小基本一致，喷涂总厚度以 2 ~ 3mm 为宜，或按不同设计要求而定。

3.10　起分格条、细部处理

喷完后，及时将分格条起出，胶带撕揭前，需用裁纸刀将胶带在纵横交接处，沿平行于水平胶带的方向，将竖向胶带切断，以避免撕揭胶带时仿石漆脱落。分格条不符合要求的，用分隔线条漆再做细部处理，注意不要污染其他部位。

3.11　涂刷罩面清漆

成活 24h 后，涂刷罩面漆，一定要在仿石涂料完全干透后进行。罩面漆薄而均匀地喷涂一层，要喷匀，不流淌，约经过 60min 待其硬化后，即告完成。

4　外墙多彩仿石涂料施工材料及设备要求

4.1　材料要求

（1）水泥：一般采用强度等级为 32.5 级或 42.5 级普通硅酸盐水泥和矿渣硅酸盐水泥。水泥应有出厂合格证书及性能检测报告。水泥进场需核查其品种、规格、强度等级、出场日期等，并进行外观检查，做好进场验收记录。水泥进场后应对其凝结时间、安定性和抗压强度进行复验。当水泥出厂超过 3 个月时应按试验结果使用。

（2）砂：用中细砂，含泥量不得超过 5%，不得含有植物根茎等影响强度的杂物。

（3）水：不含有害物质的洁净水，符合国家现行标准《混凝土用水标准》（JGJ 63—2006）的规定。

（4）外墙腻子：选用与涂料相匹配的外墙粉料腻子，粉料中应无结块和其他杂物。

（5）外墙底漆：选用附着力强，具有耐碱和封闭性能的外墙底漆。

（6）弹性外墙漆：选用具有较高的拉伸强度，可有效覆盖或抑制墙体微裂纹，良好的耐水性和耐沾污性，良好的耐候性，防霉抗藻，并具有极高弹性外墙漆。

（7）描线条涂料：采用优质外墙涂料，可根据设计需要进行调色。

（8）分格胶条：根据设计要求，采用一般单面胶带。

（9）仿石涂料：是采用各种颜色及一定细度的天然大理石粉粒调配而成，可采用专业生产商成品。其主要性能指标可参考表 1。

表 1 仿石涂料主要性能指标参考表

项目	标准指标
在容器中的状态	无硬块，呈均匀状
骨料沉降性（%）	≤ 10
干燥时间（表干），（h）	≤ 2
耐洗刷性（次）	1000 次洗刷涂层无变化
粘结强度（MPa）	≥ 0.69
耐冻融性（10 次）	不粉化、不起鼓、不干裂、不剥落
人工加速耐候性（500h）	不起泡、不剥落、无裂纹
颜色及外观	与样本无明显差别

（10）清面罩漆：选用漆膜高光泽、高硬度、丰满度甚佳、耐光、耐候、保光、保色性能好的清面罩漆。

4.2 施工设备要求

（1）砂浆搅拌机。

（2）电动吊篮：ZLD50 型 4 ～ 6m。

（3）空压机：1 ～ 2 台（排气量 0.6m³/min，工作压力 6 ～ 8kg/cm²），耐压胶管（可用 3/8 氧气管）及接头、喷斗。

（4）压浆罐，输浆胶管，胶管接头，喷枪。

（5）劳保用品：安全带、工作服、安全帽、安全扣、安全绳。

（6）其他设备：搅拌枪、优质羊毛辊筒、排刷、批刀、水平尺。

5 质量控制措施

（1）外墙多彩仿石涂料工程所用涂料的品种、型号和性能应符合设计要求。

（2）外墙多彩仿石涂料工程的颜色、图案应符合设计要求。

（3）外墙多彩仿石涂料工程应涂饰均匀、粘结牢固，不得漏涂、透底、起皮和掉粉。

（4）外墙多彩仿石涂料工程的基层处理应符合下列要求：

新建筑物的混凝土或抹灰基层在涂饰涂料前应涂刷抗碱封闭底漆。

旧墙面在涂饰涂料前应清除疏松的旧装修层，并涂刷界面剂。

混凝土或抹灰基层涂刷涂料时，含水率不得大于 10%。

基层腻子应平整、坚实、牢固、无粉化、起皮和裂缝；

涂层与其他装修材料和设备衔接处应吻合，界面应清晰。

涂料的涂饰质量及检验方法见表 2。

表 2 涂料的涂饰质量及检验方法

项次	项目	质量要求	检验方法
1	颜色	均匀一致	观察
2	泛碱、咬色	不允许	
3	喷点疏密程度	均匀、不允许连片	

6　安全及环保控制措施

（1）执行标准：《建筑施工安全检查标准》（JGJ 59—2011、《建筑机械使用安全技术规程》（JGJ 33—2012）、《施工现场临时用电安全技术规范》（JGJ 46—2005）和省、市、企业有关文件规定。

（2）对施工人员进行岗位培训，并执行有关安全技术规程。施工前做好安全教育，每班前进行安全交班。

（3）禁止非作业人员进入现场，现场施工人员进场必须带好安全帽、穿工作服，不准在作业时，穿凉鞋和光上身作业。

（4）酒后或过度疲劳及情绪异常者不得上岗。不准在上班时间内喝酒、饮食。施工现场不允许吸烟，禁止在工地内燃烧明火。

（5）确保工人不超负荷作业，夏天做好防暑降温措施，施工确保工人人身安全。不允许单独一人作业，班后施工用具材料统一管理，严禁乱扔乱放。

（6）禁止在工地内乱牵电源插座，必须专人管理用电设施。不准随意搬动工地内的器具，破坏作业场所内的机器物品。

（7）场外运输按要求办理相关手续，采用规定车辆进行运输，不准超载。在施工现场出口处设置洗车槽，对出工地的车辆进行清洗，避免污染场外环境。场内地面硬化、绿化，控制扬尘。

（8）搅拌站和施工现场废水排放严格执行《污水综合排放标准》（GB 8978—1996）。现场设置沉淀池，施工污水经处理达到排放标准后分别排入指定的市政管网。沉淀池定期进行清理，同时定期对现场排放水质进行检测，确保符合排放要求。

（9）加强施工环境中有毒有害物排放的控制，加强化学危险品控制。

（10）施工中保持场地卫生、整洁，施工组织科学，施工程序合理。生产、生活垃圾不随意外排。

7　结语

综上所述，影响外墙仿石涂料质量，既有涂料自身质量问题又有涂装施工质量和施工管理问题，外墙仿石涂料质量的控制措施是一项外部影响因素多、施工条件和环境苛刻、对材料的选用和施工工艺、技术水平要求高的综合性工作。虽然当今出现过外墙仿石涂料质量通病，但是随着科学技术的发展、涂料自身质量改进以及施工技术的优化不断提高，只要严格遵循科学的防治措施，加强施工工艺的技术要求和标准，建筑外墙仿石涂料的施工质量是可合理控制的。

参考文献

［1］　建筑施工手册，第五版［M］. 北京：中国建筑工业出版社，2013：1289-1292.

［2］　建筑装饰装修工程质量验收规范：GB 50210—2001［S］. 北京：中国建筑工业出版社.

［3］　建筑涂饰工程施工及验收规程：JGJ/T 29—2015［S］. 北京：中国建筑工业出版社.

论梁侧预埋悬挑架的设计与应用

郭卫峰 李 敬 刘月升 宋维方 刘 洋

湖南望新建设集团股份有限公司，长沙，41000

摘 要： 悬挑式脚手架在高层建筑施工中有着广泛的应用，悬挑式脚手架有着多种类型，应用悬挑式脚手架时，施工设计人员应根据施工场地的实际情况，选择适合的悬挑式脚手架。本文结合圣爵菲斯二期A地块A1-A8栋工程所采用梁侧预埋新型悬挑架的设计与应用，有效降低了施工成本，提高了施工质量。

关键词： 新型悬挑脚手架；高层建筑；应用

1 工程概况

1.1 工程概述

本工程为大型住宅小区，地下一层，建筑面积为88106.64m²；结构形式为钢筋混凝土框架剪力墙结构。地下一层，A1栋地上34层，总高度为99.85m，A2栋地上18层，总高度为53.68m，A3、A4栋地上16层，总高度为47.88m。A5、A6栋地上18层，总高度为53.68m。A7栋地上34层，总高度为99.45m。A8栋地上33层，总高度为96.54m（表1）。

表1 建筑技术经济指标

楼号	层数	层高（m）	建筑高度（m）	建筑面积（m²）	±0.000对应的绝对标高（m）
A1栋	34	2.9	99.85	15799.46	64.95
A2栋	18	2.9	53.68	5080.32	64.95
A3、A4栋	16	2.9	47.88	9035.04	64.95
A5、A6栋	18	2.9	53.68	10181.67	64.95
A7栋	34	2.9	99.45	15866.35	65.4
A8栋	33	2.9	96.54	15361.81	64.95
地下室	地下1层	5.2		16781.99	63.3

1.2 脚手架设置

根据施工组织要求及本工程施工工期、质量和安全要求，A1、A7、A8栋选用双排落地架＋梁侧预埋悬挑脚手架，A2、A3、A4、A5、A6栋选用双排落地架＋普通预埋悬挑架＋部分梁侧预埋悬挑脚手架（即电梯井、楼梯间位置）。

根据主体结构工程的高度及结构特点，本工程脚手架设置见表2。

表2 脚手架设置要求

栋号 （层数）	架体覆盖层数及搭设高度					
	落地架	第一挑	第二挑	第三挑	第四挑	第五挑
A1栋 （34）	6层以下 （15.15m以下）	6～12层 （15.15～32.55m）	12～18层 （32.55～49.95m）	18～24层 （49.95～67.35m）	24～30层 （67.35～84.75m）	30～屋面 （84.75～99.3m）

续表

栋号 （层数）	架体覆盖层数及搭设高度					
	落地架	第一挑	第二挑	第三挑	第四挑	第五挑
A2栋 （18）	2层以下 （3.55m以下）	2～8层 （3.55～20.95m）	8～14层 （20.95～38.35m）	14～屋面 （38.35～52.9m）	—	—
A3、A4 栋（16）	7层以下 （18.05m以下）	7～13层 （18.05～35.45m）	13～屋面 （35.45～47.1m）	—	—	—
A5、A6 栋（18）	7层以下 （18.05m以下）	7～13层 （18.05～35.45m）	13～屋面 （34.5～52.9m）	—	—	—
A7栋 （34）	6层以下 （14.45m以下）	6～12层 （14.45～31.85m）	12～18层 （31.85～49.25m）	18～24层 （49.25～66.65m）	24～30层 （66.65～84.05m）	30～屋面 （84.05～98.6m）
A8栋 （33）	5层以下 （11.55m以下）	5～11层 （11.55～28.95m）	11～17层 （28.95～46.35m）	17～23层 （46.35～60.85m）	23～29层 （60.85～81.15m）	29～屋面 （81.15～95.7m）

2　悬挑脚手架搭设工艺技术

2.1　技术参数（表3）

表3　型钢悬挑脚手架（扣件式）

脚手架排数	双排脚手架	纵、横向水平杆布置方式	横向水平杆在上
搭设高度（m）	17.4	钢管类型	$\phi48\times3.0$
立杆纵距（m）	1.5	立杆横距（m）	0.83
步距（m）	1.8	防护栏杆（m）	0.6
挡脚板	6步1设	脚手板	3步1设
横向斜撑（架体内之字撑）	6跨1设	剪刀撑	连续设置
连墙件连接方式	多用途预埋螺栓	连墙件布置方式	水平三跨，垂直每层设置
基本风压（kN/m²）	0.25	地区	湖南长沙
悬挑方式	普通主梁悬挑	安全网	封闭
主梁建筑物外悬挑长度L（mm）	1230～2130	锚固点设置方式	2根M20高强螺栓
主梁锚固点	结构墙、梁外侧	主梁材料规格	16号工字钢
梁/楼板混凝土强度等级	≥C20	上拉杆	$\phi20$可调节拉杆

2.2　工艺流程

预埋连接套管→安装悬挑主梁→纵向扫地杆→立杆→横向扫地杆→横向水平杆→纵向水平杆（格栅）→剪刀撑→上斜拉杆→连墙件→铺脚手板→绑扎防护栏杆→绑扎安全网。

2.3　脚手架施工方法

2.3.1　材料要求

（1）脚手架钢管应采用现行国家标准《直缝电焊钢管》（GB/T 13793—2016）或《低压流体输送用焊接钢管》（GB/T 3091—2005）中规定的Q235普通钢管，钢管的钢材质量应符合现行国家标准《碳素结构钢》（GB/T 700—2006）中Q235级钢的规定。每根钢管的最大质量不应大于25.8kg。钢管表面应平直光滑，不应有裂缝、结疤、分层、错位、硬弯、毛刺、压痕和深的划道，钢管要有产品质量合格证、质量检验报告，钢管材质检验方法应符合现行国家标准《金属材料室温拉伸试验方法》（GB/T 228—2002）的有关规定，质量和钢管外径、壁厚、端面等的偏差应符合《建筑施工扣件式钢管脚手架安全技术规范》（JGJ 130—2011）的有关规定，并涂有防锈漆。旧钢管表面锈蚀深度、钢管弯曲变形应符合《建筑施工扣件式钢管脚手架安全技术规范》（JGJ 130—2011）的有关规定。锈蚀检查应每年一次。检查时，应在锈蚀严重的钢管中抽取 3 根，在每根锈蚀严重部位横向截断取样检查，当锈蚀深度超过规定值时不得使用。钢管上严禁打孔。

（2）扣件应采用可锻铸铁或铸钢制作，其质量和性能应符合现行国家标准《钢管脚手架扣件》（GB 15831—2006）的要求，采用其他材料制作的扣件，应经试验证明其质量符合该标准的规定后方可使用。扣件应有生产许可证、法定检测单位的测试报告和产品合格证。扣件进入施工现场应检查产品合格证，并应进行抽样复试。扣件在使用前应逐个挑选，有裂缝、变形、螺栓出现滑丝的严禁使用。扣件在螺栓拧紧扭力矩达 65N·m 时，不得发生破坏。新、旧扣件均应进行防锈处理。

搭设架子前应进行保养，除锈并统一涂色，力求环保和美观。

（3）脚手板：竹脚手板采用由毛竹或楠竹制作的竹串片板；竹串片厚度不少于 50mm，脚手板不得有虫蛀、枯脆、松散等缺陷。

（4）安全网采用密目式安全立网，应符合下列要求：

①网目密度不低于 2000 目 /100cm^2；

②网体各边缘部位的开眼环扣必须牢固可靠，孔径不低于 1mm；

③网体缝线不得有跳针、露缝，缝边应均匀；

④一张网体上不得有一个以上的接缝，且接缝部位应端正牢固；

⑤不得有断纱、破洞、变形及有碍使用的编织缺陷；

⑥阻燃安全网的续燃、阻燃时间均不得大于 4s。使用的安全网必须有产品生产许可证和质量合格证，以及由相关建筑安全监督管理部门发放的准用证；

⑦做耐贯穿试验不穿透，1.6m×1.8m 的单张网质量在 3kg 以上；

⑧颜色应满足环境要求，选用绿色。

（5）连墙件材料采用钢管制作，其材质应符合现行国家标准《碳素钢结构》（GB/T 700—2006）中 Q235 级钢。连接螺栓材质应符合现行国家标准《六角头螺栓 全螺纹》（GB 5783—2016）中 8.8 级的规定，且有产品质量合格证、质量检验报告。

（6）悬挑梁采用工字钢制作，其材质应符合现行国家标准《碳素结构钢》（GB/T 700—2006）或《低合金高强度结构钢》（GB/T 1591—2018）中的规定。焊缝应符合《建筑钢结构焊接技术规程》（JGJ81）中的规定，焊缝等级为Ⅲ级，所有接触点必须满焊，焊脚高度不得小于 6 mm，且不得有气孔、夹渣、漏焊等现象。

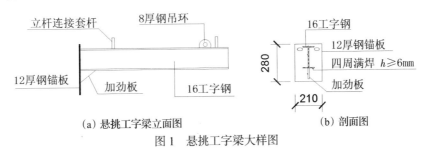

(a) 悬挑工字梁立面图   (b) 剖面图

图 1 悬挑工字梁大样图

（7）用于固定悬挑梁的 M20 高强锚固螺栓材质应符合现行国家标准《六角头螺栓　全螺纹》（GB 5783—2016）中 8.8 级的规定，且有产品质量合格证、质量检验报告，并应进行抽样复试。

2.3.2　脚手架搭设方法

（1）悬挑梁定位、安装

按施工平面图绘制定距图（图 1），水平悬挑梁的纵向间距与上部脚手架立杆的纵向间距相同，按定距图预埋连接套管，套管用螺栓紧固到外模板上，防止浇筑混凝土时发生位移。外模拆除后，待混凝土强度达到 10MPa 才能安装悬挑梁，如因安装时混凝土强度未达到要求，悬挑梁可搁置在底层架子上，保证安装悬挑梁时结构构件不受损伤（图 2）。安装时螺栓拧紧扭力矩须达 117N·m。

本工程采用在挑梁上安装 100 ～ 150mm、外径 φ25mm 的钢管，立杆套在其外（图 3），使上部脚手架立杆与挑梁支承结构有可靠的定位连接措施，确保上部架体的稳定。

施工电梯部位由于脚手架使用时间不同，施工电梯架体与两端架体断开设置，架体间距350mm，架体下设间距 350mm 宽的双排钢挑梁。

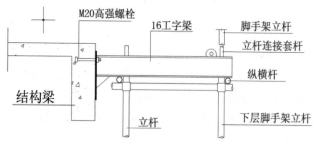

图 2　结构梁未达强度时，安装、脚手架立杆与挑架连接图

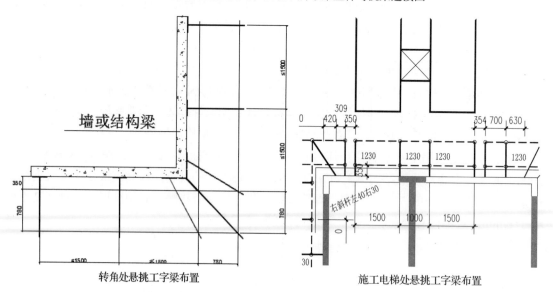

转角处悬挑工字梁布置　　　施工电梯处悬挑工字梁布置

图 3　悬挑工字梁布置示意图

（2）可调节斜拉杆卸荷

①墙、梁内的受拉锚环，必须在混凝土强度达到 75% 以上方可受力使用。拉钩、吊环一定要采用圆钢制作。

②主体结构施工三层（本层悬挑架上），必须安装好斜拉杆，斜拉杆通过可调节法兰进行拉紧，拧紧扭力矩 30N·m（图 4）。未装斜拉杆前，禁止在架子上堆放材料及作业。

（3）如局部使用超长工字钢（$L \geqslant 1750mm$），在安装工字钢时必须装好下支撑，下支撑调节应使工字钢悬挑端向上 15 ～ 20mm。

（4）立杆设置

①立杆采用对接接头连接，立杆与纵向水平杆采用直角扣件连接。接头位置交错布置，两个相邻立杆接头避免出现在同步同跨内，并在高度方向错开的距离不小于 50cm；各接头中心距主节点的距离不大于步距的 1/3。

②上部单立杆与下部双立杆交接处，采用单立杆与双立杆之中的一根对接连接。主立杆与副立杆采用旋转扣件连接，扣件数量不应少于 2 个。纵向扫地杆应采用直角扣件固定在距底座上皮不大于200mm 处立杆上。横向扫地杆亦应采用直角扣件固定在紧靠纵向扫地杆下方立杆上。

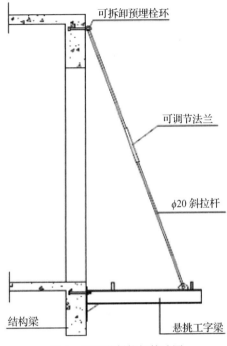

图 4　可调节斜拉杆构造图

③立杆的垂直偏差应控制在不大于架高的 1/400。

④开始搭设立杆时，每隔 6 跨设置一根抛撑，直至连墙件安装稳定后，方可根据情况拆除。

⑤立杆及纵横向水平杆构造要求见图 5。

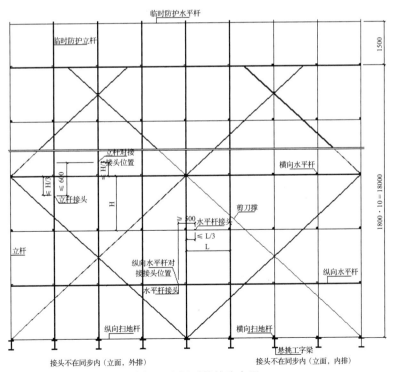

图 5　立杆对接接头布置

（5）纵、横向水平杆

①纵向水平杆设置在立杆内侧，其长度不小于3跨。纵向水平杆接长采用对接扣件连接，要求如下：对接时，对接扣件应该交错布置，两根相邻纵向水平杆接头不宜设置在同步或同跨；不同步或不同跨两相邻接头在水平方向错开距离不应小于500mm；各接头中心至最近主节点的距离不宜大于纵距的1/3。

②立杆与纵向水平杆交点处设置横向水平杆，两端固定在立杆上，以形成空间结构整体受力（图6）。

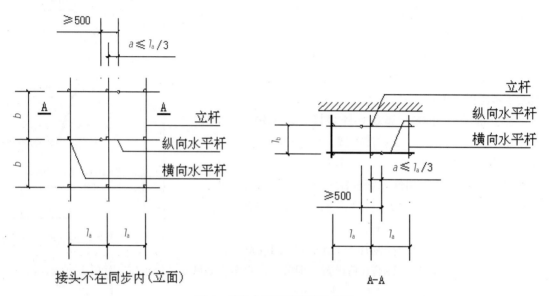

图6　纵向水平杆对接接头布置

（6）剪刀撑和横向斜撑设置

①脚手架外侧立面整个长度和高度上连续设置剪刀撑。

②每道剪刀撑宽度根据现场实际长度分别取4～5跨，且不应小于6m，斜杆与地面的倾角宜在45°～60°之间。

③剪刀撑斜杆的接长应采用搭接或对接，采用搭接连接时，搭接长度不小于1m，应采用不少于2个旋转扣件固定，端部扣件盖板的边缘至杆端距离不小于100mm。

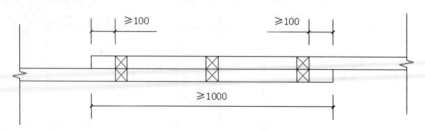

图7　剪刀撑（立杆）搭接构造

④剪刀撑斜杆应用旋转扣件固定在与之相交的横向水平杆的伸出端或立杆上，旋转扣件中心线离主节点的距离不宜大于150mm。

⑤在施工电梯处开口架两端，均设置横向斜撑；为确保架体的稳定，架体拐角处及中

间每隔 6 跨设置一道横向斜撑，横向斜杆在同一节间，由底至顶呈之字形连续布置，采用旋转扣件固定在与之相交的横向水平杆的伸出端上，旋转扣件中心至主节点的距离不大于 150mm。

（7）脚手板、脚手片的铺设要求

①脚手架内排立杆与结构层之间均应铺设脚手板，内外立杆间应满铺脚手板，无探头板。将脚手板两端与水平杆可靠固定，严防倾翻。

②满铺层脚手片必须垂直墙面横向铺设，满铺到位，不留空位，不能满铺处必须采取有效的防护措施。

③脚手片需用 12 ～ 14 号铅丝双股绑扎，不少于 4 点，要求绑扎牢固，交接处平整，铺设时要选用完好无损的脚手片，发现有破损的要及时更换。

④在拐角、斜道平台口处的脚手板，应与横向水平杆可靠连接，防止滑动。脚手板对接搭接如图 8 所示。

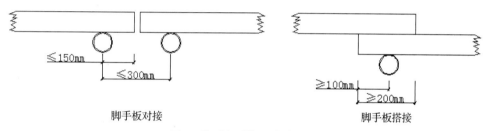

脚手板对接　　　　　　　　　　脚手板搭接

图 8　脚手板对接、搭接构造

（8）防护栏杆

脚手架外侧使用建设主管部门认证的合格绿色密目式安全网封闭，且将安全网固定在脚手架外立杆内侧。

选用 18 号铅丝张挂安全网，要求严密、平整。

脚手架外侧施工作业层必须在 0.6m、1.2m 高位置设置 2 道防护栏杆，因现在砌筑工程均在室内完成，所以挡脚板只在悬挑层进行设置，栏杆和挡脚板均应搭设在外立杆的内侧。

（9）连墙件

①脚手架与建筑物按计算书中连墙件布置要求设拉结点。水平方向每三跨设置一道，垂直方向每层设置，拉结点在转角范围内和顶部处加密。

②连墙件中的连墙杆应呈水平设置，当不能水平设置时，向脚手架一端下斜连接。

③连墙件从底层第一步纵向水平杆处开始设置，当该处设置有困难时，现场采用其他可靠措施固定。

④拉结点必须保证牢固，防止其移动变形，且尽量设置在外架纵横向水平杆接点处。宜靠近主节点设置，偏离主节点的距离不应大于 300mm。

⑤外墙装饰阶段拉结点也须满足上述要求，确因施工需要除去原拉结点时，必须重新补设可靠、有效的临时拉结点，以确保外架安全可靠。

⑥施工电梯处开口形脚手架的两端必须设置连墙件，垂直间距为每层设置。

⑦连墙件构造示意图如图 9 所示。

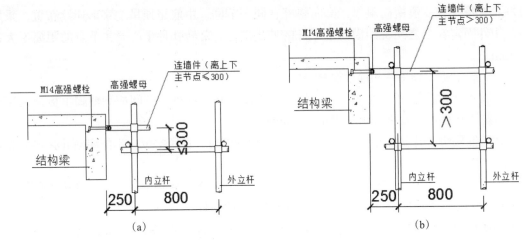

图 9　连墙杆构造图

（10）架体内封闭

①脚手架的架体内立杆距墙体净距为 300mm，大于 200mm，内立杆与墙体间必须铺设站人板，站人板设置平整牢固。

②脚手架施工层内立杆与建筑物之间应采用脚手片或木板进行封闭。

③施工层以下脚手架每隔 3 步底部用双层网兜进行封闭。

④作业层下，需在每层楼板位置的外架上铺一层钢板网作楼层的临边防护。

3　结语

悬挑脚手架通过悬挑承力结构将整个高层外脚手架多次分段并向建筑结构卸载传力，分段的外脚手架结构自成体系，因而悬挑脚手架不仅能够满足不同高度的外脚手架的搭设需要，还可根据施工的实际需要进行相对独立的拆除或翻搭。希望本文对这种新型悬挑脚手架方式的应用有所贡献。

参考文献

［1］悬挑脚手架在高层建设施工中的应用［R］．2019．

［2］悬挑架梁侧全预埋安装搭设装置（专利）［P］．2015．

［3］圣爵菲斯二期 A 地块 A1 ～ A8 栋新型悬挑脚手架专项施工方案［R］．2019．

浅析超前小导管注浆技术
在引水隧洞工程中的应用

刘华光　邓志光　肖　广　李　勇　柳金华

湖南望新建设集团股份有限公司，长沙，410015

摘　要： 本文作者结合自己多年的工作经验，以毛俊水利 C1 标禾坪引水隧洞工程为例，总结出超前小导管注浆技术方案是最为经济的方案；本文重点介绍了超前小导管注浆加固机理及施工工艺流程；并做出了总结，以供参考。

关键词： 引水隧洞工程；岩体破碎带；超前小导管注浆技术；超前支护；加固机理

1　工程概况

湖南省毛俊水库工程灌渠渠道及建筑物（蓝山县）C1 标工程，分为总干渠、左干渠、右干渠三大部分。其中禾坪引水隧洞洞长 819m，净宽 4.2m，净高 4.1m，底坡 1/2000，进口底板高程 301.9m，出口底板高程 301.5m，设计流量 $Q = 20\text{m}^3/\text{s}$。

沿线山顶高程 340 ～ 370m，地形坡度 35° ～ 45°。沿线均为残坡积层覆盖，下伏基岩岩性为寒武系上组上段（3-2）灰黑、灰绿色浅变质石英细砂岩夹板岩，局部见炭质板岩，中厚层状，岩层产状 N45 ～ 50°W，SW ∠ 40° ～ 45°，洞身围岩多为弱～微风化，岩性较坚硬，未见大的构造形迹，洞向与岩层走向近于平行，上覆有效岩体厚度 3 ～ 55m，洞身绝大部分位于地下水位以下。

2　超前小导管注浆技术方案的确定

由于禾坪隧洞局部地段覆盖层较薄，施工中有可能出现不同的地质条件，可能遇到的不良地质现象包括断层破碎带及其影响带坍塌、涌水或涌泥等，不加以保护，极易造成掌子面失稳坍塌，采用何种加固措施保证开挖岩体的稳定，关系到隧洞施工安全和质量。

基于在软弱岩层必须快速施工的理念，突出时空效应对防塌的重要作用，同时根据"管超前、严注浆、短进尺、强支护、早封闭、勤量测"的十八字原则，采用了适合禾坪隧洞破碎带施工的超前支护方案——超前小导管注浆技术方案。

3　超前小导管注浆的加固机理

（1）梁支撑效应：小导管的材质是无缝钢管，小导管在施工时，它的前端以一定的角度插入开挖断面外深部围岩，后端支撑在钢拱架上面，并与钢拱架焊接在一起。隧道开挖后可有效承受卸荷产生的部分松动压力。

（2）水化凝结作用：浆液在流动扩散过程中，发生化学反应和物理变化，凝结成具有一定强度和低透水性的结石体，并产生大量的水化热，促使破碎带岩层含水量降低，强度提高。

（3）承载拱作用：隧道开挖后拱顶部分岩层首先失去稳定，产生坍塌，并形成自然拱。

随之，隧道两侧由于应力集中而逐渐破坏，导致顶部坍塌进一步扩大形成塌落拱。采用小导管注浆法进行超前预加固时，可以形成以注浆管为中心的拱形加固体，从而形成小导管钢管为骨架的承载拱。

（4）雨伞作用：在破碎带岩层中进行填充注浆，固结破碎带软弱围岩，在初支外形成一把"雨伞"，将地层下渗水拒之于初支之外，提高围岩的抗渗性，起到良好的堵水效果。

（5）钢混作用：破碎岩体通过浆液凝结作用，增加围岩强度的同时，与超前小导管连接成整体，起到类似钢筋混凝土结构的作用，大大增强了围岩的刚度。

4　方案实施

4.1　超前小导管制作

超前小导管采用 $\phi42mm$，壁厚 3.5mm 的无缝钢管。钢管前端呈尖锥状，尾部焊上 $\phi6mm$ 加劲箍，管壁四周钻 $\phi6mm$ 压浆孔，尾部留有 0.5m 不设压浆孔。

超前小导管配合型钢钢架使用，应用于隧道设计有超前小导管支护的部位，拱部超前注浆预支护，其纵向搭接长度不小于 1m。

4.2　超前小导管设计参数

（1）前导管规格：$\phi42$ 无缝冷轧钢管、壁厚 3.5mm；符合设计要求；

（2）小导管长度：5m/ 每根，环向间距 40cm；

（3）倾角：外插角 10°～15°，可根据实际情况调整；

（4）注浆材料：M30 水泥浆或水泥砂浆；

（5）设置范围：拱部 120° 范围。

小导管纵面布置如图 1 所示。

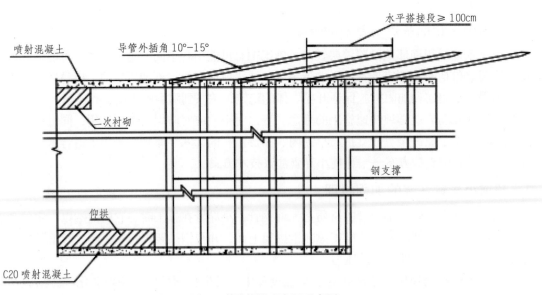

图 1　小导管纵面布置示意图

4.3　超前小导管施工

（1）注浆小导管施工工艺流程（图 2）

（2）小导管安装

①测量放样，在设计孔位上做好标记，用凿岩机钻孔，孔径较设计导管管径大 20mm 以上。

②成孔后，将小导管按设计要求插入孔中，或用凿岩机直接将小导管从钢架上部、中部打入，小导管宜从钢架腹部穿过，特殊情况下亦可以从钢架顶部或底部穿入，外露 20cm 支撑于开挖面后方的钢架上，与钢架共同组成预支护体系。

（3）注浆

在掌子面喷一层 5cm 厚混凝土，孔口处设止浆塞，采用 KBY-50/70 注浆泵压注水泥浆或水泥砂浆。注浆前先冲洗管内沉积物，在确认无塌孔和探头石时，方可安装注浆管。由下至上顺序进行。单孔注浆压力达到设计要求时，持续注浆 10min 且进浆速度为开始进浆速度的 1/4 或进浆量达到设计进浆量的 80% 及以上时注浆方可结束。

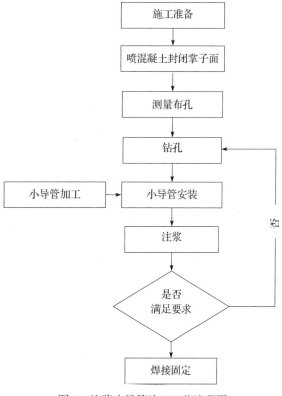

图 2　注浆小导管施工工艺流程图

注浆方式可根据地质条件，机械设备及注浆孔的深度选用前进式、后退式或全孔式。注浆顺序为：先注内圈孔、后注外圈孔；先注无水孔、后注有水孔，从拱顶顺序向下进行。浓度及初凝时间不得任意变更。

注浆施工中认真填写注浆记录，随时分析和改进作业，并注意观察施工支护工作面的状态。注浆参数应根据注浆试验结果及现场情况调整。

注浆参数可参照以下数据进行选择：

注浆压力：一般为 0.5 ～ 1.0MPa；浆液初凝时间：1 ～ 2min；水泥：P.O42.5 水泥；砂：中细砂。

（4）注浆异常现象处理

①串浆时及时堵塞串浆孔，然后可间隔一孔或数孔灌注。

②泵压突然升高时，可能发生堵管，应停机检查。

③进浆量很大，压力长时间不升高，应重新调整砂浆浓度及配合比，缩短胶凝时间。

5　结论

超前小导管注浆技术是在浅埋暗挖软弱围岩隧洞施工中，提高开挖掌子面稳定，降低地层渗水，控制拱顶下沉，提高施工安全的有效措施。其安全性、经济性高，施工简便、灵活，施工过程中不必投入过多的机械设备，便于快速组织施工，在复杂地层中具有实用性，可以取得良好的技术与经济效果。超前小导管在钻孔过程中的探头作用，可以为评价掌子面后的岩层节理情况提供参考，从而便于调整浆液参数，控制注浆效果，提高围岩的自稳能力，增强开挖作业的安全性。总体而言，超前小导管注浆技术的安全与经济适用性，决定了其在未来其他复杂地层隧道施工应用中的发展和应用。

参考文献

［1］ 超前小导管注浆技术在引水隧道工程中的应用［R］. 2015.

［2］ 小导管超前支护技术在引水隧洞工程中的应用［R］. 2010.

［3］ 湖南望新建设集团股份有限公司洪江市龙标酒店建设工程项目经理部. 2019. 毛俊水库灌区渠道及建筑物工程（蓝山县）C1 标工程隧洞施工专项方案［R］.

高层建筑中水系统的施工与调试

刘　毅

湖南天禹设备安装有限公司，株洲，412000

摘　要： 我国是一个水资源短缺的国家，人均水资源仅为世界平均水平的1/4，因此需要合理开发水资源并实现可持续利用。中水系统以再生水为水源，将各类建筑物使用后的排水或收集到的雨水，经处理达到中水水质要求后，用于园林灌溉、厕所冲洗等场合。本文结合长沙浦发银行办公大楼项目，对大楼中水系统的原理、组成、施工工艺、关键技术及调试运行具体事项进行阐述，为类似工程提供一些参考。

关键词： 高层建筑；中水系统；回收装置；施工技术；调试；运行管理

1　前言

　　近年来，我国经济快速发展，城市化进程日益加快，高楼大厦拔地而起。而低碳环保、节能减排，保护生态环境已经成为城市建设的一个重要方向。随着建筑技术的进步以及国家大力提倡环保节能、绿色施工，高层建筑设计者纷纷开始进行绿色建筑技术的研究。据此长沙浦发银行办公大楼项目设计采用了中水系统，将整栋大楼的雨水统一收集起来，利用回收净化装置处理后，采用独立的管道系统分流输送，为大楼植被浇灌及厕所冲洗提供充足达标的中水，实现能源再利用。

2　雨、废水回收系统

2.1　雨、废水回收装置的构成

　　长沙浦发银行办公大楼回收装置是由屋顶雨水收集器、大楼中水管网、PP 模块收集池、回用清水箱、提升泵、斜管沉淀池、石英砂与活性炭过滤器、变频供水泵、电路集成控制系统构成，现场安装见图 1～图 6。

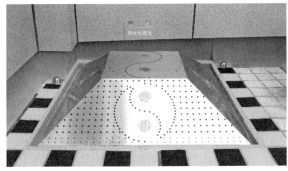

图 1　长沙浦发银行屋面雨水收集器

图 2　长沙浦发银行中水机房回用清水箱

2.2　雨水回收装置原理

　　雨水回收装置是将建筑物屋顶、广场等地表雨水经汇集井收集后流入 PP 模块收集池，由提升泵提升至收集清水箱储存待处理，然后再由一级提升泵提升，同时自动投放絮凝药剂进入反应池，经混凝后的废水流入斜管沉淀池进行分离净化，出水经沉淀池澄清进入中间水池，然后由二级提升泵提升至石英砂过滤器过滤，再经活性炭过滤器深度过滤处理后流至回用清水箱，最后由加压变频水泵送至中水系统管网。

图3　中水机房石英砂与活性炭过滤器现场安装图　　　图4　中水机房斜管沉淀池现场安装图

图5　中水机房加药装置现场安装图　　　　　图6　中水机房加压变频水泵现场安装图

2.3　雨水回收处理工艺流程

雨水收集全过程主要包括四个方面：初期弃流、过滤、储存、送至用水点。具体雨水回收处理工艺流程见图7。

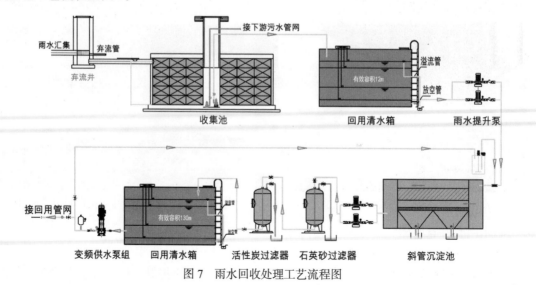

图7　雨水回收处理工艺流程图

3 关键技术与施工要点

3.1 基坑开挖

根据施工图纸尺寸进行放线定位，基坑开挖时应预留出进、出水管安装距离，且PP模块（雨水收集池）各边应留出不少于0.7m的操作空间。基坑完成后应进行地基处理，地基必须夯实整平，然后浇筑C15的混凝土垫层，厚度为100mm。需注意基础表面应平整光滑，高程误差值控制在±20mm以内。

3.2 复合土工膜铺设

本工程采用PP模块即塑料模块组合水池作为雨水收集池。为了保证收集池的密封性需将复合土工膜焊接成整张，焊接时防渗土工膜搭接宽度不少于500mm，防渗土工膜采用双道焊缝接缝方式，其流程为铺设、剪裁→对正、搭齐→压膜定型→擦拭尘土→焊接试验→焊接→检测→修补→复检验收。焊接完毕应检测焊缝焊接质量。铺设土工膜采用人工卷铺，从最低部位向高位延伸，施工过程中不能拉得过紧，留出适当余幅，以满足下沉拉伸的裕量。铺设完成后，应对土工膜进行检查，发现有破损的地方应及时修复。

3.3 PP模块雨水收集池安装

PP模块按照图纸尺寸安装塑料模块，安装时应排列整齐，便于同层和上下层之间固定连接。同层储水模块之间用塑料模块横向固定卡连接，每个模块长边一侧使用的固定卡不少于2只，短边一侧使用的固定卡不少于1只。而在上下层储水模块之间用塑料模块纵向固定杆连接，每座模块单体上下层之间的固定杆不少于2只。应当注意的是PP模块在连接过程中，要尽量避免垂直连接，先铺设第一层，然后再逐层往上铺设（图8、图9）。

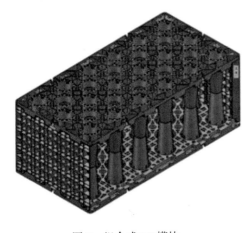

图8 组合式PP模块

图9 PP模块现场安装图

3.4 包裹复合土工膜

在完成PP模块收集水池安装好后，将焊接好的复合土工膜包裹在PP模块的四周并折好。顶面包裹应注意两侧搭接宽度须大于500mm，最后在管道口位置将土工膜切开，使管道连接件伸出来，并做好管道连接件的密封处理（图10）。

3.5 中水机房管道、线路布置及水泵安装

（1）中水机房管道采用涂塑复合钢管，丝扣连接。管道安装时应根据图纸精确定位且安

装牢固，并按图纸要求坡向位置进行放坡，坡度合理。管道支吊架间距设置规范，在三通、弯头、阀门位置前后均应设置固定支架。当管道穿墙时应设套管，且套管两端与墙面应平齐，套管与管道间的缝隙采用阻燃密实材料封堵。

（2）线路布置流程：电气控制箱定位及安装→机房内电缆桥架安装→敷设电线→线缆与设备连接。在安装过程中需注意几点，控制箱箱体及柜门应接地可靠，箱内同一端子导线连接不多于2根，控制箱进、出线口位置需做橡胶护口保护，防止线缆磨损。箱内回路标识清楚，电线端头需套回路标识，控制箱与桥架之间连接处需设置接地跨接线。

图10　复合土工膜铺设包裹

（3）水泵安装：水泵安装时出口位置安装的阀门、止回阀、压力表朝向合理，便于观察，压力表下应设表弯；水泵进水口应采用偏心大小头，安装时上表面水平，出水口应采用同心大小头。水泵附件法兰螺栓孔应成线，螺栓朝向一致，螺栓外露部分不超过螺栓直径的1/2。立式水泵减振器采用杯形橡胶减振器；水泵吸入管和输出管的支架应单独埋设牢固，不得将重量承担在泵上；水泵出水口侧弯头设置橡胶减震顶托支架。

4　设备整体运行调试操作规程

4.1　加药装置溶液的配制

（1）PAM（聚丙烯酰胺）溶液的配制浓度为2‰～3‰，加水搅拌时间为20～30min为宜。
（2）PAC（聚合氯化铝）溶液的配制浓度为8‰～10%，加水搅拌时间为10～20min为宜。

4.2　设备的操作步骤

（1）设备正常运行出水
①配制好溶液，待设备开机时用。
②开启PP模块收集水池提升泵，使回用清水箱保持足够的水位。
③开启一级提升泵（水泵受水箱液位控制，设高中低液位，高开低停），打开进、出水阀和排空气螺丝，直至出水为止调节控制流量10m³/h，根据水质情况确定投加量的多少，投加量配制好的PAC、PAM溶液（根据水质情况确定投加量的多少），具体投加量的多少由加药泵来控制流量。
④雨、废水经提升泵加药后进入反应池混凝反应，出水自流入斜管沉淀池，经沉淀后出水流入中间水池，污泥定期排入污泥池。
⑤开启二级提升水泵，水泵流量为10m³/h，提升至石英砂过滤器，开启石英砂过滤器的上进阀（上部进水阀），同时开启排气阀，待排气阀出水，关闭排气阀，打开石英砂过滤器的出水阀出水至活性炭过滤器，开启活性炭过滤器的上进阀（上部进水阀），同时开启排气阀，待排气阀出水后，关闭排气阀，打开活性炭过滤器的出水至回用清水箱。
⑥过滤器设备反冲洗运行（每个过滤器单独冲洗）。
⑦设备经一段时间运行后，进水压力上升，出水也明显下降，设备需反冲洗。
⑧开启二级提升水泵，开启活性炭过滤器的下进阀（反冲洗进水阀），过滤器的上排阀

（反冲洗出水阀），反洗时间 8 ～ 10min 左右。

⑨反洗完毕，设备进行正洗，关闭过滤器的下进阀、上排阀，开启过滤器的上进阀、下排阀，打开取样阀取水样观察直至出水清澈透明，设备才可以进入正常运行状态。

5　运行操作说明

（1）开机准备

检查过滤器本体及附属的各种阀门、管路、仪表和各种设备附件是否完好；确认各种排放、正洗、反洗等阀门已关闭；过滤器排气阀门见水后关闭。

（2）开机运行

运行工作流程：排气→运行→反洗→排水→正洗。

（3）排气、冲洗

首次调试时应打开石英砂过滤器进水阀、排气阀，直到排气阀出水后，关闭排气阀，保证设备内部存有空气排尽，并打开正洗排放阀备用。冲洗时打开过滤器进水阀、正洗排放阀运行直至出水清澈为止。

（4）运行周期

运行前需打开过滤器进水阀、出水阀，开启过滤水泵。运行时间可按实际需求进行设置，当运行到设定的时间，设备将停止运行。

（5）反冲洗

反冲洗的目的在于使滤层松动，并将滤层所截截留物冲走，从而起到清洁过滤层的作用。反冲洗时关闭进水阀、出水阀，打开反冲洗进水阀、反排阀，反冲洗时间应以反冲洗排水浊度而定，且不少于 5min。

（6）正冲洗

打开过滤器进水阀、正冲洗排放阀，运行至正排口水质为清澈时止，且不少于 5min。

6　设备运行管理与维护保养

6.1　设备运行管理

（1）水泵做好必要的运行记录，并应巡回检查。

（2）设备运行时观察各种仪表数据是否正常。

（3）水泵机组运行时有异常噪声和振动应进行检修与处理。

（4）应注意观察加药系统是否有足够的药剂，严禁加药泵空转。

（5）定期对沉淀池进行排泥（至少每周 1 次）。

6.2　维护保养

（1）运行管理人员和维修人员熟悉系统的运行与维修各项制度与操作规程。

（2）经常检查和紧固各种设备连接件，定期更换易损件。

（3）定期清扫控制柜，并测试各项技术指标。

（4）备用水泵应每月至少进行一次试运行。

（5）环境温度低于 0℃时，必须把水泵进水口排气阀打开，开启水泵上的排水口。

7　结语

本工程中水系统一次性投入少，性价比高，维护成本低，自动化程度高，雨水回收系统的运行可日供应中水 72m³，实现每日节约自来水费约 220 元，每年节约 4.41 万元。减少二氧化碳每日排放量 3.851m³，年度减少二氧化碳总排放量 870.2m³。该系统在绿色建筑、节能减排、改善生态环境方面取得了不俗的成绩，具有极大的推广价值。

参考文献

［1］ 汤万龙. 建筑给排水系统安装［M］. 北京：机械工业出版社，2015.6.

［2］ 给水排水设计手册，第三版［M］. 北京：中国建筑工业出版社，2014.3.

［3］ 给水排水管道工程施工及验收规范：GB 50268—2008［S］.

［4］ 张守磊. 绿色施工技术在北大国际医院工程中的应用［J］，施工技术，2015.10.

［5］ 林志强. 雨水收集系统在福建 LNG 监控调度中心项目的应用探讨［J］. 福建建材，2019.01.

浅谈"饰面薄板"整装安装工艺

苏登高

湖南艺光装饰装潢有限责任公司，长沙，412000

摘 要：随着日益增长的空间使用需要，越来越多的原有办公、居住环境需进行二次装修或改造以达到使用需求。但是相较于新建主体的装饰装修项目，二次装修或改造工程的主体质量不明确，且使用年限及布局改造带来结构影响，对装修施工带来了诸多不利因素。饰面板作为一种常见的装饰施工材料，因其安装简便，装饰效果美观、大气等特点，被越来越多的公共装修工程所采用。但由于饰面板品种繁多，各饰面材料施工要求不一，稍有不慎，将带来一系列的质量安装隐患，如面层开裂、板块起鼓等，对整体装修效果造成影响。因此，在二次装修或改造的装饰装修工程中，针对饰面板安装，经过实践证明总结出"饰面薄板"整装安装工法以解决上述问题。本工法根据改扩建项目特点，考虑"老改新"施工难点，针对旧墙体饰面工程，为保证墙面饰面薄板安装稳固性、整体美观及后期维护，采用整体装配式安装。

关键词：工厂定制；装配式

1 概念与特点

（1）通过工厂定制，避免了饰面薄板施工过程因人工操作带来的材料损伤；能有效地使面板与基层板充分粘结，提高整体施工质量；

（2）通过基层钢结构骨架的焊接，能有效地减少旧墙体对施工带来的墙体水平、垂直度、稳固性等问题，减少施工工序，提高施工效率；

（3）面基层板的装配式安装，减少了施工现场人工投入，有利于成品后期维护。

2 适应范围

适用于改扩建工程旧墙体饰面工程，及有基层要求的新建装修工程。

3 工艺原理

本工法先行通过精确测量，准确定位，再行钢结构骨架焊接。采用30mm×40mm镀锌方钢主龙骨与顶、墙、地焊接，副龙骨采用30mm镀锌角钢焊接，膨胀螺栓固定。考虑面层饰面薄板（防火饰面板等）材料本身的厚度及安装难度，采用工厂定制，面层薄板和面层基层板整体安装出厂，通过工厂定制能有效地控制面、基层板粘结面积，减少空鼓、开裂隐患。最后进行钢结构骨架及面板固定，所有板块分隔缝通过封边条收边美化处理。

4 工艺流程和操作要点

4.1 施工工艺流程

实测实量、定位→预埋件安装、焊接→钢结构骨架焊接→水平及垂直度检测→焊缝刷防锈漆→基层验收→面、基层板参数交底、工厂定制→面基层板与钢结构骨架固定安装→分隔缝封边条安装→清洁、验收。

4.2　操作要点

　　旧墙体水平、垂直度、稳固性需进行准确测量，钢结构骨架焊接需稳固，水平及垂直度符合安装要求，隐蔽验收需符合要求。工厂定制面基层板交底需详细，固定方式需满足现场安装要求。

4.2.1　实测实量、定位

　　测量及定位工作，施工员与各班组等有关人员一道进行，首先需对施工图纸进行技术交底，在施工场地不受影响的位置设置纵横向控制线及高程控制点，以基准点为基础，依据设计图纸，用激光水平仪、线坠、钢卷尺和水准仪进行测量定位，反复复核，使位置偏差控制在允许范围内。

4.2.2　预埋件安装、焊接

　　根据钢结构骨架焊接要求，确定固定点位，采用 M10 膨胀螺栓固定，L 形连接件焊接。固定置顶点位需在原有框架梁固定，同在时地面相同位置确定固定点位，以达到通过骨架连接增加基层牢固性及稳定性。

4.2.3　钢结构骨架焊接

　　钢结构骨架焊接，采用 30mm×40mm 镀锌方钢主龙骨与顶、墙、地焊接，副龙骨采用 30mm×30mm×3mm 镀锌角钢焊接，骨架需焊接牢固，平整。焊缝需均匀、饱满，不允许存在点焊现象（图1）。

图 1　钢结构骨架焊接

4.2.4　水平及垂直度检测

　　钢结构焊接完成后，根据以确定好的基准点，用激光水平仪、钢卷尺和水准仪进行水平度、垂直度检测，对不符合要求的及时整改，确保立面及垂直误差控制在允许范围内。符合要求后方可进入下一步工序。

4.2.5　焊缝刷防锈漆

　　骨架安装自检合格后，所有焊缝均刷防锈漆三遍，涂刷应均匀，不允许存在漏涂、露底缺陷。

4.2.5　面、基层板参数交底、工厂定制

　　项目部根据图纸设计要求，确认饰面板基层、面板安装规格及要求；及时比对生产厂

商，详细交底规格参数，并提供样品，经监理、甲方确认后进行工厂整体定制加工。

4.2.6　面、基层板与钢结构骨架固定安装

工厂定制的整体饰面板进场后，比对样品，待确认接收后再行安装。面基层板与钢结构安装需稳固、平整，根据气压射钉固定位置合理规划分隔缝，分隔缝宽度不低于 3mm，根据封边条需要可适量增加。

墙面与钢结构骨架固定剖面如图 2 所示。

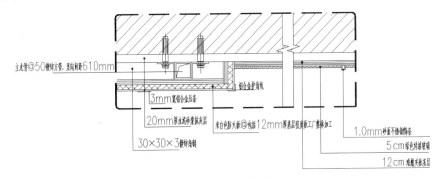

图 2　墙面剖面图

4.2.7　分隔缝封边条安装

分隔缝封边条宜采用不锈钢或铝合金 T 形压条，安装简便。分隔缝安装需牢固、平整、顺直、不漏胶。

4.2.8　清洁、验收

安装完毕后，对已完成的成品进行面层清理及成品保护，确保验收合格（图 3）。

5　材料与设备

30mm×40mm 镀锌方管、膨胀螺栓、30mm×30mm×3mm 镀锌角钢、饰面薄板、阻燃基层板、紧固件、自攻螺丝、不锈钢或铝制封边条、结构胶、红外线测距仪、水平仪、钢卷尺等。

6　质量控制

执行标准及依据：《建筑工程施工质量验收统一标准》（GB 50300—2013）、《建筑装饰装修工程质量验收标准》（GB 50210—2018）。

图 3　安装后实景

（1）钢结构骨架焊接尺寸及平整度需满足要求，包括需隐蔽安装要求，经隐蔽验收后方可进入下一工序；

（2）工厂定制需交底清晰，加工尺寸需准确；

（3）成品板安装固定时，需安装位置准确，紧固件安装牢固，避免二次损坏。

7　安全措施

严格执行《建筑装饰装修工程质量验收标准》（GB 50210—2018）、《建筑机械使用安全技术规程》（JGJ 33—2012）、《建筑施工安全检查标准》（JGJ 59—2011）、《施工现场临时用电

安全技术规范》(JGJ 46—2005) 和有关地方标准。

8 环保措施

（1）执行《建设工程施工现场环境与卫生标准》(JGJ 146—2013)，实行环保目标责任制，在施工现场平面布置和组织施工过程中，严格执行国家、地区、行业和企业有关环保的法律法规和规章制度。

（2）各种施工材料、机具要分类有序堆放整齐，余料定期回收，废料和包装袋及时清理，设定点垃圾箱，保持施工现场的清洁。

（3）实行环保目标责任制，把环保指标以责任书的形式层层分解到有关班组和个人，建立环保自我监控体系。

9 结语

本施工方法减少了旧墙体基层处理，同时将原有墙体通过钢结构骨架，同顶、地部结构梁连接，增加了旧墙体的稳固性；减少水泥砂浆的使用，有利于场地周围环境保护，有利于现场安全文明管理及项目成本控制；饰面板与基层板的工厂定制，通过紧固件及自攻螺丝与钢结构骨架连接，有利于成品质量控制，有利于后期维护，能有效的减少施工工序，提高施工效率。

参考文献

［1］ 王彩屏. 建筑装饰工程质量监控中的技术管理要点［J］. 科技资讯，2008（3）：33.

［2］ 徐勇. 关于建筑装饰工程质量监控问题的探析［J］. 中国建筑科技，2007（10）：167.

［3］ 建筑装饰装修工程质量验收标准：GB 50210—2018［S］.

［4］ 建筑机械使用安全技术规程：JGJ 33—2013［S］.

［5］ 建筑施工安全检查标准：JGJ 59—2011［S］.

［6］ 施工现场临时用电安全技术规范：JGJ 46—2005［S］.

论某赛车场看台屋面钢结构施工技术

熊三进

湖南省第五工程有限公司，株洲，412000

摘　要：随着国内市场的发展，各城市的汽车产业迅速壮大，新一波赛车场看台建设有了新的开局。例如：F2、F3、F4 国际赛车场、国际卡丁车场、各省市区域街道赛场及其他赛事等。本赛车场标准为国际 F2 赛事，看台建设是观众最重要、最直观、最佳观赏区域。看台屋面钢结构施工质量直接影响使用功能、观众观感和现场视觉效果，钢结构制作、吊装、焊接等环节的质量对面目建设尤为重要。

关键词：钢结构；吊装；焊接

1　工程概况

株洲国际赛车场占地面积 950 亩，分赛道工程和建筑工程，其中建筑工程由 5F 核心功能建筑（维修区、看台、VIP 贵宾观赛厅和指挥中心、计时中心等赛事用房）、11F 发布展示中心、3F 副看台及 2F 沿街商业、1F 医疗中心及 1F 服务中心、2F 会员俱乐部、山坡看台及其他附属建筑物组成。主休为钢筋混凝土框架结构，主看台和副看台屋面均为钢结构，看台为建筑控制性工程。

看台建筑面积为 8000m²，钢结构主要由钢管柱、型钢梁和钢支撑组成，主要材料Q235B、Q345B 钢，钢材总用量约 2800t。看台柱之间最大安装单跨度为 8m、单孔安装累计跨度约 36m，悬挑 13.0m。单件吊装重量为 60 ~ 100kN。施工特点是场地交叉，施工队伍多，环境复杂；焊接量大，外观要求高；跨度较大，吊装风险高。

本文主要论述株洲国际赛车场钢结构看台屋面安装的施工技术。

2　测量放样

（1）为了保证测量工作的准确性，测量工作开始前，对测量仪器及工具进行鉴定，同时需要对平面轴线控制网及标高控制点进行复测，复测时如果发现有偏差，按照要求进行修正调整，确保在测量规范的要求内，经联合确认后办理好交接，并做好标志保护。

（2）焊接预埋板放线：待土建完成基础后，通过测量定位出相交两条轴线位置。用墨线在基础预埋板上弹出轴线，测出预埋焊接板中心轴线的偏差值。

（3）杯口基础标高放线：通过高程控制点测量定位出基础预埋板标高，记录基础预埋板标高的偏差值。

（4）定位焊接钢柱底座连接件：焊接钢柱连接板 2 块，准备柱脚固定板 2 块钢板配合四根缆风绳，控制钢柱的摇摆。

钢板高度为钢柱柱脚底板到基础预埋板的尺寸。详见图 1 和图 2。

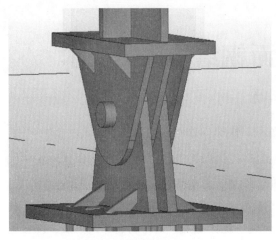

图 1　柱底座固定前　　　　　　　　　　　图 2　柱底座固定后

3　吊装布置技术

吊装靠近 A 轴线，作为施工主通道口。主通道经硬化平整，便于 50t 平板拖车进场。安装阶段，构件原则上就近吊装位置堆放，由于施工场地限制，据现场需求组织钢结构件进场。构件按照 5 个单元格划分，每一个单元格作为一个体系进场，进场后就近吊装位置进行卸车放置，局部无法放置构件时，采用吊车倒运。

4　安装顺序及技术措施

钢结构施工顺序：由 A 轴线向 E 轴线推进，由 4 轴线向 43 轴线推进。独立单元体作为主施工区。先安装 1/C ～ C 轴线挑篷主钢柱（圆管柱），接着安装外立面龙骨钢框架，最后进行相邻 2 个单元体的箱形挑篷梁的安装。

4.1　单元分区

本工程整个看台挑篷工程可以拆分为 5 个相对独立的单元个体（图 3），具体细分为 A ～ E 跨 /4 ～ 13 轴线作为一个单元体，A ～ E 跨 /14 ～ 20 轴线作为一个单元体，A ～ E 跨 /21 ～ 28 轴线作为一个单元体，A ～ E 跨 /29 ～ 36 轴线作为一个单元体，A ～ E 跨 /37 ～ 43 轴线作为一个单元体。构件加工顺序按照安装划分单元体来进行加工，现场施工也是根据钢结构加工单元体顺序依次进行吊安装，详见图 3。

4.2　吊装钢丝绳选用

钢柱和钢梁主要采用两点吊装，钢柱最大质量约为 2.2t，钢梁最大质量约为 4.8t。因此吊重 $P_{c1} = 2.2 \times 10 = 22kN$，吊重 $P_{c2} = 4.8 \times 10 = 48kN$，分支拉力 P_1 与角为 60°。

因此：$P_1 = 22/2\cos60° \approx 22kN$，吊索安全系数取 8，根据安全系数可求出吊索的破断拉力，查表，选用 6×19 的钢丝绳，其抗拉强度为 1400MPa，$Es_o = 428d^2$，$d = 20mm$，满足钢柱吊装要求。

因此：$P_1 = 48/2\cos60° \approx 48kN$，吊索安全系数取 8，根据安全系数可求出吊索的破断拉力查表，选用 6×24 的钢丝绳，其抗拉强度为 3580MPa，$Es_o = 428d^2$，$d = 26mm$，满足钢梁吊装要求。

4.3　单元构件吊装

（1）钢柱出厂前在钢柱顶端必须焊接吊耳以方便吊装，同时先在柱身上绑好爬梯，钢柱采用两点对称绑扎，用 150t 汽车吊单机回转法起吊。

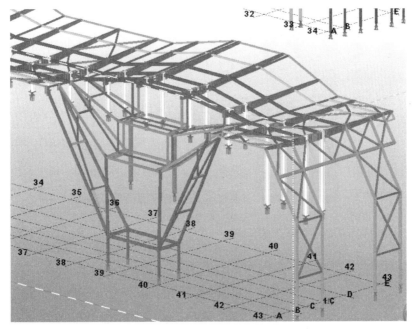

图 3　三维示意图

（2）吊装前检查吊车安全装置的性能，检查吊车、钢丝绳、卸扣、卡环等是否合格，检查合格后的汽车吊通过施工道路行走路线到钢柱吊装点附近。施工作业人员把 2 根钢丝绳钩挂在汽车吊大钩上，钢丝绳两端分别用卡环卡在钢柱柱顶端部连接耳板上，起吊时，不得使用柱的底部在地上有拖拉现象。钢柱起吊时必须边起钩，边旋转臂使钢柱垂直离地，当钢柱吊到就位上方 200mm 时，停机稳定，对准钢柱基础底座，缓慢下落，当钢柱地板与钢柱基础底座接触后应停止下落，检查钢柱的四周边中心线与基础十字线的对准，如有不符，及时进行调整（调整需要三人操作，一人移动钢柱，一人协助稳定，一人进行检查）。经调整，钢柱的就位偏差在 3mm 以内后，再落下钢柱，钢柱边用楔形垫块卡牢，并点焊固定。

4.4　钢柱测量校正

钢柱测量校正方法为：先调整标高，最后调整垂直度。

4.5　焊接

（1）现场钢结构焊接方法采用手工电弧焊（SMAW）。

（2）钢结构点焊时，应采用与根部焊道相同的焊接方法和焊接工艺，并由有现场施焊合格证的焊工担任。

（3）定位焊焊缝长度、厚度、间距，应能保证焊缝在正式焊接过程中不开裂。

（4）焊接操作要点：①焊接前应调试好焊接电流。②焊接时，引弧时适宜在坡口内进行，坡口外电弧擦伤的，应进行打磨或者修补处理。③手工电弧焊时，厚度大的结构采用短弧连续焊，厚度薄的结构用灭弧焊或者小电流连续焊。焊接坡口太宽时，超过焊条本身线径 3 倍（焊条摆动焊时，运行摆幅一般控制在焊条线径 3 倍内），应排道填充、盖面。④施焊过程中应保证起弧和收弧处的质量，收弧时应将弧坑填满，钢结构对接焊缝两端头应焊满。详见图 4。

图4　看台钢结构安装焊接效果图

4.6　焊接检测

对看台所有焊接头进行一级无损探伤100%检测。

4　结语

株洲国际赛车场一期工程看台屋面钢结构通过湖南省第五工程有限公司合理配备设备、员工、技术支持，科学管理项目经理部选择先进合适的施工方案，对安全、质量、进度安排专人跟踪控制，保证了项目的顺利完成，对钢结构屋面安装的施工技术发展添砖加瓦。

参考文献

［1］ 钢结构检测评定及加固技术规程：YB 9257—96［S］.
［2］ 建筑钢结构焊接技术规程：JGJ 81—2002［S］.

轻钢龙骨石膏板吊顶"投影施工"技术

杨永鹏

湖南省第五工程有限公司，株洲，412000

摘　要：伴随着我国经济的高速发展，建筑业也处在了一个快速发展的阶段。作为建筑业中的装饰装修，特别是高端、豪华的公共空间装饰装修工程成为现代建筑不可或缺的一部分。轻钢龙骨石膏板吊顶是公共装修中的重要组成部分，吊顶的平整度、稳定性更是衡量装修水平的重要参数。精确的施工测量、放线贯穿在整个装饰的整个过程中，放线的精度直接影响着装饰质量。装修中轻钢龙骨石膏板吊顶施工采用平面投影法，进行公共空间高级装饰装修工程的施工放样、放线，在保证了吊顶龙骨稳定性的同时又可以确保工程一次成优。

关键词：装饰装修；轻钢龙骨石膏板；吊顶施工；投影施工

1 装饰装修工程吊顶施工的现状

目前公共空间装饰装修中的轻钢龙骨石膏板吊顶施工均是先按照施工规范直接安装轻钢龙骨骨架（主龙骨间距 900～1000mm，次龙骨间距 300～600mm)，再安装石膏板覆面[1]，最后再进行灯具、消防、电气的开孔安装。这种施工方法在遇到灯具位置与龙骨位置产生冲突时，往往采取重新选址开孔，或者采取破坏龙骨的极端做法。如选择重新选址开孔，就破坏了原设计中灯具布局的美观性、对称性以及灯具间距的一致性；如采取破坏龙骨，就对以后的整个吊顶的稳定性产生影响。

2 轻钢龙骨石膏板吊顶"投影施工"技术的优势

针对在施工中经常遇到的以上问题，我司摸索出轻钢龙骨石膏板吊顶"投影施工"施工技术，根据工程特点，前期的施工策划及各工种的相互配合是施工的重要组成部分，它要充分考虑后期的施工过程。根据施工工艺及设计图纸的要求，结合计算机 CAD 制图，对吊顶中的灯具、消防、电气、通风口等提前进行地面布置，绘制详细的布置图。通过地面放样，精确计算定位，将所有灯具、消防、电气、通风口、烟感、喷洒头等定位弹线于地面上，使吊顶成品效果在地面上一目了然，然后将灯具、消防、电气、通风口、烟感、喷洒头等位置利用投影原理投至建筑物顶部，最后再根据定位进行施工。这样满足美观对称要求的同时又能保证轻钢龙骨骨架的整体稳定性和避免重复返工，保证吊顶施工的一次成优。

3 轻钢龙骨石膏板吊顶"投影施工"技术施工要求

3.1 工艺流程

绘制吊顶综合布置图→绘制地面控制线→绘制地面控制网→与各专业共同验收地面定位线→吊顶龙骨、面层安装→与各专业沟通确认→吊顶开孔施工。

3.2 技术操作要点

3.2.1 施工准备

（1）结合计算机校核设计图纸中各个布置点的具体位置及尺寸；

（2）组织各专业相关人员进行综合布置；

（3）对工程和施工用材按有关规范、规程进行检查验收。

（4）对使用的测距仪、水平仪等设备进行检查复验。

（5）选定合适的施工机具及配套设施。

（6）进行各工种的技术培训及安全教育。

（7）现场施工和管理人员充分了解、熟悉设计图纸、施工方法和操作要点，有事故预防措施和事故处理方案。

3.2.2　绘制吊顶综合布置图

依据施工图纸、安装图纸、电气图纸、设计师要求、材料样品等，对原有图纸进行深化综合设计。经各工种共同协商，共同审核。再利用 AutoCAD 绘制详细的吊顶综合布置图。吊顶综合布置图中包括灯具、消防、电气、通风口、烟感、喷洒头等所有顶部部分。确定准确的尺寸与位置，经监理与业主认可后进行下一步施工。

3.2.3　绘制地面控制线

结合校核无误的吊顶综合布置图进行分区放线。为方便施工测量，提高布线效率，施工控制主线按走道、大厅、房间等大块区域进行分区域放线。在需要放线的房间地面上利用激光水平仪和弹线器弹出主要控制尺寸线（图1）。

3.2.4　绘制地面控制网

利用绘制完成的控制主线，按照吊顶综合布置图进行吊顶局部的放线，形成完整的吊顶控制网（图2）。

图 1　定位地面主要控制线

（a）地面局部放线，定位控制网

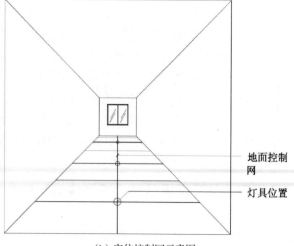

地面控制网

灯具位置

（b）定位控制网示意图

图 2　地面局部放线，定位控制网

3.2.5　与各专业验收地面定位线

各工种共同协商，共同验收，根据图纸再次核对地面的定位点是否符合设计要求。位置定位在放线过程中进行进行精确调整，确保所有吊顶安装物品位置的美观及精度。

3.2.6　进行"投影"施工

按照"投影施工"工法，利用激光自动安平标线仪将地面确定好的定位点引测到房顶和墙面上，使房顶上有准确的十字控制线（图 3）。

（a）地面定位点投射到顶部定位　　　　　　（b）地面定位点投射到顶部定位示意图

图 3　顶部定位示意图

3.2.7　进行顶部位置标识

在激光水平仪投射定位后，利用弹线器将吊顶中灯具的位置进行标识（图 4）。

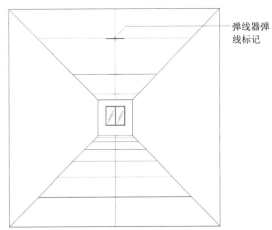

（a）顶部灯具位置标识　　　　　　　　　　（b）顶部灯具位置标识示意图

图 4　顶部灯具位置标识

3.2.8　吊顶龙骨、面层安装

在顶部标识完所有灯具位置后，再进行轻钢龙骨吊筋的安装。在进行吊顶龙骨安装时，提前避开位于房间顶部的定位点，以便于后期石膏板饰面完成后直接开孔进行灯具安装[2]。

3.2.9　各专业沟通确认

由各工种共同协商，确定施工顺序及位置。

3.2.10　吊顶开孔施工

经各专业确认无误并确定好施工顺序后，再由专业操作工人统一按照设计图纸尺寸进行吊顶的开孔安装施工[3]。

3.2.11　质量控制要点

（1）定位放线：定位放线由专业测量员、施工员与各工种施工员等有关人员一道进行，在施工场地不受影响的位置设置三个平面及高程控制点，经校对无误后，长期保护，作为基准点使用[4]。以基准点为基础，依据设计图纸提供的吊顶平面布置图，使用红外线测距仪和激光水平仪进行地面定位，反复复核，使位置偏差控制在允许范围内。

建立测量放线复核制度，每次控制点、控制线施测后，须经技术负责人组织进行复核；细部放样定位由各施工员、各专业队人员负责，测量员进行复核。每次测量均需完整的、详细的记录，作为主要的施工技术资料进行归档保管。

（2）对施工用9线1点激光水平仪进行进场检验，确保激光射线误差控制在合理范围，并能正常工作。

（3）投射前用罗盘校准9线1点激光水平仪立轴并保持立轴垂直后，将立轴牢固定位，以确保投射垂直度。

（4）在确定顶部灯具过程中，及时与图纸进行核对，如实际投射位置与设计图纸不符时，应及时通知有关施工单位和施工工种，及时地调整方案，确保所有顶部定位准确无误。

（5）轻钢龙骨石膏板吊顶安装和安装质量控制：在顶板上投影出吊顶布局后，确定吊杆位置并与原预留吊杆焊接，如原吊筋位置不符或无预留吊筋时，采用M8膨胀螺栓在顶板上固定，吊杆采用$\phi 8$钢筋加工。根据顶部墨线标识安装吊顶大龙骨，基本定位后调节吊挂抄平下皮（注意起拱量）；再根据顶部造型来确定中、小龙骨位置，中、小龙骨必须和大龙骨底面贴紧，安装垂直吊挂时应用钳夹紧，防止松紧不一。龙骨接头要错开；吊杆的方向也要错开，避免主龙骨向一边倾斜。用吊杆上的螺栓上下调节，保证一定起拱度，视房间大小起拱5～20mm，房间短向1/200，待水平度调好后再逐个拧紧螺帽，开孔位置需将大龙骨加固[1]。施工过程中注意各工种之间配合，待顶棚内的风口、灯具、消防管线等施工完毕，并通过各种试验后方可安装面板。

3.2.12　质量控制管理措施

（1）认真核对图纸、各工种做好图纸会审工作，对设计图纸以及工艺要求做到全面理解；做好放线前的各项施工准备工作，严格按施工程序施工。各专业单位、各工种相互配合，做到先策划，后施工。计算机绘图人员必须准确的绘制各吊顶元素的位置及尺寸。

（2）严格遵守国家施工规范和技术操作规程以及工程质量验评标准。

（3）成立单位工程项目经理部和操作班组长组成的检查小组，对放线定位工作进行定期或不定期检查工作。

（4）测量放线作业过程中严格执行自检（自身）、互检（各工种）、交接检（施工人员）的流程。

（5）现场使用的红外线测距仪、激光水平仪要严格进行管理、检校维护、保养并作好记录，发现问题后立即将仪器设备送检。

（6）定位放线以质检员和技术负责人验收复核后方可进入下道工序施工并及时办理定位放线记录和定位放线复核记录。

（7）做好隐蔽工程的验收工作，在自评、自检、自验的基础上，提前24h将"隐蔽工程验收通知单"送达现场监理工程师，验收合格后方可进入下道工序的施工。

3.3 性能指标

3.3.1 吊筋

采用ϕ10全长通丝吊杆，吊筋材质符合规范要求，进行现场见证取样，并送检测机构检测。

3.3.2 主龙骨

采用50mm×15mm×1.2mm（上人）主龙骨，主龙骨材质应为镀锌件，镀锌层厚度符合要求；龙骨表面无起泡、生锈现象；龙骨的力学性能符合GB/T 11981—2008的规范要求；龙骨的外观质量、形状、尺寸符合规范要求，并进行现场见证取样，并送检测机构检测。

3.3.3 副龙骨

采用50mm×19mm×0.5mm副龙骨，副龙骨材质应为镀锌件，镀锌层厚度符合要求；龙骨表面无起泡、生锈现象；龙骨的力学性能符合GB/T 11981—2008的规范要求；龙骨的外观质量、形状、尺寸符合规范要求，并进行现场见证取样，并送检测机构检测。

3.3.4 纸面石膏板

采用1220mm×2440mm纸面石膏板，纸面石膏板材质符合规范要求，表面无污痕、厚度符合JC/T 997—2006规范要求，产品不得有裂纹和翘曲等现象，并且进行现场见证取样，并送检测机构检测。

3.4 实施效果与创新点

该项技术具有施工绿色环保、安全、快速、经济、可靠的优点，适用于大面积、造型复杂、无规律的轻钢龙骨石膏板吊顶的处理。用轻钢龙骨石膏板吊顶"投影施工"工法处理大面积、造型复杂、无规律的轻钢龙骨石膏板吊顶，与普通轻钢龙骨石膏板吊顶相比较，工作量小，工期短，可避免大量材料浪费和人工返工修补费用。

与普通轻钢龙骨石膏板吊顶比较，减少了大量开错孔的修补费用，以及由开错孔带来的轻钢龙骨骨架整体稳定性降低的问题。

该技术由于为顶部施工投射到地面进行预排板，不需进行大量的高空作业，施工危险性小，提高了安全生产效益。放线、定位、弹线等操作施工设备简单，不需大型机械设备，投入人力少，所以施工费用可大大降低。

株洲市仁达大楼、南岳生物制药有限公司血液制品产业园项目建安工程、株洲市神农太阳城国投集团总部办公楼项目吊顶部分均采用了该项技术，通过该技术的实施，对已完工工程吊顶的稳定性进行观测，各观测点的稳定性都比普通施工方法的稳定性有了极大的提高。该项技术达到了美观、稳定、一次成优的预期效果。

通过对各种施工方案的对比，采用投影施工技术对吊顶的处理，具有快速、美观、施工安全、经济、可靠的优点。吊顶施工完毕后，吊顶龙骨骨架形成一个整体受力结构，稳定性大大提高。

3.5 关键技术水平

因该技术是将吊顶部分的设计布置预先"移至"地面进行排板、预览。所以前期的策划、放线定位、各工种相互配合尤其重要。各工种依据施工图纸、安装图纸、电气图纸、设计师要求、材料样品等，对原有图纸进行深化综合设计。经各工种共同协商、共同审核，再利用AutoCAD绘制详细的吊顶综合布置图。吊顶综合布置图中包括灯具、消防、电气、通风口、烟感、喷洒头等所有顶部部分。确定准确的尺寸与位置。在该技术实际操作中，定位放线由专业测量员、施工员与各工种施工员等有关人员一道进行，在施工场地不受影响的位置设置三个平面及高程控制点，经校对无误后，长期保护，作为基准点使用。以基准点为基础，依据设计图纸提供的吊顶平面布置图，使用红外线测距仪和激光水平仪进行地面定位，反复复核，使位置偏差控制在允许范围内。结合校核无误的吊顶综合布置图进行分区放线。为方便施工测量，提高布线效率，施工控制主线按走道、大厅、房间等大块区域进行分区域放线。在需要放线的房间地面上利用激光水平仪和弹线器弹出主要控制尺寸线。利用绘制完成的控制主线，按照吊顶综合布置图进行吊顶局部的放线，形成完整的吊顶控制网。按照"投影施工"工法，利用激光自动安平标线仪将地面确定好的定位点引测到房顶和墙面上，使房顶上有准确的十字控制线，以便后期施工。

4　效益分析

适用于大面积、造型复杂、无规律的轻钢龙骨石膏板吊顶的处理。

该项技术具有施工绿色环保、安全、快速、经济、可靠的优点，可在同类工程中推广应用。

4.1　经济效益

仁达大楼工程总建筑面积为 63946.91m²，地上 32 层，地下 2 层，建筑物檐高 99.30m，地下 2 层为车库，1 层至 5 层为商业裙楼，6 层为结构转换层，7 层至 32 层为单位职工住宅。

短期经济效益：本工程精装修占建筑面积的约 3/4，合同造价 3815 万元。工程装饰部分于 2010 年 8 月 25 日开工，2011 年 6 月 10 日全面通过竣工验收。工期 288 天。通过在该项目使用轻钢龙骨石膏板吊顶"投影施工"工法，保证了在项目施工时前期先策划，后实施。比同类工程工期缩短近 40 天，且无一返工。按节约工期和返工整改人工费用进行计算节约约 60 万元。

长期经济效益：装饰工程按期高质的完成，为仁达大楼创建鲁班奖争取了时间、提供了支持。在整个施工过程中，轻钢龙骨石膏板吊顶部分无一返工，全部一次到位，一次成优。在保证吊顶美观的同时，又最大程度上保证了轻钢龙骨骨架的稳定性，最大程度的避免了后期的整改、维修。取得的长远经济效益无法衡量，更为同类工程施工，提供简便易于操作的参考依据，具有良好的推广价值。

4.2　社会效益

通过对该技术的运用，取得了很好的经济、安全效益，受到业主的一致好评，同时也为企业树立了良好的形象。

4.3　节能环保效益

该项工法由于提前策划，能大大的降低人工成本和时间成本，减少后期的返工时间和费用，节约大量的材料。在过程中施工噪声低，无废弃物，对环境基本不造成影响。

5　结语

此技术经过我公司多个项目使用，对轻钢龙骨石膏板吊顶确有提高施工质量，减少材料和时间浪费的效果，并取得了良好的经济、社会、节能、环保效益；同时应用了该技术的工程获得过湖南省优质工程、芙蓉奖、鲁班奖等荣誉。

参考文献

［1］ 中华人民共和国住房和城乡建设部. 建筑装饰装修工程质量验收标准［S］. 中国建筑工业出版社，2018：33.

［2］ 阮美丽. 建筑精装修吊顶龙骨施工技术研究［J］. 河南建材，2018，05：52-54.

［3］ 李海洋. 轻钢龙骨双层纸面石膏板吊顶施工要点浅析［J］. 河南建材，2014，04：164-165+168.

［4］ 魏如俊. 装饰轻钢龙骨石膏板吊顶施工工艺与技术探析［J］. 江西建材，2017，06：100-101.

造型吊顶逆作法施工工艺的研究与应用

杨永鹏

湖南省第五工程有限公司，长沙，412000

摘　要：随着建筑业的高速发展，室内装饰装修业面临着巨大的挑战。机遇与挑战并存，作为一个装饰人，我们更需在新时代背景下，不断提高自身职业素养以及新的施工、管理方式，为企业带来经济效益的同时创造良好的社会效益。室内轻钢龙骨石膏板吊顶是室内装修的一个重要组成部分，随着室内设计的精益求精、不断发展，室内吊顶造型日益多样化，以满足不同的结构及审美需要。平整及稳定性是吊顶工程的重要参数，造型吊顶更是如此，为达到造型吊顶的质量要求，往往需投入更大的成本。造型吊顶逆作法就是充分考虑造型吊顶的施工难度及成本投入，在保证施工质量一次成形的基础上，提高人工效率、降低施工难度，为施工企业带来良好的经济效益及社会效益。

关键词：装饰装修；造型吊顶；逆作法

　　轻钢龙骨石膏板造型吊顶的施工工艺是：先根据施工规范直接安装轻钢龙骨骨架（主龙骨间距 900～1000mm，次龙骨间距 300～600mm），再安装石膏板覆面，最后再进行灯具、消防、电气的开孔安装。该施工工艺中的轻钢龙骨骨架安装需根据图纸设计要求的造型固定，由于造型吊顶的安装高度普遍过高、操作难度大，因此造型吊顶的龙骨、罩面板的安装成本及工期一直对整体工程造成巨大影响，并且由于灯具、消防、电气的开孔属于后期工序，极易造成顶面造型的破坏，影响整体效果。我司针对上述存在的问题，提出轻钢龙骨石膏板"造型吊顶逆作法"的施工工艺。该工艺将造型吊顶分为二级施工，地面组装一级，顶面固定一级，大大减少了施工难度及成本。该工艺已在我司多个工地上应用，有效地提高了施工效率及质量，缩短了人工周期，带来了良好的社会效益及经济效益。

1　逆作法施工工艺分析

1.1　特点

　　（1）将顶部施工转为地面施工，大大降低了施工难度，提高施工效率。

　　（2）将顶部施工放至地面进行施工，大大提高了施工数据的准确性和提高了吊顶整体的稳定性。

　　（3）高空作业改为地面作业，保障了施工安全，减少了施工风险。

　　（4）因吊顶部分在地面进行施工，提高了成功率，减少了材料成本投入，带来更高的经济效益。

1.2　适用范围

　　有造型要求的叠级吊顶。

1.3　工艺原理

　　根据轻钢龙骨石膏板顶面施工要求，在保证顶面工程质量的前提下，满足造型需求。考虑到叠级异形龙骨吊顶及面板的安装难度，利用逆作法施工，将需要安装的叠级吊顶的顶面在地面先进行施工，然后再进行吊顶安装。"一级"为地面预装，首先通过现场测量在计算机中确定好结构定点，先行对基层及面层板进行预装，预装完成面基层板及造型符合顶面安装尺寸；"二级"为顶面安装固定，将预装好的面基层板与顶面吊杆固定，保证连接的稳固性，叠级吊顶罩面板需与相连吊顶工程顶面一致，验收合格即可完成。该工艺将高空吊顶施工作业改为普通地面作业，有效地降低了施工难度，提高了施工效率、施工安全及吊顶尺寸的准确性；大大地减少了材料浪费，节约了材料、缩短了工期，带来更高的经济效益和社会效益。

1.4　工艺流程和操作要点

1.4.1　工艺流程

施工准备→定点放线→电脑制图→地面预装→顶面吊杆固定→整体安装→罩面板调平→验收。

1.4.2　施工准备

（1）施工用材

12吊杆、U50主龙骨、次龙骨、角钢、吊件、挂件、接插件、纸面石膏板、自攻螺钉、专用补缝膏、专用补缝带等。

（2）施工机具

焊条、电锯、无齿锯、射钉枪、手枪钻、自攻钻、气钉枪、电锤、手锯、手刨子、钳子、螺丝刀、板子、方尺、钢尺、钢水平尺等（表1）。

表1　仪器配备表

名称	型号	数量	用途	精度
红外线测距仪	SW-100+	2	现场测距	±2mm
9线1点激光水平仪	LS632	2	水平、垂直定位	±0.5mm/5m
钢卷尺	50m	2	距离测量	3mm
钢卷尺	5m	5	距离测量	1mm
施工弹线器	I型	2	弹线、定位	—

1.4.3　定点放线

（1）抄平、放线

定点工作充分考虑施工图纸与现场实际尺寸及后续工作的联系，为保证其数据的准确性，根据现场提供的标高控制点，按施工图纸各区域的标高，首先在墙面、柱面上弹出标高控制线，一般按±0.000以上1.40m左右为宜，抄平最好采用水平仪等仪器，在水平仪抄出大多数点后，其余位置可采用水管抄标高。要求水平线、标高一致、准确。

（2）定点分线

根据已放好的水平线，按照图纸设计，将需施工造型叠级吊顶投影至地面，投影工具最好采用水平仪等仪器。根据顶面投影，进行地面定点划线，确定造型叠级吊顶的施工面积；考虑到后期空调、消防等安装工作的进行，还需对顶面内安装位置、尺寸进行复量，以免影响后期工序的进行，保证顶面工程的施工及质量。

1.4.4　电脑制图

（1）根据已有的定点尺寸进行电脑制图，依据施工图纸、安装图纸、电气图纸、设计师要求、材料样品等，对原有图纸进行深化综合设计。经各工种共同协商、共同审核，再利用 AutoCAD 绘制详细的吊顶综合布置图。吊顶综合布置图中包括灯具、消防、电气、通风口、烟感、喷洒头等。确定准确的尺寸与位置。经监理与业主认可后进行下一步施工。

（2）结合校核无误的吊顶综合布置图进行分区放线。为方便施工测量，提高布线效率，施工控制主线按走道、大厅、房间等大块区域进行分区域放线。在需要放线的房间地面上利用激光水平仪和弹线器弹出主要控制尺寸线。

（3）进行顶部位置标识。在激光水平仪投射定位后，利用弹线器将吊顶中灯具的位置进行标识。

（4）根据定点制图，以施工图纸为依据，绘制地面预装图纸，组织各工种对该图纸进行协商，保证其可实施性。预装图纸需符合国家规范标准，保证施工质量及安全，经监理、业主认可后进行下一步工作。

1.4.5　地面预装

地面预装（"一级"）：包括地面龙骨拼装、面基层板固定及灯具开孔等，可根据不同的施工要求调整，在保证其施工质量的前提下可根据不同的施工范围及难度，进行分区域、分块操作，预装尺寸需保证与投影图纸尺寸一致。

（1）龙骨拼装。吊顶主龙骨宜选用 U50 型，保证基层骨架的刚度。主龙骨安装应拉线进行龙骨粗平工作，房间面积较大时（面积大于 20m²），主龙骨安装应起拱（短向长的 1/200），调整好水平后应立即拧紧主挂件的螺栓，并按照龙骨排板图在龙骨下端弹出次龙骨位置线。

（2）面基层板固定。固定纸面石膏板可用自攻螺钉枪将自攻螺钉与龙骨固定，钉头应嵌入板面 0.5～1.00mm，但以不损坏纸面为宜，自攻螺钉用 M3.5×25mm，自攻螺钉与板面应垂直，弯曲、变形的螺钉应剔除，并在相隔 50mm 的部位另安螺钉。自攻螺钉钉距 150～170mm。自攻螺钉与纸面石膏板板边的距离：面纸包封的板边以 10～15mm 为宜，切割的板边以 15～20mm 为宜，对已固定的纸面石膏板的自攻螺钉进行防锈措施，以免造成脱落，影响整体稳固性。纸面石膏板安装接缝应错开，接缝位置必须落在次龙骨或横撑龙骨上，安装时应从板的中间向板的四边固定，不得多点同时作业，安装应在板面无应力状态下进行。纸面石膏板安装板面之间应留缝 3～5mm，要求缝隙宽窄一致（可采用三层板或五层板间隔）。板面切割应划穿纸面及石膏，石膏板边成粉碎状禁止使用。纸面石膏板与墙柱周边应留有 5mm 间隙。结构要求需加增基层板的在纸面石膏板安装前固定。在不影响整体质量的前提下，灯槽可另外安装。

（3）灯具开孔。可根据已绘制的标识图进行开孔，开孔需保证其与图纸的一致性，避免对已预装好的顶面安装件造成破坏，以免影响造型跌级吊顶的美观性及稳固性。

1.4.6　顶面吊杆固定

吊筋布置以电脑制图所绘制的尺寸为准，需与地面预装件相应。吊筋间距控制在 1200mm 以内，吊筋下端套丝（100mm ≥ L50mm 为宜），吊筋焊接一般采用双面间焊，搭接长度 ≥ 8d。吊筋与楼板底连接可采用预埋铁件、后埋铁件形式，一般现场采用角码（L40mm×40mm×4mm 角钢 L=30mm），角码采用 M8×80mm 镀锌钢膨胀螺栓与楼板连接，吊筋与角码采用双面满焊连接。所有铁件及焊点均应进行防锈处理（刷防锈漆三遍）。

1.4.7　整体安装

整体安装（"二级"）：将地面已预装好的顶面结构及罩面板进行上顶固定。造型叠级吊顶固定安装需充分考虑其与其他施工面的整体性，以免造成质量问题。固定好的吊筋与预装件采用连接件安装，部分结构复杂的可预先做好焊接，如以固定安装，不可在顶内进行焊接，以免引发火灾。安装固定后根据相关规范要求进行检查，测定稳固性及平整性。满足测量标准后，进行下一步工作。

1.4.7　罩面板调平

顶面安装固定后，进行造型叠级吊顶与不同分块、其他施工面的调平工作。调平需满足吊顶工程的施工质量要求，调平完成后自检，自检合格后经监理业主验收合格，即完成轻钢龙骨石膏板造型叠级吊顶施工工作。

2　与当前同类相似成果、同类技术的综合比较

该施工工艺将顶部施工放至地面进行施工，大大降低了施工难度，提高了施工效率，提高了施工数据的准确性和吊顶整体的稳定性。

高空作业改为地面作业，保障了施工安全，减少了施工风险，提高了成功率，减少了材料成本投入，带来更高的经济效益，可适用于其他造型叠级吊顶工程中。

3　逆作法施工工艺的应用

实例一：株洲市国投集团神农城总部大楼装修工程位于株洲市天元区神农城内。项目为 1 栋 16 层框架结构小公楼，地下 1 层，其中 1～4 层为公共部分，5～16 层为办公楼层，总建筑面积约 17600m²。为业主节省了材料且缩短了施工工期，创造了良好的效益。

实例二：天易集团办公楼工程位于株洲市天元区神农城，本项目为 1 栋 13 层框架结构写字楼，该项目装修工程包含一层大厅、办公室、楼（电）梯间和 5～13 层，总建筑面积约 13540m²，合同估算价约 2710 万元。

4　结语

通过本工程实例的应用、实践表明：造型吊顶逆作法施工工艺应用安全质量可靠，取得明显的经济效益和社会效益，值得推广应用。

参考文献

［1］　蓝建勋. 大跨空间钢结构曲形屋面吊顶"逆作法"设计与施工［J］. 建筑施工，2011（12）：100-101.

［2］　余跃涛. 高大空间逆作法吊顶工艺之案例分析［J］. 建筑知识，2013（8）：433-434.

［3］　蓝建勋. 超大空间双曲面网架屋面吊顶设计与施工研究［D］. 武汉：华中科技大学，2010.

浅析赛车场玛琋脂沥青面层施工技术

易根平

湖南省第五工程有限公司，株洲，412000

摘　要： 在 21 世纪初，随着国家经济飞速发展，人民生活需求不断增加，汽车制造水平、动力性能、安全防护措施等相关技术得到了不断提升，赛车运动也逐渐被国内观众所接受。特别是年轻人对汽车文化的热爱，对速度与激情的追求，推动了国内赛车场地建设的热潮。在赛车场地的建设过程中，既要满足超高时速的追求，又要保证赛车手的安全，对赛道的安全防护设施、赛道结构层质量及玛琋脂沥青面层施工工艺均有很高的要求。

关键词： 玛琋脂混合料；上面层；摊铺；碾压

1　工程简介

　　株洲国际赛车场占地面积 795 亩，作业面极广，项目集建筑和赛道两大部分组成，涉及 20 多个大专业，特别是主赛道，是我国中南地区唯一的国际二级赛道。赛道为不规则宽，长直道，小半径弯道等特点。赛道可分割 ABC 段赛道使用、长直道、高速弯道等刺激特性，同时赛道还汇聚了众多令人惊叹的中国之最甚至世界之最——高科技、高落差、大横坡、大纵坡、类椭圆、沉浸式等。如此多的中国之最施工难度可想而知，如采用传统的面层施工工艺，达不到高等级道路的质量要求，以下阐述了如何在结构错综复杂的路面情况下提高面层的摊铺质量。

2　主要的施工技术

　　施工前首先需要了解整个赛车场上面层的改性沥青施工工程量、拌和站存储量是否满足施工、生产量是否满足当日摊铺量、拌和站供应量是否可靠、设备配件是否有备用和检修等。材料的采购是否满足设计，如石料的磨光值不小于 50，沥青稳定性要好，石料与沥青的黏附性应达到 4 级等（根据相应的道路等级施工规范而定）。本文阐述的玛琋脂混合料 SMA-13 基质沥青和粗集料分别采用高粘、高弹赛道专用壳牌沥青和玄武岩。这种路面材料相对于传统玛琋脂沥青具有良好的抗滑、抗高温、抗车辙、抗低温开裂等优点。但对沥青混合料的配合比、出料温度有极其严格的要求，否则达不到摊铺的标准。

　　首先，施工放样包括平面控制和高程控制两项内容。平面控制是定出摊铺路面的边线位置，高程控制是确定层与层之间厚度的差值，以便在挂线时将沥青摊铺层高程纠正到设计高程或者保证沥青混合料面层的厚度作为控制。

　　在摊铺前对玛琋脂混合料有严格的要求，为保证混合料的到场温度，在运输的过程中要对运料车用篷布进行覆盖，确保摊铺温度。正常施工条件下，摊铺温度控制在 160℃～145℃，碾压后不低于 110℃。混合料温度达不到施工要求的，杜绝摊铺。施工气温低于 10℃，不得摊铺施工。

　　施工准备前采用铆钢钎测量挂钢丝绳和摊铺机两侧平衡基准梁或 3m 及 7m 的长管靴作

为找平手段，采用 2 台最新版福克勒 1880-3（6m 伸缩）摊铺机与 1 台国内最大宽度、最大厚度的北京沃尔沃 1860-3 直板 7m 外加伸缩 3m 板配合，摊铺采用直道 2 台成梯形排列，弯道 3 台、短接路 3 台成品形排列，前后间隔 5 ～ 10m 并以相同的速度进行拼幅施工，在摊铺过程中应严格控制松铺系数和摊铺速度在 1.5 ～ 2.0m/min，在摊铺过程中运输车辆不得碰撞摊铺机，运输车距离摊铺机 20 ～ 30cm 挂空挡，前车摊铺完摊铺机料斗内留有余料推行运料车前行，控制摊铺厚度为 4cm，施工前必须审查设计高程，如审查高程有误应及时调整。摊铺过程中，摊铺机应平稳运行，严格控制平整度，严禁人工补料。

在摊铺中勤检查基准线架设是否有松动，若出现松动及时校正。玛琋脂混合料 SMA-13 沥青碾压机械采用 5 ～ 7 台重型压路机，其中包括 3 ～ 4 台高频低幅压路机，碾压分初压 1 遍、终压 3 遍、复压 2 遍，为了防止直接终压带来沥青前移，我们采用 1 遍初压稳控沥青厚度，再进行高频低幅振动终压确保在有效温度内完成压实，复压采用不振动收光，碾压过程绝对不允许碾压超过磨耗值，控制好压缩遍数，碾压达到最佳值即可。压路机的碾压应遵循 "高温、紧跟、高频、低幅" 的原则。每台摊铺机应确保两台双钢轮压路机进行压实作业，碾压后压路机不得停放至已完成面层上，须远离未降温的 SMA 上面层。

玛琋脂混合料 SMA-13 改性沥青施工不得使用胶轮压路机，以防将沥青结合料挤压上浮。控制压实度 ≥ 98%，平整度和高程达到 4m 直尺 ±3mm 且平顺为宜。详见图 1。

3　技术攻关要点

本工程属于国际二级赛道、拥有高落差、大横坡、大纵坡，特别是赛道面层技术要求高，施工难度大。为保证面层摊铺后赛道的线形顺直、美观，质量符合设计要求，采用 Revit 对赛道进行建模，发现以 5m × 5m 方格网能有效地避免摊铺过程中产生的误差，但内弯需加密至 0.5 ～ 1.0m 进行摊铺才能满足要求。沥青面层施工碾压完成后，立即组织测量人员进行直线段和弯道段高程数据复核，以赛道的左右边桩为控制点，延长直线相交于赛道外一点，通过此种方法可

图 1　玛琋脂摊铺、碾压

对赛道的高程进行复测，复核计算根据设计高程来控制平整度。运用此方法解决高等级道路弯道高程难控制等技术难点。详见图 2、图 3。

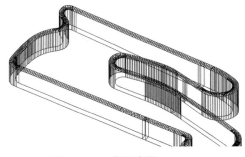

图 2　Revit 高程建模

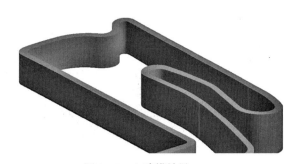

图 3　Revit 建模效果

4　效果检查

株洲国际赛车场实施沥青摊铺后，本次摊铺赛道面积约 $57793m^2$，通过试验对比发现，相对于传统的沥青摊铺方式，实施本文所述技术，沥青路面压实度、稳定性、渗水系数及抗滑值均得到明显提升。同时，作为中南地区的首个二级赛道，本文所阐述的施工工艺对高程、平整度及线形顺直的控制均要优于传统摊铺方式，使其能更好地满足高水平赛事的赛道要求，达到了高等级道路设计规范要求。最后，通过水准仪进行复测，赛道的平整度控制在 $\pm 3mm$ 以内，复测结果均符合国际汽联的赛事要求。

此次摊铺施工弯道多，横坡大，转弯半径小，高落差，类椭圆式的赛道结构均为施工难点。如此高规格、高质量、高难度的沥青摊铺对后续不同道路等级的沥青摊铺起到指导作用，具有一定的普遍性、实用性及可推广性。

5　结语

时代的发展，社会的进步，生活水平的提高使越来越多的人关心汽车文化。

同时，我国的赛道行业规模越来越大，赛车种类形式多种多样。车手在追求速度的时候，也需要对其安全加以保障。尤其是被称为马路安全的沥青混合料面层的施工，需保安全、保质量，以免面层出现质量问题或质量事故，给赛车手带来安全隐患。沥青混合料施工，需做好前期准备，注重沥青混合料的配比，加大原材料控制和加强施工过程质量控制，从源头确保施工。在沥青面层摊铺过程中，对施工工艺不断的优化总结，推陈出新，加强资源的优化配置，提高资源的利用率。保证质量，降低成本，增加沥青公路的市场份额，满足国内外市场需求，不断提高国际竞争力。

参考文献

［1］　刘世伟.沥青路面摊铺碾压工艺相关的控制技术［R］.

［2］　公路沥青路面施工技术规范：JTG F40—2004［S］.

建筑工程施工中的防水防渗施工技术分析

彭 站

湖南省第五工程有限公司，株洲，412000

摘 要： 建筑物渗漏水问题受诸多因素影响，渗漏水直接影响到建筑物质量及以后的使用功能，因此，建筑工程设计必须结合建筑施工要求以及工程特点等选择合适的防水防渗方案，应用各种先进的工艺、技术、材料尽可能地解决建筑投入使用后的渗漏水问题。本文对建筑物的防水防渗问题进行分析，以避免建筑物渗漏水情况的产生。

关键词： 建筑工程施工；防水防渗；施工技术

防水防渗施工技术对建筑工程十分重要，直接影响工程建设质量。引起建筑工程渗水问题的因素很多，如在施工过程中处理不当，将极易引起渗漏水问题，进而严重影响建筑使用价值。为尽可能避免渗漏问题产生，降低渗水漏水概率，提高工程质量，对不同工程特点采用不同的防水防渗技术，本文针对该问题进行详细阐述，以供参考。

1 建筑工程中常见渗漏问题

建筑工程中渗漏现象比较普遍，但是产生的原因却复杂多样，施工单位采用不合格的施工材料将导致出现严重的渗水漏水问题；设计单位前期对施工场地勘察不彻底，导致设计不合理，也会导致出现渗漏问题。另外，对于设计漏洞没有及时变更处理，竣工后同样也会造成渗漏问题产生。建筑工程产生渗漏不仅体现在渗水、漏水上，渗漏情况还将进一步导致装饰层脱落，影响建筑物美观。除此之外，渗漏问题也将使得建筑钢筋出现锈蚀，加快混凝土碱骨料反应，安全隐患增加，危害居民生命财产安全。以下论点主要围绕建筑物外墙、厨房、屋面、地下室等渗漏问题产生的原因进行分析。

1.1 外墙渗漏问题

施工管理和操作不当造成外墙渗漏。施工过程中采用了不符合要求的砌体材料，砌筑前砖砌体材料润湿不符合要求；砌筑时灰缝不均匀、不饱满，面层粉刷作业时未及时修补完善；水电等预留洞口处理不合格，后期密封不严、封堵不实、处理不当，引起外墙渗漏。建筑工程施工中上述情况普遍存在，施工单位也没有引起重视，往往细节方面的问题导致外墙渗漏，同时引发其他问题，最终影响整体工程建设质量。

1.2 地下室渗漏问题

地下室渗漏在建筑工程中普遍存在，主要发生于预留管道和施工缝位置。地下室消防、通风等各种管道系统复杂且施工时容易损坏，难以及时更换，造成与混凝土墙体之间产生空隙，导致地下室底板和外墙体渗漏水；施工缝的留设处理措施不符合要求，造成施工缝接口不密实导致渗漏水。若渗漏情况严重，地下室会形成积水，从而影响建筑物使用功能和使用效果。

1.3 屋顶渗漏问题

屋顶渗漏的原因主要是设计坡度较小、排水线路过长，设计人员并未严格按照具体施工要求进行屋顶防水设计。当遇到大雨和暴雨时，屋顶容易积水，从而造成屋顶渗漏。此外，使用的防渗材料或基层处理剂质量不符合要求，也可使得屋顶防水防渗性能不合格。施工过程中，施工人员操作不合理、铺贴方向错误、搭接不牢固、搭接长度不够等情况将进一步影响屋顶防水防渗性能。对于项目质量管理来说，在屋顶施工之前，对于基层处理、附加部分施工以及成品保护工作等没有细化处理分析，亦将导致各项工作布局不合理，引发屋顶渗漏。

1.4 厨卫渗漏问题

由于厨卫空间的特殊性，厨卫是整个房屋产生渗漏问题最多的地方。对于住宅工程来说，厨卫渗漏对住户使用功能会造成很大影响，渗漏严重甚至会对整个房屋结构造成不可弥补的缺陷。主要的渗漏原因是主体结构施工时混凝土振捣不密实、保护层厚度太小或太大、后期粉刷处理不妥当、空鼓等，其次是房屋间建筑设计方面的问题，对厨卫细节设计水平不高，为了尽快开工、完工，忽视细节方面的问题，最终导致渗漏问题。

2 防水防渗施工技术在建筑施工中的应用

某工程总建筑面积 10.5 万 m²，地上 24 层、地下 2 层。地下 2 层为停车场和设备用房，进行试验时发现外墙、屋顶以及厨卫等部分都出现不同程度的渗漏现象，卫生间漏水问题最为严重，约有 70% 出现渗漏水。

2.1 屋顶防水防渗施工技术

首先应当依据建筑施工要求选择适合的防水卷材。若施工中使用的防水材料质量不合格，必然会造成屋面渗水漏水，采购的防水材料必须满足国家相关规定标准及设计要求，不符合要求的材料禁止使用。

建筑屋顶施工开展之前，为避免防水膜粘结强度降低，施工人员需对基层进行清理，待灰尘、碎片等杂物被清理干净方可开展施工。基层清理工作完成，立即进行完整涂刷。此外，重要节点的管道需进行额外的叠层处理。对有排水坡度要求的屋顶做防水施工时，卷材施工方向应从低到高，沿着坡度方向搭接。值得注意的是，加热质量不合格会造成粘结强度降低和防水材料燃烧损坏，从而降低其防水效果。防水材料表面融化后要立即铺贴，杜绝空气。与此同时，应适当加强屋顶施工的混凝土质量和强度，充分提高混凝土的防水防渗功效。混凝土浇筑过程中，保证屋顶混凝土密实度达到相应的标准，最大程度降低屋顶渗水问题产生。

2.2 厨卫防水防渗施工技术

厨卫相较于其他防水部位更容易发生渗漏问题，所以在材料选用、施工工艺等方面要全面掌控。确保所用的材料有详细的出厂证明、合格证书等，以免由于材料质量问题影响防水防渗效果。施工中，保证管道和地漏严格密封。具体操作可从以下几方面进行：首先封堵管根，分两次进行混凝土施工，第一次施工预留 20mm 凹槽，使用普通混凝土进行填筑，第二次采用微膨胀剂外加防水混凝土进行二次浇筑；值得注意的是，防水高度应高于 300mm，沐浴空间防水高度应高于 1800mm；此外，涂层材料采用聚氨酯涂料，处理过程中做好基层清洁，保持基层干燥（图 1）。

2.3 外墙防水防渗施工技术

建筑物外墙是渗漏问题的薄弱部位，使用过程中如果出现渗漏，维修困难，所以施工过程中要重视外墙防水防渗质量。外墙砌体施工过程中一定要按要求设置构造柱及圈梁，避免墙体变形和裂缝，选择符合要求的砌筑材料，砌筑时灰缝均匀饱满。外墙混凝土部位确保所使用混凝土原材料配比合理。外墙混凝土浇筑作业时应尽量选择低温天气，注意养护及时。如发现外墙出现变形缝，则立即分析原因制定相应的改善措施。主体结构施工时，脚手眼、塔吊附墙等预留洞口需进行特殊防水处理，可采用膨胀水泥填补墙体孔洞，以达到良好的填补效果。

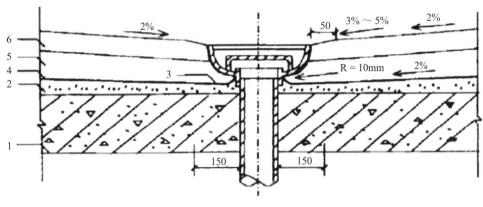

图 1 地漏施工方案

2.4 地下室防水防渗施工技术

建筑物地下室施工项目作业人员应充分了解设计意图和设计缺陷，做好事前预防、事中控制、事后补救等措施。地下室混凝土采用低水化热的水泥，控制好混凝土初凝时间，合理安排浇筑时间，确保混凝土浇筑的连续性，对抗渗漏薄弱部位，如后浇带、施工缝等部位进行特殊防水处理，注意钢板止水带焊接质量，采用抗渗混凝土对后浇带进行浇筑，混凝土施工完成后应当及时进行养护，避免混凝土收缩裂缝。地下室防水卷材施工前基层清理干净，满铺防水卷材，均匀涂刷胶粘剂，不露底，不堆积，铺贴防水卷材不得起皱褶，用抹子或橡胶板拍打、赶压卷材上表面，排出卷材下表面空气，保证卷材与基层面以及各层卷材之间粘结密实，有裂缝部位必须做加强处理，回填土时做好对防水层的保护。

2.5 整体施工质量评价

该工程施工中，分别针对其屋顶、厨卫、外墙、地下室以及门窗等防水薄弱部位进行针对性处理，采用上述施工技术进行处理后，其防水防渗问题得到了妥善解决，在建筑物正常使用情况下，并未出现显著的漏水渗水等严重问题。除此之外，应针对特定的施工工艺，进一步从工艺角度对防水防渗问题进行研析，才可更好地避免建筑物漏水事故的发生。

3 防水防渗施工技术对建筑工程的作用

防水防渗施工质量直接影响建筑物今后的使用效果。采用不当的施工工艺、技术不良的施工队伍、不达标的防水材料将直接导致工程施工过程中工期延误、返工、成本增加等系列问题，并可能导致今后使用过程中出现渗漏水现象。针对此，建筑企业必须结合工程实际以及整体施工情况设计合理的防水防渗施工方案，从而保障每项工艺切实可行，并严格施工过程管理，是确保建筑产品高质量关键所在。

4 防水防渗施工效果规范化评价

4.1 建筑材料的选取

在实际防水防渗施工过程中，其防水材料起着至关重要的作用，为使其具有良好的实际工程应用效果，应对其防水材料的选取进行严格把控。首先应以施工具体部位以及施工工艺为依托，选取与之匹配的防水材料，以便后续施工，此外，应着重考虑所选取防水材料的具体性能，并对其进行严格的质量检测评价，将其纳入最终的评价体系之中。

4.2　工艺流程评价

除选取合适高质量的防水材料外，其施工工艺也将对最终防水防渗效果产生直接影响，因此，在对其进行评价的过程中，应针对具体施工工艺流程以及作业要点进行系统化规范，并选取科学可测的指标对施工作业流程进行评定，从而进一步提升施工作业效率和质量。除此之外，也应对实际施工作业人员专业技能进行规范化评价，并结合两者实际情况进行系统考察，最终形成施工阶段的防水防渗施工效果评价结果。

4.3　规范化质量验收

针对防水材料以及施工作业评价完成后，应进行严格的质量验收，在该环节中，需针对实际情况进行，以确保验收指标符合实际需求。此外，应充分利用目前已有的各项检测技术，建立其合理的验收技术体系，并充分落实验收制度。

5　结语

防水防渗施工质量是建筑工程质量的重要体现，充分了解渗漏问题的严重危害性，减少渗漏问题出现的概率，控制好地下室防水防渗、外墙防水防渗、厨卫防水防渗、屋顶防水防渗等质量，采用新技术、新材料等较好的防水施工技术，保证建筑物的功能性满足要求。同时，施工人员也要不断提高自身技术水平，实际操作中严格遵循规范要求，以此规范操作行为，保障防水施工质量。

参考文献

［1］吴广利. 分析建筑工程中的防水防渗施工技术［J］. 建筑工程技术与设计，2019，（30）：538.

［2］秦刚. 分析建筑工程中的防水防渗施工技术［J］. 建材与装饰，2019，（23）：9-10.

［3］曹雷. 建筑工程施工中的防水防渗施工技术分析［J］. 建筑工程技术与设计，2019，（21）：1904.

［4］李刚. 建筑工程施工中的防水防渗技术分析［J］. 建筑工程技术与设计，2019，（25）：1826.

［5］邵林. 建筑工程现场施工中的防水防渗施工技术分析［J］. 建筑工程技术与设计，2019，（5）：211.

［6］陈作鹏. 建筑工程施工中的防水防渗施工技术分析［J］. 环球市场，2018，（11）：258.

［7］杨劲松. 建筑工程施工中的防水防渗施工技术［J］. 建筑工程技术与设计，2018，（22）：269.

［8］徐成. 浅析建筑工程中防水防渗施工技术［J］. 建筑工程技术与设计，2018，（15）：1705.

吊篮施工建筑物斜面幕墙工程的应用研究

杨海军 杨 勇

湖南省第五工程有限公司，株洲，412000

摘 要：本文以某工程为例，阐述说明吊篮在施工建筑物斜面幕墙工程的应用成功研究。建筑物斜面工程因常规吊篮安装及外脚手架无法施工，本工程通过专家论证，对吊篮进行改进与处理，在施工工艺与施工组织上进行改进和优化，成功处理了建筑物斜面幕墙工程采用吊篮顺利施工的问题。该方案采用构架结构梁固定吊篮支臂，每台吊篮将单独设置两根导轨钢丝绳，吊篮和导轨绳之间设置收紧钢丝绳，在吊篮上下运行时，吊篮上的施工人员通过操控吊篮上的收紧轮来控制吊篮的进出位置。试验与研究结果对今后在类似工程中具有重要借鉴和指导意义。

关键词：斜面；吊篮改进；导轨钢丝绳；控制吊篮收紧轮

1 引言

该工程6～24层西侧每往上一层，边梁便向内平移20cm，屋顶构架4.2m高，构架随着高度增加，构架边梁没有向内平移。根据建筑物的设计特点，通过专家方案论证，最后采用对吊篮特殊处理，以达到顺利施工的目的。本文着重叙述了吊篮的关键工序和吊篮安装的工艺流程。

2 工程概况

娄底市创业创新服务平台建设项目，塔楼6～23层层高为3.9m，24层层高为4.5m，构架高4.2m。塔楼西侧长度为25.8m，建筑物西立面为斜面，建筑物每增加一层，边梁往内平移0.2m（构架梁没有往内平移）。建筑物西侧内倾斜角度为3°，斜长80m。

3 施工工艺流程及要点控制

3.1 工艺流程

施工准备→吊篮支架制作及安装→导轨钢丝绳支架制作及安装→工作平台安装→电器控制箱安装→安全绳安装→导轨钢丝绳与工作平台之间连接钢丝绳安装→安装结束后的检查与调整→幕墙施工。

3.2 操作要点

3.2.1 施工准备

（1）根据施工图纸及有关技术文件编制专项方案，其内容包括：构架梁荷载核算（通过设计院认可）、吊篮支架设计图纸（吊篮制造公司认可）、导轨支架设计图纸（吊篮制造公司认可）。

（2）对吊篮安装工人及使用人员施工前进行安全交底及技术交底。

（3）对工程和施工用材、设备按有关规范、施工图纸、专项方案进行验收。

（4）吊篮所有材料通过塔吊运送至平面图中指定位置。

（5）现场将固定吊篮支架、固定导轨钢丝绳支架的化学锚栓位置先用墨线弹好，并用电钻钻孔，将型号为$\phi12mm \times 160mm$化学锚栓按要求施工完毕，化学锚栓必须做拉拔试验，并且拉拔力满足规范要求。

3.2.2　吊篮支架制作及安装

（1）吊篮支架设计为"十"字形，支架横梁采用$80mm \times 60mm \times 4mm$方钢；立杆采用$70mm \times 70mm \times 4.2mm$方钢。前梁长度1080mm，后梁长度1200mm，后梁段加设$80mm \times 60mm \times 4mm$方钢加固（图1）。

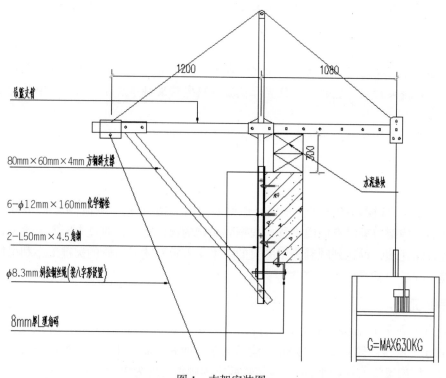

图1　支架安装图

（2）采用6个$\phi12mm \times 160mm$化学锚栓分别固定2根$L50mm \times 4.5mm$角钢，每一个吊篮支架立杆设置于角钢中间，然后用$\phi12mm \times 120mm$螺丝固定（图2）。

（3）支架后梁端部斜拉一根$\phi8.3mm$的钢丝绳，钢丝绳的另一端固定在塔楼屋顶混凝土女儿墙上。

3.2.3　导轨支架制作及安装

（1）导轨支架设计为"T"字形，支架横梁采用$80mm \times 60mm \times 4mm$方钢，立杆采用$70mm \times 70mm \times 4.2mm$方钢。前梁长度1500mm，后梁长度1100mm，后梁段加设$80mm \times 60mm \times 4mm$方钢加固，前梁端部设置固定滑轮（图3）。

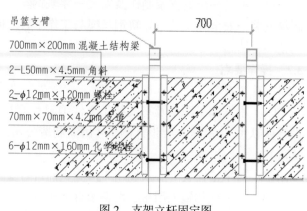

图2　支架立杆固定图

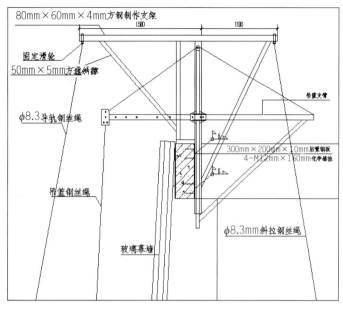

图 3　导轨支架安装图

（2）构架梁上、下端分别设置 2 块 300mm×200mm×10mm 钢板，每块钢板用 4-M12mm×160mm 化学锚栓固定，导轨支架立柱采用焊接技术固定在钢板上。

（3）支架梁后端部斜拉一根 φ8.3mm 的钢丝绳，钢丝绳的另一端固定在塔楼屋顶混凝土女儿墙上；支架梁前端部的滑轮上固定一根 φ8.3mm 的钢丝绳，钢丝绳的另一端固定在裙楼屋顶混凝土主体结构预先设置的方钢上（女儿墙在拉钢丝绳前先预埋好钢板，在钢板上焊好 80mm×60mm×4mm 的方钢）(图 4)。

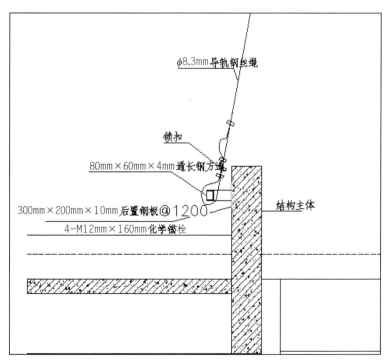

图 4　导轨钢丝绳下端固定图

3.2.4　工作平台安装

工作平台是悬挂于空中，用于承载作业人员、工具、设备、作业材料进行高处作业的场地。它是由护栏、底架和提升机安装架用螺栓连接而成，提升机和安全锁安装在两端提升机安装架上。平台的基本长度为 1.0m、2.0m、4.0m，可拼成 1.0 ～ 6.0m 标准平台，根据需要自由组合。

3.2.5　电器控制箱安装

（1）在后栏一侧的中间挂上电器控制箱。先把上限位开关上的引出线和电动机上的引出线一端，与控制箱上的航空插头对接。

（2）电缆线的一端从中间楼层放置于电器控制箱位置，把控制箱与电缆连接好（主电源位置与现场勘察为准）。

3.2.6　安全绳安装

在吊篮安装完毕使用以前，必须从屋面放下一根独立的安全绳，安全绳悬挂在结构承重柱上，并将安全绳与结构接触面用橡胶带做好保护，切不可将安全绳悬挂在悬挑结构上面。安全绳顶部挂完后放置于吊篮的中间，自锁器直接安装在安全绳上面，施工人员在施工中必须将安全带挂在安全绳上的自锁器上。

3.2.7　导轨钢丝绳与工作平台之间连接钢丝绳安装

建筑物内倾斜角度 3°，斜长度 80m。导轨绳斜拉角度为 11° ～ 12°，斜长度 90m，使其与吊篮形成一定角度和距离。导轨绳上设置滑轮（图 5），在吊篮上两端各设置一个收紧轮（图 6），滑轮与收紧轮之间用一根 ϕ6mm 钢丝绳连接作为收紧绳，每个吊篮设置 2 根收紧绳。吊篮上的施工人员通过操控吊篮上的收紧轮来控制吊篮的进出位置（图 7、图 8）。

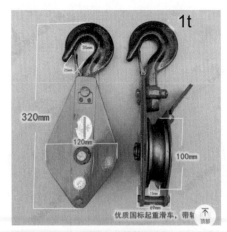

图 5　滑轮

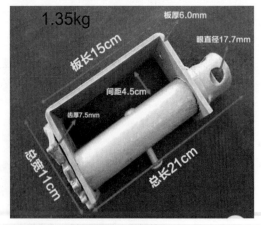

图 6　收紧轮

3.2.8　安装结束后的检查与调整

安装完成后，需要对紧固件、电气、上限位、安全锁、锁绳进行检查，并进行动力试验、静力试验。自检完后，还需检测合格后方可使用。

建筑物斜面采用常规吊篮施工幕墙，每施工三层就需要移动支架，不但施工周期长，而且施工成本较高；如采用脚手架施工幕墙，施工周期长、施工成本高、工人操作安全系数低。用导轨绳作为牵引，使吊篮平行于建筑物斜面施工，大大提高了施工效率，为工程节约了成本,缩短了幕墙施工工期,取得了明显的经济效益和社会效益。

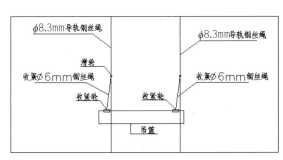

图7 吊篮收紧平面图

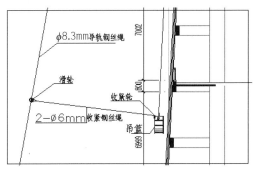

图8 吊篮立面图

4 结语

综上所述,吊篮应用技术较为成熟,对于建筑物斜面,每台吊篮将单独设置两根导轨钢丝绳,通过收紧连接吊篮和导轨绳的钢丝绳,在吊篮上下运行时,吊篮上的施工人员通过操控吊篮上的收紧轮来实现和控制吊篮的进出位置,极大地提高了工作效率。本文提到的施工工艺在适用性和经济性上均有良好的效果,在类似建筑物幕墙施工中有着指导、借鉴作用。

参考文献

［1］中国国家标准化管理委员会. 高处作业吊篮:GB/T19155-2017［S］.

［2］中华人民共和国工业和信息化部. 高处作业吊篮安装、拆卸、使用技术规程:JB/T11699-2013［S］.

［3］中华人民共各国工业和信息化部. 高处作业吊篮用钢丝绳:YB/T4575-2016［S］.

［4］中华人民共和国住房和城乡建设部. 混凝土结构后锚固技术规程:JGJ145-2013［S］.

［5］中华人民共和国住房和城乡建设部. 钢结构焊接技规范:GB50661-2011［S］.

［6］建筑施工手册,第五版［M］. 北京:中国建筑工业出版社.

浅谈梁侧预埋悬挑脚手架应用及施工方法

欧阳龙波

湖南省第五工程有限公司，株洲，412000

摘　要：以湖南株洲城发·翰林府项目高层群体工程为例，简要介绍了该工程在梁侧预埋悬挑脚手架的一些处理方法及措施。对类似工程高层的架体施工起到一定的经验总结和借鉴作用。

关键词：传统脚手架；梁侧预埋悬挑脚手架；对比；施工方法

1　工程概况

1.1　工程基本概述（表1）

表1　工程基本情况

工程名称	城发·翰林府	工程地点	株洲云龙示范区北环大道与学林路交叉路口东南角
建筑面积（m²）	154825.9	建筑高度（m）	79.9
结构类型	框架、剪力墙	基础类型	桩基础
地上层数	18F、22F、26F、27F	地下层数	1
标准层层高（m）	2.9、3.2	其他主要层高（m）	3.6、3.7
合同工期	720日历天	质量目标	合格
建设规模	城发·翰林府项目占地49075.22m²，总建筑面积154825.93m²，其中计容建筑面积为122639.84m²，包括住宅（含公寓）建筑面积117356.77m²；商业面积4406.19m²；配套公共建筑725.32m²。主要建设9栋18～27F住宅楼及配套商业，1栋21F公寓及2F配套商业裙楼，1栋1F泛会所入口大堂，以及1栋1F入口大堂，1栋1F中央会客厅以及小区配套的地下车库、物管用房、垃圾站、道路、供配电、给排水、消防、绿化等附属工程。资金来源为企业自筹		

1.2　脚手架搭设概况

根据施工部署和现场实际情况，采用双排扣件式钢管外架，其中：底段（表2）落地架，部分落在裙楼商铺屋面、地下室顶板上，上段选择双排落地架＋梁侧预埋悬挑脚手架，根据主体结构工程的高度及结构特点，本工程脚手架设置如表2所示。

表2　1～10栋脚手架设置要求

栋号	落地式	第一挑	第二挑	第三挑	第四挑
1栋、2栋	-5.1～11.6m 底板～5F	11.6～29.0m 5F～11F	29.0～46.4m 11F～17F	46.4～63.8m 17F～23F	63.8～81.8m 23F～塔楼
3栋	-5.1～14.5m 底板～6F	14.5～31.9m 6F～12F	31.9～49.3m 12F～18F	49.3～67.3m 18F～塔楼	—

续表

栋号	落地式	第一挑	第二挑	第三挑	第四挑
4 栋	−1.4 ～ 12.9m 顶板～ 5F	12.9 ～ 30.3m 5F ～ 11F	30.3 ～ 47.7m 11F ～ 17F	47.7 ～ 65.1m 17F ～ 23F	65.1 ～ 83.1m 23F ～塔楼
5 栋、7 栋	−5.1 ～ 6.1m 底板～ 3F	6.1 ～ 23.5m 3F ～ 9F	23.5 ～ 40.9m 9F ～ 15F	40.9 ～ 57.5m 15F ～塔楼	—
6 栋	−1.4 ～ 10.3m 顶板～ 4F	10.3 ～ 27.7m 4F ～ 10F	27.7 ～ 45.1m 10F ～ 16F	45.1 ～ 62.5m 16F ～ 22F	62.5 ～ 80.5m 22F ～塔楼
8 栋	−1.4 ～ 16m 顶板～ 6F	16.0 ～ 33.4m 6F ～ 12F	33.4 ～ 50.8m 12F ～ 18F	50.8 ～ 68.2m 18F ～ 24F	68.2 ～ 86.2m 24F ～塔楼
9 栋	−1.4 ～ 20.1m 顶板～ 7F	20.1 ～ 39.3m 7F ～ 13F	39.3 ～ 58.5m 13F ～ 19F	58.5 ～ 76.3m 19F ～屋顶	—
10 栋	−5.1 ～ 7.4m 底板～ 3F	7.4 ～ 24.8m 3F ～ 9F	24.8 ～ 42.2m 9F ～ 15F	42.2 ～ 59.6m 15F ～ 21F	59.6 ～ 77.6m 21F ～塔楼

根据设置要求，本工程悬挑架最大搭设高度为 19.5m。

本工程采用梁侧预埋上拉式悬挑脚手架，悬挑层具体设置见 1 ～ 10 栋脚手架设置要求表，悬挑钢梁采用 I16 工字钢，锚固点设置采用预埋 2M20 高强螺栓，具体构造如图 1 所示。

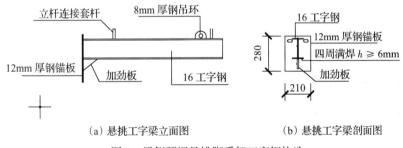

（a）悬挑工字梁立面图　　　　（b）悬挑工字梁剖面图

图 1　梁侧预埋悬挑脚手架工字钢构造

2　梁侧预埋悬挑脚手架与传统悬挑脚手架的比较

两种悬挑脚手架的基本构造如图 2 所示，上部架体基本一致。

2.1　预埋件

（1）悬挑型钢梁固定端的预埋件

固定工字钢梁的传统做法是采用楼板 3 个 U 形预埋锚固环对伸入室内的工字钢进行固定。

梁侧预埋螺栓连接悬挑工字钢梁则是现浇主体结构梁通过预埋两个内置钢制方形螺母螺栓连接工字钢悬挑梁，如图 3 所示。

（2）悬挑型钢梁斜拉杆上端固定预埋件

传统做法悬挑梁斜拉绳上端采用 U 形预埋拉环通过钢丝绳固定。

梁侧预埋悬挑梁斜拉杆上端采用一个内置预埋混凝土的方形螺母螺栓通过拉杆固定，如图 4 所示。均可重复利用。

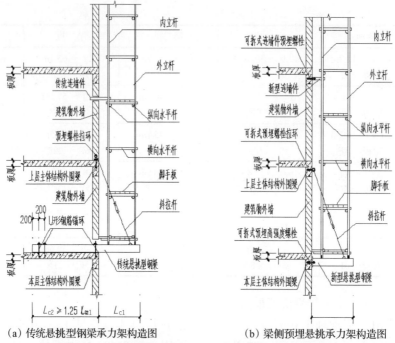

（a）传统悬挑型钢梁承力架构造图　　　　（b）梁侧预埋悬挑承力架构造图

图 2　梁侧预埋悬挑脚手架与传统悬挑脚手架的构造

（a）传统做法　　　　　　　　　　　（b）本项目做法

图 3　梁侧预埋与梁侧预埋两个内置钢制方形螺母螺栓固定工字钢悬挑的做法

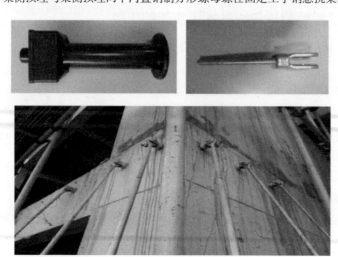

图 4　悬挑梁斜拉杆上端采用一个内置预理混凝土的方形螺母螺栓固定

2.2　悬挑型钢梁的长度比较

传统型钢梁为穿墙、柱伸入主体结构内锚固在楼面结构上，锚固长度 $L_a \geqslant 1.25L$（L 悬挑段长度），如图 5 所示。

图 5　传统型钢梁必须穿墙伸入室内锚固在楼面结构上

梁侧预埋悬挑型钢梁通过预埋螺栓安装在建筑物外围主体结构梁侧，减少了锚固端钢梁段钢材用量，转角部位的处理更加优化，无须考虑穿墙、柱，安装简易，如图 6 所示。

图 6　梁侧预埋悬挑型钢梁不需穿墙入室

2.3　上拉件的比较

传统悬挑型钢梁的上拉件采用斜拉绳，上、下端的连接固定操作复杂。

梁侧悬挑型钢梁上拉件采用具有调节功能的特制钢斜拉杆，可随时调节杆长，且上、下端都可采用插销快速安装，通过法兰螺丝扭紧，如图 7 所示。

图 7　钢斜拉杆上拉件

3　梁侧预埋悬挑承力架的组成

梁侧预埋悬挑脚手架由底部的梁侧悬挑承力架和上部的双排钢管脚手架组成。底部的梁侧预埋悬挑承力架由钢梁和上斜拉杆组成。水平型钢梁常采用 16 号工字钢，上斜拉杆采用 φ20mm 的圆钢制作。钢梁设在双排架立杆的底部，本工程设计长度为 1.25m，钢梁内端焊接一块矩形底座钢板，用预埋高强度螺栓固定在建筑物主体外侧构件上；工字钢距内端 0.95m 处焊接一块耳环，与斜拉杆下端用销栓连接；斜拉杆上端与上层主体结构外侧的预埋普通螺栓环之间用销栓连接，如图 8 所示。

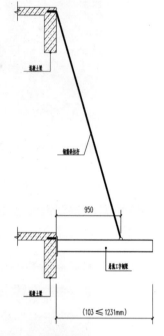

4　梁侧预埋悬挑架工艺流程

预埋连接套管→安装悬挑主梁→纵向扫地杆→立杆→横向扫地杆→横向水平杆→纵向水平杆（格栅）→剪刀撑→上斜拉杆→连墙件→铺脚手板→扎防护栏杆→扎安全网。

5　施工方法

5.1　悬挑梁定位、安装

按施工平面图绘制定距图，水平悬挑梁的纵向间距与上部脚手架立杆的纵向间距相同，按定距图预埋连接套管，套管用螺栓紧固到外模板上，防止浇筑混凝土时发生位移。外模拆除后，待混凝土强度达到 10MPa 才能安装悬挑梁，

图 8　梁侧预埋承力架加工示意图

如因安装时混凝土强度未达到要求，把悬挑梁可搁置在底层架子上，保证安装悬挑梁时结构构件不受损伤。

安装时螺栓拧紧扭力矩须达 150N·m。上部脚手架立杆与挑梁支承结构应有可靠的定位连接措施，以确保上部架体的稳定。通常采用在挑梁上安装长 100～150mm、外径 φ48mm 的钢管，如图 9 所示。立杆套在其外，并同时在立杆下部设置扫地杆。

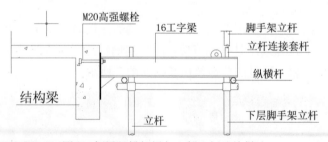

图 9　侧梁悬挑钢梁与上部立杆连接做法

5.2　可调节斜拉杆卸荷

（1）墙、梁内的受拉锚环，必须在混凝土强度达到 75% 以上方可受力使用。拉钩、吊环一定要采用圆钢制作。

（2）主体结构施工三层（本层悬挑架上），必须安装好斜拉杆，斜拉杆通过可调节法兰进行拉紧，拧紧扭力矩须达 30N·m。未装斜拉杆前，禁止在架子上堆放材料及作业。

（3）如局部使用超长工字钢（L ≥ 1750mm），在安装工字钢时必须装好下支撑，下支撑

调节应使工字钢悬挑端向上撑起15～20mm。

（4）上部双排架搭设与传统悬挑架方法基本相同。

6 梁侧预埋悬挑钢管脚手架施工安装注意事项

（1）根据《建筑施工扣件式钢管脚手架安全技术规范》（JGJ130—2011）的第5.5.3款"对搭设在楼面等建筑结构上的脚手架，应对支撑架体的建筑结构进行承载力验算，当不能满足承载力要求时采取可靠的加固措施"的有关规定，必须经原设计单位根据梁侧悬挑承力架传来的对脚手架最不利荷载，对安装悬挑承力架的主体结构外围墙、柱、梁进行承载力验算合格后，或者当不能满足承载力要求时应采取增配钢筋或采取其他可靠的加固措施后，方可进行悬挑承力架预埋件的安放工序。

（2）主体结构外围墙、柱、梁浇捣混凝土前，应确保安装悬挑承力架的预埋位置准确，确保承力架安装后的型钢梁和钢筋斜拉杆或型钢梁和钢管斜支撑的轴线位于同一垂直平面内。钢筋斜拉杆的水平夹角应≥45°。

（3）梁侧预埋悬挑钢管脚手架上部的双排脚手架立杆都必须对应支承在底部承力架的型钢梁顶面上，确保安装后的双排立杆和悬挑型钢梁的轴线位于同一垂直平面内。

（4）安装型钢梁之前，先在型钢梁底部位置的脚手架立管上，临时搭设间距约0.8m的两根水平大纵杆，将型钢梁预先放置在两根大纵杆上，再用可拆式高强度螺栓将焊有底座钢板的型钢梁内端固定在主体结构外围墙、柱、梁的侧面上。

（5）为保证梁侧预埋悬挑脚手架使用过程中不因型钢梁外端垂直位移较大引起上部脚手架架体向外倾斜而失稳，要求焊接型钢梁内端连接钢板时，必须保证型钢梁外端顶面比内端顶面高出10～20mm，从而可抵消一部分因悬挑钢管脚手架使用后型钢梁外端顶面向下的垂直位移，确保型钢梁外端的垂直总位移满足脚手架规范的有关要求。

（6）必须待上层主体结构外围墙、柱、梁的混凝土达到设计强度后，方可安装调试钢筋斜拉杆。

（7）型钢梁和斜拉杆所组成的悬挑承力架安装调试完毕，必须经验收合格后，才能在型钢梁上进行上部双排钢管脚手架的搭设。各组件搭设过程中必须严格按照脚手架规范的构造要求、技术措施及搭设顺序依次进行，并及时安装连墙钢管与主体结构外围梁牢固拉结，务必做到随搭随校正垂直度和水平度，适度拧紧扣件，以确保悬挑脚手架架体整体稳定、安全投入使用。在整个使用过程中应有专人跟踪观察和检查并及时调整。

7 结语

通过以上所述的对比，梁侧预埋悬挑脚手架比传统悬挑脚手架优势明显。

（1）安装和拆除施工方便快捷，不会损坏室内混凝土梁板构件的强度；

（2）省材，工字钢用量大幅度减少，因梁侧预埋悬挑梁仅为传统悬挑脚手架悬挑端，因此梁侧预埋悬挑脚手架工字钢梁可节省钢材56%以上，加工后的钢梁在拆除后可直接投入下次使用，钢梁回收率接近100%；连接螺栓和销栓回收利用率可达95%。

（3）型钢梁和连墙件通过预埋螺栓与建筑物主体结构外侧连接，均不需穿越墙体，阳角处理简单，外墙的砌筑、粉刷、贴外墙砖等工序都能一步到位，绝对不会引起渗水漏水现象，有利于常见质量问题的防治。

（4）因上拉结构采用的拉杆连接，杆件及其架体稳定性比斜拉绳及其架体稳定性好。

（5）工程进度快，因不需穿墙，无锚固端，悬挑层作业无论是砌体工程、内墙粉刷工程还是外墙粉刷、外墙装饰均可一次完成，不需后期进行修补。

在我工程现有情况下，已完成的9栋悬挑架体，经拉拔试验检测全数符合要求。总而言之，梁侧预埋悬挑脚手架在质量、安全、工期、成本、管理等各方面都得到有效提高。

参考文献

［1］悬挑架梁侧全预埋安装搭设装置，专利号：ZL201520626652.6［P］.

［2］孔苗伟. 拉杆式悬挑脚手架在高层住宅工程中的应用［R］.

分离式玻璃穿孔铝板组合幕墙施工技术

杨少军

湖南省第五工程有限公司，株洲，412000

摘　要： 分离式玻璃穿孔铝板组合幕墙作为一种复合幕墙，同时具备玻璃幕墙和铝板幕墙的共同优点。其不仅隔热隔声性、采光性好，还兼具耐酸、耐碱性能高，能经受恶劣环境的风吹日晒，又色彩多样、鲜艳美观、质感好。玻璃幕墙与铝板幕墙分别与主体建筑固定，既安装简单又维修保养方便。整体抗风、抗震能力强。本文主要讲述了该幕墙的施工工艺。

关键词： 幕墙安装；施工技术；质量要求

1　引言

株洲创客大厦工程外墙采用玻璃穿孔铝板组合幕墙技术。该幕墙属于建筑围护结构，既承担了外墙的隔热保温作用又承担了外立面装饰装修的美观要求。现就该幕墙的施工技术引述下文。

2　工程概况

株洲市创客大厦工程，框架–核心筒结构，建筑面积约 35144m²，地上 17 层，建筑总高 88.5m，本工程设计使用年限为 50 年，抗震设防烈度为 6 度。1～3 层采用竖明横隐玻璃幕墙，面积 2800m²。4～17 层采用玻璃穿孔铝板组合幕墙。面积 9000m²。玻璃幕墙与铝板幕墙分别与主体建筑固定。玻璃幕墙采用铝材作为受力构件，铝板幕墙采用方钢为受力构件，形成分离式玻璃穿孔铝板组合幕墙。

3　施工工艺

3.1　主要施工工序

测量放线→埋板安装→玻璃幕墙主龙骨安装→玻璃幕墙次龙骨安装→铝板幕墙钢龙骨安装→玻璃安装→铝板安装→打胶→检查验收。

3.2　操作要点

（1）测量放线。首先根据设计图纸确定好基准轴线和水准点，再用全站仪放出控制线以及拐角控制线。将基准中心线、水平线进行复测，无误后在外墙外全高程放线，定出幕墙安装基准线。完成放线工作后再反向操作，减少测量误差。

（2）埋板安装。根据测量放线结果确定埋板位置。检查结构是否符合幕墙的安装垂直度与平整度要求，并将测量数据汇总分析，如基层误差超出允许偏差范围则应通知土建单位进行处理。安装埋板应采取与结构可靠连接的方式，并在安装完成后进行抗拉拔试验，试验结果符合图纸相关参数要求。

（3）玻璃幕墙主龙骨安装。主龙骨安装一般由下而上进行，带芯套的一端朝上。每根主龙骨按悬垂构件先固定上端，调正后固定下端。第二根主龙骨将下端对准第一根主龙骨上端的芯套用力将第二根主龙骨套上，并保留 15mm 的伸缩缝，再吊线或对位安装梁上端，依此往上安装。若采用吊篮施工，可将吊篮在施工范围内的主龙骨同时自下而上安装完，再水平移动吊蓝安装另一段立面的主龙骨。主龙骨安装后，对照上步工序测定定位线，对三维方向进行初调，保持误差 <1mm，待基本安装完后在下道工序后再进行全面调整。

（4）玻璃幕墙次龙骨安装。次龙骨安装前应检查各种材料质量。在安装前要对所使用的材料质量进行合格检查，包括检查次龙骨是否已被破坏，冲口是否按要求进行，同时所有冲口边是否有变形，是否有毛刺边等，如发现类似情况要将其清理后再进行安装。然后根据设计就位安装。次龙骨安装完成后要对次龙骨进行检查，主要查以下几个内容：各种次龙骨的就位是否有错，次龙骨与主龙骨接口是否吻合，次龙骨垫圈是否规范整齐，次龙骨是否水平，次龙骨外侧面是否与主龙骨外侧面在同一平面上等。

（5）铝板幕墙钢龙骨安装。①钢龙骨在安装之前进行材料报验，首先对钢龙骨进行直线度检查，检查的方法采用拉通线法，若不符合要求，经矫正后再上墙。②钢龙骨安装顺序是从下向上，骨架安装时进行全面检查，随时调整，减少误差。由于全部采用栓接方式，螺栓全部加平垫、弹垫以防松动。③整个墙面竖龙骨的安装尺寸误差要在外控制线尺寸范围内消化，误差数不得向外伸延。各竖龙骨安装依据靠近轴线处控制钢丝线为基准，进行分格安装。④竖向龙骨安装完毕，检查分格情况，符合规范要求后进行横向龙骨的安装。待安装完成后，经自检合格后填写隐蔽验收单，报监理验收，验收合格后焊缝涂刷两道防锈漆，然后进行下道工序施工。

（6）玻璃安装。①在安装玻璃板片之前，在横梁上先放上长度不小于100mm 的氯丁橡胶垫块，垫块放置位置距边 1/4L 处，垫块长度不小于 100mm，厚度不小于 5mm。每块玻璃的垫块不得少于 2 块。②在未装板块之前，先将压板固定在横梁、立柱上，拧到 5 分紧，压板以不落下为准。待玻璃板块安装后，左右、上下调整，调整完后再将螺栓拧紧。③压板的安装应符合设计要求，连接压板与主体部分的螺栓间距不应大于 300mm，螺栓距压板端部的距离不应大于 50mm。隔热垫块根据螺栓数量进行布置。④压板安装后，进行玻璃板块的安装，将玻璃板块轻轻地搁在横梁上向左右移动，推入到压板内。⑤玻璃板块依据垂直分格钢丝线进行调节，调整好后拧紧螺栓。将相邻两单元面板高低差控制在 <1mm，缝宽控制在 ±1mm。⑥玻璃板块依据板片编号图进行安装，施工过程中不得将不同编号的板块进行互换。同时注意内外片的关系，防止玻璃安装后产生颜色差异。质量要求见表 1。

表 1　玻璃幕墙安装质量要求

序号	项目		允许偏查（mm）	测量方法
1	幕墙平面的垂直度	$H \leqslant 30$	$\leqslant 10$	激光仪或经纬仪
		$30 < H \leqslant 60$	$\leqslant 15$	
		$60 < H \leqslant 90$	$\leqslant 20$	
		$H > 90$	$\leqslant 25$	
2	幕墙的平面度		$\leqslant 2.5$	2m 靠尺，金属直尺
3	竖缝的直线度		$\leqslant 2.5$	2m 靠尺，金属直尺
4	横缝的直线度		$\leqslant 2.5$	2m 靠尺，金属直尺
5	两相邻面板之间的高低差		1.0	深度尺

（7）穿孔铝板的安装施工。①钢龙骨安装完毕后，对整个铝板进行安装，在龙骨上重新弹设铝板安装中心定位线，所弹墨线几何尺寸应符合要求，墨线必须清晰。②依据编号图的

位置，进行穿孔铝板的安装，安装穿孔铝板要拉横向、竖向控制线，因为整个钢架总有些不平整，铝板支承点处需进行调整垫平。安装时一定要拉钢线。③铝板在搬运、吊装过程中，应竖直搬运，不宜将铝板饰面水平搬运。这样可避免铝板的挠曲变形。④穿孔铝板安装过程中，依据设计规定的螺钉数量进行安装，不得有少装现象，安装过程中，不但要考虑平整度，而且要考虑分格缝的大小及各项指标，控制在误差范围内。质量要求见表 2。

表 2　铝板幕墙安装质量要求

序号	项目		允许偏差（mm）	测量方法
1	幕墙平面的垂直度	$H \leqslant 30$	$\leqslant 10$	激光仪或经纬仪
		$30 < H \leqslant 60$	$\leqslant 15$	
		$60 < H \leqslant 90$	$\leqslant 20$	
		$H > 90$	$\leqslant 25$	
2	竖向板材直线度		$\leqslant 3$	2m 靠尺、塞尺
3	横向板材水平度不大于 2000mm		$\leqslant 2$	水平仪
4	同高度相邻两根横向构件高度差		$\leqslant 1$	钢板尺、塞尺

（8）打胶。泡沫棒填缝，耐候胶嵌缝。在接缝两边玻璃或铝板上贴不小于 25mm 宽的保护胶条，清洗胶缝，然后在接缝中填入与接缝宽度相配套的泡沫条，泡沫条一般比缝宽大 2～3mm，要保证泡沫条填塞连续且深度一致以保证胶面厚度均匀可靠。尺寸要求：注胶宽度大于厚度的 2 倍，最小厚度不小于 3.5mm，注胶时要均匀饱满不得有空隙，注好的胶面要进行修整，保证胶缝表面光滑、平整，撕去保护胶带。

（9）检查验收。①检验批划分：相同设计、材料、工艺和施工条件的玻璃幕墙工程每 1000m² 应划分为一个检验批，不足 1000m² 也应划分为一个检验批。每个检验批每 100m² 应至少抽查一处，每处不得小于 10m²；②幕墙工程的检验批验收中还应对下列隐蔽工程进行重点验收：预埋件或后置埋件、锚栓及连接件；构件与主体结构的连接节点；幕墙四周、玻璃幕墙内表面与主体结构之间的封堵；幕墙伸缩缝、变形缝、沉降缝及墙面转角处的构造节点；幕墙防雷连接节点；幕墙防火、隔烟节点。

4　结语

在整个施工过程中对幕墙的平整度、垂直度控制是重中之重。其对整个建筑的外观效果起到了决定性作用，需要在施工过程中引起足够的重视。分离式玻璃穿孔铝板组合幕墙在安装过程中较一体式玻璃穿孔铝板组合幕墙简便，维修保养也同样简便。同时兼具玻璃幕墙和铝板幕墙的优点，中空玻璃幕墙的隔热保温效果较好，且穿孔铝板独特的建筑美感还可以有效地减低太阳直射热能的优势，通过穿孔铝板可以直观地感受外面的天气变化，质量轻，刚性好，优异的耐腐蚀性能，可以抵抗风吹日晒或酸雨等腐蚀，使用寿命长达 20 年以上。玻璃穿孔铝板幕墙的这些特性使得它适用于大多数建筑的外立面装饰。

参考文献

［1］　中华人民共和国建设部：玻璃幕墙工程技术规范：JGJ102—2003［S］. 北京：中国建筑工业出版社，2003.

［2］　中国建筑科学研究院：金属与石材幕墙工程技术规范：JGJ133—2001［S］. 北京：中国建筑工业出版社，2001.

房建工程大跨度结构早拆模板施工技术的应用

李誉亮　李　杨　刘　航　张泽峰

中建五局第三建设有限公司，长沙，410000

摘　要： 高层大跨度混凝土结构施工中面临拆模时间长，模板配置需求多，支撑体系与外围护爬架体系不匹配，施工建造成本高等问题。本文结合武汉首地航站楼新建服务业设施项目，介绍一种在支模施工阶段采用独立支撑体系分割支模跨度的模板早拆方法。

关键词： 房建工程；大跨度梁板；支模跨度；独立支撑；早拆模板

随着建筑设计理念的发展及建筑市场需求的变化，我国住宅和办公楼逐渐向"结构大开间"发展，使得梁、板的跨度加大[1]。根据国家标准要求，跨度超过8m的梁板支模系统需待混凝土强度达到设计要求等级100%才能拆除，造成支模系统周转变慢，模板、木方、支模架投入增加，成本增大[2]。同时，高层及超高层结构施工时，外围护结构均采用附着爬架；根据要求，附着爬架可覆盖面为四层半结构，大跨度结构施工往往单层拆模周期长，与上部结构施工、爬架提升周期不匹配，造成下部拆模作业时无外围护结构。

早拆模板技术也被称之为先拆模板、后拆支柱技术，其不仅能保证混凝土强度达到标准要求，同时还能缩短模板拆除时间和实现模板的循环利用。因此，该项技术的应用不仅能有效解决部分建筑工程施工中模板数量不足的问题，同时还能减少工程施工中模板的投入量，进而有助于降低工程整体的施工成本[3]；匹配内支撑体系与外围护体系施工同步的需求，有效控制大跨度结构提早拆模工况下的结构梁板挠度变形，保证结构安全。

首地航站楼新建服务业设施项目位于武汉市青年路与范湖路交会处，是武汉中央商务区的门户工程。该项目为房屋建筑工程，项目两栋主楼分别为27层、18层，其中1号楼大跨度梁22根，最大跨度12.6m，2号楼大跨度梁31根，最大跨度11.8m，该项目成功应用了大跨度结构早拆模板施工技术，经济节约的同时保证了结构安全。

1　大跨度结构早拆模板施工技术工艺原理

通过设计核算，确定大跨度梁板的分段划分部位，设置独立的可调式三脚架或固定式钢管柱支撑，将大跨度结构合理划分为多个小跨度结构，在混凝土强度达到设计要求75%时即可拆除其模板支撑体系，同时保留设置的独立支撑，在保证结构安全的同时，加速模板、支撑等周转，如图1所示。

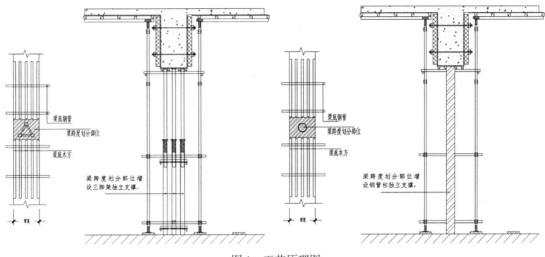

图1　工艺原理图

2　大跨度结构早拆模板施工技术施工工艺

2.1　工艺流程

大跨度梁板识别→跨度划分部位确定→支模体系搭设→模板铺设→独立支撑设置→钢筋绑扎→混凝土浇筑→支撑体系拆除→独立支撑拆除。

2.2　操作要点

2.2.1　大跨度结构识别

根据《混凝土结构工程施工规范》（GB 50666—2011）要求，混凝土结构支模体系拆除条件见表1。

表1　混凝土结构支模体系拆除条件表

构件类型	构件跨度（m）	按达到设计混凝土强度等级值得百分率计（%）
板	≤ 2	≥ 50
	>2，≤ 8	≥ 75
	> 8	≥ 100
梁、拱、壳	≤ 5	≥ 75
	> 8	≥ 100
悬臂结构		≥ 100

结合项目设计图纸及单层施工周期，识别需提前拆除支撑体系的跨度 ≥ 8m 的梁板。

2.2.2　跨度划分部位确定

（1）根据单层施工周期及模板配置数量，确定梁板拆模时间及拆模时梁板混凝土实际强度。通常情况下，标准层模板及支撑体系配置数量为4套，标准层单层施工周期为7d，当前层混凝土浇筑时，下部保留的支撑层数为2层，拆模时混凝土强度均能达到设计强度的75%。

（2）根据计算分析，确定梁板跨度划分部位，计算原理为：假设层间支架刚度无穷大，则有各层挠度变形相等，即 $P_i/E_i = P_i - 1/E_i - 1 = P_i - 2/E_i - 2\cdots$，则有：$P_i' = (E_i\sum F_i)/(\sum E_i)$，

通过对楼层大跨度梁板的裂缝、挠度控制计算及独立支撑的支座受力分析，明确需设置独立支撑的部位并提交设计单位复核，形成固化图。

2.2.3　支模体系搭设

根据独立支撑固化图，楼层放线时在楼面上放出需设置独立支撑的部位，再进行梁板支模架搭设。搭设过程中考虑避让原则：需设置独立支撑位置支模架立杆搭设时，应预留空间。采用可调节三脚架支撑时，可与支模架同步搭设；采用钢管柱时，利用塔吊后吊装。

2.2.4　模板铺设

模板铺设时，在梁底模板、板模板上放线确定需设置独立支撑的部位。梁板底需设置独立支撑部位，对支模钢管、木方、模板均进行打断处理。

2.2.5　独立支撑设置

在跨度划分部位设置独立支撑，可采用可调三脚架独立支撑或钢管柱独立支撑。采用可调三脚架独立支撑时，先放置好顶部钢板，再架设支撑杆，调整可调螺旋使顶撑杆至设计标高；采用钢管柱独立支撑时，预先计算好所需钢管高度，并将顶部钢板焊接至钢管柱上，利用塔吊直接从梁板开好的洞口位置吊装到位。

2.2.6　钢筋绑扎及混凝土浇筑

模板支撑及独立支撑设置到位后，绑扎梁板钢筋并浇筑混凝土，混凝土浇筑时根据要求留置同条件养护试件及标准养护试件。

2.2.7　支撑体系拆除

拆模前需试压同条件养护试件，试件强度达到设计强度 75% 时方可拆除底部支撑体系，拆模时需注意不能扰动设置好的独立支撑，独立支撑需在混凝土强度达到设计要求 100% 时方可拆除。

3　大跨度结构早拆模板施工技术应用的局限性和问题

3.1　大跨度结构早拆模板施工技术应用的局限性

（1）支撑设置：独立支撑设置部位需要经过专门设计，一般现场施工人员不易掌握设计深度及细度要求；

（2）相对于传统模板体系的搭设，大跨度结构早拆模板体系对现场施工管理提出更高的要求，测量放线增加、尤其是独立支撑设置时需对梁底模板进行打断处理，影响了劳务作业的积极性；

（3）对拆模时间把握及早拆后对最终混凝土结构影响的不确定性，造成建设、设计和施工单位对运用大跨度结构早拆模板技术产生顾虑。

3.2　大跨度结构早拆模板技术运用后，部分混凝土出现裂缝的问题

除了温度变形和收缩变形等间接作用的效应造成混凝土的开裂外，裂缝产生还有如下几个原因：

（1）大跨度结构早拆模板施工技术在混凝土梁板底增加支撑后，使混凝土梁板顶在支撑处由原来的受压区变成了受拉区，在梁板顶出现负弯矩。而原设计中混凝土梁板未考虑支撑处的负弯矩，未采取加强措施，因此支撑处的梁板顶就容易产生裂缝，从而出现质量隐患；

（2）模板拆除时混凝土强度仍然处于较低状态，此时在混凝土板上随意施加较大荷载（如人员作业、设备、材料、支撑等过于集中），使得支撑处混凝土容易出现开裂；

（3）早拆模板技术交底不到位，施工现场管理较差，误将后拆的支柱拆除使结构因人为错误早拆而造成梁板开裂的质量问题[4]。

3.3　针对大跨度结构早拆模板裂缝问题的防范措施

（1）在大跨度结构早拆模板施工前，应对结构进行验算，并对验算结果进行分析：①如果结构构造能抵御模板早拆后所产生的负弯矩，那么不必采取其他措施便可直接运用大跨度结构早拆模板施工技术；②如果结构构造不能抵御模板早拆后所产生的负弯矩，则需要在支撑处构件上部增加配筋来抵御负弯矩。同时需要将运用大跨度结构早拆模板所取得的经济效益与增加配筋的成本相比较，只有当经济效益大于增加配筋的成本时才适合使用该技术。

（2）模板早拆后，应对楼板上的施工荷载进行严格控制，特别是施加较大的集中荷载，必须纠正只要拆除模板就能在楼板上任意施加荷载的错误观念。对有关的工序进行合理安排并加强现场设备材料管理以避免出现较大的集中荷载。

（3）加强施工现场技术交底，增强工人技术水平，提高施工现场管理工作，以避免出现人为的误拆支撑行为而导致混凝土开裂的质量问题。

4　实施效果

首地航站楼新建服务业设施项目主体结构采用木模支撑体系＋外围护附着爬架体系施工，两栋塔楼均为框架结构，通过审阅图纸，两栋塔楼标准层均有大量跨度超过 8m 的梁，部分梁跨度见表 2。

表 2　大跨度构件统计表

1 号办公楼			2 号办公楼		
序号	构件名称	净跨	序号	构件名称	净跨
1	*KL17	13000	1	*KL2	11050
2	水平折梁	14885	2	*KL18	14216
3	*KL20	12250	3	*KL22	11880
4	*KL35	12450	4	*KL32	11500
5	*KL39	12250	5	*KL33	11700
6	*KL22	12450	6	*KL30	11750
7	*KL29	12450	7	*KL31	11750

注：表中 * 号表示楼层。

综合考虑项目施工周期、模板配置数量、爬架提升需求、结构拆模要求等因素，需对主体结构的大跨度梁进行提前拆模，通过选取典型梁，计算其跨度划分、设置独立支撑体系、混凝土强度为设计强度 75% 条件下的受力情况、挠度变形、裂缝控制等影响结构安全的指标，明确其准确的跨度划分要求并形成固化图纸（图 2）。现场按此实施后，对结构的挠度变形、裂缝等监测。

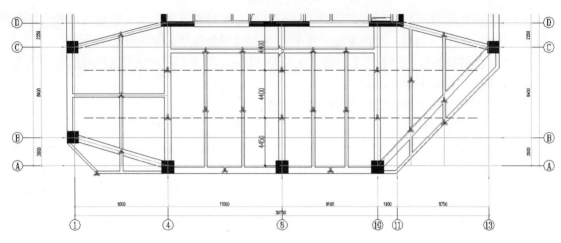

图2　1号楼独立支撑搭设平面定位图（1∶150）

通过合理划分大跨度梁（≥8m）的支模跨度、设置独立支撑体系，在混凝土强度达到设计要求75%时即可拆除其模板支撑体系，缩短施工周期的同时有效控制了结构挠度变形，在保证结构安全前提下加快了施工进度，减少了模板及支撑体系的配置数量，降低了项目建造成本。

5　结语

早拆模板是在确保现浇混凝土结构的施工安全度不受影响，符合施工规范要求及工程质量的前提下，有效加快模板的周转，减少工程施工的成本投入，具有降低成本、提高功效、加快施工进度等优点的先进施工措施。随着建筑"结构大开间"需求的发展，施工技术人员将更多地面临大跨度结构施工中安全、进度、成本等管控的难题。在此类建设项目中，合理应用大跨度结构早拆模板施工技术，能够很好地解决相关问题，但应用过程中必须加强前期验算及过程管控，充分保证结构安全及使用性能。

参考文献

［1］　安来. 预防及处理大跨度混凝土梁、板挠度过大的方法［J］. 建筑结构，2013，43（18）：78-81.

［2］　卢勇，杨少勇. 大跨度梁模支撑系统早拆施工技术探讨［J］. 施工技术，2017，46（S2）：681-682.

［3］　吴振江. 早拆模施工技术应用及质量控制［J］. 中国建设信息化，2018（09）：72-73.

［4］　郭君. 早拆模板施工技术的应用研究［J］. 江西建材，2016（14）：103-104.

环形桁架塔式液压提升施工技术应用

黄 虎 何昌杰 李 璐

中建五局第三建设有限公司, 长沙, 410004

摘 要: 长沙冰雪世界项目在百米深矿坑之中建造, 其屋顶钢结构环形桁架截面大, 造型多, 单榀桁架最重约350t, 最大跨度61m, 沿矿坑周边布置共有18榀。由于环形桁架吊装重量及复杂条件无法采用常规的吊车进行安装, 通过论证采用同步液压提升技术进行安装。由于环形桁架提升高度达到38m, 采用原有独立柱作为提升支撑点不能满足变形的要求, 通过设置门式提升塔架作为液压提升的提升支点, 顺利地完成了环形桁架的安装, 并确保了实施精度。

关键词: 环形桁架; 液压提升; 提升塔架; 承载力计算

1 工程概况

长沙冰雪世界工程为在百米深矿坑之中建造的建筑, 结构体系主要由下部墩柱支撑、中部混凝土平台及屋顶钢结构组成。其中钢结构屋盖由主桁架、环桁架及次桁架形成一个椭圆形屋面 (图1)。上部承载 30kN/m² 的荷载, 承载能力要求高。其中环形桁架位于矿坑周边一圈, 最大跨度61m, 矢高8m, 截面形式为倒三角桁架, 上弦杆为箱型截面, 下弦杆及腹杆为圆管截面, 单榀最大重量约350t (图2)。

图 1 整体结构形式图

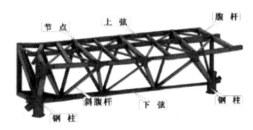

图 2 环形桁架三维示意图

2 环形桁架安装主要方法

本工程钢结构桁架安装在矿坑中部的混凝土楼面上进行。由于楼板的承载能力有限, 承载不了大型设备吊装, 且环形桁架位于矿坑周边, 空间受限, 单榀质量重, 安装方法主要通过地面拼装, 液压提升的方式安装。

先将环桁架之间的钢管立柱安装完成, 再进行环桁架的分榀提升。提升单榀环桁架的最大重量为350t, 提升高度为38m。由于环桁架两端为直径1m的独立钢管混凝土柱, 利用安装好的钢管立柱单独作为提升支撑点无法满足要求提升变形控制要求。故通过设置提升塔架作为提升支撑点进行环桁架的提升。提升塔架设置形式分为: 设计两个塔架作为一组提升段,在 4 个点提升。

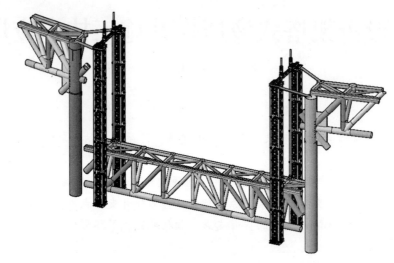

图 3　液压提升形式示意图

3　环形桁架拼装流程

本工程环形桁架现场拼装量大，主要采用立面拼装的拼装方法，精度控制要求高。钢桁架拼装主要采用 50t 汽车吊在楼板上进行，拼装流程见表 1。

表 1　环架拼装流程

第一步：测放胎架定位线，搭设拼装支撑架，并调整其稳固及标高；	第二步：拼装环桁架下弦第一分段；	第三步：拼装环桁架下弦剩余分段；
第四步：拼装环桁架上弦第一分段；	第五步：拼装环桁架间腹杆；	第六步：依次完成剩余上弦杆及腹杆拼装。

4　环形桁架提升技术

4.1　液压提升设备配置

环形桁架提升时以两个柱间结构为一提升单元，每榀环形桁架提升时端部各设置 2 个提升吊点，每榀环形桁架提升设置 4 个吊点，配置 4 台 TJJ-2000 型 /TJJ-600 型液压提升器，额定提升能力分别为 200t/60t。

以环形桁架 2 为例进行计算，该榀桁架质量为 279.9t，设置四个提升点，经计算吊点最大反力值为 102.6t，具体配置见表 2。

表2　液压提升设备配置表

编号	质量	吊点	反力值	液压提升器			承重钢绞线		
				型号	数量	系数	规格	数量	系数
HHJ-2	2799kN	D1	348 kN	TJJ-600	1台	1.72	ϕ15.20	4	2.99
		D2	1019 kN	TJJ-2000	1台	1.96	ϕ15.20	9	2.30
		D3	361 kN	TJJ-600	1台	1.66	ϕ15.20	4	2.88
		D4	1026 kN	TJJ-2000	1台	1.95	ϕ15.20	9	2.28

4.2　提升吊点设置

本工程中环形桁架数量多、自重大，柱间环桁架采用同步液压提升技术进行提升安装。每两立柱间结构为一提升单元（单榀环桁架），每次提升设置4个提升吊点，提升吊点设置在上弦节点处，端部各两个。地面拼装时其与柱头预装结构相连杆件要先断开，待提升到位后再补装以保证提升通道的顺畅性（图4）。

4.3　提升塔架设计

环形桁架提升时在柱两侧设置门式提升架，提升架由格构式钢管拼接而成。主要由底座、标准节、调整节及顶梁组成，截面尺寸为2.5m×2.5m，标准节高度4m，调整节高度根据具体支撑部位标高调整确定。立杆截面为ϕ219mm×10mm，腹杆截面为ϕ89mm×5mm，底座及顶梁截面为HW300mm×300mm。为增强塔架平面外的稳定性，顶部与结构柱用截面ϕ219mm×12mm的圆管进行支撑连接（图5）。

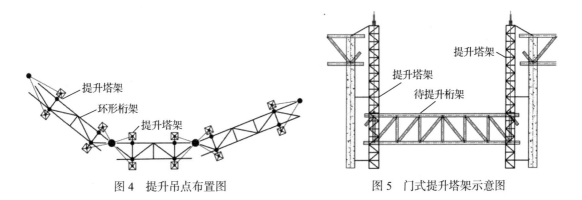

图4　提升吊点布置图　　　　图5　门式提升塔架示意图

4.4　上吊点设计

在提升塔架之间或塔架与独立柱之间垂直于结构方向设置大梁HN800mm×300mm作为提升梁，大梁将两塔架连接起来，在大梁上方对应吊点位置再放置一段截面为B400mm×400mm×16mm×50mm的箱型梁。每个提升梁上设置两个吊点，即放置两台提升器（图6）。

4.5　下吊点设计

环形桁架为倒三角结构、自身稳定性较差，非对称结构，通过对环形桁架结构体系分析，下吊点设置在桁架上弦节点处，可以极大地增大环桁架提升时的稳定性，下吊点处设置专用吊具用于连接待提升结构和提升设备（图7）。

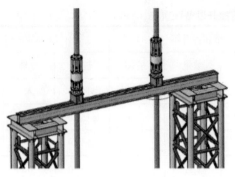
图6　提升架顶部示意图

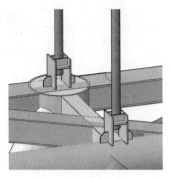
图7　下吊点示意图

5　承载力计算

5.1　提升塔架计算

　　根据现场情况可知，提升架架设高度约为39m。环桁架提升时，单个提升架最大荷载约为1250kN。利用格构式标准化临时支承结构作为塔架（表3）。

表3　门式塔架计算结果

验算模型	塔架结构变形云图	塔架结构应力云图

　　由以上结果云图可知，环形桁架提升过程中，塔架产生的最大变形为14.97mm，最大变形位置为提升梁中心点。提升过程中，塔架结构竖向变形较小，满足施工精度要求。

　　提升过程中，塔架结构构件最大组合应力为215.05MPa，应力小于Q345B抗拉、抗压、抗弯强度设计值295MPa（$t \leq 35$）。因此，在施工过程中，塔架结构材料的强度满足规范要求。

5.2　吊具验算结果

　　根据提升重量吊具最大受力荷载为1026kN，考虑分项系数取1.4，考虑按照1436kN验算（图4）。

表4　吊具验算结果

验算模型	应力云图 最大局部应力204MPa	位移云图 最大相对变形0.5mm

　　根据以上结果云图，吊具最大应力为 204MPa，小于 Q345B 强度设计值 295MPa；最大变形为 0.5mm，变形量小，满足提升过程中对吊具要求的变形及强度要求。

6　结语

　　长沙冰雪世界项目在百米深矿坑之中建造。其屋顶钢结构环形桁架截面大，造型多，沿矿坑周边布置的复杂条件，导致无法采用常规的吊车进行吊装实施。通过论证环形桁架采用同步液压提升技术进行安装。由于提升高度达到 38m，采用原有独立柱作为提升支撑点不能满足变形的要求。通过设置门式提升塔架作为液压提升的提升点，顺利地完成了环形桁架的安装，并确保了实施精度。本钢结构工程实施完成后取得了"中国钢结构金奖"和"全国优秀焊接工程奖"的成绩，实施效果良好。

参考文献

［1］　中国建筑科学研究院. 建筑结构荷载规范：GB 50009—2012［S］. 北京：中国建筑工业出版社，2012.

［2］　中冶京诚工程技术有限公司. 钢结构设计标准：GB 50017—2017［S］. 北京：中国建筑工业出版社，2017.

［3］　洪国松，李建洪. 大型钢结构屋盖液压提升技术［J］. 施工技术，2006

［4］　黄凯，张文博，刘文，田凯. 高空大跨度钢结构液压提升施工技术［J］. 天津建设科技，2016

［5］　卢玉华. 钢结构桁架液压提升技术［J］. 建筑施工，2018

［6］　杨飞，郭延义. 人跨度异形桁架式钢结构液压整体撘升技术的应用［J］. 建筑施工，2018

基础施工中大体积混凝土面层防开裂措施

康九斯　　张国申　　刘纪洲

中建五局第三建设有限公司，长沙，410004

摘　要： 混凝土面层开裂是混凝土结构易产生的灾害，若不加以预防，将降低结构的耐久性。以广州欢聚大厦工程基础底板大体积混凝土施工为例，通过对照试验对比不铺设网格材料、铺设钢丝网、铺设玻璃纤维网格布对混凝土面层开裂的影响。结果表明，通过加铺措施能够有效控制大体积混凝土面层开裂，减少混凝土有害裂缝的产生。

关键词： 大体积混凝土；玻璃纤维网格布；钢丝网材料；防开裂

由于高层、超高层结构自重大，为满足结构设计承载要求，基础底板的尺寸设计较大。在施工过程中，大体积混凝土结构水化反应释放的热量受温度变化的影响，水化反应是水泥和水之间的放热反应，对于普通混凝土可能会持续数月之久。在混凝土的侧面和顶面上，热量通过对流释放到空气中。在混凝土的底部，热量释放中心区域温度比表面区域高。从芯部到表面区域的温度梯度会引起内部约束，从而在混凝土中产生自感应应力。当温度升高时底面膨胀，而当温度降低时底面收缩。一旦混凝土表面产生裂缝，不仅影响其美观，还导致渗水。基础混凝土开裂严重影响其正常使用性和耐久性，必须对此进行研究并采取预防措施防止地坪开裂。针对大面积混凝土易开裂问题，广州欢聚大厦工程项目采用循环水冷却系统对其内部降温，面层铺设网格材料增加面层拉接力，减少混凝土表面微裂缝，控制混凝土面层开裂。

1　工程概况

本工程位于广州市海珠区海洲路，结构形式为钢筋混凝土框架核心筒结构，筏板基础，地下 4 层。核心筒区域基础尺寸为 53.5m × 50.5m × 2.6m。属于大体积混凝土结构，混凝土强度等级为 C40，抗渗等级 P8，混凝土用量为 7200m³，养护时间 14d。

2　大体积混凝土面层防开裂试验

2.1　试验设计方案

2.1.1　试验段尺寸及位置

本试验试验段尺寸选取 6 个 2m × 4m 的大体积混凝土试验段为检测对象，采用不铺设网格材料方法（试验段 A1、A2）、铺设钢丝网方法（试验段 B1、B2）和铺设玻璃纤维网格布方法（试验段 C1、C2）见图 1、图 2。为了减少人为因素等不利因素的影响，将试验段位置选取为外墙边线至底板边线之间，试验段之间距离为 50cm（具体位置见图 3），有利于减少试验段之间的相互干扰。

2.1.2　试验材料

原材料：P.II42.5R 级硅酸盐水泥；西江沙场水洗中砂；肇庆长顺石场花岗岩（5～25mm）；II 级粉煤灰；S95 矿粉；配合比为见表 1。

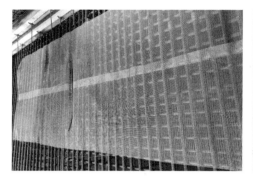

图 1　玻璃纤维布铺设

图 2　钢丝网铺设

表 1　材料配合比

强度等级	水胶比	配合比（水泥：砂：石：水：外加剂：混合材）	石子粒径	坍落度	$f_{cu,k}$（3d）（MPa）	$f_{cu,k}$（28d）（MPa）
C40	0.38	1：2.5：3.75：0.53：0.024：0.39	5～22	150±30	33	57.2

采取措施：

（1）试验段 A1～A3 面层钢筋不铺设网格材料，直接养护。

（2）试验段 B1～B3 在面层钢筋铺设钢丝网，养护。

（3）试验段 C1～C3 在面层钢筋铺设玻璃纤维网格布，养护。

2.2　试验方法

大体积混凝土浇筑施工涉及各方面因素，经讨论、分析后制定了详细的施工方案。包括选择混凝土组成材料、施工安排、浇筑前后混凝土的温度控制和保温保湿养护等混凝土浇筑施工的整个过程。

在保障混凝土具有良好工作性的情况下，采用低砂率、低坍落度、低水胶比。采用按高性能减水剂和粉煤灰掺量的双掺技术，因高性能减水剂可最大程度降低水胶比及用水量，且粉煤灰具有圆珠润滑效应，可减少水泥用量，双掺技术可提高混凝土和易性并减少收缩性[2]。

水泥的选择：有限选用低收缩性的水泥，不得选用早强水泥和含有氯化物的水泥[3]，本工程选用华润水泥有限公司生产的 42.5 级普通硅酸盐水泥。掺合料和外加剂的选择：大体积混凝土应采用早期收缩率较低且具有高减水率的高性能减水剂，本工程采用 ROCK-10 减水剂，减水率 26.6%。粉煤灰采用电厂优质二级粉煤灰，活性较高，可取代部分水泥和减少用水量。骨料的选择：本工程根据施工条件，选用粒径较大、质量优良级配良好的 5～25m 连续级配碎石。搅拌用水：采用自来水，局部较大体积混凝土，用冰块先降温后再用来搅拌混凝土，可有效地降低混凝土入膜温度。

本工程大体积混凝土浇筑采用分段分层连续浇筑方式（图 4），分层厚度为不大于550mm，分 5 层浇筑完毕。采用踏步式分层推进，踏步宽度为 2m，由南向北依次推进。浇筑前，应在筏板钢筋支架上打好分层标高线作为浇筑过程的分层厚度控制。施工时采用跳仓法，水平分层施工缝采用快易收口网分隔，使用短钢筋焊接固定，在下一次施工时现场将表面混凝土凿毛，打凿清洗干净以后并用水清洗润湿，保证新老混凝土间连接平顺、密实[1]。

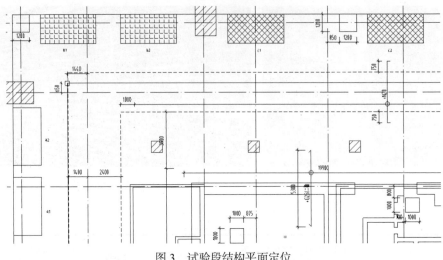

图 3　试验段结构平面定位

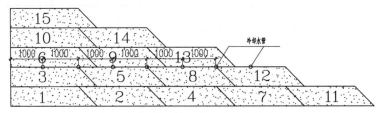

图 4　大体积混凝土分段分层浇筑示意

将 1 目数的钢丝网与玻璃纤维网格布分别放置在指定好的钢筋上层位置，钢丝网通过钢丝与钢筋面层固定，钢筋网设计预留洞口，洞口尺寸为 40mm×40mm，洞口位置如图 4 所示。玻璃纤维网格布采用棉线固定，开口尺寸同上，为了避免人为踩踏对铺设网格布破坏，在试验段铺设临时 30cm 宽的木板，位置如图 5 所示。根据混凝土泵送时自然形成的流淌斜坡度，在每条浇筑带前、中、后各布置 3 道振动器，第 1 道布置在混凝土卸料点，负责出管混凝土的振捣，使之顺利通过面筋流入底层；第 2 道设置在混凝土的中间部位，负责斜面混凝土的密实；第 3 道设置在斜脚及底层钢筋处，因底层钢筋间距较密，负责混凝土流入下层钢筋底部，确保下层钢筋混凝土的振捣密实，梁板混凝土浇筑使用插入式振动棒及平板式振动器振捣，梁振将时可使用插入式振动棒，振动棒应垂直插入，并插入到尚未初凝的下层中 40～80mm 进行振捣，使上下层混凝土有效结合。振动棒插点的间距一般不应超过振动棒有效作用半径 15 倍，振时应快插慢拔[3]。振捣时间每插点约为 20～30s，看到混凝土不下沉，不再出现气泡，表面泛出水泥浆和外观均匀为止，避免各浇筑带交接处的漏振。由于分层浇筑，每层浇筑厚度控制在 400mm，若在各浇筑层之间产生泌水层，应在浇筑过程中及时处理泌水。

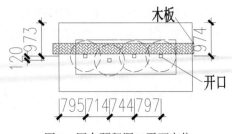

图 5　网布预留洞口平面定位

泵送混凝土由于坍落度较大，表面水泥浆较厚，所以应在混凝土浇筑后用制尺刮平。刮平混凝土过程中，混凝土面浆要饱满，避免出现凹洞。初凝前用磨光机将面层粗磨一次，可起平整、二次振捣的作用。当混凝土即将收水硬化时再细磨一次，以确保板面平整，板边和柱子边缘的混凝土面不能靠近打磨，应用人工预先一边压浆一边抹面。大体积混凝土浇筑后必须进行测温，以及时发现混凝土的温度变化，这样可以及时采取相应降温措，控制混凝土的内外温差在规范的要求 25℃ 范围内，避免裂缝的出现[2]。

测温用电子测温仪测温，当发现温差超过 25℃ 时，应及时加强保温或延缓拆除保温材料，以降低混凝土产生温差应力和避免出现裂缝。混凝土的保温保湿养护，根据有关工程经验和理论计算，本工程混凝土浇筑完毕后，养护时间不少于 14h，采用淋水加盖麻布养护、保持混凝土面湿润[5]。每一段混凝土表面收光后，应及时铺上麻布，防止混凝土热量及表面水分流失，保证混凝土表面处于湿润状态。根据测温数据调整前中后期的保温效果。在混凝土升温和早期降温过程中，有控制地加强保温层；在混凝土降温中期，为加快降温速率，白天掀开部分保漏层，夜间再覆盖的方法；混凝土降温后期则逐日撤掉保温层，使混凝土内部、外部都与外界温度一致[4]。

2.3　试验结果分析

本试验使用 HC-CK102 裂缝测宽仪对试验段进行测量，测试范围 0 ～ 8mm，读数精度 0.01mm，放大倍数 40 倍，缝宽与数量（图 6）。

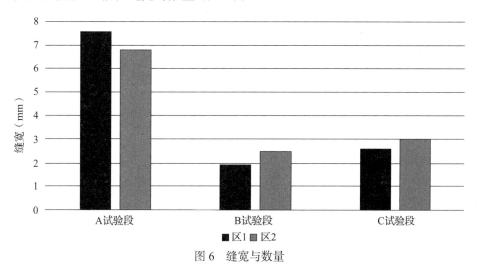

图 6　缝宽与数量

3　结论

本研究通过 3 组 6 段的对照试验，对比铺设玻璃纤维网格布与钢丝网两种类型的网格材料对大体积混凝土面层开裂的影响。试验表明通过铺设网格材料措施能够有效控制大体积混凝土面层开裂，减少混凝土有害裂缝的产生，钢丝网相对玻璃纤维网格布对面层裂缝的减少较好，铺设网格材料对减少混凝土的面层开裂具有重要作用。降低开裂率可以提高大体积混凝土面层防水性能，有利于提高混凝土结构的耐久性。

参考文献

[1]　杨嗣信，侯君伟．高层建筑施工手册［M］．北京：中国建筑工业出版社，2001．
[2]　王铁梦．工程结构裂缝控制［M］．北京：中国建筑工业出版社，1997．
[3]　大体积混凝土施工规范：GB50496—2009，［S］．北京：中国建筑工业出版社，2009．
[4]　朱伯芳．大体积混凝土温度应力与温度控制［M］．北京：中国水利水电出版社，2012．
[5]　龚剑，李宏伟．大体积混凝土施工中的裂缝控制［J］．施工技术，2012，41（3）：28-32．

闹市区人工顶管遇窝状砂层加固施工方法探讨

屈　岗　高江虎　上梦阳　李海灵　王　盛

中建五局第三建设有限公司，长沙，410004

摘　要： 闹市区地下管线复杂，城市服务设施多，交通流量大，造成雨污水排水管道施工场地受限，大型机械顶管无法进场，而通常采用人工顶管进行作业。西安地区土质以黄土状土、粉质黏土为主，夹杂窝状砂层。为保证顶管施工安全，当顶管施工遇砂层时，需采用压力注浆技术在一定范围内对砂土层进行注浆固结，通过浆液的胶结、填充等作用，提高砂土层的内聚力，从而达到管道掌子面开挖稳定的目的。

关键词： 人工顶管；窝状砂层；水泥 – 水玻璃浆液；二重管；注浆

1　工程概况

科技八路快速通道工程位于西安市高新区，西起河池寨立交，东至木塔一路。在西安城市路网骨架中，科技八路是西安市"二级快速路"中"三横三纵"体系中的一支，是高新区快速路体系"四环、两纵、两横、四放射"中的一支；科技八路快速通道也是一条"国宾通道"，是交通性与景观性并重的道路，建设任务包括地上市政主干道和地下快速通道两部分，建成后具有突出的交通运输功能、社会经济功能和景观功能，担负着2021年"全运会"召开期间交通保障的重任（图1）。

图 1　科技八路快速通道工程平面走向图

在地下快速通道施工前需对原市政道路下雨污水管线进行迁改，KNY13-1 至 KNY13-2 井区间设计为 2 根 D1350 钢筋混凝土管，长度50m，管道埋深5.95 ～ 6.79m，采用人工顶管施工，管道由 KNY13-1 向 KNY13-2 顶进，管道顶进至 9m 时遇到窝状砂层，由于砂层的内聚力小，在进行掌子面开挖时易造成大面积坍塌，且该部位上方为丈八东路主干道和进入加气站的右转道，车流量较大，空间交叉还有天然气、污水、电力等管线。为避免管道在顶进过程中掌子面出现砂层坍塌，造成地面沉陷、管道破裂等安全事故，研究采取相关措施保证掌子面开挖稳定。

2　方案选择

2.1　方案的选择

根据地质情况及现场施工条件，经技术攻关后决定采用从管道内向管道周边一定范围内对砂层进行注浆固结，通过浆液的胶结、填充等作用，提高砂层的内聚力，保持管道掌子面开挖的砂层稳定，保证施工过程的安全。为了缩短固结时间，加快施工进度，并有效控制加固范围，研究团队采用了水泥 – 水玻璃双液注浆工艺进行加固处理，加固范围每次沿管道方向加固长度 5m，管道顶进后再进行加固下一段，以此循环，直至将本段顶管施工完成。

2.2　水泥 – 水玻璃双液注浆工法特点

以水泥 – 水玻璃为主要浆液的双液注浆技术，具有用料普通、来源广、价格低廉、污染较轻，且操作简便、快速有效等特点，在国内外建筑工程中得到了广泛应用。该项技术能够 100% 将不同地质情况填充密实，改变原土体和物理性质，增加土体的密度，提高其抗压强度，达到土体的加固效果，能够一次性完成一个注浆区域的土体加固施工，而且注浆材料属于环保型，对河流及地下水无任何污染，是本次砂层加固最有效的施工方法。

2.2.1　注浆加固原理

加固时采用一台同步双液注浆机注浆，通过二重管端头的浆液混合器充分混合水玻璃与水泥浆混合液，注浆时在不改变地层组成的情况下，将砂层颗粒间存在的水强迫挤出，使颗粒间的空隙充满浆液并使其固结，达到改良土层性状的目的。其注浆特性是使该土层粘结力增大，从而使地层粘结强度及密实度增加，起到加固作用，颗粒间隙中充满了不流动而且固结的浆液。

2.2.2　注浆配合比

水泥选用强度等级为 42.5 的普通硅酸盐水泥，水玻璃浓度不小于 40 波美度，水玻璃模数 2.6，水玻璃、水泥混合液终凝时间选取 45s。

水泥浆液水灰比：水：水泥（质量比）= 1:1。

混合液中，水玻璃：水泥浆（体积比）= 1:1。

注浆过程中根据进浆量和注浆压力的变化，及时调整浆液浓度。若长时间注浆压力无变化，且注浆量大，则先适当调高水玻璃 – 水泥浆混合液中的水玻璃量，以缩短凝结时间，在适当调高水玻璃 – 水泥浆混合液中的水泥浆量，同时适当调高注浆压力。

3　施工方案

3.1　地下管线勘察

由于该区段顶管施工位于市政主干道下，在注浆加固施工前需对管道穿越施工区域进行地下勘察，查明地下管线及构筑物具体位置，并计算出管线、构筑物与注浆孔之间的位置关系，为注浆孔孔位布置提供依据，同时也为后续管道顶进掌子面开挖提供安全保障依据。

3.2　确定固结范围

根据地质情况、管道直径及施工方法，确定注浆范围为管壁向上 1m，管壁向外侧各 1m，管道中间全部注浆。管道下方 0.5m 注浆，每次注浆加固长度 56m。

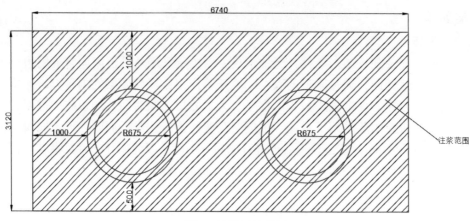

图2　注浆固结范围

3.3　工艺流程（图3）

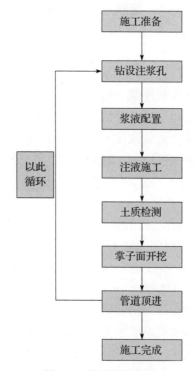

图3　工艺流程示意图

3.4　注浆施工

机械设备调试完成后开始注浆施工，在施工现场按设计配合比进行配浆，由于管道经过区域为丈八东路和加气站路段，且道路下方有天然气、污水、电力等管线，为不影响交通和保障安全，采用管道内注浆方案。配浆完成后在D1350钢筋混凝土管道内向砂层掌子面四周进行打孔，每孔注浆扩散范围为1m，在每根管道内钻设四个注浆孔位进行注浆，确保注浆液能充分渗透到砂层内，使砂层完全固结，未能一次性固结到位区域进行补孔注浆，确保开挖面砂层完全固结到位，经验收土质固结强度达到设计要求后，方可允许进行掌子面开挖、挖管道顶进。

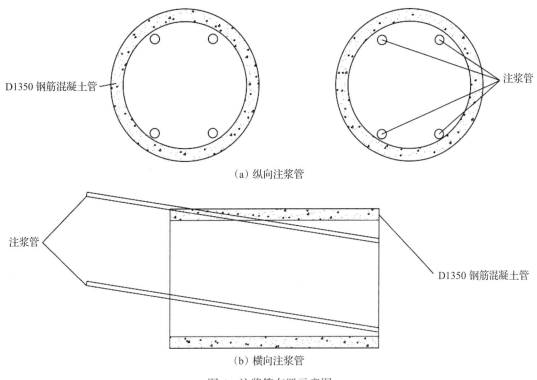

（a）纵向注浆管

（b）横向注浆管

图4　注浆管布置示意图

3.4.1　注浆量的计算

由于浆液的扩散半径与砂层孔隙比较难以精密确定，首次注浆后及时进行总结，确定出每次注浆量、注浆压力、拔管速度等参数，为后续注浆加固提供准确数据。首次注浆时根据地勘报告和注浆方案以及所选择的注浆材料，进行注浆量的估算。

注浆量估算：

$$Q = An\alpha（1+\beta）\tag{1}$$

式中　Q——总注浆量，m^3；

　　　A——注浆范围体积，m^3；

　　　n——孔隙率，%；

　　　α——浆液填充系数（$0.7 \sim 0.9$）

　　　β——注浆材料损耗系数。

设计中，$n\alpha（1+\beta）$统称为填充率，填充率按表1选用。

表1　注浆填充率选用表

序号	地质条件	填充率（%）
1	杂填土	$30 \sim 35$
2	粉质黏土、砂土	$20 \sim 25$
3	粉细砂、砂层	$40 \sim 45$
4	中砂、中粗砂	$50 \sim 60$

注浆量的估算，每次注浆范围为长度5m，宽度6.74m，高度3.12m，根据现场实际情

况，现场为中砂，故经理论计算该处填充率选取为 50%，施工前应根据现场实验结果确定注浆填充率。

$Q = An\alpha(1+\beta) = (6.74 \times 3.12 \times 5) \times 0.5 = 52.57\text{m}^3$。

根据计算得每次注浆量为 52.57m³。

3.4.2　注浆压力的选定

注浆压力是注浆施工中的重要参数，它关系到注浆施工的质量以及是否经济。因此，准确确定注浆压力和合理运用注浆压力有着重要的意义。

本次注浆加固选取注浆压力为 0.3 ～ 1.0MPa，在注浆压力达到 1.0MPa 时提升钻杆，提升长度不大于 20cm 每次，直至注浆完成。注浆前在同等地质条件下，试注浆并记录注浆数据，根据试注浆施工记录及注浆效果确定最终 KNY13-1 至 KNY13-2 段顶管施工管道注浆压力及配合比。

3.4.3　注浆施工

（1）工艺要求

浆液配比：采用经计量准确的计量工具，按照设计配合比进行配料。

注浆：注浆孔开孔直径不小于 45mm，严格控制注浆压力，同时密切关注注浆量，当压力突然上升或从孔壁、断面砂层溢浆时，应立即停止注浆，查明原因后采取调整注浆参数或移位等措施重新注浆。由于砂层容易造成坍孔，故采用前进式注浆方法。

（2）工艺流程

钻子定位→钻孔→配置浆液→注浆→回抽注浆管→注浆结束→移至下一孔位。

（3）施工方法

首先在混凝土管道掌子面进行钻孔，钻孔深度不小于 5m，成孔后注射水泥 – 水玻璃混合液对砂层进行固结，施工过程根据混合液的凝固时间调整注浆深度，直至将本次加固范围全部注射完成。经检验土体达到规范允许强度后进行掌子面开挖、管道顶进；以此循环，直至将本段顶管全部施工完成。

3.5　注意事项

（1）每次注浆前检修好设备，确保管路连接牢固，线路正常，防止在注浆过程中发生爆管事项。

（2）注浆开始前、后要要冲洗注浆管，防止注浆管堵塞。

（3）注浆原材料必须有合格证书，且经现场取样合格后方可使用。

（4）注浆过程中密切观察注浆压力表变化，并根据实际情况调整注浆压力及配合比，以确保注浆效果。

3.6　管道顶进

注浆验收合格后，进行管道轴线测量，明确掌子面开挖边线，每次挖掘长度不超过 30cm，禁止超挖。由人工在掌子面挖掘固结后砂层，用电瓶小车将土从管道内运出，吊出顶管井，然后在顶管工作井内借助顶进设备，将管道按照设计中线和高程要求顶入。

管道每顶进 50 ～ 100cm 应对高程及中心轴线测量一次，当测量发现偏差在 10 ～ 20mm 时，采用超挖纠偏法进行纠偏，即在偏向的反侧适当超挖，在偏向侧不超挖，形成阻力，施加阻力后，使偏差回归。

4　结语

　　项目在地质勘察过程中按照 50 ～ 70m 间距进行布孔，针对这种窝状砂层无法 100% 勘察到位，在施工过程中会造成一定的不确定性，影响了施工安全和进度。但通过查阅相关资料，组织进行技术攻关，采用了以水泥 – 水玻璃为主要浆液的双液注浆技术，对一定范围内的砂土层进行注浆固结，通过浆液的胶结、填充等作用，提高砂土层的内聚力，满足了人工顶管的施工需求，确保了施工质量、安全和进度，同时也为后续施工积累了宝贵经验。

参考文献

［1］　王新强. 深孔注浆技术在地铁施工中的应用［J］. 国防交通工程与技术，2012，S1：128-130.

［2］　刘丹. 西安地铁洞内 WSS 注浆加固区间联络通道［J］. 隧道建设，2012，32.

［3］　张晶，赵瑞明，刘志楠. 二重管无收缩 WSS 工法在高水位厚砂层的应用［J］. 城市建设，2012，20：45.

曲形屋面大跨度倒 T 形薄腹梁缓粘结预应力施工技术优化

李祥红　查栋财　郭腊生　陈　威

中建五局第三建设有限公司，长沙，410004

摘　要：本文依托实体建筑工程——成都广汇雪莲堂美术馆项目中曲形屋面大跨度倒 T 形薄腹梁缓粘结预应力施工分部工程，探索了缓粘结预应力施工技术在超大跨度、超高空间的异形结构施工中的优化应用。通过调查市场生产情况，了解现有施工技术，结合结构设计形式，保障施工质量基础上，综合考虑现场施工难度、进度、安全及成本等多方面因素，从技术上对预应力筋的规格选型、安装排布方式、先后施工处的有连接施工方式、张拉端梁结构形式及混凝土选型等方面进行深度优化，保障现场顺利施工，质量符合规范和设计要求，工期、成本得到有效控制，创造了一定的经济和社会效益，可为类似的建筑项目在具体的施工技术优化选择方面提供借鉴和启发。

关键词：曲形屋面；大跨度倒 T 形薄腹梁；缓粘结预应力施工技术

随着我国建筑技术的发展和人们对建筑品质追求的提升，越来越多的大跨度、超高空间的异形结构建筑被设计建造，推动了诸如缓粘结预应力施工技术等新兴建筑技术的应用发展。

缓粘结预应力是在有粘结预应力和无粘结预应力施工技术的基础上发展出来的一种新型工艺，吸收了无粘结的施工特点：预埋预应力筋，无须灌浆，施工方便；同时兼具有粘结的力学特点：预应力筋与混凝土间存在相互作用，起到强化整个构件的受力性能的效果。但如何能保质按期、安全高效完成实际工程的施工，尚须结合工程实际情况进行施工技术的优化选择。

1　工艺原理

缓粘结预应力施工技术的主要施工材料——缓粘结预应力筋，其由预应力钢绞线束外包裹一层 HDPE 带肋塑料保护层，之间填充缓粘结合剂。采用后张法施工，即随钢筋安装时预埋预应力筋，在浇筑混凝土达到设计允许张拉强度后并在适用张拉期内完成张拉。缓粘结合剂在适用张拉期内为黏稠状，以确保张拉时钢绞线受力后可自由且均匀地伸缩变形。超过适用张拉期后，标准固化期内缓粘结合剂逐步固化达到设计强度，并通过 HDPE 带肋塑料保护层与混凝土的咬合粘结，从而在预应力筋钢绞线和混凝土之间产生相互作用力，使梁下部产生预压应力，强化结构受力性能，避免产生早期裂缝。

2　工程概况

成都广汇雪莲堂美术馆秉承"巴山蜀水，青铜文化"的建筑设计理念，造型新颖，整个屋面为双曲形种植坡屋面，结构设计复杂多变，以框架结构为主，钢结构、核心筒、剪力墙结构为辅。

其中美术馆首层屋面为双曲形种植坡屋面，其中包含两个相邻预应力区，层高为 5 ～

12m，跨度为 25 ~ 32m，采用大跨度井字梁结构 [图 1（a）]，梁截面形式主要为倒 T 形梁，梁高为 1.2 ~ 2.5m [图 1（b）]，该区域结构设计采用缓粘结预应力施工技术。

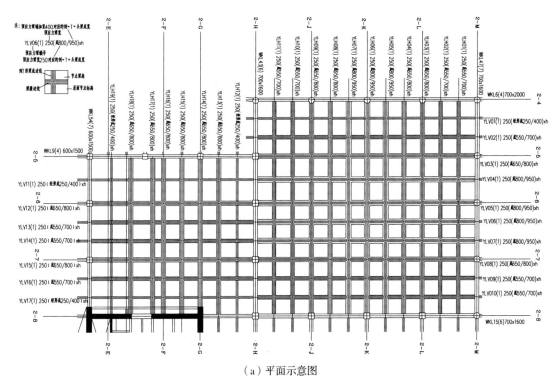

（a）平面示意图

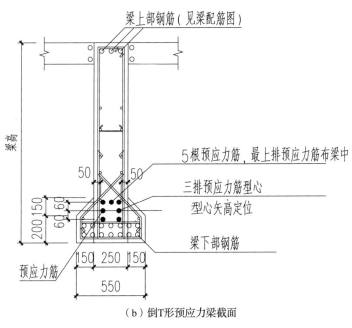

（b）倒 T 形预应力梁截面

图 1　种植屋面预应力区

3　施工技术优化

由于设计院给的图纸比较粗略，在预应力实际施工时，需要专业分包单位进行深度设计。在进行深化设计时，需要综合考虑结构性能安全可靠性、现场实际施工环境、现有技术及其设备、项目成本管控等多个方面。

3.1　采用非常规直径 21.8mm 的缓粘结预应力筋

考虑工程结构异形，预应力区跨度较大，上部荷载大，预应力梁设计配筋率较大，薄腹梁内部穿筋空间狭窄有限，如果采用市场上常规的预应力钢绞线，其截面直径为 15.2mm，设计的预应力筋根数较多，增加了施工难度。因此在深化设计阶段，通过市场调查，发现市场上还有少量厂家可以定制直径 21.8mm 的预应力筋，预应力筋的安装数量可以减少近一半，大大降低了工作量。同时考虑适应薄腹梁的狭小空间，通过专家论证会商议，选用定制非常规的 21.8mm 的缓粘结预应力钢筋，以大直径置换多根数，满足构件承载力要求的同时，方便预应力筋的排布和施工安装。

3.2　预应力梁张拉端水平加腋，优化结构受力性能

预应力梁及与之连通的框架次梁截面腹部宽度平均只有 250mm，而梁上部纵筋设计值较大，排布密集，同时预应力筋横截面尺寸 21.8mm，在保证梁主筋必要的混凝土浇筑施工间隙基础上，预应力筋无法穿过梁上部主筋，因此无法采用常规的梁顶板面张拉点位布置方式。经深化设计专家论证，采用在预应力梁张拉端设置梁水平加腋的方式。不仅能解决预应力筋难以安装的困难，同时保证现场必要的作业空间，解决了安装的难题，扩大了张拉端截面受力面积，加强了结构张拉端截面的承载能力，提高了结构受力性能。

图 2　梁水平加腋区成型效果

3.3　预应力钢绞线梁截面分层对称布置，锚固端错位锚固

预应力筋排布越集中，张拉时产生的预应力分布越有利于控制，故而常规预应力筋安装时是 2～3 根预应力筋绑在一起，"集中成束"安装。本工程预应力梁为倒 T 形薄腹梁的异形截面，其梁腹部空间狭窄有限，梁筋交错密集，预应力筋"集中成束"安装时，需要切割较多的梁钢筋，不利于结构安全和质量的保证。考虑到预应力梁截面高度较大（最大为 2460），竖向有较大的可布置空间。将预应力筋进行分排对称布置，上下对称于预应力筋的竖向型心矢高，左右对称于梁截面竖向对称轴，考虑到混凝土浇筑间隙的要求，每排预应力筋不超过 3 根，当为奇数时，顶排布置 3 根，如图 3 所示。由于预应力筋的排布为分排对称布置，而梁内预应力配筋数量均超过 4 根，不低于 2 排，为了避免锚固点截面张拉预应力集

中，对上下排预应力筋锚固端进行了错位锚固的深化，使得结构受力更加合理、安全可靠（图 3）。

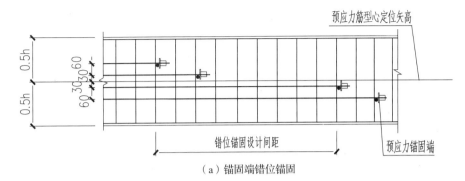

（a）锚固端错位锚固

（b）张拉端分层对称布置

图 3　预应力锚固与张拉

3.4　结构分批施工，预应力筋采用专用连接器进行连接

预应力工程由于特定的建筑部署和现场施工组织，存在局部的预应力梁无法连续施工，且前后施工间隔期在半年以上，考虑到前后施工间隔期较长，如果采用常规的整根预应力筋留设施工方法，会导致预应力筋长期暴露，影响其结构施工性能，提升后期施工难度，同时张拉越长，势必增加材料成本。故采用预应力筋专用连接器进行连接，先施工的锚固端预应力筋选用较长的张拉期，随核心筒先行施工预埋，按设计要求锚固于核心筒内相应部位，外部预留一定长度，满足错位连接要求的基础上尽量留短。后期预应力梁施工时，选择张拉期与正常施工进度相适应的预应力筋，与之前预留的预应力筋进行连接，既保证张拉效果，方便施工安装，又节省了材料成本。

3.5　采用微膨胀自密实混凝土，超长结构无缝施工缩短工期

超长施工区域通常通过设置后浇带来调整混凝土的收缩变形。如果在预应力区内部设有后浇带，须待先浇筑的混凝土收缩变形稳定后，再浇筑预应力区内后浇带，且须待后浇带强度亦达到张拉要求时方可进行预应力筋张拉，如此则会使预应力工期延长一倍，且预应力梁钢筋排布密集，梁高较大（1200～2500mm），施工时无法进行有效振捣。因此考虑到节约工期，方便施工，经过深化设计，预应力区预应力梁采用膨胀自密实混凝土，屋面板采用膨胀混凝土浇筑，取消预应力区内后浇带。采用膨胀混凝土，提高了屋面结构的抗裂收缩性

能，很大程度上消除了屋面收缩裂缝的风险，规避结构干缩裂缝带来的渗漏风险。而自密实混凝土可以显著节约工期、方便施工的同时，通过增加少量的材料成本，换取大量的时间和经济成本，提高施工质量的可靠性。

4　结语

本文以美术馆项目为载体，结合现有施工技术、现场施工条件和成本进度控制要求，对曲形屋面大跨度倒 T 形薄腹梁缓粘结预应力施工技术进行了定制大规格预应力筋以大直径换多根数、分层对称布置、错位锚固、设置梁水平加腋、采用有连接施工方式、采用微膨胀自密实混凝土取消后浇带及超长结构无缝施工技术等方面的施工技术优化，为现场实施提供了技术支持，节省了施工空间，简化现场的施工工艺和工序，降低了施工难度，节约了施工成本，缩短了施工周期，保障结构成型质量满足设计和规范要求，在施工进度管理、经济效益、社会效益等方面均取得了较大收益。

同时，本项施工技术优化措施在异形大跨度缓粘结预应力结构施工技术中的探索，为其他类似工程积累了实践经验，为解决异形大跨度缓粘结预应力结构施工提供了新的解决方案。

参考文献

[1]　建筑施工脚手架安全技术统一标准：GB 51210—2016［S］.
[2]　混凝土结构工程施工规范：GB 50666—2011［S］.
[3]　建筑施工模板安全技术规范：JGJ 162—2011［S］.
[4]　建筑工程预应力施工规程：CECS 180：2005［S］.
[5]　预应力混凝土结构设计规范：JGJ 369—2016［S］.

市政综合管廊工程建设中顶管施工技术应用

宋路军[1,2] 易志宇[1] 常战魁[1]

长沙定成工程项目管理有限公司, 长沙, 410100;
湖南望新建设集团股份有限公司, 长沙, 410100

摘 要： 随着城市化以及国家众多融城政策进程的不断加快，各个城市内部的市政配套管网工程数量不断增加，在所有的市政工程中，地下管廊工程是十分重要的组成部分。管廊工程施工往往会涉及到大量的土方开挖工作，采用常规的施工方式往往施工效率较低，另外管廊实际施工的过程不可避免地会对周边相邻的环境产生一定的影响。目前应用顶管施工技术可以有效解决以上两个问题，所以，深入地探索该技术的推广应用具有一定的现实意义。

关键词： 市政综合管廊；工程建设；顶管施工

随着社会经济的高速发展，国家对城市、城镇的基本建设资金不断加大，市政工程的数量和规模也在不断增加。在应用传统市政工程施工技术的时候，往往要求封闭阻断交通，极大地影响了既有交通系统的正常运行，也给周边民众的日常生产、生活造成了极大的不便。随着建设施工工艺水平的不断提高，顶管技术在市政综合管廊建设施工过程中得到了更加广泛的应用，该技术的应用可以在大量减少原有路面开挖量的前提下，快速地完成现有地下管道的敷设工作，这样的施工方式几乎不会对路面的交通产生直接的影响。随着国内建设施工理念的不断革新，该施工技术在建设工程施工领域得到了广泛的应用和推广。

1 工程概况

本文涉及工程为某市政工程，该工程全线长度和宽度分别为4.8km、46m，公路级别为城市主干道Ⅰ级，设计车速60km/h。该工程主要由道路工程、综合管廊工程、桥梁工程、隧道工程以及其他配套工程组成。其中，综合管廊工程的路幅宽度为46m，标准段路由以下几个部分组成：人行道、辅道、主辅分隔带、车行道、中央绿化带、车行道、主辅分隔带、辅道、人行道，宽度分别为3.0m、6.0m、2.0m、11.0m、2.0m、11.0m、2.0m、6.0m、3.0m，总宽度为46.0m。综合管廊施工路段存在一标段设置了一处跨线桥，桥梁全长222m，桥梁结构形式为现浇预应力钢筋混凝土连续梁结构，跨径由西向东分别为：左幅（34+38+30）+4×30（m），右幅（38+34）+5×30（m）。

2 综合管廊顶管施工工艺流程

市政综合管廊工程顶管施工工艺流程如图1所示。

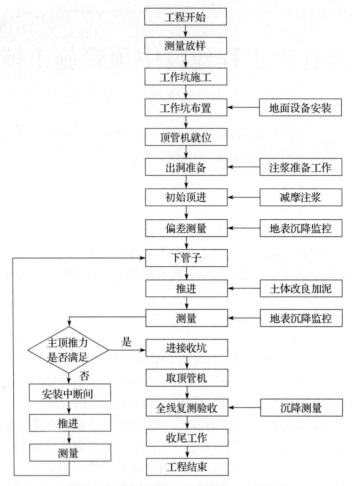

图 1　市政综合管廊工程顶管施工工艺流程

3　综合管廊顶管始发段顶进施工

3.1　封门形式

针对顶管始发段，应用钢筋混凝土桩做好始发井围护，顶管机头经过加固的区域会深入到原状土体中。在对始发井开展围护操作的过程中，需要将围护体系设置在钻孔桩的内部，利用双管旋喷桩强化管桩之间的止水效果，具体来说，就是需要在始发井周围准备好钻孔灌注桩围护结构，然后再现浇混凝土施工的位置设置内衬结构。适当地对混凝土挡土墙外部的土体进行加固，将其当做临时洞圈封门。

3.2　顶管始发的施工步骤

本文涉及项目的顶管始发井内的净空为 12m，该净空满足顶管始发要求。在开展实际施工前，需要做好顶管的组装和调配工作，破除原有的钢筋混凝土，顶管机靠近洞门，然后切削该部位的土体，原状体内的压力会得到有效地提升。

3.3　始发段顶进施工

（1）在破除围护结构之前，需要做好充足的准备工作。因为本工程始发井钻孔灌注桩的设计强度大于 1.5MPa，所以，原有的围护结构需要在顶管进入到施工区域前全部拆除，当顶管进入到施工区域后，需要重点考虑刀盘度加固层的切削功能。为了避免洞口发生坍塌现象，如果顶进设备状况良好，就可以适当地增大顶进速度，利用刀盘完成混凝土的切削。为了避免拆除围护结构的过程中发生安全事故，所有的施工人员以及技术人员必须充分地调查施工现场的实际情况，深入地了解并理解透封门设计图纸。

（2）顶进施工。在开展实际顶进施工时，需要添加适量的水或者润滑水泥或膨润土。顶管进入到原状土体后，为了避免钻头卡磕情况的发生，顶管进入到原状土后，需要适当地匀速加快顶进速度，另外，为了尽可能降低地面沉降以及土体扰动情况的发生，需要适当调整正面压力值稍大于理论值。全部顶管进入到洞门后，就需要检查止水带，一旦发生破损的情况，立即进行修补。

4　顶管正常段顶进施工

4.1　顶进轴线控制

在开展顶管顶进施工的时候，需要合理控制顶进轴线的标高和方向。为了避免偏差的出现，每完成一节管节的顶进工作后，就需要测量机头的姿态，保证其一直处于规定允许偏差范围内，只有这样，才能有效降低管节扩张情况的发生。合理控制机头转角，如果转角偏小，需要利用加压铁进行纠正，保证可以将轴线的偏差控制在合理范围内。

4.2　地面沉降控制

顶管顶进施工必须连续完成，严格禁止长时间停置，另外还需要合理控制顶管顶进的速度。在实际施工时，同时关注地质情况的变化，需要根据相应的反馈数据调整土压力值，保证其处于合理范围内，而且在本项施工过程中就出现了局部的含砂层，通过压密注浆进行固化的方式得到了解决；施工过程中还需要控制好出土量，避免超挖或者欠挖的情况发生。施工时注意地下水的变化和控制好上部荷载的变化。

4.3　确保减摩效果

顶管顶进的时候，管道和土体之间会产生一定的摩擦阻力，为了有效降低该摩擦阻力，可以在管道外注入泥浆，为了避免泥浆发生失水的情况，同时也是为了避免泥浆发生固结或者离析沉降的现象，必须严格控制实际施工过程，进一步提高管廊施工的整体施工质量。具体来说，首先需要严格控制泥浆的泥水比，并且按照要求设置好压浆孔、压浆管路和注浆压力值。管廊施工中的压浆系统分为两个子系统，这两个子系统相互独立，其中一个可以改善土体的流塑性，促进更好地完成注浆的过程，另外一个子系统的作用是形成减摩擦力泥浆套，实现关节外的注浆。其次综合考虑管廊项目实际情况，选择最为合理的压浆设备和压浆工艺。搅拌泥浆的时候，需要注意，泥浆的泥水配比会对后续的施工产生直接的影响，所以必须严格控制，否则就可能对整个管廊的施工质量产生严重的影响。可以向泥浆中适当地加入用于化开粘稠度不均的纯碱或者CMC，然后再加入适量的膨润土，充分地进行搅拌，控制搅拌时间约为20min，加入适量的乳化油，再搅拌约10min，搅拌时需要合理匀速控制搅拌速度。为了提高泥浆搅拌的均匀性，可以充分利用搅拌泵等设备，比如HENY泵就是一种较为常见的搅拌泵，在应用这类设备的时候，需要将其固定在井口，这样一来，搅拌完成的浆液会及时注入到储备桶中，极大程度地保证了浆液的流动性能。先将浆液放置在储浆桶内静置一段时间后，然后用HENY泵推送到井下，推送的时候，需要合理控制浆液的注入压力。

4.4　压浆施工

在开展压浆施工的时候，为了保证压浆施工效果，需要安排专业的工作人员负责控制整个压浆过程，压浆施工的时候，触变稳定性是最为主要的控制内容，另外，在压浆施工的时候，还需要加强控制泥浆含水量，避免浆液出现失水或者浆液固结的现象。严格按压浆操作流程进行施工，比如在开展顶进操作的时候，应该及时对触变泥浆进行压浆，管体和土体之间存在一定的缝隙，所以可以在管节的周围制作出泥浆套，这样一来，极大地降低了顶进阻力，提升了顶进的质量和效率。在开展压降施工的时候，还需要控制好重点工序的工艺，比如先压浆后顶进，完成以上操作后，需要根据顶进进度及时进行补浆，合理控制压降参数，比如需要将扩散系数控制在 3 ～ 5 倍。根据周围环境的实际情况，调整相应的参数，保证压浆足够饱满，另外还需要注意将沉降值控制在合理范围内。

4.5　触变泥浆性能参数

横梁顶管施工所用触变泥浆的性能，需要应用到以下六个指标：密度、静切力、黏度、失水量、稳定性、pH 值。综合考虑以往的施工经验以及本文工程的地层特点，需要将泥浆黏度控制在 30 ～ 38s 之间、泥浆的密度控制在 1.1 ～ 1.16g/cm³ 为最佳，及时总结推进的过程，实现实时调整触变泥浆性能数据指标的目的。

4.6　止退装置

国内的顶管掘进机大多为矩形，因为其具有较大的断面面积，所以前进的阻力也随之增加，实际施工的时候，顶管顶进的距离也相对较长。施工过程中，如果顶管掘进机发生后退，那么机头和前方土体之间的平衡就会被破坏，土体支撑就会失稳，很容易导致土体坍塌的事故发生。为了避免这种情况的发生，需要采取相应的措施进行处理，否则就会导致严重的路面沉降或者管线沉降破坏等问题，比如可以在顶管掘进机的前端安装止退装置，在推行油缸的时候，增加设置管节或者垫块，保证销子可以充分插入到吊装孔里。在基座之间设置垫块和垫板，这样一来，即使管节发生后退，也可以借助销子和垫块等实现传递，进一步提高管节的稳定性。施工过程中，为了降低管节的后退力，在管节插入到销子前，可以适当提升正面土压力，一般来说，正面土压力需要控制在 20kPa 左右。

5　结语

总而言之，管廊项目的施工和人们的生活息息相关，在管廊项目施工过程中，顶管技术是一种十分常见的施工技术。随着社会的发展，国家越发重视基础设施的建设，各类工程的施工作业水平也在不断提升，管廊项目施工也是如此。在这样的背景下，想要提高管廊项目施工效果，施工企业必须深入的探索和研究顶管施工技术，合理控制好每一个施工环节，加强管控，切实提高顶管施工效果，进一步保证整个管廊施工质量，加快项目中间环节的进度，充分融合绿色施工理念，以达到实现综合经济效益合理提升目的。

参考文献

［1］尚永志. 城市地下综合管廊的施工技术研究［J］. 工程技术研究，2018（04）：84-85.

［2］朱莺凤. 某综合管廊顶管工程设计［J］. 城市道桥与防洪，2018（08）：368-371.

［3］施旭升，朱玉龙，陈龙，王利. 顶管技术在综合管廊施工中的应用［J］. 城市建设理论研究（电子版），2018（18）：66.

超长框架在温度与地震耦合作用下的反应分析

姜新新　　于兆波

中国建筑第五工程局有限公司，长沙，410000

摘　要： 对超长框架结构在温度荷载与地震耦合作用下的反应进行了数值分析，主要比较了在温度与两种地震波耦合作用下的最大位移、加速度、柱底竖向反力。模拟结果表明，在耦合作用下，超长框架结构沿两个方向的最大位移值差别不大，加速度相差较小，且温度荷载对结构沿建筑物长度方向的位移影响效果更为明显，同时，温度荷载与地震的耦合作用能够有效提高结构竖向的柱底反力。

关键词： 超长钢筋混凝土框架结构；地震耦合；数值分析；温度荷载

随着城市建设不断发展，人们对建筑物结构布局要求也有所提高，各种大型建筑物的建设得到了长足的发展，超长、超大的建筑物开始大量出现。本文利用 SAP2000 软件，对温度荷载与地震耦合作用下的超长钢筋混凝土框架结构进行了系统地研究和分析，为进一步改善超长框架结构的应用提供了一定的理论依据。

1　超长混凝土框架结构

混凝土结构平面长度超过《混凝土结构设计规范》(GB 50010—2010)[1] 所规定的结构长度，而且没有设置伸缩缝的，即为超长混凝土框架结构。按现行规范规定现浇混凝土框架结构的设计长度（室内）应为 55m，普通住宅或公共建筑（即非混凝土构件外露建筑），超过这个数值长度的现浇混凝土框架结构即为超长混凝土框架结构。

2　结构概况

该模型为 5 层的超长钢筋混凝土框架结构，结构总高度 15m，框架柱截面尺寸 800×800（mm²），框架梁截面尺寸 300×600（mm²），板厚 150mm，混凝土强度等级为 C40，弹性模量取 3.25×10^4 N/mm²，泊松比取 0.2，密度取 2500kg/m³。

3　地震波的选取

结构在不同地震波的作用下，地震反应的差别较大[2]。因此，为了使计算结果与具体实际更相符合，本文选用实际发生的地震波南北方向的唐山波和人工模拟波分别进行分析。根据时程分析，将地震加速度的峰值调整到 6 度多遇地震作用下的 18cm/s²。所选取的各地震波波形如图 1、图 2 所示。

4　超长框架结构在温度荷载与多遇地震作用下的时程分析

图 3 为比较具有代表性的结构最外侧的一榀框架，分别用节点 9、7、5、3、1 代表结构一至五层的状态，比较仅在地震波作用下和在地震波及温度荷载（10℃）耦合作用下的不同特点。

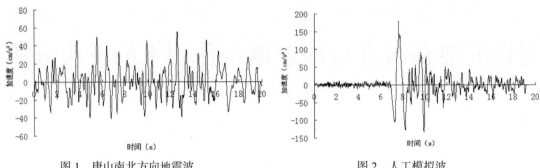

图1　唐山南北方向地震波　　　　　　　图2　人工模拟波

4.1　超长钢筋混凝土框架结构在南北方向唐山波作用下的时程分析

（1）结构顶点（节点1）位移时程分析图

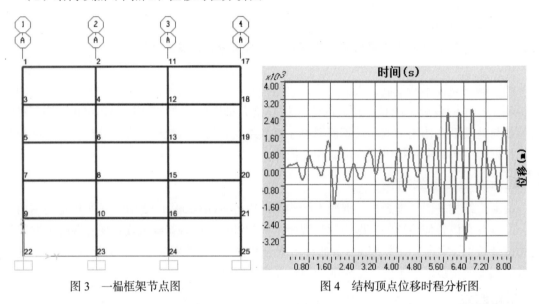

图3　一榀框架节点图　　　　　　　图4　结构顶点位移时程分析图

图4的正向最大位移为2.74mm，出现在6.72s；负向最大位移为3.407mm，出现在6.48s。

（2）结构各层最大位移比较

结构各层的最大位移如图5所示。

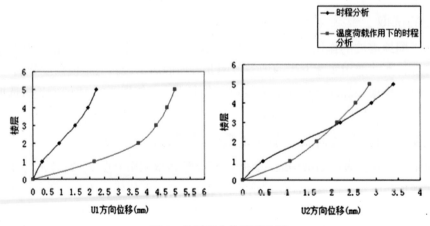

图5　各层最大位移对比图

由图 5 可知在温度荷载与地震波的耦合作用下，U1 方向的结构位移远大于仅在地震波作用下的 U1 方向位移，但是对 U2 方向的影响较小，这说明对超长框架结构来说，温度荷载对结构沿其长度方向的位移有较大影响，对建筑物宽度方向的影响不是特别明显，甚至可能减小其宽度方向的位移。此外，从底层到顶层，在温度荷载的作用下，由于结构整体的温度变化对结构内力的影响主要集中在底层，因此沿 U1 方向结构位移的差值几乎保持稳定，故对结构底层位移的影响较大，对其他楼层位移影响不大。沿 U2 方向的最大位移在本地震波作用下在 3 层发生了了交会，这说明如果是 3 层的钢筋混凝土框架结构，其温度荷载对其宽度方向的最大位移基本无影响。而 3 层以上，温度荷载与地震波的耦合作用下，其宽度方向的最大位移反而小于仅在地震波作用下的最大位移。

（3）各层加速度比较

结构各层的最大加速度如图 6 所示。

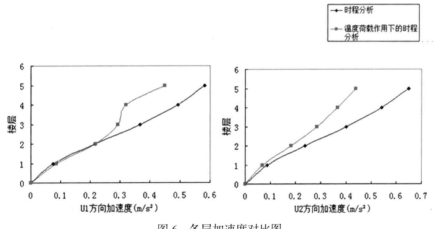

图 6　各层加速度对比图

由图 6 可知，在南北方向唐山波作用下，超长框架结构两个方向的加速度相差较小，且温度荷载对超长钢筋混凝土框架结构的加速度影响不大，但在 4 层，随着框架结构城市的增多，沿结构 U1 方向的最大加速度急剧增大，温度荷载对加速度的影响愈加显著。

（4）柱底竖向最大反力比较

表 1　底层节点反力（kN）

节点	时程分析	温度荷载作用下的时程分析
22	96.8	99.0
23	47.9	63.6
24	41.1	64.7
25	30.7	55.0

由表 1 可知，在温度荷载与地震的耦合作用下，结构的竖向柱底反力会明显增大。

在地震作用下，温度荷载对结构的位移的大小及竖向柱底反力有着明显的影响，但在两种地震波作用的不同之处在于，南北方向唐山波作用下对结构的加速度有着较为明显的影响，且随着楼层的增加，影响效果也越明显。

4.2　超长钢筋混凝土框架结构在人工模拟波作用下的时程分析

（1）结构顶点（节点1）位移时程分析图

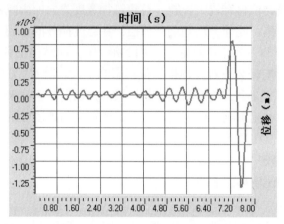

图7　结构顶点位移时程分析图

图7正向最大位移为0.809mm，出现在7.28s；负向最大位移为1.393mm，出现在7.62s。

（2）结构各层最大位移比较

结构各层的最大位移如图8所示。

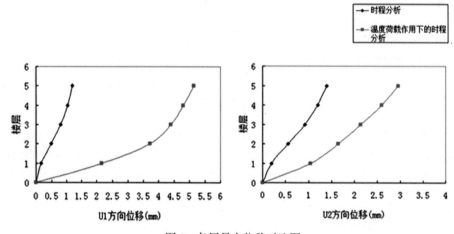

图8　各层最大位移对比图

由图8可知，在温度荷载与地震波的耦合作用下，结构沿U1方向的位移比仅在地震作用下的位移大，相对而言，U2方向的影响小于U1方向，这说明对超长框架结构来说，温度荷载对结构沿其长度方向的位移有较大影响，对建筑物宽度方向的影响相对较小。而且，在温度荷载的作用下，由于结构整体的温度变化对结构内力的影响主要集中在底层，随着楼层的增加，沿U1及U2方向结构位移的差值几乎保持稳定，对结构底层位移的影响较大，对其他楼层位移影响不大。

（3）各层加速度比较

结构各层的最大加速度如图9所示。

由图9可知超长框架结构两个方向的加速度相差较小，且温度荷载对超长钢筋混凝土框架结构在人工模拟波作用下的加速度影响不大。

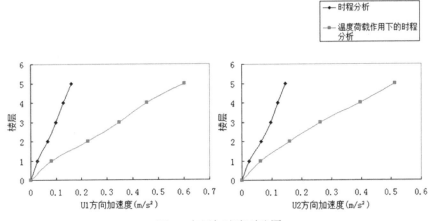

图9　各层加速度对比图

（4）柱底竖向最大反力比较

表2　底层节点反力（kN）

节点	时程分析	温度荷载作用下的时程分析
22	50.4	105.1
23	25.2	66.5
24	17.7	67.8
25	3.0	58.1

由表2可知，在温度荷载与地震的耦合作用下，结构的竖向的柱底反力会明显增大。

在两种耦合作用下，结构的层间位移角均符合《建筑抗震设计规范》（GB 50011—2010）[3] 5.5.1条规定的钢筋混凝土框架结构层间位移角不大于1/550的规定。

通过两种时程分析及温度荷载作用下的时程分析可知，超长钢筋混凝土框架结构受到温度荷载与地震的耦合作用比仅受地震作用时，位移、加速度、竖向基地反力都显著增大。因此，在设计超长钢筋混凝土框架结构时务必考虑温度荷载的影响。

5　结论

通过比较超长框架结构在地震作用下的分析与在温度荷载和地震的耦合作用下的分析可知：

（1）超长框架结构沿两个方向的最大位移值差别不大，且温度荷载对结构沿建筑物长度方向的位移影响效果更为明显。

（2）超长框架结构两个方向的加速度相差较小，但是温度荷载对于不同地震波作用下的结构最大加速度影响不同。

（3）温度荷载与地震的耦合作用可以有效提高结构竖向的柱底反力。

参考文献

［1］混凝土结构设计规范：GB 50010—2010［S］. 北京：中国建筑工业出版社，2010.

［2］杨川丁. 浅析动力时程分析中地震波的选取［J］. 四川建材，2012（3）：52-54.

［3］建筑抗震设计规范：GB 50011—2010［S］. 北京：中国建筑工业出版社，2010.

基于 Grasshopper 的幕墙参数化设计研究

周　兴　朱利波

中建不二幕墙装饰有限公司，上海，200040

摘　要：随着科技的发展和社会的进步，城市中涌现出一大批造型复杂、连续多变的异型建筑，这对建筑幕墙设计是一个极大考验，同时，这也促进了新的生产方式和生产工具的出现。本文以 Grasshopper 参数化技术为主要技术手段，结合多角度组合体案例进行幕墙参数化设计研究，提出了一种能兼顾建筑造型和机械制造的参数化设计方法。

关键词：Grasshopper；Rhino；参数化建模；无代码式编程；批量处理

随着社会的发展，当前城市涌现出许多有别于传统建筑形式的异型建筑，其复杂的建筑造型给幕墙行业带来了新的设计思潮和技术革新。相关的生产方式和生产工具也有了极大的更新，参数化应用便是其中之一。

1　Grasshopper 参数化设计原理

1.1　工作原理

Grasshopper 通过获取建筑造型的相关控制参数，将所有建筑信息具象为数据，根据一定的构造逻辑，勾连平台封装完的代码模块（即小电池），进行无代码式编程，创建了一套以底层数据为基础，设计规则为框架的程序系统，将所有参数串联起来，形成了一个可视化的参数驱动数据逻辑。通过改变源头数据，调整相关参数，即可实现快速批量处理建模的工作。我们还可以导出 .STEP 格式，对接 CNC 数据中心，实现无纸化加工，所有的设计过程都完整地保留下来，过程中所产生的数据，可作为其他相关工作的依据，为过程中的外部数据导入与导出、方案变更以及工作协调提供合理的接口。

1.2　应用软件

表 1　软件清单

序号	软件名称	版本号	软件用途
1	Rhinoceros	6SR16	3D 造型
2	Grasshopper	1.0.07	程序设计
3	SEG	V0.0.327	物料属性
4	Elefront	4.1	图形管理

1.3　实施流程（图 1）

2　参数化设计步骤

Grasshopper 参数化设计在幕墙上的运用主要分建筑造形和高精加工两方面。综合可分以下五步：

（1）数据分析：获取建筑外表皮上的相关控制参数，如倾角、夹角、坐标点等。分析这些数据，确定驱动参量，然后根据幕墙施工图，确定相关做法。

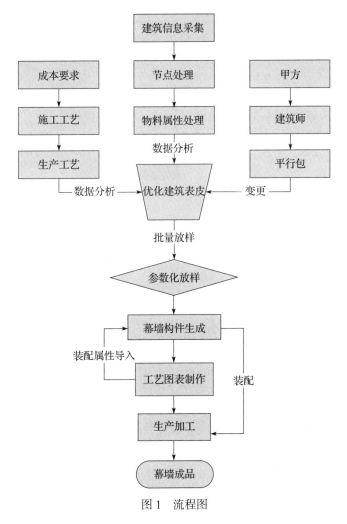

图 1　流程图

（2）模图处理：根据步骤（1）确定相关方案整理模图，建立相关图层管理体系，简化无用的截面特征。

（3）面板属性处理：根据步骤（1）中获取的基本数据，以主龙骨为主要定位对象，确定相关构件定位坐标系，确定基础加工特征，如孔位等，并以用户字典的形式存储到相应的面板中，以备后期调用。

（4）龙骨放样：调用面板中存储的定位坐标系，根据图纸，将相应龙骨截面定位到空间位置上，然后通过挤出功能即可得到龙骨的实体模型。相应的实体构件，由程序自动生成唯一编码，编码应包含龙骨型号、面板编号、自身流水号等。

（5）模型使用：可以利用模型辅助测量放线，批量导出构件加工图以及幕墙装配明细，对接 CNC 数据中心，利用 Naviswork 软件进行多专业交互等。

3　实例项目参数化运用

根据以上介绍的原理和步骤，下面将对多角度组合体实例项目的参数化设计进行研究和探讨。

3.1 案例介绍

建筑外形呈"晶体"造型，整个项目共计 48 个倾斜面，存在大量的多角度拼接情况，里面存在大量的线条交会和转角。在室内外方向存在内外倾角，水平方向扭转，存在水平夹角，如图 2 所示。

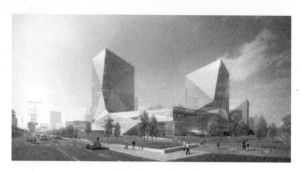

图 2　实例效果图

3.2 实施步骤

根据以上介绍的原理和步骤，本案例设计步骤亦可分为以下五步：

（1）数据分析

对于多角度晶体，水平和竖直方向存在多种角度组合这一情况，我们对幕墙表皮进行优化和数据分析（图 3），对面板的水平倾角和水平夹角两个参量进行分析和统计（如图 4），针对数据范围的分布情况，将塔楼水平倾角角度分为 69°、81°、88°、90°、94°、99° 六个区域，每个角度涵盖 ±2.5° 的区域范围，将塔楼水平夹角角度分为 88°、90°、92° 三个区域，根据所得的角度范围，快速进行角度组合，合理划分型材角度范围，优化型材种类和节约开模成本。

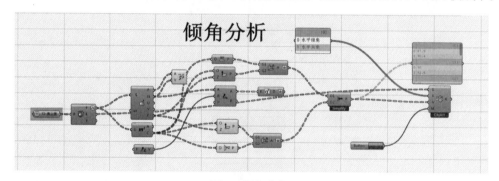

图 3　倾角分析

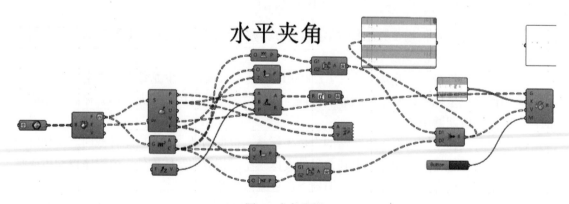

图 4　夹角分析

关于驱动参量的选取，由于本项目幕墙面在水平方向和竖直方向均存在夹角，水平方向的转角（即水平夹角）影响竖向型材的角度选模，竖直方向倾角（即水平倾角）影响横向型材的角度选模，如横梁。后续可以用水平倾角和水平夹角去驱动程序，将水平夹角和水平倾角分别输入相应的程序中，通过判断语句得到相应的型材模号，完成多角度组合的选模工作（图 5）。

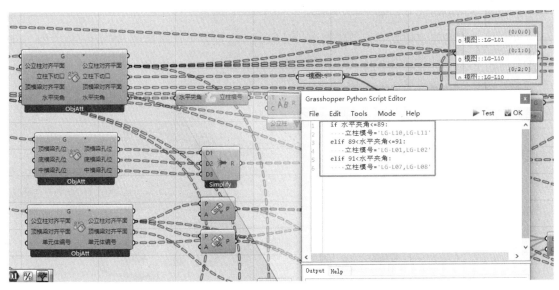

图5 自动选模

（2）模图处理

处理施工节点和型材模图。将施工节点进行简化，去掉辅材图元，简化型材模图的截面，按照模号以图层的方式进行管理（图6）。将幕墙定位信息、孔位信息、物料属性等信息以用户字典的形式存储到相应的型材截面中（图7、图8）。

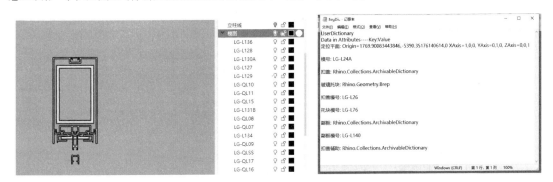

图6 图层管理　　　　　　　　　　　　　　图7 用户字典

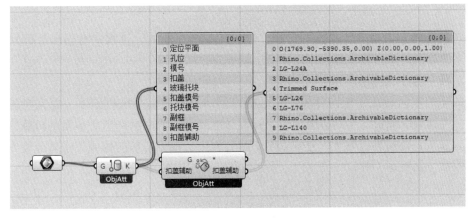

图8 物料属性处理

（3）幕墙面板属性的处理

在获取基本的建筑信息后，需要结合设计图纸，提取各个幕墙构件的空间定位，即空间坐标（图9），对于前期能够确定工艺特征，如避位、孔位以及一些辅助手段也将其与定位坐标一起存储到相应的面板中（图10）。

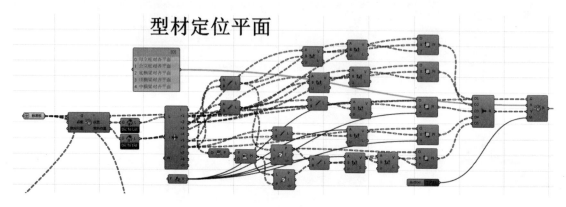

图 9　空间定位

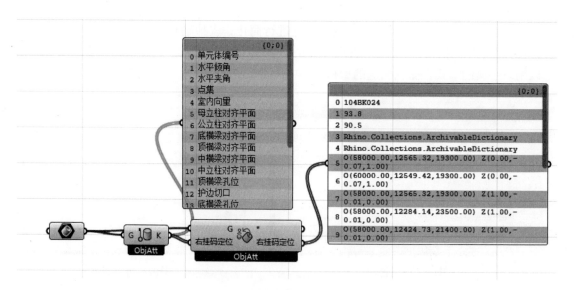

图 10　幕墙面板属性存储

这些数据的获取是一个动态的过程，并且是不断更新的，过程中有很多外部数据的导入，更多的数据是来自建模过程中适配产生的。

（4）幕墙构件放样

参数化的本质就在于求同存异，一个项目形体再复杂，系统再繁多，总有相同或相似的地方，大到系统面板，小到幕墙构件，我们总能找到它们的共同点。本案例幕墙共分为两大类，即标准平板和折线单元，分别编制了两套程序。根据幕墙的构成，将其分解成单个构件，即横梁、立柱等（图11、图12），每个构件都有相应的程序。

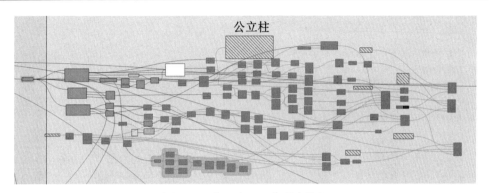

图 11　立柱程序，无代码式编程

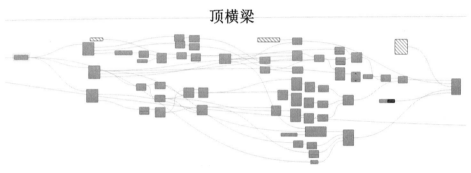

图 12　横梁程序

Grasshopper 独特的数据结构机制，可以让我们批量处理建模工作（图 13），Rhino 高精度的表达能力，能够使模型达到 LOD500 的等级满足幕墙构件的高精加工要求（图 14）。每个程序都有很强的普适性，后期可以直接替换源头数据即可生成相应的幕墙构件，减少重复编程工作。局部效果如图 15 所示。

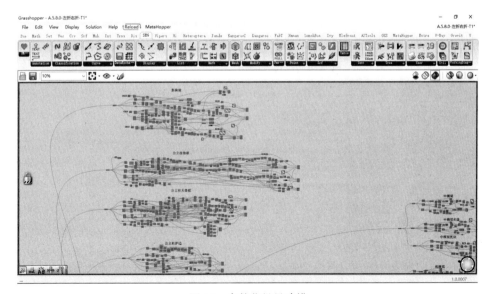

图 13　参数化批量建模

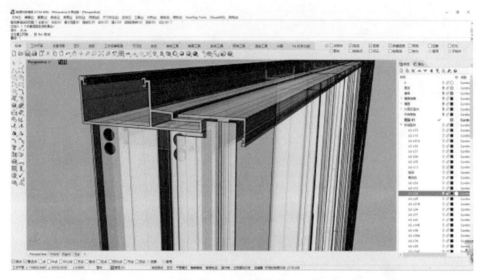

图 14　高精表达

（5）模型使用

Grasshopper 其强大的数据处理能力能
让批量的处理相似的工作。关于本工程，我
们运用参数化设计，利用 Grasshopper 的数
据结构功能，可以在构件生成的同时，对构
件进行统一的物料编码管理（图 16）。还可
以快速地导出幕墙的加工数据（图 17），为
型材部分加工图。前期根据幕墙分类，可以
快速地区分相似的构件，我们只须对其中的

图 15　局部效果

一个构件进行加工图处理，把变值做成参量，将其当成模板，后续利用程序按照模板中所需参
量从模型中批量导出，所有构件的加工图均可以一图一表的形式提供给加工厂（图 18、图 19）。

图 16　构件物料编码管理

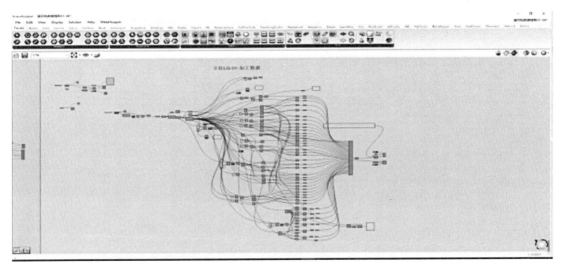

图 17　批量导出加工参数

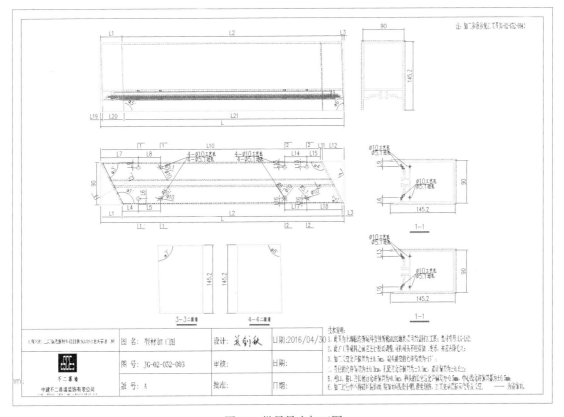

图 18　批量导出加工图

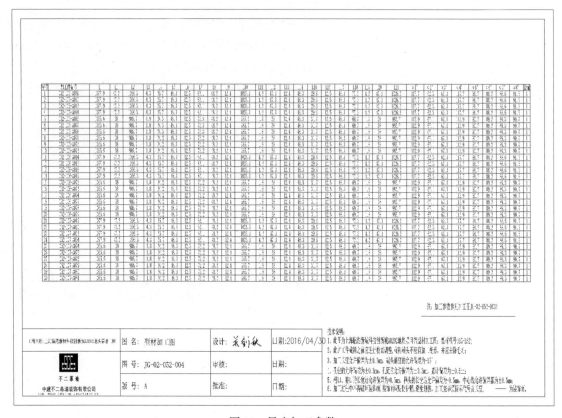

图 19　导出加工参数

　　利用参数化设计，批量获取测量所需的控制点坐标，对异型体量的项目，可以给定两种控制点，一种安装控制点，一种是校核控制点。

　　对于改建项目，可以利用 3D 扫描技术，生成实体点云，利用 Grasshopper 导入到 Rhino 中在进行适配找形，即逆向建模工程。

　　对于高精度要求复杂的部位，即便是建立了实体模型，也很难将模型中的铣切信息用二维的 CAD 图纸表达出来，对此类情况，我们利用 Grasshopper 将生成好的构件批量导成 .STEP 格式，再通过 CAM 仿真加工模拟（图 20），对于构件上的连接孔位以及避位等，可以直接从模型读取相关信息，无须再型材加工图中体现，减少了大部分工作量，最后运用 CNC 数据中心精确机加工，保障加工精度要求（图 21、图 22）。

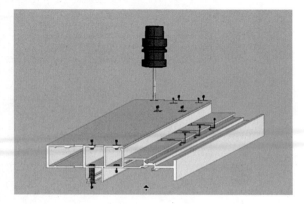

图 20　CAM 仿真

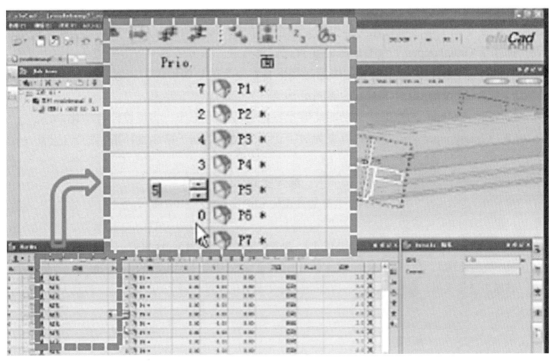

图 21　铣切特征校核

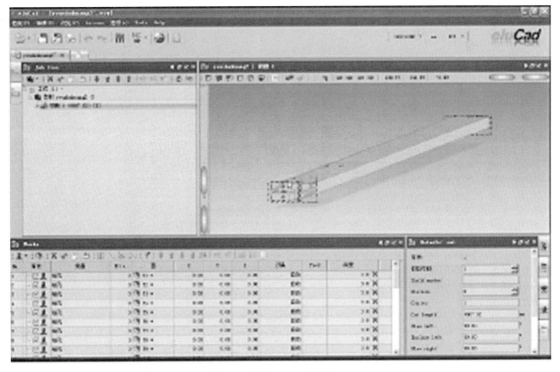

图 22　导出 CNC 数据中心

4　结语

本文首先简要介绍了当前建筑幕墙行业的形式，阐述了参数化设计原理以及运用的软件，并详细介绍了幕墙参数化实施步骤。结合一个多角度组合体案例的参数化实施，初步得到一种基于 Grasshopper 平台上的幕墙参数化设计方法。该方法具有以下特点：

（1）其强大的自由造型功能能够满足当下日益复杂的建筑形体的表达。

（2）Grasshopper 结合 Rhino 能够满足幕墙行业的高精加工要求。

（3）Grasshopper 的数据结构功能能够批量地处理设计工作，实现设计自动化。

（4）Grasshopper 将建筑资料具象为数字化，极大地增强了幕墙设计资料的普适性。

参考文献

[1] 徐卫国. 参数化设计与算法生形 [J]. 世界建筑, 2011,（06）: 110-111.

[2] 马泷. 深圳国际机场 T3 航站楼的参数化设计实践 [J]. 建筑技艺, 2011,（Z1）: 62-67.

[3] 高言. 基于设计实践的参数化与 BIM [J]. 南方建筑, 2014.（04）: 04-14.

[4] 杜书波, 孙胜男, 等. 基于 Rhino 在大同图书馆中的 BIM 实践 [J]. 工业建筑, 2012.

[5] 曾旭东, 王大川, 陈辉. Rhinoceros Grasshopper 参数化建模 [M]. 武汉: 华中科技大学出版社, 2011.

潜孔钻机泥浆护壁成孔后
插钢绞线锚杆关键技术研究

李青伟　　李晓明

中国建筑第五工程局有限公司，郑州，450000

摘　要： 本文以基坑工程支护锚杆施工为研究对象，在复杂地质条件下，特别是粉质黏土含水量较大等不利地质条件下，探究怎样保证施工质量，提高施工效率。在充分利用潜孔钻机机动灵活，成孔速度快的基础上，提出潜孔钻机泥浆护壁成孔后插钢绞线锚杆施工技术，通过研究应用，探究出水泥浆护壁、静压固结孔壁、泥浆置换、二次注浆等复合应用关键技术，在实践中得到验证，在应用中该技术稳定可靠，施工速度快，质量可靠性高。

关键词： 支护锚杆；水泥浆护壁；静压固结孔壁；泥浆置换

随着社会经济发展，房屋建筑越来越高，基坑深度越来越深，加上基坑受地质条件影响，基坑安全成为建筑施工安全的最大隐患。桩锚支护体系因其支护效果好，对土方开挖、主体施工影响小等而广泛应用。在粉质黏土含水量较大的地质中，通常会发生塌孔和缩径，造成质量安全隐患，同时施工速度较慢，本文以解决工程中遇到的实际问题为出发点，通过研究和应用，提出潜孔钻机泥浆护壁成孔后插钢绞线锚杆施工技术，在公司多个项目中得到推广应用，取得良好的技术效益、经济效益、社会效益、环保效益。

1　支护锚杆施工技术现状

目前常规的支护锚杆施工方法有潜孔钻机干成孔技术，螺旋钻机套管跟进技术、潜孔钻机高压旋喷技术等。而潜孔钻机干成孔技术，干作业成孔速度快，履带式行走方式在施工现场移动方便，但不能用于带水湿法作业。螺旋钻机套管跟进技术使用性较强，可以用于不同环境，但是作业速度慢，效率较低，人工消耗大。潜孔钻机高压旋喷技术施工速度快，对土质要求较高，黏性土不宜喷开，沙质土旋喷体容易过大，质量不宜保证。

在粉质黏土含水量较大等地质条件比较差的情况下，粉质黏土其抗剪强度低、变形大，易发生塌孔和缩径，采用常规施工技术质量无法保证，且速度较慢。

2　面临问题分析与解决策略

在粉质黏土含水量较大等不利地质条件下，怎样满足支护锚杆施工质量，立足于保证锚杆锚固直径和强度出发，保证钻孔是不出现塌孔和缩径，同时又能确保施工效率。

从保证锚杆锚固直径和强度出发，保证钻孔时不出现塌孔和缩径，同时又能确保施工效率的前提条件下，提出水泥浆护壁后插钢绞线构想，利用潜孔钻机在钻进过程中，将泥浆泵通过钻杆向孔内注入稀水泥浆，并保持孔口外溢，形成泥浆护壁，能够有效防止粉质黏土地质中塌孔和缩径的发生。在钻孔深度满足要求后钻杆停止转动并缓慢向外拔出，静压固结孔壁，在拔出的同时向孔内注入稠水泥浆置换出泥浆和水泥浆的混合浆液，填满空洞，保证孔内压力平衡，确保锚固体直径和强度满足设计要求，后将制作好的钢绞线杆体插入孔内，进行二次注浆后完成锚杆的施工。

3　技术要点

3.1　锚杆制作

（1）制作锚杆时，钢绞线的下料长度必须满足锚杆束结构设计长度及张拉的需要，一般按孔深 +0.8m 下料。

（2）下料采用机械切割，严禁用电弧切割。将切割成设计需要长度的钢绞线，放在操作台上进行清污除锈处理后，量出自由段长度，套聚乙烯管。同时将自由段与锚固段分界处采用粘胶带缠封。

（3）锚杆杆体间距 1.5m 设定位支架（图 1），保证锚杆四周有足够的浆体保护。

（4）整束钢绞线必须顺直，不得交叉。为保证钢绞线具有一定刚度，绑扎间距不大于 0.5m，绑扎采用扎丝拧紧，绑扎丝头倒向尾部。

3.2　钻进成孔

（1）钻机刚开始钻进时，前 3m 要轻压慢转，下钻速度要慢。在钻进过程中有钻杆不断向孔口注入水泥浆，保证孔壁不会坍塌。

（2）潜孔钻机在钻进过程中使用泥浆泵通过钻杆向孔内注入水灰比 1.2 ～ 1.6 的水泥浆，注浆压力 1.0 ～ 1.5MPa 形成泥浆护壁，孔口保持有泥浆外溢，在水泥浆的作用下能够有效防止粉质黏土地质中塌孔和缩径的发生，保证后续钢绞线锚杆能够顺利插入。

图 1　锚杆加工图

（3）钻进过程中每钻进 3 ～ 5m 检查一次钻杆的倾斜度，发现超标及时调整。如遇到卡钻、钻机摇晃、偏移，应停钻查明原因，采取纠正措施后方可继续钻进。

（4）钻进过程中不断从钻杆中注入水泥浆，在保护孔口的同时将钻渣携带出孔口。施工过程中由专人经常测定水泥浆的技术参数，及时调配泥浆稠度。

（5）在钻进过程中根据钻进及返浆带渣情况，明确记录地层的地质情况，若遇到特殊地层则及时采取措施，整个钻进过程中尽可能避免钻机振动、移位。

（6）通过测量钻杆的方式确定终孔深度，终孔深度不小于设计值。钻孔深度满足要求后钻杆停止转动并缓慢向外拔出，使孔壁水泥浆在静压作用下固结，在拔出的同时向孔内注入水灰比 0.5 ～ 0.6 的水泥浆置换出泥浆和稀水泥浆的混合浆液，注浆压力 2.0 ～ 2.5MPa，保持孔内压力平衡，保证锚固直径和强度满足设计要求。

3.3　锚杆安装

待锚杆长度，顺直度，定位支架，注浆管绑扎检验合格后，进行锚杆入孔，锚杆入孔时确保锚索编号与孔号相对应，并且严格按锚孔倾角推进，在锚索推进时要平顺，严禁抖动、扭动、窜动，以防锚索扭曲卡阻等现象发生。为防止泥浆固结，影响锚杆安装效果，锚杆安装应在钻杆拔出 20min 内安装完成。

3.4　孔口补浆及二次注浆

水泥浆初凝前，对孔口水泥浆液面下降的孔口进行补浆，水泥浆初凝后立刻进行二次注浆，利用注浆管向孔内注入水泥浆，注浆压力不小于 2MPa，注浆体强度不少于 30MPa，完成整个锚杆施工工艺。

3.5　张拉

锚固体强度达到设计强度 75% 以上时进行张力锁定，锁定值满足设计要求。锁定 48h 后应力损失超过 10%，应进行二次补张拉，完成整个锚杆施工工艺。

4　实施效果

4.1　质量效果

根据现场进行的锚杆抗拔试验检测结果，在粉质黏土地质中采用本施工技术的锚杆，抗拔力均能满足设计检测值，证明该方法可有效地解决粉质黏土地质中成孔时塌孔及缩径的问题，保证锚杆锚固体直径和强度的同时提高了施工速度，提高了施工质量，在实际施工的过程中取得良好的效果（图 2）。

图 2　锚杆抗拔试验

4.2　经济效果

相比套管跟进技术，成孔速度快，效率能提高 1 倍以上。某深基坑工程，采用桩锚支护结构，共计 1400 余根锚杆，平均长度 23.5m，由于本施工方法的应用，为某项目节约成本达 34 万，占总成本的 5%，同时节约工期 15d，达到了良好的效果。

4.3　安全效果

该技术在钻机成孔过程中，由于护壁水泥浆的润滑作用，对孔洞周边地基扰动较小，减小基坑沉降，有效地保证基坑安全性。

5　创新与突破

潜孔钻机泥浆护壁成孔后插钢绞线锚杆关键技术，面对粉质黏土含水量较大等不利地质条件，在充分利用潜孔钻机灵活方便，成孔速度快的基础上，创新提出水泥浆护壁后插钢绞线理念，通过研究应用总结，总结出水泥浆护壁成孔、孔壁静压固结、泥浆置换、二次注浆等综合应用技术，创新点主要包括：

5.1　水泥浆护壁成孔

在钻进过程中使用泥浆泵通过钻杆向孔内喷出水灰比 1.2～1.6 稀水泥浆，通过旋喷成孔并形成水泥浆护壁，孔口保持泥浆外溢，在水泥浆的作用下能够有效防止粉质黏土地质中塌孔和缩径的发生。

5.2　静压固结孔壁

在钻孔深度满足要求后钻杆停止转动并缓慢向外拔出，使孔壁在静压作用下固结，提高泥浆护壁效果。

5.3　泥浆置换

在拔出的同时向孔内注入水灰比 0.5～0.6 的水泥浆，注浆压力 2.0～2.5MPa，将稠水泥浆由内而外置换出泥浆和水泥浆的混合浆液，充满孔洞，保持孔内压力平衡，保证锚固体直径和强度。

5.4　二次注浆

成孔后立即将制作好的钢绞线杆体插入孔内，水泥浆初凝后二次注浆，保证锚固体与土体的摩擦力，提高锚杆抗拉拔力。

6　结语

本施工技术充分利用潜孔钻机成孔便利的优点，并将其与水泥浆护壁工艺相结合，使之能够适用于粉质黏土等地质较差的土层，本施工技术具有应用范围广、适应性强、施工速度快、成孔质量高、施工扰动小、文明施工好等优点，在实际施工过程中，能有效地保证锚杆施工质量，施工快捷，缩短了工期，各项功能均处于行业领先水平，给类似的工程项目施工提供了一定的参考价值。

参考文献

[1] 王长磊，林春洋，王屹鹏. 饱和型粉质黏土＋碎石地质条件下的高精度早强型锚索施工技术 [J]. 建筑施工，2018，40（10）：1701-1703.

[2] 刘宝发，吕雪峰，贾慧建. 抗拔锚杆水泥浆护壁施工新技术 [J]. 建筑，2011（19）：58-60.

[3] 路平. 土建基础施工中深基坑支护施工技术探析 [J]. 绿色环保建材，2019（05）：137.

浅谈建筑玻璃幕墙安全评估及
分层实时预警系统研究

郭志勇 董 林 文 丹 李 滔

中建五局装饰幕墙有限公司, 长沙市, 410004

摘　要：当前我国大量建筑幕墙已逐步进入"老龄化"阶段, 实行建筑幕墙安全评估及分层实时预警是保证"老龄"甚至"超龄"服役幕墙的继续使用, 幕墙实时监测及风险预警可作为幕墙评估的重要指标纳入物业运维管理事项。本文重点从玻璃幕墙服役过程中的风险项监测、实时评估预警两方面研究, 并对城市玻璃幕墙物业运维作探索。

关键词：建筑幕墙; 安全评估; 实时预警

建筑幕墙作为现代建筑大量采用的设计形式, 其"易于替换的建筑结构构件"的设计性质为后期幕墙的局部维护修整, 区域性翻新提供便利。然而, 因为设计性质, 其设计年限普遍为 25 年, 低于建筑设计一般年限 50 年。结合我国幕墙的运维形势, 早期的建筑幕墙纷纷进入"老龄"甚至"超龄"服役状态。尽管建筑设计和建筑幕墙设计都是按照国家标准选取一定的安全系数以保证工程质量及质保年限, 且合理的运维能提高幕墙的使用寿命, 但仍然难以实现玻璃幕墙与建筑设计年限同步, 也难以界定超时限玻璃幕墙在当前环境下的安全性并加以处理。

目前我国已有使用 30 多年的幕墙, 由于维护得当, 并没有安全隐患问题, 所以仍在继续服役。然而也有幕墙出质保期后在构配件、结构胶等方面出现问题未及时进行隐患排查和风险预警, "带病"服役导致出现安全隐患, 酿成严重后果。根据中国消防安全年报公布的数据表明, 从 2006 年至 2018 年的这 12 年里, 全国发生的幕墙安全事故高达 2.9 万多起, 经济损失高达 1.3 亿元, 这给社会经济的发展和民众的安危带来了巨大的影响。根据全国人大颁布的相关法律规定, 建筑安全是重大的民生工程, 建设部 2006 年颁布《既有幕墙安全维护管理办法》伊始, 各地方政府相继出台有关管理办法, 促使既有幕墙的维护行为落到实处。

本文从建筑幕墙常规风险分析、现阶段幕墙运维执行与相关单位管控方面对建筑幕墙运维阶段安全评估进行分析, 并据此对一种运维预警系统进行可行性方案探析。

1　建筑玻璃幕墙运维阶段的风险分析

建筑幕墙运维风险主要分为：结构性风险分析、功能性风险分析、装饰性风险分析三个大类别。

结构性风险主要表现在幕墙支撑体系与建筑主体结构的锚固强度, 幕墙本身龙骨的力学性能, 幕墙面板部分的有效固定三个方面。随着幕墙使用时间增长, 建筑墙体可能出现的局部老化、幕墙构件的热胀冷缩导致幕墙锚固件个别松动脱落; 雨水酸蚀导致部分构件防锈失效引起的结构隐患; 正负风压的周期性影响、气候影响导致的紧固件松动等问题突出。

玻璃幕墙所采用的面板材料普遍为钢化中空玻璃，在建筑行业定性为安全玻璃，但即便如此，在安全玻璃规范中仍然是有自爆率的要求。玻璃自爆一般出现在幕墙施工完成后的一年时间内，由于结构体系的耦合，此时结构体系的形变量是最大的，而此时钢化玻璃均质程度较差的玻璃受形变影响就很容易自爆开裂。还有一个时间段就是幕墙运维 10 年以上的，受结构胶质保期影响，极少量胶的粘结性能及伸展性能不能满足玻璃热胀冷缩的形变，就会有玻璃自爆的风险。

功能性风险主要表现在幕墙气密性、水密性、抗风压形变等。建筑幕墙作为建筑外围护使用，其面板材料及密封用胶都是有耐候要求的，影响建筑幕墙气密性及水密性最大的因素是外幕密封胶的耐候性。

根据《玻璃幕墙工程技术规范》（JGJ 102—2003）要求，幕墙胶使用应满足幕墙设计年限要求。据统计，当前国内白云、枝江等一线玻璃胶品牌商提供的常规幕墙胶产品质保期在 10 年左右。受气候影响，过质保期的密封胶胶伸展性能不能满足幕墙体系自身的应力释放产生的形变，会出现开裂现象，影响整个体系的气密性水密性能。虽然目前国内一线品牌胶在实际实践中取得不错的表现，但是专家还是对服役 20 年以上幕墙胶的粘合情况提出了担忧。

装饰性风险主要表现在外漏型材腐蚀、玻璃遮阳膜老化、钢材锈蚀水渍污染、棱角积灰污染等方面。主要是由于幕墙服役时长的的增加，受复杂气候、环境、材质本身质量的影响，幕墙本身在视觉效果上呈现的减分项。

由此我们梳理规划风险表现。参考《建筑幕墙》（GB/T 21086—2007）制定了既有幕墙风险评定标准，用于项目中不同部位风险类型的识别（表 1）。

表 1 既有幕墙固有风险评定暂定标准

序号	风险类别	风险项描述	风险项分级 A 严重　B 一般　C 轻微		
1	结构性	受力构件有松动、移位（>5mm）裂纹等现象	□ A	□ B	□ C
		受力构件外漏连接部位有损坏、锈蚀严重	□ A	□ B	□ C
		受力锚固件有松动、拉出失效等现象	□ A	□ B	□ C
2	功能性	装饰面板有破损或损坏（大于 10cm²）	□ A	□ B	□ C
		面板有松脱、剥离等现象	□ A	□ B	□ C
		五金件有损坏、脱落现象	□ A	□ B	□ C
		五金件附带紧固件有局部脱落、锈蚀现象	□ A	□ B	□ C
		耐候密封胶开胶、起泡、开裂现象（≥ 2cm）	□ A	□ B	□ C
		幕墙雨天出现渗水现象	□ A	□ B	□ C
3	装饰性	铝合金型材出现腐蚀掉色	□ A	□ B	□ C
		镀膜玻璃镀膜层失效，产生水波纹	□ A	□ B	□ C
		龙骨锈蚀产生污渍污染面板	□ A	□ B	□ C

2 现阶段建筑幕墙维护执行与相关单位管控之间的壁障

传统幕墙风险数据采集依赖于持有方物业的自我发现排除及建筑幕墙的三年一次专项检

查。然而实际过程中受经费等制约因素的影响，幕墙专项检查往往借助幕墙清洗时做表面的观测检查。虽然针对幕墙检查国家颁布了《既有幕墙安全维护管理办法》专项要求，但是部分城市对该管理办法的执行力缺乏，导致众多业主对幕墙定期安全维护疏于执行，而物业单位执行起来又缺乏行业的专业性，在信息传递隐患表达上执行力度及准确度普遍不高。而由此产生的安全性评估，也有"头疼医头、脚疼医脚"的意味，未有统一的维护规划或强制翻新的标准。在规范管理及执行之间存在行业壁垒。

3　当前环境下对新型运维方式的探索及预警系统的研究

建设部 2006 年颁布《既有幕墙安全维护管理办法》伊始，全国各地相继出台关于幕墙安全维护的相关政策，如 2013 年福建省出台《既有建筑幕墙安全维护管理实施细则》，对既有幕墙强制执行安全监测。2019 年深圳市住房和建设局公开征集《深圳市既有建筑幕墙安全维护和管理办法（意见稿）》，并制定了运维监测样表等，将幕墙安全维护责任制进一步落实下来。如何落实既有建筑幕墙的安全维护是本文的重点。

接下来我们分析当前遇到的运维问题及解决办法（图 1）。

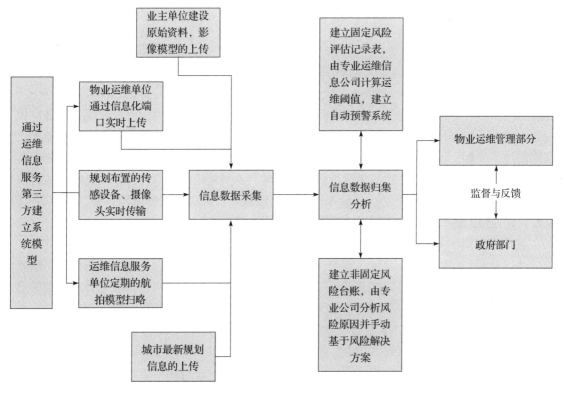

图 1　建筑幕墙运维评估及预警思路

3.1　数据采集阶段

建筑的生命周期不同阶段，施工阶段和维护阶段往往不是同专业人员在建设和维护，最熟悉该项目的设计、施工人员不会主动参与到建筑维护中来。当下阶段，智慧建造广泛运用于各个项目，BIM 技术助力设计、施工阶段，为建筑方案设计、成本归集、专业交互、施工模拟、隐患排查等起到重要作用。而目前要探讨的幕墙安全评估事项，完全可以作为 BIM

的拓展运用。业主在早期的施工建造中，做精细化的 BIM 建模，在资料归档移交时，将 BIM 资料作延伸规整，为运维阶段定制系统化模型。在幕墙安全评估过程的信息提取时，物业部门通过定制化系统 APP 延伸端口，通过手机、电脑等第三方平台，进行 BIM 模型漫游，准确描述风险源，并添加语音、图片作为辅助信息事项上传到云平台，进行精确数据采集，并留存云端上传记录。对于城区既有幕墙，物业运维部门可由专业公司专项定制 3DS 扫描精细化模型对建筑实体放样，方便物业运维部门的隐患排查风险描述，此种采用虚实结合的手法打破了专业性壁障。

另外，依托于 5G 助力物联网的快速普及，建筑玻璃幕墙结构性监测方法可依托于传感器设置，在玻璃幕墙结构上设置温度传感器、压力传感器、应力传感器、位移传感器；参数测量，测量室内各温差 ΔW，玻璃表面压力 P，得到玻璃承载力 $P_承$，测量龙骨应力值 P、相对变形值 D_X；玻璃幕墙结构分区；设置预警值，其中设置预警系数值分别为 A、B、C、D；分区预警针对不同分区设置相同或不同的预警系数值，并在监视器上显示该分区预警颜色（图 2）。

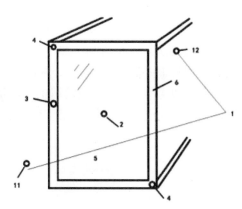

图 2　玻璃幕墙结构安全性监测方法示意

3.2　数据汇总及实时预警

通过客观和全面、自动实时对幕墙结构的安全性进行监测预警，从定制化运维端口反馈数据可按幕墙风险评估项进行入口分类，在运维部门能清晰甄别风险事故，风险等级情况下可做直接信息化录入，如：A9013 室编号 ×× 窗户锁扣松动，B8123 室 ×× 玻璃自爆等。对于无法准确描述事项如：×× 位置幕墙大风天局部异响等情况，做特殊信息化情况录入。对于准确录入的实况信息，可由承接幕墙运维信息服务的专业公司组织专家进行幕墙风险评估建模及计算，进行维护阈值的确定。当录入信息超过阈值时系统自动提出风险预警。如 ×× 大厦已有超过阈值窗户出现渗水情况，请统一安排维护等。

3.3　建筑幕墙运维平台信息交互

通过幕墙实况信息录入及风险预警，物业运维单位可以得到最新的实况幕墙信息，信息通过由质检监督部门统一筹划的云平台进行大数据统一。监管部门可通过云平台对运维信息服务单位的企业资质、专家组情况、运维决策实力进行评估，开放给楼宇物业部门。物业部门可以根据需求定制幕墙运维信息服务需求，定制三方 APP 运维端口。运维信息服务企业可利用集中力量量化式开展评估作业。风险预警信息可由政府部门主导并入城市建筑 GIS 系统，对于强制检测的楼宇幕墙相关部门可通过运维平台端口进行规划监督查办。

4　结语

建筑幕墙是建筑装饰装修的一个子分部，以其种种优点，越来越多地被应用到现代化楼宇外墙上，但是既有幕墙运维阶段的安全隐患问题一直是悬在楼宇上的利剑。过去由于监管不到位、运维的专业度不够，造成了不好的影响。现在随着各地方既有幕墙安全维护管理办法的政策落地，建筑幕墙后期运维的重视程度会愈发提高。本文首先对建筑幕墙运维阶段的常见风险进行归纳分析，其次，对既有幕墙运维安全评估及实时预警系统进行研究，对运维信息交互作了初步的预想。随着云平台、BIM 技术、5G 信息交互技术、城市 GIS 系统更多的运用于城市建造，建筑幕墙运维期间的监测预警及执行监督将日趋完善。

参考文献

[1] 金鸣宏. 论幕墙的使用年限 [J]. 现代物业（上旬刊），2013，12（12）：66-67.

[2] 牛萍萍. 关于建筑安全管理存在的问题分析及对策探讨 [J]. 福建质量管理. 2016（04）.

[3] 王作虎，裴杰，李建辉. 中美既有建筑幕墙安全性检测内容和方法比较 [J]. 施工技术. 2014（22）.

[4] 马启元. 我国既有建筑玻璃幕墙结构粘接可靠性分析 [J]. 粘接. 2016（03）[6].

[5] 周平，汪洋，利贵良，蒋金博，张冠琦. 服役 20 年幕墙粘结及密封材料状况调查研究 [J]. 合成材料老化与应用，2017，46（S1）：59-63.

[6] 谭明权. 既有建筑幕墙安全风险评价研究 [D]. 武汉科技大学，2019.

[7] 各地既有幕墙管理办法 [J]. 中国建筑金属结构，2020（02）：34-35..

[8] 常乐，玻璃幕墙结构安全性监测方法，专利号：201910114672.8 [P].

浅谈剧院类项目异形GRG
木纹造型吊顶的探讨与实践

谢　超　陈　晨　谢　亮　何　伟　张　斌　秦家明　曾　杰

中建五局装饰幕墙有限公司，长沙市，410004

摘　要：自人们最初聚集在一起听人讲故事时，剧院就出现了。只要有故事分享，朋友和家人就会担任观众和演员的职责，并不断变换着角色。现代的剧院也许更加正式，由受过专业训练的演员展现故事，成熟的观众提供反馈，但现场演员和观众之间分享现场氛围的主旨却始终如一，最大的区别则在于发生这些活动的场所是剧院。剧院并不只简单地实现演出的视觉和听觉效果。一个成功的现代演出剧院能够为演员和观众以及观众与观众之间的交流提供良好的氛围和平台。社会的不断发展带来了越来越多的剧院，它们造型、场景各不相同，造型优美、典雅的顶面给人带来的感觉是赏心悦目，造型炫酷的顶面能给人带来的是科技感。将GRG融入剧院墙顶面，使得剧院更加美观，本文旨在给其他项目以借鉴。

关键词：故事；现代剧院；剧院场景；GRG

GRG木纹造型是比较新颖的一种建筑艺术形式，本项目的GRG木纹造型是集建筑技术、功能和艺术于一体的剧院墙体饰面结构，即能作为一种防火吸声材质，又能展现剧院功能的美观，备受业主的喜爱。剧院对声音的吸纳及传播要求很高，GRG密度低，强度高同样满足防火吸声要求，因此GRG便成为剧院的新宠，且本项目中顶面采用GRG方板。

随着人民生活水平的提高，剧院类项目的普及，加速了GRG造型的快速发展，增加了设计的需求，各种GRG造型新颖多变，虚实对比强烈，环境色彩鲜艳明快，给人们以喜闻乐见的建筑艺术形象，使剧院增加了无穷的魅力。且GRG造型灵活，使用方便，可以在厂家批量生产，是一种新型的节能环保材料。

在剧院类的内装饰中，造型多变已经极为普遍，也使用最广泛。使用GRG能有效节约工期，减少现场管理压力，所以GRG也越来越多地使用在室内造型装修上。

本文以肥东县大剧院文化馆建设工程项目为例，从工程概况、施工的工艺流程及操作要点、质量验收等方面对剧院类项目顶面异形GRG木纹造型吊顶的应用进行探析。

1　工程概况

本工程为肥东县大剧院文化馆建设工程项目，位于肥东县东部新城，瑶岗路与撮东路交叉口西南角。包括大剧院文化馆，地上四层，地下一层。结构形式为框架结构，基础形式为预应力管桩、钻孔灌注桩基础筏板基础。总面积47543.35m²，其中：地下室面积17173.85m²，地上部分面积30369.5m²；规划用地面积39381m²。建筑层数和高度：本项目地上4层，建筑高度23.7m；地下1层，建筑埋深6.0m，局部（台仓）地下3层，埋深14.0m。建筑功能：地上建筑空间主要功能有歌剧院、多功能厅和文化馆相关功能房间，其中歌剧院1117座，多功能厅650座；另有后台区更衣、化妆、候场、休息、排练厅、会议室、办公室等服务用房，地下建筑空间主要有地下车库、设备用房、台仓、乐队休息等。

2　施工的工艺流程及操作要点

2.1　工艺流程

施工准备→基层修补、打磨→封底漆→选木皮→裁木皮→涂胶→热压→修边→喷面漆→竣工验收。

2.2　操作要点

GRG 安装工艺成熟，根据 GRG 的厚度及质量决定分别采用 50mm 镀锌角钢和镀锌吊杆，每块 GRG 板预埋 6 个预埋体吊点，每块 GRG 板单独定位安装，GRG 的干燥时间一般为 20d 左右，未完全干燥的 GRG 板在运输、堆放、安装过程中会产生变形，轻微变形可以在接缝的地方用 GRG 粉填平，大的变形只能用 GRG 粉找平，找平 GRG 粉的干燥时间根据现场温度及通风情况。一般需要 5d 左右的时间，干燥后打磨、平整顺畅后即可贴皮。

木皮施工前，GRG 基层干燥，含水率控制在 0.2% 面密度，GRG 胶和 GRG 找平粉必须干燥率在 97% 以上，对现场施工环境的温度及通风要求较高，湿度在 15°～20°，通风良好，所以基层 GRG 的平整度和干燥度对于木皮的观感质量起到了关键作用。

2.3　施工过程

2.3.1　基层处理

（1）基层处理目的

基层处理是贴木皮的基础，是涂料施工中极为重要的一个环节，基层处理的好坏直接影响到涂层的附着力、装饰性和使用寿命，应对它予以足够的重视，否则达不到预期的涂饰效果，影响工程质量。

（2）基面处理的技术要求

① 必须使 GRG 墙面彻底干燥，以确保涂层的最佳效果。

② 清理涂刷表面，去除任何松脱或碎裂的附着物，填平接缝，清理突出部位。

③ 用 GRG 粉修补较大的裂缝和凹陷，第一遍是主要是填补墙面的凹陷、气孔、砂孔和其他缺陷，即局部找平，第二遍是整体找平为主，最终达到平整度的要求。待基层干透后，应先用 400 号砂纸打磨一次后（图 1），再用打磨机及 400 号砂纸打磨第二遍（图 2），消除打磨痕迹。

图 1　GRG 打磨

图 2　GRG 打磨

（3）底漆涂刷

底漆采用丙烯酸底漆，使用时不得稀释，搅拌均匀后，用辊筒在被涂墙面上用力平稳地来回滚动（图 3），不宜涂刷面积过大。底漆干透后可进行下一道工序（根据天气情况，如

25℃、天气晴朗约 6h 以后），用细砂纸进行轻轻打磨，清除细微颗粒灰尘后再进行木皮施工。

2.3.2　木皮粘贴

（1）施工程序

画线→裁木皮→刷胶→上墙→对缝→赶大面→整理缝隙。

（2）操作要点

①施工前木皮浸水是为了让木皮潮湿，这样在熨烫的时候木皮不易煳，在贴曲面造型的时候木皮造型不会裂开。

②木皮、GRG 基层双面涂胶，用短毛辊筒双面涂胶（图 4），在保证涂胶均匀的情况下，80 ~ 100g/m² 胶量较理想，放置约 5min（根据温度、湿度来定），用手触摸感觉微粘手时，用木质工具手工加压，压得越实，其效果越好。

图 3　刷底漆丙烯酸

图 4　GRG 滚涂胶

图 5　弧面情况时 GRG 滚涂胶

③采用热压形式贴有弧度的地方是没有问题的，先在木皮和在被贴 GRG 的板面上涂上胶（图 5），抹平待 1 ~ 3min 左右在胶水半干的状态下贴合，把烫斗加热到 170° 加盖将木皮烫平（停 3 ~ 5s），在热压时还要控制温度和加热的时间，温度控制在 170° 左右（图 6），加热的时间是 2 ~ 3min，而且胶水不能干得太快，胶水干得太快把木皮放上去加热时就会使贴好的板材起泡，当然不是大面积的起泡，而是局部的。用电熨斗（温度约 150 ~ 170℃）加热 3 ~ 5s，板材边缘加热时间稍长，约 5 ~ 10s。木皮胶粘贴完 2h 后，检查如发现有气泡或没粘牢，用电熨斗再烫牢（图 7），24h 后上油漆。

图 6　GRG 贴木皮

图 7　GRG 贴木皮熨烫

2.3.3　木皮局部修补

（1）木皮"张嘴"：由于涂胶不均匀或胶液过早干燥，可在加胶后重新粘贴压实（图8）。

（2）有气泡：可用裁纸刀在气泡处切开，挤出气体或多余的胶粘剂，再行压平压实。有气泡而下面无胶，可采用注射器打进一些稀胶压实抹平。

（3）接缝处露白楂：在接缝处如因干缩露白楂的，可用油漆找色（图9）。

（4）木皮出现皱褶：可在胶粘剂未干前，掀起重新粘贴。

（5）碰撞损坏木皮：可对纹、对色挖空填补，木纹、缝隙应密合。

图8　GRG贴木皮修补（"张嘴"）　　　　　　图9　GRG贴木皮修补（油漆找色）

2.3.4　木皮面层喷漆

木皮面层喷漆前必须将基层表面清扫干净，擦净浮灰。从左到右，先上后下，阴角处不得有残余涂料，阳角处不得裹棱。喷枪采用1号喷枪，喷枪压力调节0.3～0.5N/mm² 喷嘴与饰面成90°角，距离为40～50cm为宜，喷涂时应喷点均匀，移动距离，全部适中（图10）。

喷涂时一般从不显眼的一头开始，逐渐向另一头循序移动，至不显眼处收枪为止，不得出现接槎，结束后，整个表面光洁一致、圆滑细腻，无流坠泛色现象。

3　质量验收

3.1　质量验收的标准

（1）GRG表面进行的喷涂处理，首先进行批嵌即底漆处理，然后再喷面漆。要求成品GRG表面光滑，无气泡及凹陷，色泽一致，无色差。

图10　GRG木皮层喷漆

（2）主钢架安装牢固，尺寸位置均应符合要求，焊接符合设计及施工验收规范。

（3）GRG吊顶表面平整、无凹陷、翘边、蜂窝麻面现象，GRG板接缝平整光滑。

（4）GRG背衬加强肋吊顶系统连接安装正确，螺栓连接应设有防退棘牙式弹簧垫圈，焊接符合设计及施工验收规范。

（5）允许偏差项目

GRG板表面平整（用2m靠尺检查）	3mm
GRG板接缝高低（用塞尺检查）	3mm

（6）隐蔽工程（钢结构）验收

当每道工序完成后班组检验员必须进行自检、互检，填写"自检、互检记录表"，专业质检员在班组自检、互检合格的基础上，再进行核检，检验合格填写有关质量评定记录、隐蔽工程验收记录，并及时填写《分部分项工程报验单》报请复检，复检合格后签发《分部分项工程质量认可书》。工程自检应分段、分层、分项，逐一全面进行。

3.2　GRG 板质量验收的标准

（1）吊顶及墙面装饰板几何尺寸和形状位置要求，应符合表 1 的规定。

表 1　几何尺寸及形状位置要求（mm）

序号	项目名称	标准规格板公差	非标准规格板公差
1	全长误差	$-4 \sim 0$	$\pm (L/1000+2)$
2	全宽误差	$-4 \sim 0$	$\pm (L/1000+2)$
3	端面外角对角线误差	$\leqslant 1.5L/1000$	$L=2000$
4	外框厚度误差	± 2	外边缘边框 ± 4，其余 ± 2
5	端面外沿直线度	$\leqslant 4$	$\leqslant (L/1000+2)$
6	端面平面度	$\leqslant 4$	$\leqslant (L/2000+2)$
7	边缘板的端面边缘线轮廓度	——	$\leqslant 20$

（2）吊顶及墙面装饰板外观质量要求应符合表 2 要求。

表 2　外观质量要求（mm）

序号	项目		允许偏差		检验方法
			一等品	合格品	
1	缺棱掉角	长度	$\leqslant 20mm$	$\leqslant 30mm$	观察和尺量检查
		宽度	$\leqslant 20mm$	$\leqslant 30mm$	观察和尺量检查
		数量	不多于 2 处	不多于 3 处	观察检查
2	裂纹	长度		$\leqslant 30mm$	观察和尺量检查
		宽度	不允许	$\leqslant 0.2mm$	观察和尺量检查
		数量		不多于 2 处	观察检查
3	蜂窝麻面	占总面积	$\leqslant 1.0\%$	$\leqslant 2.0\%$	观察、手摸和尺量检查
		单处面积	$\leqslant 0.5\%$	$\leqslant 1.0\%$	观察、手摸和尺量检查
		数量	不多于 1 处	不多于 2 处	观察检查
4	飞边毛刺	厚度	$\leqslant 1.0mm$	$\leqslant 2.0mm$	观察、手摸和尺量检查

（3）GRG 构件主要物理力学性能见表 3。

表 3　物理力学性能

检验项目	单位	依据标准	标准要求
体积密度	g/cm^3	GB/T15231.1-1994	$\geqslant 1.4$
抗压强度	MPa	HJ/T101.2-2006	$\geqslant 10$
抗弯强度	MPa	GB/T15231.1-1994	$\geqslant 15$

检验项目	单位	依据标准	标准要求
抗拉强度	MPa	HJ/T101.4-2006	≥ 5
抗冲击强度	kJ/m²	HJ/T101.5-2006	≥ 15
吸水率	%	GB97777-88	≥ 30
巴氏硬度		GB/T3854-1983	（0～100 度）±1 度
断裂荷载（平均值）	N	JC/T799-1988（19996）	≥ 118
断裂荷载（最小值）	N	JC/T799-1988（19996）	≥ 106
软化系数		JC/T698 GB/T15231.3	≥ 0.85
吊挂件与 GRG 构件的粘附力	N	V=5mm/min	≥ 800

（4）吊顶及墙面装饰板声学性能要求。

观众厅墙表面和天花 GRG 材料的厚度直接受到直达声辐射的部位不小于 40mm，非直接受到直达声辐射的部位不小于 25mm；面密度不得低于 35kg/m²；为了确保达到设计目标，在安装表面材料时总体的尺寸和形态必须保证 ±20mm 的精度；两个支撑节点间距离不超过 600mm；同时吸声设计指标要满足以下要求：

频率（Hz）	125	250	500	1000	2000	4000
吸声系数（无量纲）	0.08	0.06	0.05	0.05	0.04	0.04

4　结语

GRG 材料作为一种更新换代建筑装饰材料，具有以下优势和特点：

（1）不变形：由于 GRG 主材石膏对玻璃纤维无任何腐蚀作用，加之干湿吸收率小于 0.04%，因此能确保产品性能稳定、经久耐用、不龟裂、不变形、使用寿命长。

（2）质量轻：GRG 产品平面部分的标准厚度 3～8mm（特殊要求可以加厚），每 1m² 质量仅 7～16kg，能减轻主体建筑重量及构建负载。

（3）强度高：GRG 产品断裂荷载大于 1000～1200N，超过国际 JC/T 799—2016 装饰石膏板断裂荷载 118N 的 10 倍。

（4）会呼吸：GRG 石膏板是一种有大量微孔结构的板材，在自然环境中，多孔体可以吸收或释放出水分。当室内温度高、湿度小的时候，板材逐渐释放出微孔中的水分：当室内温度低、湿度大的时候，它就会吸收空气中的水分。这种释放和呼吸就形成了所谓的呼吸作用。这种吸湿释湿的循环变化起到调节室内相对湿度的作用，给工作和居住环境创造了一个舒适的小气候。

（5）防火：GRG 材料属于 A 级防火材料，当火灾发生时，它除了能阻燃外，本身还可以释放相当于自身质量 15%～20% 的水分，可大幅度降低着火面的温度，降低火灾损失。

（6）环保：GRG 无任何气味，放射性核素限量符合 A 类装饰材料的标准。

（7）声学效果好：经过良好的造型设计，可构成良好的吸声结构，达到隔声、吸声的作用。

（8）施工便捷：GRG 可根据设计师的设计，任意造型，可大块生产，模组化，分割。

现场加工性能好，安装迅速、灵活，可进行大面积无缝密拼，形成完整造型。特别是对洞口、弧形、转角等细微之处，可确保无任何误差。材质表面光洁、细腻。白度达到 90% 以上，并且可以和各种涂料及面饰材料良好地粘结，形成极佳的装饰细腻效果。

参考文献

［1］ 建筑装饰工程施工及验收规范：GB 50210—2018［S］. 北京：中华人民共和国住房和城乡建设部，2018.

［2］ 国家建筑材料放射性核素限量：GB 6566—2010［S］. 北京：中华人民共和国国家环境保护总局，2010.

［3］ 剧场、电影院和多用途厅堂建筑声学设计规范：GB/T 50356—2005［S］. 北京：中华人民共和国国家建设部，2005.

［4］ 环境标志产品技术要求化学石膏制品标准：HJ/T 211—2005［S］. 北京：中华人民共和国国家环境保护总局，2005.

浅谈一种环形梁与劲性柱节点
蝴蝶卡扣模板加固施工方法

李治龙　　熊学军　　谢　磊

中国建筑第五工程局有限公司，长沙，410004

摘　要： 建筑工程随着建筑美学的设计、视觉冲击，越来越多的异形建筑产生，因而环形结构被越来越广范应用，但环形梁与劲性柱节点核心区模板加固始终是个施工难题。本文介绍了一种环形梁与劲性柱节点蝴蝶卡扣模板加固施工方法，重点阐述了环形梁与劲性柱节点核心区模板加固施工要点，对于解决施工难题，保证建筑美学设计，实现工期、造价、安全及绿色施工保障具有指导意义。

关键词： 环形梁；劲性柱；蝴蝶卡扣

1　引言

建筑工程随着建筑美学的设计、视觉冲击，越来越多的异形建筑产生。中安创谷科技园一期一标段工程项目，总建筑面积约 25.5 万 m^2，其中 A5 号楼为圆形结构，存在大量弧形梁及劲性圆柱，且作为路演中心，楼的中庭为高大支模区域，架空高度可达 11m，有 32 根被环形梁贯穿的钢骨劲性柱，是合肥市高新区重点项目。施工过程中，传统外支架连接木方固定加固模板，施工功效低、成型质量较差，影响建筑美学设计实现效果，已不能满足现代房屋建筑业日益发展对工期、造价、安全及绿色施工的需求，也满足不了现代房屋建筑业日益发展的迫切需求。

环形梁与钢骨劲性柱节点[1]处加固施工技术，即利用蝴蝶卡扣完成交接处复杂界面的定位加固，在不影响梁模板完整性的前提下，只通过简单的卡扣及对拉螺杆，实现了梁柱交接处模板的封闭，解决了传统施工柱头模板加固难度大、效率低、安全系数低、混凝土成形质量差的难题。

2　环形梁与劲性柱节点蝴蝶卡扣模板加固施工方法介绍

2.1　环形梁与劲性柱节点蝴蝶卡扣模板加固施工方法原理

采用对拉螺杆蝴蝶卡扣技术，即将传统贯穿式对拉螺杆加固方法创新为单元式蝴蝶卡扣拉杆，解决了劲性柱无法对穿加固的技术难题。此外，圆柱在传统施工的加固方法是依靠带状钢箍紧固，梁柱节点处带状钢箍无法穿越梁侧模，导致柱头范围缺少加固，且公建项目梁截面尺寸一般较大，利用单元式蝴蝶卡扣将模板与柱主筋通过技术手段相连[2]，有效抵御浇筑过程中混凝土向外扩张应力，有效解决节点处模板无约束难题，保证良好的浇筑过程及成形质量，减少返工修补造成的工期及经济损失（图 1）。

2.2　环形梁与劲性柱节点蝴蝶卡扣模板加固施工方法创新点

（1）通过对环形梁与劲性柱节点模板加固施工的研究，总结形成了环形梁与劲性柱节点蝴蝶卡扣模板加固体系施工工艺。在梁柱节点处采用单元式对拉蝴蝶卡扣，卡扣与柱主筋通过有效地技术手段连接，与外部木方钢管共同形成一个稳定的加固体系，确保环形梁与劲性柱节点模板加固可靠。

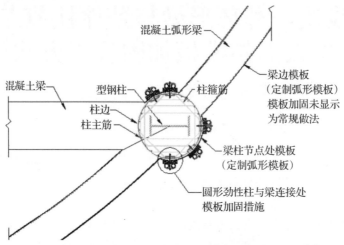

图 1　环形梁与劲性柱节点蝴蝶卡扣模板加固施工方法示意图

（2）利用蝴蝶卡扣作为节点处型钢柱模板的加固措施，使得环形梁加固与型钢柱加固能同步进行，互不影响，避免了对拉螺杆无法穿越钢骨柱，带状钢箍无法穿越梁模板的施工难点；且用于加固的蝴蝶卡扣可重复利用，保证质量的同时节约材料。

（3）采用 BIM 技术和 tekla 软件，建立环形梁与劲性柱节点蝴蝶卡扣模板加固体系模型，导出构件尺寸明细清单，实现精准数控加工、模拟安装等，减少了操作难度，节约了工期。同时结合 3D 虚拟技术[3]，开发虚拟样板，三维体验，可视化交底，保证技术交底到位（图 2）。

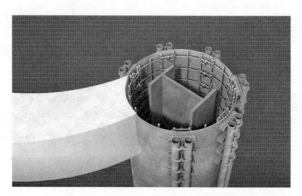

图 2　环形梁与劲性柱节点蝴蝶卡扣模板加固施工方法三维图

3　环形梁与劲性柱节点蝴蝶卡扣模板加固施工方法

3.1　体系设计

型钢柱及弧形梁施工高度较高，且公建项目梁截面尺寸普遍较大，对柱子封模加固有较大影响，考虑到工人操作便捷、材料便于加工、施工方便运输以及成本投入条件，项目最终确定选用可周转的对拉蝴蝶卡扣作为环形梁与型钢柱加固的材料工具。

3.1.1　对拉蝴蝶卡扣设计

对拉蝴蝶卡扣作为新型加固措施，用于抵御浇筑混凝土时的扩张内力，对卡扣尺寸有较高的要求。设计如图 3 所示，具体如下：

（1）蝴蝶卡扣采用 Q235 型钢，沿柱高每隔 300mm 设置一组。

（2）梁柱节点位置，在两根柱主筋上绑扎第一水平筋和第二水平筋，水平筋型号为HRB400 直径 16，两端设置 135° 弯头与柱主筋相接，防止偏移，内蝴蝶卡扣绑扎在两排水平固定筋上。

（3）将 40mm × 90mm 木方内侧加工为弧面，弧度同柱，用于柱外次楞，弧面木方增大与弧形模板之间受力接触面，防止模板变形，主楞采用 48mm×3.0mm 双钢管，与蝴蝶卡扣形成外侧加固体系。

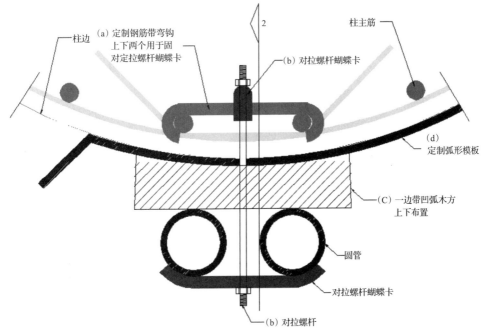

图 3　蝴蝶卡扣设计图

3.1.2　梁柱节点处模板加固设计

型钢柱模板的加固，在无梁处采用普通环形卡箍每隔 400mm 加固一道，接近楼层处存在大尺寸环形结构梁，梁柱节点处型钢柱模板采用对拉蝴蝶卡扣，竖直方向每隔 300mm 设置一组，圆周方向间隔一根柱主筋设置一组卡扣，如图 4 所示。

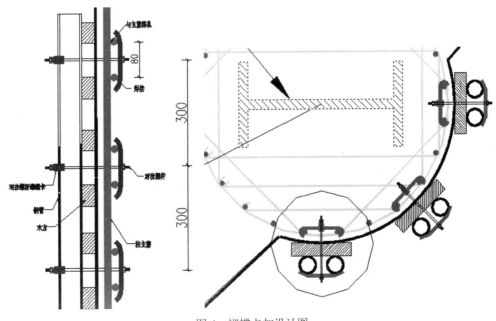

图 4　蝴蝶卡扣设计图

3.1.3　蝴蝶卡扣、水平固定筋及圆弧木方设计

水平固定筋选用型号为 HRB400 直径 16 的钢筋，两端设置 135° 弯头绑扎在柱主筋上，防止偏移，内蝴蝶卡扣与两排水平固定八字扣绑扎连接。木方内侧加工成与柱模板相同的弧面，如图 5～图 8 所示。

图 5　蝴蝶卡扣设计图

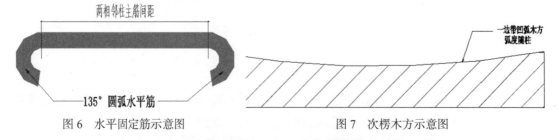

图 6　水平固定筋示意图　　　　　　　　图 7　次楞木方示意图

图 8　梁柱节点蝴蝶卡扣虚拟图

3.2　虚拟样板研发及可视化交底

应用 revit 及 Tekla 软件，建立劲性圆形柱与混凝土梁连接处模板加固施工 BIM 模型，在此基础上开发研制虚拟样板，实现工程样板的三维化展示。工人可以通过感应设备与模

型互动，观摩工序施工步骤，进行沉浸式体验学习。同时还可进行实际操作体验，打破传统样板只能看不能动手练习的弊端，通过虚拟样板对操作工人进行全面交底，做到直观及可视化[4]，提高工程质量，降低施工成本。

3.3　蝴蝶卡扣体系施工

环形梁与劲性柱节点蝴蝶卡扣施工工序如下（图 9）：

蝴蝶卡扣制作、模板加工→梁柱钢筋绑扎完成→水平固定筋定位、安装→内蝴蝶卡扣加固→模板安装→外蝴蝶卡扣加固→、环形梁、劲性柱模板其他部位加固→工序验收。

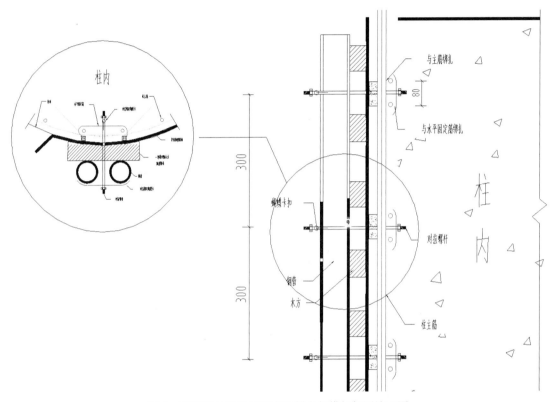

图 9　环形梁与劲性柱节点蝴蝶卡扣模板加固施工图

3.3.1　水平固定筋定位

在梁与圆柱连接节点处的两根柱主筋上水平平行绑扎第一水平筋和第二水平筋，两水平筋间距 80mm。

3.3.2　内蝴蝶卡扣加固

蝴蝶卡扣与两水平固定筋绑扎连接，保证对拉螺杆孔洞与模板孔洞对中。

3.3.3　外蝴蝶卡扣加固

将对拉螺杆从预留的模板孔洞穿过，通过螺栓与内外蝴蝶卡扣拧固，外侧蝴蝶卡扣内放置两根 48mm×3.0mm 钢管作为主楞与圆弧木方次楞共同组成柱外弧形模板加固体系，钢管延伸至柱底，防止环形梁与劲性柱交接部位发生轴线偏移（图 10）。

不同单元式蝴蝶卡间距应满足以下要求：竖直方向，每 300mm 高度设置一组，圆周方向，间隔一根柱主筋设置一组（图 11）。

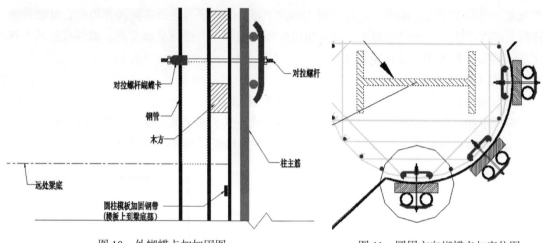

图 10　外蝴蝶卡扣加固图　　　　　　　　图 11　圆周方向蝴蝶卡扣定位图

3.3.4　劲性柱加固

对于无梁的下柱部分，采用传统柱箍加固。楼层标高附近梁柱节点处，采用对拉蝴蝶卡扣、圆弧木方及柱外钢管固定模板。

4　环形梁与劲性柱节点蝴蝶卡扣模板加固施工意义

4.1　环形梁与劲性柱节点蝴蝶卡扣模板加固施工特点

（1）采用 BIM 技术和 tekla 软件，建立劲性圆形柱与环形梁连接处模板加固施工模型，优化设计，模拟安装等，减少了操作难度，节约工期。同时结合 3D 虚拟技术，开发虚拟样板，三维体验，可视化交底，保证技术交底到位。

（2）利用对拉螺杆蝴蝶卡扣可以有效解决环形梁与劲性柱节点处模板带状钢箍无法穿梁闭合加固的难点。

（3）在柱封模时即可进行蝴蝶卡扣拉杆的加固，避免梁板模板封闭时加固不便，节约工序时间。

（4）利用蝴蝶卡扣可以有效解决型钢柱无法贯穿拉通问题，同时还能有效控制柱自身截面尺寸，防止浇筑过程出现胀模现象。

4.2　环形梁与劲性柱节点蝴蝶卡扣模板加固施工意义

（1）针对弧形梁与劲性柱节点处模板加固的施工特点，通过验算确定蝴蝶卡扣的尺寸型号间距等做法，创新环形梁与劲性柱核心模板加工方法，解决了节点处型钢柱加固不牢、施工功效低、成型质量差，影响建筑美学设计实现效果等难题。

（2）采用 revit 及 teka 软件，结合虚拟技术，开发虚拟样板，三维体验，可视化交底，保证技术交底到位。

（3）利用蝴蝶卡扣作为节点处型钢柱模板的加固措施，使得环形梁加固与型钢柱加固能同步进行，互不影响，避免了对拉螺杆无法穿越钢骨柱、带状钢箍无法穿越梁模板的施工难点。

（4）该施工技术质量可靠、施工方便、提高功效，解决了现代房屋建筑业日益发展对工期、造价、安全及绿色施工的需求，经济和社会效益显著。

5　结语

环形梁与劲性柱节点核心区模板加固随异形建筑普及越来越常见，它的施工质量和功效直接影响建筑安全、建筑美学设计实现效果，也将直接关系到工程施工过程的进度、质量、安全。

环形梁与劲性柱节点核心区模板加固没有对错之分，只有是否合理、适应，需要根据时代发展的新科技、建筑工程特点、施工具体需求，从技术方面和经济方面考虑以最优方法进行施工。根据现代房屋建筑业日益发展对工期、造价、安全及绿色施工的高需求，环形梁与劲性柱节点蝴蝶卡扣模板加固方法将会迅速普及。

参考文献

［1］李向东，邢国荣，安恺. 劲性钢筋混凝土梁柱节点施工技术［A］. 中国人寿研发中心 F-05 地块（数据中心）工程综合施工技术［R］，2012，43（11）.

［2］李书文，吴炳豪，黄后玉，唐玉婷，韦永梦. 劲性钢结构柱 – 梁柱节点梁纵筋锚固施工工法. CN105040830A［P］.

［3］陈文兵，梁超. 面向工业互联网的实时操作系统虚拟化技术研究［J］. 软件工程与应用，2019，8（05），238-244.

［4］孙健. 可视化数据挖掘技术研究［J］. 现代经济信息，2019，（30），316.

双 U 形可回收预应力旋喷锚索施工技术研究

张克露[1]　何　磊[2]　唐高杰[1]　杨　磊[1]　吴　帅[1]

1. 中国建筑第五工程局有限公司，郑州，450000
2. 郑州银行股份有限公司，郑州，450000

摘　要： 随着城市地下空间的充分开发利用，为避免城市深基坑支护中土钉墙及普通锚索对周围地下空间的影响，越来越多的项目采用可回收锚索技术。本文针对目前常用的 U 形可回收锚索进行改进优化，将 U 形可回收锚索改进为双 U 形可回收锚索，并结合高压旋喷一次成形技术，形成一种双 U 形可回收式锚索体系。并结合现场实际工程应用，探索双 U 形可回收预应力旋喷锚索体系的施工工艺及施工要点，确保可回收预应力旋喷锚索施工质量。

关键词： 可回收；预应力；高压旋喷；锚索

1　研究现状

目前国内外现有的可回收锚索种类较多，根据钢绞线与承载体脱开的方式分为：U 形可回收锚索（回转型）、机械式可回收锚索、力学式可回收锚索（强拉失效型）、热熔式可回收锚索四种。这些可回收式锚索具有一定的适用条件，且存在施工工艺繁杂、工人劳动强度大、回收所需的设备复杂笨重、回收率低等。

可回收预应力锚索的相关研究主要针对承载体的结构形式及钢绞线的设置，比如原冶金部建筑研究总院主持研制的 U 形回收式锚杆，是较为典型的一种可回收锚索形式；另外，结合锚索施工工艺，探索可回收旋喷锚索承载体类型，也是一种可回收锚索的发展趋势。

本文结合高压旋喷一次成形技术，将 U 形可回收锚索改进为双 U 形可回收锚索，创新可回收锚索体系，探索双 U 形可回收预应力旋喷锚索施工工艺及关键施工要点。

2　工程概况

2.1　基坑概况

本工程边坡支护及桩基工程基坑面积约 11000m²，基坑周边延长共约 410m。东北侧、西北侧基坑开挖深度为 12.50m，西南侧开挖深度为 14.50m，东南侧开挖深度为 19.50m，属超大深基坑，基坑支护锚索设计如图 1 所示。

2.2　周边环境

基坑周边构筑物多，且紧邻已建成众意路、综合管廊及龙游桥。结合建设资料并经现场踏勘发现，众意路连接至金融岛中环是双层路面，在锚索施工范围内存在众意路"U 形槽"挡墙；众意路面基础下是杂填土，含有较多建筑垃圾，锚索施工质量存在不良的施工隐患。上部支护设计做法为钢管土钉墙 + 预应力旋喷锚索，靠近中环侧和外环侧设计为可回收预应力旋喷锚索。

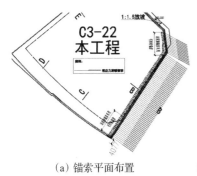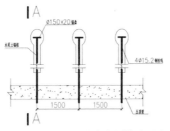

| （a）锚索平面布置 | （b）压顶圈梁与锚桩连接大样平面图 | （c）锚桩与压顶圈梁连接剖面图 |

图 1　基坑支护锚索设计

2.3　地层特征

根据地勘资料，本项目基坑支护区域地层特征及描述见表 1、表 2。

表 1　地层特征及描述

层数	地层特征
第 0 层	素填土（Q 4-3ml），黄褐色～灰褐色，稍湿，松散，以粉土为主，夹少量粉黏土，局部有少量碎砖渣，偶见植物根系，该层在场地局部出现
第 1 层	粉质黏土（Q 4-3al），黄褐色，硬塑～坚硬，无摇振反应，稍有光泽，干强度中等，韧性中等。局部土体含砂量较高，该层在场地局部缺失
第 2-1 层	细砂（Q 4-3al），黄褐色，稍湿，稍密～松散，颗粒级配一般，主要成分为石英、长石，含云母片
第 2 层	细砂（Q 4-3al），黄褐色，稍湿，稍密，颗粒级配一般，主要成分为石英、长石，含云母片
第 3 层	细砂（Q 4-1al+pl），黄褐色，稍湿，中密，颗粒级配一般，主要成分为石英、长石，含云母片
第 4 层	细砂（Q 4-1al+pl），黄褐色，湿，密实，颗粒级配一般，主要成分为石英、长石，含云母片

表 2　场地地层厚度埋深及层底标高统计表

层号	厚度			底层深度			底层标高			数据个数
	最小值（m）	最大值（m）	平均值（m）	最小值（m）	最大值（m）	平均值（m）	最小值（m）	最大值（m）	平局值（m）	
0	0.30	2.60	1.08	0.30	2.60	1.08	82.30	84.58	83.91	14
1	0.30	6.00	1.60	1.60	0.30	6.00	78.99	84.70	83.34	16
2-1	0.80	3.00	1.75	1.20	3.00	2.08	81.93	83.68	82.88	15
2	1.30	5.00	2.87	3.50	5.20	4.47	79.50	81.48	80.48	27
3	0.80	5.00	2.28	5.80	9.00	7.74	75.65	79.13	77.21	29
4	2.40	6.20	3.66	10.40	12.20	11.40	72.68	74.48	73.55	29

3　设计概况

3.1　众意路侧预应力锚索设计参数表

根据设计文件可知，本项目采用的可回收预应力锚索设计参数见表 3。

表 3　可回收预应力锚索设计参数

锚索角度	锚固体直径	扩大头直径	自由段长度	锚固段长度	锚索值	锁定力	中心标高
20°	500mm	650mm	12.5m	12.5m	4S15.2	180kN	86.60

注：锚索穿过冠梁 1.227m，外露段长不小于 1.0m，试验锚索外露长度至少 1.8m。

3.2　高压旋喷扩孔参数表

本项目采用高压旋喷钻机一次成形技术，结合地层特性，拟采用的主要施工工艺参数见表4。

表4　主要施工工艺参数

扩孔喷射压力值	扩孔喷嘴移动速度	扩头喷射压力值	扩头喷嘴移动速度	水泥强度等级	注浆水灰比
20～30MPa	20～30cm/min	30～35MPa	10～20cm/min	P·O42.5	0.7

3.3　锚索张拉应力分级表

根据锚索类型和锁定力设计要求，对锚索张拉时的张拉分级设计，具体见表5。

表5　锚索张拉时的张拉分级设计

荷载分级	预加应力值（σ_{con}）
0.1～0.2 σ_{con}	18～36kN
0.5 σ_{con}	90kN
0.75 σ_{con}	135kN
1.0 σ_{con}	180kN
1.05～1.1 σ_{con}	189～198kN

4　双U形可回收预应力旋喷锚索施工工艺

4.1　预应力锚索施工设备及人员配置

本工程预应力锚索共1个剖面，锚索施工采用隔一打一的施工顺序。因众意路侧有已施工的管廊及挡土墙，南、北两侧规划设计为综合管廊，南北两侧锚索采用可回收式锚索。考虑到B-B剖面支护与东侧众意路存在高风险，计划先施工冠梁后再施工锚索。采用的主要施工设备和配置的施工人员见表6、表7。

表6　预应力锚索施工机械设备一览表

序号	设备名称	型号	数量	用图
1	高压旋喷锚索钻机	HD-90	1台	锚索钻孔
2	注浆泵	HB80-D	1台	锚索注浆
3	搅拌机	BJW-60	1台	搅拌水泥浆
4	电焊机	—	1台	锚索垫板、斜铁制安
5	切割机	J3G3-400	1台	锚索加工
6	张拉机	YCQ-1500	1台	锚索张拉锁定
7	千斤顶	YDCW600	1台	锚索张拉锁定
8	挖掘机	1m³	1台	配合锚索施工

表7　预应力锚索施工人员

序号	工种	人数/个	主要工作内容
1	钻机工	6	锚索钻孔

序号	工种	人数 / 个	主要工作内容
2	锚索工	4	预应力锚索加工制作、张拉锁定
3	注浆工	2	锚索注浆
4	电工	1	负责现场安全用电
5	杂工	2	扬尘治理、材料准备
6	合计	15	—

4.2　施工工艺流程

可回收式预应力锚索的施工工艺流程如下：测量放线→钻机就位→校正孔位、调整角度→高压旋喷钻进（锚索随钻头到位）→养护→腰梁施工→张拉锁定→释放锚索张拉力→回收钢绞线→施工完成。

4.3　预应力锚索制作

（1）钢绞线使用切割机切断。在锚固段长度范围内，杆体上不得有可能影响与注浆有效粘结和影响锚杆使用寿命的有害物质，在自由段杆体上应设置有效的隔离层。

（3）加工完成的锚杆杆体在存储、搬运、安放时，应避免机械损伤、介质侵蚀和污染。

（4）钢绞线严格按设计尺寸下料，每根下料长度误差不大于50mm。

（5）组装好的锚索在钻孔结束后立即放入孔内，安放时，防止锚索扭压、弯曲，并确保锚索处于钻孔中心位置，钢绞线插入定位误差不超过20mm，底部标高误差不大于20cm。

锚索制作大样及现场实物如图2所示。

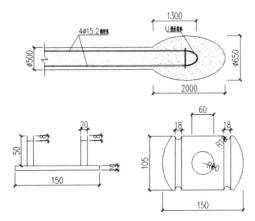

图2　锚索制作大样图及实物照片

4.4　高压旋喷扩孔

高压旋转钻头（喷头）的高压水泥浆在高压泵的压力作用下，从底部钻头和侧翼喷嘴向外喷射，喷射过程中同步对周侧的土体或砂层进行切割；高压旋转钻头和侧翼喷嘴在动力推动下逐渐向前推进，直至达到设计深度和直径，获得形成的锚杆孔。

4.5　垫板及斜铁制作与安装

垫板采用200mm×200mm×20mm钢板，斜铁垫板中心开孔以能穿过锚索为准，斜铁垫板通过预埋钢筋锚入压顶圈梁内，另一侧焊接焊接斜铁，然后焊接斜铁盖板，焊缝高度不小于 10mm，焊缝均满焊，具体制作及焊接方法如图 3 所示。

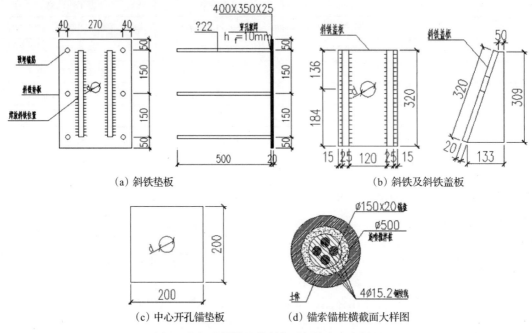

（a）斜铁垫板　　　　　　　　　　　　　　　（b）斜铁及斜铁盖板

（c）中心开孔锚垫板　　　　　（d）锚索锚桩横截面大样图

图 3　垫板及斜铁具体制作及焊接方法大样图

4.6　预应力锚索张拉与锁定

（1）张拉

采用分级施加荷载进行张拉前，应取设计施加预应力值的 10% ～ 20% 对锚杆预张拉 1 ～ 2 次，使杆体完全平直，各部位接触紧密。以后逐级加载直至设计超张拉荷载（超张拉荷载值取施加预应力值的 5% ～ 10%），在压力表稳定 3min 后锁定。超张拉的目的是为了克服连梁、锚具回缩等原因造成的预应力损失，锚索超张拉程序如下：

$$0 \rightarrow 0.1 \sim 0.2\sigma_{con} \rightarrow 0.5\sigma_{con} \rightarrow 0.75\sigma_{con} \rightarrow 1.0\sigma_{con} \rightarrow 1.0 \sim -1.1\sigma_{con} \rightarrow \sigma_{con}。$$

（2）锁定

在加载过程中，如出现压力不稳定、钢筋伸长量急剧增加时，或某一级伸长量高于前一级伸长量的 2 倍时，要及时锁定，并将异常及时向设计院反映。锁定时，回缩量不大于 5mm 或荷载损失不大于 5%，张拉过程中，应准确记录油压表编号、读数、千斤顶伸长值等数据。

5　双 U 形可回收预应力旋喷锚索优缺点

5.1　优点

该双 U 形可回收预应力旋喷锚索体系可实现单个承载体承载 4 根钢绞线，常用的 U 形可回收锚索体系需 2 个承载体方可实现单个承载体承载 4 根钢绞线；与普通 U 形可回收锚索体系承载体相比，该双 U 形可回收预应力锚索承载体体积减小 80%，提高了承载体的利用效率；该可回收锚索体系结合高压旋喷一次成形扩孔技术，可在砂性土层中应用；成本低，除钢绞线外胶皮及承载体，其杂构件及钢绞线均可回收，并根据钢绞线的使用状态，再次利用，成本与普通锚索相当甚至更低；该可回收锚索体系减少对地下空间环境污染，避免地下空间资源浪费。

5.2　缺点

锚索施工时，张拉工序较为复杂，且需分别计算张拉，容易造成钢绞线受力不均的情况；回收的钢绞线具有一定破坏性，重复使用需考虑钢绞线受力情况；受 U 形弯的影响，拔出钢绞线受力较大，人工无法拔出，只能依靠机械慢慢拔出；当钢绞线过长时，弹性变大，甚至无法回收。

6　结论

本文通过现场实际工程应用，研究确定双 U 形可回收预应力旋喷锚索体系施工工艺及具体施工参数及适用情况。采用双 U 形可回收预应力旋喷锚索技术，相比普通可回收锚索体系，降低对相邻建筑地下空间的影响，减小了成本造价，提高了施工效率，具有城市深基坑工具有重要应用价值。

参考文献

[1] 梁宁，张洪欣. 斜拉型拆卸回收锚索在洛阳地铁工程中的应用 [J]. 工程建设与设计，2020（04）：100-101.

[2] 张浩宁，刘朋，王屾宇. 可回收锚索应用技术及其原理研究 [J]. 安徽建筑，2020，27（01）：143-144.

[3] 郭东海. 浅析旋拧式可回收锚索在某工程中的应用 [J]. 四川水泥，2019（12）：97.

[4] 邓友生，蔡梦真，王一雄，苏家琳，孙雅妮. 可回收锚件机理与工程应用研究 [J]. 材料导报，2019，33（S2）：473-479.

[5] 张滔，喻常安，余强. 冶金工程中可回收式锚索施工工艺的分析 [J]. 科技风，2018（06）：109.

[6] 吴永红，杨远怀，刘巍，刘克文，余隆，黄元文，周炜程. 可回收锚索用于环境复杂基坑支护试验研究 [J]. 昆明理工大学学报（自然科学版），2017，42（06）：107-112.

[7] 石立国，徐平，王文渊，钟燕. 不同类型可回收式锚索基本试验研究 [J]. 施工技术，2017，46（21）：111-116.

探讨高空大跨度钢结构施工技术

刘　勐　周　浩　崔玉杰　侯杰文　谢腾云

中建五局装饰幕墙有限公司，长沙，410004

摘　要： 随着城市化进程的发展，建筑形式不再单一，钢结构采光顶作为建筑的一种表达形式，在建筑外观的优化上功不可没，它具有自然采光的优势，减少了室内灯光能源的消耗，符合绿色节能环保的要求。同时，采光顶施工存在钢结构吊装重量大、安装精度要求高、主钢梁跨度大等工程技术难点。本文通过对南京龙湖星火路天街＋塔楼幕墙工程屋面采光顶钢梁的施工总结，详细阐述了远距离大跨度钢结构的施工技术。

关键词： 钢结构；技术难点；施工技术

1　前言

南京龙湖星火路天街＋塔楼幕墙工程位于南京市浦口区星火路，幕墙总装饰面积63800m²，其中裙楼天街幕墙面积43500m²，塔楼幕墙面积20300m²（图1）。裙楼天街屋面设有8个钢结构采光顶，总面积约2500m²，3号、8号采光顶水平跨度28.6m。对一个空间钢结构而言，往往有多种可供选择的施工方法，每一种施工方法都有其自身的特点和不同的适用范围。施工方法选择的合理与否将直接影响到工程质量、施工进度、施工成本等技术经济指标。

图1　幕墙效果图

2　钢结构施工技术的发展与介绍

随着社会经济的发展，大跨度钢结构工程是社会与人们的需要，伴随大跨度钢结构工程发展的是施工技术的不断改进与创新。

　　首先是滑移技术的应用，滑移工艺是利用能够同步控制的牵引设备，将分成若干个稳定的钢结构沿着设定的轨道，从拼装位置水平移动到设计位置的施工工艺。该工艺技术难点为结构平面外刚度要大，需要铺设轨道，同时多点牵拉，同步控制难度大。

　　高空散装施工技术的施工原理是根据结构特点，选择合理的吊装顺序，分段搭设承重脚手架，单根杆件吊装至设计位置高空对位焊接。缺点是由于高空焊接难度大，从而影响施工进度，优点是适用于超大、超宽的钢结构以及交叉施工中。

　　高空无支托拼装施工技术是将钢结构合理分段，选择吊装顺序，使施工过程无须搭设支撑平台，利用钢结构自身刚度形成稳定单元，通过不断扩大单元拼装，从而形成整体钢结构。但该工艺由于无支点拼装，故应用范围受限。

　　整体提升技术是根据各作业点提升力的要求，使用先进的技术设备对钢结构的主次梁进行整体分批次的吊装。缺点是施工成本较高，对吊装环境要求比较严格，优点是提高施工质量，加快施工进度。

3　施工方案的选择

　　由于屋面采光顶环境复杂，结构外场地受限，轨道铺设不现实，而且采光顶内庭不可以搭设脚手架，一层底板（地下室顶板）结构不能承受大吨位吊机荷载，工期也十分紧张，故选择钢结构在地面焊接，整体提升至屋面的方案。天街的商业区女儿墙高度为36m，两个超大采光顶位置分散在屋顶面，距离女儿墙立面最近边是西面25.8m和南面29.2m，西立面天街20m距离有高压线架设，所以吊装施工定在南面进行。

4　施工工艺流出来及技术要点

4.1　钢结构加工工艺流程

　　备料→检测进场→边缘加工→成型加工→坡口处理→焊接拼接→摩擦面处理→除锈喷涂→检验出场。

4.2　钢结构安装工艺流程

　　测量放线→预埋件安置→柱脚安装与调整→防护网安装→主梁吊装与安装→校正→焊缝处理→除锈喷涂→报验验收。

4.3　施工前准备工作

　　熟悉经甲方及设计院审核确认后的施工图纸及有关资料。使用各种测量仪器，掌握其质量标准。对各种测量仪器在使用前进行全面检定与校核。熟悉现场的基准点，控制点线的设置情况。根据图纸条件及工程结构特征确定轴线基准点布置和控制网形式，对于基础和预埋件进行检查，复核轴线位置、高低偏差、平整度、标高，然后弹出十字中心线和引测标高（图2所示），且必须取得预埋基础验收的合格资料，保证钢结构制作、安装与土建结构之间的关系，三者之间的测量工具必须统一。

4.4　操作要点

4.4.1　测量放线

　　根据屋面轴线网络定制每个柱脚方钢中心定位点，制定点位精度的复查，具体测量步骤：（1）在施工区域布设轴线控制网，按照轴线定点位的定位方法，依照计算机测定每个点位与轴线的距离，把柱脚中心点在轴线网进行布局；（2）四条轴线复核点位，复核点位符合施工要求即可使用，反之要对点位及轴线实行复查后才可使用；（3）对水准点的复查，采用水准测量的要求进行复查，在施工区域内按施工需要布设若干固定的水准基准点，对布设的水准点实行联测。建立施工控制网（有轴线控制桩），形成统一布局（图3）。

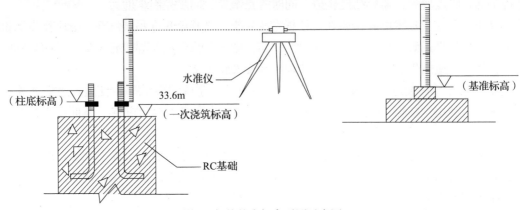

图2　钢柱柱底标高引测示意图

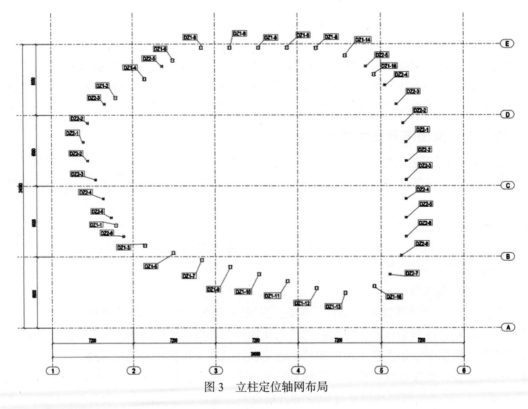

图3　立柱定位轴网布局

4.4.2　预埋板放置

屋面采光顶、马道及结构反坎均为混凝土浇筑，现场根据已定位立柱点位，根据主梁的朝向调整埋件方向布置图，同步跟进结构混凝土浇筑进度，在织完钢筋网后及时放置预埋板。避免因漏放或错位导致的后期增加后补埋件，也降低后置埋件强度不够的风险。

4.4.3　柱脚安装及调整

预埋板安装后，预先放置主次梁对应的立柱型号。主钢梁龙骨规格800mm×200mm×30mm×16m方钢，支撑立柱规格300mm×200mm×8mm方钢。次钢梁龙骨规格200mm×

100mm×8mm 方钢，支撑立柱规格 200mm×100mm×8mm 方钢，主钢梁柱脚用双 22 号槽钢 M24mm×260mm 高强度螺栓（10.9S）固定（图 4）。次钢梁柱脚用双 16 号槽钢 M16mm×160mm 高强度螺栓（10.9S）固定（图 5）。严格遵循设计要求安装，槽钢与埋板焊死。另外，为了释放主梁横向应力并保证同向释放，运用了主钢龙骨一边槽钢与方垫片焊死的方法。为了提高安装精度、减少损失，所有立柱均有 50mm 的富裕，按照主梁斜度做斜面坡口，满足焊缝高度要求。

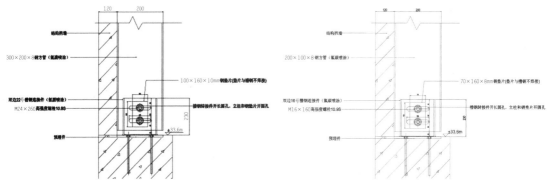

图 4　主龙骨柱脚连接方式（mm）　　　　图 5　次龙骨柱脚连接方式（mm）

4.4.4　安全措施施工

为了保证高空安全作业，需要在吊装主梁前铺设安全网，在结构主梁四周上口间隔 1m 做 M16mm 带圆环化学螺栓，张拉 ϕ12mm 钢丝绳成网，再用 10mm×10mm 阻燃防护网固定在钢丝网上面形成全覆盖网状防护，以防止高空坠物。同时，在女儿墙位置固定安全绳支架，拉设生命安全线，为安全提供最后一道防线（图 6 所示）。

图 6　防护网铺设

4.5　吊装与安装

在做好所有准备工作后，开始主梁吊装。该工程采光顶钢梁主要分为以下四种：800mm×200mm×16mm×30mm 钢方管、400mm×100mm×10mm×16mm 钢方管、200mm×100mm×8mm 钢方管、100mm×100mm×10mm 钢方管，其中 800mm×200mm×16mm×30mm 钢方

管最长 26m 均为工厂预制成型，单只质量在 7.2t。

　　吊装前结合现场实际情况，根据吊装高度及吊装重量，选用 500t 汽车吊（图 7），500t 汽车吊属于高精度操作设备，在第一支钢梁起吊之前，先做试吊准备工作，汽车吊主副臂的吊装甩臂悬吊主钢梁距离地面 50cm 悬停 10min，确保设备的正常运转。在做好所有准备工作后，开始主梁吊装（图 8），所有钢结构均在工厂焊接完成，在夜晚道路低峰期采用 26m 运输车辆运送到场，现场提前协调场地放置材料。为了安装精准定位，在立柱上端口焊接定位叉。主梁顶端使用角钢增加临时定位叉，定位放置后，打坡口满焊一长边，对称另一长边点焊留后期调整（图 9）。将第一根钢梁安装定位后，与采光顶女儿墙结构通过 12 号槽钢两端临时固定，后续主梁均与前一主梁通过槽钢临时拉焊，保证各主梁的稳固。

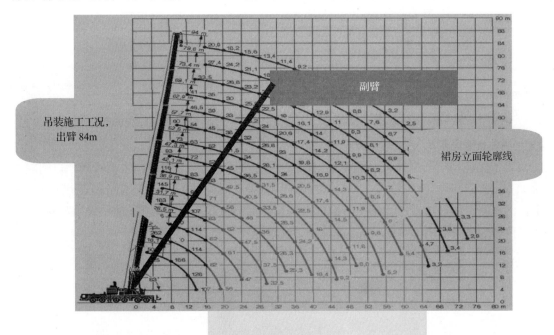

图 7　吊装工况图

图 8　主梁的吊装　　　　　　　　　图 9　主梁就位固定

对部分主梁存在偏位或者扭曲的，通过两只 12 号槽钢焊制纠偏点拉杆，通过电动葫芦拉伸进行纠偏，校正后进行次梁安装。然后再进行焊接处理。本工程的钢材厚度大部分在 30mm 以内，因此现场焊接主要采用交直流电焊机手工电弧焊焊接，局部采用二氧化碳气保焊。总的焊接顺序为平面中心扩展至四周，采用结构对称、节点对称、全方位对称焊接，在同一节点处采用两人对称的焊接方法，先安装垫板及引弧板，同一节点应先焊下翼缘后再焊上翼缘，先焊梁的一端再焊梁的另外一端，严禁两端同时焊接，避免焊接后热膨胀，冷却后收缩扭曲变形，同时减小应力集中。

4.6　现场报验及检测

所有焊接工作完成后，预约检测中心进行焊缝的探伤检测并出具检测报告，检测合格后打磨除锈，喷漆防锈。在工程设计中增加钢结构表面防火处理，为确保质量，采用国产优质防火涂料。所有工作完成后，报验监理验收。

4.7　材料与设备（表 1～表 3）

表 1　主要材料规格

序号	名称	规格（mm）	备注
1	主钢梁	800×200×30×16	长度 26m
2	次钢梁	200×100×8	Q235B
3	立柱	300×200×8	若干
4	连接件	22 号槽钢，16 号槽钢	配合高强度螺栓

表 2　测量仪器选用

序号	名称	数量	备注
1	经纬仪 DJ2	1	垂直度
2	水准仪 Z3	1	测标高、找平

表 3　安装设备选用

序号	名称	规格型号	数量
1	汽车吊	500t	1 台
2	扭矩扳手	年检合格	2 把备用
3	气割设备	—	1 套
4	电焊机	BX1-315F-2	10 台
5	钢卷尺		若干
6	扳手		若干
7	电缆线及钢丝绳		若干
8	手动葫芦	20t	3 只
9	千斤顶		2 只
10	总配电箱		1 套
11	电钻		2 把

5　质量控制

（1）应符合《低合金高强度结构钢》（GB/T 1591—2008）和《钢结构工程施工质量验收规范》（GB 50205—2001）的规定。

（2）施工前编制好详细施工方案，同时要将施工的质量控制措施、常见的质量通病和防治措施等编写到施工方案中去，然后报监理工程师审批。

（3）做好施工前的技术交底工作，对施工中的技术难点、要点、重点要交底清楚，对国家强制执行的规范要求措辞准确，同时对施工质量的验收要求和标准以及误差控制的要求必须详细具体。

（4）在施工安装过程中每道工序都要加强质量检查，严格"三检"制度，同时做好相应的记录。

（5）设计要求全焊透的一级焊缝采用超声波探伤进行内部缺陷的检验，超声波探伤不能对缺陷做出判断时，应采用射线探伤，其内部缺陷分级及探伤方法应符合现行国家标准《钢焊缝手工超声波探伤方法和探伤结果分级法》（GB1135）或《钢熔化焊对接接头射线照相和质量分级》（GB3323）的规定。要求一级焊缝100%探伤（图10）。

（6）确保工程达到设计及使用要求，工程质量达到合格标准，一次验收合格率100%。

（7）本工法施工质量控制须严格按《钢结构工程施工质量验收规范》（GB 50205—2001）中相关验收标准执行。

图10   现场探伤试验

6   小结

随着国家经济实力的增强和社会发展的需要，大型工业、商业、公共建筑不断涌现，空间钢结构得到了前所未有的发展，并且获得了广泛的应用。大跨度钢结构工程的施工具有着工程量大、施工要求高等特点，因此，为了保障工程的施工质量和安全，作为施工工作人员，就必须不断学习相应的施工技术知识，并针对施工中存在的问题进行分析，以采取有效措施并做好应对和解决，从而保障工程的施工质量。

参考文献

[1] 王艳敏，解文红. 大跨度钢结构施工技术 [J]. 河北煤炭，2006（3）: 43-45.

[2] 周新，盛文仲. 大跨度钢结构施工技术 [J]. 城市建设理论研究: 电子版（3）.

[3] 熊文渊. 现代大跨度空间钢结构施工技术 [J]. 建材发展导向（8）.

[4] 张世翔，程艺兰. 水泥厂大跨度钢结构施工的质量控制方法探讨 [J]. 科技传播 2011，（5）: 131，135.

第 2 篇

地基基础及处理

基坑支护的选型及应用

岳文海　赵合毅

湖南北山建设集团股份有限公司，长沙，410000

摘　要： 地下工程的不确定因素有很多，基坑支护的选型也具有多样性，如何平衡好安全性和经济性之间的关系是基坑支护选型的重点。本文以熙满欣苑项目为例，通过不同方案的比选，确定了排桩的支护形式，又因为基坑四周环境的区别和实际情况，分别采用了"桩－锚结构"和"双排桩结构"的形式，并确定了桩型为旋挖灌注桩，对基坑支护的选型具有比较典型的参考价值。

关键词： 基坑支护；选型；应用

随着现代建筑科技的发展，高层建筑不断涌现，相应地对基坑支护的要求也不断提高。基坑支护的选型应通过分析地质勘探报告、设计图纸，研究周边环境情况及下道工序与基坑支护的关系，从安全、经济、环保、可持续发展等多角度综合考虑。基坑支护分为浅基坑支护和深基坑支护，均要执行《危险性较大的分部分项工程安全管理规定》(建办质〔2018〕31号) 的相关规定[1]。

基坑支护设计时，首先应当依据基坑深度、工程水文地质条件、环境条件和使用条件等合理划分基坑侧壁安全等级，这是基坑选型的决定性因素。然后综合基坑侧壁安全等级、施工、气候条件、工期要求、造价等因素合理选择支护结构类型。同一基坑的不同侧壁可分别确定为不同的安全等级，并依据侧壁安全等级分别进行设计。下面以熙满欣苑项目为例，说明基坑支护选型的过程。

1　工程概况

熙满欣苑位于云南省昆明市广福路与昌宏路交会处，场地近似正方形，由 13 栋建筑组成，部分区域设置商业用房，全场设置 2 层地下室，基坑开挖深度为 6.9 ～ 9.5m，开挖支护总周长为 1182.8m。

2　基坑周边环境情况

东侧：昌宏路。为城市主干道，基坑底边线距离路边最近约 24.9m。

南侧：待建古滇路。基坑底边线距离路边最近约 9.2m。

西侧：规划 237 号路。基坑底边线距离路边最近约 5.2m。

北侧：规划 291 号路。规划道路再往北为已建悦满欣城回迁安置小区和幼儿园，该小区设有两层地下室，幼儿园无地下室。本基坑支护边线距离小区围墙最近 37.7m，距离幼儿园 51.6m。

东北角：小庙（1F），现已建成，距离基坑开挖线 5.9m。

3　地质情况

由上至下依次为：填土，平均厚度3.63m；黏土，平均厚度3.05m；粉土，平均厚度3.87m。其间夹杂不同厚度的泥质碳土。

4　水文情况

场地地下水属第四系松散沉积物中的孔隙型潜水，具弱承压性，区域水质类型属HCO^2—$Ca \cdot Mg$型淡水。实测各孔地下水位埋深0.00～5.60 m，平均埋深1.93 m，水位最大变幅6.39 m。

5　基坑安全等级

国家标准《建筑基坑支护设计规程》（JGJ 120—2012）将基坑安全等级分为三级[2]，根据本工程的实际情况，本基坑北侧的支护结构安全等级选为一级，重要性系数为1.1，其余三侧的支护结构安全等级选为二级，重要性系数为1.0。

6　基坑支护选型

6.1　影响基坑支护选型的因素

一般基坑支护的选型要从以下几个方面考虑：场地条件，基坑的开挖深度，地质条件，地下水位，经济性。

6.2　基坑支护形式的比选

考虑本基坑的深度，最常用的有两种支护形式：

方案一：排桩。

适用范围[2~3]：

（1）多用于2层及以上地下室的基坑中，采取灌注桩＋锚索控制变形；

（2）周边对基坑变形敏感的区段，即使基坑较浅也可采用灌注桩施工；

（3）对于无法施工锚索的区段，可采用灌注桩＋钢筋混凝土内支撑（斜支撑）的方式代替，但内支撑及其支撑柱的存在对工期有较大影响。

方案二：土钉墙。

适用范围[2~3]：

（1）岩土条件较好；

（2）基坑周边无重要管线或建筑物，周边土体允许有较大位移；

（3）已经降水处理或止水处理的岩土；

（4）地下水位以上为黏土、粉质黏土、粉土和砂土；

（5）开挖深度不宜大于12m。

由于本基坑四周紧邻用地红线，红线外为已建和规划道路，造价相对较低的土钉墙对周边土体有较大位移，会对四周道路造成破坏，单独的排桩支护也达不到基坑变形控制的要求，因此本基坑选用"桩－锚结构"和"双排桩结构"进行支护，具体结构剖面做法如下（基坑支护平面布置见图1[4]）：

基坑北侧、西侧为待建规划道路，选用"桩－锚结构"（图2[4]）进行支护。其中1-1剖面及10-10剖面采用预应力锚索，2～3剖面、11～13剖面因市政规划道路影响采用可回收式预应力锚索。

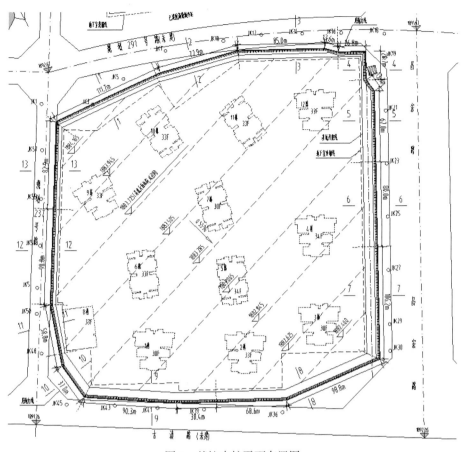

图 1　基坑支护平面布置图

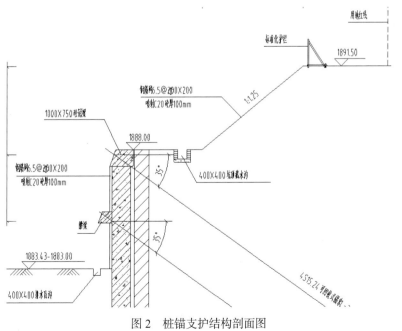

图 2　桩锚支护结构剖面图

基坑东侧、南侧采用双排桩结构（图 3[4]）。

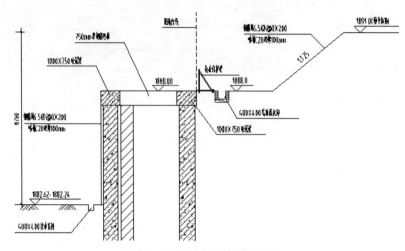

图 3　双排桩支护结构剖面图

　　基坑东北角 4-4 剖面现有一座小庙，距离基坑边较近，对基坑变形要求较高，此处采用"支护排桩＋钢筋混凝土梁角撑"的方式进行支护。

6.3　支护桩型选择

　　根据地勘报告，本项目场地内均分布有较厚的泥炭质土等软弱土层，采用长螺旋钻孔工艺在实施过程中容易发生"抱杆"、提杆困难、钻机跳闸等情况，导致施工困难，长螺旋钻孔灌注桩施工时充盈系数会很大，存在导致混凝土"窜孔"严重，后续长螺旋灌注桩无法施工的风险。为确保施工质量，本基坑支护工程支护桩选用旋挖灌注桩，桩径 800mm 和 1000mm（只有 4-4 剖面支护桩直径为 1000mm，其他支护桩直径均为 800mm），C30 水下细石混凝土灌注。

7　结语

　　在实际的基坑工程中，可以提出多种支护方案，对每个方案的优劣进行比较。要想保证设计方案合理可行，必须认真研究施工现场实际情况和工程特点，并且对不同支护方案的造价、适用范围、施工技术以及工期等方面因素进行综合考虑，把不同基坑支护结构形式的优点充分发挥出来，切实保障建筑施工安全。熙满欣苑项目的基坑虽然不复杂，但是由于基坑每侧的实际情况不同，支护形式略有区别，对基坑支护的选型具有比较典型的参考价值。

参考文献

［1］　危险性较大的分部分项工程安全管理规定：建办质〔2018〕31 号［S］.

［2］　建筑基坑支护技术规程：JGJ 120—2012［S］.

［3］　建筑施工手册（第五版）［M］. 北京：中国建筑工业出版社，2013.240-418.

［4］　熙满欣苑基坑开挖及支护专项施工方案. 湖南北山建设集团股份有限公司熙满欣苑项目经理部，2019 年 4 月.

现浇混凝土夹芯桩施工技术的研究

李栋森[1]　梁　朋[1]　唐　娅[1]　匡焰军[2]　杨　毅[2]

德成建设集团有限公司, 常德, 415000

摘　要: 我公司正在研发的几种混凝土夹芯桩, 实质等效于现浇混凝土空心桩。其施工方法是按不同的成孔桩型, 分为预埋管法和后沉管法; 其成形过程为: 在安装好的管内, 就地利用余土制成的砂石混合泥浆灌入管内, 在拔管过程中, 令管内砂石混合泥浆及时填补拔管留下的空间, 且对新浇混凝土桩身内筒壁进行有效护壁, 从而形成了连续施工的现浇混凝土夹芯桩。

由于夹芯桩等效空心桩, 解决了现浇空心桩无法连续施工的难题; 夹芯节省了桩体多余的混凝土或扩大了桩径, 余土回灌利用减少了对环境的污染等。

关键词: 夹芯护壁; 余土利用; 施工连续; 效益显著

基桩的竖向承载力主要取决于桩周岩土层侧阻力和桩端阻力, 据此可设计出所需要桩的直径和入土深度。实心桩桩身轴心受压时, 其正截面受压承载力设计值往往大于基桩的竖向承载力标准值, 因此一般工程常采用了中小型预制空心桩; 桥梁工程常采用预应力筋连接分节预制的混凝土桩壳, 壳外侧压灌混凝土的大型空心桩。但这些空心桩的应用程序较多, 也受到一定场地等条件限制。

显然若能在各种干、湿作业条件下, 实现连续施工的现浇混凝土空心桩, 其意义重大。

为实现这一目标, 我们摒弃了传统思维, 另辟蹊径初步研制出了几种可连续施工的现浇混凝土夹芯桩。经初步分析, 其综合效益显著, 现将研发过程简述如下。

1　研究技术线路 (图 1)

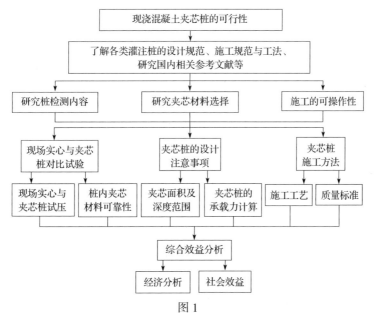

图1

2　现浇混凝土夹芯桩的可行性分析

大直径钻（冲）孔灌注桩在成孔过程中，对于不同的地质条件，使用了不同浓度的泥浆防止孔壁坍塌，同时泥浆上涌又将成孔的岩土送出孔口。这一神奇的泥浆护壁工作原理，给予我们一个很大的启示：在桩体新浇混凝土中先预埋的钢管内或后沉入的钢管内灌入某种护壁材料，令其及时充拔管留下的空间，防止处于流塑状态的混凝土坍塌，就能实现施工的连续性，制作出与空心桩等效的夹芯桩。

若有必要令夹芯桩成为空心桩体时，可在夹芯体内注入高压水流冲出夹芯材料，再抽干水就能形成理想的空心桩。

3　几种夹芯材料的选择及初步性能分析

夹芯材料无须全等同于泥浆对大直径桩成孔双作用，只需要对处于流塑状态的混凝土进行有效护壁。经分析要求夹芯材料的重度应小于且接近新浇混凝土的重度。若重度相差太大，则极易发生相互渗透，影响桩身质量。选择夹芯材料，还应考虑夹芯材料对拔管引起的侧阻值要小、孔隙率低、廉价易取等因素。以下列出几种易取材料进行初步性能分析。

（1）超高浓度泥浆

泥浆材料可利用钻出的泥土就地制作并回灌于管内。若泥浆浓度过高，对于较小管径灌入流速慢，易发生气塞；浓度不足时，其护壁能力不足；拔管阻力很小；当管内先灌 50cm 高混凝土后再灌泥浆，拔管初始可振管，但拔管过程应停止振动，防止发生混凝土与泥浆搅和。

（2）碎石、砾石、砂等散粒材料

用碎石或砾石等孔隙率较大的材料作夹芯材料时，不振动拔管也会发生混凝土少量浆体向散粒孔隙内渗透；拔管侧阻值较大，若采取振动拔管，易导致混凝土浆体向散粒材料孔隙内渗透更深，流失更多。

采用砂或砂石混合时，若振管得当，混凝土浆体渗透或搅和极有限。不足之处是对拔管的阻力较大，且价格偏高。

（3）砂石混合泥浆

砂石混合泥浆是就地利用钻出余土中的泥、砂、石和水的拌合物。它综合了（1）、（2）条优点。当其坍落度同浇灌的混凝土时，重度趋近于混凝土；拔管阻力较小；当管内先灌 50cm 高混凝土后，再灌砂石混合泥浆，拔管前可稍振动，拔管过程停止振管，防止发生混凝土与砂石混合泥浆搅和。

综合以上比较分析，初步结论为：

①宜优先选用砂石混合泥浆作为夹芯材料，可泵送、易操作、价廉、环保。注意拔管过程停止振管。

②有条件场地也可采用砂或砂石混合料作为夹芯材料，易操作，价稍贵；拔管阻力较大，拔管过程不宜过分振动。

4　模拟夹芯桩试验

（1）模拟夹芯桩的目的

夹芯桩能否成功，其关键环节是夹芯材料护壁的可靠性。本试验分别选用较不利的 20mm 粒径的碎石和浓度为 1.67 的泥浆，分别作为夹芯材料。模拟桩的试验目的是为了观测夹芯材料处于桩内的成形状态，夹芯材料与混凝土相互渗透的影响程度，拔管的阻力大小等。

（2）模拟夹芯桩的制作过程简述

用长 4.1m 的 Ne8D=400 的塑管立于平整的地面，其周边搭设可靠的操作架；塑管内插入外径为 φ165mm（内径为 φ160mm），长为 4.5m 的钢管，且垂直居中；先向塑管与钢管之间灌注坍落度 180mm 的 C25 混凝土，后向钢筒内投入 1m 高的碎石，且在碎石顶盖上放一块 φ155mm 木胶板（用于隔离上部泥浆），再灌入浓度 1.67 黏土泥浆 3m 高，然后立即不振动拔出钢管。参见图 2～图 7。

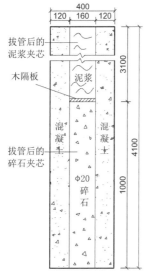

图 2　模拟桩竖向剖面图

图 3　塑管内预埋钢管
后灌桩体混凝土

图 4　超浓度泥浆作为
护壁夹芯料

图 5　先后向埋管内灌
入碎石、泥浆

图 6　灌入泥浆后准备拔管

图 7　拔出钢管

（3）观测、试验

①观测

在拔管过程中，发现混凝土和泥浆均有下沉现象，拔管完后，混凝土下沉量约 40mm 左右，泥浆下沉约 120mm。

分析原因如下：第一是两种材料均出现自重收缩；第二是钢管拔出混凝土占据了其钢管的体量；第三是少量泥浆黏附在管壁上被带出；第四是夹芯为碎石段的混凝土浆体少量渗入了碎石孔隙。

混凝土浇筑 20d 后，放倒桩身，在桩底碎石段横截取一节 600mm 长筒体，在泥浆段截取两节 600mm 筒体。观测到碎石节基本成形，混凝土浆体浸入碎石周边孔隙，深度约 3～4mm，周边碎石被坎固形成犬牙状。观测两个泥浆节，均成形良好，其孔径同钢管内径，参见图 8～图 11。

图 8　放倒模拟桩进行分段切割

图 9　孔内碎石夹芯节孔周碎石被坎固

图 10　孔内泥浆夹芯节

图 11　孔内泥浆冲洗后

②试验

浇筑 24d 后，湖南博联工程检测有限公司对三节筒体钻芯取样进行了试压，其结论达到 C25。参见取芯图片和检测结果（图 12、表 1）。

图 12　取芯及芯样照片

表 1　检测结果

桩号、芯样、试件编号	取样位置	试件尺寸（mm）		破坏荷载（kN）	折算系数	抗压强度（MPa）	
		直径	高			单个	平均强度值
JJZS190994	1-350 段	75.0	75.0	117.50	1.0	26.6	27.5
JJZS190995		75.0	75.0	128.90	1.0	29.2	
JJZS190996		75.0	75.0	117.36	1.0	26.6	
JJZS190991	5-600 段	75.0	75.0	99.94	1.0	22.6	25.8
JJZS190992		75.0	75.0	126.79	1.0	28.7	
JJZS190993		75.0	75.0	115.32	1.0	26.1	
JJZS19099	1-350 段	75.0	75.0	122.31	1.0	27.7	25.5
JJZS190994		75.0	75.0	99.65	1.0	22.6	
JJZS190994		75.0	75.0	115.16	1.0	26.1	

5　长螺旋钻孔压灌夹芯桩现场试验

后沉管挤土扩径夹芯桩试验目的：验证后沉管夹芯桩的砂石混合泥浆护壁可靠性；探究后沉管夹芯桩的正确施工方法；对比混凝土实心桩与后沉管挤土扩径夹芯桩承载力的差异。

（1）现场试桩制作过程简介

①选址：常德市柳叶湖复基小学新建食堂地下室基坑邻近 ZK49 位，实心桩与夹芯桩间距约 7m。

②地勘资料简述（图 13、表 2）

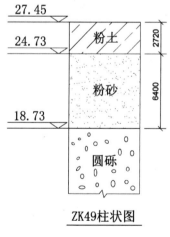

ZK49柱状图

图 13　试验桩地勘示意图

表 2　桩的极限阻力标准值（长螺旋钻孔压灌桩）

指标	极限侧阻力标准值（kPa）	极限端阻力标准值（kPa）
粉土	52	
粉砂	38	
圆砾	110	3600

③施工操作过程简述

2020 年 4 月 23 日下午，由现场正在施工的长螺旋钻孔压灌桩机和打钢管桩的设备执行制作试桩。

a. 先打一根直径 D 为 550mm 的压灌桩，桩入土深度 10.71m，进入圆砾层约 2.03m，事后桩机移位。

b. 用专用打钢管桩的设备，提吊已灌满砂石混合泥浆的 ϕ350 钢管，对正原桩中心振沉约 9.08m（夹芯入圆砾层约 400mm）后拔出钢管。

小结：观察到振沉钢管进入原混凝土桩体的速度较快（振动锤电机为 30kW），孔口有少量混凝土溢出，孔顶桩径未见扩大；拔管很轻松、顺畅，夹芯料已全部进入桩体内，但在桩顶观测到夹芯部分已偏中心约 60mm；分析夹芯偏中的主要原因是：采用打钢管桩的夹具是单边夹具，夹在钢管单边而引起钢管吊起与重垂线倾斜，今后应改用打钢管桩的双点夹具，且在沉管过程应及时校正钢管；分析孔顶桩径未见扩大的主要原因是表土较硬，桩顶混凝土上部无约束而溢出。

c. 在完成夹芯桩后，在距约 7m 位，另打一根 D 为 550mm 实心桩，其入土深度为 11.15m，进入圆砾层 2.03m。参见图 14～图 17。

图 14　劈夹芯桩头露出夹芯柱　　　图 15　夹芯桩水平截面状况
（砂石混合泥浆已干缩）

图 16　对桩小应变检测　　　图 17　制作桩头待试压

（2）对两种桩体竖向极限承载力标准值（图 18），按下式估算：

$$Q_{UK} = Q_{SK} + Q_{PK} = U\Sigma q_{ik} l_i + q_{pk} A_p$$

①实心桩承载力标准值

$Q_{UK} = 0.55 \times 3.14 \times (52 \times 2.72 + 38 \times 6.4 + 110 \times 2.03) + 3600 \times 0.55^2 \times 3.14 \times 1/4 = 1904.78kN$。

②沉管挤土扩径夹芯桩承载力标准值（考虑桩尖的折算作用高度为 0.2m）。

效应扩径值：

$$D = \sqrt{D_1^2 + D_2^2} = \sqrt{0.55^2 + 0.35^2} = 0.65\,m$$

$Q_{UK} = 0.65 \times 3.14 \times （52 \times 2.28 + 38 \times 6.4 + 110 \times 0.6） + 0.55 \times 3.14 \times （2.03 - 0.6）\times 110 + 3600 \times 0.65^2 \times 3.14 \times 1/4 = 2338.70kN$。

③为了求得较准确的对比数据，假定实心桩与夹芯桩同长时

$$Q''_{UK} = Q_{UK} - 0.55 \times 3.14 \times 52 \times 0.44 = 1904.78 - 39.51 = 1865.27kN$$

小结：桩体夹芯后，其承载力提高率

$$\rho_1 = \frac{Q'_{UK} - Q''_{UK}}{Q''_{UK}} = \frac{2338.70 - 1865.27}{1865.27} = 25.38\%$$

④现场对实心桩和扩径后的夹芯桩做破坏性试压，试压报告指出：

实心桩试压结果：$N_2 = 1980kN > $ 估算值 $Q_{UK} = 1904.78kN$。

夹芯桩试压结果：$N_1 = 2880kN > $ 估算值 $Q_{UK} = 2338.70kN$。

以上数据可得出：原桩体挤土扩径夹芯后，桩的承载得到较大提高，且提高值大于估算值。

6　简介几种夹芯桩的施工方法

（1）预埋管夹芯桩

预埋管夹芯桩多用于干作业成孔的桩型，如螺旋钻孔桩、人工挖孔桩等。该方法主要是节约了桩体多余的混凝土部分。

其施工顺序：先清理桩孔→安放钢筋笼→安放钢管→钢管内先灌入 50cm 左右高的混凝土，再灌满砂石混合泥浆→浇灌钢管外周混凝土→初始振动钢管，拔管过程停止振动钢管，参见示意简图 19 ～图 21。

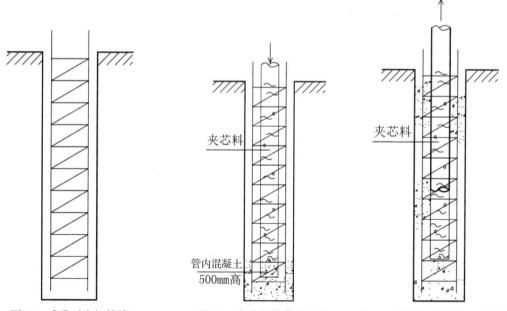

图 19　成孔后安钢筋笼　　　　图 20　安放钢管灌夹芯料　　　图 21　钢管外灌混凝土后再拔管

（2）后沉管夹芯桩

后沉管夹芯桩可用于各类型现浇混凝土钻（冲）孔灌注桩。后沉管夹芯桩扩大了原桩径，提高了原桩的承载力，其综合效益更显著。

其施工顺序：桩体混凝土浇筑完成→安放桩尖→振沉钢管→管内先灌 50cm 高混凝土，再灌满砂石混合泥浆→振沉钢筋笼→拔管初始振动钢管，拔管过程停止振动钢管，参见下示意图 22～图 24。

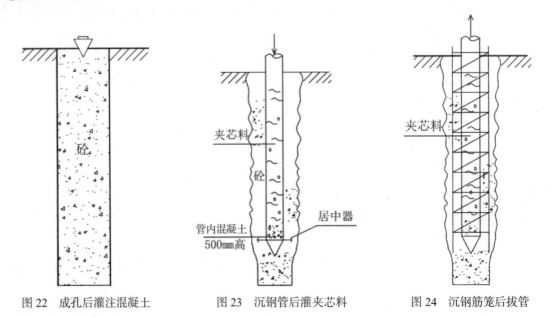

图 22　成孔后灌注混凝土　　　　图 23　沉钢管后灌夹芯料　　　　图 24　沉钢筋笼后拔管

（3）大直径夹芯桩

大直径夹芯桩采用单管夹芯的钢管直径和施工设备将受到一定限制，可以采用多管埋置方式或后沉多管方式进行，参见下示意图 25～图 27。

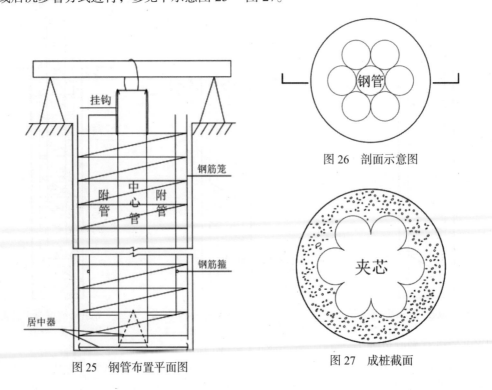

图 25　钢管布置平面图　　　　　　　图 26　剖面示意图

图 27　成桩截面

①大直径干作业成孔夹芯桩施工顺序

清孔→吊放中心钢管底部定位器→安装钢筋笼→吊安中心钢管→吊挂附钢管→吊挂钢筋箍→泵送混凝土，令混凝土也进入各管内不少于50cm高→分别同步在管内灌入砂石混合泥浆、管外泵入混凝土→拔出附钢管→拔出中心钢管。

②大直径泥浆护壁成孔灌注夹芯桩施工顺序

其顺序基本同第①条，只是原管内泥浆浓度较低，需另置换砂石泥土混合泥浆，令其重度约等同混凝土。注意砂石混合泥土料投入增高值应等同钢管外混凝土的增高值。

③后沉多管大直径夹芯桩施工方法基本上是第（2）条和第（3）条的工艺组合。

7　初步综合效益分析

（1）采用预埋管法施工的夹芯桩，其受力性能基本等同直径的实心桩；其不仅节约了原实心桩桩身的多余混凝土，而且就地利用余土制成的砂石泥浆回灌，减少了部分余土外运处理费用；混凝土减少则减少了生产水泥过程的环境污染；余土利用也减少了余土外运的环境污染。因夹芯桩实现了施工的连续性，使施工进度得到保证。

（2）采用后沉管法施工的夹芯桩，因原桩径得到扩大，使桩的承载力得到提高。从我公司已顺利完成的长螺旋钻孔压灌夹芯桩与原桩费用对比综合分析，每利用 $1m^3$ 砂石混合泥浆夹芯材料可节约桩体费用达 750 元。其社会效益基本同预埋管法。

后沉管法，桩径得到扩大而单桩承载力提高，相应工程总桩数减少，对于群桩受力承台体量也随之减少。

8　结语

现浇混凝土夹芯桩实质上是现浇混凝土空心桩等效替代体，结构合理。

就地利用余土制成砂石混合泥浆作为夹芯材料，实现了对新浇混凝土内筒壁的有效护壁，从而保证了施工连续，这是该研发项目的关键技术创新点；后沉管夹芯桩实现了无新增混凝土挤土扩径，提高了单桩承载力；采用预埋多管法或后沉多管法实现大直径夹芯桩（空心桩），其综合效益将特别显著；夹芯桩的施工工艺是几种传统简易工艺的有机组合，为迅速推广应用奠定了基础。

笔者深知夹芯桩的推广应用，还有一段技术、试验路程要完成。盼望有关科研单位、高等院校共同研究完善。

参考文献

[1]　公路施工手册，桥涵上册［M］. 北京：人民交通出版社，2000.

[2]　建筑施工手册，第五版［M］. 北京：人民交通出版社，2012

注浆技术在基坑漏水处理中的应用

周　柱[1]　张波涛[1]　邱亮亮[1、2]

1. 长沙恒德岩土工程技术有限公司，长沙，410009；

2. 中南大学，长沙，410075

摘　要：基坑的使用过程有时会伴随着许多病害发生，这些病害将严重影响基坑安全及正常使用。本文结合工程实例从基坑支护漏水现象进行分析，探讨了漏水现象形成的主要原因，阐述了注浆技术在基坑砂层漏水处理中的应用，并采用多种方法对其进行效果检测。检测结果表明：注浆在处理基坑漏水中具有良好的效果。

关键词：基坑；砂层；漏水；注浆；效果检测

基坑漏水现象较为普遍，是影响基坑正常使用及安全的重要因素之一[1-4]。许多基坑在施工止水帷幕的时候，因为种种原因，施工不到位，没有形成有效的帷幕，在基坑开挖之后，容易发生漏水现象，影响后续施工，严重的可能危及基坑支护的安全，造成基坑垮塌。采用注浆技术是处治基坑漏水的有效方法之一[6-8]。然而，注浆工程是一项隐蔽工程，目前还难以直观地观察到浆液注入面板下土层后的具体情况，故存在着注浆质量无法控制以及注浆加固效果难以很好地反映的问题。目前，注浆效果评价方法主要由以下几种：施工质量检查及技术资料分析法、现场观测法、钻孔取芯室内试验法、钻孔取芯观察法、声波测试法、TSP法、地质雷达法、孔间地震波 CT 法、标准贯入法静力触探法或旋转触探法（RPT）等[9]。

本文主要讨论注浆技术在基坑漏水中的应用，并结合长沙湘粤技术产业园基坑支护工程西侧、南侧漏水的实际情况，探讨注浆施工工艺及注浆效果评价，为基坑漏水问题提供技术参考。

1　项目概况

拟建场地位于长沙市芙蓉区龟山路与纬一路交会处，原始地貌单元属浏阳河高级阶地，经人工改造，原始地形地貌已改变，场地西侧地形起伏较大，其中湘粤先进技术产业园三期基坑支护工程场地已经过平整，最高点高程 34.30m，最低点高程 32.60m，场地东侧为京港澳高速公路，交通较为方便。基坑设计深度 3.9 ～ 10.0m，采用放坡、复合土钉墙及支护桩结合锚索对基坑进行支护，并结合止水帷幕进行帷幕止水。基坑安全等级为二级，重要性系数取 $\gamma_0 = 1.0$，DE 段基坑安全等级为一级，重要性系数取 $\gamma_0 = 1.1$。基坑为临时性支护，设计使用年限为 1.0 年。

现因基坑 KA 段局部桩间位置连续渗水，且涌出水位置带有大量泥沙，导致桩后细砂层土体被掏空，同时近期雨水较多，引起桩后土体产生大量沉降，为保证基坑安全及周边市政道路正常使用，需进行基坑桩后土体抢险加固，同时，为方便本项目二期的施工，对二期基坑周边道路进行加固。

因该位置紧邻市政道路，其地下管线比较密集，施工条件相当敏感，根据工程地质勘察测量资料，场地中存在高压电力管线、排污管线等。施工前，请建设单位调查清楚该位置管网管线等情况，防止注浆加固施工过程中对该位置管网管等造成破坏。

1.1　工程地质条件

根据钻孔揭露，场地范围内分布的地层自上而下为：

（1）杂填土①（Q4ml）：杂色，稍湿，松散，成分主要为粉质黏土和建筑垃圾组成，不均匀，堆填时间大于 3 年，欠固结。层厚 0.70 ～ 10.70m，层底高程 22.74 ～ 42.12m，平均 3.91m，大部分钻孔中有分布。

（2）粉质黏土②（Q4al）：褐黄色，硬塑状，切面稍见光滑，稍显光泽，干强度中等，韧性中等，无摇振反应，含约 10% 的细砂，层厚 1.00 ～ 6.80m，层底高程 22.66 ～ 43.23m，平均 3.70m，大多数钻孔有分布，为冲积成因。

（3）细砂③（Q4al）：黄褐色，湿～饱和，稍密～中密，主要成分为石英、长石，级配一般，层厚 0.50 ～ 6.00m，层底高程 21.43 ～ 35.12m，平均 2.92m，大多数钻孔均有分布，为冲积成因。

（4）圆砾④（Q4al）：黄褐色，饱和，稍密～中密，主要成分为石英、长石等，磨圆度较好，多呈亚圆状，粒径 2 ～ 20mm 约占总质量的 65%，大于 20mm 约占总质量的 20%，余为细砂、黏性土充填，层厚 0.50 ～ 4.80m，层底高程 20.76 ～ 31.21m，平均 2.14m，大多数钻孔有分布，为冲积成因。

（5）强风化泥质粉砂岩⑤（K）：褐红色，泥砂质结构，中厚层状构造，泥质胶结，风化裂隙很发育，遇水易软化，暴晒失水易干裂，岩块手易折断，岩芯多呈短柱状及柱状，属极软岩石，岩体较破碎，岩体基本质量等级为 V 级，层厚 2.40 ～ 8.00m，层底高程 16.02 ～ 38.63m，平均 4.10m，各钻孔均有分布。

（6）中风化泥质粉砂岩⑥（K）：褐红色，泥砂质结构，中厚层状构造，泥质胶结，节理裂隙较发育，遇水易软化，暴晒失水易干裂，岩芯多呈长柱状、柱状，RQD 约 75 ～ 85，属软质岩石，岩体较完整，岩体基本质量等级为 V 级，揭露最大厚度 13.40m，各钻孔均有分布。

1.2　水文地质条件

场区范围内地表水一般发育，场地北侧可见一条东西向的小溪，水量随季节变化较大；地下水类型为孔隙潜水和基岩裂隙水，孔隙潜水主要赋存在细砂和圆砾中，受浏阳河河水侧向径流补给，水量中等，基岩裂隙水赋存在泥质粉砂岩裂隙及孔隙中，水量较小。勘察期间测得静止水位埋深 1.50 ～ 5.60m，相当于高程 29.39 ～ 30.29m 之间；据调查，受浏阳河水影响本区域地下水位的年变化幅度在 1 ～ 2m 左右。

根据湖南省水工环地质工程勘察院提供的《湘粤先进技术产业园岩土工程详细勘察报告》，场地内除细砂③和圆砾④层为强透水性地层外，其他各地层均为弱透水性地层，人工填土中局部硬杂质富集，透水性较强，按强透水性地层考虑。

2　基坑漏水成因分析

2.1　高压旋喷帷幕施工不到位

项目场地位于龟山路，距浏阳河的仅 1000m 左右，土层中间隙水水量丰富，且基坑西侧、南侧有 5m 厚的细砂层，细砂层下还有圆砾层，故对于高压旋喷桩施工质量的要求非常高，基坑止水采取支护桩与旋喷桩咬合的方式，施工难度大、技术要求较高。待基坑开挖后，西、南侧开始漏水，面板剥落，桩间土流失严重，细砂涌出，可以清楚地观看到部分旋喷桩断裂的情况，施工质量差，部分没有有效成桩，故无法起到帷幕的作用（图1）。

2.2　基坑顶部市政排水管破损

因旋喷桩施工不到位，造成基坑底部漏水，土层沉降，进一步造成了坑顶红线外埋设的市政管线的破损，生活污水随着缝隙流走，加大了基坑桩间土流失的速度，进一步破坏了基坑的稳定性（图2）。

图1　断裂的旋喷桩　　　　　　　　图2　坑顶塌孔

造成后果：部分旋喷桩断裂，大量泥沙水从桩间涌出，造成桩间土流失严重，导致坑顶出现塌孔，危及基坑安全。

3　施工工艺

3.1　工艺原理

双液高压注浆技术是利用双液高压注浆工艺，利用双液浆的可控性好，凝结速度快等优点，迅速提高基坑周边土体的强度，减小基坑主动土压力，进一步减小对基坑支护强度的要求，节约了基坑支护的成本[1]。采用双液注浆可解决在渗透系数大、承压水头高的地层中进行基坑施工所面临开挖困难的问题。通过对饱和性质的淤泥质土、中细砂的补强加固效应可视为由渗透、劈裂扩散、填充和挤密四部分组成浆液在压力作用下向钻孔周围土体中发生渗透、劈裂扩散。浆液包裹泥土团，而土体间的孔隙、裂隙被水泥颗粒填充。水泥中的硅酸二钙发生水解和水化反应，产生氢氧化钙。氢氧化钙与水玻璃发生反应，生成细分散状的凝胶体——水化硅酸钙。凝固后形成强度较高、水稳定性较好的水泥结石体，从而使地基挤密，固结强度增高，达到高压注浆形成固结帷幕止水带和加固软基的设计要求。对不同地层注浆均能取得强度增加、明显减小渗透系数的工程效果。对杂填土切割、包裹、渗透，对淤泥劈裂、挤压、成形，把水排出，使土体的参数提高。

3.2　处置方案

（1）紧急对基坑四、南侧坑底进行填土反压，填土高度为2m，宽度2，保证基坑的安全不至于垮塌（填土反压对于后面的注浆施工亦起到了一个保护面层的作用，可以使注浆时的压力稍微放大一点，而不至于对现有支护造成破坏），对于侧壁被洗空的部位，采用土袋进行填充，并用木板封住面层，在支护桩桩间植筋，压住土袋，防止坑顶进一步出现塌孔现象；对坑顶塌孔部位采用较好的填料进行填充，同时安全注浆队伍进场对坑顶进行注浆加固，注浆加固采取水泥水玻璃双液注浆，注浆孔间距为 1m×1m，坑顶设置三排，梅花形布孔，孔深为钻至基坑底部下降 1m 的位置，采取孔底反浆的方式，挤压、填充土层，避免进一步沉降，本次注浆施工的注浆量控制在每个孔注浆不超过 1h，使各个部位注浆更均匀，避免对现有支护桩及面层的破坏，注浆压力控制在不超过 2MPa，对基坑侧壁进行初步的加固（图 3、图 4）。

图 3　反压、填充土袋　　　　　　图 4　坡顶布设注浆管

（2）同时在坑底位置采取水平打孔的方式，封住出水点，加固面层（根据现场情况判断，本基坑漏水水压不大，主要为砂层间隙水及排水管破损造成的渗水），再配合布置若干泄水孔，封、排结合。注浆压力不超过 2MPa，注浆管长度为 3m，采取孔底反浆的方式，注浆孔间距为 1m，局部地区可根据实际情况增设（图 5）。

图 5　布设水平注浆管

3.3　施工流程

双液注浆工艺流程如图 6 所示。

（1）定孔位

按照设计要求进行施工放样，定出孔位，用石灰桩在工作面范围内做出标记，要求做到准确、醒目，孔位偏差不大于 5cm。

（2）造孔

采用煤电钻机造孔，孔径 ϕ60mm，孔斜孔角度符合设计要求。

（3）埋设孔口管

造孔完毕后，埋设直径 ϕ75mm 的孔口管，并将周围土体捣实，以防冒浆。

（4）下注浆管

将直径 25mm 的注浆管下到距孔底，并用胶球封闭孔口管。

（5）浆液制备及注浆

采用立式双层搅拌桶拌浆，注浆材料为 32.5 普通硅酸盐水泥和水玻璃混合浆液，水灰比 0.3～0.4，水玻璃参量为水泥的 5%～12%，采用高压双液体注浆，先边排注浆孔注浆、后内排跳孔注浆顺序；先稀后浓，依吸浆情况逐步加浓浆液。

（6）提管注浆

深孔注浆时边注边拔，每次拔管 1.0m，拔管时间按每 1m 注入水泥量 200kg 控制，注浆完毕后，将注浆管上提，进行下一段的注浆。

（7）拔管封孔

全孔注浆完毕后，将注浆管及孔口管拔出，封孔并冲洗管路。

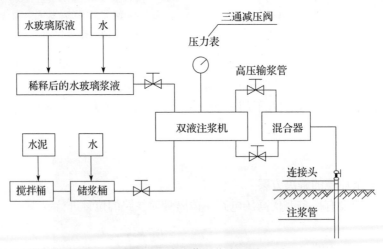

图 6　双液注浆工艺流程图

特殊条件控制标准：当注浆压力不大或降低注浆量，基底出现异常上鼓，应终止注浆，同时采用附近注浆孔"补偿"等措施。

压浆结束后，经质量检查工程师检查，通知监理工程师检查确认终孔条件。将注浆孔填实封闭截割孔口套管，留下标记备查。最后清理场地，去除污染。

3.4　施工参数

（1）注浆时先注坡顶第一排，同时进行坑底注浆，再注坡顶第二、三排，梅花形布孔，间隔跳孔施工。

（2）注浆压力：坑顶注浆压力控制在 0.3 ～ 3.0MPa 范围之内。

（3）注浆流量：40 ～ 120L/min。

（4）注浆量：总注浆量预估为加固土体的 20%（体积百分数），约为 400t。

（5）注浆材料：采用 32.5 普通硅酸盐水泥和水玻璃，水灰比为 0.6 ～ 0.8，水玻璃参量为水泥量的 12% ～ 18%。

（6）所有注浆参数需经现场注浆实验后确定。

（7）施工时浆体必须充分搅拌均匀，在注浆过程中不停顿地缓慢搅拌，在泵送前应经过筛网过滤。

3.5　施工过程

（1）初步加固

对于基坑侧壁出现的塌孔，垮空区域，采取了抢救的措施和初步的加固，消除基坑垮塌的风险。

（2）堵水及遇到困难

本基坑细砂层深厚，而砂层注浆难度非常大，细砂层很难与浆液混合固化，且细砂层流动性强，存浆困难，前期因为种种原因，我们对于出水点的处理，进行的是哪里出水堵哪里，当时效果可以，出水点能够很快止住，但本次注浆经历三次返工，皆因为，看似注浆堵水成功，几天后水流聚集在面板以内，形成新的大股水流，而细砂层的强流动性对其起到了一个引导的作用，只要有一个很小的出水点，大股水流又会重新流出来，因为砂层没有进行整段、系统性的整体注浆（图 7）。

（3）方案调整

经过几次返工后，我们总结了施工过程中没有控制到位的地方，①煤电钻机成孔深度不稳定；②没有对西、南侧基坑底部进行了整段的系统性加固，将砂层挤密、挤紧；③布设的泄水孔没有真正起到泄水的作用，多数泄水孔没有将水排出来，分析了上述的问题后同时调整了浆液比，增大了水玻璃浓度，缩短浆液初凝的时间，加固面板，将水封在面板之内。

同时舍弃施工便捷煤电钻机，调来地质履带钻机，地质钻机功率大，能够穿透岩层更好地将成孔深度控制在基坑底以下 1m 的位置，使注浆达到一个稳定的效果。

（4）周边复杂环境的解决方案

①坡顶位置埋设有一条万伏高压电路：请监理对线路的位置进行放线，并在临近线路施工时进行旁站。

②基坑临近市政道路，浆液不能渗透到附近的管网管线，以免造成淤塞：安排人员定时对临近的管网管线进行巡查，2 次 /d。

③地质钻机功率大，能够轻易切断锚索，如何避免打到布设的锚索：现场施工人员对孔位精确放点，并认真复核，请监理旁站。

4　注浆效果检测

本工程检测方法以目测基坑内无出水点为依据（图 8），由五方验收并出具验收报告为准。除此以外还有其他检测方法。

图 7　流出来的细砂

图 8　基坑侧壁无出水点

5　结语

　　随着城市建设的发展，狭小场地内的复杂周边环境条件深基坑工程越来越多。基坑支护工程中所遇到的问题也很多，本文提供了一种针对这种情况下的较为典型的基坑漏水抢险方案，并已在多个类似基坑工程中得到应用，均取得了较为理想的效果。

　　本工程虽然平面面积不大，但深度较深且土质条件复杂，所采用的注浆技术在基坑漏水处理中施工工艺明确，可操作性强，能为大多数施工队伍掌握，可作为基坑漏水处治方法推广使用。

参考文献

[1] 牛建东，黄友汉. 双液注浆土钉在复杂软弱地层基坑中的应用 [J]. 广东建材，2010，26（11）：56-58.

[2] 建筑基坑支护技术规程：JGJ 120—99 [S].

[3] 建筑桩基技术规范：JGJ 94—2008 [S].

[4] 建筑工程水泥 – 水玻璃双液注浆技术规程：JGJ/T 211—2010 [S].

[5] 彭振斌. 注浆工程设计计算与施工 [M]. 武汉：中国地质大学出版社，1997.

[6] 建质 [2009] 87 号关于印发《危险性较大的分部分项工程安全管理办法》的通知.

[7] 王晓亮. 地下工程注浆效果综合评价技术研究 [D]. 北京：北京市市政工程研究院，2009：4-27.

某近现代保护建筑移位工程应用

李登科[1]　李　婵[2]　陈大川[2]

1. 湖南大兴加固改造工程有限公司，长沙，410000;

2. 湖南大学土木工程学院，长沙，410000

摘　要：中国近现代历史建筑作为人类文明中不可缺少的重要组成部分，有着重要的文化价值，然而随着社会的发展，历史文化保护与现代建设利用之间的矛盾也越加凸显，为了更好地结合两者，建筑物整体平移技术显得尤为重要。文章根据相关资料，结合某近现代宾馆门楼平移工程实例，通过对项目建筑结构进行检测、鉴定分析，论述了其平移过程中采用的方案的必要性，并对工艺流程中的关键技术进行详细分析，提出相应的控制措施。该研究工作可为类似工程平移技术提供参考。

关键词：近现代保护建筑；建筑物整体平移；SPMT

中国近现代历史建筑作为人类文明中不可缺少的重要组成部分[1]，有着重要的文化价值，然而随着社会的发展，历史文化保护与现代建设利用之间的矛盾也越加凸显，为了更好地结合两者，建筑物整体平移技术显得尤为重要。

建筑物整体平移技术既能有效地保存有价值的现有建筑，又不影响城市规划的灵活性，还具有工程造价低、工期短、对人们的工作和生活影响小、建筑垃圾少等显著优点，在国内外得到了广泛的应用。

建筑物整体平移技术根据其平移距离和方向的不同可以划分为横向平移，纵向平移，远距离平移，局部挪移，平移并旋转[2]。

1　项目概况

该宾馆建于 1959 年，位于湖南省长沙市，为来湘接待基地，省委省政府对外的重要窗口，自建成以来共接待了党和国家领导人数以百计。该门楼为单跨、四坡顶盖的现浇钢筋混凝土框架结构，门楼净跨约 8.3m，顶盖檐口高约 8.4m，基础形式不详，填充墙体采用烧结黏土普通砖砌筑，顶盖采用现浇钢筋混凝土四坡顶盖（盖琉璃瓦装饰），详见图 1。后期该门楼约于 2018 年进行了提质改造。现拟对宾馆进行扩建，根据建设单位要求，拟将该门楼从现位置迁移至新指定位置，移位距离约 150m（图 1）。

2　主体结构检测

为详细了解某宾馆门楼结构现状，委托单位委托检测单位对该门楼的主体结构现状进行检测分析与评定，为后期的平移设计和施工等相关工作提供参考依据。

图1　门楼外观

2.1 整体变形检测与调查

（1）门楼外墙棱角线垂直度检测

采用电子经纬仪对门楼外墙棱角线的垂直度进行测量，测量结果如图2所示。

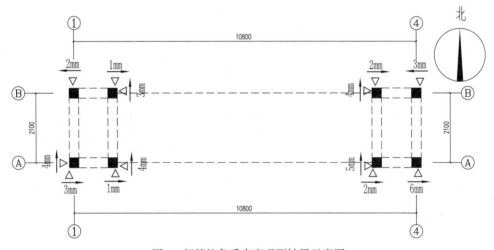

图2　门楼柱角垂直度观测结果示意图

2.2　承重构件材性检测

（1）混凝土抗压强度检测

采用回弹法对门楼现浇混凝土构件的混凝土抗压强度进行现场抽检，检测结果如表1所示。

表1　回弹法检测混凝土抗压强度结果汇总表

构件名称及位置	设计强度等级	混凝土强度换算值（MPa）		强度推定值（MPa）	备注
		平均值	最小值		
4交A轴柱	不祥	29.1	26.5	26.5	
1交B轴柱	不祥	28.5	24.4	24.4	
标高2.900m处3-4交A轴梁	不祥	26.2	25.3	25.3	
标高2.900m处2交A-B轴梁	不祥	25.9	25.3	25.3	

（2）混凝土构件钢筋配置检测

采用钢筋探测仪对九所宾馆的混凝土构件内配置的钢筋直径、数量及保护层厚度等进行抽检，检测结果如表 2、表 3 所示。

表 2　混凝土柱钢筋配置检测结果汇总表

构件名称及位置	柱纵向钢筋		箍筋		纵向钢筋保护层厚度		备注
	设计值	实测值	设计值	实测值	设计值	实测值	
4 交 A 轴柱	不详	4 根	不详	150、175、165、180、180	—	23、24、23、19、30	
1 交 B 轴柱	不详	4 根	不详	180、190、210、190、200	—	17、19、20、21、24	

表 3　混凝土楼面梁钢筋配置检测结果汇总表

构件名称及位置	梁底纵向钢筋		箍筋		纵向钢筋保护层厚度		备注
	设计值	实测值	设计值	实测值	设计值	实测值	
标高 2.900m 处 3-4 交 A 轴梁	不详	3 根	不详	180、195、190、210、200	—	19、18、19、20、28	
标高 2.900m 处 2 交 A-B 轴梁	不详	3 根	不详	170、200、195、215、200	—	19、19、18、20、23	

依据《建筑结构检测技术标准》《民用建筑可靠性鉴定标准》《混凝土结构现场检测技术标准》等标准检测后发现，该门楼为框架结构，结构布置合理，传力路线明确，整体性较好；门楼地基基础目前处于稳定状态；门楼拟平移方向的前进线路较宽阔、平整，基本具备进行平移的条件。

3　平移方案

本工程平移方案的基本思路是将建筑物和地面分离，放到移动系统上，将建筑物移动到达预定新位置后，将建筑物和新做的地下结构连接[3]。

建筑物整体移位工程的移位轨道通常包括下轨道和上轨道，具体形式与移动方式有关。一般有以下三种：滚轴滚动式、中间设滑动平移装置和中间设滚动轮。其中第一种滚动方式较常用，第二种滑动方式和第三种滚动方式适用于房屋层数较少、竖向荷载较小情况下的整体平移。

因门楼新位置移动距离较长，约 150m，且门楼结构整体性好，故该工程采用 SPMT 全转向的液压轴线车运输（图 1），车辆运输过程中可通过液压系统自动调整平整性，车辆转向能力强，可沿车长的任意一点实现 360° 转向，车辆承载能力高，单轴承载力 ≥ 40t，多列车同步精度高，运输精度高，均可达到毫米级精度。

主要施工工序如下：

（加固保护）托换结构施工（安装检测仪器）→结构截断→装车→移位→就位连接。

4　平移施工要点

平移施工中的主要技术措施有托换结构的施工、移动系统的安装、切割施工、顶升和平移时的同步控制、就位连接施工等[4]。

4.1　上部结构托换的施工

（1）上部结构托架主要组成部分为采用四面包裹的梁式托换，如图3所示。托换梁底标高为2.9m，距离道路路面3.0m，保证施工期间车辆的正常通行。该托换方式的优点：安全可靠，纵横托换梁形成大刚度托换底盘，确保运输过程中上部结构完整性。

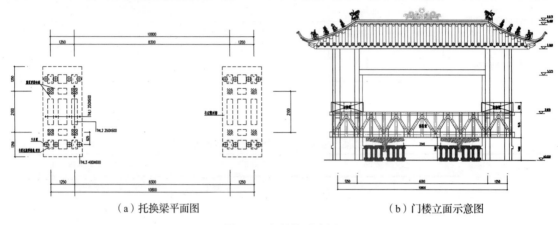

（a）托换梁平面图　　　　　　　　　　　（b）门楼立面示意图

图4　上部结构示意图

（2）拆除干挂大理石的外墙面，在柱子的内侧开人孔，保证人能顺利进入操作面施工。

（3）根据图纸尺寸确定上托梁位置，画出需要凿洞的边线范围，拆除托换梁位置的砌体，将混凝土柱与托换梁接触面凿毛，在原柱做化学植筋插筋与托梁连接，支设托梁底模，制作并安装钢筋。该门楼对于托换梁梁底标高控制和平整度要求较高，所以支设梁底模板时必须采用高精度水准仪严格进行抄平放线，确保各托换梁梁底标高一致。

（4）支设模板，浇筑混凝土并留置混凝土试块，托梁拆模后及时洒水养护，试块试压达到设计强度后准备进行钢桁架安装。

4.2　结构切割分离施工

因宾馆门楼的柱为承重结构，承重柱采用静力切割设备切割[5]，切割前按设计图纸做型钢临时支撑。钢筋混凝土静力切割是靠金刚石工具对钢筋和混凝土进行磨削切割，从而将钢筋混凝土一分为二。混凝土静力切割，对建筑真正实现无损切割，整齐分离，施工速度快、效率高、精度高、低噪声、无振动、无粉尘污染，而且切口平直光滑，无须做善后加工处理。

断基工序完成后，需要加固新圈梁及安装滚动设备，加固新圈梁及安装滚动设备与基断分段紧密配合交叉进行，断基后要及时构筑下道床，安装轨道和轨道拖车，并砌筑新圈梁，拖车的拖车架与新圈梁预留的上托板相连接，拖车架与上托板之间加垫条，以形成一个牢固的整体，能够有效的避免在平移过程中发生意外。

4.3　原位顶升施工

该平移项目需原位预顶紧，顶升用液压千斤顶或螺旋千斤顶，支撑用型钢。

（1）上托梁施工完成后，切割混凝土以前安装顶升千斤顶，混凝土分离切割完成后顶升。

（2）根据顶升点布置图安放千斤顶并预顶紧。

（3）抬到预定高度后，SPMT全转向平板拖车进入，调试拖车，准备平移。

4.4　拖运平移施工

该工程采用 SPMT 全转向平板拖车运输。SPMT 是"机 – 电 – 液"一体化机械设备，其车轮采用液压驱动、能进行独立转向和高度调节，转向模式多样，整机运行非常灵活，可以在复杂路况下实现超大重物的平稳运输，利用原有道路，沿平移临时道路运输到新位置，旋转就位[6]。

将拼接好的 SPMT 运输车开进预装上托梁的底部，进行对位，顶升小车至与托梁接触，待重量全部传递至小车，停止顶升，对小车和模块进行铰链加固，平板车运输门楼开出。门楼在平移过程中，需进行全过程的倾斜和变形的观测，平移到位后，还需再次进行倾斜和沉降的观测。

4.5　就位固定

（1）复核轴线位置是否符合设计要求。

（2）门楼到位后，拖车降落，门楼落在新基础顶面，并使之受力。

（3）按图纸要求进行连接施工，并遵循近现代保护建筑"修旧如旧"的保护原则[7]，应尽可能保留和利用原有构件，发挥原结构的潜力，避免不必要的拆除和更换，维护建筑的原真性。

5　结语

该宾馆门楼平移工程保证了建筑物平稳到达新址，并确保了建筑物结构安全及后期使用。通过对其施工过程及关键技术进行分析，可为今后类似平移工程的应用提供借鉴。

参考文献

[1] 沈吉云. 历史建筑加固与修缮中对历史文化价值的保护 [J]. 建筑结构，2007，37，1-5.

[2] 谭坚贞. 建筑物移位技术的理论分析与工程应用 [D]. 兰州理工大学，2008.

[3] 赵士永. 古建筑群整体移位的关键技术和理论分析 [D]. 天津大学，2013.

[4] 吴凡昌. 房屋平移施工中的技术要点探析 [J]. 门窗，2014（07）：165.

[5] 陈建光，刘文解，张帆. 混凝土结构无损切割技术的应用与研究 [J]. 建筑施工，2014，36（02）：150-153.

[6] 顾海东. 陆地上的超级大力士——SPMT 模型赏析及实车揭秘 [J]. 专用汽车，2015（01）：72-76.

[7] 么江涛，熊海贝. 上海市优秀历史保护建筑抗震加固问题探讨 [J]. 结构工程师，2013，29（06）：177-182.

大直径嵌岩旋挖灌注桩分级扩成孔施工技术

向宗幸

湖南省第三工程有限公司，湘潭，411100

摘　要：由于工艺的改进，大直径嵌岩旋挖灌注桩，在高层和超高层建筑以及大型桥梁工程中运用越来越广泛，但在成孔过程中硬岩钻进、泥浆护壁、孔壁稳定等施工关键工序上，存在着硬岩钻进缓慢、塌孔等问题。在佛山珑门广场14座、21座工程的大直径嵌岩旋挖灌注桩中，通过技术改进并结合旋挖灌注桩的施工经验，采取了分级扩孔成孔技术，取得了较好的效果。

关键词：大直径；嵌岩；旋挖；分级扩孔

1　前言

随着旋挖钻桩施工技术的成熟，大直径嵌岩桩在房层建筑工程中越来越多地被采用。在我公司承建的佛山市珑门广场四期14座、21座工程中，该工程的灌注桩基础工程中有 $\phi1800mm$ 桩基18根，$\phi2000mm$ 桩基12根，$\phi2400mm$ 桩基8根，平均入中风化岩6.6m，入微风化岩1.0m以上。该桩基工程于2018年8月开工，于2019年2月完工。在中风化岩层中采用普通的旋挖钻进成孔速度相当慢，甚至慢于反循环回旋钻成孔，并且在护壁成孔、孔底清渣等施工关键工序上，还存在着塌孔、孔底沉渣厚度超标等问题。针对上述存在的问题，通过技术改进并结合旋挖灌注桩的施工经验，我们采取了"大直径嵌岩旋挖桩分级成孔施工技术"，取得了较好的效果。该技术施工工艺先进、技术可靠，施工过程中环境污染少、施工进度快，灌注桩完工后经检测，均符合设计和规范要求，保证了施工质量、安全和进度，使工期提前了12d，并且节约了施工成本。

2　施工特点

（1）施工速度快、成孔质量好。充分利用了旋挖钻机这种机电一体化的先进设备，发挥其长处。该设备在杂填土、黏土、强风化岩中成孔速度快，自动出渣，成孔质量好。在中风化岩和微风化硬质岩层中，通过分级钻孔扩孔成孔工艺，能极大地提高了岩层中成孔速度。

（2）泥浆需要量少。旋挖钻机在钻进过程中是通过钻头对土体旋挖取土，再通过凯式伸缩杆下放或提升截齿捞斗进行孔内捞渣，而不需用泥浆排渣，泥浆仅仅起护壁的作用，因此对环境污染少。

（3）孔壁稳定。因采用旋挖钻机分级钻孔，增大了孔底岩层破碎的自由度，使钻机对孔底和孔壁的冲击影响大为减小，减小了钻杆的摆幅，更有利于孔壁的稳定。

（4）节省成本。由于成孔快、效率高，因此成本也较节约。

3　技术原理

大直径嵌岩旋挖灌注桩分级扩孔成孔施工工艺是在大直径施挖钻机钻孔施工过程中，当钻头进入中风化岩层后，钻进速度明显变慢，钻杆的摆幅过大和钻进电压和电流增大较大时，停止钻进，改用小直径的钻头钻进。当小直径钻头钻到设计标高或规定的入岩深度后，停止钻进，再更换大两～三级的牙轮筒式钻头进行扩孔钻进到设计标高，直至桩基孔径达到设计桩径。由于在岩层中，首先采用小直径的钻头钻进能减小钻入的阻力，并减小钻杆的摆幅，容易钻进。成孔后，再采用进行扩孔钻进，能增大了岩层破碎的自由度，更有利于钻进作业，从而提高了旋挖钻机在岩层中钻进的工作效率，扩大了旋挖钻机的适用范围，如图 1 所示。

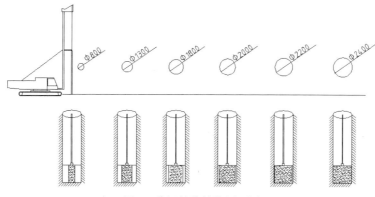

图 1　分级钻孔扩孔原理图

4　施工工艺及操作要点

4.1　工艺流程

测量定位、埋设护筒→上层软岩土层全断面钻进→岩层中小直径钻孔→分级扩孔→终孔、清孔→结束。

4.2　操作要点

（1）测量定位、埋设护筒

①测量放线定位

复核建设单位提供的测量控制点，合格后，测定出各灌注桩的桩位。双向控制定位后埋设钢护筒并固定，以双向十字线控制桩中心。开钻前必须先校核钻头的中心与桩位中心重合。在施工过程中必须保证钻头的位置准备，需经常检测钻具位置是否发生变化。

②钢护筒埋设

测量定位后即可埋设钢护筒，以起到定位、保护孔口和维持孔内水位高差等作用。护筒的埋设，根据地质情况，可采取打埋和挖埋等方法。在地质较软的土层中可选择打埋，当土层较硬，采用打埋较困难时，可选择挖埋。当采用挖埋时，护筒与坑壁之间必须用黏土夯实。护筒埋设深度一般为 3.0m 左右，应高于桩基处原地面 50cm。

（2）上层土层及软岩层全断面钻进

①泥浆配制

泥浆在钻孔桩钻进过程中起到携渣、润滑和维持孔内水头压力的作用，也是旋挖钻机正常钻进的保障、孔底清渣的必要条件。泥浆性能的好坏直接关系到孔壁的稳定性及沉渣清理的难易程度。泥浆稳定液主要性能指标在于密度、黏度、含砂率、胶体率。通常采用黄土或黏土加水搅拌；本工程嵌岩大直径桩由于桩径较大，选择了化学泥浆，主要成分包括：水、高性能中黏度钠基中黏度膨润土、CMC（羧甲基纤维素钠）、NaOH（烧碱），按一定比例配制而成，具有充分发酵、密度低、胶体率高、黏度高、含砂率低、失水量少、性能稳定、护壁能力强、不分层等特点，能满足不同地层中护壁钻进的需要。泥浆主要性能指标见表1、表2。

表 1　泥浆主要性能指标

项目	指标	项目	指标
膨润土最低浓度	8%	失水率限度（每 30min）	20mL
泥浆最小黏度（500mL）	25s	pH 值最高限度	11
含砂率最高限度（%）	4	胶体率最小值（%）	95

表 2　泥浆必要黏度参考值

土质	必要黏度（s）	土质	必要黏度（s）
砂质淤泥	20 ～ 23	砂（$N<10$）	>45
含黏土砂砾	25 ～ 35	砂（$10 \leq N<20$）	25 ～ 45
砂砾	>45	砂（$N \geq 20$）	23 ～ 25

　　泥浆由专人负责配制、输送以及废浆处理，泥浆池设新浆、回浆、废浆池，容量以设计桩径方量 1.5 ～ 2.0 倍为宜，并对回浆加以循环利用，以降低造价。废浆晾晒后外运，以保证场地环境整洁。

　　②上层土层及软岩层全断面钻进

　　根据地质情况有针对性地选择钻进方式，软岩土层钻进时选择按设计桩径 $\phi2400mm$ 截齿斗一直钻到强风化层底。软岩土层段钻进时每次取土方量较大，提升钻头出孔时行速缓慢，避免孔内水头压力骤降，及时为孔内补充泥浆，保证孔内水头压力。

　　（3）岩层段小直径钻进

　　当全断面钻进过程中入岩速度明显慢下来时，说明钻头已进入中风化岩层。为克服大断面钻进阻力，硬岩钻进时采用分级扩孔钻进施工方案：先选用较小尺寸如：$\phi800mm$ 截齿筒式钻头钻进取芯，对岩石制造完整自由临空面，提高岩石破碎的自由度。

　　（4）分级扩孔

　　当小直径 $\phi800$ 钻进到设计标高或入岩深度后，然后逐级更换扩孔钻头 $\phi1300mm$、$\phi1800mm$、$\phi2000mm$、$\phi2200mm$，分级扩孔直至设计孔径 $\phi2400mm$，孔底岩块、岩屑通过捞渣钻斗打捞出来。扩孔级差根据岩石硬度确定，初期扩孔孔径相对小，扩孔级差稍大；随孔径的加大，扩孔级差保持相差 200mm 左右。这种小断面递增钻孔，使每次切削岩体的摩阻力增量相对稳定，充分发挥大扭矩旋挖钻机的硬岩钻进能力。相比直接用大直径钻斗钻岩，分级扩孔钻进工效更高、综合成本更低。

　　注意事项：在岩层钻进过程中，当主机振动剧烈且进尺缓慢，尤其当遇到斜岩时，操作人员需耐心操作，先启动较小扭矩与转速慢慢磨岩，待穿过斜岩后再加压提高转速钻进，既避免偏孔又减少了机械磨损。岩层钻进的钻具选用长度在 2 ～ 3m 左右的截齿筒钻，以保证取芯概率，同时强制地导向减少偏孔。由于硬岩钻进时间相对较长，对机械耗损大，在旋挖机施工过程中要严格按操作规程要求进行机械各零部件的保养，定期检查并及时更换易损件，确保钻机正常运转。

　　（5）终孔清孔

　　因大直径桩基施工中单桩泥浆用量大，采用正循环清孔，大桩径孔底沉渣清理约需要

1d，工效较低；采用反循环清孔则约需要 4h，且孔底沉渣清理效果较好。清孔后若混凝土供料不及时，孔内沉渣又会超限，需要再次清理。

（6）检查

①对孔深、孔径、孔壁、垂直度进行检查，不合格时采取措施处理。成孔检查方法根据孔径的情况来定。当钻孔为干孔时，可用重锤将孔内的虚土夯实，采用直接有测绳及测孔器测；若孔内存在地下水，可采用泵吸反循环抽浆的方法清孔。

②泥浆浓度测定，终孔时泥浆密度按 $1.08g/cm^3$ 进行控制。

5　效益分析

（1）社会效益

旋挖钻机具有施工安全、质量可靠、成孔速度快、工期短、效率高、低噪声等优点，但适用范围较小，只适用于土层和强风化软岩的地质条件；分级扩孔技术可使旋挖钻机的适用范围扩大到中风化岩和微风化岩。

采用旋挖钻机工作原理，通过调整方法，更换钻头的工艺使旋挖钻机这种先进的设备在复杂的地质条件下得到充分的发挥，增强旋挖钻机的地质适应条件，为旋挖钻机在更广泛的地质下能应用创造了新的方法。

（2）经济效益

旋挖钻机一次投入费用较大，但成孔速度快，是其他方法的 3～4 倍，动力和人工费用消耗比其他方法成孔费用低 20%～40%，是一种理想的施工工艺，同其他工艺相比综合成本降低了。以完成一根 $\phi2400mm$ 灌注桩在中风化岩层中成孔施工为例，平均桩基成孔费用节约 466.7 元/m，具体见表 3。

表 3　经济效益对比分析表

施工工艺	入岩（中风化岩层）长度	施工时间（h）	人工费	材料费	机械费	合计	平均每 1m 成孔费用
旋挖钻分级扩孔成孔	3.0m	6.0h	400 元/天 ×（6h/8h/天）×6 人=1800 元	100	400 元/h×6h =2400 元	4300 元	1433.3 元/m
旋挖钻一次性旋挖成孔	3.0m	8.0h	400 元/天 ×（8h/8h/天）×6 人=2400 元	100	400 元/h×8h =3200 元	5700 元	1900 元/m

6　结语

大直径嵌岩桩在岩层中采用分级扩孔技术进行钻进，能有效地提高钻进速度，防止塌孔问题，节约施工成本。该技术适用于高层或超高层房屋建筑工程的灌注桩基础，桩径 $\phi1800mm$ 以上，桩端嵌入中风化岩 2m 以上的桩基工程；同时也适用于桥梁（非跨河）灌注桩基础工程。

参考文献

[1] 李榛，王晶，等．大直径、嵌硬岩旋挖灌注桩施工关键技术［A］．第十二届中国桩基工程学术会议［C］．2015.10.14.

[2] 史江楠．旋挖桩施工技术浅析［J］．城市建设理论研究（电子版），2015.5.25.

[3] 郑勇．浅述旋挖钻孔灌注桩施工工艺［J］．城市建设理论研究（电子版），2013.2.15.

浅谈人工挖孔桩在桩基施工中的应用

何　航

中国水利水电第八工程局有限公司，长沙，410004

摘　要： 人工挖孔桩使用的机具设备简单，人员、设备能迅速就位，适应狭窄场地，又能多孔同时挖进，无泥浆排出，对周边环境影响小，在市政复杂环境下的桩基开挖施工中占有较大比例。

关键词： 人工挖孔桩；水磨钻施工；桩基护壁

1　工程概述

学院路分离式立交桥台、桥墩采用桩柱式，设置 2 排桥台和 2 排桥墩，即 0 号桥台，1 号桥墩、2 号桥墩，3 号桥台。0 号、3 号桥台基础为 4 根 D180cm 灌注桩及扩大基础，桩基接台帽；1 号、2 号桥墩采用圆柱式墩，直径为 280cm，下接 4 根 D300cm 灌注桩。桩基均按端承桩设计，基底嵌入完整中风化灰岩应不小于 3 倍桩径，且桩底完整基岩不小于 5m。根据地勘文件显示，桩基全为嵌岩桩，平均进尺 2m 后进入中风化灰岩层，该层为中厚层状构造，节理裂隙稍发育，岩芯多呈长柱状，节长一般 15～50cm，最大 143cm，岩体较完整。桩基最大开挖深度 24m。

学院路分离式立交桩基施工位于杭瑞高速两侧，1 号、2 号桩基距高速路基边最小距离为 11.7m，桥墩桩基顶部存在 10kV 高压线，距地面最小高度 10m，若采用机械成孔或以爆破方式挖进的人工挖孔，将会扰动高速公路路基以及高压线塔基础，且此处桩基施工区域位于山谷，地形狭窄，无法大范围布置机械成孔设备，经多方面考虑后决定采用对高速公路和高压线塔无影响的水磨钻来破除桩基中风化岩层。

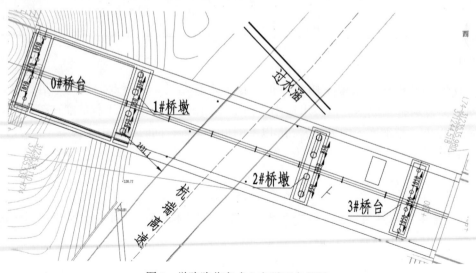

图 1　学院路分离式立交平面布置图

2　施工特点

（1）人工挖孔桩使用的机具设备简单，适应狭窄场地，人员、设备能迅速就位。

（2）人工挖孔桩能多孔同时挖进，可全面展开施工，加快施工进度，缩短工期。

（3）人工挖孔桩比机械钻孔桩质量更容易控制，规避了隐蔽工程质量控制难度大的问题，有利于提高成桩质量。

（4）人工挖孔桩对比机械钻孔桩噪声小，对周边的噪声影响小。

（5）人工挖孔桩不产生泥浆，有利于文明环保施工及减小周边的环境影响。

（6）采用人工挖孔桩前需对现场地质情况进行详细勘察，以下情况禁止采用人工挖孔桩施工。

表 1　地质情况复杂禁止采用人工挖孔桩对照表

序号	禁止使用人工挖孔桩的情况
1	地基土中分布有厚度超过 2m 的流塑状泥或厚度超过 4m 的软塑状土
2	地下水位以下有厚度超过 2m 的松散、稍密的砂层或厚度超过 3m 的中密、密实砂层；
3	有涌水的地质断裂带
4	地下水丰富，采取措施后仍无法避免抽水作业
5	高压缩性人工杂填土厚度超过 5m
6	工作面 3m 以下土层中有腐殖质有机物、煤层等可能存在有毒气体的土层
7	没有可靠的安全措施，可能对周围建（构）筑物、道路、管线等造成危害

3　水磨钻人工挖孔桩施工技术原理

水磨钻开挖法是采用水磨钻、风镐破碎开挖，分节进行，每节施工深度为 0.6m，施工过程中，当桩孔内积水较深、影响到钻孔施工时，用水泵将孔内积水抽出，并及时采用通风措施，保证孔内作业人员的安全，孔内通风采用专用鼓风机，由孔底将孔内空气向上吹，与地面空气形成对流。此外，当开挖的岩层不稳定时，设置护壁支护，护壁钢筋布置、厚度除按设计要求外，还应考虑水磨钻开挖增加的工作面通过加厚护壁进行调整，以保证设计桩径。

施工工艺流程详见图 2。

4　水磨钻人工挖孔桩功效分析

以学院路分离式立交 1 号、2 号桥墩桩基为例：3000mm 的桩径，采用 YX-160 水磨钻机钻孔，需沿桩基孔壁布置 59 个取芯点，整体完成单节钻孔施工（0.6m），共

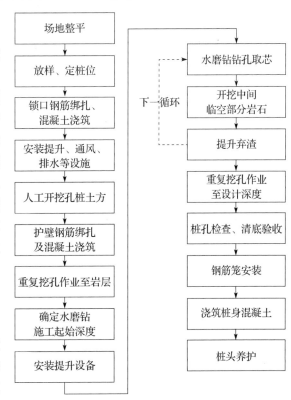

图 2　施工工艺流程图

需进尺 35.4m，单台 YX-160 水磨钻机钻进中风化灰岩每 1h 进尺深度约 1m，3000mm 的桩径桩基内可放置 3 台 YX-160 水磨钻机，4 人一组（3 人桩内作业，1 人桩外作业）每 1h 进尺约 3m，整体完成单节钻孔施工（0.6m），需 11.8h。每次沿桩基孔壁钻孔一圈取出岩芯后，需采用 YT-28 风镐或愚公斧小型劈裂机凿碎中心部分岩石，并出渣至桩孔外，每次凿岩出渣平均需耗时 3h。整体完成单节钻进施工（0.6m），共需 14.8h。

5 水磨钻人工挖孔桩施工关键工艺

5.1 锁口及护壁施工

为防止桩孔壁因岩层土质原因及岩层孔隙水渗水等原因造成的掉块、坍塌等现象对桩基施工人员造成人身伤害，人工挖孔未进入岩石层时需设置钢筋混凝土护壁。第一节护壁以高出地坪 20cm 为宜，壁厚比下面护壁厚度增加 50mm，便于挡土、挡水，上下护壁间的搭接长度不得少于 50mm。桩位轴线和高程均应标定在第一节护壁上口，当人工挖孔进入完整岩石层之后，不再设置护壁，详见图 3。

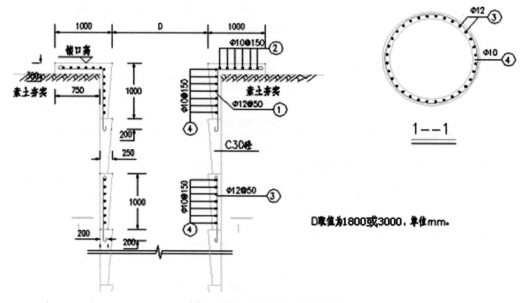

图 3　锁口及护壁施工大样图

5.2 水磨钻开挖施工

（1）钻取孔桩四周岩石：沿桩基孔壁布置取芯点，芯点中心位于设计内径基线上，取芯直径为 170mm，依次以外倾角 15° 向下钻取外周的岩芯，取出的岩芯高约 600mm，外周岩芯取完后中间岩体便形成一个环形临空面。

（2）钻取中间岩石：沿桩半径钻取岩芯，将桩芯岩体等分成三等份，每份约占桩芯岩体的 1/3，以便于岩体破裂。

（3）风镐打孔破碎：针对大体积桩芯岩体，用风镐在岩体上钻眼，再将桩岩石分成六等份。

（4）插入钢楔，击打钢楔分裂岩石：在沿桩基径向风镐钻出的孔内打入钢楔，用大锤锤击钢楔使岩体获得一个水平的冲击力，在水平冲击力作用下岩石沿铅锤面被拉裂，底部会发生水平剪切破裂，依次分裂岩体，直至该层岩体全部被破裂。

（5）人工装渣，电动提升机出渣：一次单循环施工工作后，将水磨钻钻出的岩芯进行依次出渣，出渣从桩孔的一侧进行，然后插入钢楔，击打钢楔分裂岩石后再进行一次出渣。

（6）桩孔修正及下一循环的施工：由于水磨钻钻芯后桩基孔壁成锯齿状，为保证有效桩径，要敲掉侵占桩基空间的岩石锯齿。通过锁口护桩在桩孔内标出设计桩中心，检查桩基底部偏位情况并及时纠偏，同时标出下一个循环外周水钻钻孔取芯位置，进入下一循环的挖孔桩施工。主要施工顺序具体如图 4 所示。

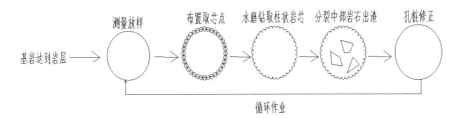

图 4　水磨钻施工过程示意图

5.3　水下混凝土灌注施工

导管选用内径 280mm 的两端带丝口的钢管，分底节、中间节、顶节三种，底节不短于4m，一端设丝口，中间节从 1.0 ～ 4.0m 不等，顶节根据计算配置。采用橡胶垫及抱圈联结导管。导管安放前一定要试拼试压（要求达到 0.6MPa 以上），检查有无漏水及导管承受压力情况。经水压试验合格后，在孔中安装导管，导管放至管口距孔底 30 ～ 50cm，在孔口用槽钢及钢板加工平台将导管固定，接上料斗，用球或法兰盘做隔水塞，待保证导管埋设深度的首批混凝土量装满后，打开漏斗阀门进行灌注。

测量配合控制导管底距孔底 25 ～ 40cm 左右，将储料斗、下料漏斗内储满混凝土（满足首批混凝土埋管深度不小于 1m 的要求），混凝土下落后检测导管内和孔内混凝土面高程，确保导管埋深不小于 1.0m 以上，方可继续灌注混凝土。应经常测量检测混凝土面高程和埋管深度，及时上拔导管（$2m \leq H \leq 6m$）。

在灌注混凝土过程中应经常测量检测混凝土面高程和埋管深度，及时上拔导管（$2m \leq H \leq 6m$），当混凝土面高出设计桩顶标高高度 1.0m 时，终止灌注水下混凝土。清除桩顶浮浆，便于桩头凿除。

6　优缺点对比（表 2）

表 2　人工挖孔桩与机械成孔桩对比表

项目	水磨钻人工挖孔桩	机械成孔桩	结论
进度方面	使用的机具设备简单，适应狭窄场地，人员、设备能迅速就位，能多孔同时挖进，可全面展开施工；如遇施工机械故障，因机具设备简单廉价，易采购，可及时更换设备继续施工	施工机械较大，需现场形成运输道路后方能进场；现场施工受场地限制，需合理规划泥浆池及施工机械布置，全面展开施工限制较大；如遇施工机械故障，因机械较大，采购及租赁需要时间，可能会造成部分部位暂时停工的现象	水磨钻人工挖孔桩能加快施工进度，缩短工期
经济方面	人工挖孔桩可节省工期，减少劳动力及机械的施工使用时间，提高资金的周转率	机械与劳动力使用时间长，机械损耗及附属材料使用量随施工时间的增长而增大	人工挖孔桩在节省工期的同时对经济也会带来效益，在未来劳动力市场资源紧缺，劳动力成本提高的情况下，优势更为明显

项目	水磨钻人工挖孔桩	机械成孔桩	结论
质量方面	0.6m深度作为一个施工节段，每个施工节段校准一次桩位，可有效避免桩基偏桩现象发生；在开挖过程中，可及时发现桩基各质量问题，及时处理，规避了隐蔽工程质量控制难度大的问题，有利于提高成桩质量	桩基成孔，进行检测后方可发现桩基病理	人工挖孔桩对施工过程中及成桩的质量控制优势更大
安全方面	主要为人身伤害、孔内窒息、高处坠落、高空坠物等危险源，施工时需做好临边防护、孔内通风、周边排水等措施	主要为机械伤害、高处坠落、浸溺泥浆池等危险源，施工时需做好泥浆池及临边防护、安全警示标语等措施	两种施工方式在施工过程中都应做好相应安全措施
环保方面	不产生泥浆，不产生噪声，且不产生振动，有利于文明环保施工及减小对周边的环境影响	需设置合理泥浆池，否则可能对周边环境造成污染，产生噪声及振动，对周边民居及高速公路等构筑物有影响	人工挖孔桩对周边环境的影响更小，有利于环保施工

7 结语

　　以水磨钻方式挖进的人工挖孔桩对比于机械成孔桩有诸多优点，如在前期大型机械进场道路未形成，施工场地狭窄导致无法布置机械成孔设备，周边有民居、重要构造物、高速公路等条件下，选择人工挖孔桩较为经济适用。但人工挖孔桩也存在局限性，如在地下水较丰富，地质不稳定，存在较多溶洞的情况下不适用于采用人工挖孔桩。

　　在实际施工中，应结合现场实际工况，多项对比后选取合理的施工工艺，将施工的效益最大化。

参考文献

［1］ 姚晓荣. 人工挖孔桩施工技术在复杂地质条件下的应用［J］. 中华建设，2008（10）：112-113.

［2］ 柴勇. 人工挖孔水磨钻在山区高速公路桥梁桩基施工中的应用［J］. 交通建设与管理，2014（14）：45-49.

［3］ 胡巍. 人工挖孔桩技术在建筑施工中的应用［J］. 黑龙江科技信息，2013（9）：33-36.

［4］ 公路桥涵施工技术规范：JTG/T F 50-2011［S］.

南宁吴圩机场 T2 空管塔台基础及主体结构工程施工技术

黄磊明

湖南省第四工程有限公司，长沙，410119

摘　要： 本文以南宁吴圩国际机场 T2 空管塔台为实例，通过对施工特点、施工控制点的分析，介绍了基础及主体结构工程主要关键性施工技术的应用，供业内同行参考。

关键词： 塔台；结构工程；施工技术

1　工程概况

南宁吴圩国际机场扩建工程 T2 空管塔台，高 89m（不含天线），建筑面积约 3197m²。作为航站区制高点的建筑地标，其功能是指挥塔台控制区域内的飞机起降，是机场重要的指挥中心。

1.1　建筑概况

塔台内设一部楼梯，两部电梯，四个功能管道井。1 ～ 20 层为标准层，21 层为现场指挥设备层，22 层为现场指挥层，23 层为设备层，24 层为休息及值班层，25 层为气象观察层，26 层为设备夹层，27 层为管制指挥层。

塔台上部管制层为蓝色玻璃幕墙，下部为白色金属铝板幕墙，镶嵌着三道环形的蓝色玻璃带。整个外立面采用螺旋上升舒展的造型，象征着城市飞速向上发展的态势。外皮波浪起伏，仿佛一株绽放的植物花朵，整个造型极富动感，彰显了绿色生态宜居城市的气质，直接显示了新航站区的形象（图 1）。

1.2　结构简况

塔台为圆筒体，地下 2 层，基础埋深 8.0m。地上 27 层，其中 1 ～ 26 层为钢筋混凝土结构，顶层为钢结构。±0.00m 以上建筑高度为 89m，其中钢筋混凝土筒体高度为 83.45m，钢结构高度为 5.55m。

图 1　空管塔台效果图

各层层高为：1 层 3.3m，2 ～ 19 层为 3.0m，20 层为 4.95m，21 ～ 27 层分别为 3.6m、3.3m、3.6m、3.7m、3.95m、3.1m、5.55m。

1 ～ 19 层（57.25m 以下）为筒体结构，筒体外半径 4.6m，墙厚 500mm、200mm。20 ～ 24 层（标高 62.2 ～ 76.4m）为带斜撑柱的框架 – 筒体结构，8 个 350mm×450mm 的斜撑柱等分圆周，从筒壁标高 53.394m 向外斜伸到 76.4m 标高，21 ～ 25 层从下到上依次外挑 2.4m、3.05m、4.05m、4.935m、6.045m。25 ～ 26 层（76.4m ～标高 83.45m）为核心筒结构

外带悬挑梁板，悬挑长度分别为 4.23m、3.1m。

混凝土强度等级 C30，楼板厚度 120mm，150mm。

塔台基础为桩筏基础，埋深 8m，共有 13 根直径 1.5m 的冲孔桩，承台底板边长 9.25m，厚 2.0m 的正六边形棱柱体，顶面标高为 -6.0m，混凝土 C30 P6，混凝土体积为 444.58m³，配筋为底筋 φ25@100 双向，顶筋 φ25@150 双向。

本地区抗震设计烈度为 6 度，塔台的抗震设防标准按高于重点设防类考虑，按 7 度抗震设计。抗震与防火等级为二级。

塔台结构剖面如图 2 所示。

2　工程施工特点

（1）工期紧，专业多，配合协调工作量大。塔台施工涉及土建、给排水、强弱电、消防、暖通、工艺、安防等多种专业，施工工期紧，总工期 720d，各设计单位、施工单位、建设使用单位、设备供应商的配合、协调工作量大。

（2）安全文明施工要求高。机场是展示安全文明的重要窗口。本工程位于机场内，开工时，吴圩机场 T2 航站楼已经运营，施工中必须采取高标准的安全文明施工措施和清单式的检查措施，最大程度确保安全文明施工，创 AAA 安全文明标准化工地。

（3）质量要求高。本工程因其特殊的使用功能，质量要求高，对质量技术管理要求严格，质量目标为创省优质文明工程。

（4）基础、结构施工难度大。塔台建筑外形特殊，结构高耸，施工作业面狭小，基础、结构施工难度大。

3　主要施工控制点

（1）本工程地处广西岩溶地区，溶洞地质发育，岩溶地区桩基成孔、钢筋笼制安、水下混凝土的浇灌是本工程桩基施工质量控制的重点和难点，施工方案的比选尤为重要。

（2）基础底板属大体积混凝土结构，控制大体积混凝土内外温差，防止温差裂缝，是基础工程施工质量控制的重点之一。

（3）塔台筒壁及竖向墙体采用滑模工艺施工，主要施工控制点：①操作平台的偏扭控制；②垂直度的控制；③混凝土脱模强度的控制。

（4）塔台建筑外形特殊，结构高耸，施工作业

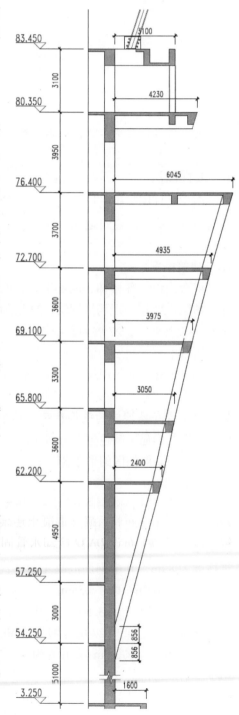

图 2　塔台结构剖面图（局部）

面小，特别是塔台功能层以上倒圆锥悬挑混凝土楼面结构，对脚手架体系的设计及施工要求高，是本工程主体结构施工的难点。

（5）顶部钢结构安装和现场焊接质量控制。

4　主要关键性施工技术

4.1　塔台桩基施工

地勘报告显示，本场地岩层属于喀斯特地貌，受溶蚀作用影响，石灰岩中溶蚀裂隙及溶洞发育。在 13 根桩中，超前钻每根桩探 3 个孔，每根桩发现有溶洞，洞高 0.6～3.3m 不等，部分钻孔出现有多层溶洞，溶洞内无充填物，洞顶裂隙发育。桩净长 15～26m，地面打桩孔深 21～32m，施工难度大。

为确保正常成孔，预防质量事故，采取以下成孔措施：（1）采用冲孔桩工艺；（2）用圆形钻头冲孔时，宜用小冲程；（3）当泥浆遇到岩溶裂隙漏浆时，投放黏土，边投边冲击，直至穿过裂隙地层；（4）接近溶洞顶面时，采用小冲程冲孔；（5）当溶洞内有充填物时，应减小冲程，边冲边向孔内投放小片石，冲击到溶洞内作为填充骨架；（6）体积较小的溶洞，钻穿后孔内泥浆液面会突然下降，采用抛填片石、黏土、袋装水泥混合料，形成人造孔壁，直至停止漏浆；（7）当遇到大溶洞无充填物时，采用低强度等级混凝土 C15 填充整个溶洞，待混凝土终凝 24h 后，再继续冲击成孔。（8）遇斜岩面时，为防止偏孔、斜孔，投入黏土、石块，将孔底填平，用十字形钻头反复冲击，在穿过斜岩面之前，要注意采用小冲程。穿过斜岩面以后，逐渐加大冲程，加快频率，达到一定深度后，再恢复正常冲击。

其他控制措施：（1）采用泥浆护壁，严格控制泥浆密度，防止塌孔。（2）遇溶洞，按预案补浆，填充片石或混凝土处理。（3）持力层、成孔深度、入岩深度满足设计要求。（4）采用二次清孔，控制沉渣厚度；（5）钢筋笼纵筋用机械连接，整体成形，整体吊装；（6）水下混凝土确保连续供应，控制拔管速度，防止埋管或断桩；（7）超灌高度不小于 1.0m，保证凿除浮浆和松散体后，桩顶标高符合设计要求。

4.2　塔台底板大体积混凝土施工

大体积混凝土施工，要防止混凝土因水泥水化热产生温差裂缝，采取了以下措施：（1）把好原材料质量关，粗细骨料级配良好；（2）掺加超细活性粉煤灰，减少水泥用量，降低水化热；（3）掺加缓凝型高效减水剂，延缓混凝土初凝时间，防止出现施工冷缝，减少用水量。（4）外加剂的用量、配合比、水胶比、坍落度等根据施工时的气温进行适当调整。（5）采用 2 台汽车泵布料，确保混凝土连续供应；（6）在底板中部增加一层 $\phi14@200$ 双向抗裂钢筋网片；（7）布设 DN32 冷却水管固定在中层钢筋网片上，注入自来水，利用循环水散热降温；（8）采用电子测温仪测温，密切监控内外温差；（9）混凝土表面覆盖麻袋，保湿养护。

4.3　塔台竖向结构液压滑模施工

根据工程结构情况，塔台竖向结构从标高 –6.0m 起至 84.35m，采用液压滑模方法施工。

（1）滑升模板外模高度 1.5m，内模高度 1.2m。模板内外各两道 10 号槽钢围圈，围圈之间用钢桁架形成操作平台骨架。提升系统共布置"Ⅱ"形提升架 33 榀，每榀提升架 1 个千斤顶，采用 $\phi48×3.5$ 钢管作为支承杆。

（2）其他内、外吊架及外立面用薄壁彩钢板替代安全立网，确保防护万无一失。

（3）遇楼板采取空滑升高，空滑升高的支承杆必须加固，加固方法是每根 $\phi48$ 支承杆旁增加 2 根 $\phi48$ 立钢管与支承杆焊接形成格构柱，并将格构柱在筒壁内用 $\phi48$ 钢管扣件连接，形成加强整体，以增强抗扭能力，防止支承杆失稳。

（4）滑升过程中遇门窗洞口或其他留洞需局部空滑时，每组千斤顶的支承杆，采用同样方法加固。其余正常滑升部位，利用水平钢筋间距 500mm 高与各支承杆焊接。

（5）垂直度及扭转控制。在塔台一层结构楼板上埋设中心控制点，架设一台激光铅垂仪，用防护架保护。通过激光可随时将中心传递到滑模平台上的接收靶，随时检测，随时调控筒身的滑升。每滑升一次，检查一次中心垂直度，及时调整。工程的中心垂直度最大偏差仅 25mm，符合规范要求（允许偏差为全高的 0.1%，≤ 50mm）。由于塔台内有两个电梯井，筒体在施工中不能出现大的扭转。控制方法：在滑模平台外侧悬挂重 20kg 的圆锥锤来测量平台的扭转值，施工过程实测扭转值 15mm，控制效果很好。

（6）控制混凝土出模强度在 0.2～0.4MPa 之间。在施工前优选混凝土配合比，通过试验把握混凝土 0.1～1.2MPa 的发展规律，掌握气温变化条件下，混凝土达到出模强度所需的时间，作为控制滑升速度的依据。如混凝土出模强度高，模板的摩阻力会增大，新浇混凝土会拉裂。采用高压水管喷淋系统进行混凝土养护，随滑模平台一起上升。

4.4 各层楼板与楼梯施工

横向水平楼板采用逐层空滑后并进施工的工艺（即"逐层封闭"或"滑一浇一"）。

每个标准层施工时间为 3d（包括筒壁滑升 1d，空滑加固及搭设楼板模板支撑架、支模、扎筋、浇筑楼板与楼梯混凝土 2d）。现浇楼梯休息平台采用先滑墙体楼板跟进施工工艺，在筒体与剪力墙上支木盒预留出梯梁洞口，休息平台位置预留"胡子筋"或水平凹槽。然后支模、扎筋、浇筑混凝土，保证滑升平台人员的上下。

4.5 外伸悬挑结构高空支模

首层（–0.10m）、二层（+3.25m）筒壁外挑 2.3m、1.6m 梁板，在地面搭设落地模板支撑架施工。

18～25 层斜撑柱及现浇梁板，总高 25.15m。在标高 52.25m、62.2m、69.1m 安装三座悬挑型钢平台，搭设悬挑型钢脚手架施工。

（1）18 层楼面到 21 层楼面（标高 51.25～62.2m），高度为 10.95m。该段在筒壁 51.25m 标高挑出 40 榀 20 号工字钢梁等分圆周，加上两道 $\phi18.5$ 斜拉钢丝绳构成平台支撑体系，在平台上搭设外架和支模架，进行斜撑柱和 62.2m 外伸梁板的施工作业（图 4）。

（2）21 层楼面到 23 层楼面（标高 62.2～69.1m），高度 6.9m，该段在 62.2m 楼面埋设钢筋锚环和预埋件，均匀安装 48 榀 20 号工字钢梁，加上两道 $\phi18.5$ 斜拉钢丝绳构成钢平台支撑体系，在平台上搭设外架和模板支

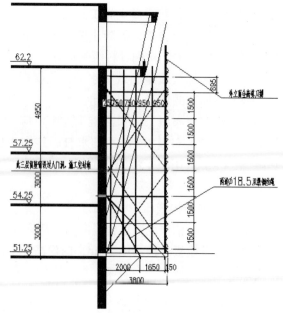

图 4 51.25～62.2m 斜拉悬挑支模图

撑架，施工斜撑柱和 65.5m、69.1m 标高悬挑梁板（图 5）。

（3）23 层楼面到 25 层楼面（标高 69.1 ~ 76.4m），高度 7.3m，该段在 69.1m 楼面埋设钢筋锚环和预埋件，均匀安装 48 榀 20 号型钢梁，加上两道 φ18.5 斜拉钢丝绳构成平台支撑体系，在平台上搭设外架和模板支撑架，施工斜撑柱和 72.7m、76.4m 标高悬挑梁板。

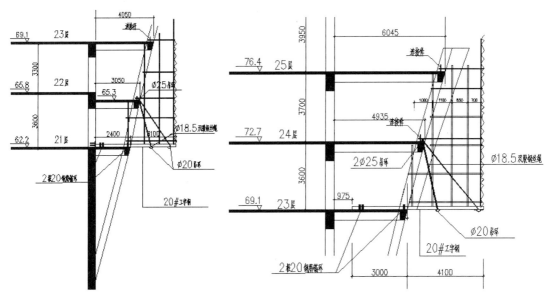

图 5　62.2 ~ 69.1m 斜拉悬挑支模图　　　　图 6　69.1 ~ 76.4m 斜拉悬挑支模图

4.6　塔台垂直运输

本工程布置一台中联 TC5016 附着式塔吊，安装高度 102m，担负模板、钢筋、混凝土等材料的吊运。塔吊中心距筒壁结构外皮最短距离为 9.2m，附墙长度超出标准件长度，附墙方案采用 "W" 形四系杆格构式，采用原厂定制附墙杆，经方案专家论证通过。本工程共安装 5 道附墙。

4.7　塔台钢结构安装

屋顶钢结构安装工程，主要包括 4 个箱型斜钢柱的安装，箱型主梁（斜梁和环梁）、H 型钢次梁的安装，及屋面檩条和楼承板的安装，总吨位为 33.6t，单件最大起重量为 2.5t。结构吊装使用 TC5016 塔吊，最大吊装半径 26m，满足起重量要求。

4 个箱型斜钢柱外倾 18°，与结构梁上的预埋件焊接，焊缝质量等级为一级，其他柱 - 梁、梁 - 梁焊缝质量等级为二级。均由专业持证焊工按审批的焊接作业指导书现场施焊，采用二氧化碳气体保护焊工艺。经探伤检测，满足设计和质量验收规范要求。

4.8　其他控制措施

严格执行公司质量、职业健康和环境管理体系，编制各专项施工方案，施工前进行书面施工技术交底、施工过程中对每一道工序、每一道环节严格控制，严格执行 "三检制"，切实保证了施工质量和安全。

5　结语

塔台作为机场高耸的建筑，对机场形象起着 "画龙点睛" 的作用。因其高耸挺拔、自下而上伸展的造型，施工难度大。本文以南宁吴圩国际机场 T2 空管塔台为实例，通过对施工特点、施工控制点的分析，介绍了基础及主体结构工程主要关键性施工技术的应用，确保了工程质量、施工进度、安全生产目标，实现 120 天主体结构工程顺利封顶。

参考文献

［1］ 武朝晖. 新桥机场空管塔台悬挑脚手架设计与施工技术［J］. 安徽建筑，2013，2.

［2］ 胡海龙. 广州新白云国际机场塔台及航管楼施工管理重难点浅析［J］. 科技咨询导报，2007，18.

锚杆＋格构梁在高边坡支护系统中的应用

赵　航　周　罗　肖　广　陈　柱　陈　猛

湖南望新建设集团股份有限公司，长沙，410100

摘　要：锚杆＋格构梁施工技术具有施工操作简单、施工进度快、施工安全性高以及工程造价低等特点，在高边坡支护系统中进行应用可以有效地确保边坡的稳定性和安全性。因此在高边坡支护工程中得到了非常广泛的应用。文者将结合具体的高边坡支护工程实例，简要探讨锚杆锚索的具体施工过程，希望能对类似工程起到借鉴作用。

关键词：锚杆＋格构梁；高边坡；施工技术

在高边坡工程中容易出现边坡滑移和破坏的问题。为了确保高边坡的稳定性，一般可以采取的措施主要包括两种，一种是采取大量削坡直至达到稳定的边坡角；另一种是设置支挡结构。在很多情况下，单纯的采用其中一种方法是不经济或者难以实现的，因此可以采用锚杆锚索进行加固处理。锚杆锚索施工技术具有施工操作简单、施工进度快、施工安全性高以及工程造价低等特点，在高边坡支护系统中进行应用可以有效地确保边坡的稳定性和安全性。因此在高边坡支护工程中得到了非常广泛的应用。文者将结合具体的高边坡支护工程实例，简要探讨锚杆锚索的具体施工过程。

1　工程概况

夏鹃路（红枫路－梅溪湖路西延线）道路工程起点为在建红枫路，终点为已建梅溪湖路西延线道，起点桩号 K1＋248，终点桩号 K4＋236，线路长度为 2.98km。其中 K3＋540～K3＋900 右侧边坡，长度约 360m，边坡高度达到 25m。根据本工程的具体情况进行综合的分析考虑，决定采用锚杆＋格构梁施工技术作为高边坡的支护系统。

2　施工前准备工作

正式施工之前，先组织相关的人员进行工地的调查，确保相关资料的齐全，再此基础上方可进行施工组织设计。根据施工组织设计安排相关的人员和施工机械设备以及材料进入施工现场。对于进入现场的施工设备和材料应按照质量要求进行检查，确保满足要求方可在施工现场进行使用。

3　锚杆锚索施工技术

3.1　锚杆施工

（1）施工准备。施工组织器材进场，按规范对进场的原材料的品种、质量、规格型号以及相应的检验报告进行复查，并抽样送检。

根据设计要求定出钻孔水平坐标和钻孔方位，做出标识，搭设脚手架操作平台，安设钻机等施工设施。钻机就位后重新复核孔位，定位误差不宜大于 20mm，确保钻孔偏斜度不大于 5%。

（2）锚杆制作。锚杆钢筋，格构梁边坡采用 $\phi25$HRB400 螺纹钢筋。

锚杆制作均应在加工棚内进行，按计算好的长度下料，下料时要考虑锚杆锚入格构梁中的长度，下好料后将钢筋平顺放在棚内的台架上，同时做好去污除锈处理。锚杆链接采用套筒车丝连接。

（3）钻孔。钻孔采用钻机钻进，当无垮孔、掉块的情况（如基岩地段钻进）时，不用跟管钻进；当有垮孔、掉块等情况发生时，可适当跟管钻进，或采取其他措施防止垮孔。钻进前应再次检查钻机倾角和方位角以及相邻钻孔轴向间距等是否符合设计要求，然后再次紧固钻机。在钻孔达到设计深度后及时清除沉渣，进行钻孔质量检查。用孔斜仪测量，孔斜不超过孔深的 5%，孔径误差不超过设计孔径的 3%，锚孔轴线平直，实际孔深不大于设计孔深500mm 以上。

（4）下锚。锚杆入孔前应先用与锚杆直径相同的探头探孔，确定钻孔畅通及确认孔深，下锚前仔细核对孔深与锚杆长度、编号是否相符。下锚途中如果受阻，须将锚杆退出来，用钻机扫孔，待畅通后再下。

（5）注浆。①水泥砂浆配合比。所有锚杆采用纯水泥浆注浆，设计强度为 M30，水泥强度等级为 P·C42.5R，采用普通硅酸盐水泥。②注浆。注浆采用孔底注浆法，稳压 3 ～5min，注浆时灌注必须饱满密实，注浆完毕，水泥浆凝固收缩后，孔口应进行补充注浆。

3.2　格构梁施工

格构梁截面为 300mm×400mm，受力主筋为 8 根 ϕ16 螺纹钢筋，箍筋为 ϕ8 圆钢，箍筋间距为 150mm，混凝土强度为 C30。

（1）施工准备。格构梁施工应配合坡面锚杆的施工。

（2）施工流程。精测锚杆与相邻锚杆的相对位置关系→坡面清理、开槽，支模→钢筋制作安装→混凝土浇筑、捣实→格构梁养护→验收。

（3）钢筋下料、制作、焊接等工作在加工棚内完成。

（4）原材料。

水泥：使用南方或中材厂家生产的水泥，水泥强度等级采用 P·C42.5，水泥必须有出厂合格证和检验报告，进场后按批次抽样送检，合格后方可使用。

水：符合国家现行标准规定的拌制混凝土用水。

砂：砂的含泥量按质量计不得大于 3%，砂中云母等有害物质含量不应超过总质量的3%；有机物含量用比色法试验时，不应深于标准色。

混凝土强度：C30，混凝土采用商品混凝土。

（5）格构梁施工注意事项。①放线定位。做好格构梁的测量放线工作，对局部不平整位置边坡进行修边。

②模板工程。模板体系及补缺补漏均采用木制板，侧模板与坡面间缝采用 1：2.5 水泥砂浆堵塞。支撑固定体系采用钢管及木制方条加固。

每次浇筑混凝土前要进行模板及支撑加固的检查校对，确保模板位置正确，表面无错台，支撑牢固，连接紧密无间缝，模板安装允许误差见表 1。

表 1　模板安装允许误差

编号	项目名称	允许误差（mm）
1	轴线位置	5

编号	项目名称	允许误差（mm）
2	模板顶面高度	±5
3	断面内径	4、−5
4	相邻两块模板高度差	2
5	局部平整度	5

当浇筑混凝土强度达到或超过该混凝土设计强度的 30% 时，采用适当的方法进行拆模。

4　结语

（1）格构支护体系可提高高陡边坡岩土的结构强度和抗变形刚度，增强边坡的整体稳定性。

（2）应根据边坡岩土体现状，合理选择支护措施、结构设计方案。

（3）合理选择施工程序、工艺和技术措施是保证喷锚网支护工程质量的关键。

（4）有效的现场质量管理措施非常必要。对喷锚网支护要对喷射混凝土强度厚度、锚杆间排距、抗拔力、外观感等方面进行检测，严把质量关。

参考文献

[1]　锚杆格构梁在高边坡防护中的应用［J］. 城市道路与防洪，2014：（9）.
[2]　建筑基坑支护技术规程：JGJ 120—2012［S］.
[3]　夏鹃路.（红枫路 – 梅溪湖路西延线段）道路工程高边坡及深基坑专项施工方案［R］. 湖南望新建设集团股份有限公司夏鹃路（红枫路 – 梅溪湖路西延线段）道路工程项目经理部，2019，10.

浅论复杂地质条件超大直径超深
不平衡沉井施工工艺

黄　松　宋继武　王　柱　蒋　星　盛金辉

湖南望新建设集团股份有限公司，长沙，410100

摘　要： 沉井施工技术是修筑深基础和地下构筑物的一种施工工艺，是在不稳定含水地层掘进竖井时，于设计的井筒位置上预先制作一段井筒，井筒下端有刃脚，借井筒自重或略施外力使之下沉，将井筒内的岩石挖掘出的施工方法。但是，沉井施工受土介质本身的许多不稳定性因素、施工环境复杂性、多样性与变异性等因素的影响，使得施工过程具有动态不确定性与非决定性的特征，常常会出现下沉过快、下沉过慢、瞬间突沉、筒体倾斜等问题。本文从施工安全、施工效率以及经济效益方面考虑，结合东莞大陂河截污次支管工程，对复杂地质条件超大直径超深不平衡沉井施工技术进行简要分析，以供读者参考。

关键词： 截污工程；沉井施工；不均匀沉降

1　工程概况

东莞大陂河（S256省道至连通渠段、康乐南路君汇华庭段）截污次支管工程污水管道总长3.82km，管径$DN300 \sim DN1400$，埋深$2.74 \sim 6.74$m，设21座截流井。工程项目中，新建检查井、沉泥井、截流井、倒虹井和工作井等工程施工的地质条件十分复杂，沉井深度大，且沉井直径远大于一般沉井，因此难度非常大。

2　沉井方案的确定

沉井施工程序：基坑测量放样→基坑开挖→刃脚垫层施工→立井筒内模和支架、钢筋绑扎→立外模和支架→浇捣混凝土、养护及拆模→封砌预留孔→井点安装及降水→凿砂垫层、挖土下沉→沉降观察→铺设碎石及混凝土垫层→绑扎底板钢筋、浇捣底板混凝土、混凝土养护→素土回填（图1）。其中，在沉井下沉期间，由于复杂的地质条件决定了不同的土质的密实度和摩擦力与土质之间的相应关系，再加之超大直径超深不平衡沉井，很容易造成下沉的沉井周围荷载不对称，容易发生问题。除此之外，终沉也很难把关，很难平稳、对称、均匀、稳固慢沉。

为了解决这种不均匀沉降，以及潜在的突沉或筒体倾斜等问题，我们必须根据不同的地质条件进行"因质施工"。土质软硬的不均匀问题可以通过设置自制小垫块数目的不同来解决，原则是"软多硬少"。也就是说，我们可以根据沉井自重和不同分区的复杂地质条件，设计出不同尺寸和形状的小垫块，并合理设置小垫块数目。地质软，可多放；反之少放，从而确保地质均匀，如图2所示小垫块类型。

此外，复杂地质条件下，地质的不同会决定不同的下沉系数。因此，因此我们会根据下沉系数，实现分块挖土以及控制挖土速度。不仅能预防突沉和筒管倾斜，更确保有效施工，节约成本。图3为下沉系数计算简图。

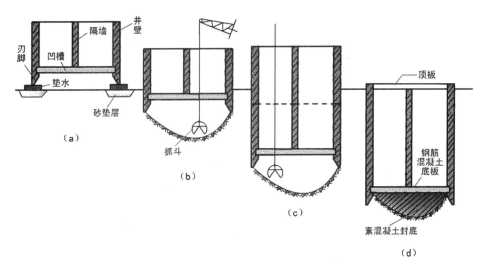

图 1　沉井施工简图

（a）浇筑井壁；（b）挖土下沉；（c）接高井壁，继续挖土下沉；（d）下沉到设计标高后，浇筑封底混凝土，底板和沉井顶板

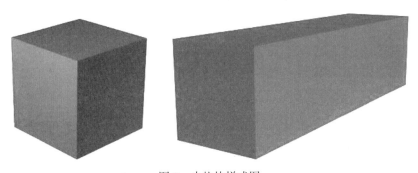

图 2　小垫块样式图

3　施工工艺流程及操作要点

3.1　施工工艺流程

施工准备，勘察地质，计算下沉系数→场地平整，计算出各个下沉系数→铺垫→接高→安装支撑排架及底模→拼装钢刃脚→抽垫→下沉→立内膜→灌注底节混凝土及养生→绑扎钢筋→立外膜→井内填充及灌注顶盖板→基底清理→封底。

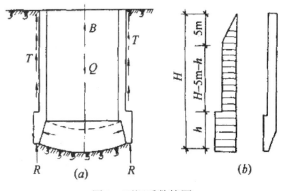

图 3　下沉系数简图

3.2　工艺操作要点

3.2.1　观察各个方向地质情况和下沉系数，编写施工方案

工程地质和水文地质是制定沉井施工方案和编制施工组织设计的重要依据。在沉井施工处需进行钻孔，钻孔设在井外，距外井壁宜大于 2m，需有一定数量和深度的钻孔，以提供土层变化，地下水位，地下障碍物，地下障碍物的计算及有无承压水等情况；对各土层提供详细的物理力学指标，计算各个方向的下沉系数，决定开挖土量和控制挖土速度，编制施工方案。

3.2.2　观察各个方向的地质情况

对于沉井施工而言，地质勘察是最重要的组成部分，对沉井施工的建设和运行管理有着重要的影响和指导意义。我们在场地地形和岩土物理性条件适宜的情况下，对施工场地八个方向的岩性、风化程度、坚硬程度、完整程度、体积裂缝缝隙数 J_v、危石六个方面进行了观察，采用了物探技术，选择了合适的物探方法，坑、孔、洞、井等勘察工程的综合应用，在现场完成了放点、测量、钻探、取样、原位测试、现场地质编录等。

3.2.3　通过公式计算各个方向的下沉系数

沉井下沉施工前，应详尽计算与分析不同情况下的下沉系数，以指导施工，依据下沉系数的计算分析成果，采取相应的技术措施，从而保证沉井下沉顺利，进行安全就位。

下沉系数的公式：

$$K_0 = (G - B)/T_f$$

式中，G 为沉井自重；B 为下沉过程中地下水的浮力；T_f 为井壁总摩阻力；K_0 为下沉系数，宜为 $1.05 \sim 1.25$，位于淤泥质土中的沉井取小值，位于其他土层取最大值。

由公式得出各个方向的下沉系数对比，见表 1。

表 1　各个方向下沉系数对比表

方向	下沉系数（1.05-1.25）
正北方向	1.02
东北方向	1.12
正东方向	1.20
东南方向	1.03
正南方向	1.01
西南方向	1.22
正西方向	1.02
西北方向	1.21

3.2.4　通过对比下沉系数和地质情况，得出方案

通过对比下沉系数和地质情况，决定挖土顺序，各个方向的挖土量和挖土速度，防止发生突沉，筒管倾斜和不均匀沉降等地质问题，得到表 2（按挖土顺序依次向下）。

表 2　各个方向的挖土量和挖土速度表

方向	挖土量（万 m^3）	挖土速度（万 m^3/h）
正北方向	0.99	0.32
东北方向	0.77	0.22
正东方向	0.6	0.12
东南方向	0.88	0.4
正南方向	1.1	0.5
西南方向	0.54	0.11
正西方向	0.98	0.5
西北方向	0.56	0.12

3.2.5　选择合适的材料和根据沉井的大小形状来制作小垫块

①选择材料

通过对各种材料的对比和分析，最终采用了混凝土垫块，测试了其强度、弹性模量、抗压能力等各个方面的性能，都能达到工程所需的要求，见表3。

表 3　检验小垫块的基本项目表

检验项目		性质	单位	质量标准
基础凿毛	位置			符合图纸要求
	尺寸			
模板安装				牢固、密封
模板高度			mm	80 左右
模板内部混凝土面清理				无杂物、油漆、污垢
检验项目		性质	单位	质量标准
基础表面浸水时间			h	≥ 24
材料规格与配比				符合制造厂要求或 DL5011
试块养护强度		主控		符合图纸要求
垫块养护				符合制造厂要求或 DL5011
垫块与台板接触面积		主控		> 70%
垫块与台班接触检查		主控	mm	0.05 塞尺局部塞入宽度、深度均 < 1/4 边长
垫块水平度偏差			mm/m	< 0.1
混凝土垫块表面				平整、光滑、无裂纹、蜂窝状，气孔量按厂家要求或单块垫表面气孔量不超过总面积的 10%

②形状和尺寸的设定

沉井的大小和形状因为用途不同有所不同，沉井的剖面有圆筒形、锥形、阶梯形等，为减少下沉摩阻力，井壁在刃脚外缘处常缩进 20 ～ 30mm，呈圆柱带台阶形，井壁表面呈 1/100 的坡度，对沉井形状的研究，用绿色材料自制出贴合沉井底部形状的小垫块，来应对在下沉过程中遇到的地质问题（图4、图5）。

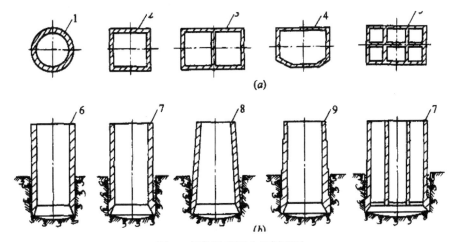

图 4　各种形状沉井的剖面图

③在下沉前要进行下沉系数的验算

沉井下沉必须克服井壁与土间的摩擦力和地层刃脚的反力，采取不排水下沉，尚应克服水的浮力。沉井制作在拟定高度后，下沉前，应验算下沉系数 $K = (G - F)/(R_1 + R_2)$。以保证工程的正常进行，预防地质不均匀沉降，突沉等问题的发生。

式中，自重 G，所受的阻力有水的浮力 F，刃脚及隔墙底的正面反力 R_1 和沉井的侧壁摩阻力 R_2。

图 5　各种小垫块的形状

4　机械设备配置和施工队伍安排（表 4）

表 4　施工队和机械设备配置安排表

DJ2 型激光经纬仪	2 台
S3 水准仪	2 台
JS500 型混凝土搅拌机	2 台
PLD1200 三仓混凝土配料机	1 台
60 混凝土输送泵	1 台
QTZ63 塔式起重机	1 台
钢筋剪切机	2 台
钢筋调直机	2 台
空气压缩机	2 台
挖掘机	1 台
装载机	1 辆
四轮机动车	1 辆

施工人员安排：沉井挖土工、钢筋工、电工、混凝土工、杂工、木工、架子工、泥工、电焊、冷作工、机械工等。

5　质量控制

（1）测量放线。在实测前，高标准、高要求编制测量方案，报业主、监理审核后，方可实测。

（2）土方回填。①基坑回填时，所采用黏土应处于最佳含水量状态，应避开雨天填土，在其开挖与回填过程中，应采取有效的排水措施，保证基坑内干燥、清洁。②应严格按照下沉系数，来确定回填量，防止发生地质问题。

（3）施工现场应在施工前对原材料（水泥和砂、石、外加剂）严把质量关，严格进行试配。搅拌前，计量装置应按施工配合比调整好，同时设专人加强对混凝土搅拌的管理工作。

（4）沉井下沉分为初沉、中沉和终沉三个阶段；在初沉前，按照地质情况，要放置好不同数量的小垫块，以"软多硬少"为放置原则，应降低下沉速度，保持沉井的垂直度和位置的正确性，形成良好的下沉轨迹，中沉阶段保持下沉过程中的垂直度，防止出现突沉或倾斜等情况发生；终沉阶段应减缓下沉速度，防止超沉，达到设计要求。

6　安全措施

（1）现场施工负责人和施工员必须十分重视安全生产，牢固树立安全促进生产、生产必须安全，切实做好预防工作。

（2）重大安全生技术措施和特殊危险作业、季节性施工专项安全技术措施，由主管安全生产的副经理主持，安全生产管理部门组织相关部门、单位进行技术交底，并保持交底的相关记录。

（3）根据安全管理文件（包括安全技术、安全防护措施）的要求，由安全生产管理部门会同物资管理部门、办公室编制总体和阶段性资源配置计划，经安全副经理审核、经理批准后，组织实施。资源配置包括合理配置人员、设备和设施、劳动防护用品等。

（4）安全教育包括：员工进场"三级教育"、转岗培训、针对性的专项安全教育、安全技术措施和安全防护措施交底制度、安全例会和班前讲话的经常性安全教育等。

（5）安全事故处理按法律法规，坚持"四不放过的原则"，制定、实施整改措施并跟踪验证措施的适宜性和有效性，避免事故的再次发生。一旦发生安全事故，立即启动安全紧急预案。

（6）安全检查包括由各级专（兼）职安全员进行的与施工生产同步的日常安全检查和由项目部、作业队组织的定期和不定期的安全大检查以及各种针对性的专项安全检查，日常安全检查以查隐患为主。安全检查中发现的问题，由检查人及时通知当事人进行整改，检查人应对整改措施、整改措施的实施及实施效果进行跟踪验证。由检查人或检查部门、单位保存与检查相关的记录。

（7）沉井安全技术措施。

①沉井下取土

在沉井下取土时主要是防止高空坠物。为防止高空坠物伤人，在井筒 6m 高的位置搭设一圈 3m 宽的安全防护棚，这样可以起到安全防护作用，也不会影响塔吊正常起吊工作。

②基坑施工

抽水和降水施工过程中密切注意基坑壁土层和周围建筑物的变化情况，防止塌方。

③模板支撑和拆卸施工

现浇混凝土梁板墙模板施工前，制定支模方案，并验算支撑架的刚度、强度、稳定性，确保模板支模安全。模板视结构构件特性及气候情况，确定混凝土强度达到规定要求后方可拆除，严禁擅自拆除。

支模应按规定的作业程序进行，模板未固定前不得进行下一道工序。严禁在连接件和支撑件上攀登上下，并严禁在上下同一垂直面上装拆模板。

拆除模板一般用长撬棍，人不许站在正在拆除的模板上。在拆除现浇板模板、现浇梁模板及混凝土墙模板时要注意预防整块模板掉下。

④钢筋绑扎和混凝土浇筑时的悬空作业施工

绑扎钢筋和安装钢筋骨架时，必须搭设脚手架和马道。井筒钢筋绑扎必须在满铺脚手架的支架或操作平台上操作，不得攀爬在钢筋网上操作。

⑤交叉作业施工

施工中各专业互相协调，各专业间合理安排工序的搭接，有利于施工安全，尽可能减少立体交叉作业。必须进行交叉作业时需遵循以下原则：各施工操作层上下层错开一定的安全距离，并设满铺式防护，严禁抛坠任何物品材料。视具体情况对交叉作业区域实行封闭和隔离。

复杂地质条件超大直径超深不平衡沉井施工，针对不同土质，采取减小沉井在软弱土层中的下层系数，增加沉井在坚硬土层中的下层系数等不同技术措施，使沉井均匀下层，同时采取相应的防倾斜措施、纠偏和防突沉措施，使沉井能够垂直下层到位。

7　结语

总之，本文研究复杂地质条件超大直径超深不平衡沉井施工技术，

研究要点着重采用自制的小垫块和计算不平衡沉井各个方向上的下沉系数，结合实际情况复杂地质条件，从而来避免不平衡沉井的不均匀沉降，沉井突沉以及筒体倾斜等施工方面问题上的技术创新。

参考文献

［1］　大长细比超深沉井施工技术［R］. 2016年.

［2］　复杂地质条件下的沉井施工［R］. 2015年.

［3］　东莞大陂河截污次支管工程专项施工方案［R］. 湖南望新建设集团股份有限公司东莞大陂河截污次支管工程项目经理部，2019年6月

浅谈冲孔灌注桩的溶洞处理方法及其措施

杨　勇　曾东明　欧阳龙波

湖南省第五工程有限公司, 株洲, 412000

摘　要: 以湖南株洲某 1～3 栋学生公寓项目群体工程为例, 简要介绍了该工程在冲孔灌注桩施工过程中遇到溶洞地质的一些处理方法及措施。对类似工程地质的冲孔灌注桩施工和溶洞处理能起到一定的借鉴作用。

关键词: 地质; 溶洞; 处理方法; 同类措施对比

1　工程概况

湖南株洲某 1～3 栋学生公寓项目群体工程的总建筑面积 42680.48m², 其中 1 栋学生公寓建筑面积 15583.82m², 2 栋和 3 栋学生公寓建筑面积均为 13548.33m²。1 栋、2 栋、3 栋建筑的层数均为地上 8 层, 无地下室, 一层架空层层高均为 4.2m, 其他各层层高均为 3.5m, 建筑高度均为 29.1m。建筑结构形式为框架结构, 设计使用年限为 50 年。

该基础工程设计为机械冲孔灌注桩基础, 有效桩长设计约为 10～25m, 采用的桩径为 700mm、800mm、900mm、1200mm 共 4 种, 1 栋、2 栋、3 栋冲孔灌注桩为分别 102 根、105 根、78 根, 总共需成桩 285 根, 桩基础持力层为中风化灰岩, 按岩土工程详细勘察报告岩土参数表中中风化灰岩⑦承载力极限标准值 f_{ak} = 15000kPa, 桩端进入持力层不小于 1.0m, 嵌入倾斜岩石全断面的深度不小于 3m; 桩身混凝土强度等级直径 700mm 的桩为 C30, 其余均为 C35; 桩顶超灌高度 ≥ 0.8m。

2　工程地质条件概况

施工勘察采用一桩一孔的原则, 1 栋、2 栋、3 栋初次施工钻探孔分别为 102 个、105 个、78 个, 增补钻探孔分别为 20 个、17 个、34 个, 共计施工钻探孔 356 个。钻探孔布置在被抽查桩的桩中心位置, 钻探时从现状地面开始, 钻孔深度要求钻探至中风化灰岩层加桩身设计嵌岩长度 (1.2m) 后另加 3 倍桩身直径且不小于 5m 完整中风化灰岩。由于场地岩溶发育, 相邻桩长差别较大, 按照设计院要求, 保证相邻桩基础桩底高差不宜大于桩间距, 存在以上情况时, 应对较短的桩孔增加施工勘察的钻探深度, 部分桩孔增加的施工勘察钻探孔布置在离桩中心 0.5～1.5m 位置, 局部位于两桩之间。

按照上述钻探原则, 探明该场地的土层自上而下由素填土、粉质黏土、含碎石黏土、中风化灰岩及溶洞、溶蚀破碎灰岩组成。根据超前钻资料显示, 该工程桩基础施工标高至大约 -8.m 以下时大部分地质为溶洞及溶蚀破碎灰岩。其中有 161 (其中 1 栋 65 根、2 栋 46 根、3 栋 50 根) 根桩在不同深度有溶洞, 超前钻资料显示为褐红色、灰色, 含碎石黏土组成, 软塑状, 碎石含量约 20%, 粒径 5～80mm, 成分为灰岩角砾, 为灰岩经岩溶作用后的产物。最大溶洞层厚为 33.4m, 层厚最小为 0.5m。

3 溶洞处理方案

出现上述溶洞地质情况冲孔至溶洞所处位置标高时，会产生严重漏浆、穿孔现象，也是该工程冲孔灌注桩基础施工的难点和质量控制的重点。针对该工程项目溶洞的数量、高度、深度、内腔体积等因素，组织有关专家组、设计单位、监理单位、代建单位、建设单位及施工单位，根据项目的施工实际情况以及往年有关桩基溶洞处理的案例和经验，综合考虑现有施工机械设备、施工条件、安全、质量、工期、成本等多方位因素，确定采用"挤石造壁法＋片石、黏土回填"的处理方案。

3.1 施工工艺流程（图 1）

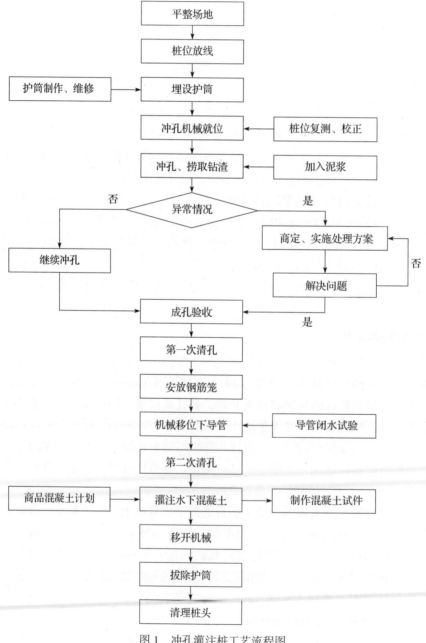

图 1　冲孔灌注桩工艺流程图

3.2 关键工序质量控制

（1）成孔质量控制

冲击成孔在整个施工过程显得尤为重要，既要参照地质详勘报告合理选择冲孔技术参数来控制成孔深度、速度，又要时时观察液面变化、机械设备运转等参数来判断地层钻进的实际情况。

其中采取的两次清孔又是成孔质量过程控制的一项重要措施。在成孔验收合格之后进行第一次清孔操作，第二次清孔是在安放钢筋笼之后。一般采取泥浆循环清孔法，将输浆管插入孔底，泥浆在孔内向上流动，将残渣带出孔外，造孔效率高，护壁效果好，泥浆较易处理。在清孔的过程中不应中断操作，一直到灌注水下混凝土，而且相关技术指标必须满足规范和设计要求。

（2）钢筋混凝土质量控制

钢筋混凝土的质量控制直接关系到成桩的实体质量，关系到上部主体结构的承载力和稳定性。如果钢筋混凝土的质量达不到规范和设计要求，将使整幢建筑物处于危险隐患之中。

施工单位要对其钢筋笼的制作、吊装和接头连接等工序质量严格把关，不仅要对使用的原材料进场、钢筋连接接头工艺、见证取样检测等工作严格要求，而且在施工过程中要严格执行"三检"制度：自检、互检、专检。钢筋笼的尺寸规格、间距、锚固长度等参数要严格遵循规范和设计要求，验收合格后在吊装钢筋笼的过程中要注意安全，提前做好发生突发情况的应急预案，孔内情况要时刻观察，防止塌孔、缩孔等现象的发生。钢筋笼放入孔内后，要注意保护层的厚度控制，而且要将钢筋笼固定住，避免灌注水下混凝土时钢筋笼上浮，同时，对钢筋笼的标高要做好标记，严格控制其高程。

水下混凝土的灌注质量直接决定其成孔效果，其质量的好与坏直接影响到承载力的效果，因此在混凝土的原材料及其配合比拌制、混凝土的搅拌时间、坍落度、运输和输送、浇筑和振捣等工作要严格按程序，按规章制度操作。在浇筑冲孔灌注桩时，在一般情况下，实际浇灌量会比理论计算值偏大，因此，要严格控制提拔导管的时间和速度，避免出现"夹渣""断桩"等现象。特别是要把握好混凝土的最后一次补方量，保证其桩顶标高、超灌高度及混凝土质量满足相关要求。

3.3 挤石造壁法 + 片石、黏土回填

施工原理：冲孔灌注桩是用大中型卷扬机将一定重量的冲击钻头上下往复进行冲击，将硬质土层或者岩石层锤碎，部分碎渣和泥浆将会被挤入周围土层或岩石层，遇到溶洞范围较小，溶洞内腔有填充物，可以视情况抛填级配良好的片石、碎石（适当时候可夹杂部分黏性土），使桩周围的溶洞、土层、岩石层被压密实或者挤开，剩余一部分将会成为泥渣，用泥浆泵置换出泥渣至泥浆沉淀池，经沉淀后可重复使用，然后清孔验收浇筑混凝土成桩，属于挤土桩的一种，适宜用于粘性土、粉土、砂土、填土、碎石土和风化岩层等地质情况。

根据超前钻资料和现场施工过程记录显示该工程项目场地范围内虽然溶洞多，但是地下潜水和岩溶裂隙水压力较小。施工时，租用定型钢板作为栈桥并辅助碎石修筑临时道路，配合挖掘机将事先准备的片石、碎石（$\phi20 \sim 80cm$，强度≮MU50）、黏土、袋装水泥（普通硅酸盐水泥，P·O42.5R）放置在孔口周围备用。冲孔至离溶洞顶部约 0.5～1.0m 时（根据冲孔速率确定），安排一台挖掘机到现场备用，配合处理的民工带上工具在现场待命。

机上作业人员随时观察护筒内泥浆面的变化情况，当发现孔内泥浆面迅速下降的时候，为防止冲击钻头被卡、钻头脱落以及孔壁坍塌，应该快速提起钻头，同时进行泥浆补充。等

待稳定之后，挖掘机立即向孔内抛填片石、碎石和黏土，片石、碎石和黏土应拌和均匀，级配良好，视实际情况而定再投入一定数量的袋装水泥到该孔内，采用慢速低冲程冲进挤入抛填物至溶洞孔壁或溶洞裂隙中起到堵塞溶洞的作用，继续观察泥浆液面，如果孔内浆面稳定、没有发生漏浆或者塌孔的现象方可以停止抛填。在回填的过程中，要注意人身安全，观察细致，指挥得当，如果遇到一些溶洞内腔体积较大的时候，每次抛填一定的数量之后再冲孔，如此这样经过反复几次之后的抛填处理才能最终成孔。

3.4　常见问题及处理措施

（1）超前钻资料可能不是很准确，与现场实际有出入的时候，或者没有准确测量数据，导致离溶洞顶面的距离较大，没有完全击穿，但是孔内泥浆又可以透过连通的小溶洞或者缝隙渗漏下去，造成击穿溶洞的假象，接下来回填的片石、碎石和黏土是可能再次堵住孔口的。当发现此情况时，停止继续抛填，重新测量准确数据，做好记录，重新冲孔，击穿溶洞之后再重新回填，一直将溶洞内腔全部填满为止。

（2）回填已经完成，静待一段时间后或者钻头重新冲进孔内一次或者数次后，孔内浆面开始缓慢下降，漏浆现象重新出现，此时应增加袋装水泥的用量，和片石、碎石、黏土一起重新抛填，再次冲孔，如此反复几次直至不再漏浆为止。

（3）如果上述措施仍然无法堵住地下裂隙水压力时，现场施工管理人员立即通知混凝土公司调配混凝土直接回填，混凝土在水下浇筑时坍落度不宜过大，为尽快达到混凝土强度，起到堵漏的作用，掺入一定数量的早强剂能够提高混凝土的早期强度。

3.5　与同类溶洞处理措施的技术经济效益等方面进行对比

（1）适用地层

挤石造壁法＋片石、黏土回填适用于内腔较小的常规性溶洞处理。

如果遇到溶洞层厚较厚且内腔体积较大的特殊情况下则适宜选用钢护筒围护法。

贫混凝土填埋法适用于地下潜水较少或者岩溶裂隙水压较小的溶洞处理，并且水下混凝土质量难以保证。

（2）成孔速度

挤石造壁法＋片石、黏土回填成孔速度快，观察泥浆液面并结合地质详勘报告分析，可将现场预先准备的片石、碎石等材料用挖掘机配合直接抛填于孔洞中，可视实际情况控制用量。

如果采用钢护筒围护法，将需要调动专门的沉桩锤将至少 12mm 壁厚的钢护筒（为了确保钢护筒的刚度和强度，每隔 2～3m 设置一道加强钢带箍）打至岩层，成孔速度较慢，需要大型机械配合作业，这期间由于时间关系可能会发生塌孔、缩孔等问题。

如果采用贫混凝土直接填埋孔洞，将需要上报混凝土计划至搅拌站，而且需要修筑临时供大型自卸罐车通行的道路甚至调动混凝土泵车进行远距离输送，费时且不易控制混凝土用量以及保证混凝土质量。

（3）人员配置

挤石造壁法＋片石、黏土回填：移机、定位、泥浆护壁、片石回填等工作，一般需配备 2～4 人即可。

钢护筒围护法：除了上述工作之外，另需配备 2～5 人负责钢护筒定位、埋设护筒、护筒焊接等工作。

贫混凝土填埋法：除了常规操作工作外，还需配备 3～7 人（包括机上人员）修筑临时道路施工人员、卸料、浇筑混凝土等工作。

（4）机械配置

挤石造壁法＋片石、黏土回填：基本只需要一台挖掘机配合使用即可，所需机械设备较简单。

钢护筒围护法：除了挖掘机配合使用外，另外需要配备沉桩锤及其进出场托运车。

贫混凝土填埋法：除了挖掘机配合使用外，还需要混凝土罐车，在不方便或者不能修筑临时道路的地方，则只能采用泵车远距离输送混凝土。

（5）人料机费用

人工费：在当前物价上涨、专业务工人员短缺的大环境背景下，每人每天平均需要300～500元左右的人员工资。

机械费：专业的沉桩锤设备包括大型机械进出场费用，根据现场实际使用情况而定，可能需要增加数万甚至数十万不等的费用。

材料费：每 $1m^3$ 片石、碎石价格在 200～400 元左右，而钢护筒使用的钢材每吨在 2000～4000 元左右，每 $1m^3$ 混凝土也在 500 元以上的价格，会因当时当地的市场供求关系影响购买、运输、装卸等费用。

综上所述，不管是从适用地层、成孔速度等技术层面的要求来说，还是按照人员配置、机械配置、人料机费用等综合成本方面来论，在常规性、一般性的溶洞处理措施中，挤石造壁法＋片石、黏土回填是其中可发挥其优越性，其相对功效比将达到最大化，能实现综合经济效益最大化的一种处理措施。

4　结语

通过以上所述的有效处理措施，该工程所有的冲孔灌注桩经专业检测单位检测（低应变法、静载试验、抽芯检测等现场检测方法）之后的桩基工程施工质量全部符合设计及施工规范的要求，对该工程 284 根（经超前钻资料显示，3 栋学生公寓 76 号桩不宜施工，遂出设计变更取消改用其他方法实施）桩中：1 栋学生公寓 102 根桩检测评定Ⅰ类桩 98 根，Ⅱ类桩 4 根；2 栋学生公寓 105 根桩检测评定Ⅰ类桩 102 根，Ⅱ类桩 3 根；3 栋学生公寓 77 根桩检测评定Ⅰ类桩 75 根，Ⅱ类桩 2 根。1～3 栋学生公寓项目群体工程的Ⅰ类桩总体合格率达到 96.8%，无Ⅲ类、Ⅳ类桩。在现有的施工条件之下，对于类似该工程的地质情况可以采用此溶洞处理方案进行有效处理。当然，因为地质情况的复杂性、差异性，就造成了超前钻勘察资料的不完全准确，处理溶洞还有很多种方式、方法，在这里仅作为一种抛砖引玉的方式供行业内专业人士阅读。总而言之，无论采用什么溶洞处理的方法，我们都应该充分考虑，结合该地区的地质情况和现有施工技术的基础上选择最为经济适用、科学合理的方法处理溶洞，并根据现场实际情况灵活有效实施相应质量控制措施，才能让工程在质量、安全、工期、成本、管理等各方面都得到有效保障。

参考文献

［1］中华人民共和国住房和城乡建设部. 建筑桩基技术规范：JGJ 94—2008［S］. 北京：中国建筑工业出版社，2008.

［2］中国建筑工业出版社编. 建筑施工手册，第五版［M］. 北京：中国建筑工业出版社，2011.

［3］张钦城. 浅谈溶岩地区冲孔灌注桩溶洞施工及处理方法［J］. 建筑知识，2016（10）：96，251.

松木桩法软土地基加固应用及效益分析

唐　凯

湖南省第五工程有限公司，株洲，411104

摘　要：本研究以株洲市南方中学实际工程案例为依托，针对其软土地基承载力低的问题，借用当地松木产量多的环境优势，利用松木桩法对该软土地基进行加固处理，并在此基础上对其所产生的各项效益进行分析评估，结果表明，采用松木桩法可较好地提高软土地基承载力，使其满足设计及要求。此外，采用松木桩法亦可产生显著的经济效益、社会效益和节能环保效益。

关键词：软基；地基处理；松木桩、加固

1　引言

　　由于自然环境或原生地质条件的影响，在实际施工过程中，常遇到承载力不足或沉降过大的软土地基。为确保建筑物或构筑物的安全性和稳定性，需对该类软土地基进行加固处理，使其满足设计和使用要求。针对该问题，目前已有许多国内外学者进行了深入研究[1-5]。姚爱民等[6]充分利用了高压旋喷桩具有施工噪声低、振动小、施工占地小等优点，将其利用于软土地基加固中，并取得了加高的应用效率和较优的应用效果；费建峰等[7]采用超深塑排技术对软土地基加固，并阐述了该方法的设计要求和工艺流程，并将其应用于实际工程之中；刘毅等[8]利用土工合成材料获取且具有强度高、韧性高等特点，将土工合成材料应用于软土地基加固之中，并取得了较好的效果；陈艳德等[9]采用布袋注浆桩对软土地基加固，其所采用的布袋注浆桩是一种注浆技术和土工织物综合应用的新技术，采用该方法可有效地提高地基刚度和承载力；罗庆森等[10]针对广州某道路软土地基采用粉喷桩的方式进行处理，并进一步分析了处理过程中影响软土地基加固效果的多个影响因素；韩勋等[11]尝试采用 L 形管幕滑道结构加固软弱地基，该方法在铁路工程上取得较好的效果；王富强等[12]充分阐述了粉喷桩的优势，从其成桩机理和技术出发，指出了该种加固方式在软土地基加固上的合理性和优越性，并以此为基础结合实际工程案例进行软土地基加固，取得了较好结果；李容等[13]利用水泥的固化特性构造水泥土搅拌桩，将其用于软土地基加固，并将其应用于实际工程案例，结果表明水泥搅拌桩可显著增大地基承载力；章伟等[14]尝试采用土工合成物对软土地基进行加固，并详细阐述了该种加固方式的作用机制，以实际工程案例为依托对该种加固方式的作用效应进行了细致的说明。李明等[15]首次采用布袋注浆桩加固铁路软土地基，并认为其加固效果较为明显。

　　基于以上所述，虽然目前已有诸多学者针对软土地基处理加固问题开展了大量的研究，但对于实际工程而言，由于实际情况较为复杂，不同地区以及不同工程案例均需采取不同类

型的软土地基加固方式。本研究以株洲某区域具体实际工程案例为基础，充分利用当地自然环境条件，采用松桩法对软土地基进行加固处理，并进一步分析了该软土地基处理方式的经济效益、社会效益和节能环保效益，为软土地基处理提供了一种新思路和新方法。

2　松木桩软基加固方法基本原理及优势

2.1　工艺基本原理

一般而言，可认为松木具有强度高、韧性好、防腐能力强等优点。综合考虑到松木生长周期短，且易于取材及加工等优势，在施工过程中，可通过将松木粗加工，以一定的布置方式压入软基中的方式对软土地基进行处理，以达到工程质量要求。通常情况下，需通过采用挖掘机将一定长度的新鲜松木垂直压入软基，并入持力层 1m 进行软基加固，松木端径以及梢径依据实际情况确定，桩间距应依据设计要求进行确定，桩顶采用毛石以及碎石碾压结板传力。

2.2　工艺优势

相比换填垫层法、预压法、强夯置换法、碎石桩法等软基加固施工方法而言，松木桩加固的方式具有十分显著的优势。考虑到松木是生长周期较短的南方常见树木，采用松木桩进行软基加固过程中，建筑施工取材方便，且工程量相对较小，运输便捷，处理成本低。此外，整体施工工艺较为简单，在施工过程中，无须进行大体量开挖，且施工设备简单。另外，在采用松木桩加固过程中，其施工关键工艺为采用挖机按既定的布置点位将松木桩压入软基中，整体耗时较短，施工周期可显著减短。

3　工程案例应用

3.1　工程实例概况

本文以株洲市南方中学新校区新建工程项目道路软基处理为例，南方中学新校区新建工程位于株洲市芦淞区董家塅街道，东临航展路、南临航缘路、西临航工路、北至机场大道。净用地面积 115287.23m²，总建筑面积 128940.55m²。其中计容面积 114238.55m²，容积率 0.991。11 栋建筑，分别为 3 栋教学楼、2 栋宿舍楼、1 栋教职工宿舍楼、1 栋食堂、1 栋科技实验楼、1 栋职教楼及图书馆、1 栋体育艺术楼（连体建筑）、1 个 400m 环形田径场、1 个球类运动场，精装修以及配套给排水、供配电、弱电、净水系统、安防监控、园林景观、道路、地下停车场等附属工程。校园道路总长约 2360m。其中，科技馆区域 50m 长、7m 宽道路软基位于路基以下 4.5m 范围。

3.2　工程地质情况

松木桩一般适宜加固位于地下水位线以下或者含水率较高的软基，处理深度适宜为 2～5m。南方中学新校区新建工程项目岩土工程详细勘察报告显示，该区域待处理软基区位于结构基础标高下 4.5m 范围，分别为 1m 厚回填土，0.7m 厚耕土，2.8m 淤泥质黏土，下卧层为土质情况良好的粉质黏土，如图 1 所示。此外，因待处理软基临近池塘，现场土方含水率高。

为进一步核实校验地勘描述的准确性，以南方中学新校区新建工程为例，在场地平整完毕后，进行了 3 处探坑，经现场开挖查验，软基埋置深度与土质情况与地勘描述相符，如图 2 所示。

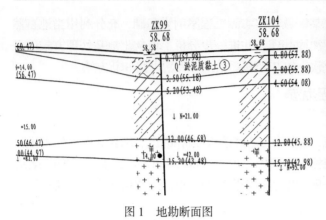 

图 1　地勘断面图　　　　　　　　　　　图 2　现场开挖探孔

3.3　设计与计算

根据设计要求，本工程等效均布活荷载标准值为 26～33kN/m²，本次计算取 $q_1 = 30$kN/m²。道板采用 200mm 厚 C30 素混凝土，等效荷载 $q_2 = 4.8$kN/m²；水稳层合计 300mm 厚，等效荷载 $q_3 = 6.72$kN/m²；沥青混凝土合计 100mm 厚，等效荷载 $q_4 = 2.35$kN/m²；则正常使用极限状态标准组合下：$q = q_1 + q_2 + q_3 + q_4 = 43.87$kN/m²。

根据《建筑地基处理技术规范》，单桩轴向承载力可以通过以下公式进行计算：

$$R_{a1} = \phi \eta [\delta] A_p \qquad (1)$$

式中，ϕ 为纵向弯曲系数，与桩间土质有关，一般取 1；η 为材料的应力折减系数，木材取 0.5；$[\delta]$ 为材料容许应力，取 2700kPa；A_p 为松木桩有效截面积。

此外，单桩竖向承载力特征值可按下式进行估算：

$$R_{a2} = \alpha q_p A_p + u_p \sum_{i=1}^{n} q_{si} l_i \qquad (2)$$

式中，α 为桩端阻力发挥系数；q_{si} 和 q_p 分别为桩周第 i 层上的侧阻力、桩端端阻力特征值；本工程淤泥质粘性土侧阻力特征值为 20kPa，按摩擦桩计算；耕土、回填土地勘未提供相关参数，采取保守方法，不参与计算；u_p 为桩的周长，本工程为 0.12π；l_i 为第 i 层土的厚度，本工程厚度为 2.8m；n 为桩深范围内所划分的土层数，本工程取 1。

经由上式计算得到，$R_{a2} = 21.1$kN > $R_{a1} = 15.26$kN，因此，取 $R_a = 15.26$kN。则每 1m² 需打桩 $n = qA/R_a = 2.87$ 根桩，取 3 根。综上计算，实际松木桩加固软基采取 500mm × 500mm 梅花形布置，每 1m² 布置根数为 $n = 4$ 根，则面积置换率 m 为 2.56%。

根据《建筑地基处理技术规范》，复合地基承载力可以按下式估算：

$$f_{spk} = m \frac{R_a}{A_p} + \beta(1-m) f_{sk} \qquad (3)$$

式中，β 为桩间土承载力折减系数，宜按地区经验取值，如无经验时可取 0.75～0.95，天然地基承载力较高时取大值，本工程取 0.75；f_{sk} 为处理后桩间土承载力特征值，宜按当地经验取值，如无经验时，可取天然地基承载力特征值，本工程为 38kPa。经由计算得到 $f_{spk} = 62.33$kPa > $q = 43.87$kPa，因此，满足设计要求。

3.4　加固方案

依据设计要求，通过计算验证，最终确定南方中学新校区新建工程松木桩加固软基方法如图 3 所示。在加固过程中，拟采用直径≥ 120mm 的松木桩，500mm×500mm 梅花形布置，松木桩需穿透 0.5m 厚回填土、0.7m 厚耕土，2.8m 淤泥质黏土，锚入粉质黏土 1m。桩顶采用 500m 厚毛石 +100mm 厚碎石碾压结板传力（图 3）。

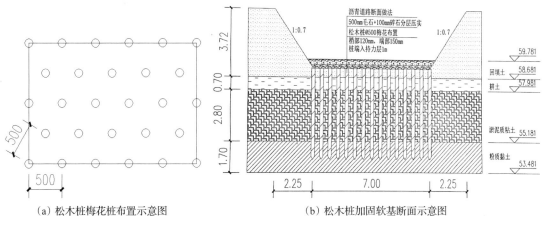

（a）松木桩梅花桩布置示意图　　　　（b）松木桩加固软基断面示意图

图 3　加固方案

4　效益分析

4.1　经济效益

以株洲市南方中学新校区新建工程松木桩软基处理施工为例，本方法应用面积为 350m²，合计 1616 根，7272m。为进一步定量化分析本方法所产生的经济效益，通过与预制管桩施工方法所消耗费用高进行对比分析得到如表 1 所示结果。从表中可知，相比较于预制管转法所消耗费用 100.69 万元，采用松木桩法进行软土地基加固费用仅需 71.26 万元，其经济效益显著。

表 1　经济效益对比表　　　　　　　　　　　　　　　　　　　元 /m

项次	松木桩加固软基	预制管桩加固软基
人工费	10.69	44.27
材料费	66.87	92.32
机械费	3.81	43.54
其他	16.63	52.52
综合单价	98	232.65
工程量	7272m	4328m
合计	71.26 万元	100.69 万元

4.2　社会效益

松木桩加固软基施工方法具有成本低、施工工艺简单、施工速度快等优点。通过本方法的应用，现场软基问题得到了良好的处理。处理 350m² 软基，从松木桩材料进场至软基处理完成，仅花费 3 个工作日，且质量验收一次通过，体现了现场施工问题处理的效率，受到监理、建设等单位的一致好评，同时也为企业树立了良好的品牌形象。

4.3　节能环保效益

株洲地区松木资源良好，取材简单。松木桩加固软基施工过程中，未采用任何有环境污染的化学产品，整套施工工艺能源消耗低，建筑垃圾产生量少，减少了土方开挖量，对环境基本不造成影响。

5　结论

本研究以株洲市南方中学软土地基问题为工程依托，从当地自然环境出发，采用松木桩法对该工程软土地基进行处理，并在此基础上，进一步分析了松木桩法所产生的各项效益，得到主要结论如下：

（1）松木桩法可有效地提高地基承载力，使其满足设计和使用要求，为软土地基处理提供了一种新方法和新思路。

（2）以具体工程环境为依托，采用松木桩法进行软土地基处理可有效地缩短工期，并产生显著的经济效益、社会效益和节能环保效益。

参考文献

[1] 刘国. 用模糊数学方法选择软土地基加固方案 [J]. 水文地质工程地质，2012，22（4）：19-21.

[2] 刘秉辉. CFG 桩在铁路客运专线软土地基加固中的应用 [J]. 铁道标准设计，2007，1（6）：19-21.

[3] 付茜，宋旭龙，于宝杰. 真空预压软土地基加固抽真空新技术的降本增效途径研究 [J]. 水利建设与管理，2019，1（6）：81-84.

[4] 丁光文，叶春林. 布袋注浆桩在深厚层软土地基加固中的应用 [J]. 岩土工程技术，2007，21（5）：239-242.

[5] 高文泉，罗福贵. 建筑软土地基加固处理技术的分析与探讨 [J]. 科技创新导报，2013，11：（1）：50-55.

[6] 姚爱民. 高压旋喷桩在软土地基加固工程中的应用分析 [J]. 工程建设与设计，12（17）：23-29.

[7] 费建峰，叶军. 超深塑排技术在软土地基加固工程中的应用 [J]. 港口科技，2008，11（5）：13-16.

[8] 刘毅，李丽华，杨超，等. 土工合成材料软土地基加固特性研究 [J]. 湖北工业大学学报，2014，1（2）：12-15.

[9] 陈艳德. 布袋注浆桩在软土地基加固中的应用 [J]. 价值工程，2014，11（12）：129-131.

[10] 罗庆森. 粉喷桩在道路工程软土地基加固施工中的应用 [J]. 广东建材，2008，1（06）：43-44.

[11] 韩勋. 管幕滑道结构在软土地基加固中的运用 [J]. 建筑知识，2002，2（1）：63+70.

[12] 王富强，仵秋菊，郭小军. 粉体喷射搅拌在软土地基加固中的应用 [J]. 河南水利与南水北调，2014，12（4）：59-60.

[13] 李蓉，侯天顺. 水泥土搅拌桩及其在软土地基加固中的应用 [J]. 建筑科学，2008，24（5）：88-90.

[14] 章伟，王法精，张瑞仁. "土袋" 在日本软土地基加固中的应用与分析 [J]. 青岛理工大学学报，2005，26（2）：10-13.

[15] 李明. 布袋注浆桩在高速铁路软土地基加固中的应用 [J]. 石家庄铁道大学学报（自然科学版），2006，19（4）：134-137.

深基坑开挖与支护施工技术分析

王 亮

湖南省第五工程有限公司，株洲，412000

摘　要： 城市化的快速发展推动了建筑工程的蓬勃发展，随着建筑工程项目的不断增多以及城市用地日益紧张，高层建筑成为建筑发展的主要趋势，深基坑工程施工变得非常普遍。深基坑开挖与支护技术的应用有助于提升建筑工程的安全性，但由于受各方因素的限制，应用效果不甚理想。文章在阐述深基坑施工特征的基础上，深入分析了深基坑开挖与支护技术，希望在具体施工中能有效发挥其优势。

关键词： 深基坑；开挖；支护技术

1　引言

如今，建筑项目的规模越来越大，使基坑深度不断增大，这就对基坑的开挖和支护技术提出了更高要求，因此结合工程实际探讨有效开挖及支护技术，保证基坑开挖质量和安全。

2　工程概况

本工程地基与基础设计等级为甲级。基础采用桩筏及独立承台基础。基础垫层为 C20 混凝土，地下室底板为 C35P8 抗渗混凝土。内墙柱主楼区域为 C50，裙楼区域为 C35。外墙柱负二层、负三层为 C35P8，负一层为 C35P6，主楼区顶梁板均为 C30，非主楼区顶梁板均为 C35P6；±0.000m 以下墙体采用 M7.5 水泥砂浆砌筑 MU10 混凝土多孔砖。

本工程基坑安全等级为一级，重要性系数为 1.1。基坑平面呈四角形，基坑北侧长约 72m，东侧长约 80.5m，南侧（市府路周边）长约 75m，西侧（万源路周边）长约 81.6m（钻孔灌注桩围护尺寸），基坑开挖深度 11.45m，结合周边场地情况，基坑采用钻孔桩加三道混凝土内支撑，排桩外侧采用三轴水泥搅拌桩止水帷幕，坑底部分区域采用三轴水泥搅拌桩加固。

3　水文地质状况

3.1　孔隙潜水

孔隙潜水为表层地下水，主要赋存于表部杂填土、黏土、淤泥（含粉砂淤泥）层中，其渗透性与土层结构、颗粒组成等相关，地下水径流条件较复杂，主要由邻近地表水体、大气降水及同层水体的侧向渗透补给，以蒸发及下渗方式排泄。杂填土一般具中～强透水性；黏土、淤泥具有弱透水性，属弱含水层，结合本次室内渗透试验成果，土层渗透系数数量级约为 $10^{-6} \sim 10^{-7} \mathrm{cm/s}$，水平向渗透系数一般大于竖直向渗透系数；勘察期间测得钻孔中稳定地下水位埋深为 0.05 ～ 1.29m、高程为 3.37 ～ 4.34m 左右，初见水位测量显示略低于稳定水位；根据地区经验，本区地下水年变化幅度较小，一般在 1 ～ 2m。

3.2　现场施工条件

公用设施：（1）供水：生活饮用水为市政自来水，由市政自来水管引入。杂用水由市政杂用水管引入。（2）排水：生活污水及餐饮含油污水经处理后可排到市政污水管，最终排至污水处理厂统一处理后，达标排放；雨水经雨水管可排至城市雨水下水道。（3）供电：供电电源来自市政供电。

施工场地：施工场地内施工道路、场坪已基本硬化，场地四周均有完整围墙。

4　土方开挖施工方案

4.1　第一层开挖

第一层土方开挖，范围是自然地面标高 –0.600m 至第一道支撑底标高 –1.500m（全面开挖），实际开挖深度约为 0.9m，预计出土方量为 7200m³。

（1）开挖前，采用镐头机破除钻孔灌注桩硬化场地。

（2）第一层土方开挖深度较浅，且无内支撑影响，为了最大程度保证基坑安全，采用抽条开挖，尽量保证支撑施工和土方开挖合理交叉和连续施工。

（3）第一层土方开挖难度不大，为尽快加快出土速率，特配置 1.6m³ 挖机 1 台，载重量 20t（12m³）自卸车 5 辆同时进行开挖，计划在 7d 内完成第一层土方开挖。

4.2　第二层开挖

第二层土方开挖，范围是第一道支撑底标高 –1.500 ～ –5.400m，实际开挖深度约为 3.9m，预计出土量为 31200m³。待第一道支撑混凝土强度到 C30 后开始开挖。

（1）利用水平栈桥，大挖机布置在栈桥上，在基坑内布置小挖机挖土，大挖机装车，同时 A 区域可利用中心预留区域进行土方运输。

（2）支撑底部采用小挖机掏挖，立柱桩及角撑周围采用人工挖土。

（3）此阶段采用 2 台大挖机，4 台小挖机同时作业，10 辆自卸车运输，计划 15d 完成。

4.3　第三层开挖

第三层土方开挖，范围是 –5.400m 至第三道支撑底标高（–9.500m），实际开挖深度约为 4.1m，预计出土量为 32800m³。待第二道支撑混凝土强度到底 C30 后开始开挖。

（1）第三层土方开挖：将基坑从南向北分块开挖。

（2）利用水平栈桥作为运输通道，布置 2 台大挖机在栈桥上，进行东西两边对称开挖，直接在栈桥上装车。

（3）为加快第三道支撑施工及清土需要，另配 4 台小挖机，在第三道支撑区域进行挖土，其中立柱桩及角撑周围采用人工挖土。

（4）此阶段计划 20d 完成。

4.4　第四层开挖

第四层土方开挖，范围是第三道支撑底标高（–9.500m）至基坑底，实际开挖深度约为 2.65m，主楼区域为 3.75 ～ 8.55m，预计出土量为 25200m³。待第三道支撑混凝土强度到 C30 后开始开挖。

（1）第四道土方开挖按地下室底板后浇带划分采用分块、跳仓开挖，仅下部留 200 ～ 300mm 左右的土方进行人工清槽，先开挖主楼深坑区域，再开挖周边区域。

（2）此部分土方采用小挖机在基坑内挖土，长臂挖机在栈桥上装土。

（3）为了尽量避免对地基的扰动和对工程桩锚固钢筋的保护，在此开挖过程中，基坑内铺设 200mm 厚路基板。

（4）深坑区域土方开挖，由于土方量不是很大，采用小挖机及人工配合开挖。

（5）坑内施工的挖机，采用大功率汽车吊在坑外吊出。

（6）此阶段采用 2 台长臂挖机，4 台小挖机同时作业，计划 20d 完成。

5　深基坑支护

支撑底部采用 150mm 厚片石 70mm 厚 C15 混凝土垫层。支撑侧向模板采用木胶板拼装，并采用对拉螺栓加底脚木撑固定，为使模板整体稳定，采用 $\phi48$ 钢管加以固定。具体施工方法为采用两道 $\phi14$ 对拉螺栓、一道底撑。围檩靠地下连续墙一侧对拉螺栓焊接于连续墙内的钢筋上。模板与混凝土的接触面应涂隔离剂，但同时严禁隔离剂玷污钢筋。钢筋下坑在现场布置吊运设备，若因场地限制，无法在现场设置吊运设备，而必须采用人工驳运时，应设立必要的、安全可靠的操作平台。

水平支撑中的钢筋连接：直径 ≤ 22 的钢筋采用闪光对焊、直径 ≥ 25 的钢筋采用直螺纹套筒连接。

钢筋混凝土支撑采用商品混凝土泵送浇捣，泵送前应在输送管内用适量的与支撑混凝土成分相同的水泥浆或水泥砂浆润滑内壁，以保证泵送顺利进行。混凝土浇捣采用分层滚浆法浇捣，防止漏振和过振，确保混凝土密实。混凝土必须保证连续供应，避免出现施工冷缝。混凝土浇捣完毕，用木泥板抹平，在终凝后及时铺上草包进行混凝土养护。水平支撑混凝土浇筑时，按支撑部位留置 28d 的标养试块外，另外分别留置 7d、14d 同条件试块为土方开挖提供支撑实际强度的参考数据。

侧模在拆除时必须满足规范规定方可拆除。拆模时应及时清理模板、钢管、扣件、木方并配备电焊工，割除对拉螺栓的外露部分，以保证下层挖土顺利进行。

6　结语

综上所述，建筑工程在城市化发展过程中发挥了重要的社会功能，在建筑施工中，深基坑施工作为关键一环，其质量关系着整个建筑工程的质量。在具体施工中，一定要严格落实施工标准，遵守施工规范，科学组织施工，并严格控制施工质量，确保深基坑施工安全有序地进行，保障建筑质量。

参考文献

［1］杨一伟. 土建基础施工中深基坑支护施工技术［J］. 建材与装饰，2018（29）：15-16.

［2］郭壮志，谭高峰. 深基坑支护施工技术在建筑工程中的应用［J］. 山西建筑，2018，44（16）：63-64.

［3］郭兆明. 岩土工程深基坑支护施工技术探讨［J］. 住宅与房地产，2018（13）：228.

［4］高耀林. 土建基础施工中深基坑支护的应用与技术方案研究［J］. 中国住宅设施，2018（04）：147-148.

［5］罗珍珍. 工程深基坑支护及开挖施工技术的应用［J］. 居舍，2018（02）：64.

高压线低净空下深基坑支护设计与施工

方　涛　李朝辉　刘　栋　杨　成　张牡峰

中建五局第三建设有限公司，长沙，410004

摘　要： 以自贡市某污水处理厂提标改造项目为例，对高压线低净空下深基坑支护设计与施工问题进行了探讨，结合现场实际施工情况，深化了深基坑支护设计及其加强技术措施，经工程验证，其施工质量符合现行规范验收标准，不仅有力地确保了施工节点目标的实现，降低了安全风险，而且取得了良好的经济效益，为类似工程提供借鉴。

关键词： 高压线；低净空；深基坑；设计与施工

1　工程概况

1.1　建设概况

　　某污水处理厂提标改造项目位于自贡市自流井区，项目建成运营后每天将为自贡市处理10万吨居民生产、生活污水。此次新建施工的高效沉淀池、反硝化生物滤池、紫外消毒渠、计量渠及尾水泵房均位于高压线下，具体设计概况为：高效沉淀池长55m，宽28.02m，最大埋深6.34m，结构最高处为+1.8m，建成后最高点距离35kV高压线高度约6.2m；反硝化滤池长54.6m，宽17.24m，最大埋深9.12m，结构最高处为+0.89m，建成后构筑物最高点距离35kV高压线高度约7.11m；紫外消毒渠、计量渠及尾水泵房，最大埋深8.82m，结构最高处为+3.13m，位于高压线影响区域外。新建建筑物平面布置图详见图1。

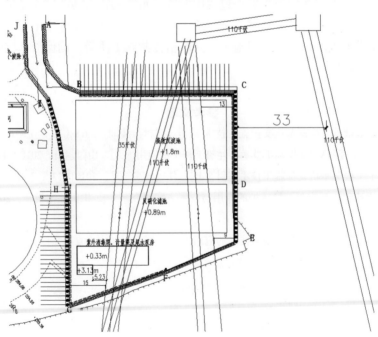

图1　新建建筑物平面布置图

1.2　地质情况

1.2.1　水文地质

拟建场地所在范围内无明显地表水，区域内地表水主要是分布在拟建场地东南侧釜溪河河水，场地平均标高高于现有河水面约 7.0m，故河水对厂区的影响较小；勘察期间测得地下水的埋深为 3.1～8.7m，其高程分布区间为 276.25～282.75m，根据对相似地区水位观测的经验，该区域地下水常年水位变化幅度在 1～2m 之间。

1.2.2　岩土地质

据现场调查及钻探揭露情况，场区内主要地层为第四系全新统人工填土层（Q_4^{ml}）、第四系全新统残坡积层（Q_4^{el+dl}）和侏罗系中统上沙溪庙组（J_{2s}）基岩。具体岩土土层及其物理力学指标如表 1 所示。

表 1　岩土土层及其物理力学指标

序号	土层	状态	土层厚度（m）	重度（kN/m³）	基底摩擦系数 μ	压缩模量（MPa）	粘聚力 c（kPa）	内摩擦角 ϕ（°）	承载力特征值 q_{sik}（kPa）
①	人工填土	/	7	19.0	/	/	12	8	80
②	粉质黏土	可塑	1.5	19.6	0.20	7	16	10	120
③	粉质黏土	软塑	5.8	19.0	0.15	3	8	7	80
④	砂质泥岩	强风化	1.5	23.0	0.30	18	40	20	300
⑤	砂质泥岩	中风化	4	24.0	0.35	/	80	30	800

1.3　周边环境

（1）基坑西北侧和东北侧：距离构筑物底板外 2m 均为现有围墙，围墙外为旱地。

（2）基坑西南侧：距离构筑物底板外 13m 为现状二沉池。二沉池与基坑之间存在现有污水主管及雨水、自来水管线，施工支护桩时要对管线进行迁改后方能施工。

（3）基坑东南侧：邻近原有临河衡重式混凝土挡墙，距离构筑物底板 6m（最远）、0m（最近）。

本基坑支护设计的超载限值 15kPa，基坑边缘 10m 范围内严禁堆放重物或重型机械碾压；详见图 2。

2　基坑支护方案设计

2.1　高压线概况

构筑物上方三组高压线平行穿过：一组为 35kV 代沿线，最低处距现有地面 8m；另外两组分别为 110kV 舒代南线和代汇线，最低处距现有地面 13m；三组高压线影响范围几乎覆盖整个施工区域。同时，在基坑西北侧距离基坑边 16m 为 110kV 舒代南线高压线塔。

由规范[1]可知，35kV、110kV 高压线垂直方向安全距离分别为 3.5m、4m，水平安全距离分别为 4m、5m，考虑风力影响，造成高压线左右摇摆，适当增加高压线安全距离，将水平安全距离设置为 6m；

图 2　周围环境鸟瞰图

致使深基坑内无法安装塔吊来吊运施工所需的材料、设备，大型机械无法进入施工，严重降低施工效率，延误工期，同时极大地增加施工成本[2]（包含但不仅限于人工成本、材料运输成本、机械设备成本等专项措施费）。

2.2　基坑支护方案设计

根据设计施工图纸，基坑支护结构安全等级为二级，基坑使用年限为 1 年。场地北侧及东北侧（即 B-C 段）因场地空间不足，不能采取全放坡方式，同时由于场地北侧上空为 35kV 高压线，不能使用高度较大的设备，因此采用高压旋喷桩内插 H 型钢进行支护。场地东北及场地南西侧（C-D、H-I、D-E、G-H 段）采用旋挖桩进行支护，场地东南临河侧（即 E-F-G 段）则采取降高 5.12m 后进行高压旋喷桩内插 H 型钢支护施工。具体详见图 3。

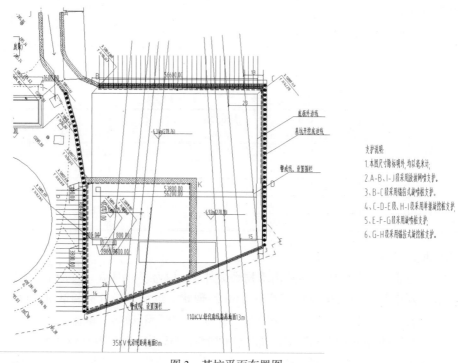

支护说明：
1. 本图尺寸除标明外，均以毫米计。
2. A-B、I-J 段采用放坡网喷支护。
3. B-C 段采用锚拉式旋喷支护。
4. C-D-E 段、H-I 段采用单排旋挖桩支护。
5. E-F-G 段采用旋喷支护。
6. G-H 段采用锚拉式旋挖桩支护。

图 3　基坑平面布置图

A-B、I-J 段：为施工便道渐变段，两侧高度不大，挖深小于 4.0m，采用网喷支护，边墙按 1：0.6 进行开挖放坡后，进行挂钢筋网、喷射混凝土施工。待支护强度达到设计强度的 70% 后方可开挖下一层土层。

B-C 段：开挖深度 6.34m，采用高压旋喷桩内插 H 型钢支护 + 预应力锚索。该段基坑上部采用 1：1 放坡，放坡高 1.2m，下部采用三排高压旋挖桩内插 HM488mm×300mm×11mm×18mm 型钢进行支护，型钢间距 0.80m；高压旋喷桩直径 0.6m，桩间距 0.4m，桩长 12.04m，嵌固段 6.90m，桩顶设 0.9m 宽圈梁；外设两道锚索，锚索采用 2 排 4φ15.24mm 高强度、低松弛钢绞线制作而成，钢绞线强度为 1720MPa，总长分别为 20.50m、19.00m，锚固段长均为 12.5m。

C-D、H-I，D-E，G-H 段：开挖深度约为 6.34m、6.92m、9.12m，采取排桩支护，桩长分别为 19.94m、21.92m、18.62m，旋挖施工，桩距 1.6m，桩径 1.00m，旋挖嵌固段分别 13.6m、15.00m、9.50m，桩顶设一道 1.2m×0.8m 冠梁，旋挖桩护壁桩桩身及桩顶冠梁混凝土强度 C30；考虑施工期间地下水位变化，在坑外设置 3 排高压旋喷桩作为止水帷幕，高压旋喷桩直径 0.6m，桩间距 0.4m，桩长 9.0m、9.0m、12.0m。其中，G-H 段外设一道锚索，锚索采用 4φ15.24mm 高强度、低松弛钢绞线制作而成，钢绞线强度为 1720MPa，总长为 25.50m，锚固段长度为 16.00m。

E-F-G 段：该段由于处于临河段，且有临河挡墙，为防止基坑开挖时挡墙内倾，将挡墙凿除降高 5.12m 至高程 278.98m。现状河水位低于场坪标高约 7.0m，该段开挖至基坑底板高程后，基坑底板高程 275.98m 低于河床水位约 1.6m。因此为防止河水倒灌并同时起到基坑支护作用，该段降高后采用双排高压旋喷桩内插 HM488mm×300mm×11mm×18mm 型钢进行支护，型钢间距为 0.80m。桩顶设冠梁，坑底设置排水沟。

H-K-L 段：基坑开挖深度为 9.12m，与另外 2 个基坑开挖平台形成的临时坡，坡高为 2.2～2.78m，采用网喷支护，按 1∶0.6 进行开挖放坡后，进行挂钢筋网、喷射混凝土施工。

3　高压线下低净空施工加强技术措施

3.1　旋挖成孔灌注桩施工

（1）旋挖成孔灌注桩均位于高压线两侧，特别是 C-D-E 段旋挖桩距离 110kV 高压线最近水平距离为 9m，G-H-I 段旋挖桩距离 35kV 高压线最近水平距离为 15m，故在施工时保持与高压线一定的安全距离。在地面将高压线影响区域划分出来，距离高压线投影水平距离 6m 范围设置 1.2m 高钢管围栏，严禁旋挖桩机在工作状态下进入、行走。其中，钢管围栏长度约 149m，此段旋挖桩工作时间约 10d。

（2）钢筋笼（最大长度 22m）吊装时，其吊车吊臂严禁进入高压线影响区域内；其中，C-D-E 段共计 34 根桩钢筋笼，在钢筋笼吊装时采用分段吊装、直螺纹套筒连接，每段长度 7.5m，吊装高度 9m，分段连接时间约为 45min。

（3）C-D-E 段旋挖桩机工作高度为 20.9m，工作时距离 110kV 高压线最小水平距离为 9m。在桩基施工时采取以下措施防止旋挖桩机工作时发生倾覆：

①对于旋挖机工作行走的范围内，挖除软弱土、铺筑毛石，保证旋挖机施工场地平坦坚实。[3]

②施工过程中，设专人在挖孔过程中防护，实行一人一机看守，在发现旋挖机有倾倒的现象时马上停止钻孔施工，调整旋挖机位置，使其稳定。

③在旋挖机行走时必须指定一个助手协调观察并向驾驶员发出信号。

④禁止旋挖机在工作状态下进行行走，行走时必须将桅杆收回，且收放桅杆时需注意升降方向。

⑤在行走前，确定地面承载力，根据需要选择路线或进行加强，在行走时，将上部车身调整到与履带平行。

⑥在遇大风、雷雨天气，严禁进行旋挖桩作业。

3.2　高压线下高压旋喷桩内插 H 型钢施工

（1）由于高压旋喷桩机高度有限（最大高度约为 2.5m），可用于高压线下正常施工。

（2）H 型钢分段进行插入，使用打桩机进行吊装施打，吊装高度不能超过 4m，保持与高压线不小于 4m 的安全距离，且打桩机进行吊装施打时必须有可靠的接地措施。H 型钢分段长度分别为 2m、3m，采用焊接接长，每次接桩焊接时间约 35min。具体施工情况见表 2、图 4。

表 2　高压旋喷桩内插 H 型钢施工做法

桩长	高压线影响区域内使用型钢型号	高压线影响区域外使用型钢型号	正常施工使用型钢型号	高压线影响区域总长度	总桩数	因高压线影响增加型钢焊接焊缝数
12m	3 根 2m，2 根 3m	1 根 7m，1 根 5m	1 根 12m	40m	72 根（高压线影响区域内 51 根）	225 道（51×4+21）

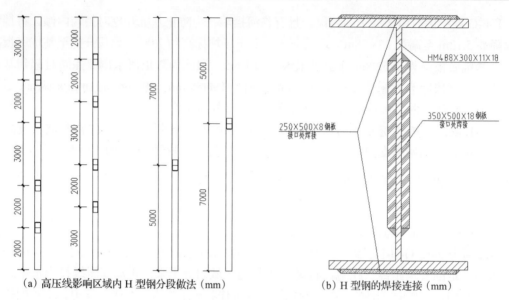

(a) 高压线影响区域内 H 型钢分段做法（mm）　　　（b) H 型钢的焊接连接（mm）

图 4　高压旋喷桩内插 H 型钢的施工方法

3.3　土方开挖

因受高压线限制，高压线影响区域以内区域土方开挖和外运不得将渣车开至高压线影响区域以内区域，应采用多台挖掘机、铲车等机械在保证满足安全距离的基础上，通过倒转接力转运的方式将土方倒转至高压线影响区域以外，再在基坑边缘进行装车外运，避免安全风险。共分为四个区域对基坑内土方进行接力转运，其中内转次数为 1 ～ 4 次。其中一区土方约为 2623.9m³，内转四次；二区土方约为 4666m³，内转三次；三区土方约为 4904.7m³，内转两次；四区土方约为 3997.6m³，内转一次。具体详见图 5。

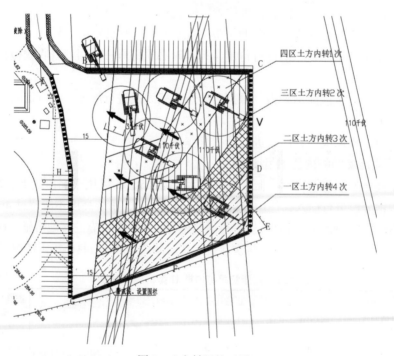

图 5　土方转运施工图

4　施工监测

（1）全方位视频监控

在高压线施工区域现场四角各设置一个视频监控点，并在围挡上每个 50m 设置一个监控点；同时，通过手机视频监控软件绑定相应监控点监控硬件，以便于项目管理人员第一时间及时掌控现场情况，并在第一时间做出相关处理措施，安排专员 24h 进行巡查。

（2）限高红外预警系统

以路面标高为正负零，在基坑西北及东南侧 35kV 高压线影响区域下设置 3.5m 限高杆，在限高杆末端安装红外线报警器。限高杆间距 4m，立柱基础 2m×2m×1m，采用 C20 混凝土浇筑；立柱体系使用直径 48mm 不锈钢管，在横杆上连续布置红外报警装置，形成密集红外报警监控网，当有物体碰触到红外线时，即发出闪光及警报，警报工作时必须保证现场专职安全人员第一时间内听到。

（3）基坑支护监测[4]

本基坑支护工程各个剖面基坑侧壁安全等级为二级，其基坑侧壁重要性系数 $r_0=1.0$，按照规范要求布置监测。施工阶段基坑支护结构的水平位移：控制值取为 50mm，报警值 35mm；竖向位移：控制值取为 25mm，报警值取 17.5mm；基坑周边地面沉降：控制值取为 50mm，报警值取为 35mm。水平位移变化速率控制值为 3mm/d，竖向位移变化速率控制值为 3mm/d，沉降变化速率控制为 2mm/d。详见图 6。

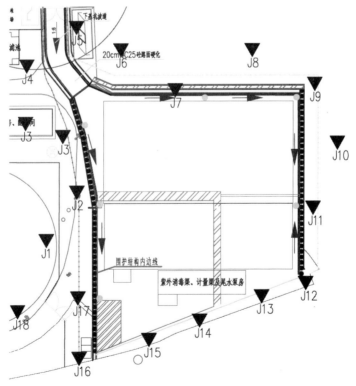

图 6　基坑监测平面布置图

5　结语

以自贡市某污水处理厂提标改造项目为例，对高压线低净空下深基坑支护设计与施工问题进行了探讨，结合现场实际施工情况，深化了深基坑支护设计及其加强技术措施，经工程验证，其施工质量符合现行规范验收标准，不仅有力地确保了施工节点目标的实现，降低了安全风险，而且取得了良好的经济效益，为类似工程提供借鉴。

参考文献

［1］ 施工现场临时用电安全技术规程实施手册：JGJ 46—2005［S］.

［2］ 罗文艺，曾恩陈，黄蜀，刘高. 高压线下软弱地质地下连续墙施工研究及实践［J］. 施工技术，2019.6：799-802.

［3］ 段旺，左敏，张天冰，王志伟. 110kV 高压线下地铁施工桩基成孔选择应用研究［J］. 山西建筑，2017.3：58-60.

［4］ 方涛，李馥，张牡峰，刘耀鹏. 洱海流域流砂地层下深基坑支护施工［J］. 山西建筑，2018.12：83-85.

邻近既有建筑群新建基坑支护
方案选取及效果分析

许　霆　罗小文　段　旺　贺添藩　赵家明

中建五局第三建设有限公司，长沙，410004

摘　要：随着高层建筑建设规模的扩大，邻近建筑群新建基坑工程逐渐增多，针对此类工程安全问题，目前的研究滞后于工程实践，该类问题复杂性没有得到明确解决。因此，以长沙某邻近建筑新建基坑工程为背景，开展基坑支护方案比选，建立数值模型，进行了稳定性分析，开展了现场检测，对支护效果进行了评价，取得了以下结论：（1）灌注桩＋锚索支护方案具有成本低、施工相对简单易于操作、占用施工净空少等优点；（2）由数值分析结果可知：采用优化方案后基坑回弹值降幅达 73%；采用优化方案后地表沉降值降幅达 68%；（3）采用优化方案后基坑侧向变形降幅达 92%，优化方案具有更高的整体稳定性及安全性；（4）优化方案实施后，基坑支护效果良好。

关键词：邻近建筑；基坑支护；稳定性分析；效果评价

1　序言

随着高层建筑建设规模的扩大，基坑工程从浅基坑发展至深基坑[1]。为保证高层建筑所要求的地基嵌固约束作用，相关规范均对开挖深度及支护措施提出了具体规定[2-3]。但在城市邻近既有建筑新建深基坑工程，因其复杂的水文地质条件，既有地下管线干扰及邻近既有建筑荷载等综合因素影响，保证深基坑施工安全及降低施工扰动对既有建筑群正常使用的影响成为此类工程面临的主要难点之一[4]。国内外类似工程调查数据表明，因其基坑开挖所导致的工程突发事故约占工程总量的 15%～20%，其中因基坑支护结构稳定性而引发的事故可达 60%[5]。20 世纪 90 年代，上海浦东新区某百货超市地下三层的基坑一侧围护结构支撑遭受破坏，引发地下管线破坏，进而造成大范围停水停电[6]。针对临近建筑群新建深基坑工程安全问题，国内外学者做了大量的调研及相关试验研究，且得出了有益的结论[7]，但尚不足以表述该类问题复杂性，现有的研究滞后于工程实践。

因此本文以长沙邻近既有建筑群新建深基坑为工程背景，选取适用的基坑支护方案，通过建立的数值模型，用以分析支护方案的整体稳定性，优化其支护方案；实施现场监测，对支护效果进行综合性评价，研究成果可为以后类似工程提供重要依据。

2　工程概况及基坑方案选取

本工程位于湖南省长沙市嘉雨路与远大路交会处的东南角，支护总长度共计 538.0m，不同位置方向的基坑具体参数如表 2-1 所示。工程北侧距离城市主干道 14.3m，且邻近区域埋设较多的综合管网；东侧、南侧为居民住宅区，多为混凝土、砖混结构，层高 7～11 层；西侧距市政道路约 13.2～16.9m（道宽 15.0m）。施工示意图如图 1 所示。

表 1　基坑支护工程概况

位置	基坑设计深度（m）	坑顶设计绝对标高（m）	基坑长度（m）	基坑工程安全等级	抗震设防烈度	地基基础设计等级
东段			约 196			
西段			约 190			
南段	17.60	33.50	约 55	一级	6	甲级
北段			约 55			

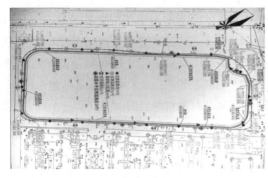

（1）施工平面图　　　　　　　　　　　　（b）现场环境

图 1　施工示意图

　　地下管道限制及邻近既有建筑荷载的综合作用，对该类支护结构强度和刚度提出更高要求，选择适用的基坑支护方案是解决邻近既有建筑新建深基坑工程难点的关键所在。原基坑支护方案采取土钉支护结构，在本工程施工环境下，面临着基坑隆起破坏及支护结构侧向位移较大等潜在风险，且需要较大的场地作业面。地下连续墙具有良好的整体性、较大的刚度等工程特性，适用于较大基坑支护，但施工过程中废泥浆处理、较高的造价制约其应用，且存在槽壁坍塌的风险。人工挖孔灌注桩＋锚杆支护具有经济成本低、作业便利、支护效果良好等工程特点，因此，综合分析比较，选取"人工挖孔灌注桩＋锚杆"的基坑支护方案。

3　基坑支护结构稳定性分析

3.1　模型建立

　　以实际项目为原型，建立三维数值模型，对基坑支护方案采用优化后的"支护桩＋锚杆"开挖过程进行动态模拟。模型中，选用结构化（structure）技术划分土层网格，单元类型设置为六面体缩减积分单元（C3D8R）；土体本构模型设置为摩尔－库伦本构关系（Mohr-Coulomb）；灌注桩采用梁单元进行模拟，采用线弹性本构模型；周边建筑荷载按实际位置以均布荷载形式进行布置；土层开挖施工按照每半天 1m 设置；土体与桩之间接触定义为硬接触；锚索与灌注桩交接处采用固定约束简化处理（Tie）。数值模型构建如图 2 所示。基坑变形及应力云图如图 3 所示。

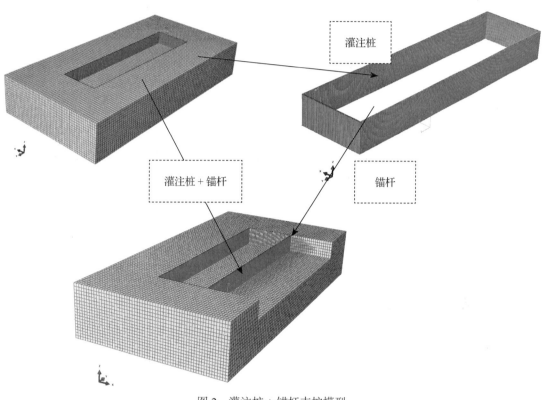

图 2 灌注桩 + 锚杆支护模型

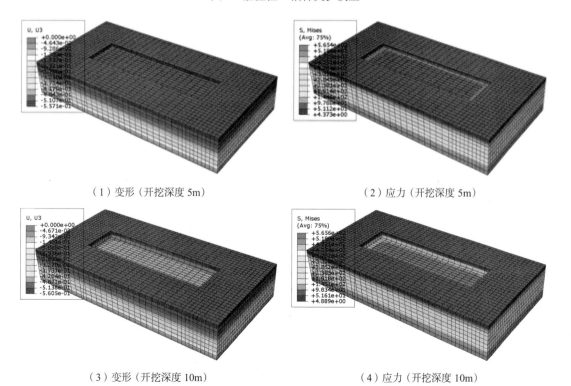

（1）变形（开挖深度 5m）　　　　　　　　　（2）应力（开挖深度 5m）

（3）变形（开挖深度 10m）　　　　　　　　　（4）应力（开挖深度 10m）

图 3 基坑开挖不同深度变形与应力云图

3.2　结果分析

绘制支护结构侧向位移对比曲线如图4所示。选取基坑开挖至基底时对应计算结果进行分析。由图4可知：（1）原设计方案侧向位移沿基坑深度呈非线性分布，存在着"凸肚"现象，基坑底部侧向变形值约为1mm，最大侧向变形值位于基坑中部偏上处，其值约为19mm；（2）优化方案侧向变形沿基坑深度呈线性递减趋势，当基坑深度达10m时，其值逐渐趋向于0，最大值位于基坑顶部，其值为1.5mm，仅为原方案的7.89%。灌注桩嵌固于地层中，可将其类似为悬臂梁，其锚固端可视为固定端，桩顶为自由端，在基坑侧向土压力作用下，桩体发生挠曲变形，其自由端变形值最大；混凝土弹性模量大，整体刚度高，限制了基坑的侧向位移值。

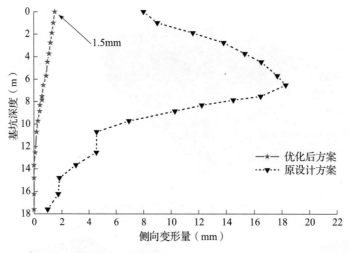

图4　支护结构侧向位移对比曲线图

以基坑回弹量、地表沉降、支护结构侧向变形值为对比项，提取数据如表2可知：（1）原支护方案，基坑最大回弹量为20mm，采用优化方案后降为5.4mm，降幅达73%；（2）原土钉支护方案地表最大沉降值为10mm，采用优化方案后降为3.2mm，降幅达68%；（3）原土钉支护方案基坑支护结构最大侧向位移值约为19mm，采用优化方案后降为1.5mm，降幅达92%。

表2　优化方案与原支护方案对比（最大值）

项目类别	原土钉支护方案	优化灌注桩＋锚索方案	降低幅度
基坑回弹量	20mm	5.4mm	73%
地表沉降量	10mm	3.2mm	68%
支护结构侧向位移量	19mm	1.5mm	92%

由上述分析结果可知，采用"灌注桩＋锚杆"优化支护方案，其基坑回弹量、地表沉降、支护结构侧向变形值相比原支护方案大幅度降低，整体稳定性相对较高。

4　基坑支护方案效果检测

4.1　检测项目

本次检测共有4个项目：（1）外观质量检查，（2）结构布置及节点核查，（3）混凝土抗压强度,(4)锚索抗拔试验。依据检测数据,进行计算复核,综合评价基坑支护工程效果。检测项目及部分仪器见表 3。

表 3　检测仪器

项数	仪器名称	测试项目
1	数显回弹仪	混凝土抗压强度检测
2	手持式激光测距仪	结构布置检测
3	台式工程钻机	钻芯取样
4	微机控制电液伺服万能试验机	芯样抗压强度
5	锚杆拉力计	锚索抗拔试验

4.2　外观质量检测

现场勘察,基坑顶部周边 7m 范围内土层无明显裂缝,周边建筑群、构筑物无明显倾斜现象,基坑周边的管网、道路无明显异常现象。

4.3　结构布置检测

使用全站仪、测距仪等对该支护工程的结构布置进行检测。检测结果表明:该基坑支护结构的锚索与双拼工字钢连接节点质量良好,结构无明显变形处。

4.4　混凝土抗压强度检测

随机选取点位,采用混凝土数显回弹仪,对冠梁进行混凝土抗压强度检测。采用台式工程钻机钻取 15 个直径为 100mm 芯样,冠梁取芯位置如图 5 所示。

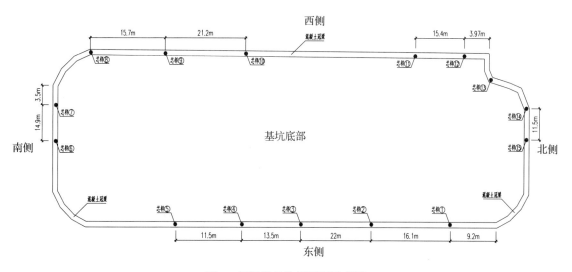

图 5　冠梁钻芯取样平面示意图

采用机械将取样试件切割并加工成高径比为 1 : 1 的试件(芯样试件的实际高径比允许偏差:0.95 ~ 1.05),通过微机控制电液伺服万能试验机且按照《钻芯法检测混凝土强度技术规程》中的相关规定,对冠梁进行抗压强度测试。

由图 6 分析可知:冠梁混凝土芯样试件抗压强度值区间为 30.3 ~ 34.3MPa,均达到 C30。选取的试样其抗压强度均满足设计及规范要求,说明混凝土冠梁施工质量较好。

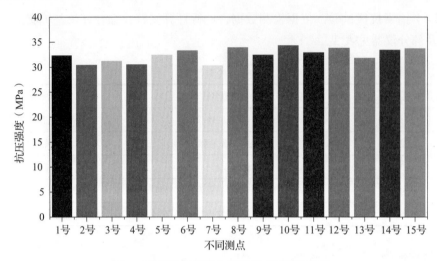

图 6　不同测点混凝土芯样抗压强度柱状图

4.5　锚索抗拔检测

按照《岩土锚杆与喷射混凝土支护工程技术规范》（GB 50086-2015）中有关规定进行现场试验，最大的锚索试验荷载取 $1.1N_a$（N_a 为锚索轴向拉力设计值）。

本次试验共选取了 3 根锚索，试验结果汇总表见表 4。试验结果表明：试验锚索的抗拔拉力均大于设计值，累计位移值不大于 6mm。由此可判断，本次锚索满足设计规范要求，性能良好。

表 4　锚索验收试验结果表

试验编号	试验部位	设计值（kN）	实测拉力（kN）	累计位移（mm）	结论
1	1 号	795	876	5.45	合格
2	2 号	795	879	5.23	合格
3	3 号	795	878	5.98	合格

5　结论

依据现场实际工况和数值模拟分析结果，优化支护方案，最后进行现场检测，对优化方案效果进行分析。主要结论如下：

（1）人工挖孔灌注桩＋锚杆支护方式具有经济成本低、作业灵活、支护效果优良等工程特点，是原基坑支护方案土钉支护不可相比的。

（2）由数值分析结果可知：①采用优化方案后基坑回弹值降为 5.4mm，降幅达 73%；②采用优化方案后地表沉降值降为 3.2mm，降幅达 68%；③采用优化方案后基坑侧向变形降为 1.5mm，降幅达 92%。由此可知，相对于原方案，优化方案具有更高的整体稳定性及安全性。

（3）基坑支护结构无明显的变形位移；支护结构连接节点质量良好；混凝土抗压强度满足设计规范要求；锚索实测拉力值区间为 876～879kN，满足设计要求。

参考文献

［1］陈忠汉，程丽萍. 深基坑工程［M］. 北京：机械工业出版社，1999.

［2］　高层建筑混凝土结构技术规程：JGJ3—2010［S］. 北京：中国建筑工业出版社，2010.

［3］　建筑抗震设计规范：GB 50011—2010［S］. 北京：中国建筑工业出版社，2010.

［4］　郭志昆，张武刚，陈秒峰. 对当前基坑工程中几个主要问题的讨论［J］. 岩土工程界，2001（5）：
　　　40-41.

［5］　张锦屏. 基坑工程的特点和若干问题分析［J］. 低温建筑技术，2003（3）：64-65.

［6］　黄强，惠永宁. 深基坑支护工程实例集［M］. 北京：中国建筑工业出版社，1990.

［7］　邓友生，龙新乐，黄恒恒. 深基坑支护结构体系的的分析［J］. 湖北工业大学学报，2013，2：15-8.

流砂地层双钢护筒旋挖桩成孔工艺开发与研究

袁　况　　陈甘霖　　石　强

中建五局第三建设有限公司，长沙，410004

摘　要： 在旧河道以及临水区域的冲积平原，地下水位高、地层活动频繁，形成了不良流砂地层，造成建筑施工困难。实践发现，在重庆地区的流砂地层进行旋挖桩基础施工是一项十分棘手的工作。本文通过对重庆市中建·瑜和城项目旋挖桩基础施工的探索与总结，提炼了适用于流砂地层桩基础施工的双钢护筒辅助成孔旋挖施工工艺，分析了施工原理及作业优势，为其他类似工程提供了宝贵经验。

关键词： 流砂地层；旋挖桩；双钢护筒辅助成孔

1　流砂地层旋挖桩桩基成孔研究现状

1.1　研究背景

我国河道纵横，流域广阔，是多水之国，河流总长度超 40 万 km，长江、黄河和珠江三条河流流域面积之和达到 300 万 km²，占国土面积的三分之一。而国人有依山而建，伴水而居的居住、生活习惯和特点。在重庆这座两江交汇的城市，建筑工程临水建设或布置于旧河道区域的现象尤为普遍。

在旧河道以及临水区域的冲积平原，常常有地下水位高、地层活动频繁的特点，造成影响建筑施工的不良流砂地层。在此种地质条件下，重庆区域的建筑工程多采用旋挖成孔灌注桩作为基础形式，该施工方法具有成孔速度快、安全系数高、自动化程度高等优点。

1.2　研究现状

流砂地层成因复杂[5]，影响因素繁多[6]，对旋挖桩基础施工影响极大，若不及时采取针对性措施，将对旋挖桩基的安全质量造成无法挽回的损失。为减小流砂地层对旋挖桩施工的不良影响，王树民[1]通过分析流砂地层土应力传播特点对施工工艺进行了优化研究；崔元龙、王卫平、李文生[2-4]将旋挖桩成孔施工环节进行拆分，有针对性地研究、解决各环节的常见问题，提高了旋挖桩成形质量。在面对流砂地层时，传统处理方案多采用低强度等级混凝土反压再成孔或者钢护筒辅助成孔施工工艺。在大量工程实践过程中，研究人员发现以上两种工艺现场处理较为复杂，对突发情况的应对能力不足，容易造成工期和成本的浪费，且无法保证桩基施工质量；而新兴的自带跟进式护筒护壁旋挖钻孔施工技术又受到施工成本、设备紧缺等影响，现场难以推广使用。

2　项目流砂地层旋挖桩桩基成孔研究分析

2.1　工程概况以及流砂地层旋挖桩成孔问题

中建·瑜和城（二期）I05-1/01 地块项目位于重庆市巴南区李家沱王家坝路，靠近长江，是集住宅、商业、幼儿园一体的综合性房建项目，住宅最大高度为 98.3m，基础形式多为旋挖桩基础。地勘资料显示项目地质条件良好，无明显地下水及其他不良地质影响。

起初，项目基础工程采用传统机械旋挖成孔灌注桩工艺施工，施工过程发现桩孔坍塌、高地下水位和泥沙反涌等现象。经研究确定，采用传统处理方式（即低强度等级混凝土反压再成孔或者钢护筒辅助成孔施工工艺）进行处理。由于前期工程量小，现场反应迅速，并未发生重大的质量事故。但随着工程基础施工大面积铺开，15 号楼 1 批次桩基出现大量Ⅳ类桩基，现场勘察发现流砂地层导致了桩身成形质量完整性不合格。

2.2　流砂地层旋挖桩施工问题损失测算

针对本次废桩（Ⅳ类桩不满足桩基质量要求，即为"废桩"）现象，项目从人工机具成本和材料成本等方面对废桩成本进行测算，测算结果如下：

2.2.1　人工机具成本测算

在发生废桩事故以后，首先需采用履带式旋挖机在原桩位进行破桩钻进，直至基底标高；随后按照旋挖桩基础施工工艺，重新进行桩基混凝土浇筑。上述过程中，根据破桩钻进（即二次成孔）深度、二次混凝土浇筑时间，以及旋挖桩成孔单价（元/m）、工人每天的工资，可以得到废桩造成的人工机具损失，见表 1。

表 1　人工机具成本计算表

旋挖桩编号	二次成孔深度（m）	桩成孔单价（元/m）	二次混凝土浇筑耗时（d）	混凝土工单价［元/（人×d）］	浇筑作业人员数量	多余经济损失（元）
141 号桩基	13.2	850	1	280	4	12340
148 号桩基	15.6	850	1	280	4	14380
150 号桩基	14.9	850	1	280	4	13785
151 号桩基	16.0	850	1	280	4	14720
合计						55225

2.2.2　材料成本测算

废桩后，原钢筋混凝土桩基需全数机械破除，这些钢筋混凝土无法二次利用，直接导致材料浪费。根据合同单价及信息价，出站的钢筋单价为 4160 元/t，C30 水下混凝土单价为 457 元/m³，钢筋混凝土成测算见表 2。

表 2　钢筋混凝土成本计算表

浇筑部位	二次施工钢筋用量（t）	二次浇筑混凝土方量（m³）	钢筋单价（元/t）	混凝土单价（元/m³）	损失（元）
141 号桩基	0.76	11.39	4160	457	8367
148 号桩基	0.89	13.47	4160	457	9858
150 号桩基	0.86	12.87	4160	457	9459
151 号桩基	0.92	13.82	4160	457	10143
合计					37827

2.2.3　其他损失

由于桩基成形质量不达标，导致工期增加，现场为了追回工期，要求劳务单位增加一台 260 型旋挖机，造成进场费 1 万元的经济损失；并且桩基二次成形同样需要进行桩基完整性超声波检测以及桩身钻孔检测，造成检测费用 5000 元的经济损失，合计 15000 元，见表 3。

表 3　总损失统计表

人工机具（元）	钢筋混凝土（元）	其他（元）	合计（元）
55225	37827	15000	108052

2.3　废桩问题原因分析

2.3.1　地质勘探报告不准确

　　根据原始地勘报告可知，本项目并无高地下水位、流砂地层等不良地质情况。但在实际施工过程中，却频繁出现流砂地层等，分析其原因，主要有以下两点原因：

　　①进场施工前，建设单位委托地勘单位按照 20m×20m 间距进行地质勘察，由于前期地质勘测点分布系数较稀，地勘报告较为粗略，且未进行超前钻补勘测造成地勘与现场实际情况不符。

　　②项目驻地原为当地住民所承包鱼塘，蓄水深度 1.2～2m，年份达到 10 年，池水抽干后，塘底淤泥堆积，最深处达到 1m，没及人腰部，车辆、人员均无法进入，但业主单位仅采取片石换填方式进行了简单处理，为项目旋挖桩基础施工埋下隐患。

2.3.2　流砂地层旋挖桩施工影响

　　流砂地层的形成主要受到地下水动力和土层自身应力影响，具有水体不稳定、土体流动性强等特点，且常规地勘报告难以准确描述，往往需要现场施工临时进行判断，增加了基础施工的不确定性。在常规的流砂地质桩基础施工中，常常伴随着下述现象[5]：当桩孔开挖至一定深度，孔外水位高于孔内抽水后的水位，内外水压差大于地层土颗粒的浸水密度，使土粒悬浮失去稳定性而变成流动状态。当水流从坑底或两侧涌入坑内，此时如果施工采取强挖，抽水愈深，土层里的动水压力就愈大，流砂就愈严重，给施工质量安全带来了巨大隐患。

2.3.3　传统处理方案较为落后的影响

　　针对不良流砂地层情况下的旋挖桩成孔施工作业，国内外常见的处理方法有低强度等级混凝土反压再成孔和钢护筒辅助成孔施工，以及新兴的自带跟进式护筒护壁旋挖钻孔施工技术，研究人员针对上述工艺的优缺点进行了逐项分析。

　　（1）低强度等级混凝土反压再成孔工艺：此工艺通过扩大桩孔直径，利用低强度等级混凝土将桩基周边松软土体固结，旋挖桩基础二次钻进时，再利用周边混凝土形成天然护壁，可以显著减少塌孔等问题。但在面对流砂地层时，由于流砂区域空腔面积无法确定，若采用低强度等级混凝土进行反压，无法有效预估反压混凝土用量，极易出现现场混凝土超量，造成巨大的成本浪费；同时，大体积的流砂地层将大量低强度等级混凝土吸纳，使得周边软弱土层无法得到充分固结，导致软弱土质仍然存在，无法消除桩基施工过程中的隐患。

　　（2）钢护筒辅助成孔施工工艺：此工艺通过钢护筒护壁阻隔桩基周边流砂及软弱土质，具有成孔快、效果明显等特点。但由于钢护筒护壁与周边地基土体贴合不紧密，存在大量缝隙，流体状态的流砂土体可以持续从缝隙中渗入护壁内部，与桩基混凝土混合后产生大量夹杂、孔洞，导致桩基质量不达标。

（3）自带跟进式护筒护壁旋挖钻孔施工技术：此工艺通过改进型自带跟进式护筒旋挖机械进行旋挖桩施工，成孔同时下放钢护筒护壁，保证护壁与桩基深度基本同步，能够相对有效地解决流砂地层。但此方案需要特制的具有钢护筒驱动装置的旋挖机，造价过高，且国内保有量低，故在工程实践中难以推广、应用。

2.4　废桩问题解决

为提高桩基成形质量，确保工程结构安全，有效减少废桩问题造成的经济损失，研究人员在要求地勘单位对现场地质进行详细补勘的同时，研发了双钢护筒辅助成孔旋挖施工工艺。

2.4.1　双钢护筒辅助成孔旋挖施工工艺原理

本工艺的作业原理为：在常规钢护筒护壁辅助成孔施工工艺的基础上，增加一道可周转钢护筒，利用内外护壁及其中间的隔绝区，大大提高对流砂地层的防护能力。

以直径较大的周转钢护筒设置于岩层之上，对流砂底层进行第一次隔绝，再由直径较小的一次性钢护筒从外筒内嵌至桩基底部，与基底持力层紧密结合，进行二次隔绝，两层钢护筒之间形成流砂隔绝区，进一步提高阻隔效果，如图 1 所示。

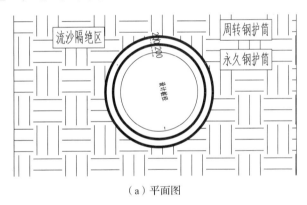

（a）平面图

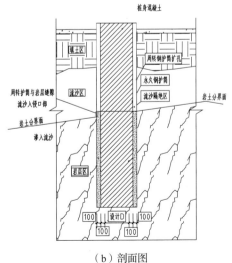

（b）剖面图

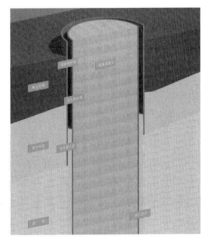

（c）3D效果图

图 1　双钢护筒辅助成孔旋挖桩示意图

2.4.2　双钢护筒辅助成孔旋挖施工工艺

双钢护筒辅助成孔旋挖施工工艺流程如下：

定位放线→一次成孔，周转钢护筒随钻随下→旋挖机继续成孔→提钻→一次性钢护筒设置→清孔→钢筋笼制安→混凝土浇筑。

以1.0m直径桩基施工为例：

（1）使用时，先以周转钢护筒进行常规旋挖桩成孔施工，即采用1.4m直径的周转钢护筒辅助成孔，护筒随挖随进，直到岩层部位，钢护筒受岩层阻挡，无法继续下落；

（2）旋挖机保持作业状态继续钻进，直至桩孔深度满足设计及规范要求；

（3）提起钻斗，由履带式起重机吊运1.2m直径永久钢护筒至桩孔位置，人工配合坐标定位、垂直校正，将钢护筒准确下放至周转钢护筒内；

（4）此时桩孔内会有部分流砂，但在钢护筒自重作用下能够自然下落至基底，若遇阻，可采用振动锤辅助下落；

（5）永久性钢护筒设置完成后，旋挖机替换清孔钻头对桩基进行清孔，确保孔内无沉渣、淤泥。

采用周转钢护筒＋永久钢护筒两道阻隔屏障，解决了流砂渗入桩内导致的混凝土浇筑不连续，减少因桩身完整性检测不合格引起的返工，减少了工期，节约了混凝土用量。

2.5 双钢护筒旋挖成孔工艺实施效果

中建·瑜和城（二期）I05-1/01地块项目就流砂不良地质情况，针对性提出双钢护筒旋挖成孔施工工艺，就前后桩基础的超声波投射法检测及桩身钻孔检测结果来看，本工艺对流砂不良地质情况下的桩基成孔质量有显著提高（表4）。

表4　桩基成孔合格率统计表

传统工艺施工		双钢护筒旋挖成孔工艺施工	
桩基施工数量	桩基检测数量/合格率	桩基施工数量	桩基检测数量/合格率
41	26/63%	167	167/100%

3　结语

本文通过与实际工程实例进行结合，分析本项目废桩产生的原因，并根据原因提出问题的解决和预防措施，创造性提出双钢护筒辅助成孔旋挖桩施工工艺。该工艺具有以下优点：

（1）准备工作简单：本工艺施工准备工作较传统钢护筒护壁旋挖成孔灌注桩并无差异，仅需要一些常规的施工机具、材料即可，且此工艺操作简单，方便；

（2）适用性强：本工艺不仅针对流砂地层；

（3）施工质量高：项目采用此工艺进行施工后，旋挖桩成形质量经检测达到100%，较第一批成孔有了显著提高；

（4）施工成本低：本工艺无特殊设备投入，且有效规避了低强度等级混凝土反压成本不可控的缺点，同时兼具钢护筒护壁成孔工艺施工设备及人员投入少、施工周期短、质量控制简单等优点，在确保质量、安全的前提下最大化地节约成本与工期。

流砂地层旋挖桩施工质量控制是重庆地区一个常见且棘手的问题，很多建设者都会采用传统的低强度等级混凝土反压及钢护筒护壁施工进行处理，但却往往达不到预想的结果。由于流砂地层的复杂性、不确定性，导致出现废桩的原因也复杂与不确定，因此还需要在以后工作中进行分析、总结、优化、实践，最终求得解决之法。

参考文献

［1］ 王树民．流砂地层旋挖钻成桩综合施工技术研究［J］．城市建设理论研究．2013（11）．

［2］ 崔元龙．流砂地层中钻孔灌注桩施工技术探讨［J］．技术与市场，2014（9）：208-208，212．

［3］ 王卫平．流砂地层桩基施工技术探讨［J］．内蒙古公路与运输，2011（2）：45-46．

［4］ 李文生．流砂地层中钻孔灌注桩施工技术探讨．山西交通科技．2008，（6）：35-36．

［5］ 黄绪云，黄德鑫．浅谈流砂的地质成因及其处理方法［J］．西部探矿工程，2001 年增刊（021）．

［6］ 王丹微，王清，庞大鹏．粉细砂场地流砂危害等级评价［J］．吉林建筑大学学报，2015，32（5）：1-4
．

浅覆盖层中钢管桩环形槽沉桩施工技术研究

彭杨诺礼　邓金耀　谭　露　魏永国　佘　佳

长沙市市政工程有限责任公司，长沙，410007

摘　要： 本技术采用钻环形槽孔施工钢管桩，同比于常规水下混凝土承台、冲击锤成孔等工艺，解决了浅覆盖或无覆盖层河道栈桥平台钢管桩插打施工的难题，尤其在施工进度和成本方面，效益非常显著，而且也降低能耗，减少对河床岩层的扰动，效益显著。

关键词： 浅覆盖层；无覆盖层；钢管桩；环形槽

1　技术背景

在跨河道桥梁施工过程中，通常需修建临时钢栈桥，钢栈桥桩基普遍采用钢管桩（$\phi 500 \sim \phi 800$ 左右），在泥沙等覆盖层较厚的地质层中振动锤击入即可成桩。但对于河道覆盖层很薄，甚至无覆盖层的地质情况下，沉桩是一大难题。目前国内也没有非常好的成熟工艺，一般采用水下混凝土承台及冲击钻预成孔后水下混凝土成桩工艺，但均需采用水中施工配套的大型机械设备，存在实施成本较高、施工难度大、进度缓慢等缺点。我公司经过多年项目施工经验，结合现场实际情况，探索总结了专门针对浅覆盖或无覆盖层地质栈桥钢管桩成桩工艺，该工艺采用液压钻井机（YZJ-300Y 或其他小型钻井设备），连接同类型现场特制钢管桩等径钻头，钻一环形孔（槽），成孔后只需将钢管桩插入即可，钻头长度根据钢管桩嵌岩设计深度加 50cm 余量即可。环孔槽宽度 $3 \sim 5cm$，由于泥沙的嵌入槽与钢管桩壁之间间隙并不影响其稳定性。本工艺预成孔只需采用小型设备，对河床岩层破坏小，桩基稳定性好，施工简单、经济，进度大大提高，且后期拆除时拔出简单，不需清理混凝土等杂物。

2　技术原理

（1）钻孔设备成套准备：现场取一段钢管桩（长度根据设计管桩入岩深度而定），在端部焊刀片保证成槽壁厚，另一端用钢板封闭，并焊接钻杆接头与小型液压钻井机设备配套，然后将钻机固定在驳船侧，完成设备成套。

（2）利用驳船固定在水中，供液压钻井机施工的工作平台，引孔护筒采用直径 0.8m 钢护筒，护筒埋深长度根据水位情况调整高度，钻头直径为 0.63m，采用黏土制浆，浅孔采用不循环施工完成。

（3）在河道覆盖层很薄甚至无覆盖层的位置，利用液压钻井机钻一个深 5m 的环形槽，引孔成孔后采用水下灌注细砂法施工；细砂灌注采用吨袋装袋吊装运至护筒孔顶口，解开底部出口，让细砂自动下落灌满引孔，待砂沉淀后拔出钢护筒，再利用 DZJ-60 型振动锤在环形槽中进行插打 $\phi 630mm$ 的钢管桩。

3　工艺流程

测量放样→材料及设备等施工准备→浮船定位→浮船上液压钻井机（YZJ-300Y）引孔→

引孔成孔后灌细砂沉淀→振动锤插打钢管桩。

4　施工技术操作要点

4.1　测量放样

据总体平面布置图算出每根钢管桩的坐标位置，计算结果交项目总工复核，确认无误后开展外业测量工作。钢管桩定位利用全站仪进行全程监测的方法控制钢管桩位，在沉桩过程中，测量实时监控钢管桩的垂直度，保证成桩质量。

4.2　浮船定位

浮船定位采用在河堤两岸各设 4 个钢筋混凝土自锚墩（尺寸为：1.2m × 1.2m × 1.2m），根据测量计算角度和放样定位埋设在河堤两岸。浮船上四角对称设四台卷扬机，卷扬机上的钢丝绳与自锚墩固定，通过卷扬机伸缩来调整和固定浮船指定位置，再下钢护筒稳定于浮船预先留出的孔洞内，通过液压钻井机引孔施工。

4.3　引孔

现场取一段钢管桩（长度根据设计管桩入岩深度而定），在端部焊刀片保证成槽壁厚，另一端用钢板封闭，并焊接钻杆接头与小型液压钻井机设备配套，引孔采用在自造浮船上安装液压钻井机（型号：YZJ-300Y），自造浮船：长 × 宽 × 深 = 14m × 7.5m × 1.0m，满载浮力 97t，满足施工要求，然后将钻机固定在驳船上，完成设备成套。

在河道覆盖层很薄甚至无覆盖层的位置，采用液压钻井机施工，护筒采用直径 800mm 钢护筒，护筒埋深长度根据水位情况调整高度，钻头直径为 630mm，采用黏土制浆，钻孔时开始慢速钻进，使护筒刃脚处有坚硬的泥皮护壁，钻进深度超过护筒下 2m 后，即可按正常速度钻进，钻进深度到 5m 的环形槽时，停止钻孔，为保证孔深要求，避免超欠钻，钻进过程中还应随时控制钻杆垂直度。浅孔采用不循环施工完成。

4.4　引孔成孔后灌细砂沉淀

考虑到水下混凝土植桩质量难以保证，混凝土需要待强会影响工期，后期拆除钢管桩要潜水员水下切割成本大，钢管损耗量大，因此引孔成孔后采用水下灌注细砂法施工；细砂灌注采用吨袋装袋吊装运至护筒孔顶口，解开底部出口，让细砂自动下落灌满引孔（灌砂前在孔内设置水上浮标），待砂沉淀后拔出钢护筒，进行下道工序施工（振动锤插打钢管桩）。

4.5　振动锤插打钢管桩

在跨河道桥梁施工过程中采用浅覆盖层中钢管桩环形槽沉桩施工工法。先采用液压钻井机（YZJ-300Y）在指定位置施工引孔，引孔入岩深度不小于 5m，引孔完成后可以直接插入钢管桩，插打的钢管桩采用 DZJ-60 型振动锤进行插打钢管桩。

5　性能指标

（1）钢管桩管节制造完毕后，检查其外形尺寸，应符合：椭圆度：允许 0.5%D，且不大于 5mm（D 为钢管桩外径）；外周长：允许 ±0.5%C，且不大于 10mm（C 为钢管桩周长）；管端平面倾斜：允许 0.5%D，且不大于 4mm（D 为钢管桩外径）。

（2）钢管桩对口拼装时，相邻管节的管径偏差不大于 2mm，对口板边高差不大于 1mm。

（3）钢管桩对接焊缝允许偏差：咬边：深度不超过 0.5mm，累计总长度不超过焊缝长度的 10%；超高：不大于 3mm。

（4）对口接长后，钢管桩外形尺寸的允许偏差：桩长偏差：+300mm，0mm 桩轴向弯曲矢高：允许 0.1%*L*，且不大于 30mm（*L* 为钢管桩长度）。

6 实施效果及创新点

6.1 实施效果

（1）相较于通常水下混凝土承台、成孔等常规工艺，可节约成本、降低能耗，减少对河床岩层的破坏和噪声污染，尤其施工进度明显提高，经济效益、环保效益显著。

（2）创新使用浅覆盖或无覆盖层地质栈桥钢管桩成桩工艺，提高了钢管桩基的稳定性，同时也减少对河床的破坏，攻克了成本控制与质量保证难以平衡的技术难题，加快了施工进度，同时减少了河流的环境影响。

（3）成孔后钢管桩插入利用小型振动锤振动即可成桩，环孔槽宽度 3 ～ 5cm，由于泥沙的塞入槽与钢管桩壁之间间隙并不影响其稳定性，焊接连接系及分配梁，进行严格的预压试验，确保栈桥平台结构的承载力和稳定性。

6.2 创新点

（1）使用液压钻井机（YZJ-300Y 或其他小型钻井设备），连接同类型现场特制钢管桩等径钻头，钻一环形孔（槽），成孔后只需将钢管桩插入，减少了对河床岩层破坏，并保证了桩基稳定性好。

（2）引孔成孔后采用水下灌注细砂法施工；细砂灌注采用吨袋装袋吊装运至护筒孔顶口，解开底部出口，让细砂自动下落灌满引孔（灌砂前在孔内设置水上浮标），待砂沉淀后拔出钢护筒，进行下道工序施工（振动锤插打钢管桩）。

（3）该技术取材方便，可现场利用原有钢管桩焊接钻头，设备成套简单，可利用普通钻探设备或小型钻进设备即可，速度快，成孔后钢管桩一般 2 ～ 3 次调整后即可就位。该技术操作容易、施工效率高。

7 结语

相比传统的临时钢栈桥施工，钢栈桥桩基普遍采用钢管桩在泥沙等覆盖层较厚的地质层中振动锤击入即可成桩。但对于河道覆盖层很薄，甚至无覆盖层的地质情况下，沉桩是一大难题。本技术利用液压钻井机（YZJ-300Y 或其他小型钻井设备），连接同类型现场特制钢管桩等径钻头，钻一环形孔（槽），成孔后只需将钢管桩插入即可。该技术在河道覆盖层很薄的情况下施工中，提高了钢管桩基的稳定性，同时也减少对河床的破坏，攻克了成本控制与质量保证难以平衡的技术难题，加快了施工进度，同时减少了河流的环境影响，水平先进。

参考文献

［1］黎届平. 浅覆盖层花岗岩地区钢管桩施工技术［J］. 中国港湾建设，2006.

［2］姚飞明. 钢管桩沉拔桩施工技术［J］. 公路，2006.

［3］建筑桩基技术规范：JGJ 94—2008［S］.

新型高边坡锚杆多级注浆施工技术研究

佘　佳　张明新　谭　露　邓金耀　魏永国

长沙市市政工程有限责任公司，长沙，410007

摘　要：本施工技术基于传统的边坡锚杆土钉墙支护施工工序，利用调整随锚杆下孔的注浆管根数及管口出浆位置，以达到分批次、逐级均匀压入锚杆固结浆体，充分填充锚杆孔洞及土体裂隙以形成完整的锚杆受力柱状体。本技术在结合传统单管注浆方法基础上，通过创新，采用多管逐级注浆法压入锚杆固结浆体，很好地解决了固结浆体对孔洞有效填充及锚杆杆件有效包裹问题。

关键词：边坡锚杆；多管；逐级；注浆

1　前言

　　本施工技术是基于传统的边坡锚杆土钉墙支护施工工序基础上研发出的一项创新技术，利用调整随锚杆下孔的注浆管根数及管口出浆位置，采用双管逐级注浆法压入锚杆固结浆体，以达到分批次、逐级均匀压入锚杆固结浆体，充分填充锚杆孔洞及土体裂隙以形成完整的锚杆受力柱状体。锚杆边坡防护工程，注浆是锚杆施工中一项重要的工序，采用传统单管注浆方法，不能一次性完成整个锚杆固结浆体的有效注入及整个锚杆孔洞的充分填充，同时还有随土石边坡裂隙的变化难以控制高压注入固结浆体流失的难题。通过本技术创新，可很好解决这一问题。

2　技术原理

　　（1）创新利用双管注浆，通过调整随锚杆下孔的注浆管管口出浆位置，调节注浆压力，以达到分批次、逐级均匀压入锚杆固结浆体，充分填充锚杆孔洞及土体裂隙以形成完整的锚杆受力柱状体。

　　（2）通过控制注浆压力，降低了高压力固结浆体沿支护区域土石基层裂隙部位流失情况的发生。

3　工艺流程（图1）

4　施工技术操作要点

4.1　技术准备

4.1.1　开展试验段施工

　　依据地勘报告、结合现场施工场地情

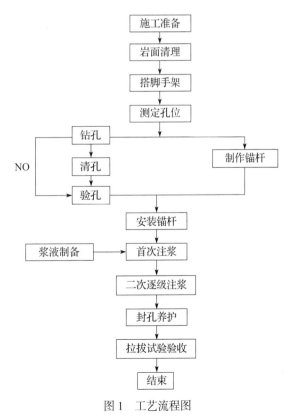

图 1　工艺流程图

况，试验段的选择以代表性为原则，根据地勘报告、柱状图所述，选定试验区域边坡。

相比传统的单管锚杆注浆施工，采用多管逐级注浆法压浆，能有效控制注浆压力：锚杆固结浆体在逐级单次压入过程中，根据邻近锚杆浆体压入过程中压力情况的变化，适时调整多级注浆管口埋入位置，解决注浆过程中局部注浆压力突变的问题。

4.1.2　完成试验段总结

试验段施工完成，及时进行检测、验收后，报告建设公司，请五方责任主体就试验段施工情况进行分析、评述、论证注浆相关施工参数的合理性，根据检测结果推荐合理的渗透半径，以指导本工程的施工。

4.2　钻孔注浆及关键性要点

（1）成孔设备和钻进方法的选择

钻孔机具的选择，根据锚固地层的类别、锚杆孔径、锚杆深度以及施工场地条件等来选择钻孔设备。岩层中采用多功能钻机（MXL-150D1）钻孔成孔，成孔直径90mm，在岩层破碎或松软饱水等易于塌缩孔和卡钻埋钻的地层中采用跟管钻进技术。

（2）钻机安装

利用ϕ48mm脚手架杆搭设平台，平台用锚杆与坡面固定，钻机用三脚支架提升到平台上。锚杆孔钻进施工，搭设满足相应承载能力和稳固条件的脚手架，根据坡面测放孔位，准确安装固定钻机，并严格认真进行机位调整，确保锚杆孔开钻就位纵横误差不得超过±50mm，高程误差不得超过±100mm，钻孔倾角和方向符合设计要求，倾角允许误差位±1.0°，锚杆与水平面的交角为15°。钻机安装要求水平、稳固，施钻过程中应随时检查。

（3）钻进方式

钻孔要求干钻，禁止采用水钻，特别是在土层或风化层中钻孔时，严禁向孔内灌水，以防坍孔、缩孔并确保锚杆施工不至于恶化边坡岩体的工程地质条件和保证孔壁的粘结性能。钻孔速度根据使用钻机性能和锚固地层严格控制，防止钻孔扭曲和变径，造成下锚困难或其他意外事故。

（4）钻进过程

钻进过程中对每个孔的地层变化，钻进状态（钻压、钻速）、地下水及一些特殊情况作好现场施工记录。如遇塌孔缩孔等不良钻进现象时，须立即停钻，及时进行固壁灌浆处理（灌浆压力0.1～0.2MPa），待水泥砂浆初凝后，重新扫孔钻进。

（5）孔径孔深

钻孔孔径、孔深要求不得小于设计值，孔口偏差≤±100mm，孔深允许偏差为+30mm。为确保锚杆孔直径，要求实际使用钻头直径不得小于设计孔径。为确保锚杆孔深度，要求实际钻孔深度不小于设计长度，也不易大于设计深度的500mm。

（6）锚杆孔清理

钻进达到设计深度后，不能立即停钻，要求稳钻1～2min，防止孔底尖灭、达不到设计孔径。钻孔孔壁不得有沉渣及水体粘滞，必须清理干净，在钻孔完成后，使用高压空气（风压0.2～0.4MPa）将孔内岩粉及水体全部清除出孔外，以免降低水泥砂浆与孔壁岩土体的粘结强度。除相对坚硬完整之岩体锚固外，不得采用高压水冲洗。若遇锚孔中有承压水流出，待水压、水量变小后方可下安锚筋与注浆，必要时在周围适当部位设置排水孔处理。如果设计要求处理锚孔内部积聚水体，一般采用灌浆封堵二次钻进等方法处理。

（7）锚杆孔检验

锚杆孔钻孔结束后，须经现场监理检验合格后，方可进行下道工序。孔径、孔深检查一般采用设计孔径、钻头和标准钻杆在现场监理旁站的条件下验孔，要求验孔过程中钻头平顺推进，不产生冲击或抖动，钻具验送长度满足设计锚杆孔深度，退钻要求顺畅，用高压风吹验不存明显飞溅尘渣及水体现象。同时要求复查锚孔孔位、倾角和方位，全部锚孔施工分项工作合格后，即可认为锚孔钻造检验合格。

（8）锚杆体制作及安装

锚杆采用经抽检合格的Ⅱ级 $\phi28$ 螺纹钢加工制作，所用螺纹钢要有出厂合格证和工厂试验证明，并进行人工除锈、除泥、除油污等处理。按照设计长度，采用钢筋切割机切割而成。切割后发现杆体局部变形较大可能影响锚杆插入时，应予以剔除。沿锚杆轴线方向每隔 2.0m 设置一组钢筋定位支架，保证锚杆的保护层厚度达到设计要求。锚杆体两边对称绑扎两根 $\phi22mm$ PVC 管作为注浆管，注浆管孔底端头注意加盖，起防止堵管和浆液止逆作用。一根固定绑扎，另一根做活动绑扎并做好标记。锚筋尾端防腐采用刷漆、涂油等防腐措施处理。锚杆端头应与框架梁钢筋焊接，如与框架钢筋、箍筋相干扰，可局部调整钢筋、箍筋的间距，竖、横主筋交叉点必须绑扎牢固。

制作完整的锚杆经监理工程师检验确认后，应及时存放在通风、干燥之处，严禁日晒雨淋。锚杆在运输过程中，轻拿轻放，以防止撞击变形，防止钢筋弯折、定位器的松动。

锚杆加工完成，经检查合格后，安装前小心运至孔口。

安装前，要确保每根钢筋顺直，除锈、除油污，安装锚杆体前再次认真核对锚孔编号，确认无误后再用高压风吹孔，入孔前将注浆管与锚杆平行并在一起，然后人工缓慢将锚杆与注浆管同步送入孔内。如发现锚杆安插入管内困难，说明钻管内有黏土堵管，不要再继续用力插入，而应把钻管拔出，清除出钻孔内的黏土，重新在原位钻孔到位。安装后用钢尺量测孔外露出的锚杆长度，计算孔内锚杆长度（误差控制在 ±50mm 范围内），确保锚固长度。

（9）锚固注浆

注浆分两次进行。

第一次为常压注浆，作业从孔底开始，实际注浆量一般要大于理论的注浆量，或以孔口不再排气且孔口浆液溢出浓浆作为注浆结束的标准。如一次注不满或注浆后产生沉降，要补充注浆，直至注满为止。注浆压力为 0.2～0.4MPa，注浆量不得少于计算量，压力注浆时充盈系数为 1.1～1.3，注浆材料选用灰砂比为 1∶0.5～1∶1 的水泥砂浆。

第二次为高压多级注浆（注浆压力 2～3MPa），孔口设止浆塞，在首次初凝后 2～3h 内向孔中二次灌注水泥净浆，同样采用底部灌浆方式，通过锚杆上已插入孔底的可活动的注浆导管，在灌浆的同时，根据压力的变化逐步将导管缓慢的匀速撤出，注满后保持压力 5～8min。二次注浆材料选用水灰比 0.45～0.50 的纯水泥浆。水泥选用 42.5 级的普通硅酸盐水泥，注浆体强度 M30，施工时浆液的和易性不能满足要求时应通过掺加减水剂来解决，不准任意加大用水量，浆体应搅拌均匀，防止混入杂物。注浆压力、注浆数量和注浆时间根据锚固体的体积及锚固地层情况确定。注浆结束后，将注浆管、注浆枪和注浆套管清洗干净，同时做好注浆记录。

（10）锚杆抗拔力试验

为确保锚杆具有可靠的锚固力，锚杆施工前应选择相同的地层进行拉拔试验，试验孔数不少于3孔，以验证锚固段的设计指标，确定施工工艺及参数。

4.3　施工参数

（1）锚杆加工前，所用螺纹钢要有出厂合格证和工厂试验证明，并根据有关规定抽样，对钢筋的极限强度、屈服强度、屈服延伸率、弹性模量等性能进行试验，不使用不合格钢材。

（2）水泥进场前要有出厂合格证，使用前要对水泥的细度模量、标准稠度、需水量、凝结时间、安定性、强度及与添加剂的相溶性等性能进行试验，杜绝使用劣质水泥。

（3）砂子应不含有机质、黏土块及杂质，其耐磨指数、细度模数、含水量等技术参数必须符合有关规范及标准要求。

（4）水质应符合《混凝土拌合水用水标准》（JGJ63），拌合水中酸、有机物和盐类等对水泥浆体和杆体有害物质的含量不得超标，不得影响水泥正常凝结和硬化。

（5）注浆材料宜选用水灰比1：0.5～1：1的水泥砂浆或水灰比0.45～0.50的纯水泥浆。注浆浆液应搅拌均匀，随搅随用，并在初凝前用完。严防石块，杂物混入浆液。水泥砂浆的砂料最大尺寸小于2.0mm，砂的含泥量（按质量计）不得大于3%，砂中云母、有机质、硫化物和硫酸盐等有害物质的含量（按质量计）不得大于1%。水泥浆中硫化物的含量不得超过水泥质量的0.1%。

（6）注浆管应具有足够的内径，能使浆体压至钻孔的底部。

（7）锚杆工程质量检验标准见表1。

表1　质量检验标准表

项目	序号	检查项目	允许偏差或允许值		检查方法
			单位	数值	
主控项目	1	锚杆长度	mm	−30～100	用钢尺量
	2	锚杆锁定力	kN	≥130	现场实测
一般项目	1	锚杆位置	mm	±100	用钢尺量
	2	成孔倾角	0	±1	测成孔倾角
	3	浆体强度	设计要求		试样送检
	4	注浆量	大于理论计算注浆量		检查计量数据

5　实施效果

（1）有效地控制了目标锚杆固结段包裹固结：锚孔在固结浆体压入过程中，通过调节出浆口埋入位置，调节注浆压力，控制逐级单次压入锚杆固结浆体的工程量，实现对控制范围内目标锚杆段的包裹固结。

（2）有效控制了注浆压力：锚杆固结浆体在逐级单次压入过程中，根据临近锚杆浆体压入过程中压力情况的变化，适时调整多级注浆管口埋入位置，解决注浆过程中局部注浆压力突变的问题。

（3）有效控制了固浆浆体的流失：固结浆体在压入过程中，通过控制注浆压力，降低了高压力固结浆体沿支护区域土石基层裂隙部位流失情况的发生。

6　结语

　　相比以往的单管锚杆注浆施工，采用双管逐级注浆法压浆，能有效控制注浆压力，锚杆固结浆体在逐级单次压入过程中，根据邻近锚杆浆体压入过程中压力情况的变化，适时调整多级注浆管口埋入位置，解决注浆过程中局部注浆压力突变的问题。在锚孔在固结浆体压入过程中，通过调节出浆口埋入位置，控制逐级单次压入锚杆固结浆体的工程量，实现对控制范围内目标锚杆段的包裹固结。固结浆体在压入过程中，通过控制注浆压力，降低了高压力固结浆体沿支护区域土石基层裂隙部位流失情况的发生。该项技术高效、快捷，降低了工程造价，降低了安全风险，确保了注浆效果，同时减少了环境的影响。

参考文献

[1]　裴贯中. 锚杆锚索在高边坡稳定支护系统中的应用 [J]. 科技风，2016.

[2]　宋飞，张军. 中空注浆土锚杆支护在溪洛渡水电站高边坡加固和治理中的应用 [J]. 水利规划与设计，2013.

[3]　张平，李永忠. 高速公路边坡处理中锚杆支护技术的应用 [J]. 交通世界，2017.

复杂海相地质条件下咬合桩施工关键技术探讨

罗光财　戴华良　曹　勇　朱嘉岚

中国建筑第五工程局有限公司，长沙，410004

摘　要： 以深圳城市轨道交通 13 号线深圳湾口岸站～登良东站明挖区间围护桩施工为载体，在保证质量、安全等基本前提下，通过科学管理、设备合理组合、优化混凝土配比和工艺改进等措施，探讨沿海城市复杂海相地质条件下咬合桩施工关键技术，对今后同类型桩的施工或相似工法施工具有一定的参考价值。

关键词： 海相地质；咬合桩；施工技术

1　前言

咬合桩有支护、承重和止水三重功能，在城市深基坑围护结构中得到广泛应用[1]。咬合桩多以相切形式布置，这种类型的围护结构虽能起到挡土作用，但对于地下水较丰富的沿海城市来说，由于地质条件复杂，国内目前的设备在动力及精度控制上尚存在一定差距，其施工进度和止水效果一般不理想[2-5]。本文旨在通过承接的深圳城市轨道交通 13 号线深圳湾口岸站～登良东站明挖区间围护桩施工为载体，通过科学管理、合理选择施工、优化混凝土配比和工艺改进等措施，形成了一整套复杂海相地质条件下咬合桩施工关键技术，为类似工程提供借鉴。

2　工程概况

2.1　咬合桩概况

深圳市城市轨道交通 13 号线深圳湾口岸站～登良东站区间线路出深圳湾口岸站后，下穿深圳湾口岸的停车场，然后下穿东滨路隧道及东滨路后转入科苑大道，依次下穿内湖停车场出入线、后海河、内湖公园景观工程后进入登良东站。区间线路总长约 918m，其中明挖区间总长 315.24m，设计采用 $\phi1200mm@900mm$ 咬合桩作为围护结构，咬合桩平面布置如图 1 所示。

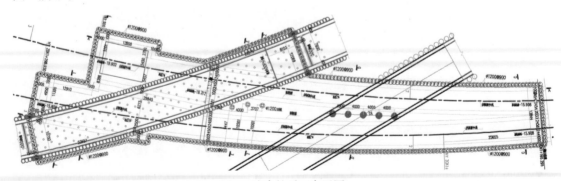

图 1　咬合桩平面布置图

本工程咬合桩桩型共分七种，共计 363 根咬合桩。咬合式排桩布置形式采用钢筋混凝土桩（一序桩方形钢筋笼）和钢筋混凝土桩（二序桩圆形钢筋笼）搭配。一序桩桩身设计超缓凝 C35（S6），二序桩桩身设计为 C35（S6）混凝土，相邻桩咬合量不宜小于 200mm。具体工程量见表 1。

表 1　咬合桩工程量统计表

序号	桩号	桩径（m）	桩长（m）	数量	备注
1	A	1.2	32	145	
2	B	1.2	29.5	54	
3	C	1.2	26.8	71	
4	D	1.2	27.5	27	
5	E	1.2	24.6	20	
6	F	1.2	34.6	23	
7	G	1.2	37.5	23	

2.2　工程地质特征

地面高程 3.07～9.57m，地面坡度一般小于 15°，主要为低台地地貌，局部为台地间冲沟地貌。该段范围内主要揭露土层为淤泥质土、可塑性粉质黏土、砾砂土、全风化花岗岩。

表 2　土层情况统计表

序号	土层名称	埋深（m）	厚度（m）	岩土级别
1	<1-1> 素填土（Q4ml）	浅部地表	0.9～13.3	Ⅱ级普通土
2	<1-2-1> 填碎石土（Q4ml）	0.9～14.0	0.9～14.0	Ⅱ级普通土
3	<1-2-2> 填块石（Q4ml）	0.9～14.1	0.9～14.1	Ⅱ级普通土
4	<5-1-2> 淤泥质粉质黏土（Q4al+pl）	21.0～24.0	0.9～3.8	Ⅱ级普通土
5	<5-2-2> 可塑粉质黏土（Q4al+pl）	11.3～18.7	1.3～12.4	Ⅱ级普通土
6	<5-2-3> 硬塑粉质黏土（Q4al+pl）	13.0～35.0	0.9～10.4	Ⅱ级普通土
7	<5-3-4> 粗砂（Q4al+pl）	17.0～21.5	0.5～3.0	Ⅰ级松土
8	<5-3-5> 砾砂（Q4al+pl）	15.8～32.0	0.6～8.0	Ⅰ级松土

场区特殊岩土主要为人工填土、软土。

（1）人工填土：场区分布的人工填土主要为素填土、填块石、填碎石土，填筑年限大于 10 年。其中，素填土成分主要以黏性土为主，混杂少量砂颗粒或碎石，松散～稍密，欠固结，水平及竖向分布无规范，密实度及均匀性较差，力学强度较低。填块石、填碎石土成分主要由中、微风化黑云母花岗岩块石组成，裂隙充填碎石、黏性土或砂砾，松散～稍密，水平、竖向均匀性差，其抗剪强度较低、透水性较强，对基坑支护、桩基施工具不利影响。

（2）软土：场地揭露的软土主要为海积泥炭质土，流塑状，局部软塑状。根据土工试验数据，孔隙比 $e = 1.50～1.80$，液性指数 $I_L = 0.80～1.20$，有机质含量 12%～14%，钻探揭露层顶埋深 6.0～17.8m，厚度 0.9～8.9m，平均 5.5m。泥炭质土具压缩性高、强度低、灵敏度高、透水性低等不良工程特征，当该层位于基坑开挖范围内时，其抗剪强度低，对基坑支护具不利影响。

2.3　水文地质条件

工程位于海积平原区，区域内第四系孔隙水主要赋存于第四系人工填土、海相沉积淤泥质砂层及沿线砾（砂）质黏性土层中，地下水初见水位埋深 2.4 ～ 4.8m，稳定水位埋深 2.80 ～ 6.00m，以孔隙潜水为主。

3　咬合桩施工工艺

3.1　工艺原理

咬合桩采用钻机钻孔施工，在桩与桩之间形成相互咬合排列的基坑围护结构。咬合桩的排列方式为一序桩（A 桩）和二序桩（B 桩）间隔布置，施工时先施工一序桩（A 桩）后施工二序桩（B 桩）并要求在一序桩（A 桩）的超缓凝混凝土初凝之前必须完成二序桩（B 桩）的施工。二序桩（B 桩）施工时采用磨桩机切割掉相邻一序桩（A 桩）相交部分的素混凝土，从而实现咬合[6-8]（图 2）。

图 3　咬合桩示意图

3.2　施工机械比选

目前国内咬合桩施工的机械主要有三种（搓管机＋旋挖钻机、全回转钻机＋旋挖钻机、双动力头强力智能螺旋钻机），需要根据施工场地实际的地质水文条件，选取合适的设备。

（1）搓管机＋旋挖钻

搓管机又叫摇摆机，搓管机为小角度来回搓动套管，施加的扭矩及垂直荷载小，处理孤石困难，且一般无法直接入岩，适宜在土层中钻进成桩，如果需要入岩需要旋挖钻配合施工。

（2）全回转钻机＋旋挖钻机

全回转钻机施工扭矩及垂直荷载大，能 360° 旋转套管，套管钻头能直接切削岩体，适宜在各种地质条件下施工，但是在需套管入岩时施工进度较慢，一般为加快进度可采取旋挖钻机配合入岩。

（3）双动力头强力智能螺旋钻机

外侧套管护壁，钻杆连续排土，整体刚性强、钻削力大、成孔精度高，施工速度快，可应对各种复杂地层强力钻削，适用于多种工法的施工。能在卵石漂石层及坚硬岩层等复杂地层高效率钻孔，成桩孔径、孔壁形状规整、质量好，垂直精度高，施工无泥浆污染。但钻进速度不稳定，易造成涌管现象；不适合在粉质黏土层，会出现咬合面夹泥现象。与潜孔锤的组合，配置相应的空压机供气系统，可应对各种复杂硬质地层，实现高效率打孔。

由于场地内揭露土层自上到下可能遇到含花岗岩块石或碎石的人工填土主、海积泥炭质土、可塑性粉质黏土、砾砂土、含砾石的全风化花岗岩，需要穿越粉质黏土层和砂砾层，结合各种施工机械的功能特性，综合考虑施工质量、进度和效益要求，首选全回转钻机＋旋挖钻机的成孔机械设施组合。

3.3　施工工艺流程

总的施工原则是先施工 A 桩，后施工 B 桩，其施工顺序为：A1—A2—B1—A3—B2—A4—B3……工艺流程如图 3 所示。

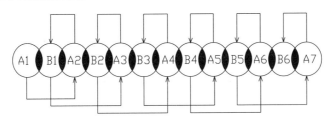

图 3　排桩施工工艺流程图

单桩施工工艺流程采用全回转钻机在成孔过程中下压钢套管超前开挖面 2 ～ 4m，配合旋挖钻挖取钢套管中的土体，形成孔位，无泥浆施工。

分段施工接头的处理方法为在施工段与段的端头设置一个砂桩（成孔后用砂灌满），待后施工段到此接头时挖出砂子，灌上混凝土即可，如图 4 所示。

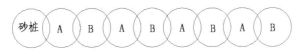

图 4　端头砂桩处理示意图

4　咬合桩施工关键技术

采用套管钻机施工时，成桩质量在成桩过程中受地质条件、工艺控制、混凝土配比的影响较大，成桩质量的影响，科学管理、优化混凝土配比和工艺改进是确保咬合桩工程实施成败的重要措施。

4.1　桩位精确定位

在钻孔咬合桩桩顶以上设置钢筋混凝土导墙，并在导墙上设置定位孔，为了保证钻孔咬合桩底部有足够的咬合量，必须对孔口的定位误差进行严格的控制，其直径宜比桩径大 20mm。钻机就位后，将第一节套管插入定位孔并检查调整对中情况，使套管周围与定位孔之间的空隙保持均匀。移动调平支稳钻机平台，使桩机钻头中心准确对准桩位中心，方可进行下一步施工。

4.2　成孔垂直度精确控制

（1）套管的顺直度检查和校正：首先检查和校正单节套管的顺直度，然后将按照桩长配置的套管全部连接起来进行整根套管的顺直度检查和校正，确保顺直度偏差小于 10mm。

（2）桩机平台检测：套管的整个下压和磨动过程主要依靠桩机自身的液压系统，因此垂直度的控制也要靠桩机自身来完成，施工时通过调整各油缸的伸缩量来实现调整套管的偏斜方向，从而达到控制成孔垂直度的目的。做好三个方面的检查：①水平尺检查钻机操作平台水平；②水平尺检查钢套管顶面水平，以 1.0m 长为宜，然后将两个水平尺附挂在钢套管的两正交方向上，桩机操作人员可通过观察水平尺上的竖直气泡直接操作桩机，只要使竖直气泡居中即可；③校核钻机的钻孔垂直，调节钻机垂直操作控制，再用全站仪校核钻机和钻机垂直控制精度。

（3）地面垂直度监测：在地面选择两个相互垂直的方向采用全站仪监测地面以上部分的套管的垂直度，发现偏差随时纠正。每台桩机均安排专人定岗进行垂直度监测工作，这项检测在每根桩的成孔过程中应自始至终坚持，不能中断，确保在第一时间发现并实现纠正偏斜。

（4）孔内垂直度检查：每节套管压完后安装下一节套管之前，都要停下来在正交方向设两个重线锤进行孔内垂直度检查，不合格时需进行纠偏，直至合格才能进行下一节套管施工。

（5）套管匀速钻进控制：在套管下压过程中，严格控制好套管的下压行程，保持在20cm/次以内，同时使套管磨动和下压过程异步进行。保持套管的相对稳定性，避免套管上部向前方倾斜。

4.3　孤石处理技术

对于较大的石块，全部在套管范围之内，采用抓斗或旋挖钻机直接抓出；当石块横跨套管内外不能用抓斗抓出时，则用十字冲锤冲碎套管内的部分，再用抓斗将碎石块抓出，然后继续成孔；当孤石较大时，采用旋挖钻机直接挖取钢套管中的石块。

4.4　穿越砾砂土、全风化花岗岩层

咬合桩采用全套管液压钻机的入岩能力较差，管底的刀齿遇到k1g-3风化岩层2m以上或较大的砾石就很难继续切割，套管进尺慢。在施工过程中，下压钢套管超前开挖面2～3m，采用大功率的旋挖钻机配合挖取钢套管中的土体或岩层，形成孔位，无泥浆施工。

4.5　超缓凝混凝土配比优化及施工技术

（1）技术参数确定

①超缓凝时间（设计 ≥ 60h）

一序桩（A桩）混凝土缓凝时间应根据单桩成桩时间来确定，单桩成桩时间与施工现场地质条件、桩长、桩径和钻机能力等因素相关[9, 10]。根据咬合桩施工工艺，A桩初凝时间应为：

$$T = 3t + K$$

式中，t 为单桩成桩时间，根据统计现场试桩成桩时间 10 ～ 16h，故取上限值 16h；K 为预留时间，一般取 1.0t。

因此，本项工程初步控制一序桩（A桩）初凝时间为 $T = 64h$，并在以后施工中根据现场情况进行调整。

②混凝土坍落度

根据混凝土配合比设计规程，坍落度可取 140 ～ 180mm，为满足水下混凝土需要及防止"管涌"现象发生，取坍落度损失快些，故取坍落度设计 160±20mm。

③混凝土 3d 强度

为防止施工中遇到的意外情况延误时间，故一序桩（A桩）混凝土早期强度不能大于3MPa。

根据基准配合比，经测定坍落度及粘聚性和保水性均合格，设计多种配合比（0.48，0.53，0.58），在标准条件下养护14d、21d、28d，由其强度及耐久性指标，确定本工程的超缓凝混凝土配比如表3所示。

表3　C35 超缓凝混凝土配合比

强度等级	水泥（kg/m³）	粉煤灰（kg/m³）	矿粉（kg/m³）	水（kg/m³）	砂（kg/m³）	石（kg/m³）	砂率（%）	外加剂（kg/m³）	水胶比（%）
C35	180	65	82	173	779	1121	41	4.9	0.53

（2）施工措施

在生产时严格控制原材料质量，严格按照试验确保的施工配合进行超缓凝混凝土生产，并确保超缓凝时间和混凝土坍落度稳定。在每车混凝土使用前，必须严格测试坍落度和观感质量，连续监测其缓凝和坍落度损失情况，直至两侧的二序桩（B桩）全部施工完毕。按规范要求取试件检查混凝土最终强度，混凝土最终强度必须满足设计要求。

5　结语

采用全回转结合旋挖钻机进行咬合桩施工，通过科学管理、优化混凝土配比和工艺改进等措施，在本工程应用中获得了成功，施工速度快，施工质量好，桩身开挖出来后外观光滑整齐，防水性能优良，证明了在淤泥质地层和抛石填海区等复杂海相地质环境中也可以采用套管咬合桩作为地铁车站的围护结构形式。

参考文献

[1] 贺晋阳. 浅谈咬合桩施工适宜地质条件 [J]. 价值工程, 2012（08）: 55-56.

[2] 马宏建. 钻孔咬合桩成桩垂直度的控制方法 [J]. 地基基础工程, 2002（2）: 16-19.

[3] 刘建国. 钻孔咬合桩设计与施工 [J]. 隧道建设, 2000（4）: 34-36.

[4] 王虹程. 填海区全套管咬合桩施工技术总结 [J]. 工程技术, 2016（6）: 201-201.

[5] 吴胜仓, 杨波, 邵帅, 代婧瑜. 咬合桩在大连填海地区基坑止水中的应用 [J]. 施工技术, 2011（10）: 265-267.

[6] 陈顺勇. 钻孔咬合桩施工中常见故障处理技术 [J]. 四川建筑, 2006, 26（3）: 78-79.

[7] 梁亚平. 地铁车站钻孔咬合桩支护结构施工工艺及常见问题处理 [J]. 工程建设, 2009（18）: 49-50.

[8] 陈斌, 施斌, 林梅. 南京地铁软土地层咬合桩围护结构的技术研究 [J]. 岩土工程学报, 2005（3）: 354-357.

[9] 王亚强. 超缓凝混凝土在深钻孔咬合桩中的配合比设计及应用 [J]. 浙江建筑, 2006, 23（11）: 40-42.

[10] 陈清志. 深圳地铁工程钻孔咬合桩超缓凝混凝土的配制与应用 [J]. 混凝土与水泥制品, 2012（2）: 21-23.

牺牲阳极阴极保护法在钢管桩防腐中的运用

王治群　　唐寄强　　胡力　　李满意　　梁俊杰　　董小兵

中建五局土木工程有限公司，长沙，410004

摘　要：通过对钢管桩所处不同环境（飞溅区、潮涨潮落区、海水区、泥土区）的腐蚀程度分析，结合阿比让四桥项目跨海湾钢栈桥实施情况，介绍项目对应不同部位所采用的不同防腐措施，并主要阐述了本项目牺牲阳极阴极保护方案设计及阳极安装注意事项。

关键词：钢管桩；防腐措施；牺牲阳极阴极保护；阳极安装

1　背景条件

阿比让四桥项目搭设临时钢栈桥用于跨海湾大桥建设。钢栈桥全长 597m，共设置 63 排钢管桩（G1～G63），其中第 G1～G31 和 G50～G63 排钢管桩采用 ϕ529mm×9mm 钢管桩，G32～G49 排钢管桩采用 ϕ630mm×9mm 钢管桩。每排为三根钢管桩，每排桩采用槽钢焊接为一个整体。G1 排钢管桩属于陆地桩，其他均设置在海水中。

钢栈桥初期设计时，钢管桩厚度已考虑计划使用年限内钢管桩腐蚀厚度，能够满足计划使用周期内的结构安全。由于征地拆迁及设计变更等因素的影响，拉长了钢栈桥建设周期，增加了钢栈桥使用周期，故需要对钢栈桥钢管桩进行防腐设计。

通过对钢管桩所处水域水质化学分析，对比类似钢管桩防腐设计方案，总结出一套适用于海水中钢栈桥钢管桩的防腐设计方法，并得到了很好的实施。

2　钢管桩在海水中腐蚀性分析

把钢管桩划分为大气中、飞溅区、潮涨潮落区、海水中、淤泥中五个区段，发现每个区段腐蚀情况并不一致（图 1～图 3）。

图 1　淤泥中拔出来的钢管桩

图 2　潮涨潮落区腐蚀情况

图 3　飞溅区腐蚀情况

根据现场数据统计，钢管桩在海水中由于所处的部位不同，相应的腐蚀情况也不同。绘制如下腐蚀速度图如图 4 所示。

由图 4 可知，腐蚀情况最严重的为飞溅区，该区域因为水花和潮汐的作用，钢表面经常存在海水薄膜，通过薄膜供给丰富的氧，造成钢表面极大的腐蚀。潮汐涨落带受海水周期性反复浸润，腐蚀速度似乎应与飞沫带一样大，但实际上比较小。原因是潮汐涨落带与海水之间，由于氧供给之差形成了巨大的电池，而潮汐涨落带作为阴极，腐蚀减少了。与之相接的海水上部作为阳极而促进了腐蚀，而且海水的上下部相差不大，腐蚀仅次于飞沫带。在海水中和潮汐涨落带，海草与生物附着在钢表面，氧的浓淡形成电池、生物死亡发生的有机物及细菌等会促进钢管桩的腐蚀。海底土中部位由于与海水的接触少，氧的供给少，腐蚀最小。

阿比让四桥项目钢栈桥钢管桩飞溅区长度为 1.4m，潮涨潮落段长度为 1m，海水里面钢管桩深度为 12m，其余部分为淤泥层或砂层。

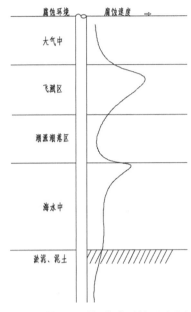

图 4　钢管桩不同部位腐蚀情况示意图

3　海水中钢管桩防腐方案

根据钢栈桥使用年限要求及钢管桩在海水中腐蚀特点，拟定对钢管桩的不同部位采用不同的防腐措施。钢管桩防腐设计原则：（1）保证最不利使用年限内结构安全；（2）方便施工，经济性最优。

具体实施方案如下所述：

（1）飞溅区及潮涨潮落区钢管桩防腐

飞溅区由于腐蚀程度最为严重，并处于海水面以上，采用两层防腐涂料 + 牺牲阳极阴极保护联合的防腐措施。

潮涨潮落区由于腐蚀程度相对较弱，并处于海水区和飞溅区之间，采用一层防腐涂料 + 牺牲阳极阴极保护联合的防腐措施。

（2）海水中钢管桩防腐

钢管桩在海水中腐蚀程度与钢管桩水下深度呈反比。一方面是由于海水越深，海水中氧气的含量越低，钢管桩被氧化的程度越低；另一方面海水越深，海洋细菌及海生物越少，从而钢管桩腐蚀性越低。

现阶段钢管桩均已施工完成，水下涂刷涂料基本不能实施或实施代价较大，不符合项目利益。项目采用在裸露的钢管桩上面安装牺牲阳极阴极保护设计方案。

（3）泥土中钢管桩防腐

由于泥土里面含氧量很低，钢管桩腐蚀最低。在最不利的使用年限内，钢管桩腐蚀后剩余厚度能够满足钢栈桥整体结构安全，故而本次泥土中钢管桩不做防腐处理。

4　牺牲阳极阴极保护防腐设计原理

钢管桩在海水中，由于铁被氧化或者发生吸氢反应失去电子而造成钢管桩被腐蚀。牺牲阳极阴极保护的原理则是选择活性更强的金属（铝锌镁合金）与被保护的钢管桩直接连接。此时活性更强的金属作为阳极发生氧化反应失去电子，电子流向被保护的钢管桩，钢管桩作为阴极接受电子，接受的电子代替原本自身因为氧化或者发生吸氢反应失去电子，避免了自身电子丢失而被腐蚀，最终实现牺牲阳极保护阴极。

本次阳极的选择满足规范要求，并具有以下特点：电位小于铁的自然电位（–0.85V）；阳极材料具有较高的电流效率；溶解均匀，容易脱落；具有较高的电容量。

5　阳极组设计方案比选

针对钢管桩在海水中的腐蚀情况，对钢管桩海水区、潮涨潮落区、飞溅区采用牺牲阳极阴极保护的方法，延长钢栈桥的使用寿命。

（1）方案一：单排桩（三根）联合保护法

利用钢管桩之间工字钢把三根钢管桩连接为一个整体，在水流上游的钢管桩上面安装一个镯式阳极对该排桩进行保护。

（2）方案二：单根桩阳极保护法

在每根钢管桩上面安装一个小型镯式阳极对该桩进行单独保护。

为方便现场施工，减少水下作业，本项目采用镯式铝合金阳极，并采用螺栓固定，避免水下焊接。

5.1　方案一：单排桩（三根 ϕ529）联合保护法

第一步：确定设计参数：

钢管桩型号：ϕ529mm × 9mm；

钢管桩海水中长度：L_1 = 12m；潮涨潮落区长度 L_2 = 2.4m；

一般裸露在流动海水中钢管桩保护电流为 J_{s1} = 100 ～ 150mA/m²，本次设计取 J_{s1} = 150mA/m²（参照规范 SL105-2007《水工金属结构防腐蚀规范》表 H.1.1）；

良好涂层钢管桩保护电流为 J_{s2} = 0.2 ～ 20mA/m²，本次设计取 J_{s2} = 20mA/m²（阴极保护工程手册）。

第二步：计算所需阳极保护材料最少量：

单根钢管桩保护电流总需求量为：$I_A = K \times (J_{s1} \times \pi \times D \times L_1 + J_{s2} \times \pi \times D \times L_2)$ =1.2 ×（150 × 3.14 × 0.529 × 12+20 × 3.14 × 0.529 × 2.4）=3684mA=3.684A（公式参考 SL105-2007《水工金属结构防腐蚀规范》）；

单排所需保护电流为 3.684 × 3=11.05A；

单根钢管桩牺牲阳极的净质量 $W_i = 8760 I_m \times t \times K/q$；

本项目采用 1 型阳极材料，查表可得 q = 2400Ah/kg，K = 1.1，I_m 取 3.684A，t 取 3 年；

则 W_i = 44.4kg，单排三根钢管桩需要阳极的净质量为 W = 3 × 44.4 = 133.2kg。

项目	阳极材料	开路电位（V）	工作电位（V）	实际电容量（Ah/kg）	电流效率（%）	消耗率（kg·(A·a)⁻¹）	溶解状况
电化学性能	1 型	–1.18 ～ –1.10	–1.12 ～ –1.05	≥ 2400	≥ 85	≤ 3.65	产物容易脱落，表现溶解均匀
	2 型	–1.18 ～ –1.10	–1.12 ～ –1.05	≥ 2600	≥ 90	≤ 3.37	

注1：参与电极——饱和甘汞电极。

注2：介质——人造海水或天然海水。

注3：阳极材料——本标准中 A11、A12、A13、A14 为 1 型；A21 为 2 型。

第三步：阳极材料基本参数：

尺寸：镯式铝阳极，外径 629mm，内径 529mm，宽 600mm；

质量：150kg/ 每套；

阳极在海水中电阻率：$\rho=0.25\Omega\cdot m$；

工作电压取 $E=-1.1V$；

单个阳极提供保护电流计算如下：

$$I_a = E/R_a \tag{1}$$
$$R_a = 0.315 \times \rho/A^{1/2} \tag{2}$$

式中，E 为工作电压；R_a 为回路总电阻；ρ 为海水电阻率；A 为阳极表面积，$A = 0.629 \times 3.14 \times 0.6+0.529 \times 3.14 \times 0.6+(0.3145^2 - 0.2645^2) \times 3.14 = 2.27m^2$；

根据公式（1）和公式（2），可以得到 $I_a = 21.2A$；

需要阳极数量 $N = I/I_a = 0.52$（套）；

单排 $\phi529mm$ 钢管桩采用尺寸（镯式铝阳极，外径 629mm，内径 529mm，宽 600mm），能满足要求。

5.2　单根桩（ϕ529）阳极保护法

第一步：确定设计参数：

钢管桩型号：$\phi529mm \times 9mm$；

钢管桩海水中长度：$L_1 = 12m$；潮涨潮落区长度 $L_2 = 2.4m$；

一般裸露在流动海水中钢管桩保护电流为 $J_{s1} = 100 \sim 150mA/m^2$，本次设计取 $J_{s1} = 150mA/m^2$（参照规范 SL105-2007 水工金属结构防腐蚀规范表 H.1.1）；

良好涂层钢管桩保护电流为 $J_{s2} = 0.2 \sim 20mA/m^2$，本次设计取 $J_{s2} = 20mA/m^2$（阴极保护工程手册）。

第二步：计算所需阳极保护材料最少量：

单根钢管桩保护电流总需求量为：$I_A = K \times (J_{s1} \times \pi \times D \times L_1 + J_{s2} \times \pi \times D \times L_2) = 1.2 \times (150 \times 3.14 \times 0.529 \times 12+20 \times 3.14 \times 0.529 \times 2.4) = 3684$ mA=3.684A（公式参考 SL105-2007《水工金属结构防腐蚀规范》）；

单排所需保护电流为 $3.684 \times 3=11.05A$；

单根钢管桩牺牲阳极的净质量 $W_i = 8760I_m \times t \times K/q$；

本项目采用 1 型阳极材料，查表可得 $q = 2400Ah/kg$，$K = 1.1$，I_m 取 3.684A，t 取 3 年；则 $W_i = 44.4kg$。

第三步：阳极材料基本参数：

尺寸：镯式铝阳极，外径 629mm，内径 529mm，宽 200mm；

质量：50kg/ 每套；

阳极在海水中电阻率：$\rho = 0.25\Omega\cdot m$；

工作电压取 $E = -1.1V$；

单个阳极提供保护电流计算如下：

$$I_a = E/R_a$$
$$R_a = 0.315 \times \rho/A^{1/2}$$

式中，E 为工作电压；R_a 为回路总电阻；ρ 为海水电阻率；A 为阳极表面积 $A = 0.629 \times$

$3.14 \times 0.2 + 0.529 \times 3.14 \times 0.2 + (0.3145^2 - 0.2645^2) \times 3.14 = 0.817 m^2$；

根据公式（1）和公式（2），可以得到 $I_a = 12.64A$；

需要阳极数量 $N = I/I_a = 0.28$（套）；

单根 ϕ529mm 钢管桩采用尺寸（镯式铝阳极，外径 629mm，内径 529mm，宽 200mm），能满足要求。

5.3　方案比选

由上面设计方案可知，方案一单排桩（三根）联合保护法和方案二单根桩阳极保护法均能满足现场施工要求，能够延缓钢管桩腐蚀，延长钢栈桥使用寿命，且两种方案采用的材料总量相同。但是方案二相对于方案一存在以下几个方面的优点：

（1）可操作性分析

方案二采用的阳极型号小，单个产品质量轻，现场安装方便。

（2）抗外部干扰性分析

方案二不会受到水流方向的影响，而方案一在水流方向改变时将会影响阳极保护的效果，不适用于潮涨潮落海洋环境施工，抗外部干扰性较差。

方案一受到外部干扰因素较多，当钢管桩串联效果不好时，安装镯式阳极材料的钢管桩将会形成过保护，而另外两根桩阳极保护的效果将会减弱，抗外部干扰性较差。

（3）经济型分析

两个方案所采用的阳极材料重量基本一致，所需要的材料费用基本一致。方案一相对于方案二阳极装置安装难度大，但是数量仅为方案二的 1/3，总体安装效率基本相同。

综上所述：两方案经济性评价基本一致，但是方案二在可操作性、抗外部干扰性两个方面均优于方案一，故而本项目选择采用单根桩阳极保护法。

6　阳极组安装及注意事项

由于水下焊接作业难度大，焊接质量难以控制，本次钢管桩阳极组采用螺栓进行连接。同时在阳极组底部设置承重平台。承重平台主要是防止阳极组消耗后，体积变小，螺栓连接松落，阳极组整体脱落。

承重平台采用厚 9mm，宽 15cm 两个半圆形钢板制作，半圆形钢板的内径稍小于钢管桩外径，并通过螺栓连接，紧固在钢管桩上面。

6.1　阳极组安装施工流程

阳极组安装主要施工流程为：阳极组进场验收→试安装→钢管桩表面清理→支撑平台安装→阳极组安装（图5）。

6.2　阳极组安装注意事项

（1）钢管桩产生自然电位为 –0.85V，本次阳极设计电位为 –1.1V，材料进场后应对阳极材料进行电位检测，保证阳极能够真正起到保护作用。

图5　阳极组试拼

（2）本次选择阳极材料保护电流有效使用率为 0.28，使用率较低，造成阳极材料浪费。安装前可以在阳极部分表面涂刷油漆，减少阳极工作表面积，减少阳极材料浪费。

（3）阳极安装前应对钢管桩表面进行清理。

（4）定期对阳极组进行检查，发现螺栓存在松弛现象时，应及时进行紧固。

（5）定期检查贝雷片与工字钢接触处绝缘漆情况，如果存在破损，应及时进行修补。

7　结语

通过对阿比让四桥钢栈桥钢管桩牺牲阳极阴极保护工程中钢管桩各个区段进行腐蚀性分析，制定相应的防腐措施。以单根桩为一个阴极保护单元减，制定定型的镯式阳极组，提高了阳极组的利用率，方便现场安装，符合临时设施质量可靠、结构安全、经济最优化设计原则，延长了钢栈桥使用寿命。

参考文献

［1］王世军. 钢管桩阴极保护工艺分析［J］. 应用技术；2015 年 03 期.

［2］李晓东. 跨海大桥钢管桩高性能土料与牺牲阳极法阴极保护联合保护技术［J］. 腐蚀与防护，2008 年第 29 卷增刊.

［3］水工金属结构防腐规范：SL105-2007［S］.

［4］阴极保护工程手册（金属防腐蚀实用技术工具书)［M］. 北京：化学工业出版社.

一种新型高强预应力管桩钢筋机械锚固施工工艺

王　坦[1]　郭　颖[2]

中国建筑第五工程局有限公司，长沙，410000

北京维拓时代建筑设计有限公司，北京，100000

摘　要： 高强预应力管桩锚固于承台的方式一般为弯锚，不仅施工复杂，钢筋消耗量大，而且在某些承台梁配筋过密的高强预应力管桩锚固时，很难实现弯锚。本文简要介绍一种新型锚固板机械锚固方式，实现高强预应力管桩中的机械锚固。

关键字： 机械锚固；高强预应力管桩；施工工艺

随着我国社会经济的不断进步与发展，国内高层建筑越来越多，与大型公建不同，一般民用住宅考虑成本因素在基础形式上很少采用筏板基础，而较多的采用预制管桩＋承台的基础形式。高强预应力管桩锚固于承台的方式一般为弯锚，且弯锚长度较长，造成施工不便、施工效率低下。再加上某些承台梁配筋过密，造成高强预应力管桩锚固钢筋无法弯锚，锚固效果无法达到设计要求。

为解决这些问题，项目部研究采用一种新的锚固连接方式，即新型钢筋锚固板的连接方式。新型钢筋锚固板是将新型锚固板（这种新型锚固板是垫板与螺帽合一）采用螺纹的连接方式与钢筋进行组装而成，此种新型钢筋锚固板不仅具备良好的锚固性能，并且其螺纹连接方式，使得在施工过程中方便快捷、安全高效。

1　工程概况

建投·沐春苑（太和路安置区二期）安置区施工项目，位于安徽省阜阳市太和路西侧，北邻古泉路，南临富安路。该项目总建筑面积约247496.07m²，有13栋高层住宅楼、5栋商业楼、1栋幼儿园和2个地下停车库。高层住宅楼层数有18～31层不等，每栋住宅楼建筑面积约为186660.82m²。地下室平时为汽车和自行车停车库、设备用房等，建筑面积为60835.25m²；其中幼儿园、商业、配电房、门卫结构形式为框架结构；地下室结构形式为框架结构；住宅结构形式为框架剪力墙＋装配式PC结构。

本工程采用PHC高强预应力管桩＋承台的基础形式，并在PHC高强预应力管桩中创新运用垫板与螺帽合一的新型锚固板机械锚固方式，本文将结合该项目介绍高强预应力管桩钢筋机械锚固施工工艺。

2　工艺特点与适用范围

2.1　工艺特点

锚固板机械锚固用于高强预应力管桩锚固施工时，主要有以下特点：

（1）优化了高强预应力管桩锚固钢筋的下料方案，一定程度上缩短了锚固钢筋的直接下料尺寸。

（2）解决了高强预应力管桩锚固于承台梁等钢筋密集部位无法实现的问题。

（3）增强了高强预应力管桩的锚固强度，提高了锚固过程中的各项性能，使施工更加便捷。

（4）增强高强预应力管桩钢筋笼锚固钢筋的止水效果，以及基础底板和承台基础混凝土的抗渗性能，降低了混凝土的渗水隐患，因为伸入基础底板和承台基础的锚固钢筋长度减小。

2.2　适用范围

适用于建筑工程基础形式为 PHC 高强预应力管桩＋承台的基础形式，且锚固于承台中的高强预应力管桩钢筋较长，存在地下毛细水渗透风险，降低混凝土防水效果的工程。

3　工艺原理

3.1　钢筋机械锚固原理

钢筋采用新型锚固板机械锚固时，主要有两种受力方式，第一种是锚固板承压面的部分承压作用和受力钢筋表面与混凝土粘结力共同作用，第二种是全部由锚固板承担钢筋的锚固力，受力效果如图 1 所示。

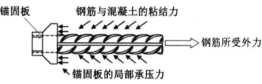

图 1　钢筋机械锚固受力图

依据《钢筋锚固板应用技术规程》，一般情况下，新型钢筋锚固板的钢筋锚固长度不宜小于传统弯锚钢筋长度的 0.4 倍，在受力钢筋不承受反复拉压的情况下，当混凝土保护层不小于 $2d$（其中 d 为钢筋直径）且混凝土强度等级满足相关规范要求时，钢筋锚固板钢筋的锚固长度可以采用 $0.3l_{ab}$，相比于常规锚固，钢筋锚固段的长度将较大降低，节省了钢筋。

3.2　钢筋机械锚固增强止水效果的原理

基础底板和承台混凝土与地基土壤接触部位是混凝土自身防水的薄弱节点，土层中的毛细水会沿着高强预应力管桩钢筋一直渗透到锚固端顶部。当高强预应力管桩的锚固钢筋比较长时，基础底板和承台混凝土的渗水高度也相应增加，导致基础底板和承台混凝土的渗水隐患加大。而在高强预应力管桩钢筋采用新型锚固板机械锚固后，沿锚固钢筋的渗水高度也随之下降，并且位于钢筋端头的新型锚固板能够扮演止水钢板的角色，使基础底板和承台的渗水风险降低，提高了钢筋机械锚固的止水效果。具体效果如图 2 所示。

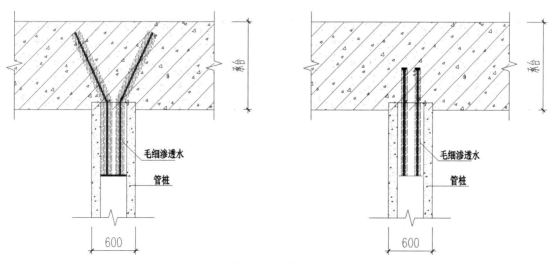

图 2　高强预应力管桩锚固详图

4 施工工艺流程及操作要点

4.1 施工工艺流程

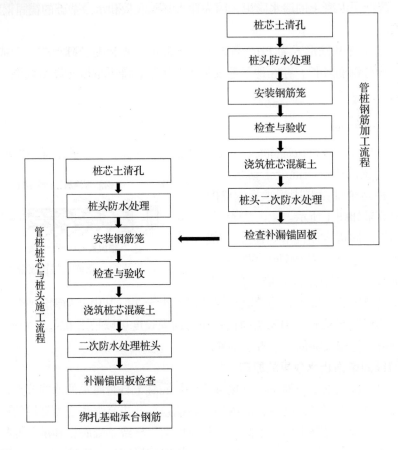

4.2 操作要点

4.2.1 高强预应力管桩钢筋锚固的深化设计

根据设计院的设计图纸及《钢筋锚固板应用技术规程》要求，采用新型锚固板替换原设计中的弯锚钢筋，锚固长度按照 $0.4l_{ab}$（或 $0.4l_{ab}E$）计算。深化设计前后情况如图3所示。

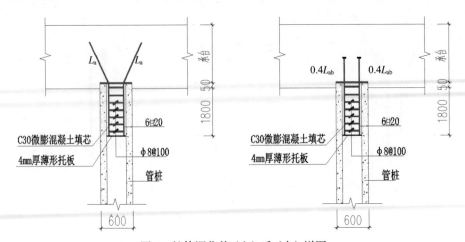

图3　桩体深化前（左）后（右）详图

4.2.2　钢筋下料

钢筋在下料前应用钢筋调直机将弯曲的钢筋调直，下料时应采用砂轮机或无齿锯进行切割，不得用气割。当钢筋有如下性状：明显损伤、劈裂、缩颈、弯曲过大等，应对钢筋进行部分切除，之后再使用，切断时，钢筋切口要平整，不能出现马蹄形，并且钢筋端头不能出现起弯现象。

4.2.3　钢筋套丝

（1）将直螺纹套丝机安放在平稳的地方，直螺纹套丝机主轴的轴心线必须放置在水平位置，如有倾斜，只能使夹钳方向低于水平位置，但不低于5°。

（2）清理直螺纹套丝机的附着物，检查直螺纹套丝机各部分的连接是否松动、零部件是否齐全。

（3）减速机按照要求位置进行加油，每1～2个季度更换一次。

（4）添加切削液，把切削液注入水盘中，倒入水箱。

（5）试车：

①接通电源，打开冷却泵组，同时要注意检查冷却水的质量。

②开启主电机，在开启主电机时要注意主轴的转动方向，保证转动方向与标牌标示的方向相同。

③搬动进给手柄，检查滑动是否灵活。

④开启电源，主机处于工作状态。

⑤将进给手柄搬到限位器处，此过程逆时针操作，之后将主机停机，进行检查，主要检查限位器的灵敏程度。

⑥还原进给手柄的原始位置，切断电源，准备运转。

⑦加润滑油，主要为滚丝头和各润滑部位，丝头加工时套丝机应使用水性润滑液；不得使用油性润滑液。

（6）加工直径调整：按照所需要加工的锚固钢筋直径，选用对应尺寸规格的试棒，对剥肋和滚丝的径向尺寸与大小进行调节，然后进行锁紧。试加工几次，确认质量没有问题之后，就可以正常加工了。

（7）长度调整：按照所需要加工的锚固钢筋直径，对剥肋退刀块的具体位置进行调节，以满足剥肋长度能够符合丝头所需要的加工尺寸要求。调整行程调节板，使滚丝和剥肋的尺寸相同，并与丝头尺寸相吻合。

（8）钢筋装卡：将进给滑板机构推至操作位置的极限位置，把需要加工的钢筋，固定在夹紧钳上，其中，钢筋伸出的长度与滚丝头的外端面对齐并夹紧，要格外注意钢筋端头的位置，一旦端头的位置不满足要求，丝头的加工尺寸会受到较大影响。

（9）对于已经套丝的锚固钢筋丝扣，要严加保护，严防锚固钢筋的丝扣遭到破坏，并且锚固钢筋的丝扣上，不得粘有水泥浆等污物。

（10）为了防止丝头受到损坏，在加工完毕并检验合格后，要将保护帽带在丝扣上，或者将其拧在锚固板上。

（11）当加工环境的温度低于0℃时，要在直螺纹套丝机使用的水溶性切削冷却润滑液中加入15%～20%的亚硝酸钠，不得用机油润滑。

（12）锚固钢筋丝头与新型锚固板的牙形、螺距必须一致，有效丝扣内的秃牙部分累计长度小于一扣周长的 50%。丝头的加工长度以标准型套筒长度的 50% 为准，其公差为 +2P（P 为螺距），即拧紧后的新型锚固板外露丝扣数量不得超过 2 个螺距，钢筋丝头标准加工尺寸如表 1 所示。

表 1　新型锚固板钢筋丝头标准加工尺寸

钢筋直径（mm）	螺纹尺寸（mm）	标准螺纹长度（mm）
16	M16.5 × 2	20 ± 1.5
18	M18.5 × 2.5	23 ± 2.0
20	M20.5 × 2.5	25 ± 2.0
22	M22.5 × 2.5	27 ± 2.0
25	M25.5 × 3	31 ± 2.5
28	M28.5 × 3	34 ± 2.5
32	M32.5 × 3	38 ± 2.5

4.2.4　底板焊接

将加工好的主筋与 4mm 厚圆形托板进行焊接，焊接方式采用点焊，防止破坏托板完整性。

4.2.5　钢筋笼绑扎

高强预应力管桩钢筋笼主筋为 620，箍筋为 $\phi8@100$ 螺旋箍筋，主筋与箍筋之间使用铁丝绑扎牢固。

4.2.6　端头锚固板安装

（1）新型锚固板和锚固钢筋的规格尺寸必须保持一致。

（2）新型锚固板与锚固钢筋连接之前应检查锚固钢筋的螺纹及锚固板螺纹是否破损，对于发现锈蚀或者存在杂物的丝头，可以使用钢丝刷将杂物或锈迹清理干净。

（3）新型锚固板与高强预应力管桩锚固钢筋安装完毕后，需要用扭力扳手对其进行抽检，校核拧紧扭矩，经检验合格后的部位，用红油漆进行标示。其中，拧紧力扭矩值应大于或等于表 2 中的规定。

表 2　标准扭矩值

钢筋直径（mm）	拧紧扭矩（N·m）
≤ 16	100
18 ～ 20	200
22 ～ 25	260
28 ～ 32	320

4.2.6　钢筋笼检查与验收

材料检验：由项目材料员对进场钢筋、钢板等材料进行检查验收。所有的到场材料，都必须有符合要求的质量合格证书，并在现场见证取样进行复试，复试合格后才能投入使用。

高强预应力管桩钢筋笼的制作需严格遵循设计和施工规范，并在检查验收钢筋笼的规格和外形尺寸时，保证控制偏差在允许范围之内。

　　高强预应力管桩钢筋笼的主筋必须与托板焊接牢固，基础开挖后，应及时测量桩顶标高和桩的偏位情况，并详细记录。

5 结论

　　本项目中，运用新型锚固板与钢筋相结合的方式，代替传统的弯折钢筋锚固，节省了钢筋的使用，方便了施工中的操作。另外在运用新型锚固板机械锚固施工后，一方面增强了钢筋的锚固性能，另一方面也改善了承台基础的防水环境，同时直接减少了钢筋的使用量、提高了施工效率。受到设计、施工、建设单位的欢迎和认可。

参考文献

邱江，曾德志，郭涛，等. 机械锚固法抗浮锚杆施工技术在深基坑的应用［ J ］. 混凝土与水泥制品，2018，000（006），85-88.

遇中风化岩层的人工挖孔桩
静态破碎施工技术的应用

蒋　放　王安若　刘　敏　罗祥奇　吴一锋

中国建筑第五工程局有限公司，长沙，413000

摘　要： 以萍乡天虹创业创新基地项目为例，介绍了在闹市区施工的遇中风化岩层的人工挖孔桩，使用风镐在桩底的中风化岩层布设钻孔，采用压力注浆机注入静态破碎剂进行破碎成孔，成孔效果较好，满足施工进度和安全环保的要求。

关键词： 中风化岩层；人工挖孔桩；静态破碎；压力注浆

1　工程概况

1.1　项目概况

　　天虹创业创新基地项目位于萍乡市安源区，由1栋6层的天虹购物中心，4栋30层的住宅楼，1栋24层的酒店办公楼，3栋多层办公楼和若干商业等建筑组成。结构形式为框架结构，采用天然基础形式，局部有少量墩基础和人工挖孔桩。

　　天虹商场地下室原设计基础类型为柱下独立基础，持力层为中风化砂砾岩及泥质粉砂岩。由于施工过程中发现存在软弱夹层，经二次钎探查明位置，部分独立基础变为桩基础。桩类型为摩擦端承桩。由桩顶设计标高算起，桩有效桩长约6～15m，桩身混凝土等级为C30。

1.2　地层岩性

　　根据勘察钻孔揭露，场地内上部地层为第四系填土，下部基岩为白垩系上统南雄组粉砂岩和砂砾岩，未见岩溶发育，岩土种类相对简单。各岩土层成因类型、分布、组合特征、物理力学性质等如表1所示。

表1　各岩土层特征表

土层编号	土层名称	层厚（m）	土层标高（m）	状态	成分	颜色
①	素填土	0～3.5	—	结构松散，高压缩性	由黏土、强风化泥质粉砂岩碎屑组成，局部夹块石	棕红色
②	强风化粉砂岩	0～4.8	95.09～122.03	稍湿，层理可见，裂隙一般发育，岩芯较破碎，呈块状、饼状，遇水易泥化、软化，手掰可断	风化岩	棕红色浅红色
③	强风化砂砾岩	0～10.6	98.60～99.83	稍湿，具弱胶结，裂隙发育，钻探后松散，呈散沙状	风化岩	浅灰色灰白色
④	中风化粉砂岩	0～36	87.60～120.73	中-厚层状，质地较软，裂隙发育不明显，层理构造，岩芯敲击声亚，岩芯较完整，呈柱状，局部碎块状	风化岩	棕红色
⑤	中风化砂砾岩	0～18.4	87.36～102.2	中厚层状，质地较硬，裂隙少许发育、砾质胶结	风化岩	浅灰色灰白色

1.3　人工挖孔桩设计

桩基采用人工挖孔桩施工时，可直接检查成孔质量，桩底清孔除渣彻底、干净，保证混凝土浇筑质量，保证桩本身承载力[1]。但是人工挖孔桩开挖过程中易受地质条件影响，特别是在中风化砾岩地质条件下更为突出，坚硬的岩石不易破除，开挖难度大，对桩基施工的进度造成极大影响。遇中风化岩石时，通常采用炸药爆破施工，此工艺危险性较大，且环境污染严重，不符合国家绿色环保施工的政策要求。

为解决上述问题，确保在中风化地质条件下桩基施工的施工进度、安全、环保等要求，采用静态破碎剂对中风化岩层地质条件下的人工挖孔桩进行破碎成孔[2]，可取得良好的效果。项目人工挖孔桩设计参数见表 2。

表 2　人工挖孔桩设计参数表

桩号	单桩竖向承载力特征值 R（kN）	桩尺寸（m）			持力层	备注
		d（D）	H	H_1		
zh-3a	14900	1.5（2.4）	≥ 6	1.5	中风化粉砂岩石	人工挖孔桩桩
zh-3b	21000	1.8（3.0）	≥ 6	1.8	中风化粉砂岩	人工挖孔桩桩
zh-3c	7500	1.5（1.8）	≥ 6	0.75	中风化粉砂岩石	人工挖孔桩桩
zh-4a	4450	1.5	≥ 6	0.75	中风化粉砂岩	人工挖孔桩桩
Zhkb-4	4450	1.5	≥ 6	0.75	中风化粉砂岩	人工挖孔桩桩
Zh-5	1300	1.4	≥ 6	0.70	中风化砂砾岩	人工挖孔桩桩
Zh-6	24000	1.9	≥ 6	0.95	中风化砂砾岩	人工挖孔桩桩
Zh-7a	5800	1.0	≥ 6	0.5	中风化砂砾岩	人工挖孔桩桩

2　施工准备

2.1　现场准备

人工挖孔桩土方开挖施工至中风化岩层，将岩石基层面多余渣土清理干净，施工前应检查桩身钢筋混凝土护壁（桩身护壁采用钢筋混凝土护壁，护壁内配 $\phi8@250$ 钢筋网片）是否稳固及孔底水位情况，确认现场具备作业条件。检查作业人员防护机具（如安全帽、安全绳、鼓风机、卷扬机等）是否能正常使用。

2.2　技术准备

检查地勘报告，提前确认需要进行中风化岩层开挖的桩基编号，预估需要开挖的深度，并根据人工挖孔桩的直径绘制钻孔布置图。进行中风化岩层的静态破碎施工作业前，向现场作业人员进行安全技术交底。

2.3　材料、机械准备

静态破碎剂（快速型）、卷扬机、鼓风机、空压机、风镐、钻孔机、电动高压注浆灌浆机器。

3　静态破碎施工技术

3.1　布设钻孔

3.1.1　钻孔

根据钻孔排布图在孔底布设钻孔，钻头使用硬质合金材质，以直径 1.5m 的人工挖孔桩为例。钻头直径 20mm、长度约 40cm，钻孔排布外密内疏，确保裂缝向心发展，桩心为掏槽眼，孔距 25 ～ 30cm，孔深约 40cm，呈梅花状布置，桩周眼孔距 15 ～ 20cm，孔深约 30cm[3]。桩底钻孔布置如图 1 所示。

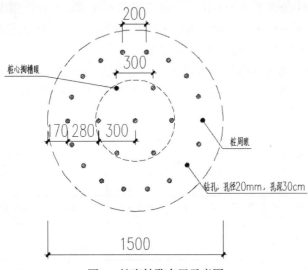

图 1　桩底钻孔布置示意图

其他桩径的破碎布孔参数、掏槽眼及周边眼的数量按线形插值取值如下：

进行一次作业的装药量计算：

$$Q = 1.2 \times n \times q \times 3.14 \times d^2 \times h/4 \qquad (1)$$

式中，Q 为使用的静态破碎剂用量（单位 kg）；n 为总布孔数量；q 为填充单位体积钻孔所需破碎剂用量，取 1900kg/m³；d 为钻孔直径（单位 m）；h 为周边眼的钻孔深度（单位 m）。

桩径布孔参数见表 3。

表 3　桩径布孔参数表

参数 类别	布孔直径（m）	孔数	孔深（m）/孔距（m）	每次作业所需用药量
桩径 1.2m 布孔参数表				
掏槽眼	0.3	4	0.4/0.3	3.5kg
周边眼	1.0	12	0.3/0.2	
桩径 1.5m 布孔参数表				
掏槽眼	0.5	7	0.4/0.3	5.4kg
周边眼	1.2	18	0.3/0.2	
桩径 1.8m 布孔参数表				
掏槽眼	0.6	10	0.4/0.3	7.3kg
周边眼	1.5	24	0.3/0.2	
桩径 2.0m 布孔参数表				
掏槽眼	0.8	13	0.4/0.3	9.2kg
周边眼	1.8	30	0.3/0.2	

3.1.2　清孔

为保证静态破碎剂的使用效果，需对钻孔进行清理，可分两次清孔。第一次清孔为特制吹气泵吹孔，吹孔后进行第二次清孔。第二次清孔采用毛刷清孔，用刷子反复清刷净孔壁的浮尘。清孔完毕后对孔径、孔深进行检查。

3.2　配料、灌孔

3.2.1　配料

根据静态破碎剂的使用说明书，配合比为静态破碎剂：水 =3：1（质量比），按 10kg 静态破碎剂加凉水 3kg 的配合比，将静态破碎剂与水倒入高压注浆机器的搅拌容器中混合并搅拌 1min 左右，搅成稠泥状。

3.2.2　灌孔

通过导管，将混合好的静态破碎剂迅速灌入钻孔内，注意从开始搅拌到灌孔完成的施工时间不能超过 5min，否则会影响静态破碎剂的使用效率。灌孔完成后，应使用硬质物体将孔内填充物压实，确保不留缝隙。

注意：由于膨胀剂发生反应时会大量放热，故作业人员应佩戴好护目镜，防止喷孔灼伤眼镜。

压力注浆灌孔示意图如图 2 所示。

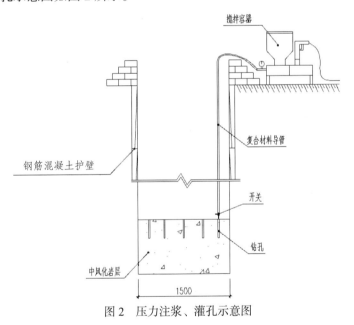

图 2　压力注浆、灌孔示意图

3.3　岩石破碎

3.3.1　化学破裂

通过静态破碎剂的化学反应，对填充的孔壁产生膨胀压力（压强约 30 ～ 80MPa）。在 20 ～ 30min 内，观察到桩底岩石会沿着钻孔布置位置产生裂纹。由于布孔方式为外密内疏形式，在膨胀压力的作用下，此裂纹会向心性发展，达到成孔目的[4]。

备注：静态破碎剂的化学反应效率与温度有关，冬季施工可能会使桩基施工效率变低，需通过调整配合比或外加剂提高反应效率，根据经验推算各气温所需的开裂时间见表 4。

表 4　不同温度下开裂时间表

温度	20℃	10～20℃	0～10℃	0℃以下
开裂时间	20min	40min	1.5h	3h

3.3.2　风镐破碎

岩石化学破裂后，沿着裂纹方向，使用风镐将破裂范围的岩石打成碎片状，清理碎石并使用卷扬机将石方外运。孔底碎石基本清理干净后，再对桩周石方进行修边处理，确保桩基直径符合设计要求。

3.4　循环开挖至设计标高

重复以上步骤直至开挖至设计标高。

3.5　桩基扩底

当桩基础设计有扩大头时，需进行桩基扩底施工，桩基扩底施工步骤与上述施工步骤基本一致，区别在于桩周钻孔的应倾斜布置，钻孔角度约20°，以保证岩石破碎后成孔形状为扩大头形状，如图3所示。

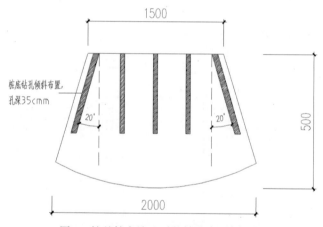

图 3　桩基扩底施工时的钻孔布置剖面图

4　质量控制

4.1　应执行的规范

（1）《建筑桩基检测技术规范》（JGJ 106—2014）；

（2）《建筑桩基技术规范》（JGJ 94—2008）；

（3）《建筑地基基础工程施工质量验收规范》（GB 50020—2011）；

（4）《混凝土结构工程施工质量验收规范》（GB 50204—2015）；

（5）静态破碎剂相关使用说明书。

4.2　质量控制措施及要点

（1）现场所用原材料的品种、规格、性能应符合现行国家产品标准和设计要求并应按规定进行抽样检查试验。

（2）施工前，应将桩基底部的水抽排干净，不得积水。

（3）钻孔位置、数量应严格按照技术设计图纸进行布置，外密内疏，确保裂缝向心发展，达到成孔目的。

（4）钻孔的直径及深度要满足要求，孔内残渣要清理干净，否则影响破碎剂使用效率。

（5）严格控制静态破碎剂与水的配合比及灌孔等待时间，从搅拌开始到灌孔完成的时间不要超过 5min。

（6）大体积石方破碎完成后，注意用风镐对桩身周边进行修整，确保桩基直径满足设计要求。

（7）静态破碎剂应轻装轻卸，如防潮内袋破裂，应及时进行防潮处理，否则容易失效。

5　安全措施

5.1　应执行的规范

《建筑施工安全检查标准》（JGJ 59—2011）。

5.2　其他注意事项

（1）加强对施工人员的安全技术交底，使安全生产纵向到底、横向到边、责任到人、层层负责，确保安全生产工作贯彻落实。

（2）作业人员进入施工现场必须佩戴好安全帽及护目镜，严禁打赤膊、穿拖鞋、喝酒后工作。

（3）施工前，应检查桩身护壁稳固情况，检查桩底是否存在管涌、流沙等，确保作业环境安全。

（4）人工挖孔桩属于狭小空间施工作业，因此在施工过程中，必须检查配备的鼓风机是否能够正常使用，桩顶人员每半小时询问桩内作业人员的身体情况。

（5）施工现场配备专职安全管理人员对桩基临边进行管理，当日的施工作业完成后，使用盖板将洞口封闭并设置安全警示标语。

（6）静态破碎剂灌孔作业时，眼睛不要直视钻孔，以免发生喷孔对作业人员造成伤害。

（7）使用卷扬机外运石方时，注意不要与桩身发生接触，同时外运的土石方应远离桩顶堆放，以免对底部作业人员造成坠物打击。

（8）孔内必须设置应急软爬梯，供人员上下井，不得使用麻绳或尼龙绳吊挂或脚踏井壁凸缘上下。

（9）本工艺涉及到的所有用电设备都应按要求进行配电，设置多级漏电保护装置。

6　结语

采用静态破碎剂对中风化岩石下的人工挖孔桩进行成孔作业，噪声污染小，安全系数高，且通过压力注浆将静态破碎剂打入钻孔内，既保证了破碎剂的使用效果，又提高了施工速度，每日掘进深度可达到 1m，且人工及材料成本与水磨钻施工相比也较低，故具有较好的推广价值。

参考文献

［1］王绍良. 土建工程人工挖孔桩施工浅析［J］. 中国新技术新产品，2010（21）：188.

［2］沈续超. 静态爆破与人工挖孔桩技术的应用［J］. 市政技术，2010，28（S1）：107-109.

［3］张少平. 高效膨胀剂在人工挖孔桩中的应用［J］. 广东建材，2009，25（08）：134-137.

［4］周锐滔. 如何提高人工挖孔桩内静态爆破的效率——正佳广场东塔写字楼（广晟大厦）桩基础的静爆应用情况［J］. 广东建材，2006（04）：57-58.

第 3 篇

绿色建造与 BIM 技术

BIM 技术在工程投标阶段的应用与探索

柏展飞

湖南省工业设备安装有限公司，株洲，412000

摘　要：针对目前已在施工阶段全面普及 BIM 技术应用，但在投标阶段的应用效果不佳的情况，通过在工程投标阶段建立 BIM 投标资源库，快速提高建模效率，增加 BIM 技术应用点，达到了提升技术标书整体水平的目的。

关键词：BIM；工程投标；投标资源库

2018 年 5 月 16 日，全国首个应用 BIM 技术的"万宁市文化体育广场 – 体育广场项目 – 体育馆、游泳馆"项目在海南省顺利完成开评标工作，从而标志着工程招标投标领域正式进入三维模型时代，BIM 技术在招投标阶段应用模式已基本确定。但是目前 BIM 技术在投标应用处于尝试应用阶段，因此如何突破 BIM 投标效率与能力，是迈向 BIM 技术电子投标的第一步。

1　概述

BIM 投标以经营工作为出发点，我们将近几年的 BIM 工作素材进行分类整理和对比分析，作为项目投标的有用资源，形成 BIM 投标资源库，可用于技术标文件编制和对业主的交流展示活动。通过 BIM 模型展示技术实力，为技术标部分加分。BIM 投标资源库主要内容包括以下 8 个部分：通用技术方案、临建场布、投标 PPT、漫游动画、方案模拟、项目推介、行业业绩推介、项目投标。

2　实施思路

BIM 投标不是独立的工作，需要和经营部门、工程部门沟通，了解投标工作重点和技术标的编制要求，结合 BIM 工作经验，明确 BIM 投标两大块内容：技术标书的 BIM 化和给业主展示用 PPT 或视频。

技术标书部分，首先增加 BIM 专项实施方案，表达 BIM 技术应用整体策划。其次用 BIM 三维模型图片，更换传统的二维简易图片，提高技术标书的视觉效果和吸引力，获得评标委员的好感。

给业主展示用 PPT 或视频，这部分主要以投标答辩和业绩展示为主。在 PPT 中以三维模型、动画形式回答业主提出的问题和公司简介、业绩项目展示等。

BIM 投标的难点是同步建模，通过整理同类型工程模型，制作常用族库，提高建模效率。

3　实施过程

资源库的建设是不连续性工作，需要在日常工作中进行收集和积累。下面将按 8 个部分进行总结。

3.1　通用技术方案

本部分包括 BIM 专项实施方案和通用技术方案模型。属于技术标书的通用 BIM 内容（图 1）。

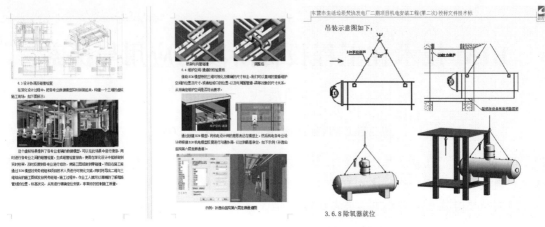

图1　BIM专项实施方案和通用技术方案

BIM专项实施方案包括：BIM技术实施人员组织、软硬件配置、工作流程、BIM技术应用点、实施进度计划等。

通用技术方案模型：将技术标中通用安装方案中的二维图片更换成三维模型图片，能够更加直观地解方案表达内容，视觉效果也更好。这部分需要和技术标书编制人员沟通，让他们提供常用的方案内容，进行建模。

3.2　临建场布

本部分属于项目投标同步建模使用率最高的内容，每个项目投标都需要建立临时场地规划模型。按区域分类为：办公区、生活区、加工制作区、安全质量体验区、企业文化等（图2～图5）。建立不同规格、面积的模型，方便再次利用，节约建模时间。

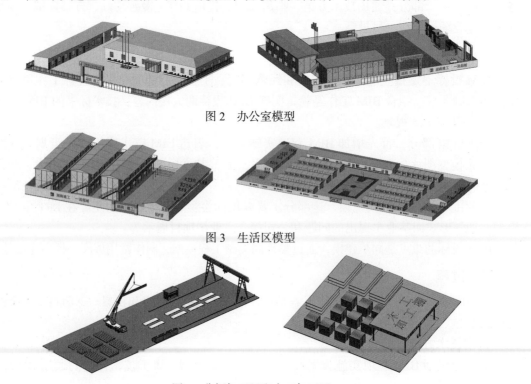

图2　办公室模型

图3　生活区模型

图4　非标加工区和木工加工区

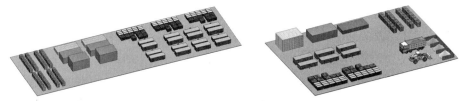

图 5　材料堆放区

办公室、生活区等模型按照公司标准化手册内容建立，展示企业文化内容。预制加工区模型不要建得太精细，以简单外形表达出设备材料内容即可，以免增加模型体积，影响模型整合效果。

3.3　投标 PPT

在投标活动中经常用到 PPT 和业主沟通，PPT 制作可以套用成熟的模板。根据行业不同进行分类制作，遇到同类型项目简单更改即可使用（图 6）。

图 6　投标 PPT

3.4　漫游动画

本部分收集了投标项目漫游动画和 BIM 应用项目漫游动画，用于给业主展示项目策划和应用效果（图 8、图 9）。

图 8　项目漫游动画

图 9　项目投标动画

3.5　方案模拟

本部分对投标文件中重点施工方案进行 BIM 模拟，以三维动画直观表达方案具体情况，让评委和业主对方案准确理解（图 10、图 11）。

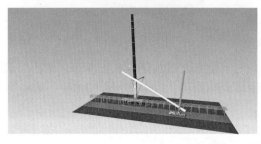
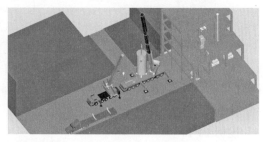

图 10　吊装模拟动画

图 11　汽包吊装模拟

3.6　项目推介

本部分包括项目优秀照片、航拍视频以及动画视频，主要介绍优秀项目成果展示。为了便于视频文件传播，将视频上传至视频网站，通过二维码在手机端在线观看视频，还能方便收藏和传播（图 12）。

湘北职专二维码　　新钢外线二维码　　淮安三标二维码

图 12　各项目二维码

3.7　行业业绩推介

本部分收集公司宣传和各行业的资料，包括 PPT、照片和视频等。体现公司在各个行业的技术管理实力和项目业绩（图 13）。

图 13　公司宣传片和垃圾发电行业推介

3.8　项目投标

本部分是 BIM 投标资源库重点，以湖南省工业设备安装有限公司为例，自 2017—2019 年，共累计配合投标项目 25 个。在投标工作同时建立 BIM 模型，制作平面布置规划、施工动画模拟、漫游动画、无人机航拍和汇报 PPT 等（图 14）。

2017第三资源热电厂　　　2019东营垃圾电厂　　　2019永川项目

2017涟水危废项目　　　　2019广西华昇（两个标）　　201908洞庭制药

2017舍弗勒　　　　　　　2019华昌智典　　　　　201908泾县

2018独山港　　　　　　　2019六安　　　　　　　201908雷州垃圾发电厂

2018海口垃圾电厂　　　　2019龙泉山招标文件　　　201909德州项目

2018黄骅现工二期　　　　2019南充营蓬仪　　　　　201909南充营蓬仪安装

2018蓝科锂　　　　　　　2019泰安　　　　　　　201909南沙二期

2018郑州（东部）环保能源工程安装工程　2019铁岭热电　　202001新钢煤气净化

图 14　投标项目文件

部分项目模型展示如图 15、图 16 所示。

广西华昇原料堆场项目(120m×880m原料堆场网架)

图 15　项目模型展示

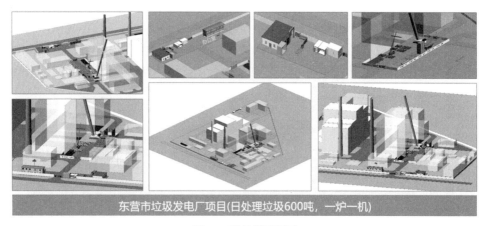

东营市垃圾发电厂项目(日处理垃圾600吨，一炉一机)

图 16　项目模型展示

4　材料与设备

4.1　软件配置（表1）

表1　软件配置表

序号	软件名称	功能用途	备注
1	Autodesk Revit 2016	三维建模	
2	Autodesk CAD 2013	二维绘图看图	
3	Autodesk Navisworks 2016	施工模拟、碰撞检查	
4	Fuzor 2018 Virtual	碰撞检查、漫游动画	
5	Adobe Premiere cc2019	视频剪辑	
6	Adobe After Effects CC 2018	视频特效	
7	Microsoft Office 2013	文档、表格和PPT	

4.2　硬件配置（表2）

表2　硬件配置表

序号	硬件名称	配置	备注
1	工作站台式电脑	处理器：i7 6700；内存：16G；硬盘：256G固态+2T；显卡：GTX1060	
2	笔记本电脑	处理器：i7 6700；内存：16G；硬盘：256G固态+1T；显卡：GTX960	
3	无人机	大疆御 Mavic 2	
4	照相机	佳能 80D	

电脑为推荐配置，电脑数量根据建模人员配置。

5　实施效果

5.1　项目中标情况

以湖南省工业设备安装有限公司为例，在2019年度，采用BIM技术投标项目共有16个，中标5个项目，中标率为31.25%。其中江苏华昌智典项目，凭借BIM技术模拟精馏塔吊装，体现出公司优秀的技术实力，打败了竞争对手，取得业主的信任和赞赏。

5.2　建模速度提升

通过BIM投标资源库的积累，可利用模型数量增加，极大提升了建模效率，能够在有限的时间内，发挥BIM技术优势提高技术标书水平。通过不断的积累和提升，建模速度不断提升，并在泰安煤气发电工程投标中，达到了1人1天的建模速度，效果非常显著（图17）。

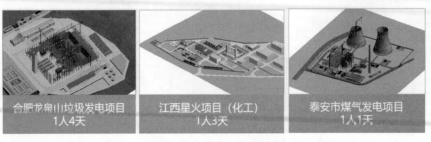

图17　项目建模人力和时间

5.3　BIM 应用点增加

在提升 BIM 建模效率同时，BIM 技术应用也不断在增加，由初期简单的平面布置规划，慢慢增加了施工动画模拟、漫游动画、土建工程提量、碰撞检查、深化设计等应用点。

6　结语

BIM 投标资源库的建设工作还需要长期的积累和提升，才能够达到 BIM 技术的电子投标的水平。这需要不断地探索和创新，提升 BIM 投标的效率和水平，制定相关标准，指导 BIM 技术投标工作。

参考文献

［1］　张建平，李丁，林佳瑞，颜钢文. BIM 在工程施工中的应用［J］. 施工技术，2012（16）.

［2］　蒋爱明，黄苏. BIM 虚拟施工技术在工程管理中的应用［J］. 施工技术，2014，43（15）：87.

浅析塑料模板在工程中的应用

蔡鸿全

湖南省郴州建设集团有限公司，郴州，423000

摘　要：模板工程是现浇混凝土施工中必不可少的组成部分，塑料模板作为新兴的环保材料被广泛应用。本文以宜章县康复养老中心建设工程现场施工为例，通过塑料模板在工程实践中的应用，阐述了塑料模板在施工中的优缺点，以期为类似工程提供参考。
关键词：塑料模板；建筑工程；经济环保；施工工艺

随着国家经济的快速发展，城镇化进程显著加快，造成建筑行业模板需求量越来越大，而之前采用的木模板已经无法满足现阶段建筑行业的需求。塑料建筑模板在这样一个对木材需求量急剧扩大、森林资源日趋减少、人们的环保意识逐步提高的背景下应运而生。塑料建筑模板具有表面光滑、质量轻、可循环利用以及节约成本等优点，因此在建筑工程中应用逐渐广泛起来。

1　工程概况

宜章县康复养老中心建设工程位于湖南省郴州市宜章县，由 6 栋框架结构及相应的配套设施组成，工程总占地面积 53332.3m²，总建筑面积 61804.94m²。本着对环保、经济的追求，项目与一些新型材料厂家进行了沟通，首次在本公司该项目中使用了塑料模板（3 号楼住院楼采用塑料模板，其余楼号采用传统木胶合板），并在实践中与传统木胶合板进行了对比，表明塑料模板在施工中具有一定的优越性。

2　塑料模板的优点

（1）安装快捷，施工效率高，有利于缩短工期。塑料模板安装简单、快捷，安装前只需对作业人员进行简单的培训即可掌握（也可事先拼装完成后整体吊装），与传统木模板相比，更高效。

（2）与木模板相比可循环使用次数多，经济效益好（表 1）。塑料模板可以任意裁切，可钻、可接、可焊且损耗小。同时塑料模板的废旧料及边角料可回收重铸再利用，废料价值比普通模板高。现场施工完成后不会产生大量的模板垃圾，保证了施工环境的干净整洁。

表 1　塑料模板与木模板经济对比分析

模板类别	销售价格（元 / 张）	回收价值（元 / 张）	实际购买成本（元 / 张）	成本（元 /m²）	可循环使用次数（次）	完全循环使用后的实际成本（元 /m²）
塑料模板	130	30	100	59.72	30	1.991
木模板	50	0	50	29.86	7	4.266

注：以常规规格 1830mm × 915mm × 15mm 模板为例比较。

（3）结构稳定性以及承载力均显著提高。塑料模板可以采用专用锁扣拼装，拼装后构件的稳定性高，单位面积上可承受约 1950kg 压载；大大增强了塑料模板的结构稳定性以及其他使用性能。

（4）拆模后混凝土面密实光洁，可满足清水混凝土质量要求。塑料模板在脱模后，混凝土观感光滑平顺，基本无粘模现象，平整度、密实度、垂直度、观感均可达到清水混凝土标准，无须二次抹灰作业，可将抹灰作业的人工、材料费用节约出来，同时能够达到减少工期的目的。

（5）既可采用传统模板施工方法又能采取整体吊装的施工形式。当采用整体吊装施工时，可以提高安全性，降低高空作业时的风险，因为塑料模板全部使用扣件拼装，可将构件在工厂或施工现场进行拼装，完成后再进行整体吊装，改变了需要大量作业人员进行高空作业的施工环境。不仅使施工安全系数大幅提高，而且达到了现今建筑行业提倡的建筑工业化、模块化。

3　塑料模板施工中常见问题及处理措施

该工程中塑料模板采用的施工方法与传统木胶合板基本相似，支撑体系、拆模条件及拆模方法也大同小异，木模作业人员能迅速掌握施工技巧。但因塑料模板材料的特殊性，在施工中仍需要注意以下几点：

3.1　常见问题

（1）与木、钢、铝合金模板相比，塑料模板的强度和刚度较小，常规施工情况下只适合小间距的加固，不能满足大跨度施工使用的要求，操作不够灵活。

（2）塑料原材料自身耐热性和抗老化性差。在阳光照射及受紫外线作用下易老化且低温下会发脆，钉钉子时稍不注意就会损坏塑料模板。在模板面采用电渣压力焊焊接钢筋时，焊渣容易烫坏板面，影响混凝土成形观感。

（3）塑料建筑模板的热胀冷缩系数大，受气温影响较大。在午间高温时间段施工后，夜间低温收缩量可达 3 ～ 4mm。夜间低温时间段施工后，塑料模板接缝部位在午间温度升高后将产生起拱现象。

（4）塑料模板（规格为 1830mm × 915mm × 15mm）虽周转次数达到普通模板的 5 倍，但其约为 130 元 / 张的市场价过于昂贵（接近同规格普通模板的 2.5 倍）。如采用塑料模板，项目初期一次性投入较大，不利于资金的周转。

3.2　处理措施

（1）应针对塑料模板编制模板专项施工方案，根据塑料模板的力学性能进行安全计算，确保塑料模板在进行大跨度施工时主、次梁的布置间距满足施工承载力的要求，使塑料模板满足常规施工方法的条件。

（2）减少在塑料模板板边 10mm 内开洞或钉钉子，施工时尽量在距离板边缘 ≥ 10mm 的位置钉钉子和开洞，以防止模板边脆性损坏。电焊施工时，应注意不得烧坏模板，可在电焊区下方设垫板或浇水湿润，防止板面破坏。

（3）塑料模板铺设时应选择接近当天平均温度的时间，且应根据当地气温情况留置伸缩缝。早晨和晚上铺设塑料模板时需要预留 2mm 左右的伸缩缝（根据当天的温差大小可适当调整），伸缩缝可用透明胶粘贴或在板间加封海绵条，既可保证浇筑混凝土不漏浆，还可解决高温时起拱的问题。

（4）项目成本预算部应根据资源配备计划、塑料模板的投入情况编制详细的项目资金使用计划表并严格根据计划进行采购，同时实行限额领料控制成本、避免材料浪费，为塑料模板和项目的资金使用提供可靠保证。

（5）塑料模板虽然可切割，但单块塑料板的价格远高于木胶合板，随意切割不经济，我们应充分发挥塑料模板多次循环不变形的优点，尽量多地重复利用，在施工前可通过排板确定不规则区域（图1），对不规则区域模板拼装采用以下两种处理办法：①厂家定做。把不规则板的尺寸、数量统计后报相应厂家，由厂家进行批量制作。②局部替换。采用厚度相同的木胶合板等易切割材料补齐。

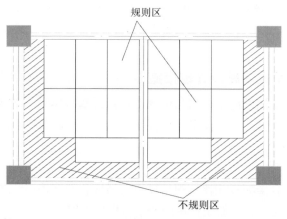

规则区

不规则区

图1　楼层板模板排板示意图

（6）塑料模板拆除后应做简单清理，用铲刀和小扫帚均可。清理重点及难点为施工缝处，因为施工缝处混凝土未能同时浇筑，两次浇筑导致板面下可能存在浮浆滞留，难以清理。如清理不掉，可采用软毛磨光机打磨平整。

为了更好地发挥塑料模板优势，应针对塑料模板提前编制专项施工方案确保支模体系及塑料模板排列的合理性。请专业团队制作塑料模板搭设样板（图2）并对现场管理及作业人员进行可视化的交底和培训，使其切实掌握塑料模板工程的工程难点、技术要点以及安全质量保证措施，并在施工过程中实行动态管理，严格履行"三检"制度，上道工序不合格坚决不准进入下道工序施工，确保施工的安全和质量。

（a）主体结构模板搭设样板　　　　　　　　（b）楼梯模板搭设样板

图2　塑料模板搭设样板示意图

4　结语

通过塑料模板在工程中的应用表明：塑料模板以强度高、耐久性好、周转率高、成形质量好、可回收利用等特点使其在实际使用成本、辅助成本、工期、环境保护、文明施工方面比常规木胶合模板更具优势。同时，国家现阶段又非常注重环境保护，导致木模板价格大幅攀升，使塑料模板相对性价比大幅提升，在这个"绿水青山就是金山银山"的大环境下，可以预见：塑料模板将在模板行业扮演越来越重要的角色。

参考文献

[1] 桂智聪. 塑料模板的施工技术应用 [J]. 福建建材，2018（05）：60-61+30.

[2] 罗威贺. 浅析塑料模板在建筑工程中的应用 [J]. 商品与质量：房地产研究，2014（2）：125-125.

[3] 施建焕，宋晓丹. 浅析塑料模板应用利与弊 [J]. 居舍，2018（24）：49，9.

[4] 章鹏，麦旺，黄余武. PVC塑料模板在工程施工中的应用 [J]. 广西城镇建设，2014（01）：128-131.

BIM 技术在建设工程招投标中的应用

白　雪　尚高峰　刘惠阳　王　瑶

德成建设集团有限公司，常德，415000

摘　要： 在建筑行业中，招投标是建设工程全生命周期中不可或缺的环节，BIM 技术在建设工程招投标中不断被推广与应用。招投标过程中应用 BIM 技术，可提高招投标管理的精细化程度和管理水平，同时也可提升招投标的效率和质量；通过 BIM 模型计算工程量可提高工程量清单的精确性和投标报价的合理性，降低招投标双方今后对工程量的纠纷，最终实现建筑市场的科学化发展。本文以实际案例出发，分析了 BIM 技术在建设工程招投标中的应用。

关键词： 招投标；建设工程；BIM 技术；管理

1　前言

对招标方而言，现在的工程招标项目普遍时间有限、任务繁多，甚至有时还会出现勘察、设计、施工三者同时进行的情况，从而清单工程量的编制质量、精准度都会大大降低。这就会导致施工过程中工程量变更难以控制，工程结算时建设单位和施工单位会因为工程量而产生纠纷。

对投标方而言，投标时间紧急，又要高效率、高质量的计算工程量，制作投标方案；且随着人们对建筑美学的要求也越来越高，建筑物的造型就越来越复杂，如若只用人工计算工程量，难度会越来越大且无法保证按时、保质、保量的完成。

而且在目前招投标活动中还存在以下几个问题：①招投标管理制度体系不够健全；②招投标的开展行为不够规范；③招投标管理人员综合素养不高；④市场监督体系不健全；⑤开放程度低等。

综上所述，急切需要先进的技术手段支撑招投标管理工作，提高招投标的效率和质量。

2　BIM 技术概述

BIM（Building Information Molding）即建筑信息模型，是以工程项目的各项相关信息数据作为模型的基础，通过模型的建立，数字信息仿真模拟建筑物所具有的真实信息。它具有可视化、协调性、模拟性、优化性和可出图性五大特点。

BIM 技术是一种应用于工程设计建造管理的数据化工具，通过参数模型整合各种项目的相关信息，在项目策划、运行和维护的全生命周期过程中进行共享和传递，使工程技术人员对各种建筑信息做出正确理解和高效应对，为设计团队以及包括建筑运营单位在内的各方建设主体提供协同工作的基础，在提高生产效率、节约成本和缩短工期方面发挥重要作用。

3　BIM 技术在工程招投标中的应用

3.1　BIM 在招标阶段中的应用

（1）编制工程量清单是招标控制阶段一项十分重要的环节，其中工程量的计算是最重要也是最繁琐的一步，如若用手工计算，过程繁琐复杂，难免会出现失误，而 BIM 建模可以提供各种构件的详细信息，并对这些构件进行检查分析，进而进行修改，准确度和效率都会大大提高。

（2）建立 BIM 模型

建立各专业的模型在招投标阶段是非常重要的。BIM 模型的建立是否准确有效率都会影响后续工作的进行。模型建立方法如下：①直接利用 Revit 软件按照施工图纸建立 BIM 模型，这是现如今建立模型最常见的方式。②将 AutoCAD 格式的施工图纸分解，利用软件的识图转三维功能快速创建三维模型。

3.2　BIM 在投标过程中的应用

近期我司在三亚市中医院改扩建项目（一期）投标过程中全程运用了 BIM 技术，海南省率先在全国实现 BIM 技术在招投标领域应用，并提倡重大项目为确保高质量实施，应使用 BIM 技术招投标；本工程总建筑面积为 62370m²，投标时间紧、工程量大、工艺复杂，仅靠传统技术已无法满足投标需要，通过 BIM 技术，可提前发现设计中存在的问题，减少施工过程中的设计变更和返工，解决管线碰撞、进行管线优化、方案模拟、进度模拟、资金资源模拟等。

3.2.1　基于 BIM 的碰撞检查和管线综合优化

在本工程中，通过 Revit 2016 进行建模，但由于管线繁多，很有可能会出现碰撞现象，如若未被发现，施工时就会造成不必要的损失，提高成本；因此建模完成后，利用 Navisworks 软件对模型进行碰撞检查，检查完毕后对碰撞的管线进行合理的优化，这种基于 BIM 模型的碰撞检查方式和以往传统的审图方式不同，它是以三维模型作为基础，不完全依赖于人对实际情况的经验，它采用计算机智能审图，利用 BIM 技术，快速明确直观地预知项目所存在的问题，精准地定位碰撞位置所在，进行管线优化，从而提高工作效率，降低成本，提升项目管理能力。本工程机电各专业模型经过各类型碰撞检查发现问题 639 处。局部碰撞报告如图 1 所示。

序号	碰撞位置	碰撞类型	碰撞结果表格	碰撞报告图片	碰撞数
1	疗养中心	结构与管综	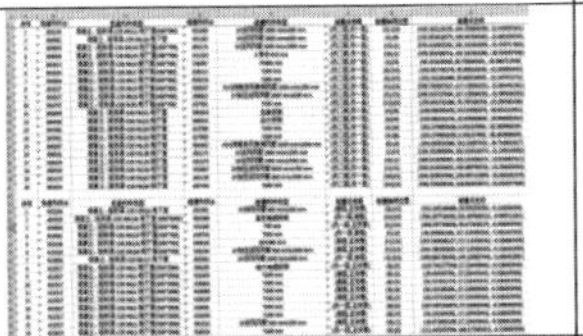	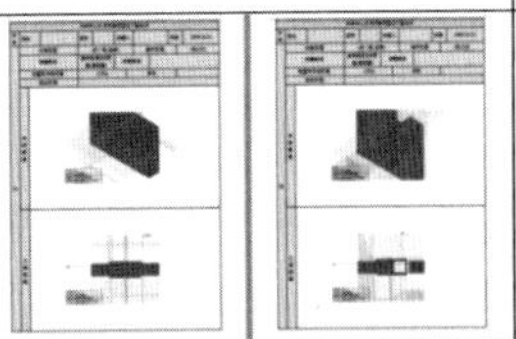	136
2	疗养中心	桥架与管综	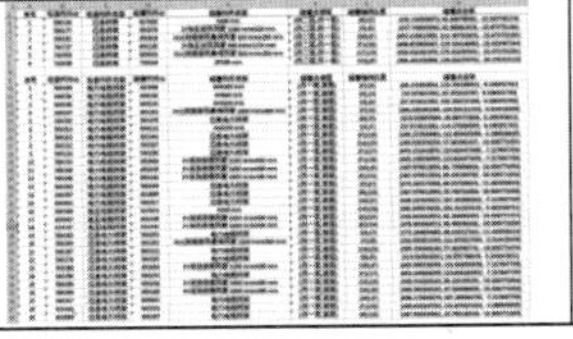	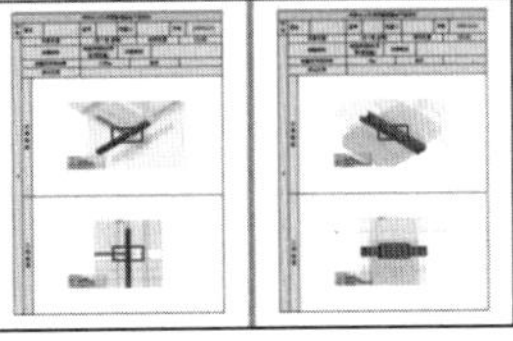	35

图 1　碰撞报告局部图

经检测出来的碰撞问题按照要求的管线综合碰撞处理原则和管线综合的排布方法调整管综模型，检查出的碰撞问题基本得到解决。本工程碰撞检查问题及处理结果示意如图 2 所示。

序号	碰撞位置	优化前图片	优化后图片	问题	解决办法
1	疗养中心负一层E-12轴	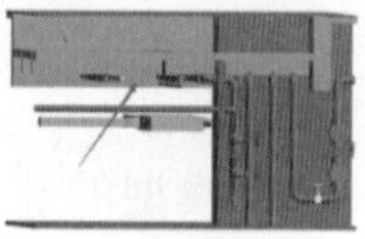	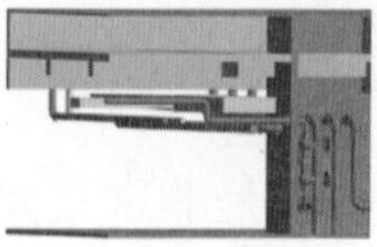	风管标高低，桥架穿风管，水管穿结构梁	调高风管的标高使贴近梁，降低水管标高及下翻避开梁与风管
2	制剂楼负二层B-9轴	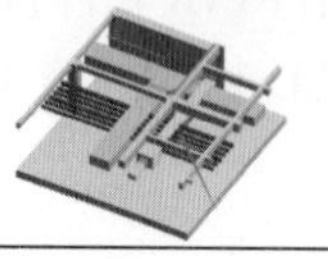		风管与风管、风管与水管交叉碰撞	调整风管标高、翻弯避开交叉碰撞处

图 2　碰撞检查问题及处理结果示意图

3.2.2　基于 BIM 的孔洞预留

一般来说，孔洞预留必须根据设计大小、垂直度和形状来制作，精度要求高；预埋件的材料也得按要求挑选。本工程运用 Revit 2016，构建地下室孔洞预留三维模型，精准找到预留位置，确定孔洞形状、大小和套管类型，通过 Revit 中的预留洞口明细表和套管明细表，自动计算材料用量，提高现场施工的准确性。预留洞口、套管效果图预览如图 3 所示。

序号	预留位置	平面效果图	三维效果图	洞口预留说明
1	制剂楼负二层	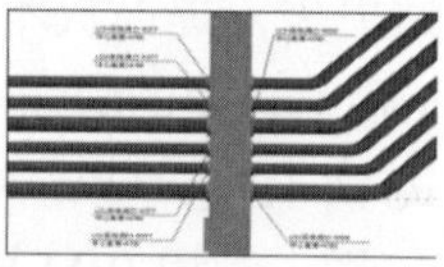		仅水管预留洞口及套管
2	制剂楼负一层	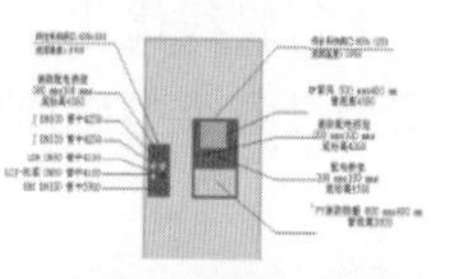		风管、桥架与水管综合，预留大洞口
3	疗养中心负一层	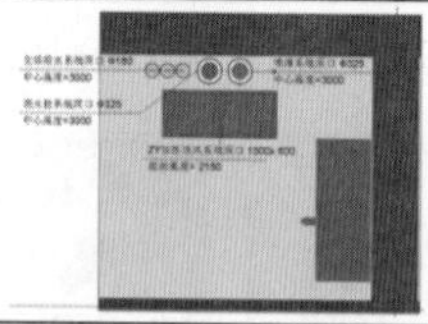		风管与水管综合，风管留方洞口，水管留圆洞口及套管

图 3　预留洞口、套管效果预览图

3.2.3　基于 BIM 的施工方案模拟

本工程利用 Revit 2016 绘制施工现场平面布置模型。本场地布置分为 3 个阶段：基础阶段、主体阶段、装饰阶段。将模型导入 BIM5D 平台中，可直观地看到各阶段的施工现场平面布置三维。在软件中将场布模型与其他专业模型进行整合，完成后与施工进度计划进行关联，按施工进度进行施工方案的模拟，借此可检验并分析方案的可实施性；也可在施工场地布置中创建漫游动画，以便清晰地观察各方位布局。其中基础阶段的场地布置如图 4 所示。

对于重点工艺环节本工程运用 BIM 三维模型在 Navisworks 软件上进行真实模拟，对施工方案的可行性进行验证，进而优化施工方案，最终达到最佳水平。

如本工程制剂楼地下室水泵房管道繁多、复杂，属于施工重难点部位，我公司利用

BIM 三维模型进行水泵房优化,并对水泵房进行工艺模拟,从而优化施工方案,提高水泵房施工效率,减少返工。制剂楼地下室水泵房工艺模拟如图 5 所示。

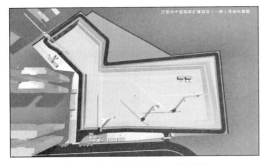 

图 4　基础阶段的场地布置图　　　　　　图 5　水泵房工艺模拟图

本工程疗养中心三栋建筑之间的连廊为钢结构,最大设计跨度 24.2m,宽 4.2m,最大安装高度 22m,最大起吊重量 21.8t。钢结构连廊拟采用地面拼装、整体吊装的安装方式。钢构连廊吊装如图 6 所示。

本工程基坑深度 9.4 ～ 22.2m,基坑东、南侧采用放坡,北、西侧采用悬臂灌注桩 + 锚索支护,坑顶全封闭截水帷幕 + 管井降止水。深基坑施工工艺模拟如图 7 所示。

图 6　钢构连廊吊装工艺模拟图　　　　　图 7　深基坑施工工艺模拟图

3.2.4　基于 BIM 的进度模拟

建设项目施工进度计划普遍以横道图和网络计划图为主,但由于其对专业性要求比较高、识图困难,不能直观地描述施工过程中的动态变化,无法直接描述各种复杂的关系,因此本工程将各专业模型和场地布置模型导入 BIM5D 中,整合完成后,按照施工进度计划划分流水段,将每个流水段与相对应的模型进行关联,导入 project 格式的进度计划,将每个进度任务与相对应的流水段进行关联,让空间、时间相结合,实现三维 + 时间的进度模拟,准确直观的反映整个施工过程进度,可观察到指定时间段已完成的施工任务。与传统的进度管理相比较,本工程所采用的 BIM 进度管理的优势主要体现在以下几个方面:①进度计划可视化;②施工过程跟踪,精细对比及偏差预警;③纠偏措施模拟;④信息共享;⑤进度任务与 BIM 模型关联。具体进度模拟见图 8。

3.2.5　基于 BIM 的资金计划与资源优化

本工程采取 BIM 提量提资的方法,能够提高工作效率,降低材料损耗率。用 BIM5D 平台进行资金资源计算。在进度模拟的基础下,导入 GBQ 格式的工程量清单,将每个工程量清单与整合好的模型进行清单关联,关联图见图 9,关联完成后将施工进度计划的每个任务按流水段各自关联,实现不同维度(空间、时间、造价)的造价管理与分析。进而进行费用预计算、资源计算，模拟计算出施工进度计划每个任务对应所需的资金和资源，快速计算出人工、材料、机械设备等资金和资源需用量，得出相应的资金资源曲线，实现预计用量和实际用量相对比，可直观地看出差异，进而选择合理的资金、资源安排进行修改以满足预期安排。本工程资金资源曲线如图10、图11所示。

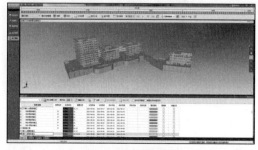

图8　进度模拟图

图9　清单与模型关联图

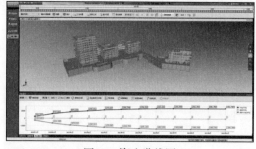

图10　资金曲线图

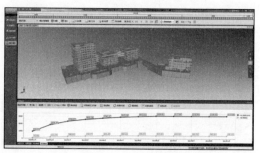

图11　资金曲线图

3.2.6　基于BIM的造价管理

本工程使用BIM计算工程量，运用软件的识图转三维功能，快速创建三维模型，同时BIM建模可以提供各种构件的详细信息，利用云检查功能，检查建模过程中的错误并加以修正，汇总计算完成后将BIM建模工程量与清单工程量进行比较，发现主材工程量存在较大偏差，这种偏差会对今后的资金资源等造成影响，进而影响成本。将偏差使用百分比表示并进行排序，通过排序后的数据，进行如下处理：对外采用不平衡报价，预留利润；对内进行成本测算。建模工程量与清单工程量对比及量差表局部如图12所示。

序号	项目编码	项目名称	项目特征描述	计量单位	工程量	建模量	量差
1	010502001007	矩形柱	1.混凝土种类:商品混凝土 2.混凝土强度等级:C50 3.康养中心	m3	129.52	125.94	3.5755
2	010502001008	矩形柱	1.混凝土种类:商品混凝土 2.混凝土强度等级:C45 3.康养中心	m3	175.71	175.88	-0.165
3	010502001009	矩形柱	1.混凝土种类:商品混凝土 2.混凝土强度等级:C40 3.康养中心	m3	238.2	232.16	6.045
4	010502001010	矩形柱	1.混凝土种类:商品混凝土 2.混凝土强度等级:C35 3.康养中心	m3	361.24	359.41	1.832
5	010505001003	有梁板	1.混凝土种类:商品混凝土 2.混凝土强度等级:C30 3.康养中心	m3	3300.85	3415.15	-114.3
		砼小计			4205.52	4308.53	-103.01
6	010515001017	现浇构件钢筋	1.钢筋种类、规格:圆钢筋HPB300 直径≤φ10mm 2.康养中心	t	4.57	7.20	-2.63
7	010515001018	现浇构件钢筋	1.钢筋种类、规格:带肋钢筋HRB400以内 直径≤φ10mm 2.康养中心	t	101.654	114.85	-13.196
8	010515001019	现浇构件钢筋	1.钢筋种类、规格:带肋钢筋HRB400以内 直径≤φ18mm 2.康养中心	t	95.53	72.92	22.61
9	010515001020	现浇构件钢筋	1.钢筋种类、规格:带肋钢筋HRB400以内 直径≤φ25mm 2.康养中心	t	328.623	325.63	2.993
10	010515001021	现浇构件钢筋	1.钢筋种类、规格:带肋钢筋HPB300以内 箍筋 直径≤φ10mm 2.康养中心	t	8.932	9.09	-0.157
11	010515001022	现浇构件钢筋	1.钢筋种类、规格:带肋钢筋HRB400以内 箍筋 直径≤φ10mm 2.康养中心	t	152.709	146.46	6.252
12	010515001023	现浇构件钢筋	1.钢筋种类、规格:带肋钢筋HRB400以内 箍筋 直径≤φ10mm 2.康养中心	t	9.626	10.66	-1.034
		钢筋小计			697.07	679.61	17.47

图12　建模工程量与清单工程量对比及量差表

4　结语

综上所述，BIM 技术的应用和推广，可以提升招投标管理水平，也可提高招投标效率，进而促进招投标市场的规范化、市场化、标准化的发展。对于招标方来说，可以利用 BIM 模型更加有效率、有质量地编制出工程量清单，最大可能地避免漏项和错项，最大程度地降低以后的工程量纠纷。对于投标方来说，可快速有效地得到工程量信息，将建模工程量与工程量清单进行比对，将空间、时间、造价相结合，实现三维 + 时间 + 造价的施工模拟，从而制作出高效率、高质量的投标方案。招投标双方人员，都应顺应趋势，熟悉和掌握 BIM 技术的广泛应用，并适时更新。

BIM助力"一带一路"中国援布隆迪总统府装饰装修工程

周　超

湖南省第二工程有限公司，长沙，410004

摘　要： 援布隆迪总统府项目是由中华人民共和国对布隆迪共和国进行友好经济援助的典型项目，项目位于布隆迪首都布琼布拉市东北郊加塞尼区查哈马的坡地上，是迄今规模最大的中方援布项目。本文主要结合具体工程实例，介绍如何利用BIM技术在该项目装饰装修工程中进行方案比选、VR实景模拟、工艺交底、运维管理等应用，对加强各专业协同工作和精细化管理，提升信息传递效率，提出一些探索和思考。

关键词： BIM技术；装饰装修；信息化

我国建筑装饰行业在经济高速发展向高质量转变的当下，在满足结构功能要求的同时，也越来越注重建筑物的外观质量和使用效果。装饰装修工程作为建筑工程施工的最后一道工序，其进度、质量及效果对整个工程的顺利推进产生着不容忽视的作用和影响。本工程项目通过运用BIM技术，为项目管理提供了一种全新的管理思路，使建筑装饰工程与土建施工有效地衔接，提高了项目沟通效率，实现了信息的互通共享，推动了施工生产的提质增效。

1　项目概况

中国援布隆迪总统府位于布隆迪首都布琼布拉市东北郊，整个工程用地范围230m×230m，场地方正，基本呈南北朝向，距离市中心约9km，南部紧邻国家1号公路。本工程总建筑面积11457.8m²。建筑主要包括：1号总统府办公楼、2号警卫用房、3号设备用房、4、5号门卫、6、7号岗楼及8号污水处理站。建成后将成为布隆迪共和国总统、第一、二副总统及其领导班子成员的主要办公场所，并且兼有部长会议、接待的功能。

中国向布隆迪援建总统府项目，是布隆迪政府自1962年独立以来首次拥有属于自己的总统府，体现了布中两国间最高水平的政治和外交关系，布隆迪政府未来将为推动布中关系做出最大努力。项目被评为2019年度省芙蓉奖工程。图1为总统府鸟瞰图。

2　项目特点与重难点

（1）本建筑西北侧设计为局部三层，东南侧设计为两层。整个建筑主体呈"中"字形布局，围合形成两个室外庭院，中心部分突出高大的穹顶，建筑东西立面局部加通高外廊，丰富了立面效果，也利于遮阳通风。

（2）布隆迪为内陆国家，资源匮乏、物产贫瘠，建筑工程所需材料设备基本一无所有，除砂石供应量基本满足项目施工生产外，其余材料及设备必须由国内发运或周边国家进口。我方从国内海运至现场的施工物资抵达坦桑尼业达累斯萨拉姆港口以后，转由陆地公路运输，而受援国布隆迪地处非洲内陆，某交通运输能力非常差，境内无铁路，全部依靠公路运输，陆运距离超过 1500km，物资组织运输工作是整个项目施工过程中的生命线。

（3）总统府办公楼 9～13 轴 /B～F 轴处位置支模高度超过 8m，从二层顶板标高至穹顶标高位置，相对标高高差约为 14m，穹顶为半圆形球体，模板搭设工作异常困难。

（4）总统府接见厅顶棚采用 GRG 穿孔吸声板的三维多曲面设计，外形凹凸线条及曲面变化复杂，GRG 板数量大，其测绘和拼接工作难度均很大。

（5）本工程精装修面积大、大空间、高跨度部位装修造型复杂，涉及房间、专业多，装修标准高，机电施工配合难度大。

图 1　布隆迪总统府鸟瞰图

鉴于此，本项目运用 BIM 技术，以实现过程精品，保证工程质量，保障施工进度，有效地控制工程造价，实现建筑的设计风格和使用功能。

3　BIM 技术应用

3.1　建立精装模型

项目 BIM 团队收到施工图纸等相关资料后，召开建模分工会议，明确各专业建模任务，依据建模规范建立 Revit 结构模型、建筑模型、装饰装修模型。

每个房间均按照装饰装修工程的步骤，细化内部装饰。对施杆龙骨、吊顶、木架、墙面、地面铺装等构件进行详细的绘制，建立精细的室内装饰模型（图 2、图 3）。

3.2　BIM 排砖

根据施工工艺及设计图纸要求，对墙面开关、插座、灯具、地漏口等进行提前布置，绘制详细的布置图。结合 Revit 软件进行建模，精确定位计算，将所有墙砖、地砖模拟现实施工工序建立三维模型，使面砖排板一目了然，然后将每块砖进行编码，标注规格型号和使用区域。

利用 Revit 软件可出图性，导出排砖图（图 4）及三维效果图对工人进行可视化交底，防止因铺砖展开面大交底不到位造成的排砖错误问题，减少返工，有效节约用工成本。同时利用软件清单统计功能，分层、分区域、分类别自动统计面砖清单，有效进行断料组合，减少裁砖浪费，节约成本，提高施工效率。

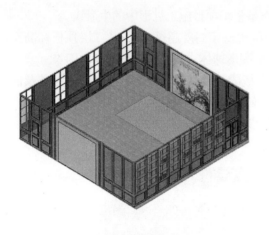

图 2　总统办公室装修模型

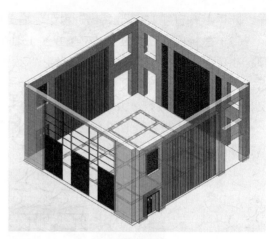

图 3　门厅装修模型

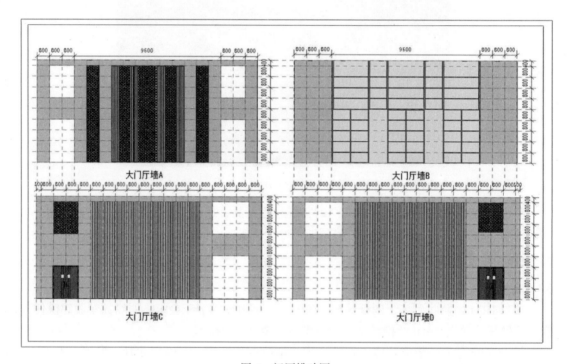

图 4　门厅排砖图

3.3　装修方案比选

立足于施工中遇到的实际问题，利用 BIM 技术进行方案模拟和比选，验证方案的可行性。通过完善布隆迪总统府装饰工程中需要的材质信息，建立装饰工程材质库。从中挑选出不同的材质搭配，建立不同的装修风格，并利用前期建立的房间装饰模型，将不同的方案直观展示出来（图 5）。可实现对于室内装修方案的迭代和变动，提供快速多重选择，做到人性化服务。

3.4　VR 实景模拟

基于三维模型的基础上添加室内构造的各种设施，诠释出其设计风格，可以直观清晰地展现出室内装修立体效果。

图 5　室内装饰方案比选

通过扫描二维码，可以随时、随地从手机端查看室内精装 VR 全景漫游（图 6），感受到实景一般的模拟体验，并可以直接查看到挂接在模型上的各类信息，真正实现了 BIM+VR 应用的轻量化、可视化、信息化。

图 6　手机端 VR 实景模拟

3.5　工艺交底

本工程对施工工艺样板进行建模，并对工艺流程展示的方式进行脚本创建。制作了地面铺装、木墙面安装、硬包织物吸声板安装、吊顶安装等施工工艺交底动画（图 7），将这些动画与房间内的装修漫游相结合，为现场施工人员提供直观可视化的视觉交底，工人可以清晰准确地理解其施工工艺和重难点控制信息，从而减少误工、返工等情况的发生。

3.6　构件预制化

布隆迪当地资源匮乏，很多特殊构件都是采用国内加工再运往布隆迪现场安装的模式，物资运输工作异常艰难，对项目整体工期影响很大。为保障施工进度，本工程提前绘制构件的族模型，形成构件库（图 8），通过软件自动出图并统计设施清单为工厂的预制化加工提供了依据，加工完成的构件通过海运、陆运至到布隆迪的施工现场进行安装，在一定程度上缩短了工厂加工构件的周期，降低了工程工期延误风险。

图 7　工艺交底动画

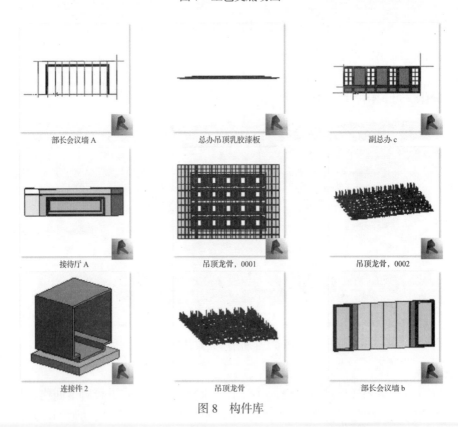

图 8　构件库

3.7　质量安全协同管理

模型导入 BIM 协同工作平台后，将现场的质量缺陷和安全问题使用手机、iPAD 等移动设备传输进行拍照、录音及文字描述，定位到 BIM 模型的相关位置。运用手机移动端处理现场"质安"问题，对发现的问题由责任人处理并实时跟踪问题处理状态。移动端的引用简化了工作流程，为现场管理人员提供了一种快捷、高效的信息化工作模式，起到了快速、实时、多维度解决问题的作用。

记录的问题通过服务器汇总后自动生成问题报告（图9），项目管理人员可在例会上就问题报告中各项质量、安全问题逐条进行分析，制定相应整改措施。同时，收集、记录每次问题的相关资料，积累对类似问题的预判和处理经验，为日后工程项目的事前、事中、事后控制提供依据。

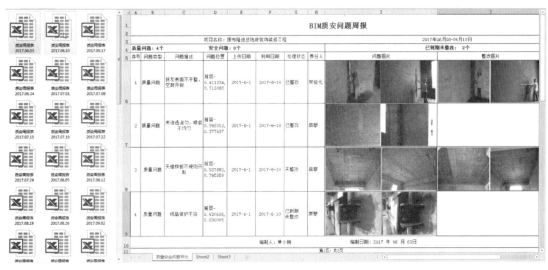

图 9　质安问题周报

模型和"质安"问题通过互联网技术同步上传至云端储存空间，项目管理人员可随时登录网页端查看质量、安全问题分布趋势图，及时了解质量、安全问题处理情况。同时，建设方、监理方可以登录云平台，通过阅读模型、图片、文字等信息，直观了解和掌握项目总体质量安全情况，并下达指令要求施工方整改不合格之处。

3.8　BIM 运维管理

本工程在运营阶段的 BIM 策划主要是设备更换、空间管理、后期维修、资产管理四个方面。

（1）通过将设备、材料信息（图 10）与模型挂接（图 11），对重要设备和材料进行远程控制，可及时调取设备的维修更换记录，充分了解设备的运行状况。

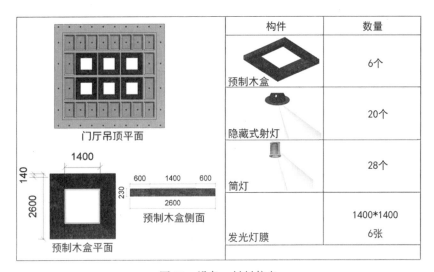

图 10　设备、材料信息

图 11　设备、材料信息挂接模型

（2）空间管理是运用建筑模型三维可视化的特点，及时获取各系统和设备的空间位置信息，直观形象且方便查找。

（3）对于墙面开裂，地板鼓起等各类后期维修问题，可通过查看挂接于 BIM 模型上的工艺交底卡获取维修方案（图 12），及时实施维修。

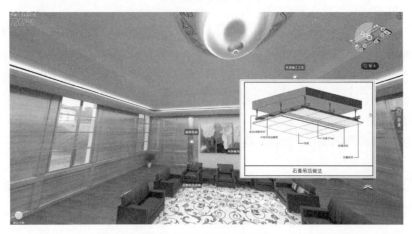

图 12　施工工艺挂接模型

（4）工程师可以通过 BIM 模型及时掌控整栋建筑的构件和材质等信息，提升运维阶段的资产管理效率。

4　结语

在本项目中，我们重点利用了 BIM 技术对布隆迪总统府的装饰装修效果进行了研究和探索，从经济性、美观性、适用性、拓展性等方面对精装修 BIM 技术进行了应用，有效地促进了施工过程中各项工作的管理，各项工作开展平稳有序，情况良好。工程为增进中布两国人民友谊而努力，得到了中方各级领导的认可和外方政府的高度赞扬。

参考文献

［1］ 尹晶. 建筑装饰装修工程施工 BIM 技术的应用［J］. 装饰装修天地，2019，17.

［2］ 黄翠寒. 浅谈 BIM 技术指导地砖、墙砖下料［J］. 绿色建筑施工与管理，2019 年.

浅谈施工项目 BIM 技术落地实施的若干问题

苏霁康　黄　蕊　王依寒　黄小婉　盛　卓

湖南省第二工程有限公司，长沙，410004

摘　要： 随着 BIM 技术不断发展和国家政策的推动，湖南省建筑企业 BIM 技术的普及程度在不断提高。目前，建筑企业高层管理针对 BIM 技术推广取得了较好的成效，然而 BIM 技术在建筑企业基层的应用实施中遇到了很多的阻力与困难，出现 BIM 技术公文式、应付式的实施模式，导致 BIM 技术难以落地实施的问题。本文主要是通过对施工项目 BIM 技术应用案例进行调查分析，找出实施应用中的困难和阻力，提出解决方法，促使 BIM 技术更好地融入到施工项目中。

关键字： BIM 技术；应用

1　引言

　　BIM 技术引入我国至今，BIM 技术的宣传、成果展示都是一片向好，却出现了一种现象，BIM 专业外的人想往 BIM 专业转型，BIM 专业内的人士想往外跳；专业外的人看到 BIM 展示成果赞叹不已，专业内的人士看到 BIM 展示成果质疑不断。企业高层鼓吹 BIM 效益突出，项目基层却抵触情绪不断。这些问题的出现并非一朝一夕，而是在 BIM 落地应用中没有真正地解决而慢慢积累下来的。

　　笔者用问卷形式做了两项调查，问卷一内容为"BIM 技术在施工企业中是否真正落地实施"，调查对象为从事 BIM 技术应用的群体，调查样本数 83 个，问卷一调查结果如图 1 所示。问卷二内容是"您是否愿意转型从事 BIM 技术工作"，调查对象为施工领域相关人员，调查样本数为 200 个，问卷二调查结果如图 2 所示。

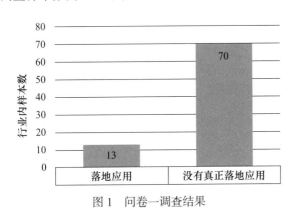

图 1　问卷一调查结果

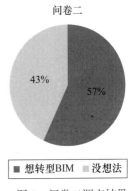

图 2　问卷二调查结果

　　由图 1 可知，有近 85% 的群体认为没有真正落地实施。这说明在 BIM 技术落地应用中遇到了想当大的阻力和困难。

　　由图 2 可知，问卷二数据恰可以证明行业内多数人对 BIM 技术产生了误解，认为只要接触到 BIM 就可以为项目、为自己的工作带来效益，促使超过一半在施工行业的人士想转型 BIM，这类群体并没有真正了解到 BIM 落地实施中所遇到的阻力与困难。

下面将通过具体项目 BIM 应用分析，找出 BIM 技术落地实施存在的问题。

2 BIM 技术项目实施情况，以金盘世界城项目为例

2.1 项目概况

金盘世界城总建筑面积 483682.96m²，其中地下室 123951.31m²。本项目以基地中间的规划路分为南北两块地，共规划设计 16 个高层住宅单元，1 栋高层住宅式公寓楼以及 2 ～ 3 层底商门面和 4 ～ 5 层的商业裙楼，地下室 2 或 3 层。项目挑选两名施工技术员脱产学习 BIM 技术，由企业内部 BIM 工程师和项目 BIM 工程师配合项目管理团队开展 BIM 应用工作。

2.2 BIM 技术应用点分析

本项目是一个大型的商业综合体，建筑体量大，专业交叉面大，项目管理团队以此项目申报鲁班奖，在 BIM 实施中开展了数十项 BIM 技术应用点，本文对该项目可视化三维"场地布置"应用点进行分析。

2.2.1 可视化三维场地布置

可视化三维场地布置加强了空间感知，对塔吊、材料加工区等临建设施进行合理布置，为项目管理团队构造出仿真模型，能多视角进行场地安排，并统计出临建设施、临建材料的数量。要达到优质的效果，需要做出大量的工作，首先企业 BIM 团队根据《企业安全文明施工标准》中二维的临建设施图转化为三维可视化的族文件，建立企业族库（图 3）。

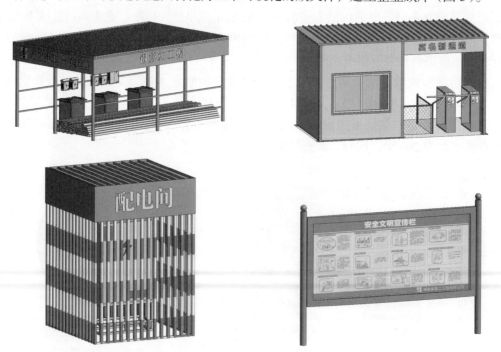

图 3　三维可视化族文件

然后利用企业族库，根据场地情况设计三维场地模型。工程建设过程中，依据施工进度节点，实时动态更新每个阶段的场地布置，并出具每个阶段的三维图模型进行存档备案（图 4）。

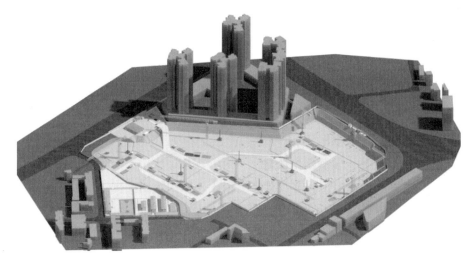

图 4　"场布"三维图

理论上项目全寿命周期都可按照上述应用流程开展施工场地利用分析工作，但这还停留在理论上，实际工作中，传统的粗放式的管理方式占主导，大部分都是从二维图纸转化为三维模型，不是 BIM 指导协作施工，而是 BIM 附加到施工管理者身上，没有达到 BIM 应用的初衷。

通过对企业内部及其他公司 BIM 项目应用调查，调查样本数为 10 个项目，调查内容为"项目在采用可视化三维场地布置是否采取二维到三维的翻模形式开展工作"，问卷三调查数据如图 5 所示。

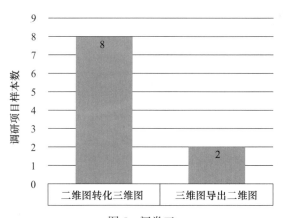

图 5　问卷三

数据显示 80% 的施工项目是采取从二维图纸向三维翻模。在这种模式下虽然也能够收获到好处，但还是以传统的技术手段为主导，反而给项目增添了工序和负担，从而让项目团队从意识上就认为 BIM 是可有可无的工具。

其次，前期 BIM 工作的开展一般比较顺利，因为新鲜，项目团队会参与沟通交流，但这样的状态不会持续太久。BIM 技术应用带来的是长远的经济和社会效益，不会在短时间内突出其价值，当新鲜感过去后，项目团队又回到粗放式管理模式，BIM 精细化管理手段也就与其渐行渐远，从而导致项目 BIM 工程师开展工作阻力重重。

3　BIM 技术落地困难的原因

从上述三维场地布置的实施情况影射到整个 BIM 应用落地实施中，基层 BIM 工程师遇到的阻力大，归纳其原因有：第一，BIM 管理手段较难在短期内给施工项目带来经济效益；第二，项目团队高层缺少 BIM 应用意识，项目团队中缺少 BIM 技术人才；第三，由于专业 BIM 团队与项目团队独立工作，缺少紧密沟通，BIM 模型没有充分体现其价值。

4　解决 BIM 技术落地困难的方法

4.1　企业内部制定 BIM 技术实施制度体系

BIM 技术要在项目基层大展拳脚，需要由企业高层制定制度化、规范化、程序化的规章制度，对其项目起到约束作用。虽其制度是逐步形成逐步改进的，但不能形同虚设。有制度的支撑，基层 BIM 工程师才能减少人为因素的阻力。

4.2　进行 BIM 技术培训，储备 BIM 人才

虽然一般企业会进行 BIM 人才培养，但培养出来的 BIM 技术人才远跟不上人才的流失。导致人才缺乏原因：①施工企业对待 BIM 技术的态度；②项目对 BIM 技术的态度；③BIM 技术人才对 BIM 应用前景的信心。这就回答了本文开篇谈到的 BIM 专业内的人员想往外跳的问题。因此，在 BIM 人才培养工作中，要具有针对性，例如针对拟任的项目经理、项目技术负责人等，这些都是将来项目管理团队中的管理者，强化他们的 BIM 应用意识，对项目开展 BIM 应用工作会得到很大的帮助。

4.3　项目管理团队中设立 BIM 技术工作岗位

在多个项目进行调研发现，多数 BIM 管理岗位并不属于项目管理岗位，故而在开展工作时会成为边缘人物，工作阻力也会加大。

5　结语

从上述可知，要克服 BIM 技术应用中的困难和阻力，是需要从企业到基层一环一环地来解决，把基础工作做好，BIM 技术在施工项目的落地实施自然就会顺利开展。另外，BIM 技术带来的经济效益是在项目整个寿命周期之内慢慢显现出来的。在任何科研探索中，要获得丰硕的成果都需要不断地实践与试验。显然，现如今的 BIM 技术还正处于不断试验改进阶段，这需要行业内的工作者扎根基层，不断地摸索总结，提炼出可行的实施经验。

参考文献

［1］ 王景. 探索 BIM 技术与施工现场管理的落地应用［R］.

［2］ 杨橙. BIM 技术在工程总承包项目管理中的应用价值分析［J］. 住宅与房地产，2019：21.

［3］ 曹奕. BIM 推广应用中的认识误区及对策［J］. 建设科技，2020（399）：79-82.

BIM 技术在大型复杂截面地下室基础施工中的应用 *

李　云[1]　张明亮[2,3]　寻奥林[3]

1. 湖南省建设工程质量安全监督管理总站，长沙，410011；

2. 湖南建工集团有限公司，长沙，410004；

3. 湖南省第六工程有限公司，长沙，410015

摘　要： 利用 BIM 技术，建立了湖南广电节目生产基地项目基础人工挖孔桩、抗浮锚杆及地下室底板三维信息模型。实现了人工挖孔灌注桩钢筋笼、抗浮锚杆的预建造；辅助工程师直观了解基础范围内复杂的地质情况；提前发现了图纸中存在的问题，并采取相应措施进行了处理。通过 BIM 技术的应用，重点发现并解决了原设计图纸中集水井、电梯井、桩基础、抗浮锚杆的碰撞问题，将碰撞报告提交设计院进行了图纸优化设计，并制作了三维可视化交底动画，为项目基础工程按期、保质完成提供了强有力的技术支持，取得了良好的经济效益与社会效益。

关键词： BIM 技术；基础开挖；抗浮锚杆；可视化交底；工程应用

1　引言

近年来，随着建筑行业信息化的发展与进步，BIM 技术已逐渐成为项目施工中解决重难点问题的首选工具。BIM 的三维可视化、模拟性，打破了传统设计与施工之间的壁垒，让以往无法解决的问题成为过去式，尤其在当下建筑产品设计多样化、个性化，地质条件较为复杂多变的情况下，BIM 的价值将更能体现出来[1-4]；同时借助 BIM+ 云平台，实现信息资源共享，实现从源头上着手以最优质的品质支撑整个建筑产品。

在大型复杂截面地下室基础工程中，挖孔灌注桩 + 防水底板 + 抗浮锚杆为通常采用的基础设计形式。如何在地理位置特殊、地质条件复杂的施工环境中确保挖孔灌注桩、抗浮锚杆的施工质量是保障基础工程结构安全的重点难点，底板部分的电梯井、集水井、桩承台、基础加强梁等的土石方开挖成形质量是确保建筑使用功能的关键。基础施工时借助 BIM 技术的精细化应用可使工程师的决策更科学、设计更可靠、措施更有效，极大地降低了施工返工率，在确保质量、安全的前提下，也能保证项目工期[5-6]。

2　工程概况

湖南广电节目生产基地项目位于长沙市金鹰影视文化城、浏阳河畔，处于长沙及周边城区地质条件颇为复杂的地段，是一个集大型演艺活动、影视节目生产、艺术展览、创意工坊、观众参观通道等功能于一体的现代化"环球梦工厂"式的节目生产基地，是即将开发的马栏山创意集聚区的龙头项目。工程占地约 100 亩，建筑面积约 22 万 m^2，基坑周长约 1110m，东西最长约为 410m，南北最宽约为 185m，基础底板面积约为 4.6 万 m^2（图 1）。

*　基金项目：住房城乡建设部科技计划项目（2017-S4-026）

图 1　工程效果图

3　施工重难点

3.1　地质条件复杂

根据本工程地勘资料，场地内粉质黏土、全风化泥质粉砂岩、强风化泥质粉砂岩及中风化泥质粉砂岩、砾岩分布不具规律性，且成分差异性大，部分地段粉砂含量较高，出现多层大面积的软弱夹层，在高水力梯度下易产生流沙流土。地下水主要分为赋存于人工填土及第四系黏土层中的上层滞水、赋存于第四系淤泥质粉质黏土及卵石层中的潜水，以及赋存于强、中风化基岩中的裂隙水；水位高，水量大，且地下水与浏阳河有密切的水力联系。

3.2　集水井、电梯井、承台等造型复杂且分布集中

基础中集水井、电梯井、承台等坑井造型复杂且分布集中，根据不同开挖深度开挖坡比为 45° ~ 60° 不等。局部范围内多个坑井集中分布，放坡范围相互叠合、相互影响呈现出复杂形状，难以开挖成形（图 2）。

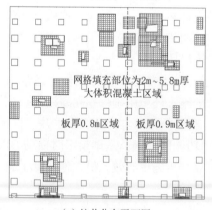

（a）坑井分布平面图

（b）施工实景

图 2　坑井分布示意图

3.3　挖孔灌注桩、抗浮锚杆数量多

本工程抗浮锚杆数量多达 12000 根，人工挖孔灌注桩 950 根，如何克服复杂地质条件保证成孔质量和入岩深度是保证施工质量和施工安全的关键技术之一。

3.4　施工进度要求高

本工程人工挖孔灌注桩和抗浮锚杆数量多，是基础施工进度控制的关键，如何提升施工

效率,有效进行施工方案技术交底及施工现场管理也尤为关键。

鉴于此,项目部成立 BIM 工作站,根据设计图纸、地勘报告,建立地质 BIM 模型和基础 BIM 模型,科学合理地指导人工挖孔灌注桩、抗浮锚杆、基础底板的施工作业。

4　BIM 技术应用

4.1　模型建立

4.1.1　整体模型建立

利用 Revit 建模软件,根据设计图纸建立地基基础结构整体 BIM 模型,包括人工挖孔灌注桩、抗浮锚杆、桩承台、电梯井、集水井基坑等;此外,由于周边地质条件复杂,结合业主提供的详勘报告、施工勘察报告、施工蓝图,将锚索设计范围内的地质岩层分布、基础结构、周边地下管网环境进行 BIM 建模(图 3、图 4)。

(a)地质模型

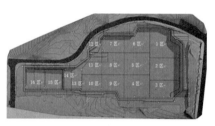

(b)基坑分区示意图

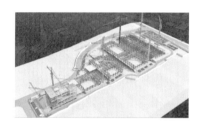

(c)结构整体模型

图 3　BIM 整体模型

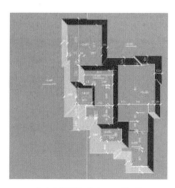

(a)局部坑井 BIM 模型

(b)局部坑井施工实景

图 4　局部坑井 BIM 模型及施工实景

4.1.2　精细化模型建立

在 Revit 建模软件中体量环境下,根据设计图纸建立预应力锚索的精细化模型,包括预应力锚索的钢绞线、导向帽、注浆管、架线环、紧固环、锚垫板、锚具、波纹管及辅助材料等。

4.2　地质条件较差区域的桩基设计优化

从三维地质模型可以发现，基坑自东北至西南地质条件最为复杂分布有三道软弱夹层带，但施工图中标示该处均设计有桩基础，为了确保工程质量和施工过程中的安全，BIM 工程师及项目技术工程师向设计院提出在该处采用"高压旋喷加固"并适当优化基础类型建议，确保桩长控制在 28m 以内，以保证结构及施工过程安全。经设计院评估验证，对该处桩基进行设计调整，增加天然独立基础、多桩承台、桩身"高压旋喷加固"等措施确保施工质量和施工安全（图 5）。

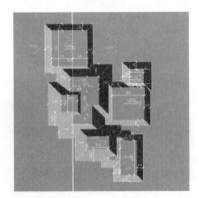 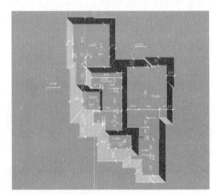

优化前土方开挖模型　　　　　　　　　　　　　优化后土方开挖模型

图 5　坑井基坑优化前后对比示意图

4.3　三维可视化交底

利用 Revit 建模，生成 .FBX 文件，导入 3Dmax 中，根据优化后的桩基、锚杆、底板模型及施工方案进行三维技术交底动画制作。锚杆施工方面，从人材机准备到锚杆施工精确定位、成孔钻机就位、成孔施工、清孔、锚杆制作安装、注浆等；基础开挖方面，建立 BIM 模型直观表现空间结构或者利用精细化的 BIM 模型进行动态展示。借助 BIM 化的新型沟通方式，将二维图纸信息更科学、更精确地向项目部技术人员、作业班组进行展示，大大提高了技术交底的效率，实现信息多方随时共享（图 6）。

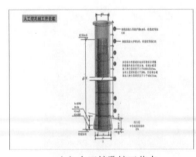 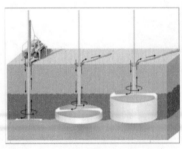 

（a）人工挖孔桩工艺卡　　　　　（b）高压旋喷加固工艺卡　　　　　（c）技术交底

图 6　三维可视化交底

5　结语

湖南广电节目生产基地项目基础工程施工地质条件复杂，周边环境特殊，桩基、锚杆、坑井开挖施工难度大，借助 BIM 技术的三维可视化、模拟性等特点，在施工前进行进行碰撞检查、技术交底。

　　针对地质条件复杂的区域协同设计进行精细化设计，减小了基础结构以及施工过程中的安全隐患，科学合理地指导了基础工程的施工。通过 BIM 技术的应用，降低了坑井开挖施工返工率，在确保质量、安全的前提下，也保证了项目工期，取得了良好的的经济效益和社会效益。

参考文献

［1］　张明亮，黄宗贵，周瑾，等. BIM 技术在隆平水稻博物馆项目施工中的应用［J］. 建筑技术，2017，48（5）：504-507.

［2］　黄宗贵，张明亮，周瑾，等. BIM 技术在双曲薄壳混凝土屋面施工中的应用［J］. 土木建筑工程信息技术，2016，8（1）：15-21.

［3］　杨骐麟. 基于 BIM 的可视化协同设计应用研究［D］. 成都：西南交通大学，2016.

［4］　任远谋. BIM 在我国建筑行业应用影响因素研究［D］. 重庆：重庆大学，2016.

［5］　何建军，王硕，姚守俨. 基坑工程 BIM 技术应用［J］. 土木建筑工程信息技术，2016，8（6）：55-59.

［6］　常丽玲，张明亮，江波，等. BIM 技术在深基坑支护预应力锚索施工中的应用［A］. 土木建筑工程信息技术，2017. 1674-7461{2017}03-0031-07.

北斗高精度定位技术在桥梁实时智能监测中的应用

辛亚兵[1, 2]　张明亮[1, 3]　陈　浩[1, 3]

1. 湖南建工集团有限公司，长沙，410004；
2. 现代投资股份有限公司怀化分公司，怀化，41800；
3. 湖南省建筑施工技术研究所，长沙，410004

摘　要： 为了实现桥梁结构监测的实时化、智能化，采用基于北斗高精度定位技术的桥梁监测系统。首先详细介绍了北斗高精度定位技术原理和监测系统。在此基础上，以某通车运营预应力混凝土连续桥梁为工程背景，建立北斗监测系统进行桥梁桥墩偏位监测；在现场进行了北斗测量精度的验证试验，实际位移值与监测位移值的误差均在 5% 以内。工程应用表明，基于北斗高精度定位技术的桥梁监测系统为公路和市政桥梁结构安全运行提供了实时化、智能化的监测手段，具有广泛的应用前景。

关键词： 北斗高精度定位技术；桥梁监控；实时化；智能化；工程应用

1　引言

随着我国经济实力的提升和桥梁建造水平的提高，我国桥梁的数量和规模不断增加[1]。然而随着交通量的增加，以及超限、超载车辆和各种自然灾害和影响，对桥梁运营安全构成了巨大的威胁，我国步入维修期的在役桥梁也不断增加[2-4]。为了保障桥梁运营安全和人民健康安全，有必要对关键性桥梁和步入维修期的桥梁进行结构健康监测[5, 6]。传统桥梁结构监测采用人工目测检查或便携式仪器进行结构局部或整体动态响应参量测量，不仅耗时费力，且无法获得实时连续监测[7]。北斗卫星导航系统（BeiDou Navigation Satellite System，简称 BDS）是我国自行研发的全球卫星导航系统。随着我国北斗卫星导航系统技术应用成熟，北斗高精度定位技术为桥梁健康监测提供了新的机遇[8]。

王里[9]提出了一种基于 BIM 和北斗技术的三维桥梁监测方法，并在贵州省某大型桥梁上进行了应用，结果表明该方法具有良好的监测效果。夏威[10]提出了结合北斗高精度测量技术和雷达遥感的方法进行桥梁远程监控，作者指出出于国家安全角度考虑应在重要桥梁监测实现国产化；且北斗具有短报文通信功能，在桥梁监控中具有独特优势。和永军[8]以云南省实际工程为例，阐述了利用北斗和 GPS 高精度位移监测技术进行的桥梁结构监测。

鉴于已有关于北斗高精度定位技术在桥梁监控中的应用处于起步阶段，且没有进行北斗监控精度验证试验的相关研究，本文首先详细介绍了北斗高精度定位技术原理和北斗监测系统组成；以某一通车运营预应力混凝土连续桥为工程背景，采用北斗高精度定位技术建立桥梁监测系统。通过现场验证试验证明桥梁北斗监测系统的准确性，可满足后期桥梁结构监控精度要求。本文旨在为公路和市政桥梁健康监测提供借鉴和参考。

2　监测技术原理与系统介绍

2.1　北斗技术原理

北斗监测系统的主要技术原理是利用北斗卫星测量基准站和监测点（1个或多个）之间的相对定位，得到各监测点不同时期的位置信息，与首期结果进行对比得到各监测点在不同时期的位移信息，然后采用数据软件（核心算法）对位移信息进行解算，剔除各种环境影响误差因子，得到精确度达到毫米级的位移信息，最终将各监测点的位移信息通过数据传输系统发送至系统监测云平台，由云平台形成各结构物的时程形变参数和相关技术指标。同时，可对超过设定阈值的变形值发出相应警报，提醒采取对应处置措施。北斗系统监测原理如图1所示。

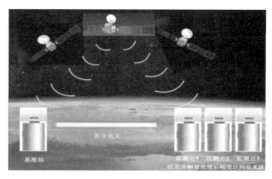

图 1　北斗监测系统原理图

2.2　北斗监测系统

北斗监测系统主要由监测子系统、数据中心子系统（云平台）、基准站子系统、客户端子系统组成，如图 2 所示。下面对北斗监测系统组成进行介绍：

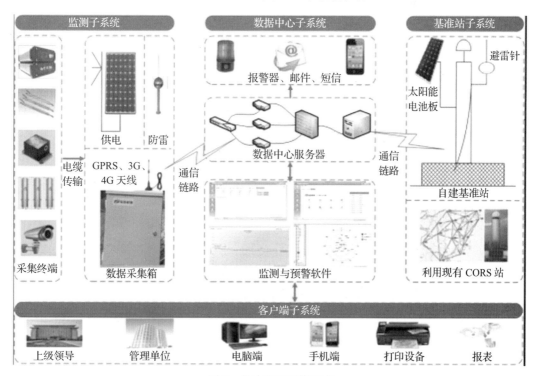

图 2　北斗监测系统组成

（1）监测子系统主要由硬件设备和嵌入式系统软件两部分组成。其中硬件设备由监测终端、卫星信号接收天线、防雷、供电等模块组成；系统软件主要实现数据采集、输入输出、网络通信、预警、高速存储、低功耗电源管理等相关功能。北斗监测子系统如图 3 所示。

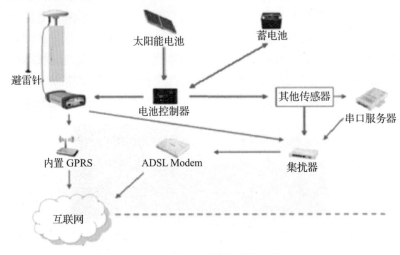

图 3　北斗监测子系统示意图

（2）基准站子系统的结构基本类同于监测子系统，但由于基准站必须作为一个永久性的固定参考点，所以基准站一般建立在可视性较好的已知点上。基准站利用自身的观测值，产生基于伪距和载波的改正值，并将基站位置、观测值或改正数打包成用户需要的差分数据格式，通过无线设备发送到监测站，进而测量出监测站点的相对位移信息。

（3）数据中心子系统主要由基本信息管理子系统、监测数据子系统、报表子系统、数据转换子系统、评估分析子系统、系统配置与用户管理子系统组成。数据中心子系统的核心是构建监测系统大数据智能云平台，处理大量监测体的海量监测数据。云平台是将变形监测系统与物联网、大数据、云计算、局域网（通讯网）等多网无缝连接技术等先进技术相结合，建立完整的数据处理和共享平台，实现各类监测数据和预警信息的高效收集、发布、共享和互通。图 4 为北斗智能监测云平台登录界面。

图 4　北斗智能监测云平台登录界面

（4）客户端子系统一般有监控管理中心、PC 客户端、手机 APP 等形式，可选择一样或多样组合的客户端子系统。

3　工程应用实例

3.1　工程背景

图 5 为某预应力混凝土连续梁桥照片。该预应力混凝土连续梁桥采用左右分幅形式，右幅结构形式为：5×30m+4×30m+4×30m+4×30m+5×30m。左幅结构形式为：5×30m+5×30m+4×30m+5×30m+5×30m。相邻两联桥墩处采用 240 型伸缩缝，伸缩缝桥墩处采用 FCQZ Ⅱ 1.5MN 盆式橡胶支座，现浇连续段桥墩处采用 FCQZ Ⅱ 2.5MN 盆式橡胶支座。该桥最大桥高 37.2m，高桥墩采用变截面双柱式桥墩，墩柱直径分别为 1.40m、1.60m、1.80m。由于部分桥墩高度较高较柔，且桥梁纵向坡度较大（3.9%），容易产生桥墩偏位。为实时准确掌握桥梁运营状态，采用基于北斗高精度定位技术桥梁监测系统进行实时监控。

图 5　预应力混凝土连续梁桥照片

3.2　桥墩偏位监测点布置

图 6（a）为桥墩偏位监测点布置图。考虑到对桥梁的高桥墩能够实施 24h 不间断的监测，不宜将北斗监测站点布置在桥下，以免桥面系结构对北斗卫星信号的遮蔽。由于盖梁和墩柱是一个固结的整体，墩柱顶部的偏位情况会如实地反映在盖梁的偏位上。所以，将北斗监测站点布置在桥墩盖梁外侧的侧面，通过在盖梁外侧侧面混凝土上打孔植筋安装监测站托架，将北斗监测站点布置在托架上，如图 6（b）所示。同时，将倾角仪监测点布置在盖梁内侧侧面，监测桥墩内侧墩柱的偏位。图 6（c）为倾角仪照片，其测量范围为 −15°～15°，测量分辨率 ±0.005°。为考虑经济性，选取大桥的 8 个关键桥墩进行变形监测。

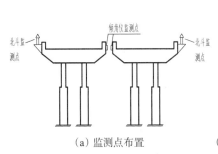　　

（a）监测点布置　　　　（b）盖梁外侧托架上的北斗监测站　　　（c）倾角仪

图 6　桥墩变形监测点布置

将北斗监测基准站建设在桥台附近稳固的地基上，且基准站与监测站的距离不超过 2km，基准站与监测站之间可以不通视，但基准站的上方不宜有结构物或树木遮挡。图 7 为北斗基准站照片。

3.3　数据传输

北斗监测系统采集数据采用 GPRS DTU 无线传输，如图 8 所示。GPRS DTU 是无线数据传输设备，通过移动 GPRS 网络为用户提供透明 TCP 无线远距离数据传输或者透明 UDP

无线远距离数据传输的功能。

图7　北斗基准站照片

图8　GPRS DTU 数据采集和传输系统

3.4　现场验证试验

　　为验证某预应力混凝土连续梁桥北斗监测系统监测数据准确性，在现场进行了验证性试验。试验分三种工况进行，分别沿向东方移动北斗监测站 55.0mm、66.0mm、88.0mm，然后在数据处理终端得到相应的监测位移结果，图9为三种工况下验证试验监测位移结果。由图9可知，沿向东方向监测最大位移值分别为 52.7mm、64.8mm、83.7mm。表1为三种工况下验证试验监测位移与实际位移误差计算结果。由表1可知，三种工况下验证试验实际位移值与监测位移值的误差均在 5% 以内，可以满足后期桥梁桥墩位移监测精度要求。

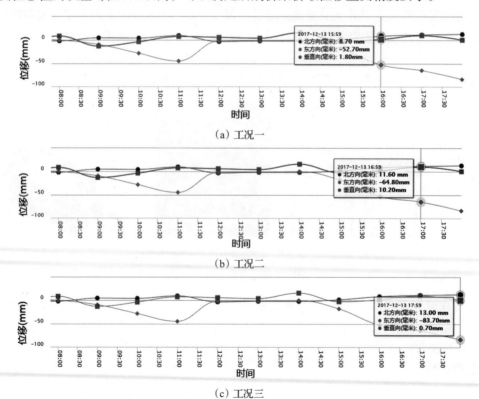

（a）工况一

（b）工况二

（c）工况三

图9　三种工况下北斗监测系统测量位移结果

表 1　三种工况下北斗监测位移与实际位移误差计算结果

试验工况	实际位移值（mm）	监测位移值（mm）	误差（%）
一	55.0	52.7	4.18
二	66.0	64.8	1.82
三	88.0	83.7	4.88

注：误差 =（实际位移值 - 监测位移值）/ 实际移动值。

4　结语

（1）基于北斗高精度定位技术的桥梁监测系统测量精度达到毫米级，可实现 24h 不间断连续监测，为公路和市政桥梁结构安全运营提供了实时化、智能化的监测手段。

（2）在某通车运营预应力混凝土连续梁桥建立北斗监测系统，并进行了北斗监测精度验证试验，验证试验表明实际位移值与监测位移值的误差均在 5% 以内，可以满足后期桥梁桥墩位移监测精度要求。

参考文献

［1］XUHONG ZHOU，XIGANG ZHANG. Thoughts on the Development of Bridge Technology in China［J］. Engineering，2019（5）：1120-1130.

［2］周广东，李爱群. 大跨桥梁监测无线感传网络节点布置方法研究［J］. 振动工程学报，2011，24（4）：405-411.

［3］李政，张圣，张卢喻，等. 基于物联网技术的桥梁监测系统［J］. 物联网学报，2018，2（3）：104-110.

［4］秦怀荣，陈涌，金勇，等. 基于物联网技术的桥梁安全监控预警系统研究［J］. 城市建设理论研究，2017，36：137-139.

［5］池秀文，赵旭，吴浩. 桥梁监测数据的三维 GIS 平台关键技术研究［J］. 武汉理工大学学报，2011，33（4）：99-103.

［6］李雷. GPS 桥梁监测系统的构建及其在某大桥中应用研究［J］. 公路工程，2019，44（1）：222-226.

［7］余加勇，邵旭东，晏班夫，等. 基于全球导航卫星系统的桥梁健康监测方法研究进展［J］. 中国公路学报，2016，29（4）：30-41.

［8］和永军，缪应锋，刘华. 基于北斗 /GPS 高精度位移监测技术在桥梁监测中的应用［J］. 云南大学学报（自然科学版），2016，38（S1）：35-39.

［9］王里，孙伟，刘玲，等. 基于 BIM 和北斗的三维桥梁监测管理研究［J］. 地理空间信息，2018，16（7）：5-7.

［10］夏威. 遥感干涉测量和北斗高精度定位技术在桥梁监测中的信息化应用研究［J］. 设计与研发，2015（19）：12-13.

BIM 技术在某异形展览馆中的应用

杨之坤

湖南省第六工程有限公司，长沙，410015

摘　要： BIM 技术在民用建筑与工业建筑上的应用已经逐渐成熟，并获得行业内多数人员的认可，在异形建筑上的应用尤甚，它可以帮助管理人员更好地攻克技术难题。本文以某异形展览馆为例，介绍了在 BIM 技术在项目中的应用，用于解决项目面临的技术难题并指导工程项目的顺利完成。

关键词： BIM 技术；异形建筑；施工模拟；工程应用

1　引言

　　BIM 技术经过近年来的迅速发展，已经在国内逐渐普及起来，BIM 应用已较为广泛。通过三维模型的可视性、可出图性与协调性等特点，在施工前的图纸会审，施工过程中的方案模拟、技术交底、管线综合排布、支吊架综合布置、质量控制、进度控制等方面均发挥了重大作用，并有效地指导项目施工。全国也涌现出一大批优秀 BIM 应用项目，如北京大兴国际机场、青岛国际会议中心、湖南广播电视节目生产基地、中信湘雅医院等[1-4]。

　　根据作者在行业内的多次学习与交流，BIM 技术的应用在异形建筑上的反响最好，借助三维可视性，它能有效地帮助施工管理人员进行项目整体规划与技术交底，让施工过程变得更加简捷、高效，并能更好地辅助工期控制与质量控制。本文将以某异形展览馆为例，介绍 BIM 技术在该项目上的应用，供行业人员参阅。

2　工程概况

　　某地一座公共建筑位于两座山峰之间，工程总建筑面积 1926m²，建筑基底面积 1053.2m²，地下一层，地上四层，建筑总高度 20.44m。

图 1　工程示意图

2.1　工程背景

本工程旨在纪念第二次世界大战期间，中国驻维也纳总领事馆总领事何凤山先生。在第二次世界大战期间，面对德国法西斯的种族灭绝政策，他冒着生命危险给 3000 多名犹太人发放了前往中国上海的签证，使他们免遭屠杀。因此本项目以"用生命签证构成的生命通道、生命之门"为设计理念，入口处的"生命签证"映衬了何凤山先生的人性光辉，也蕴含了犹太人民与中华人民的深厚友谊。

2.2　工程组成

本工程主要由三部分组成，主体结构为异形腔体（图 2），采用清水混凝土；屋面为钢结构（图 3）；签证区耐候板采用钢结构龙骨及锈钢板（图 4）。

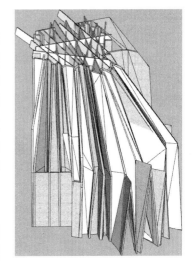

图 2　腔体模型示意图

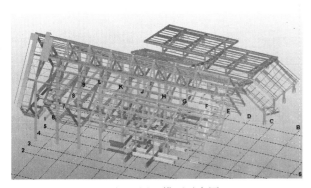

图 3　屋面模型示意图

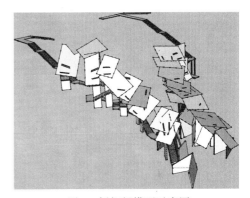

图 4　锈钢板模型示意图

3　施工重难点

3.1　腔体施工难度大

本工程腔体四周及顶部梁构件均为不规则形状，构件厚度 100 ～ 200mm，总面积约 3800m²。

因不规则腔体施工时，施工平面图不能指导施工，同时腔体混凝土质量要求较高，如何保证施工成果到达设计意图，是本工程一大难点。

3.2　钢结构屋面施工难度大

工程主体结构完成后需进行钢结构屋面安装，因施工场地狭小，钢结构屋面种类较多，如何保证钢结构屋面的安装是本工程一大重难点。

3.3　签证区耐候板安装难度大

本工程签证区主体两边锈钢板寓意一张张宝贵的生命签证如雪花般飘来。沿山体顺势而立，具有不规则性，标高与坐标定位复杂，安装难度大，如何保证安装质量是本工程一大难点。

4　BIM 技术应用

4.1　腔体模板深化设计

因腔体异形部分施工时，施工平面图不能指导施工，需要根据三维模型指导施工，利用

BIM 软件对模板安装进行深化设计。通过 BIM 模型更为准确和迅速地对异形结构部位的标高定位和平面定位。

通过腔体模型分区分段建立模板模型，出具各片模板二维图，包括模板尺寸、位置等。而后进行板材的切割、制作。根据施工进度进行模板预拼接后，通过模型与模板安装情况进行复测与调整，最后准备进行混凝土浇筑。

4.2　钢结构屋面吊装模拟

屋面钢结构安装主要包括钢柱、钢梁与桁架的吊装。

首先进行钢结构深化设计并建立钢结构屋面模型，并根据深化设计结果在车间进行数字化加工制作（图 5）。

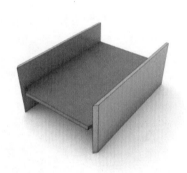

图 5　钢结构加工示意图

施工前利用 BIM 模型进行钢结构安装模拟，合理规划安装工期，保证安装质量。由于本工程桁架宽度为 4.35m，超过常规运输尺寸，故将桁架散件制作，运输至现场拼焊成整榀后采用塔吊进行整榀吊装（图 6）。

（a）钢柱就位　　　　　　　（b）上下弦杆就位　　　　　　　（c）拼焊腹杆

图 6　屋面钢结构桁架安装模拟图

根据钢结构的结构特点，包含剪力墙框架、钢结构框架以及锈钢板屋面，总体施工由中间向两侧方向推进安装（图 7）。

4.3　签证区耐候板安装

地面签证区锈钢板安装时先进行"签证"锈钢板支撑骨架及埋件的安装，骨架安装完成后再安装锈钢板的主龙骨，主龙骨安装焊接完成后，安装"签证"叶片，最后安装底板锈钢板。

由于支撑采用"Y"形结构，需建立模型配合加工车床进行数字化加工，保证构件精度。支撑与主龙骨安装完毕后，锈钢板的安装定位是一大难点。首先通过 BIM 模型确认锈钢板安装后效果，再利用 BIM 模型确定每个连接处坐标，进行预留后，保证后续锈钢板安装定位，做好安装质量控制（图 8、图 9）。

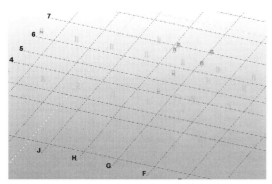

第一步：复核埋件定位轴线，埋件安装。

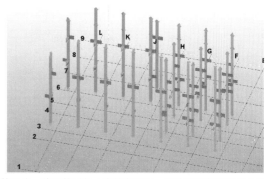

第二步：待埋件混凝土浇筑完成后，开始钢柱安装校正工作。

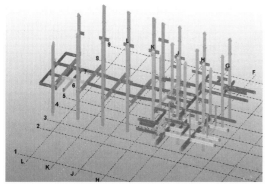

第三步：待 7.57m 标高位置剪力墙上埋件混凝土
浇筑完成后，进行此标高面梁的安装。

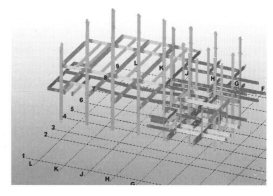

第四步：完成 11.47m 标高位置钢梁的安装。

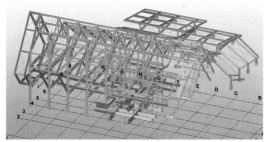

第五步：屋面桁架安装

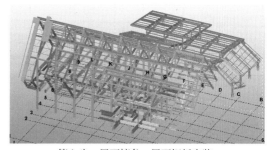

第六步：屋面檩条、屋面钢板安装。

图 7　屋面钢结构安装模拟图

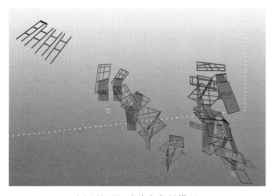

(a)"签证"叶片主龙骨模型

(b)"签证"叶片模型

图 8　"签证"叶片模型图

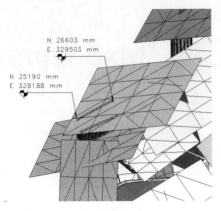

"签证"叶片焊接点定位　　　　　　　　　　　"签证"叶片实景

图9　"签证"叶片安装图

5　结语

　　以某异形展览馆为例，针对性地介绍了 BIM 技术在本项目腔体模板深化、钢结构屋面吊装、锈钢板坐标定位等方面的应用，有效地解决了本项目的施工难题，保证了施工质量，节约了施工工期。

参考文献

［1］ 李朝阳；李檀；裴海峰. BIM 技术在北京大兴国际机场指廊工程钢结构施工中的应用［J］. 建筑技术，2019（09）：209-212.

［2］ 陈继良；丁洁民. 上海中心大厦 BIM 技术应用［J］. 建筑实践，2018（11）：152-154.

［3］ 倪进涛. BIM 在建筑工程管理中的应用［J］. 居舍，2019，35（4）：238-239.

［4］ 徐增建，吴文奎. BIM 技术在宁波城市展览馆幕墙工程中的应用［J］. 浙江建筑，2018（05）：68-72.

装配式施工技术在棚户区改造项目中的应用探讨

谭 勇 刘 攀 郑东华

湖南省第六工程有限公司，长沙，410015

摘　要： 本文立足于保障性住房装配式建筑项目，结合项目所在地区第一次实施装配式建筑过程中遇到的深化设计，装配式与传统脚手架支模架体系、装配式与铝模支撑体系相结合、装配式项目工程管理等方面的问题，以及实际采取的有效解决方案和对策进行阐述和介绍，旨在对装配式建筑推广过程中的项目管理和技术提升进行有益探讨和交流。

关键词： 装配式；预制构件；铝模；对策

随着建筑技术进步为装配式建筑发展打下基础，装配式建筑迎来新的发展契机，2014 年起中央及全国各地政府根据新时期的建造技术及现实社会需求，陆续出台相关文件明确推动装配式建筑发展；2016 年 2 月国务院发布了《中共中央国务院关于进一步加强城市规划建设管理工作的若干意见》，同年 9 月发布了《国务院办公厅关于大力发展装配式建筑的指导意见》；2017 年下发了《"十三五"装配式建筑行动方案》《关于促进建筑业持续健康发展的意见》，并明确目标为：到 2020 年，全国装配式建筑占新建建筑的比率达到 15% 以上，其中重点推进地区达到 20% 以上，积极推进地区达到 15% 以上，鼓励推进地区达到 10% 以上。

发展装配式建筑是我国建造方式的重大变革，有利于促进建筑业与信息工业化的深度融合，我们应当积极响应国家大力推广预制装配式建筑的号召，立足当下，着眼未来，积极推进预制装配式建筑的试点推广工作。

本文将结合具体的棚户区改造项目采用的装配式施工技术进行探讨，以期对当前的装配式建筑的项目管理和技术提升有所裨益。

1　项目概况

中泰崇左产业园棚户区改造项目 A 区位于广西壮族自治区崇左市江州区中泰产业园西侧，南临区域主干道工业大道，总建筑面积 181547.12m²，其中地下室近 40000m²，共有 13 栋层高为 11 ～ 13F 的建筑，其分别采用了叠合楼板、叠合阳台板、预制叠合梁、预制楼梯、预制外围护墙板以及轻质复合墙体。

2　深化设计调整与完善

2.1　后浇板带优化

项目前期设计单位第一次进行装配式建筑深化设计，在各楼栋的预制叠合楼板拆分过程中，普遍采用了 200 ～ 300mm 的整体后浇板带。在原栋号施工过程中因后浇带过多导致模板铺装较多，实际模板量每层仅减少了 300m²，未达到装配式施工节约模板材料的效果。现场与设计方沟通好深化及拆分图纸，设计叠合板由双向板改为单向板尽量，减少叠合板间的后浇带，楼板拼缝调整为密拼板缝，并结合装配式技术咨询团队的意见在密拼板缝处进行了加强处理（图 1）。

优化前　　　　　　　　　　　　　　优化后

图 1　后浇板带优化图

2.2　叠合楼板厚度调整

设计单位按照一般设计要求采用预制层厚度 60mm 和现浇叠合层厚度 60mm 的做法，实际上 60mm 厚预制叠合板面以上桁架筋高 45mm，水电管线需从桁架筋面筋底部穿过，桁架筋上方设计了双向 12mm 面筋，局部楼板角部还有放射筋，仅钢筋＋预制层厚度已经超过了 125mm，加上楼板保护层厚度，直接导致原栋号板面混凝土实际浇筑完成面超高。在原栋号施工过程中，经邀请设计人员到现场实地勘察核对，最终与设计沟通将预制楼板厚度由 120mm 改为 130mm，在后施工栋号施工前将部分设计钢筋较粗的楼板厚度进一步修改为 140/150mm。

2.3　支模体系优化

在原栋号施工时我们采用脚手架管和木模板支撑体系，尽管项目部在施工前期对模板的使用进行了优化，但实际施工过程中，一方面因避免切割造成实际模板使用位置超过方案设定；另外一方面作业面上施工作业人员较多，为了通行便利和安全，很多位置增设了模板用于人员通行，基本与满铺模板无异。

传统木模板支撑架体系与装配式成品质量精度明显不相匹配；为了更好地体现装配式施工的先进性，后施工栋号施工前我们在预制构件设计优化后调整支模体系为铝模＋竖向独立支撑。在原栋号基础上进行了优化，减少了叠合板后浇带，铝模板的设计过程中我们也积极参与，按照装配式减量化的要求精简了支撑，叠合楼板部位除支撑龙骨外大部分取消了铝模板的平板铺设，现场实际铺装效果明显改善，具体见图 2。

图 2　支模体系优化前后对比

2.4　轻质复合墙板的配套优化

中泰 A 区采用的内隔墙并非当前具有先进性的装配式墙板（按照图纸净高经过深化设计后，预留门洞口及预埋水电线盒的成品预制构件），而是仅采用新型材料的标准隔墙板，需现场切割拼接。在原栋号施工前期未考虑优化，导致出现大量横向拼接缝且拼接部分长度仅15cm，造成大量的材料损耗和人工费用增加，现场情况见图 3。

图 3　板底拼缝优化前后对比

通过与设计沟通，我们将与轻质复合墙板结合的结构梁底进行下挂，按照标准复合板的高度预留施工空隙，减少了 10% 左右的材料损耗，也节约 20% 左右的人工。

2.5　板底拼缝漏浆问题的优化

混凝土拆模后，发现大量的预制构件边缘交界的位置出现漏浆的现象，经现场分析发现是铝模人工拼装存在的施工误差与构件的成形质量偏差，导致预制构件与铝模接触面存在一定的缝隙导致漏浆，见图 3，项目部结合构造柱贴双面胶的做法对预制构件与现浇结合部位进行贴胶带堵漏处理，经改进后大大降低了漏浆问题，且成形质量观感较好。

3　施工中遇到的问题与对策

3.1　装配式与木模板结合的问题及对策

项目初期，原栋号设计采用了大量的后浇板带，由于原计划采用传统现浇工艺，中途临时调整为预制装配式（未设计预制梁），现场采用了木模板满堂脚手架支模体系。

（1）现浇梁钢筋绑扎和梁侧成形、后浇带施工都需要模板，人员要在操作面上通行，要保障施工安全（梁钢筋的搬运、架子工通行、吊装班组的吊装等等），需要搭设复杂的架体，楼面模板基本上满铺，由于叠合楼板单价偏高，现场实际施工模板、木方、支模架未减少，导致成本增加。

对策：部分现浇梁改叠合梁、叠合板，后浇板带取消，支模架采用铝模支撑架，简化支撑体系。这样只要叠合板一装配到楼面上，施工作业面就能形成作业平台，现浇梁梁侧模加固不需复杂的支撑架体，通行也不需要采用板上增加模板的方式。模板实际用量、脚手架搭设、现场人员用量都明显降低，且施工速度明显增快。

（2）传统支模架体系作业层楼梯间临时通道不能解决，上楼面操作层只能爬外架或者另外搭设施工通道架体，成本高，安全管理难度增大。

对策：增加叠合楼梯梯梁，采用定型钢楼梯，在楼梯歇台板搭完支模架后，将预制叠合楼梯梁安装就位，然后将自制钢楼梯安装好，施工作业人员就可以安全通行。

3.2　装配式与铝合金模板应用遇到的问题及对策

（1）中途调整为铝模，导致施工不连续，工期延误明显。

由于中途调整为采用铝模工艺，铝模深化及与装配式衔接周期较长，且铝模下料加工及预拼装都需要一定的周期，加上深化设计无铝模配合经验，铝模设计无装配式设计配合经验，导致现场施工中断，停工待料约 60d。

对策：提前熟悉图纸，在装配式设计策划时考虑现场模板工艺，提前做好预控及各项准备工作。

（2）铝模及构件深化设计要考虑的预留预埋细节，如烟道孔、放线孔、传料孔、泵送孔，水电线盒线管等洞口的预留尺寸及位置需考虑仔细，精确度要高，考虑好安装调节空间，不能出现偏差，如出现任何偏差，都会影响下道工序的施工及工期。

对策：深化设计时要仔细、全方位考虑问题，预拼装后要进行验收。

（3）设计拆分不合理导致外墙板断裂及外墙板预埋穿墙螺杆孔位置有误，导致工期的延误。

对策：组织设计院、装配式厂家施工单位分析断裂原因，采取改进措施，预埋穿墙螺杆PVC 套管采取比螺杆大一个尺寸的 PVC 套管，方便铝模与外墙板构件的连接。

（4）外架连墙件要达到三步一跨，基本上很难满足。

对策：在混凝土墙及现浇梁上部（板底）对照立杆的位置预埋 80mm 的 PVC 套管，待混凝土拆完模板后立即安排外架连墙件的拉结。

（5）半成品二次转运费用，竖向构件运至现场不能直接在车上吊装。

对策：勘察运输路线，是否有限高要求，外墙构件尽量采用专用运输架，立起来运输，这样就可以避免二次转运，直接在车上吊装。

（6）门窗洞口及抹灰的内墙与剪力墙、梁的压槽问题考虑不到位，会增加项目部的成本。

对策：在构件深化设计时提前考虑，构件出厂前要验收门窗洞孔的尺寸，固定片的压槽，铝模上的抹灰位置的压槽，避免门窗洞口的抹灰收边收口，降低成本。

3.3　装配式建筑工程管理中遇到的问题及对策

（1）由于设计院与深化设计人员为不同团队，且采用二维平面设计，协同设计配合紧密程度不够，出现构件编号混乱、建筑施工图与预制构件工艺详图预留管线孔洞定位不一致的问题。

对策：要求设计院加强协调设计配合，出图前进行施工图与深化设计图合图校对。

（2）由于广西壮族自治区的预制装配式建筑推广启动较晚，产品配套不完善，构件厂大部分为新建厂家，项目实施经验不足，构件供货配合经验欠缺，遇到多项目同时供货时，时常出现构件供货不及时、一个楼层构件分两天才能到货完整的现象，导致工期被拖延。

对策：提前做好现场与构件厂的供货安排，要求厂家做好车辆调度，必要时安排指定车辆服务本项目，避免因其他工地压车而影响本项目施工，同时在现场设置部分构件堆放场地，合理安排构件到场后的安装调度，做到尽量不压车，确保本项目构件运输车辆能够有序联动运转。

4　结语

综上所述，装配式建筑施工工艺目前处于起步阶段，由于惯性思维，总承包单位在进行装配式建筑施工时习惯采用传统工艺思维进行工程管理，导致工艺技术不匹配，再加上工艺深化设计不够完善的条件下盲目施工，由此导致的工程质量通病是很难控制的。主要体现在预制构件与楼面接触处渗水，叠合板、叠合梁及外墙板与现浇结构部位出现漏浆，构件安装垂直度不准，位置及标高出现偏差等质量通病，我们还要不断学习、不断总结经验、不断技术创新，解决装配式施工存在的问题，让装配式施工技术进一步提高。关于装配式建筑的成本，由于预制构件的成形质量要比传统施工工艺更优，因此，合理范围内的成本上升是可以接受的，但是鉴于广西地区处于装配式建筑推广发展的初级阶段，产业链上的配备不够完善和齐备，设计、模具、摊销等费用相对较高，再加上构件厂家分布不均衡，造成了短期内装配式建筑成本较高。未来要实现装配式建筑成本上升趋于合理，需要产业配套进一步完善和成熟才能实现。

参考文献

[1] 中国建筑标准设计研究院有限公司. 装配式混凝土建筑技术标准：GB/T 51231—2016 [S]. 北京：中国建筑工业出版社，2016：2.

[2] 中国建筑标准设计研究院有限公司. 装配式混凝土结构技术规程：JGJ 1—2014 [S]. 北京：中国建筑工业出版社，2014：2.

浅谈地下室机电管线综合 BIM 技术应用

唐　军　邓建辉

湖南六建机电安装有限责任公司，长沙，410015

摘　要：地下室施工要做到美观、实用、省钱，很大程度上取决于地下室管线综合的效果，而传统管线综合图纸在指导施工实践过程中，却并不尽如人意。基于 BIM 技术的管线综合以及净高分析给地下室管线综合提供了一个很好的解决办法。

关键字：BIM；管线综合；降本增效

地下室施工过程中，由于专业管线众多，系统复杂而难以做到美观实用，并且省时省工。这是由于不同专业图纸在进行管线综合的过程中为了不对其他专业管线产生影响而进行过度让步，图纸与现场环境存在差异性，同时受现场工作人员对图纸理解程度的影响。地下室机电管线往往在线路复杂节点处（机房）容易产生碰撞，难以施工甚至必须对设计进行修改。在这种情况下，管线综合成为一种解决碰撞的重要手段。

传统管线综合是设计院基于 CAD 的二维综合，将众多不同专业系统管线综合于同一张图纸中，并对各个系统管线标高进行标注，可想而知图纸的复杂程度，对看图人员的要求极高。然而，即使是进行了二维的管线综合，仍不能做到面面俱到，这是二维软件的通病。对于产生的碰撞问题，常常是由经验丰富的现场施工人员将可行的变更方式反馈回设计院，再进行设计上的变更，最后才进行施工。既费时又费工，且产生的变更趋于频繁，影响最终的施工整体效果。BIM（Building Information Modeling 建筑信息模型）是一种集成了模型及信息的数字应用技术，将平面的内容以三维仿真可视化的效果展现出来，从根本上进行优化设计、解决管线碰撞问题，同时保证了实施后地下室的美观实用性。

1　BIM 模型的建立

根据使用方的不同，BIM 模型的建立主要分为三种：①设计单位的已有工程 BIM 模型；②施工单位自行建模；③施工单位对建设单位已有模型进行再次深化。采用第一种方式建模，是 BIM 的发展趋势，但因现阶段各种因素的限制未能起到很好的作用而滞后，因此施工单位自行建模成了现阶段的主流。施工单位自己建立深化设计的模型才能更好地将 BIM 技术用于实处，下面将对第二种建模方式进行分析。

1.1　确定 BIM 建模流程

BIM 管线综合的主要流程：各专业分别进行模型的建立→根据管线综合原则进行初步调整＋碰撞检查→对碰撞点进行逐个排查→出具管线综合图纸。

1.2　确定 BIM 建模标准、管线综合原则

BIM 建模标准：在建模前，统一管道系统的颜色、构件族以及文件的命名、建模的深度等等。

管线综合深化设计原则：

（1）总则：尽量利用地下室有限的空间。当管线十字交叉时，在满足弯曲半径的前提

下，管道尽量向上翻转至梁内空间敷设。

（2）水平平铺原则：有压管让无压管，小管让大管，冷水管让热水管，单管让多管，对于管廊管线不是很密集处，采取水平平铺原则。

（3）垂直分层原则：风管、重力水管起点贴梁底敷设，地下室喷淋管道贴梁敷设，桥架、给水、消火栓管道贴喷淋管敷设。

（4）管道间距：①桥架、风管距离墙体不宜小于 100mm，水管（含保温）距离墙体不宜小于 150mm；②水管间净距（含保温）不宜小于 50mm，根据管径大小适当调整；③桥架上下翻的角度不宜大于 60°，母线尽量不翻弯；④垂直净距：风管与水管不宜小于 150mm，桥架与风管不宜小于 50mm，桥架与水管不宜小于 50mm；⑤管道标高水平定位应参照原设计标高位置，不宜做大幅度的移位，如果需要，跟设计协调并出具相关变更后方可。净空无法达到设计高度，提出问题与相关方协商。

管线综合排布图如图 1 所示。

1.3　模型的搭建

根据施工蓝图、规范图集以及建模标准，各专业建模工程师分专业进行建模，各专业模型搭建完毕后再进行模型整合。

2　BIM 技术应用

2.1　碰撞检测

BIM 中对于碰撞检查，我们采用 Navisworks 进行检测。碰撞检查能够快速计算出 BIM 模型中的所有碰撞，并标注出来；还能将检测报告导出，再回到 Revit 进行逐一修改。

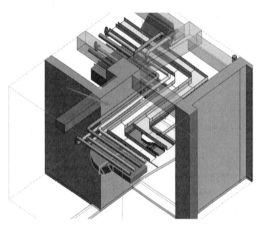

图 1　管线综合排布图

2.2　预留洞口定位

配合土建确定机电管线预留洞口，导出机电预留洞口施工图纸，用于指导现场施工（图 2）。

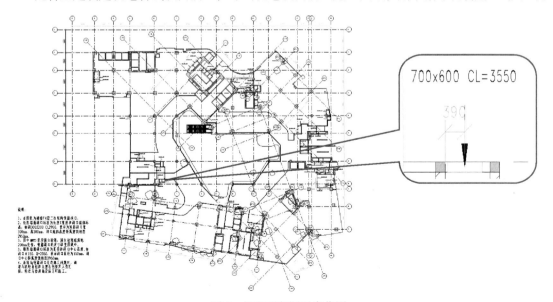

图 2　机电预留洞口定位图

2.3　综合管线支吊架设计优化

进行管线综合布局后，对支架进行综合设计，参考支吊架图集以及相关规范，进行管道支吊架综合布置，并对支吊架进行荷载计算，出具支吊架加工图，管线支吊架布置应合理美观，做到不浪费、不返工，从而达到节约成本的目的。

2.4　三维技术交底

在施工前将优化好的管道综合模型进行三维可视化的技术交底，详细针对机电管线的安装难点、安装复杂节点，利用 BIM 技术三维可视化的特点，对所有专业技术人员进行技术交底，同时采用视频和图片的方式就安装注意事项、标高、位置、工艺要求、工序安排做出详细说明，严格控制施工质量（图 3）。

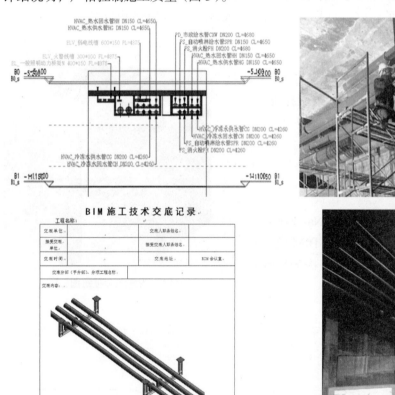

图 3　三维技术交底示意图

2.5　BIM 出图

根据建设单位审核意见对模型管线进行修改，修改后模型满足建设单位以及规范要求后，出具施工平面图（图 4）。

3　BIM 技术应用于现场的通病

（1）模型深度不够：深化模型局部管道支架未进行设计，现场施工时未考虑其他管线安装，先安装的管道支架影响后管线安装，从而造成一定的返工浪费。

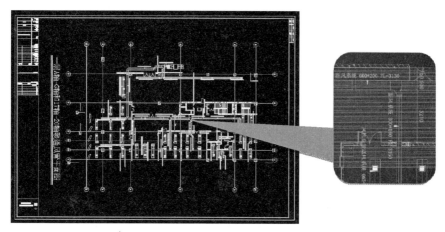

图 4　BIM 施工平面图

（2）图纸变更后模型更新延后：现场临时变更未及时更新模型，实际施工时间先于模型变更时间，且施工时未考虑周全影响别的专业管线安装（图 5）。

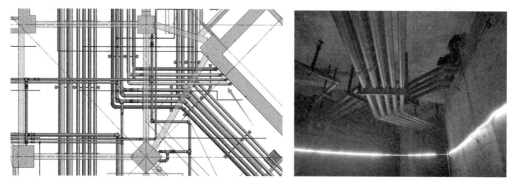

图 5　模型与现场管线对比图

（3）现场实际施工时未按深化图纸施工。现场施工时因种种原因未按深化的设计图纸进行，或理解图纸时出现错误，造成返工浪费。

4　结语

BIM 技术在项目中的应用需要严格控制深化设计、管理、实施等各个环节，切实将这个降本增效的技术变成一项节约成本、提高功效的工具。在地下室机电安装工程中普遍存在管线排布混乱、净高低、各类标识杂乱等现象，通过采用 BIM 技术，解决了传统施工管理及成本管控过程的众多弊端，减少了因前期图纸问题导致施工过程的返工、浪费；同时，因模型可视化，将所有专业管线集成于同一模型，通过 BIM 的三维虚拟应用，也在一定程度上避免了各专业间无法施工或施工顺序倒置的现象，因此应用好 BIM 技术，能在很大程度上解决机电管线安装的弊端，确保工程规范、合理、有序地进行。

参考文献

［1］　建筑业十项新技术，2017 版.

［2］　清华大学 BIM 课题组，上安集团 BIIM 课题组. 机电安装企业 BIM 实施标准指南［M］. 北京：中国建筑工业出版社，2015：3.

智能化医院装饰装修开放式环保施工应用

殷新强　　毛晓花

湖南六建装饰设计工程有限责任公司，长沙，410000

摘　要：这次的新冠病毒疫情发生后，国家要在一个地方，用最短的时间建设一座达到要求的智能化医院，都缺少不了装饰装修这个最重要的环节。本文结合工程实例，分析了智能化医院建筑的特点，智能化医院装饰装修开放式施工的关键施工技术要点、环保特点，旨在为类似工程装饰装修的设计和施工提供借鉴。

关键词：智能化医院；开放式；施工方法；环保

1　智能化医院建筑特点分析

智能化医院的建设比传统医院要求更高，智能化医院系统不但能减轻医务和管理人员的劳动强度，更能提升就医患者的用户体验，例如为就医患者提供方便与准确指引，维护医疗环境，提供一站式服务，缩短就诊时间。以医院建筑作为平台，以物联网技术为技术支撑，兼备信息设备系统，信息化应用系统、建筑设备管理系统、公共安全系统等，集结构、系统、服务、管理及其优化为一体，向人们提供安全、高效、便捷、节能、环保、健康的医院环境。

在智能化医院装修中，墙面安装的智能化配套设备更多、复杂程度更高，也是所有配套单位施工聚集的地方，所以在最后一道装饰工序施工过程中，墙面用开放式安装进行施工至关重要，可以让医院的装饰工程，在保质保量环保的情况下快速投入使用，更重要的是在所有配套单位进行维护与维修时方便又快捷。智能化医院系统的独特性让装饰施工技术与时俱进地发展，要从智能化医院发展变化的根本上进行目标深化，研究针对性分项问题，创新相应的施工方法，才能确保装饰装修工程在未来领域有一席之地。

2　开放式施工理念

墙面开放式的安装方式与主体装配式施工方法有共同点，但也有不同之处。在主体建筑中装配式是整体安装后很多部位不需要进行拆卸，而装饰施工后，为了方便后期的运营、维修、升级等原因，需要对装饰好的部位进行拆卸，为了节约地球上的材料，不造成重新装修带来的浪费，开放式施工将现场与设计图纸相结合，根据现场实际情况，进行测量布置，分区生产，分步安装。在智能化医院的装饰领域，有越来越多的智能化配套单位加入了装饰配套单位的行列，这些配套单位施工后，后期维护、升级成了医院未来运营的一个难题，而开放式的施工方法完全可以弥补将来医院的相关成本，也方便了配套单位的后期运营，又保证了在不损坏装饰墙面成品的情况下，为整个医院提升服务水平有着极为深远的影响。开放式的施工，让施工更加便捷、快速，施工误差小，施工简单化，可控施工进度。达到了绿色环保节能要求与施工技术创新的目的。

3　装饰墙面开放式施工方法运用实践

智能化医院的墙面都是整体性板材，所以首先对需要装修的墙面、柱体、横梁进行现场实际测量，根据设计图纸的要求和施工现场的实际情况进行比较和分析，将现场实践情况的测量数据与图纸数据进行误差比对，按照设计图纸上的要求，在电脑上进行面层材料分割排布，进行材料的规格、大小确定，报给加工厂进行成品加工。需要确定的材料有转接件、连接件、膨胀螺栓、主龙骨、副龙骨等，龙骨与配件种类有很多。图 1 为长沙中信湘雅生殖医院酚醛板墙面配件、龙骨排布图。

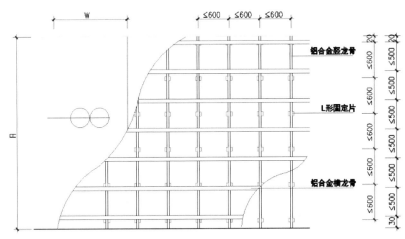

图 1　酚醛板墙面配件、龙骨排布图

墙面采用铝合金型材挂装系统优化技术，选用干挂装配系统（该装配系统包括 30mm×20mm 矩形铝合金主龙骨、L 形连接片、65mm×10mm 铝合金 U 形次龙骨、螺栓及抗剪钉等，也可以根据现场实际情况对铝合金龙骨进行大小调整）组合安装。

酚醛板与吊顶节点、地面节点的剖面图如图 2、图 3 所示。

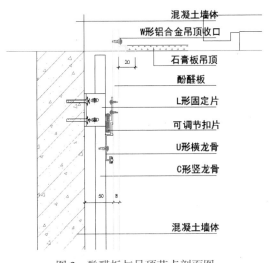

图 2　酚醛板与吊顶节点剖面图

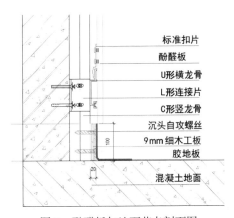

图 3　酚醛板与地面节点剖面图

通过铝合金型材龙骨、横向长条孔 L 形连接片及板材背面金属挂件共同作用而满足挂装系统三维可调节要求，整个干挂装配系统均为螺钉（栓）机械连接，无任何化学粘结剂，保证了系统的环保及耐久性，并应用抗剪钉技术解决了龙骨简化安装问题。

3　环保

智能化建筑发展的最终目的就是通过智能化实现绿色环保的目的，最大程度对能源进行节约，降低地球资源的消耗量和浪费，让污染得到有效的控制，而开放式施工方式也是同样的目的，对装饰装修施工材料进行整合，减少现场施工中的工序，提高数据化、模块化应用，方便所有工序与工艺的完整性，从而达到绿色环保施工的目的，产生明显的经济效益。

4　结语

中信湘雅生殖与遗传专科医院装饰装修工程的成功应用，不仅满足医院的建筑安全、质量及外观等要求，还能实现节能、环保可持续发展的目的，施工单位得到可观的经济效益。

参考文献

［1］尹涛峰，陈向峰，胡海龙. 智慧医院智能化系统整体规划［J］. 信息技术，2017.

［2］方龙安. 物联网智能建筑技术与设计初探［J］. 智能建筑，2019.

［3］施敏. 智能化绿色建筑未来发展趋势及意义［J］. 江西建材，2017.

［4］殷新强. 室内开放式曲异形酚醛板墙面环保施工工法，省级工法［S］. 2019.

共轴承插型预制一体化卫生间施工技术

曹　强[1]　陈　浩[2]　陈维超[2]　吴凯明[1]　戴习东[1]

1. 湖南省第三工程有限公司，湘潭，413000
2. 湖南建工集团有限公司，长沙，410000

摘　要： 随着人们对生活品质需求的不断提升，卫生间作为住宅必不可少的功能组成部分，直接影响使用者的生活体验。为保证良好的使用功能和使用体验，卫生间在设计和施工上需要满足防水、防渗、通风、保温、隔声、防滑等诸多功能，综合集成了结构、暖通、给排水、装饰装修等专业，且相互制约和影响，是住宅建筑中集成化和体系复杂度最高的组成部分。近年来，卫生间设计问题已经引起了很多专家学者和设计单位的重视。卫生间模具是共轴承插型预制一体化卫生间研发核心技术之一。

关键词： 新型装配式 PC 部品；新型模具；共轴承插；四位一体；生产工业化

"共轴承插型预制一体化卫生间"（以下简称一体化卫生间）是一种新型的预制 PC 部品件。一体化卫生间将结构、设备、内装等作为一个整体独立系统进行预制，可彻底解决卫生间二次装修带来的环境污染和资源浪费等问题，也能较好地保证卫生间的空间使用率，具有结构可靠、功能齐全、生产方便、安装便捷等优点，可为新建住宅的卫生间设计施工提供良好的整体解决方案。基于 BIM 技术，通过概念设计、结构设计、功能设计等进行逐步深化，形成了多款一体化卫生间产品的设计图纸，并结合国内首款定型产品确定了相关生产工艺。我公司通过湖南建工集团·长沙象山国际一期、二期工程的施工实践，不断优化生产制造施工工艺、总结经验而形成本施工技术。

1　工程概况

湖南建工集团·象山国际一期、二期工程采用装配式建筑施工技术，其中卫生间采用湖南建工集团自主研发的一体化卫生间，由湖南建工置业投资有限公司投资开发，湖南建工集团有限公司承建，湖南恒运建筑科技发展有限公司生产预制。

一体化卫生间外轮廓尺寸，长 × 宽 × 高为 2740mm × 1670mm × 2670mm；底板、侧壁均厚 100mm，采用 LC25 轻骨料混凝土，总重量约 5t；侧壁内配单层 $\phi 8@200 \times 200$（mm）钢筋网片，底板配双层 $\phi 8@150 \times 150$（mm）钢筋网片；预制卫生间设置 6 根通长的吊环（$\phi 14$）用于吊装。

本工程 2018 年 3 月开工，于 2020 年 3 月完工。由于采用了该施工技术，一体化卫生间运到施工现场直接吊装、企口承插，减少了传统卫生间施工降板吊模胀模、缺棱掉角、漏浆、渗漏等质量缺陷，避免产生大量的建筑垃圾，项目部文明施工得到很大程度地提高，大大简化了项目部施工现场的卫生间施工工序，极大地缩短了项目施工工期，项目安全隐患大大下降，整体卫浴体系、水卫设施在工厂内全部安装到位，形成具备完整功能性的一体化卫生间，通过多重防水系统，避免传统卫生间的渗漏问题，获得了良好的社会效益和环保效益。

2 技术原理

一体化卫生间的沉箱位置采用企口构造，通过承插连接的方式坐落在现浇的四周凹口梁或剪力墙体的牛腿上，其主体结构采用预制一体化模具，在工厂内浇筑轻骨料混凝土、蒸汽养护成形，水电管线提前预埋至卫生间侧壁内，同时采用整体卫浴间体系，水卫设施在工厂内全部安装到位，并做到底盘架空、干湿分区、同层排水的特点，通过整体底盘、防水层、抗渗结构混凝土及排漏宝组成多重防水系统，避免卫生间的渗漏问题；该技术达到了结构、管线、保温、装饰一体化效果，形成具备完整功能性的预制卫生间；在卫生间钢筋笼绑扎时采用定位架进行绑扎，保证了钢筋网片的质量；并在一体化模具上开孔、螺杆＋磁盒的预埋线盒定位及管线卡箍定位方式，有效保证了预埋管线盒位置的精准性；混凝土浇筑时在模具顶部设置布料器，有效保证了混凝土布料的均匀性及混凝土流入卫生间侧壁模板的通畅性。

3 工艺流程及操作要点

一体化卫生间的生产工艺流程如图 1 所示，共分为项目信息流转、钢筋笼成形、钢模组装、浇捣成形、蒸汽养护、验收出厂六个阶段。本施工技术仅对结构预制部分的模具施工技术进行详细阐述。

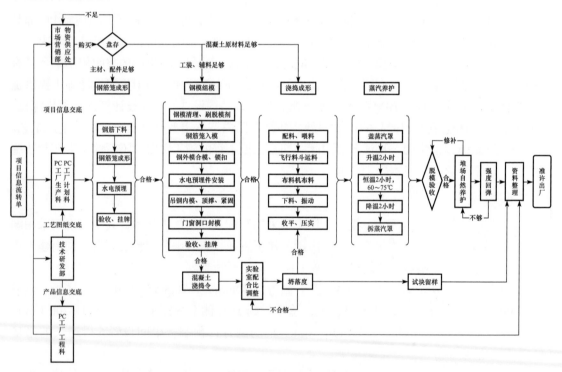

图 1 一体化卫生间生产工艺流程图

3.1 组模工艺流程及操作要点

工艺流程：组模准备→钢筋笼入模→拼装内钢模→吊内钢模→外钢模合模→水电预埋→门窗洞口封模→验收挂牌。

（1）组模准备：组织相关技术人员熟悉、审查图纸，做好技术交底，加工制作钢筋笼，做好生产准备工作；将门模和窗模组装、固定于外立模上，清理钢模、刷脱模剂，对钢模相互连接部位进行重点清理，防止混凝土渣导致钢模合模困难，影响构件尺寸。

（2）钢筋笼入模：采用桁车将钢筋笼吊入外钢模内，复核预留预埋件的位置，为控制钢筋保护层厚度和固定预埋件位置，安装混凝土保护层垫块。

（3）拼装内钢模（内胆）：

①组装内胆上部模具：

首先检查滑块是否落位，再逆时针转动角模的转轴，将角模两侧的边模往外撑，依次循环旋转四角螺杆转轴进行混凝土接触面的精细调平，直至完全到位调平为止，最后安装撑杆，将撑杆伸长到最长位置，顶紧边模。

②组装内胆下层模具：将 3 块模具拼装调平。

③内胆上下层拼装：先安装定位销，再安装紧固螺栓。

（4）吊内钢模：将内胆整体吊入钢筋笼中，检查复核预埋件定位情况。

（5）外钢模合模：将三面滑动外钢模推向固定模，并锁紧底部、侧面螺栓，用对穿螺杆将内胆、门窗模和立模固定、调平，墙体厚度采用钢插销定位，最后紧固预留预埋螺栓。

（6）水电预埋：按照设计图纸，做好水电预留预埋，检查预留预埋完好、定位准确、固定牢固。

（7）门窗洞口封模：采用防渗漏胶条与钢内模顶紧密封，紧固洞口内模螺栓，进行封模和固定。

（8）验收挂牌：复核构件所有尺寸及预埋件，将混凝土导料壳吊至模具顶部，完全盖住内胆，出具钢模组模质量检验批记录和预留预埋部件质量检验批记录，至此完成组模所有工作，验收合格挂牌，同意进入下一工序。

3.2　拆模工艺流程及操作要点

工艺流程：拆模准备→松外钢模→拆内钢模→吊内钢模→拆配件。

（1）拆模准备：将混凝土浇筑导料壳吊离模具顶端；拆除门模具、窗模具与外钢模及内胆的安装螺栓（门模具和窗模具暂时留在构件内部）。

（2）松外钢模：松开滑动立模和固定模之间的连接螺栓；将滑动立模推离构件至轨道最外侧。

（3）拆内钢模（内胆）

①松撑杆：将撑杆收短一定距离，保证边模有脱模的空间即可。

②拆上下层连接螺栓及定位销。

③缩内胆：检查滑块是否落位，依次旋转转轴，缩边模。

（4）吊内钢模

①吊出内胆上层模。

②拆除内胆下层底模的连接螺栓，分别吊出底模。

（5）拆配件：将门模具各组件分别从构件中拆出；将窗模具各组件分别从构件中拆出，至此完成拆模所有工作，进入下一工序。

3.3　工艺优化

（1）线盒固定：由于整体预制、一次浇捣成形，尤其是振捣时预埋在墙上的插座容易跑偏。现优化施工采用将预埋件固定在内模上的方式，先在内模相应位置开孔，再使用螺杆固定，然后配磁吸工装，将线盒、插座套在工装上，确保线盒定位准确（图 2）。

图 2　线盒固定

（2）给水管凹槽定位：采用在内钢模预留椭圆柱体（图 3）。

（3）等电位盒定位如图 4 所示。

图 3　给水管凹槽

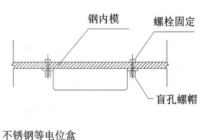

图 4　等电位盒固定

（4）排漏宝固定如图 5 所示。

3.4　浇捣成形

工艺步骤：配料、喂料→运料、布料→下料、振捣→收平、压实。

3.5　蒸汽养护

工艺步骤：盖蒸汽罩→升温→恒温→降温→拆蒸汽罩。

3.6　验收出厂

工艺步骤：构件脱模→外观检验→自然养护→强度回弹→准许出厂。

4　施工质量控制

（1）质量实行三级管理：以公司总工、PC 工厂组成一级管理，以品质科、实验室组成二级管理，以生产科、工程科、班组技术骨干组成三级管理。

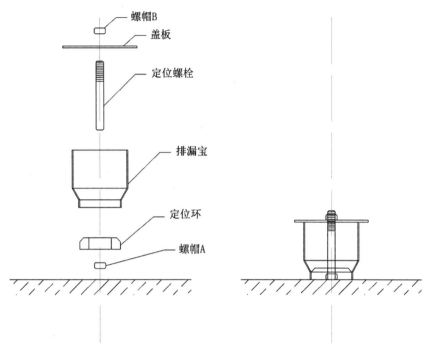

图 5　排漏宝固定

（2）严把标准关：按照国家现行标准《混凝土结构设计规范》（GB 50010—2010）、《装配式混凝土结构技术规程》（JGJ 1—2014）、《混凝土结构工程施工规范》（GB 50666—2011）、《混凝土结构工程施工质量验收规范》（GB 50204—2015）、《建筑设计防火规范》（GB 50016）、《民用建筑隔声设计规范》（GB 50118）、《民用建筑热工设计规范》（GB 50176）等相关规范、规程进行生产质量控制，并进行过程检验、验收。

（3）轻骨料混凝土：为减轻产品自重，提高一体化卫生间的墙体保温、隔声等性能，采用轻骨料混凝土（LC25），表观密度约 $1500 \sim 1800 \text{kg/m}^3$。根据陶粒厂家提供的技术参数进行试配，确定抗浮剂等化学外加剂的掺量，并根据不同条件下的试配配合比方案进行试生产，最终确定最优配合比。轻骨料混凝土采用普通硅酸盐水泥，细骨料采用中砂（河砂），粗骨料采用 $5 \sim 15 \text{mm}$ 连续粒级（根据配合比报告调整石子掺量），陶粒粒径 $0 \sim 10 \text{mm}$，表观密度约 800kg/m^3。

（4）配合比调整：在混凝土搅拌过程中，管理人员要及时将运输情况、出料情况以及混凝土和易性、坍落度、浇捣情况等反映到搅拌站，由试验室及时调整，以满足正常施工的需要。混凝土浇筑应连续进行，如发生中断，应立即报告。混凝土由布料机自由落下的高度不得超过 2m。

5　施工安全措施

（1）严格执行国家、行业和企业的安全生产法规和规章制度。认真落实各科室人员的安全生产责任制。应对从事产品生产的作业人员及相关从业人员进行有针对性的培训与交底，明确一体化卫生间脱模、转运、入库、出库、卸车、吊装等环节可能存在的作业风险以及应对措施。

（2）定期检查电箱、电线和各种设备的使用情况，发现漏电、破损等问题，必须立即停用送修。所有用电必须采用三级安全保护，严禁一闸多机。

6 环保措施

（1）明确环境管理目标，建立环境管理体系，严防各类污染源的排放。PC 工厂自行研发全自动砂石分离系统，对厂区建筑砂、石做到分离回收再利用，冲洗用水循环使用，提升砂石分离能力，减少废料和废水排放，厂区内应设置污水池和排水沟。

（2）现场构件分类堆放，分别编号，做好标记。

（3）废弃钢材、木材以及其他垃圾分类堆放，定期处理。

（4）选用环保型振捣器及振捣棒，振捣棒使用后及时清理干净。对混凝土振捣人员进行交底，做到快插慢拔，减少振捣器的空转时间。

7 结语

（1）一体化卫生间是一种新型的 PC 部品部件，高度契合"建筑工业化""设计标准化""生产工业化""施工装配化""装修一体化""管理信息化"，具有良好的制造优势。一体化卫生间研发与应用达到国内同类技术先进水平，目前已申报省级课题 1 项、省级工法 2 项、省级技术规程 1 部、发明专利和实用新型专利 20 余项。

（2）一体化卫生间综合集成结构、设备、内装等部分，具有结构可靠、功能齐全、生产方便、安装便捷等优点。随着住宅产业化规模和工人水平的不断提高以及物流运输成本的降低，一体化卫生间的建造和运营成本将得到有效降低，经济成本优势明显。随着我国住宅产业化水平以及人民群众节能意识的普遍提高，一体化卫生间将迎来广阔的市场前景，进而推进住宅产业化向纵深发展。

（3）一体化卫生间采用结构一体化预制、管线一体化预埋、设备内装一体化安装、运输吊装一体化施工的施工方法，完全避免了现浇作业和二次装修，相比传统的施工方法极大地缩短了工期。本工艺相对于传统现浇结构，模板和架料用量降低为零，节约材料的效果十分显著。随着劳动力成本的日益攀升，由纯手工劳动转变为自动化、机械化和智能化的工厂生产，可大幅节约劳动力使用，降低劳动力成本。

（4）设计标准化、制造工厂化、现场装配化的特点，在生产和施工阶段大幅减少了对土地、水和材料等资源的消耗，缩短了施工现场的强噪声作业时间，减少了施工废弃物的产生，实现了资源的循环利用，达到节能环保的目的，具有良好的环保效益。

参考文献

[1] 王波，王仑，张士兴，等. 装配式内装整体卫浴施工技术 [J]. 建筑技术，2019，50（8）.

[2] 陈浩，戴清峰，石拓，等. 一种共轴承插型卫生间结构体系，申请号：201811019052.8 [P].

[3] 陈浩，张明亮，戴清峰，石拓，等. 一种共轴承插型卫生间及其整体式预制卫生间单元，申请号：201821431906.9 [P].

铝合金模板 BIM 技术及拉片式
加固现场应用研究

彭　灿　薛畅怀

湖南省沙坪建设有限公司，长沙，410000

摘　要： 本项目秉承让建筑更有价值，让生活更加美好的发展使命，运用了新材料、新工艺、新技术来提高了建筑工程质量，响应国家绿色环保方针，不断创新、创优，打造一流企业品牌。本项目应用 BIM 技术参与了图纸会审和铝合金模板标准层深化设计。铝合金模板加固体系主要分为对拉螺杆式和拉片式两种。目前被广泛应用的是传统的对拉螺杆式铝模板，本文结合项目实际对拉片式铝模板进行分析研究。

关键词： 铝合金模板；拉片式；BIM 技术应用

1　工程概况

项目名称为长沙县经济技术开发区广菲克住宅小区二标段项目。位于长沙县经开区东十路以西，红树坡路以南，规划路黄山坡路以北。

表 1　项目铝合金模板信息统计表

楼号	层高（m）	混凝土接触面积（m²）	标准层铝模板面积（m²）	铝模板施工范围	施工层数
4 号	2.9	1780	1887	3 墙柱～32 层楼面板	29
5 号	2.9	3002	3273	3 墙柱～33 层楼面板	30

2　铝合金模板简介

2.1　铝合金模板特点

铝合金模板作为新一代的建筑业模板。具有操作轻便快捷、劳动强度低、效率高；材质刚度大，不易变形、不起鼓，施工质量好；周转次数远高于其他模板，节约材料；现场几乎没有制作加工工序，低噪声，节能环保、节约成本等优点，受到了众多施工企业的青睐，应用越来越广泛。

2.2　铝合金模板加固体系

铝合金模板加固体系主要分为对拉螺杆式和拉片式。两种不同加固体系安拆过程大致相同，区别主要在于加固工序。对拉螺杆式采用对拉螺杆＋背楞加固体系，拉片式采用对拉片＋方通管加固体系。

2.3　铝合金模板施工优点

（1）安拆技术简易：采用了 BIM 动画交底、模块化制作、编号安装、插销拉片快速装拆等技术，克服了传统模板的装、拆困难，不依赖具有长期经验的模板技术工人，普通员工经简单培训，很容易学会拼装、分拆，即可上岗独立操作。

（2）快拆体系节约工期和成本：一套模板三套支架系统即可代替原有木模板的三套模板和三套支撑体系，加快了施工进度、缩短了建筑工期、节约了成本。按垂5平5标准验收铝模保证3～4天/层的施工进度，木模约4～5天/层，每层加快一天，30层就是30天，按工地管理费和开发费2万元/天计就可节约60万元。

（3）免抹灰技术外观质量好：使用铝合金模板浇筑的混凝土，可以达到饰面及清水的技术要求，混凝土表面的平整度及光洁度是其他类型模板无法比拟的。

（4）绿色施工：铝模板的安装工地上无一铁钉，亦无残剩木片木屑及其他施工杂物，施工现场环境安全、干净、整洁，完全达到绿色建筑施工标准。

2.4　两大加固体系对比分析（表2）

表 2　拉片体系与拉杆体系对比分析

对比项	拉片体系	拉杆体系
尺寸	拉片体系采用标准墙板为500mm宽，使用过程中模板拼缝少	拉杆体系采用最大标准墙板为400mm宽，建筑墙体尾数剩450mm、500mm的地方需用两块模板，拼缝较多，安装与加固若不严谨易出现错台
开孔	模板边框开拉片槽，避免面板打孔，保证模板强度	模板面板开直径20mm的拉力丝孔，后期堵孔费时费力，外墙有防水要求时需额外处理，增加施工工序与成本
构配件	方通管一般3～10kg/条，质量轻，施工简易，工作效率高	背楞一般10～35kg/条，采用双管背楞、螺杆加固，背楞断开处加连接件固定，配件质量重，加固程序繁琐
外观	拉片体系使用的一次性拉片，截面尺寸可以得到控制，平整度较好。拉片两个孔位之间即为截面宽度，使用拉片，模板不易变形，拆模后的效果较好	拉杆体系模板采用的面板存在20mm的拉力丝孔。使用拉力丝加固的过程中不容易控制，操作不当面板容易变形，面板凹进去，浇筑混凝土后会造成凹凸感，混凝土墙表面平整度受到影响，影响主体结构验收

3　BIM技术在铝合金模板中的应用

3.1　CAD底图

通读项目建筑设计图和结构设计图，确定是否存在矛盾或问题；建立BIM模型，方便后续设计。

3.2　BIM模型

利用Revit软件制作铝合金模板的标准参数化模型图（图1），包括墙板、梁板、楼面板，方便铝合金模板的BIM三维模型的拼接及数量统计。

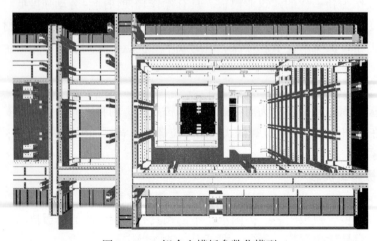

图 1　Revit 铝合金模板参数化模型

3.3　铝模深化设计

BIM 技术在铝合金模板中的应用，可以提高铝模板的利用率，进一步减少资源消耗。采用 BIM+5D 模拟施工，及早发现问题，减少施工中的结构变更。必须变更的时候，采用 BIM 技术，反复优化。

3.4　BIM 交底动画

应用 BIM 软件的可视化效果，并通过 3Dmax 或 Navisworks 软件制作的动画短片，对现场施工人员进行可视化的施工工艺交底，包括标准层整体的施工工艺、主要节点施工工艺，让被交底人有了相对准确的视觉参考，迅速全方位掌握最基础、最重要的铝合金模板安拆全过程。

4　拉片体系优点及应用研究

4.1　更轻便

拉片体系采用方通管 3 ～ 10kg，远小于背楞的 10 ～ 35kg，不仅降低了劳动强度，更增加了安全性，还能单人操作，使施工更加灵活。可采用短小斜撑代替大斜撑，更轻便，水泥钉加固不损伤楼面水电管。

应用研究：拉片和方通管的拉力不如穿墙螺杆，短斜撑支撑范围和力度不如大斜撑，支撑体系经过计算合格后使用。特别注意窗洞口、门头下挂梁、门框柱、构造柱、上翻梁、防水导墙等特殊部位。

应用要点：BIM 深化阶段，着重计算各构件受力情况，精心设计，施工时根据现场情况及时增加对拉和支撑，靠体系控制确保施工质量。

4.2　安装灵活

特殊节点位置（丁字墙、墙垛、墙体增长等），可随时增加模板，无须对模板打孔或增加非通用板。

应用研究：穿孔螺栓体系中穿孔位置决定背楞位置，墙体较长时需要采用长背楞或组合背楞，无法错台安装；而拉片体系中拉片位置可以调节位置，且调节距离相同，方通管可以错台布置，还可用于躲避线盒与拉片冲突情况。

应用要点：各种调整要经过深化设计人员的计算认可，不得私自调整，避免出现新的问题。

4.3　安拆时间短，修补容易

拉片安装采用插销固定，安拆时间是穿墙螺杆的三分之一；拉片拆除时，可拆卸拉片直接抽出即可，一次性采用钳子将外露部分扳断，安拆时间是穿墙螺杆的十分之一。

应用研究：墙面上的拉片会在拆模后扳断，但可能会有部分拉片未扳断到位，略凸出墙面，后期可能会出现反锈情况。拉片体系中拉片孔和侧边孔对应，如果出现加工误差大或变形，无法配对的话，将无法使用，对模板的重复利用不利。

应用要点：尽量采用专用工具扳断，避免没有扳断的情况；如没有扳断可以扩大拉片孔，使用钳子等工具剪短，确保保护层厚度。发现不能配对的及时更换，严禁蛮干造成模板损坏。

4.4　无须使用对支撑辊

可拆卸性拉片采用塑料套分割混凝土和拉片，塑料套长度等于结构厚度，可代替支撑辊确保结构尺寸。在垂直度以及截面尺寸控制方面则是拉片式优于对拉螺杆式。

应用研究：外墙使用可拆卸拉片的话，防水和保温效果并不会优于穿墙螺杆；使用一次性拉片无法使用塑料套，还是需要使用支撑辊。

　　应用要点：使用塑料套控制结构厚度的时候，使用前要检查塑料套的长度和刚度，确保长度正确，不易变形。

4.5 外观效果好

　　外墙采用一次性拉片无塑料套，无穿墙孔，仅有 5 ～ 7mm 深的缝隙，封堵方便，防水和保温效果好（图 2）。

图 2　拉片体系与拉杆体系外观效果对比图

　　应用研究：现场施工中，可能会出现拉片漏设、销钉漏设、方通管未设置到位的情况，导致浇筑完成后出现胀模、跑模的情况，影响外观效果。另外使用可拆卸拉片的外观弱于使用一次性拉片，使用穿墙螺杆的弱于使用可拆卸拉片的。

　　应用要点：混凝土浇筑前对拉片、销钉、方通管全面检查，确保无遗漏。明确使用可拆卸的还是一次性的拉片。

5　结束语

　　本文根据现场实际应用，对拉片式铝合金模板的优点及应用研究和应用要点进行了分析，并与对拉螺杆式铝合金模板进行了对比分析，两者各有所长，但对拉螺杆式铝合金模板而言配件自重较大，工序繁琐；而在工作效率，墙面完整度上拉片式更具优势。铝合金模板行业的快速发展，对铝合金模板设计的准确率、交付时间都提出了更高的要求。通过合理运用 BIM 智能技术等优化铝合金模板的研发设计，自动高效地建立模板系统的虚拟模型，不仅配模准确率更高，大大减少现场变更频率，而且提升了配模效率，未来智能设计技术将在行业得到更广泛的应用。相信这两大加固体系铝模，都将不断得到优化与改进，期待铝合金模板更好的发展。

参考文献

［1］ 李林林，陈浩，李川江，等. 铝合金模板的对拉螺杆式与拉片式加固体系的应用对比分析 ［J］. 建筑施工，2017（10）：1571-1573.

［2］ 罗震，蒋加永，朱红. 高层建筑铝合金模板系统的施工技术 ［J］. 江苏建筑，2015（03）.

［3］ 臧伟强. 基于 BIM 技术的铝模板设计与施工 ［J］. 四川建筑，2018，38（03）：268-271.

装配式过水槽施工关键技术研究

肖　杰　郭慧初　李　涛　孙治国

湖南省沙坪建设有限公司，长沙，410008

摘　要：根据各省市施工工地扬尘防治管理规范，施工现场出入口应 100% 设置车辆冲洗设施，保证车辆清洁上路。工地车辆冲洗设施基本为现浇混凝土结构，技术经济效益不佳，而装配式建筑具有可周转使用、施工周期短、节能环保等特点，本文介绍了工地车辆冲洗设施中装配式过水槽的施工工艺原理与技术控制要点，围绕保证装配式过水槽施工质量进行阐述，在项目生产实践中取得了良好的技术经济效益，具有推广应用价值。
关键词：渣土运输车辆冲洗；装配式；过水槽；施工工艺

1　装配式过水槽概述

1.1　过水槽简介

过水槽为施工工地洗车作业的第一道工序，是由上、下坡底板、池底板、池立板组成的梯形池体结构，过水槽底部排水管与沉淀池相连接，水面给水管与市政用水接通，水槽内储水用于渣土运输车辆轮胎的初步清洗，过水槽池底设施应满足车辆荷载要求。

1.2　装配式过水槽特点

装配式过水槽上、下坡底板、池底板、池立板均为预制构件（图 1），运输至现场后，通过汽车吊等起重机械进行装配式安装。

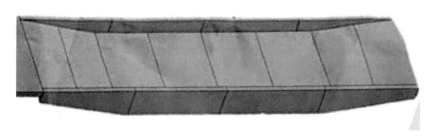

图 1　装配式过水槽三维造型图

应用装配式过水槽经济效率显著，主要体现如下：

（1）工厂化制作

装配式过水槽各个构件均在工厂预制，现场无钢筋绑扎、模板支设、混凝土浇筑作业，工厂化制作生产效率高，且受气候影响小，工业化产品质量有保障。

（2）装配化施工

各构件施工采用机械化作业，常规起重机械即可满足安装要求，施工周期短，现场 1 天即可完成过水槽所有构件的安装，劳动效率高，只需配备 4 名作业人员即可满足施工需求。

2　施工工艺流程（图2）

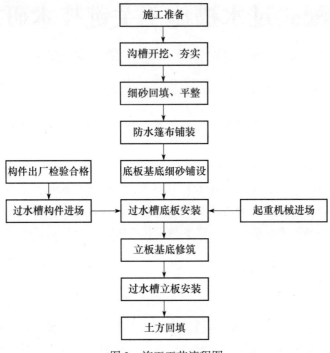

图2　施工工艺流程图

3　施工工艺要点

3.1　施工准备

（1）人员准备

所有作业人员经安全技术交底方可上岗，作业人员应熟悉安装工艺流程及质量控制要点。

（2）材料准备

防水篷布应满足底板宽度及立板包边余量≥500mm要求，厚度不宜少于2层，防水篷布应耐腐蚀、抗老化、防水、耐磨，并具有一定的机械强度。防水篷布胶必须与防水篷布配套使用，满足相容性、耐水性要求，细砂宜用粒径0.35～0.5mm中砂。

（3）场地准备

过水槽安装场地应平整、坚硬，满足起重机械行走、吊装作业和细砂堆放要求。

（4）施工机具准备

施工机具应工况良好，不得带病作业，装配式过水槽主要施工机具包括：汽车吊、挖掘机、打夯机、铁锹、铝合金刮尺、牛毛刷、激光水平仪、5m卷尺、水准尺＋塔尺等。

3.2　沟槽开挖、夯实

装配式过水槽底板为梯形结构，上、下坡底板基底应按设计图纸坡度开挖（图3），立板沟槽开挖宽度$H_1 \geq 1000$mm，以保证边坡挖稳定和作业操作空间。立板基底宽度$H_2 \geq 300$mm，以保证立板安装就位的稳定（图4）。沟槽基底应夯实处理，基底压实度≥90%。

图 3　过水槽开挖坡度

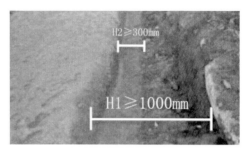

图 4　过水槽基底边坡开挖

3.3　细砂回填、平整

过水槽基底回填厚度不小于 100mm 的细砂（图 5），作防水篷布垫层用，防止篷布受压后撕裂，细砂基底表层用铝合金刮尺刮平，并进行压实处理。

图 5　基底细砂回填

图 6　"Z"字形折叠式铺设

3.4　防水篷布铺装

防水篷布摊开后分层铺设，至少应铺设两层防水篷布，防水篷布采用"Z"字形折叠式铺设法（图 6），预防撕裂，折边折叠宽度应 ≥ 50mm。

防水篷布接头采用搭接连接，搭接尺寸 ≥ 300mm（图 7），接头刷涂同类型防水胶连接（图 8），上、下两层防水篷布接头应错开 500mm 以上。

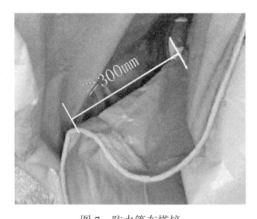

图 7　防水篷布搭接

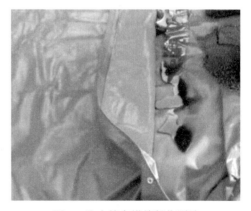

图 8　防水篷布搭接部位刷胶

待下层防水篷布胶水凝固后铺设上层防水篷布，"Z"字形接头散铺细砂堆以临时固定篷布，防止篷布"Z"字形折叠部位发生移动错位，防水篷布应翻折至立板边坡边缘，防水面朝向沟槽迎水侧。

3.5　底板基底细砂铺设

（1）底板基底细砂铺设（此时应组织构件进场）

胶水凝固后方可进行底板基底细砂铺设作业，细砂铺设采取人工作业方式铺设，细砂铺设厚度≥100mm（图9），上下坡底板基底细砂按上下坡底板坡度铺设（图10），细砂铺设后应用铝合金刮尺刮平，并对细砂压实处理，底板基底细砂厚度应均匀一致。

图9　基底细砂铺垫　　　　　　　　　　图10　基底细砂铺设坡度 i

（2）构件进场

基底细砂铺设时，同步组织过水槽构件及起重机械进场，过水槽构件应编号清晰，构件质量参数完整，吊耳型号、数量与设计图纸相符。

3.6　过水槽底板安装

3.6.1　底板安装工艺流程

装配式过水槽底板按照先底后坡的顺序安装，即先安装四块池底板，找平后再安装四块上、下坡底板，安装流程：基底找平→池底板安装→上、下坡底板安装。

3.6.2　底板安装工艺标准要求

（1）基底找平

通过激光水平仪测量底板基底平整度（图11），单块构件基底平整度偏差 ±10mm，过水槽整体基底平整度偏差 ±20mm，单块底板基底找平至少应测量底板四个边角及对角线交点（重心）共计5个点，基底通过铝合金刮尺调整底部细砂用量（厚度）找平。

图11　基底测量找平　　　　　　　　　图12　池底板构件安装

（2）池底板构件安装

底板安装采用四点起吊，吊装前复核基底细砂的平整度，底板应按安装状态起吊（图 12），以保证底板的平整度，底板安装偏差检验合格后方可卸钩。

（3）上、下坡底板安装

上、下坡底板基底按过水槽梯形坡度找坡（图 13）并压实处理，基底通过调整底部细砂用量找正，底板基底细砂厚度不宜小于 100mmm，上、下坡底板按安装状态起吊保证梯形底板角度 a 尺寸（图 14）。

图 13　梯形坡度找坡

图 14　上下坡底板角度控制

（4）底板成形

底板按先底后坡的顺序安装，逐块完成八块底板的安装，过水槽底板安装尺寸测量（图 15）合格后进入立板安装工序。

图 15　底板安装尺寸检验

图 16　底板安装尺寸检验

3.7　立板基底修筑

依据过水槽立板上口标高拉细线控制立板基底修筑高程，立板基底细砂应夯实平整，基底细砂压实度 ≥ 90%（图 16）。

3.8　过水槽立板安装

过水槽立板基底尺寸复核无误后方可进行立板安装作业，立板构件按安装状态两点起吊以保证安装精度（图 17），过程中拉细线配合钢卷尺调整找正，过水槽给排水管道经过立板与市政管网相连，立板管道口位置必须与设计位置一致，过水槽立板与底板相互垂直安装（图 18），立板与顶板应贴合严密。

图 17　立板按安装状态起吊　　　　　　图 18　立板安装尺寸调校

立板就位后加设 $\Phi48\times3.2$（mm）钢管作临时支撑，以保持立板安装过程中的稳定性，临时支撑间距不应大于 2000mm，回填后拆除回收利用（图 19）。

3.9　土方回填

过水槽构件整体就位后复核水池安装尺寸，并履行验收手续，水池两侧给排水管道方向确认无误后方可进行管道安装，土方回填前应将防水篷布沿过水槽立板铺平，不得堆折回填。

土方应分块回填，回填过程中不得触动已就位的构件，土方回填过程应分段拆除临时支撑，土方回填后夯实处理。

图 19　立板临时支撑

4　质量保证措施

（1）基底平整及防水篷布铺装

基底细砂铺设后应压实、平整，基底按过水槽底板坡度修筑。

防水篷布采用"Z"字形折叠式铺设法，防水篷布接头搭接尺寸 ≥ 300mm，接头胶水应与防水篷布配套，凝固后方可铺填细砂。

（2）过水槽安装

挂线锤控制立板与底板垂直度，调整构件底部细砂用量，找平构件，过水槽构件按安装状态起吊，立板安装就位后立即加设临时支撑固定，拉水平线配合钢卷尺控制立板上口水平度。

5　安全保证措施

（1）沟槽开挖、回填

分层开挖，过水槽立板开挖面应做成稳定边坡，分块回填，回填过程作业人员严禁进入沟槽作业，配合作业人员严禁处于作业和行走范围内，沟槽开挖及回填作业应由专人指挥。

（2）构件吊装

施工场地应满足起重机械行走及作业要求，过水槽预制构件应铺垫木方，作业现场设警戒标志，非施工人员禁止入内。作业前检查预制构件吊耳及钢丝绳等吊装用具的完整性，吊装作业前应先试吊，试吊合格后方可正式吊装。

构件吊装就位应经安装位置调校合格，并临时固定后方可卸钩，严格按照吊点数量布设钢丝绳，严禁歪拉斜吊，特种作业人员持证上岗。

6　结语

装配式过水槽是装配式建筑在项目临建设施的应用，使渣土运输车轮胎得到初步清洗，满足工地扬尘防治管理要求，所有构件工厂化制作、装配化施工，并可周转使用，严格按工艺流程和工艺要点施工是装配式过水槽质量的保证，装配式过水槽将绿色施工应用到临建中，大大节约了施工成本，推广和应用装配式过水槽极具社会、经济效益。

参考文献

［1］　长沙市城市管理和行政执法局. 关于印发《长沙市渣土处置工地洗车作业平台及配套设施标准化建设技术和管理要求》的通知，长城管政发［2018］73 号.

［2］　陈小兵. 预制装配式混凝土工程质量控制研究［D］. 广州：广东理工职业学院.

［3］　中国建筑标准设计研究院有限公司. 装配式混凝土建筑技术标准：GB/T 51231—2016［S］.

BIM 技术在大体量复杂幕墙施工中的应用

潘　栋　王　斌

湖南省第四工程有限公司，长沙，410119

摘　要： 基于当前幕墙建筑行业的发展现状，本文介绍了 BIM 技术在南县人民医院项目幕墙施工中的方案设计阶段、施工阶段、运营维护阶段等方面的应用。相对于传统施工管理模式，BIM 技术的运用，在协调和管理幕墙与各专业施工、合理规划施工进度、优化施工方案、减少设计变更、加强运营维护管理等方面具有重要意义。

关键词： BIM 技术；幕墙施工；应用

1　前言

幕墙是依附于建筑主体存在的不承重的外围护装饰性墙体，是建筑物的重要组成部分。随着建筑行业的迅速发展，对建筑外观审美观念的改变，使得幕墙形状也日趋复杂。因此，基于当前幕墙建筑行业的发展现状，将 BIM 技术应用于实际工程施工中，发挥其在建筑幕墙施工中的作用，从而全面提升建筑幕墙施工管理水平，具有十分重要的意义。

2　工程概述

本工程系南县人民医院异址新建项目工程，位于湖南省益阳市南县南洲镇。主要由地下车库、门急诊医技综合楼、会议中心、住院楼、康复楼、行政办公楼、后勤楼、感染楼、机房楼、高压氧舱、垃圾收集站、污水处理站等组成。建筑占地面积 21196.28m²，总建筑面积为 138314.17m²，建筑结构类型为地下室框架剪力墙结构，地上部分为框架结构。该建筑设计新颖，造型美观，建成后将大大改善南县人民的医疗条件。项目效果图如图 1 所示。

图 1　项目效果图

3　幕墙 BIM 应用

3.1　方案设计比选

在传统模式下，设计方案通过纸质文字叙述来介绍具体施工情况，方案仅通过图片及文字数据来比较，并不能很好地体现各种方案的优（劣）势，通过 BIM 技术的三维方案展示，能更好地理解不同方案之间的优缺点。

BIM 团队根据项目实际情况，生成了两种外墙幕墙材料选材方案。在原有设计方案中，外立面采用大面积干挂石材幕墙，该方案存在着自重大、后期更换难、成本较高的缺点，通过优化方案后，决定选用结构简单、自重轻、易维护的铝板幕墙。通过 BIM 的三维呈现，比选不同的选材设计方案，计算不同方案之间幕墙建成预期效果所需材料及施工工作量，从而得出最优方案，有效地控制了项目成本。三维可视化的方案比选解决了业主与施工方之间的理解、沟通方面的问题，对于部分结构复杂的施工有更可靠的指导作用，如图 2 所示。

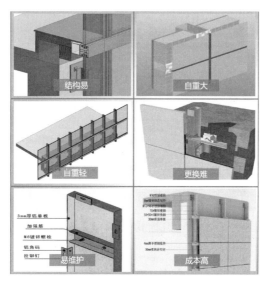

图 2　方案比选示意图

3.2　幕墙模型的创建及深化设计

传统模式下，设计院提供的幕墙图纸仅表示了幕墙的基本形式和分隔尺寸，连接节点的表示也存在表达不够清楚，与实际尺寸相差较大的短板（图 3）。在南县人民医院项目的幕墙结构中，由于存在弧线异形结构导致幕墙板块尺寸、角度及排布有着多变化的情况，导致图纸理解困难，图纸与现场实际施工有很大出入。

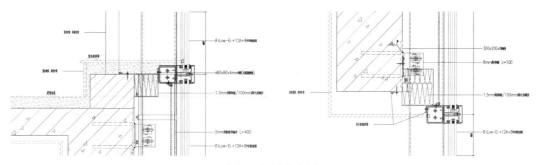

图 3　设计节点图

　　通过对幕墙各种构件进行族文件的创建，确保尺寸精确，并对玻璃幕墙与标准层楼面连接点、铝板幕墙与标准层楼面连接点、幕墙与雨篷梁及雨篷钢拉杆连接点等节点部位进行深化设计，生成三维模型（图4），用于指导现场实际加工，减少返工，提高效率。幕墙整体效果图如图5所示。

图4　幕墙三维节点示意图

图5　现场幕墙实际效果图

3.3　幕墙下料加工

　　在传统模式下，幕墙构件的编号通过图纸来统计信息进行表格文档的归档，当现场部分构件尺寸加工错误时，加大了追溯的难度，给施工带来了不便。

　　运用Revit创建体量进行幕墙表皮分割，创建幕墙单元板块族自适应生成幕墙BIM模型，并通过对幕墙进行网格划分，实际信息编号，配合CAD出具精准尺寸加工图，如图6、图7所示。这样有利于现场信息的统计，极大地提高了生产效率。

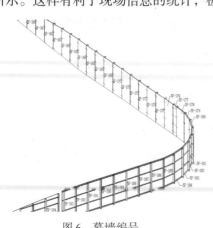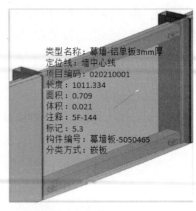

图6　幕墙编号　　　　　　　　　　　　图7 幕墙加工信息

在 BIM 系统中，可以根据材料的计划生产日期等推算出备料时间，然后在 BIM 系统中将所有需要在某时间区段内备料的材料进行统计。同时，对于已经采购的材料加以标识。这样可提前采购备料、避免重复采购备料、调配现金流，不但能够提供方便而准确的管理方法，而且能够将备料管理与工程安装管理结合起来。

3.4　施工过程中的碰撞分析

在复杂幕墙工程的施工过程中，往往会产生一定的碰撞直接影响工程的质量，同时也会给施工企业带来一定的经济损失。通过利用该技术对施工碰撞情况进行预判与分析，并及时对设计可能造成的施工误差进行判断与检查，如果发现部分施工量无法满足设计内容或某些施工部位与设计相互碰撞，则立即对该产生碰撞的环节进行调整，生成碰撞检测报告（图8），以免因碰撞产生施工顺序错乱等情况，避免对工程进展造成延误。同时，碰撞报告中给出了间隙距离，通过对这些位置及数据的分析，可以判定间隙的数值是否在加工及安装偏差允许的范围内。例如当允许的安装偏差设定为 3mm 时，那么模型中小于 3mm 的情况都可能产生碰撞。此外，软碰撞还包括调节幕墙板块时需要的操作空间等，将在施工方案确定及具体施工过程中，不断发现问题并结合 BIM 模型进行软碰撞分析，如图 9 所示。

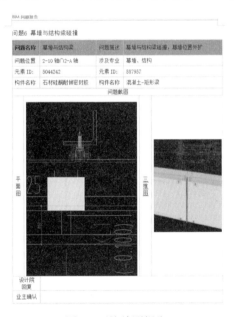

图 8　碰撞检测报告

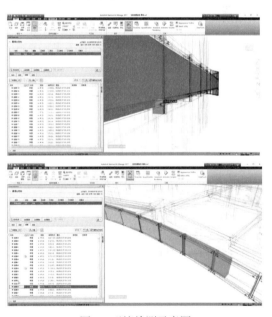

图 9　碰撞检测示意图

3.5　施工流程优化——4D 施工模拟

3.5.1　施工进度模拟

采用 BIM 技术进行 4D 施工模拟，将建筑物及施工现场 3D 模型与施工进度结合，并与施工资源与场地布置信息集成，可直观地体现施工界面及顺序，从而使幕墙施工更易与各专业施工进行协调和管理。

在复杂幕墙的施工模拟阶段中，利用 BIM 软件将 Revit 幕墙模型与施工进度信息之间进行有效地连接，从而形成 4D 施工进度模拟。在进行幕墙工程的实际施工之前，可以通过 4D 施工模型对具体的施工进度进行了解，并且可以及时对施工进度中不合理的地方进行调整，除此之外，通过对施工进度的模拟可以对施工进行更加准确的组织安排，确保工程施工的顺利落实。

通过 4D 施工模拟实现对幕墙施工流程的优化，主要表现在：①将实际施工进度计划与模型结合在一起，在 Navisworks 软件中，通过可视化的形式表达施工进度，辅助确定施工方案合理性；②可以对幕墙构件的安装顺序给予精确定义，分析每日工作进度，也可以根据现场的施工进度与计划进度进行对比分析，判别完成比率，分析对总工期的影响，进而调整下一阶段的安装进度。

总体而言，在幕墙工程项目施工过程中，充分借助 BIM 施工模拟技术，能够协助施工方制定更加合理的施工技术，精准把握施工进度，合理优化施工资源，并实现对整个施工进度的全面把握。幕墙施工进度模拟示意图如图 10 所示。

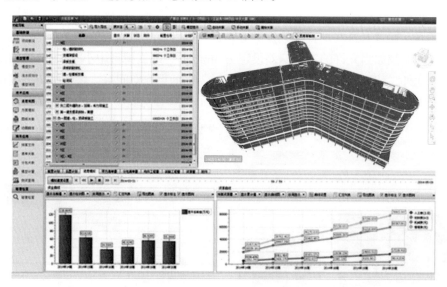

图 10　幕墙施工进度模拟示意图

3.5.2　施工动画模拟

基于 BIM 模型生成幕墙安装工艺动画，综合考虑相关影响因素，利用三维效果预演的方式提供幕墙安装先后顺序，直观展示各构件的空间关系及安装形式，解决各方协同管理难题。幕墙施工步骤如图 11 所示：

①预埋板安装，螺栓固定　　②横向龙骨安装　　③折弯钢板焊接，用螺栓固定　　④次龙骨安装

⑤端部焊接，并固定到主龙骨上　　⑥铝合金角码安装　　⑦铝单板安装　　⑧封胶进行缝隙填充，保温棉填充

图 11　幕墙安装步骤

3.6 BIM 保障幕墙运营维护管理

建筑物外墙常年经受风吹雨淋，不可避免地出现幕墙板块开裂、破碎等情况，需要维护人员进行修补或替换，以往普通建筑物幕墙作业难度相对较低，但南县人民医院的异形外立面幕墙面临幕墙板块种类多、尺寸不一致、与地面夹角有细微变化的等问题，给维护带来了难度。

将 BIM 技术引入运维阶段，通过 BIM 软件生成建筑物模型二维码（图 12）可以加快确定需替换幕墙板块的编号、尺寸、种类、安装要点（图 13），并附带幕墙拆卸更换示意动画（图 14），有效降低幕墙维修施工的技术难度，提高维修效率和质量，延长建筑物外观使用年限。

图 12 幕墙信息二维码

图 13 幕墙拆卸动画

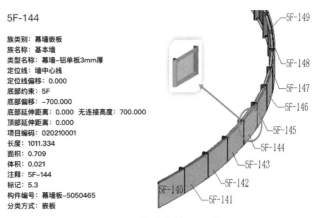

图 14 幕墙编号及尺寸

4 结语

随着建筑幕墙产业的飞速发展，越来越多的高层建筑外立面采用幕墙建造。坚持技术创新与实践并行的发展道路，通过 BIM 技术在幕墙施工管理中的实践，证实 BIM 管理体系在提高工作效率、降低运营成本方面效果显著，值得施工企业在幕墙建造及运营管理中推广。

参考文献

[1] 王伟. BIM 技术在幕墙施工阶段的应用 [J]. 建筑监理，2015（8）：194，7-10.

[2] 刘庄，朱锦江. BIM 技术在异形建筑幕墙中的应用 [J]. 施工技术，2018（05）：30-31.

[3] 周枫，刁巍. BIM 在建筑幕墙中运用及管理研究 [J]. 建筑工程技术与设计，2017（16）：37-38.

[4] 董琛，王丹阳. BIM 技术在幕墙工程中的应用 [J]. 门窗，2016（03）：18-19.

BIM 技术在民用建筑工程施工过程中的应用方法研究

张 勇 李勤学 张 锋 李 华 曾邵丰

湖南省第四工程有限公司，长沙，410119

摘 要： 随着社会科技及生产力进步，建筑工程行业也逐步采用更多的新技术、新手段，建筑工程施工方式逐渐开始向着新技术的方向进行改变。建筑信息模型（BIM）技术作为一种建筑工程行业新的手段和工具，具有可视化、精细化、协调性、模拟性的特点，将BIM 技术应用于建筑工程施工过程，能够提前模拟施工重难点，提高施工质量和效率，并节省项目建设成本，BIM 技术在建筑工程施工中具有较好的发展前景。本文主要在介绍BIM 技术的应用特点上，对 BIM 技术在民用建筑施工过程中的一般应用方法进行详细阐述。

关键词： BIM 技术；建筑信息模型；民用建筑；施工过程；应用方法

1 民用建筑工程施工面临的问题

传统模式下的施工项目管理面对当前高周转建设的现实环境，表现出一定的局限性，进而导致项目施工过程中出现一系列无法预测的问题，如施工资源配置不合理、浪费、效率低等问题。施工企业承接项目既要克服上述难点，又要保证企业利润空间，这就要求企业在项目施工全过程中做到管理协同一致，避免后续环节变更造成成本增加；在施工实施过程中做到提高施工作业效率，避免二次返工造成材料、人工和时间的浪费。

2 BIM 技术的特点

BIM 的全称是 Building Information Modeling，即建筑信息模型。BIM 技术通常具有以下特点：

（1）可视化。可视化即"所见即所得"的形式，通过 BIM 模型在计算机上动态且直观地仿真展示出情景，最为显着的就是应用于碰撞冲突检测。

（2）精细化。能够对设计成果进行准确的出图表达和材料工程量统计，为物料采购环节、施工环节提供精细化的设计数据成果。

（3）模拟性。施工阶段可以进行 4D 模拟（三维模型加项目的发展时间），也就是根据施工组织设计模拟实际施工，从而确定合理的施工方案来指导施工。同时还可以进行 5D 模拟（基于 3D 模型的造价控制），从而来实现成本控制。

（4）协同性。在项目整个实施过程中需要各工作环节之间的协同，由于 BIM 模型承载的是设计数据而不仅仅是设计图纸，项目建设、设计、施工、监理等各参与方可以在设计、算量、采购、施工等不同环节进行数据的添加或修正，以保证数据传递的有效性和可用性，这就为整个项目实施过程中多阶段、多参与方之间的工作协同提供了数据基础。

3　BIM 技术在民用建筑工程施工过程中的应用方法

3.1　施工准备阶段 BIM 实施

施工准备阶段是对整个项目施工过程的计划和模拟，BIM 工作也应在此阶段提前策划。一般项目施工准备阶段 BIM 主要以碰撞协调设计、建筑结构协调综合、机电设备协调综合、装修协调综合为重点工作和实施要点。

（1）碰撞协调设计：碰撞协调检查工作的重点在于根据设计单位提交的施工图纸和资料，结合施工单位现场实际施工数据建立三维模型，对建模过程中发现的设计或施工导致的问题进行提交，并及时同步更新相应的 BIM 模型。碰撞协调检查总体工作思路如下：首先是确立目标，即解决平面设计与施工方案中的不合理现象；设计协调工作的主要内容包括专业内部矛盾、专业间矛盾以及主体模型与周边场地环境的矛盾；设计协调工作的方法途径，主要通过参照对比和碰撞检查来揭示潜在的设计问题；提出解决问题的方法，主要是记录问题并形成检查报告；根据解决方案更新模型。BIM 碰撞协调设计实施流程如图 1 所示。

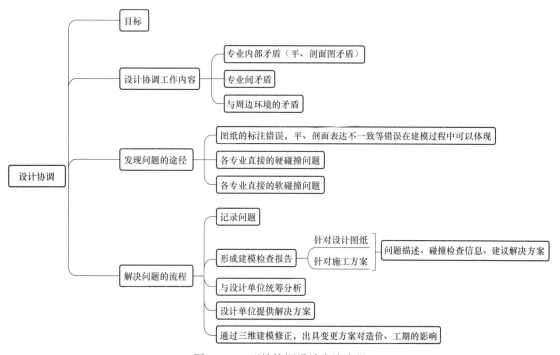

图 1　BIM 碰撞协调设计实施流程

（2）建筑结构协调综合：建筑结构设计协调的目标旨在发现和解决建筑结构建模过程中出现的与设计施工图纸资料相矛盾的地方，减少施工过程中因设计图纸错误导致的误工与返工。对于建筑结构专业而言，在碰撞协调过程中主要分析对象包括以下几方面：建筑专业与结构专业内部存在的矛盾，如设计图纸平面图与剖面图存在矛盾的情况，图纸上的尺寸标注存在明显错误的情况；建筑专业或结构专业与其他专业之间存在的问题。例如建筑专业墙体与结构专业墙体位置冲突；建筑专业或结构专业与周围环境之间的矛盾。例如结构的开挖范围对路面交通造成的影响是否在允许范围内，基坑周边是否布置安全围挡，施工便道是否满足形成要求等。建筑结构协调综合工作流程如图 2 所示。

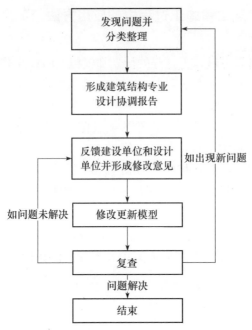

图 2　建筑结构协调综合工作流程

（3）机电设备协调综合：机电专业设备管线复杂，传统二维图纸依各专业逐层整合套图的作业方式，在综合管线排布过程中造成许多问题。机电设备设计中的水、电、暖气专业之间协调，该部分协调主要是解决 MEP 设计过程中的电、暖、水等不同专业之间设计的协调问题。由于电、暖、水之间的设计是交由不同的专业人员和专业系统进行设计的，设计完成之后都是以二维的 CAD 图纸进行提交的，这就需要对这些不同专业的二维的 CAD 图纸进行检查。防止不同专业之间由于沟通不到位导致的部分管道之间发生碰撞的问题，如水管和通风管之间交叉碰撞，电气电力箱体和暖气箱体之间发生碰撞，这些都将导致在施工过程中出现错误，延误工期，所有能够通过在设计阶段就对这些不同专业之间进行碰撞检测，然后发现问题改进设计就可以有效地解决成本问题并加快工期，防止浪费。通过系统协调可发现和解决了设计中维修空间不足的问题。图 3 是某走道管线优化前后对比效果。

图 3　走道管线优化效果

机电管线综合要从两个角度来考虑，一个是技术角度，另一个则是经济角度。在各专业设计协调过程中主要按以下几个方面进行分析：设备各专业内部管线之间的矛盾处理，如暖通的大小系统之间的碰撞处理，暖通的风管和水管之间的碰撞处理等。

设备各专业之间的管线碰撞处理。这个阶段是综合所有机电专业管线进行协调排布。在控制净高的前提下，依据下文所述的协调原则对管线进行路线最优化，对不合理的部位进行处理，保证机电管线方便检修，节约空间，降低造价和布置美观。

设备专业和建筑结构之间的碰撞处理。机电专业管线位置调整完毕后，对管线穿建筑和结构墙体、楼板等位置进行智能开洞，并将洞口文件交由建筑结构专业设计人员复核，保证机电留洞不漏留、不多留、不错留。机电设备协调综合工作流程如图 4 所示。

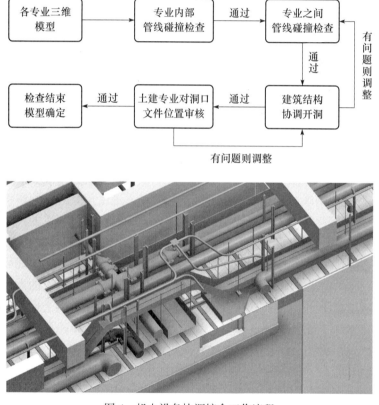

图 4　机电设备协调综合工作流程

机电设备 BIM 模型构建是项目应用 BIM 要解决的主要问题，也是最为复杂的问题，其机电模型种类多，各个设备模型之间的关联性强，同时容易对其他结构模型构成影响，机电设备 BIM 模型构建主要是根据最新版本的图纸和资料，建立机电设备（含综合管线）三维 BIM 基础模型，并完成相关设计协调，由机电设备部组织完成。该协调设计主要是基于 Revit 中的 MEP 软件来进行设计，通过 MEP 完成机电模型建设以及管道建设。BIM 机电设备模型交付条件为：整个机电设备模型设计协调过程中的问题报告，以及经深化设计、设计协调、修改模型、多方确认后，无设计"错、漏"，设计信息完整的 BIM 机电设备施工图模型。

（4）装修协调综合：装修工程是建筑最后完成的直观表现，也是建筑最后呈现在使用者眼前的具体场景，装修工程繁琐而细致，且与建筑、结构、水暖电等专业均有互动和协调，尤其是与机电设备各种管道之间冲突碰撞，让各专业设计的最后表达都能相得益彰。对于装修专业而言，在设计协调过程中主要分析对象包括以下几方面：本专业二维图纸容易存在的问题，例如图纸错漏、重复出图等；本专业与土建部分的建筑结构专业容易存在的问题，例如建筑结构在空间上给使用空间造成了不利影响，而二维图纸之中无法察觉或不能准确核对的问题；土建部分建筑专业设计中的门窗位置、设计标高与实际施工情况存在出入的问题等；本专业与机电设备专业之间的矛盾，传统二维设计出图方式出具装修施工图，往往与机电设备、管道、末端等碰撞的问题是施工现场经常碰到的老大难问题，利用 BIM 模型在施工前先按照施工图纸进行施工预演模拟，直观形象地把设计图纸上的内容和错漏碰缺等问题全部暴露出来，可让施工过程提质增效。

3.2　施工阶段 BIM 实施

施工阶段是项目建造过程的关键阶段，是 BIM 技术辅助施工应用的落地实施阶段。施工阶段 BIM 实施应用主要以进度管理、质量管理、安全管理、工程算量、变更管理应用为重点。

（1）进度管理：传统的工程形象进度主要是通过工程进度报表、一系列百分比数值进行汇报，其形式过于笼统，内容表达过于模糊，客观地导致了工程参与方之间的信息沟通传递不畅，导致高级管理层无法对现场实际情况有详细直观的了解，进而影响管理层的判断决策，施工作业难以高效铺开。在多专业综合模型的基础上，通过项目进度管理平台，由现场进度管理人员实时录入项目结构、建筑、机电设备、装饰装修工程等专业在各个区域、细化到每段构件的实际完成情况。现场进度管理人员实时录入进度信息经由网络将进度数据上传到信息管理系统，在远程客户端，可实时调取数据库，既可以进行项目的三维工程进度形象展示，又可以实时生成工程进度表单，并与计划进度进行比较分析，辅助管理层对工程进度的掌控和把握，大幅度提高工程建设进度管理水平。同时，把可能在工地现场出现的重大意外、问题先发现及解决，"做出没有意外的施工计划"。根据项目组提供的人、机、料单位成本，用计算机编程的手段推算施工次序及区域安排。在不同的填土调土施工方案中，依靠数据和三维地形比选出较佳的方案。在创建施工模型后，依据施工单位提交节点及计划，为模型添加节点信息代码，展开 4D 模拟，对施工节点的工序进行模拟和展示。

在施工过程中的每一个节点，分析施工中发现的困难。并且评估和选择最优的解决方案，检查施工组织的合理性，及时发现工期延误状况及其原因，进而调整、优化相关工作部署，制订下一步的工作计划。图 5 展示了基于 BIM 模型的施工进度模拟。

图 5　BIM 模型施工进度模拟

（2）质量管理：以 BIM 模型为对象，一是对影响工程质量的人员、材料（采购、供应、试验）、机械等基本元素进行管理，二是以时间为轴对工程施工准备、施工过程、竣工验收进行综合管理，实现施工质量管理程序化、规范化、信息化、数字化。基于 BIM 的质量管理主要包含了材料设备的质量管理和施工过程的质量管理。在材料质量管理上，在基于 BIM 的质量管理中，由施工单位将材料管理的全过程的信息进行记录，包括各项材料的合格证、质保书、原厂的检测报告等信息进行模型信息录入，并需要与构件部位进行关联。同时监理单位同样可以通过 BIM 模型进行材料信息的审核工作，并将已经抽样送检的材料部位在 BIM 模型中进行标注，使模型中的材料管理信息更准确、有追溯性。而在施工过程中的质量管理，基于 BIM 模型与现场实际施工情况对比，可以将相关检查信息关联到具体构件，有助于明确地记录内容，便于进行统计与日后复查。隐蔽工程、以及分部分项工程、审核与签证过程中的相关数据均是可结构化的 BIM 数据。基于 BIM 技术，报验的申请方还可以将相关数据输入系统后自动生成报验申请表，施工应用平台上设置相应责任者进行审核、签证并实时短信提醒，审核后及时签证。此种模式下，流程化、标准化的信息录入与流转，极大地提高了报验审核信息流转效率。

（3）安全管理：利用 BIM 模型的三维可视化特点，在开工之前，配合施工单位对项目的场地情况进行实时漫游，对管理人员进行可视化交底，便于对现场的临边防护、警示标志灯等安全防护措施，以及临时用水、临时用电设施设备进行合理的规划和布置。检查其合理性及安全性，保证没有遗漏的安全隐患。配合施工单位对施工生产过程中的重大风险源进行识别，模拟生产过程，提前对安全防护措施进行安排和风险预警。

（4）工程算量：工程算量是后续物料采购的直接数据来源和依据，错误的工程量会导致后续施工过程中材料错漏、工期延误等项目损失，因此，要求在项目算量阶段做到工程量精准无误，避免因算错、算漏引起的材料采购错漏，从而导致项目材料成本和工期成本的增加。传统算量手段是在大量工程数据经验值和计算公式的基础上进行的模糊算量，但没有项目针对性，尤其是水电暖专业的材料。BIM 模型精细化的特点为上述要求提供了有效解决手段，实施过程中，算量部门在 BIM 设计模型的基础上按采购要求深化模型，从模型中提取精确的工程量，为成本计算和物料采购提供精确的数据。

（5）变更管理：多专业综合后的 BIM 模型已经提前解决了绝大部分设计中的错漏碰缺，但是在施工执行过程中难免因为新的需求而产生相关的工程变更，传统的工程变更属于二维平面信息，而且对变更产生的返工工程量难以精确量化和进行后期审计时的源头追溯。同时该变更产生的影响范围和后果难以估计，无法将变更方案最优化。利用 BIM 模型的可虚拟筹划的特点，将变更方案录入到原模型中，可以快速、准确地导出变更所产生的工程量。基于 BIM 技术的变更管理流程如图 6

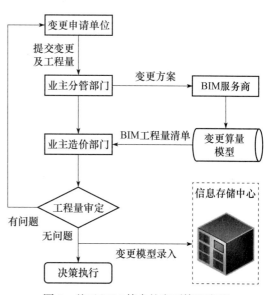

图 6　基于 BIM 技术的变更管理流程

所示。

3.3　竣工阶段 BIM 实施

项目竣工数据对于项目后续使用运营过程中的管理起着至关重要的作用，BIM 竣工模型是项目模型、数据、信息的整体集成。竣工阶段 BIM 实施应用主要以 BIM 模型归档移交管理、BIM 辅助竣工结算应用为重点。

相比传统的二维项目竣工图纸，BIM 竣工模型可以更直观、高效地查询到工程项目的所有相关信息，可以减少资料翻阅以及查阅图纸和学习认识的时间。相比二维项目竣工图纸与纸质文件存档，竣工模型在实现共享信息、协同管理、提高运营效率、数据轻量化上都有着巨大的优势。建筑全生命周期从设计到施工完成，中间产生的海量变更信息，都可以事无巨细地存储在竣工模型中，方便管理人员快速定位查询。基于多专业综合模型成果，在项目施工过程中，持续收集施工现场实际完成情况，并录入过程设计变更，包括管线、管线走向变更、设备实际到货尺寸、装饰装修设计变化等信息，搭建符合客观实际的项目竣工 BIM 模型，为项目后期的运营维护做准备。

工程结算上，BIM 工程量随时随地分类提取能大大提高结算的准确性和核算效率。分区域核对，在工程结算核对环节中分区核对是第一道工序，也是极为关键的一个环节。首先工程项目预算人员通过 BIM 模型根据项目的实际划分将主要工程量进行分区，其次将分区结果绘制成表格，双方也通过可视化的 BIM 模型中参数的调整进行比对，从而得出准确的数据。而分步骤对工程量进行核对，在 BIM 模型中也可以实现，BIM 建模软件可快速地对数据进行整合与分析，从而得出对比的分析表，预算员也可以通过设置偏差百分率警戒值可自动生成相应的排序，并对存在误差的数据进行查询锁定，定位到相关的 BIM 构件，最终得出科学有效的子项目。而且 BIM 模型在查漏方面具有更大的优势，不同的工程量单可以通过信息的删选反馈到 BIM 模型中的构件上，不同利益方或者是专业知识有限的人员，也能通过这个功能让核算工作更加清晰透明。

4　结语

民用建筑施工项目 BIM 技术应用应突破策划、管理、技术实施等环节之间的壁垒，各环节相关部门应统筹考虑，通力合作，一切从项目实际应用出发，形成合力，才能共同推进 BIM 技术的落地应用，最终实现提升项目管理水平、提高工程质量、节约项目成本的终极目标。

参考文献

［1］肖艳，刘铭杰. BIM 技术在房建施工中的应用研究［J］. 基建管理优化，2019（4）：13-23.

［2］曹坤. BIM 技术在建筑施工安全管理中应用的思考［J］. 工程技术研究，2017（1）：146-147.

［3］罗茜汶，李思远. BIM 技术在工程中的应用［J］. 智能城市，2019（22）：28-30.

建筑工程铝合金模板施工技术的分析与研究

曾邵丰

湖南省第四工程有限公司，长沙，410119

摘　要：在新时代背景下，随着现代科学技术的不断发展，建筑行业的施工技术在不断地提高，发展理念也在不断地变化。建筑工程中最为重要且关键的模板工程对建筑施工质量、进度、安全以及节能环保、企业效益有着重要影响，对国家经济发展也有着很深远的影响。本文结合实际案例探究铝合金模板施工技术以及其在实际工程施工中的局限性，旨在提升模板在建筑行业中的施工水平。

关键词：建筑工程；铝合金模板；施工技术；局限性

1　工程概况

　　龙山县 2015 年棚户区及公租房改造建设项目由龙山县保障性安居工程建设有限公司开发，项目地点位于湖南省湘西土家族苗族自治州龙山县，项目南侧为市政干道，与龙山县城市主干道湘鄂路相连。东侧、西侧及北侧所临规划道路目前尚未通车，项目用地呈不规则梯形，总用地面积为 66183.64m²。

　　本项目规划 5 栋 24 层、8 栋 33 层高层住宅，沿街及河边一至两层为商铺，地下室为一层，总建筑面积为 388362.07m²。其中 1 栋、2 栋、4 栋、6 栋、9 栋采用铝板施工，其他栋号采用木板施工。本文主要探究铝模现场施工遇到的疑点、难点，旨在完善铝板施工技术；同时本文与木板施工的栋号进行安全、质量、进度、成本、人员管理等进行对比。

2　铝板实际运用局限性及解决办法

　　（1）铝板施工是依据标准层图纸进行深化设计，所以基本上只能在标准层施工，如采用标准层的铝模板在非标准层及屋面层上，施工出现的问题及解决如下：

　　本工程以 1 栋、2 栋、4 栋、6 栋、9 栋为例采用铝模与木模相结合的组装施工方法，具体方法如下：①1 栋、2 栋、4 栋、6 栋、9 栋由于工期、人员、材料等因素，铝板需提前准备。铝板施工是依据标准层图纸进行深化设计而生产的定型模板，由于 1～5 层是非标准层，墙柱比标准层墙柱宽 100mm，用标准层铝模板安装非标准层模板会出现板面与梁、墙柱铝模板少 100mm 的缺口。②1～5 层由铝板按标准层的定型模板进行安装，板面与梁、墙柱铝板缺口部位再由木工采用木板进行补缺和加固工作，而这部分工作需要施工员现场协调两个班组施工[1]。经过经验总结发现从安全、质量、进度、人员、材料等方面都达到了很好的效果，所以项目部决定推行本施工工艺，在 4 栋、6 栋、9 栋的屋面也采用铝、木板结合的施工工艺进行施工。施工方法也基本同上，铝板只需要进行部分大板、梁的安装，剩下的细节（线条，节点造型等）由木工采用木板进行施工。此方法不仅解决了铝板施工的局限性，最重要的是解决了铝板退场、木工进场过渡期的进度、材料、人员调配等问题[1]。

（2）部分位置混凝土难以振捣密实

本项目1栋、2栋、4栋、6栋、9栋采用铝板施工，飘窗板设计长度达5650mm。飘窗板铝板常规施工方案是全封闭式安装，只预留20mm排气孔，在飘窗板上用顶撑和背楞加固以确保飘窗板位置的铝模板加固牢靠、加强其稳定性和防止出现胀模及位移。现场浇筑混凝土是通过两侧浇灌混凝土、振捣、敲击铝模板观察等措施来确保混凝土浇筑到位，但拆模后仍发现混凝土有未灌满的情况。针对以上出现的问题，我们决定采用以下方法来解决：①调整混凝土的配合比，在允许值范围内增大坍落度，增大混凝土的流动性；②对飘窗板顶撑体系和背楞加固以及盖板重新优化设计，调整顶撑体系和背楞加固位置，在盖板正中间预留一个500mm×300mm洞口；③浇筑混凝土时用 ϕ35 的振动棒通过预留洞口伸到剪力墙底部进行振捣将混凝土引流出来，浇筑完后再将铝模板预留洞口进行封盖（眼睛观察即可，洞口混凝土不能太多太满，否则洞口无法用铝模板封盖）。飘窗板混凝土浇筑采用此方法后发现无未灌满现象，混凝土表面质量平整光洁，无麻面、漏浆等问题，

3　本项目铝板应用优势与木模对比

根据本项目主体完工情况，在安全文明施工、进度、质量、经济、一次性施工、节能环保等方面上进行对比。

（1）现场安全文明施工得到很大改善，不需要用塔吊进行吊装，采用人力通过传料口向上传递，提高塔吊的使用效率。铝板相对于木板无论是现场人员管理，还是材料管理以及安全、质量管理都有很大提升[3]。

（2）由于铝板施工方便、灵活，由人工拼装，剪力墙外墙可采用铝板拼装成大模板再用塔吊进行吊装，且采用的是早拆模系统，在进度上相对于木板平均一层可快1~2d。

（3）混凝土表观质量好，无错台、漏浆、麻面等质量通病。施工成形后接近清水混凝土效果，混凝土板面的平整度、墙柱的垂直度以及门洞口尺也更加精准。为之后建筑装饰装修打下基础，减少后期返工。

（4）经项目部计算，铝板与木板费用相比是低的。

（5）由于铝板在进场前就进行了深化设计，飘窗、阳台、空调板、门垛、下挂梁、线条等均一次性成形且感观质量优于木模，所以采用铝模施工的栋号后期几乎不需要进行二次结构施工，在成本节约上及施工进度上得到很大提高[2]。

（6）响应国家绿色施工的号召，铝板相对于木板可减少对相关环境的影响。[3]

4　结语

通过本施工实践证明，非标准层通过铝板和木板相结合施工方法能解决铝板施工非标准层及屋面的局限性，及混凝土浇筑不到位等情况。在施工过程中只要发现问题及时想办法解决，发挥大家的聪明才智与现场管理的灵活性，是可以解决铝板在施工中局限性与难点，从而更好地推广铝板在建筑工程上的运用。

参考文献

［1］谭爽，肖方平. 铝模板和木模板的结合施工技术［J］. 施工技术；2014（S2）.

［2］刘爱武，徐辉，张寿祺，滕颖. 高程建筑中铝模板深化设计与工程应用［J］. 施工技术，2017，（2）.

［3］邵广鑫. 铝合金模板在建筑工程中的应用及其经济效益分析［J］. 建设科技，2013（10）：75-77.

BIM 技术在工程施工中的应用

凌　威

湖南省第五工程有限公司，株洲，412000

摘　要：以株洲国际赛车场一期工程为例，研究了 BIM 技术在工程施工过程中，通过建立模型与数据分析，将项目进行优化、控制施工安全和节约成本等的应用。

关键字：BIM 技术；施工应用

该项目是中南地区首个 F2 国际赛车场，总占地面积约 53 万 m²，项目内容包括赛道工程和房建工程两部分，赛道工程包括主赛道、维修通道、缓冲区、应急车道、FIA 专用安全防护设施、维修区与围场等，房建工程由 5F 核心功能建筑（维修区、看台、VIP 贵宾观赛厅和指挥中心、计时中心等赛事组织用房）、11F 发布展示中心、3F 副看台及 2F 沿街商业、1F 医疗中心及 1F 服务中心、2F 会员俱乐部、山坡看台及其他附属设施组成。主体为钢筋混凝土框架结构，屋面为钢架结构。本文主要分析在工程施工过程中 BIM 技术的应用。

1　BIM 技术理论概述

BIM 技术是以建筑、结构、施工、水暖电等全生命周期的各项相关信息数据为基础建立起的建筑模型，可以仿真模拟建筑物，具有可视化、协调性、模拟性、优化性和可出图性五大特点。[1] 随着信息技术的快速发展，我国建筑工程的发展速度也越来越快，促使建筑工程相关的管理也更加精细、规范，通过运用 BIM 技术可以有效地提高管理技术，提升项目品质。

2　BIM 技术的应用

2.1　深化设计

该项目赛道工程中 FIA 专用安全防护设施中包含大量的预制构件，包括预制单坡防撞墙（图 1）、预制路缘石，这就需要深化设计来确定节点、预埋件等细节问题。通过 Revite 软件建模，把预制构件的钢筋、混凝土、预埋件位置等都在模型中表示出来，模拟并确定了对预制构件的安装方案，实现了对预制构件的设计深化。

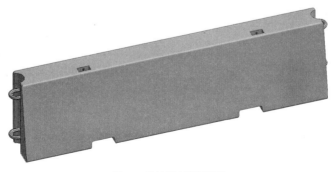

图 1　单坡防撞墙模型

在赛道工程施工中，由于赛道弯道较多，并且赛道路面平整度要求极高（下面层：不平整度不超过 ±5mm/4m；中面层：不平整度不超过 ±4mm/4m；上面层：不平整度不超过 ±3mm/4m），设计方出于保密原因，没有提供曲线要素的具体参数，因此现场弯道面层施工难度大。通过 BIM 建模，对赛道弯道处控制点进行深化加密处理（图 2），由设计的 5m 一个控制点加密为 1m 一个控制点，同时计算出加密点的坐标、高程、坡度等信息，确定弯道处施工方案并与现场测量及施工人员进行交底，在实际施工过程中实时监测，并及时将监测数据与模型数据进行对比，若发现现场施工实际效果与模型有误差，则及时进行处理，避免了因此带来的返工维修损失，圆满地完成了施工质量目标。

2.2　现场布置

该项目总占地面积大，工程量也大，存在大量交叉施工情况，临时建筑位置的选择，材料存放、转运，施工车辆通行等都是必须考虑的问题。在综合分析进度计划与施工现场情况后，项目部绘制了施工总平面布置图，并依此建立了施工现场三维 BIM 模型（图 3），合理安排临时建筑位置与数量，将其划分为办公区、管理人员生活区、工人生活区，使其管理方便又互不干扰。合理安排场内运输路线，对房建工程与赛道工程的运输路线进行细分，保证施工顺畅。塔吊位置、材料堆放地、钢筋加工棚等位置根据现场条件按规范进行布置，减少了二次搬运等带来的损失，对现场施工各个环节的顺利施工提供了强有力的保障。

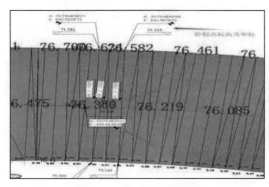
图 2　赛道弯道加密模型图

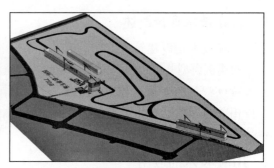
图 3　前期施工三维布置图

2.3　可视化交底

BIM 技术与传统的交底技术相比有着非常明显的差异：传统的施工技术交底不够直观，难以精确表达一些复杂的节点构造，接底人与交底内容理解有偏差，三维可视化交底具有操作简单以及便于理解等优势。三维可视化技术可以使交底工作在效率上得到有效的提升；另外，通过三维可视化交底，可以让建筑施工现场的工作人员更加全面地了解到交底工作的具体流程，这对于施工质量的提升、避免因返工带来的损失有着非常重要的意义。

2.4　碰撞检测

管线和结构之间的碰撞一直是设计、施工中不可避免的问题，平面图纸表达的信息有限，可能导致设计不合理，造成人工和材料的损失，甚至工期的延误。该项目房建工程通过 BIM 技术对机电管线布控进行模拟分析，规避设计过程中的错误，解决了施工中可能遇到的问题。系统可自动检查出"碰撞"部位、管网交错、相撞及施工不合理等问题，将情况反馈给施工人员，以此提高工作效率，避免错、漏、碰、缺的出现，减少因此类问题带来的损失。

　　赛道工程中，弱电工程的计时系统与监控系统管线沿赛道敷设，而赛道安全防护设施同样沿赛道安装施工，赛道安全防护设施的基础存在与弱电管线碰撞可能，利用 BIM 技术对赛道安全防护设施与弱电工程管道建模后（图 4），发现 4 处存在碰撞的区域，在弱电管线正式施工前就解决了此问题，合理地节约了时间，避免了返工损失。

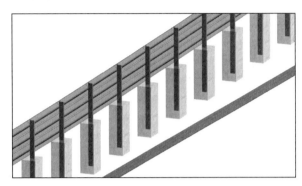

图 4　赛道安全防护设施基础与弱点管线碰撞图

2.5　安全控制

　　该项目房建工程子单位项目较多，因此临边、洞口等危险源也较多。通过 BIM 建模，对这类危险源的种类、数量进行统计，对现场安全工作进行提前规划，危险源一出现就及时进行处理，并对相关人员进行安全交底，确保施工安全。

2.6　成本控制

　　在现场施工中，存在部分形状复杂的现浇钢筋混凝土构件，这就使钢筋、混凝土的用量控制变得困难。通过 BIM 建模，可对钢筋进行翻样，并可直接从模型中统计出混凝土的方量，使材料控制变得方便，避免了浪费。

　　BIM 技术还可提供工程预算数据，使其用于成本计算，与招标清单数据、实际成本数据进行对比，通过三个数据对比结果，查找并分析偏差原因，既可降低预算部门错算漏算问题的概率，又可使现场工程部门材料控制更加精确。

3　总结

　　随着 BIM 技术的进步与发展，BIM 技术在工程施工中的应用变得更加有效益：提高了管理水平，加快了进度，提高了质量，节约了成本，增强了企业竞争力。相信在各个专业人士的努力下，BIM 技术的运用将贯穿工程的整个生命周期，为建筑业的发展创造更大的价值并提供充足的推动力。

参考文献

［1］　何关培，李刚. 那个叫 BIM 的东西究竟是什么［M］. 北京：中国建筑工业出版社，2012.

浅析装配式建筑中叠合板施工技术

彭 站

湖南省第五工程有限公司，株洲，412000

摘 要：目前，城镇化浪潮在我国现代化建设中扮演着重要角色，大量的房屋建筑拔地而起，而传统的房屋建筑多数采用现浇结构，在科技及施工技术日益发展的今天所造成的环境影响、噪声污染、材料浪费等问题逐一显露，自 2015 年出台装配式建筑规划以来，装配式建筑如雨后春笋般出现在建筑行业中，各地区争相发展，目前叠合板在装配式建筑中应用最多、范围最广。本文从叠合板的深化设计、生产、运输、堆放、吊装等几个方面详述叠合板的施工工艺技术。

关键词：装配式建筑；叠合板；施工工艺

装配式叠合板施工属于新材料、新工艺、新技术。叠合板构件在工厂提前预制加工，也可和现场施工同步生产，生产过程为工厂流水线，符合绿色施工的建筑业发展趋势，安装完成后施工质量误差可控制在毫米级，板缝经处理后无渗漏、无裂缝、安装进度快、项目工期建设周期变短、可与冬期施工有效结合。叠合板在工厂的生产采用定型模板等构件作业，与传统现浇结构相比减少了部分湿作业，具有生产环节高度集成、生产效率高、产品质量好、安全环保等特点。

1 工程概况

水木阳光里一期（1.1 期）工程由 8 栋高层住宅楼及商业、车库等配套用房组成，总建筑面积约为 149643.83m²，其中 4 栋高层建筑采用叠合板、预制楼梯等装配式施工技术，每栋单体建筑装配率约为 16%，装配式建筑面积约为 52207.94m²，工厂生产的预制板厚度为60mm，叠合板上部现浇层厚度为 70mm。

2 工程施工难点分析

水木阳光里一期（1.1 期）项目为株洲市第一个装配式项目，也是我公司承接的第一个装配式项目，社会影响较大，借鉴的施工经验较少，叠合板施工前期进度较为缓慢，工人不熟悉操作流程，对吊装机械以及吊装精度要求高，提高装配式施工人员相关技术水平和培养一批装配式技术人才十分重要。

叠合板将原有整块现浇板分为两块或多块拼接而成，拼接后留存的板缝处理问题也是叠合板施工需要解决的重要内容。

叠合板吊装在支模架上时难以调整高差、叠合板平整度难以达到要求、叠合板接缝位置处理工艺等问题是装配式叠合板施工质量的重点控制目标。

3 叠合板施工的适用范围

适用于对于顶棚光滑度、平整度质量标准高的建构筑物。适用于大部分常规住宅建筑的屋面或楼面（其中抗震设防烈度在 9 度以下）。适用于符合绿色建筑、绿色施工的建（构）筑物。适用于大部分装配式建筑。

4 叠合板施工技术

4.1 技术准备

（1）常规施工图纸无法体现叠合板施工工艺及要求，需经有资质的设计单位对原有施工图进行深化设计，在装配式构件深化设计中，对抗震烈度要求较高的房屋建筑部分（例如转换层、复杂的平面楼层、地下室楼层、裙楼等）均采用传统现浇结构，上部普通楼盖或屋面层可采用装配式叠合板。

（2）叠合板上部现浇层受管线预埋、板筋绑扎、施工尺寸偏差等因素影响，受生产、养护、运输、堆放、吊装等因素影响，预制板内应设置桁架钢筋（图 1）。

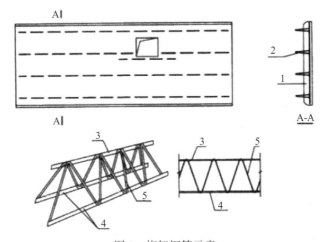

图 1 桁架钢筋示意

1—预制板；2—桁架钢筋；3—上弦钢筋；4—下弦钢筋；5—格构钢筋

（3）和传统现浇楼板一样，叠合板预制层在深化设计中仍按单向板或双向板布置，由于叠合板在吊装过程中质量太大会导致薄板断裂，深化设计时需将原整块现浇板进行分割设计，故会产生叠合板与叠合板之间的缝隙，常见的为分离式接缝［图 2（a）］和整体式接缝［图 2（b）、（c）］两种，分离式接缝的叠合板宜按单向板设计，整体式接缝可按双向板设计，设计单位可根据叠合板挠度验算，合理分配叠合板纵横布置。考虑薄板断裂等因素，单向板跨度与板厚之比应在 30 以内，双向板应在 40 以内。传统现浇结构板厚一般在 10 ~ 12cm 左右，叠合板总体厚度宜控制在 13cm 左右，且为保证其抗震要求，叠合板厚度应大于12cm。其预制层与上部现浇层厚度均应大于等于 6cm。

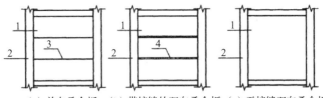

（a）单向叠合板 （b）带接缝的双向叠合板 （c）无接缝双向叠合板

图 2 单向板、双向板示意

1—预制板；2—梁或墙；3—板侧分离式接缝；4—板侧整体式接缝

（4）叠合板纵向主筋可从预制板端伸入两侧现浇梁或剪力墙中。在叠合板分布钢筋不用进入支座处而应在预制板顶面的现浇层中安装附加钢筋。在预制层长边支座处，考虑施工和加工便利，可不将构造钢筋伸出（图3）。

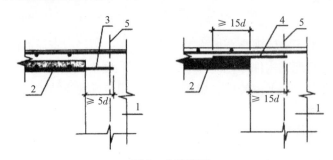

图3　主筋锚固

1—支承梁或墙；2—预制板；3—纵向受力钢筋；4—附加钢筋；5—支座中心线

设计单位对叠合板深化设计时应按顺序对叠合板的安装摆放编码标识，按号码顺序生产的叠合板板面上也标记与图纸相同的编号，生产厂家根据编号对叠合板进行生产、存放、运输、装车等。

4.2　工厂化预制生产

叠合板预制部分经深化设计后在工厂定型化生产，通常采用平卧法，将预制层平卧在底部模具上，模具涂刷界面剂，钢筋通过隐蔽验收后采用自动化设备浇捣混凝土，混凝土浇捣完成后采用蒸汽养护，养护温度控制在 40 ～ 50℃之间，对避免开裂有很好的质量效果（图4、图5）。

图4　混凝土浇筑

图5　蒸汽养护

4.3　运输、现场堆放

根据构件生产厂家与项目的实际距离，更准确地判断厂家发送构件的时间，配合现场施工进度；运输时应将预制板平放在车辆上，运输途中车辆应平稳、匀速，避免预制板损坏。预制板堆放高度应小于等于6层。堆放预制板场地应在吊环底部放置通长垫木，垫木应对齐、平行，堆放场地应设置排水措施，避免叠合板构件泡水（图6）。

4.4　叠合板底支撑架、铝梁安装

支撑材料进场按照相关规范进行验算。采用间距1800mm的独立支撑形式，每三跨设置一横向拉杆，当叠合板长度小于2.8m，两边支撑距离板支座处200mm，中间可不设支撑；

当叠合板长度在 2.8 ～ 5m 之间，两边支撑距离板支座处 200mm，中间设一排支撑；当叠合板长度在 5 ～ 7.2m 之间，两边支撑距离板支座处 200mm，中间设两排支撑。立杆尽量不设接头，若有接头，应相互错开，下部扫地杆距离地面应不大于 200mm，顶托长度不应超过 300mm，模板采用支撑件支撑，具体情况见图 7，平整度误差 ≤ 3mm，中间支撑起拱为 1‰ ～ 3‰。调节支撑使铝梁上口标高至叠合板底标高，每根立杆顶托槽中放置两根铝梁，若叠合板为按单向板进行设计，则铝梁设置方向垂直于叠合板内受力钢筋的方向，即与叠合预制板安装搁置支座梁、墙平行，否则可能会导致薄板开裂，若叠合板为双向板设计，铝梁方向应垂直于叠合板长边，整个架体支撑体系应稳定、牢固（图 8）。

图 6　预制板运输、现场堆放

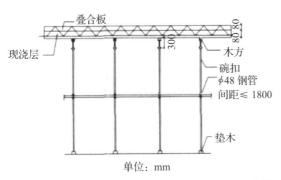
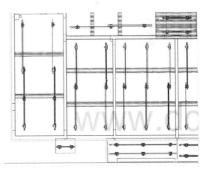

图 7　预制板支撑示意图

图 8　预制板底支撑架及铝梁

4.5　叠合板线位控制点

吊装预制板对两侧梁模、柱模位置进行复核，注意核对水暖、消防预留洞的位置，沿着管、洞中心做十字交叉线，在叠合板的边缘和两侧梁模和墙模上端都做好标识，作为叠合板安装的水平和竖直方向的定位点（图9）。

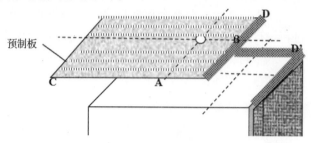

图9　定位线示意图

4.6　预制板吊装

预制板吊装采用专用吊装装置，圆钢管架子、光圆钢筋吊环、滑轮、钢丝绳。根据构件编号及板的搁置方向按顺序吊装，按预留吊环位置，采取多个吊环同步起吊的方式，起吊10cm后停留调至水平再放置在预留吊位上，按照水准控制点和竖向控制点放置就位，检查、排除钢筋等就位的障碍，按深化设计图纸要求的两边支座的锚固尺寸，慢慢调平，预制板放置在梁、柱模板上时，一般为+15mm（即伸入支座15mm）。要注意对连接件的固定与检查，脱钩前叠合板和支撑体系必须连接稳固、可靠（图10）。

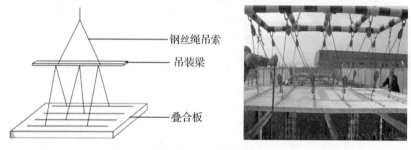

图10　吊装示意图

4.7　叠合现浇层管线预埋、板缝及上层钢筋安装

水电预留、预埋应在叠合板工厂预制生产期间提前留置，叠合板吊装完成后只需现场连接管线。对于板面部分管线需接入墙柱，应检查其预埋位置及尺寸，并固定。伸出混凝土完成面不小于50mm，用胶带纸封闭管口（图11）。

图11　水电敷设

现浇层钢筋绑扎前先贴条封堵板缝或板侧与模板缝隙，为了防止拼缝浇筑时发生漏浆。绑扎上部现浇层钢筋时应防止浇在桁架上部钢筋上，与桁架钢筋绑扎牢固，以防止偏位和现浇时上浮，预制板板缝处采用贴条处理防止漏浆，板缝处、预制层一端钢筋伸入支座处、预制层两端钢筋伸入支座处钢筋绑扎示意图如图 12 ～图 14 所示。

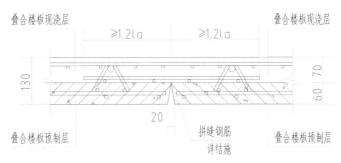

图 12　叠合板板缝处钢筋绑扎示意图

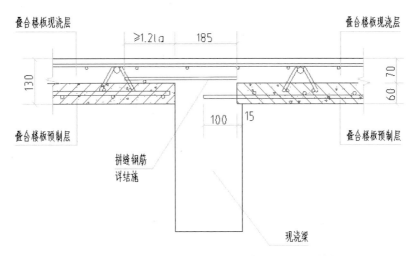

图 13　叠合板下部预制层钢筋一端伸入支座处钢筋绑扎

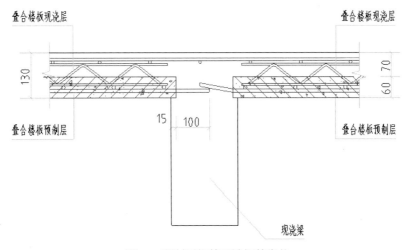

图 14　预制层钢筋两端钢筋绑扎

4.8　整层混凝土浇筑、养护

上部现浇层混凝土浇筑前应提前检查验收，对墙柱钢筋进行固定，必要时可采用限位措施绑扎，限位措施应高出现浇层完成面 50mm，检查上部现浇层中的预留预埋管线与预制层中的预留预埋对接是否到位。浇筑前用压力水管将预制板面湿润，连续浇筑且振捣密实。

浇筑完毕后的 12h 以内对混凝土加以覆盖和浇水，养护时间一般不得少于 7d，养护方式可采用传统楼面混凝土养护方式，例如薄膜养生液、覆盖浇水养护、浇水自然养护三种。

4.9　后期板缝处理

叠合板施工完成后存在板与板之间的缝隙，后期处理时先将板缝清理干净，再涂刷一层界面处理剂，填充 1∶2 比例的膨胀水泥和防水抗裂砂浆，填充完成后采用 2mm 厚的防水抗裂砂浆压入 200mm 宽的耐碱纤维网格布，最后采用 3mm 厚的防水抗裂砂浆粉刷压光并及时养护（图 15、图 16）。

图 15　板缝清凿、清理　　　　　　　　　图 16　3mm 厚防水抗裂砂浆

5　质量控制

5.1　执行标准

与普通现浇楼盖一样，验收标准按《混凝土结构工程施工质量验收规范》（GB 50204—2015）执行，另按《装配式混凝土结构技术规程》（JGJ 1—2014）和《工业化建筑评价标准》（GB/T 51129—2015）执行。

5.2　叠合板生产

对于专业生产预制构件的厂家进场的时候应检查质量证明文件（产品合格证明书、混凝土强度检测报告及其他重要检测报告等），选择有资质条件的生产厂家并随时对生产产品见证取样。

5.3　叠合板安装

安装前进行技术安全交底，按深化设计的编号顺序依次吊装，构件安装后对安装位置、标高进行校核与调整，由于叠合板底面可免顶棚施工，工厂预制生产即为成品，生产时对脱模剂等材料要求严格，施工过程中对平整度要求较高，采用水平尺对拼缝高差进行校核，接缝处可采用橡胶垫贴条防止漏浆。

5.4　叠合后浇层混凝土浇筑

叠合板上绑扎现浇层钢筋前，应将预制层结合处部分松散混凝土清干净，必要时可刷同强度等级的水泥浆，浇筑时采取混凝土密实措施；构件接缝混凝土浇筑和振捣应采取措施防止模板、连接构件、钢筋、预埋件及其定位件移位。

6　结语

（1）叠合板施工简便、快速，提高了资金周转率，减少了劳动力使用数量，大幅降低了劳动力成本，同时也节约了木材、木方、钢管等传统现浇结构材料的使用，符合建筑产业化的发展要求。

（2）装配式叠合板采用工厂预制流水线加工，成品质量优于传统现浇结构，无须进行装修阶段顶棚施工，节约了部分工期和成本。

（3）装配式建筑通常将主要构件集中在工厂制作，减少了现场作业的交叉、物体打击、高空坠落、触电等安全事故的发生概率。叠合板施工操作简单、安全可靠，在确保工程质量的同时也节约了工期，节约了水、电、材料等，对建筑垃圾进行了减量化，在绿色施工方面起到了很好的作用。

参考文献

［1］　徐天爽，徐有邻. 双向叠合板拼缝传力性能的试验研究［J］. 建筑科学，2003（3）：11-14.

［2］　周旺华. 现代混凝土叠合结构［M］. 北京：中国建筑工业出版社，1998：12-180.

［3］　蒋森荣. 预应力钢筋混凝土结构学［M］. 北京：中国建筑工业出版社，1959.

［4］　叶献国，华和贵，徐天爽，等. 叠合板拼接构造的试验研究［J］. 工业建筑，2010（1）：32-34.

高层建筑工程免除湿作业的绿色施工技术分析和探讨

颜　立

湖南省第五工程有限公司，株洲，412000

摘　要： 高层建筑工程作为建筑工程中的一项重要内容，在进行施工时往往会产生建筑垃圾，不但在经济上较为浪费，同时对环境也产生了污染。随之，对于高层建筑工程免除湿作业的绿色施工技术也成为了社会所关注的问题。本文着重对高层建筑工程免除湿作业的绿色施工的要点与方法展开了深入的分析与探讨。

关键词： 高层建筑；免除湿作业；绿色施工技术

目前，随着人口的增多，高层建筑已经成为城市中最为主要的建筑形式之一。而在保护环境的思想观念中，人们对于高层建筑的要求也随之增加，在进行高层建筑的施工过程中，不但需要满足人们对于建筑的各项基本需求，同时还需要提高建筑的环保性，避免在建设中或是建设完成后，建筑对于环境造成的污染。为实现可持续发展，高层建筑工程免除湿作业的绿色施工技术也成为了业内人士关注的重点。

1　免除湿作业的施工要点

免除湿作业的施工要点是掌握绿色施工技术的关键所在，只有提高了对施工要点的掌握程度，才能够有效改善高层建筑的施工现状。而在免除湿作业的施工中，需要着重注意以下几条施工要点：

1.1　铝合金模板的设计施工

材料是绿色施工中的一项重要内容，而铝合金模板作为高层建筑中使用频率最为广泛的一种材料，在免除湿作业的施工应用中需要对模板的安装与混凝土浇筑这两项工作进行重点关注。在进行铝合金模板的安装时，首先需要掌握正确的安装顺序，根据梁底模板、梁侧模板以及墙柱板之间的角模来进行安装。在梁底模板与柱模板之间需要采用支撑立杆的方式来连接，而对于底模与侧模则需要采用螺栓的方式来连接[1]；而在混凝土浇筑中，需要严格按照标准规范来进行浇筑。浇筑时应当观察是否出现了外漏或胀模的情况，同时还需要注意模板是否有偏移，以此避免出现塌方的现象。

铝合金模板施工操作要点：

（1）根据施工图确定模板配置方案。铝合金模板系统由 4 部分组成，即模板、附件、支撑和紧固系统。模板使用 6063-T5 铝材，背楞、支撑和紧固连接件等均采用 Q235 钢材制成，其中支撑壁厚 3.0mm、背楞壁厚 2.5mm。

（2）绘制模板施工详图。根据结构构造形式和施工条件，对模板和支承系统等进行力学验算，最终绘制模板、附件、支撑和紧固系统布置图，以及异形部位细部结构和特殊节点部位模板施工详图。

（3）铝合金模板安装先内墙后外墙，安装完毕后需进行垂直及水平标高调整。安装内墙模板可从内角模或墙头封板开始。安装外墙模板之前，需安装外墙导墙板，用固定螺栓锚固到混凝土结构中，外墙模板的质量支撑在导墙板上，可使用塔式起重机整体吊装就位。安装洞口模板时，按工程要求设置门窗洞口模板，洞口四边与墙模板连接牢固。墙、柱模板由背楞和对拉螺栓加固处理，转角处设置直角背楞，防止墙柱模板发生扭转、错台，保证结构顺直光滑。

1.2　隔墙板的安装施工

隔墙板的安装与施工多采用轻型隔板材料，这种材料主要是采用陶粒混凝土来进行浇筑，具有表面平整、湿热蒸养、保温吸声以及高强隔热等特点，在高层建筑的施工中应用较为广泛。在进行隔墙板的安装施工时，首先需要进行放线定位工作，准确把握好墙板的轴线与控制线，做到先弹长线再弹短线。若有平行线、垂直线与交叉线，则需要优先平行线，其次垂直线，最后再弹交叉线。而在板缝处理中，需要着重注意墙板的拼缝处，板缝处理的好坏直接影响到了隔墙板的安装施工质量，保证隔墙板的质量安全。

轻型隔墙板材料由陶粒混凝土浇筑而成，该墙板经高温、高压、湿热蒸养，尺寸规范，表面平整，具有轻质、高强隔热、保温、吸声等特性。墙板表观密度是传统砖砌体表观密度的一半；抗压强度 ≥ 7.5MPa；陶粒墙板内部多孔，具有良好的保温隔热性能；耐火性能好，其耐火性能是普通混凝土的 4 倍多；具有良好的防水、防潮性能，不会出现因吸潮而松化、反卤、变形、强度下降等现象，不会产生批荡层脱落、剥离现象；具有出色的隔声性能，85mm 墙板空气声计权隔声量达到 45dB，100mm 墙板空气声计权隔声量达 47dB。

（1）在排板图设计中，明确了轻型墙板隔墙的安装技术要求，确定拼接方案。对现场每道墙实际尺寸实测实量，确定用板数量；测量安装空间的净高减 30 ～ 50mm 的技术处理层，该尺寸即为墙板的实际长度。绘制排板图时，注意门窗洞口对排板的影响。

（2）轻型墙板安装。场地放线定位，弹好安装墙板的轴线、控制线。放墙板安装线，先弹长线，后放短线；先放平行线，后放垂直线与交叉线；最好确定门窗洞口位置线，再把同一位置线返到结构梁底，宜上、下都放双线。

（3）板缝处理。根据排板图，在墙板拼缝处上端将 U 形钢板卡或 1 号 L 形钢板卡预先固定在结构梁、板上。结构墙、柱与隔墙相接的节点处，也同时将钢板卡固定好。墙板安装阴阳角为应力集中处，应作补强处理，板缝须填满 1 号粘结剂及玻纤网布。隔墙板安装 14d 后可进行嵌缝处理。先用毛刷蘸胶液，湿润板口，然后在板缝处批刮 1 号粘结剂 1.5 ～ 2mm 厚，最后将耐碱玻纤网布铺平压入粘结剂。

1.3　外墙内侧复合保温板的施工

在高层建筑工程免除湿作业法中，为做好保温工作，通常会在外墙内侧采用复合保温板来进行施工，以此来保证高层建筑不受外界天气环境的影响，提高使用寿命。在具体的施工中，施工前需要保证外墙表面的干燥与平整，将其平整度控制在 8mm 之内。弹线的位置则需要考虑空腔层厚度加复合保温板厚度；空腔层的厚度需要根据墙面的平整度来进行相应调整。在进行保温板的连接时，需要将胶粘剂涂抹均匀，并保证涂抹的厚度，使保温板能够进行充分的粘结。此外，在保温板的安装中，需要严格按照规范来进行安装，板与板之间需要能够自然靠拢，不能出现空隙[2]。在石膏板安装完成后，需要将其密封填实，在粘结膏饼硬化后再进行连接处的处理。

　　外墙内侧复合保温板施工采用外墙内保温的优点很多：施工安全，不会有悬挂物坠落；不受外界气候影响，保证施工工期，保障保温材料与胶粘剂可靠连接，延长保温材料使用寿命，提高保温性能等。

　　（1）基层处理并验收。基层墙面必须干燥清洁，平整度必须在 8mm（2m 靠尺）以内。电气接线盒埋设深度应与保温墙厚度相对应。

　　（2）弹线。按设计在地坪及天花上弹线，弹线位置为空腔层厚度＋复合保温板厚度，空腔层厚度可根据墙体的平整度在 5～20mm 内调整。在墙体纵、横双向以 400mm 间距弹出排放粘结膏饼的参照线。

　　（3）粘结膏饼粘贴。在墙上涂抹粘结膏，粘结膏饼长度 ≥ 200mm，宽度 ≥ 80mm，厚度 ≥ 50mm，并尽量保持厚度均匀。在离地面、顶面 50mm 位置，应布置连续的粘结膏。窗、门或其他洞口周边应采用挤塑复合保温板并连续满布粘结膏。整体粘结膏面积不小于总面积的 30%。

　　（4）复合保温板安装

　　①将接线盒及门窗洞口位置准确地翻样到复合保温板表面；

　　②复合保温板应从墙的一端开始，顺序安装，板与板自然靠拢，不留空隙；

　　③将复合保温板背面紧压于粘结膏饼上，使用顶板器将复合保温板的上口顶紧楼板，在移走顶板器前，在复合保温板下口垫小块石膏板以保持距地 10mm 距离，待石膏板安装完毕后用密封胶填实，保温板上口应顶紧楼板；

　　④使用直边靠尺以地坪、天花参照线为准用橡皮锤贴紧敲实保温石膏表面，使复合保温板安装到位；

　　⑤当墙体高度超过保温板长边时，应待下层保温板的粘结膏变硬后（约 8h）再进行上层保温板墙体安装。墙体的高度超过 3m 后，高于 3m 处的板需在每块板的上端加设锚栓以加强保温系统的强度。

　　（5）接缝处理

　　①待粘结膏硬化后（约 8h）再进行接缝处理；

　　②拌制嵌缝膏，拌和后静置 15min。

2　高层建筑工程免除湿作业法的质量控制与绿色施工技术

2.1　隔板墙裂缝的预防

　　隔板墙裂缝是一项影响工程质量的重要内容，因此必须采取切实有效的方法避免出现隔板墙裂缝的情况。在进行隔板墙裂缝的预防中，对于长墙体的安装，需要每隔 4m 预留出一块板缝，待墙板收缩后，根据其定型的情况来进行相应的填充工作。而在配板的过程中，需要预留出洞口的位置，这样能够有效避免凿洞而产生的振动，从而导致隔板墙出现裂缝。若在施工中出现无法预留洞口的现象，等接缝砂浆的强度足够后，再进行凿洞等工作。此外，还需要采用收割机来进行施工的工作，若是在洞口中需要安设线管，则应当在线管安设完成后再使用细石混凝土来进行填实工作。同时在施工时还需要对开凿的洞口使用玻纤网格布来进行填平，避免出现开裂的现象。

2.2　对混凝土浇筑的质量控制

　　在进行混凝土浇筑时，需要严格按照相关的标准规范来进行施工，同时还需要结合施工现场的实际情况，针对现场中的问题进行具体分析，并与施工人员、管理人员以及设计人员进行协商，制定有针对性的解决办法。此外，管理人员还需要做好混凝土浇筑的监督工作，尤其是在长时间施工、夜间施工以及关键环节的施工中，更加需要提高监督的力度，保证每一项工序都能够按照规范来进行，使整个工程能够基于标准规范之上，并由实际出发[3]。此外，在进行混凝土浇筑时还需要申请监理工程师的旁站监督，且施工前需要做好充分的准备，只有通过技术人员签字后才能进行施工。

2.3　做好施工中的环保措施

绿色施工是现阶段人们对于建筑工程的要求之一，在采用免除湿作业法对高层建筑进行施工时，需要保证建筑施工中的环保措施。因此，施工需要注重几个方面：首先是材料，目前市场中的环保绿色材料较多，施工单位可以在满足施工要求的条件下，尽量使用环保系数较高的材料；其次，对于施工过程中的垃圾与废水，需要按照专业人员对其进行集中处理，并做到无害化处理；最后，需要减少建筑工程中的浪费现象，在设计与施工前对实际现象进行有效地评估，避免浪费现象的发生。

3　结语

综上所述，高层建筑工程作为我国经济建设的一项重要内容，在进行施工的过程中，不但需要满足建筑的基本需求，同时还需要采用免除湿作业的绿色施工技术，预防隔板墙的开裂，并对混凝土浇筑的质量进行严格控制，同时还需要做好环保措施，以此来提高施工质量与环保系数。

参考文献

[1]　曹拥军. 高层建筑工程免除湿作业法绿色施工方法及其体会 [J]. 低碳世界，2016（08）：158-159.

[2]　胡辉. 高层建筑工程免除湿作业法绿色施工技术 [J]. 企业技术开发，2017（36）：62-63.

[3]　王爱志，冯云龙，许雷，林少锋，程敏. 高层建筑工程免除湿作业法绿色施工技术 [J]. 施工技术，2016（43）：38-42.

绿色建筑管理模式探究

安 康

湖南省第五工程有限公司，株洲，412000

摘 要： 随着我国经济的不断发展，建筑行业作为拉动经济的主要产业也发生了巨大变化。发展经济不能单纯以消耗资源和污染环境为代价，只有将环境和发展问题相互协调才能寻求出新的出路。社会和政府逐渐开始重视发展和环境之间的有机联系，逐渐深化向建筑环保、节约型方向的改革。随着环境保护的提出，绿色环保活动开始受到人们的重视，建筑行业亦是如此，而绿色建筑正是在这种大背景之下产生的一种新兴的科学化的建筑发展模式。在绿色建筑管理过程中，绿色施工管理工作是非常重要的一环，相关工作人员需要做好管理体系改革工作，只有更科学的管理方法，才能保证在施工过程中提高建筑的环保水平，推动我国建筑朝着绿色环保的方向发展，满足人们对建筑环保的要求。本文以绿色建筑为基本论述对象，对当今绿色建筑发展的现状及其存在的问题进行深入分析，继而提出如何有效地构建绿色建筑管理模式的具体策略，旨在为绿色建筑的发展提供一些理论上的依据。

关键词： 绿色；建筑；管理；策略

自 20 世纪 70 年代末，中国的建筑工程行业迅速发展，并且是我国国家工业和工程建筑的重要资金来源，还创造了很多的就业机会，因此建筑工程行业的经济效益直接关系到国家的经济增长，建筑业促进国家经济发展，影响了我国经济的发展方向和效益，并且建筑业的发展直接关系到人们的日常生活。现如今，基于我国大量的实践和理论积累，以及人们对低碳建筑、生态建筑和可持续发展建筑的需求，绿色建筑以及绿色建筑经济的发展趋势已经显露出来，绿色建筑经济的可持续发展，就必须在消费者以及科学研发者和政府管理者之间形成一个良性循环，达到一个相互促进、相互制约的状态。

本文立足于我国绿色建筑管理模式的现状，并对现有的绿色管理模式进行从理论到实践的综合考察，将具体的绿色发展和管理结合起来，将管理和具体的环境结合起来，对不同的管理模式、同一个管理模式在不同环境中的不同形式等进行综合考察，力求从不同的角度对其进行完善和更新，以寻求出一种适合我国具体国情和经济发展现状的绿色建筑管理新模式。

1 绿色建筑概述

1.1 绿色建筑的概念和理论基础

顾名思义，绿色建筑就是指："在建筑的全寿命周期内，最大程度地节约资源，包括节能、节地、节水、节材等，保护环境和减少污染，为人们提供健康、舒适和高效的使用空间，与自然和谐共生的建筑物。"绿色建筑产生和发展是人类对科学发展、可持续发展、环境友好型发展的强烈愿望在建筑行业的具体反映。其中，作为一种理论，其以"道法自然"的哲学理念为根基，将自然和环境作为发展的依存空间，如果违背自然规律，则必然会遭到自然的"报复"，终将受到自然规律的制裁，最后得不偿失。其次，恩格斯认为，人类是具体环境中产生的人，其存在和发展必然要在其所处的自然环境中进行这样或那样的活动，人离开了环境就会逐渐失去人的特质。这种强调以环境的为中心的哲学理论为绿色建筑的发展提供了坚实的理论基础。

1.2　绿色建筑的特征

在绿色建筑的发展历程中可以看出，绿色建筑不是一个固定化的概念，而是随着时代的发展和各种管理理念的发展而不断变化的。首先，绿色建筑的最基本特征就是对环境的重视，将建筑和环境相融合，打破传统的单一建筑的局面，将尊重环境、保护环境作为建筑发展的基本准则；其次，具有很强的可持续性，主要表现在对资源的利用更加合理充分，对自然资源的利用从原始的攫取式、扩张式的发展转变为发展和生态可持续的良性循环模式；第三，其还具有因地制宜的特征，从建筑的构想、设计、选址、施工等环节与当地的文化传统、生活习惯、生产材料等各种资源进行整合；第四，综合效益最大化和和谐生态的特征，在资源利用的范围内实现效益的最大化，力求寻找出在环境友好的前提下发展自身的经济效益，提倡资源、文化、经济、社会、环境等和谐共进发展。

2　绿色建筑管理存在的问题

2.1　绿色施工管理控制意识不足

实现绿色施工的主要方法是做好管理工作，但是目前绿色施工项目中管理者的控制意识不足，成为了当下影响到建筑绿色施工的主要问题之一，现在身处在管理位置的管理者大都年龄较大，在管理观念意识上受到传统观念的影响，制定出来的管理方案不符合可持续发展理念，甚至有些管理者注重眼前利益，目光短浅不重视绿色管理工作，这些都给建筑行业的发展带来了不利的影响。除此之外，施工管理人员对绿色施工管理理念了解不够，所以在制定相关管理方案时无法真正实现绿色管理，而且也没有在工人中间传播绿色管理的理念，所以施工工人在工作过程中没有环保意识，最终造成了材料的浪费，也给工程周边环境带来了不好的影响，对我国建筑业的长远发展非常不利。

2.2　绿色管理人员专业素质有待提升

绿色环保管理工作想要在施工现场得到贯彻，需要一批合格的、高素质的管理人员，但是目前大部分施工场地的管理人员自身专业素质不足，给工程带来了不小的危害。管理人员的专业素质和最终工程完工的质量是紧密联系在一起的，如果管理人员自身专业素养不够，那么最终工程完工质量肯定会受到影响，而且施工过程中也很难做到绿色环保。材料浪费等现象是肯定会存在的，所以为了避免这种情况的发生，提高管理人员的专业素质是非常有必要的，只有管理人员具备专业化的职业素养，才能保证工程顺利完工，减少浪费材料。如果管理人员的自身素质不高，那么他们制定出来的管理方案肯定无法满足绿色施工的要求，那么最终工程质量也有可能会受到影响，终将会影响到整个建筑行业的口碑。

2.3　绿色施工监管工作不到位

除了上述所说的管理工作人员自身的问题之外，监管体制也是主要原因之一，想要做好绿色施工管理工作，只靠管理者制定管理方案和依靠员工自觉是远远不够的，必须设立监管部门，只有这样才能保证管理方案真正地投入使用，但是现在我国建筑行业中的监管工作没有做到位。一方面，我国当前的建筑体系中没有一套完整的绿色施工管理体系，绿色施工管理工作的开展往往依靠管理人员和工人的自觉，非常多的企业都没有将绿色施工制度化，这导致了工程施工过程中绿色施工管理严重不足；另一方面，社会监督不足，许多建筑企业施工时的施工方案都不透明，所以人们无法真正理解每一项施工技术，不了解就无法做出正确的评价，因此阻碍了社会监督工作的进行。这两个因素导致了当下绿色施工监督效果不佳。

2.4　政府支持力度不足

由于绿色施工管理概念出现的时间较短，所以目前我国还没有一套完善的体系来对其进行规定制约，缺少对能源节约的扶持和奖惩机制，建筑企业在进行绿色施工时，就会投入更多的生产成本，很多企业为了逃避生产成本而选择传统施工方法，所以要想更多的企业进行绿色施工，可采取相应的补偿措施，避免企业因为追求利润而不愿意做绿色建筑。

3　绿色建筑管理模式的构建措施

3.1　全面提升绿色施工管理控制意识

要制定施工管理制度。目前工程施工还缺乏一套完善的施工管理体系，相关工作人员还没有树立起绿色施工的意识，所以还需要制定规定来约束工作人员的行为，更好地推动我国绿色施工的发展。对于建筑企业来说，每一个项目都有自己的特点，这是根据项目本身和企业自身特点决定的，所以在制定绿色施工管理体系的过程中，需要针对各个项目之间的不同制定出相应的管理制度。在制定管理制度的过程中，还需要协调好工程质量、环境保护和企业收益这三者之间的关系，实现施工工程科学化管理。只有这样从各个层次、各个角度进行从业人员的自觉性以及制度保障的建立，才能确保绿色管理参与意识的增强。

3.2　加强绿色管理人员的整体素养

加强绿色相关技术的管理水平是提升绿色管理质量的有效途径，其是实现绿色施工的关键性因素之一，如果只完善相关的政策法规制定，不发展相关的技术，那么无论如何也实现不了绿色施工。对于建筑企业而言，开发新的绿色技术和绿色材料是重心，在开发出新的绿色技术和材料之后，还需要做好施工技术管理工作，这样才能进一步保证绿色施工管理工作的落实。

此外，人才是管理工作的基础。施工管理工作主要由管理人员展开，管理人员的专业素质对管理效果和质量产生的影响非常大，所以提高相关工作人员的专业素质成为了目前最需要解决的问题之一，为了做到这一点，首先就需要企业对管理工作者开展教育培训工作，这样管理人员就能够按时接触到新的知识内容，并且可以将这些知识运用到管理工作中，保证管理意识不落后于时代，还可以加大管理人员的知识储备，只有管理人员自身知识储备量提升了才能提高自身的管理能力；其次还需要提高员工的工作待遇，通过更好的福利吸引更多专业的人才，提升整体管理实力。

3.3　全面加强绿色施工监管工作的落实

近年来，绿色施工技术在很多领域得到了应用，绿色施工对于建筑工程的可持续建设和发展而言意义重大。深圳腾讯大厦在建设的过程中就采用了各种绿色施工技术，比如对监测仪的使用，利用监测仪可以对 PM2.5 值、温度、噪声以及风向等进行监测，采取全天候的管理监测模式，一旦施工过程中存在个别指标超出规定，建设单位就可以采取针对性措施对施工进行控制管理，强化施工的绿色管理，确保建筑物得到绿色化发展。其次，加强绿色施工监管工作还需建立相应的监督机制，如将绿色施工的监管工作分为若干个指标，每个指标由不同的人来负责进行，在各个负责人之间形成一种互相监督和督促的机制，做到绿色管理链条的最优化处理。

3.4　充分发挥政府的引导作用

制定有效的经济体制是促进绿色施工的有效手段之一，政府的干预可以要相关工作人员对绿色施工管理工作予以足够的重视，还可以让绿色施工更加规范化，加大政府支持力度的主要方法有通过政策扶持或者税收调节，给进行绿色施工的企业一些补偿，企业可以使用这些补偿来对绿色施工技术进行研发和运用，降低生产成本。要做好鼓励工作，为了鼓励企业进行绿色施工，政府要尽快完善相应的激励政策。目前国家已经做出了一些尝试，《绿色施工导则》就是成果之一，但是目前还没有真正完善好，正处在试点环节，要加快示范工程建造，推动绿色施工的健康发展，政府还可以将绿色施工的内容加入到现有的建筑工程评优中，激励企业做好绿色施工工作。

4　总结

综上所述，绿色建筑是随着经济的不断发展，人们对环境质量的要求逐渐提高的背景下逐渐出现的一个概念，其不仅具有坚实的理论基础，还具有很强的现实意义。目前我国正处在社会主义建设的关键时期，所以很多行业都处在改革的关键时期，建筑行业作为社会主义建设的主要组成部分，能否可持续发展将直接关系到国家的长远发展，所以目前建筑行业也面临着重大改革，其中绿色化施工就是其中非常重要的一环，如果做好绿色建筑施工工作，将会给经济和环境的可持续发展带来很大的好处，所以一定要做好绿色施工工作，坚持实行绿色建筑管理理念，保证人们生活的质量。

参考文献

[1] 范丽红，田大义. 绿色建筑设计的模式探究 [J]. 绿色环保建材，2017 (03)：94.

[2] 王海彦. 建筑施工管理与绿色建筑施工管理模式探究 [J]. 四川水泥，2017 (11)：120.

[3] 吴文浩. 基于利益相关者动态博弈的绿色建筑推进机制研究 [D]. 南昌：江西财经大学，2017.

[4] 秦旋，李正焜，莫懿懿. 基于深度访谈扎根分析的绿色建筑项目脆弱性与风险关系机理研究 [J]. 土木工程学报，2016，49 (08)：120-132.

[5] 冯子芸. 绿色住宅购买意愿及激励模式研究 [D]. 西安：西安建筑科技大学，2018.

[6] 许蕾. 绿色建筑全寿命周期建设工程管理和评价体系研究 [D]. 济南：山东建筑大学，2015.

[7] 郭云鹏. 绿色建筑全生命周期中的 BIM 技术应用策略研究 [D]. 哈尔滨：哈尔滨工业大学，2013.

[8] 苗雨君，刘晓晨. 我国互联网 + 绿色建筑可持续发展研究 [J]. 改革与战略，2017，33 (12)：161-163.

[9] 杨静静，梅凤乔. 我国绿色建筑认证制度完善路径探究——建立第三方认证制度 [J]. 建筑经济，2015，36 (10)：88-91.

[10] 张新华. 绿色建筑施工管理模式探究 [J]. 建筑，2019 (05)：77-78.

浅谈 BIM 技术如何指导装饰装修施工

黄翠寒

湖南艺光装饰装潢有限责任公司，株洲，412000

摘　要：随着我国社会经济的高速发展，人们对于建筑装饰装修的要求也越来越高，而作为高耗能、高污染、高危险的建筑装饰行业，在装饰装修施工中消耗的资源、产生的建筑垃圾、对环境的污染与日俱增，装饰装修工程在施工过程中实现绿色施工也是大势所趋。作为近年来逐渐兴起的 BIM 技术，不单单在建筑施工领域指导着建筑施工往绿色施工领域发展，同样指导着装饰装修施工往绿色施工领域发展。

关键词：BIM 技术；装饰；装修；施工

1　装饰装修施工的现状

建筑装饰装修行业分为公共建筑装饰装修和住宅建筑装饰装修两个大方向。近年来，随着我国经济的高速发展，人们对美好事物的追求也在不断增加。随着人们审美情趣的提高，人们对建筑装饰装修的要求也越来越高。

目前，我国装饰装修施工的现状是：无法平衡装饰装修市场的规范化与开发商追求利益之间的关系；装修价位与住宅售价无法进行合理的"捆绑"；全专业的装修施工队伍数量过少，而非专业施工队承揽全专业装修施工又无法面面俱到。不规范化的验收标准，导致施工周期延长，无法提供给业主、开发商和施工单位一个量化的交接标准，容易发生装修施工质量、工期和环保方面的问题；非标准规格的建筑装修模数，无法实现科技密集型的工业化装修。

2　BIM 技术指导装饰装修施工的优势

张建平教授曾引用美国国家标准技术研究院（NBIMS）对 BIM 定义，在国内普遍被认可，认为 BIM 是以三维数字技术为基础，集成了建筑工程项目各种相关信息的工程数据模型，以实现对工程项目设施实体与功能特性的数字化表达[1]。

有论文认为 BIM 是利用一个包含了建设项目物理特性与功能特性的数字模型，并考虑该模型的信息共享和互用性技术服务于建设项目的全生命周期的决策与分析[2]。而 BIM 技术指导装饰装修施工的优势主要体现在以下几个方面：

2.1　实现施工工艺三维技术交底

运用 BIM 技术实现装饰施工过程中难以操作的流程，运用三维模型模拟装饰工程中的施工，从而达到合理掌控和安排施工进度、施工作业面、施工材料和施工设备。避免了传统装饰装修施工中遭遇的图纸含糊不清、材料损耗大、图纸版本混乱等现象。模型与现场对比，模拟施工能发现问题，实现装饰施工方案的最优化。

2.2　实现工程量的提取

传统的装饰装修工程中，工程量清单主要依靠人工根据图纸进行计算和统计，一方面耗时；另一方面，也无法保证人工统计的准确性。但是基于 BIM 技术软件平台上的三维模型可汇总装饰项目的详细信息，借助此模型信息能够生成详细的工程量明细表。即使模型发生变更，工程量也会跟随模型的变化而进行自动调整，减少了人工参与，保证了工程量的正确率，从而实现工程量清单准确地反馈工程的实际情况，实现了装饰施工项目的成本控制。

2.3　实现预制加工

传统的装饰材料大部分都需要定制加工，然后进行现场安装。而常规的装饰材料下单是通过绘制 CAD 图纸，采用手工统计输入 Excel 电子表格然后提交给厂家进行生产加工。而采用 BIM 技术之后，可以在用现场尺寸数据复核好的模型中直接进行排板，然后方便、快速地导出材料清单明细表，经过简单的格式调整之后就可交付厂家进行生产加工。

3　BIM 技术如何指导装饰装修施工

3.1　指导现场装饰施工

传统技术交底由项目技术负责人利用书面文字资料或是 Powerpoint 幻灯片等手段对相关的装饰施工技术、管理、劳务人员进行施工方案、工序安排、质量及安全控制要点的讲解，答疑解惑，最终签字确认。但是由于被交底人员的文化程度参差不齐，而二维的 CAD 图纸中建筑实体与施工过程不容易表达清楚，造成被交底人员很难想象出一些空间复杂区域的施工，最终导致交底不到位。

而基于 BIM 技术的施工技术交底则突破了二维图纸的局限。装饰 BIM 工程师根据项目技术负责人的要求搭建重点区域的施工工艺模型，然后针对复杂施工区域和建筑构件，采用导出 3D 视图、制作视频施工工艺技术交底资料或是进行 3D 打印等手段。针对特殊区域、关键施工环节制作动画模拟施工过程。

3.2　指导现场瓷砖下料

目前，公共空间装饰装修中的墙面砖和地面砖的施工均是先按照设计图纸估算需要的墙面砖和地面砖的数量，再根据估算量进行墙面砖和地面砖的下料，最后再进行墙面砖和地面砖的铺贴。传统墙面砖、地面砖铺贴方式材料浪费严重，根据单个房间或者某个区域进行单独下料，着眼于局部下料，对于加工过程中产生的剩余材料不能很好地再次利用，在完成工程的同时造成大量的材料浪费[2]。

图 1　施工完成之后的瓷砖尾料

而 BIM 技术则充分考虑前期的施工策划、墙砖、地砖的下料及各工种的相互配合，且充分考虑后期的施工过程。根据施工工艺及设计图纸的要求，结合 Revit 软件进行建模，对地面中的地漏口、墙面的开关、插座等提前布置，绘制详细的布置图。通过 Revit 软件进行三维建模，精确计算定位。将所有墙砖、地砖模拟现实施工工序建立三维模型，使墙面砖、地面砖排板一目了然，然后将每块墙面砖、地面砖进行编码，标注规格型号、使用区域，最后再根据定位进行施工。这样满足排板美观的同时又能保证墙面砖、地面砖的准确下料，减少瓷砖的耗损和避免重复返工。

3.3　指导现场预制加工石材的施工

装饰装修施工中运用最多的材料莫过于石材，而随着人们审美情趣的提高，不同装饰造型的石材也越来越多，如何实现现场异形石材的拼接施工成为了摆在装饰施工面前一个难题。

而在 BIM 技术中，异形材料的下单，BIM 技术更是拥有了不可比拟的优势。在提高预制构件加工精度的同时，更加有利于降低施工成本，提高工作效率，从而达到保证工程质量和施工安全的目的。装饰 BIM 工程师根据调整好的土建模型和装饰深化图纸进行装饰建模，在三维模型中进行排板分割，模型的排板图经过技术负责人审核通过后，将各部位进行编号、尺寸及安装部位等信息直接导出到 Excel 中，将该文件直接交给加工厂进行生产。

4　结语

建筑装饰装修行业与其他建筑行业相比在施工的过程中涉及的工种繁多，多材质的交接工艺复杂、多工种的交叉作业增加了施工的难度[3]。为了实现装饰装修工程中进度、质量、成本的管控，急需解决传统管理模式的新方式。而作为协调装饰与建筑施工之间"桥梁"的BIM 技术，不失是一个协助选择装饰材料、精确计算装饰工程量，提高装饰施工质量的有力工具，对创建装饰装修精品工程提供了有力的保障。

参考文献

［1］张建平，余芳强，李丁. 面向建筑全生命周期的集成 BIM 建模技术研究［J］. 土木建筑工程信息技术，2012（01）：6-13.

［2］纪博雅，戚振强. 国内 BIM 技术研究现状［J］. 科技管理研究，2015（6）：184-190.

［3］贺晋军. BIM 技术在建筑装饰工程施工管理中的应用［J］. 管理之道，2019（02）：40-42.

建筑 BIM 设计的应用和实践研究

刘福云

湖南省第五工程有限公司，株洲，412000

摘　要：在国家经济不断发展的背景下，建筑行业实现了飞跃发展。目前，越来越多的新技术在建筑工程建设中得到广泛应用，其中 BIM 技术是一个最常见的设计方法，其在增强建筑结构设计质量、提高工作效率等方面发挥着重要作用。对此，本文着重探讨了建筑 BIM 设计的应用和实践，希望能够对全面促进 BIM 技术的广泛普及提供指导和帮助[1]。

关键词：建筑结构；BIM 设计；应用实践

　　随着社会经济的不断发展，建筑工程规模也在不断扩大，在实际建设中的工艺技术也愈加复杂，如果在建设期间设计方案出现调整，则会对其他环节带来直接的影响，对此，设计人员承受的工作压力非常大，不仅要绘制大量的建筑图纸，而且也要考虑设备连接、土建规划等方面的问题，稍微不注意就会造成数据资料的遗漏、失误等，进而不可避免地造成人力、物力、财力和时间等方面的损耗。1975 年，美国建筑学者首次创建了"BIM 概念"，随后创建了虚拟系统模型，并以此推出了剖视图和平面图，经过在模型中增加材料等对系统模型展升模拟研究。通过实践证明，这种设计方法具备较强的实用性和可行性，能够为建筑行业的发展提供一些完整、精准的数据，自此，BIM 的应用愈加广泛和全面。不过建筑人员若要高效地运用 BIM 技术，则需要掌握相应的基础知识和应用原理。

1　BIM 技术的应用功能

1.1　完善建筑结构设计图纸

　　在建筑结构设计工作中，传统的设计流程具有整体性的特点，即对其中一个环节进行修正，那么必然会对其他环节造成影响，对此，设计人员不可避免地要承担大量的工作和压力，其工作效率相对低下。如果运用 BIM 技术则能够有效地解决这一问题。BIM 技术能够在利用建筑模型的前提下整合工程建设所需的相关数据，由此能够大大提高图纸的修改效率。假若设计人员需要对某一环节进行修正的话，仅需对其进行调整即可，不会对其他环节带来影响。所以，BIM 技术能够大大减少图纸修改时间，让设计人员拥有更多的时间和精力对其中的数据进行分析，确保设计图纸的有效性、可行性，在增强建筑工程质量方面发挥重要作用[2]。

1.2　加强数据信息化整合

　　BIM 技术的发展是以现代计算机技术为基础实现的，与传统的图纸设计方法相比，其在数据整合方面具备很大的竞争优势。具体来说，设计人员能够对各个环节产生的数据进行高效地整合和处理，然后创建建筑项目数据库，以便在设计期间对其进行自由查找和修改。并且，BIM 技术也能够促进不同信息的互动和整合，能够大大缩减图纸设计时间，并且在确保设计质量的前提下，能够大大地降低设计人员的工作压力。例如，设计人员需要查找某一环节的工程数据时，即可借助数据库进行查找，能够大大地提高查找效率，这对于促进设计工作的高效发展等带来很大的帮助。

1.3　促进设计统一化发展

BIM 技术在实际应用中，不但能够全面地研究建筑工程外观、光照及材质等，而且具备较强的视觉效果。其能够对各个环节的数据进行统一化处理，为增强建筑项目的舒适度、提高工程节能效果、改善建筑工程光照质量等带来很大的帮助，并且设计人员能够通过不同的设计理念，设计出不同的方案，以便寻找最理想的设计方案。另外，在构建建筑工程模型时，能够将其中的数据信息最大化地展现出来，凸显出最佳的建筑效果，对实现建筑结构的统一化和标准化等起到一定的指导作用。

1.4　增强三维设计效果

在 BIM 技术应用中，三维设计是一个核心内容，其能够发挥最佳的三维设计效果。基于此，设计人员能够对建筑结构模型进行三维展示，由此能够对各个环节、部位等进行全面了解，从而对相关结构及数据进行科学计算和分析，以便能够及时发现其存在的安全隐患，并结合实际情况进行修正和完善，避免因为设计问题对工程建设带来安全风险。并且，建筑施工人员在结合三维设计图纸的引导下，能够对施工方案进行直观性、形象性地了解，从而在实际建筑过程中能够确保施工质量，而且能够大大提高施工效率，如图 1 所示。

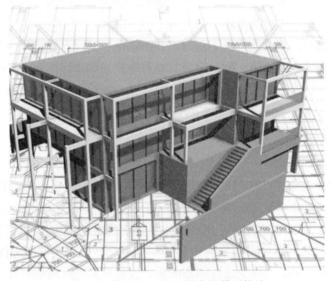

图 1　某建筑运用 BIM 技术的模型构造

2　建筑 BIM 设计的应用和实践研究

2.1　分析建筑工程结构功能

对于建筑工程结构设计来说，设计人员不仅要设计建筑项目中的每个结构，而且也需要将其顺序科学、合理地确定下来，确保整体设计更合理、更完善，这对于增强建筑工程结构功能具有重要意义。在传统的建筑结构设计方面，设计人员需要耗费很多资金、时间、精力等去研究建筑结构性能，且人工分析存在一定的不完整性和不精准性，无法确保获得的数据完整、准确，这不但会对顺利施工造成阻碍，而且也会对建筑企业正常运营带来影响。而在运用 BIM 技术的基础上能够对建筑工程结构进行全方位地研究，仅需在 BIM 模型中输入相关数据即可实现。并且，针对一些存在安全隐患的结构，可以借助 BIM 技术对其进行数据修正，从而达到建筑结构稳定、建设质量达标的目的。

2.2　勘察建筑施工现场

在工程施工期间，施工环境是影响建设质量的一个主要因素。对建筑结构设计而言，务必要在 BIM 技术的作用下与地理信息技术等全面整合在一起，然后对施工现场进行详细勘察，进而构建建筑工程结构模型。设计人员由此能够对施工现场的数据信息进行整合、分析，并结合实际的建筑需求对其进行修正，尽量规避施工现场的消极因素对建筑质量造成的消极影响，为促进施工质量的不断提升提供保证。

2.3　在钢结构建模中的广泛应用

对于建筑工程来说，在钢结构建模过程中也能够应用 BIM 技术，以便设计人员对其进行准确建模，确保其存在的一些安全隐患、设备组装等问题得到有效地解决。由于钢结构的连接模式比较复杂，注入梁梁铰接、梁柱衔接等。那么在具体设计工作中，设计人员必须要对梁高度等进行准确测量，由此能够确保连接效果符合施工要求。对此在钢结构建模中需要最大程度地发挥 BIM 技术的优势，以便对其参数等数据进行准确分析，确保设计人员能够准确地计算出螺栓数量、螺栓距离等数据[3]。而且设计人员在进行连接方位测量的过程中，也需要结合实际需求对相关的参数进行调整；而在配件设计方面，则需要结合建筑结构的整体设计步骤对其进行准确定位。

2.4　促进信息的有效互动和共享

在 BIM 模型中，能够对相关数据进行随时改正和删减，这是确保建筑工程质量的一个重要条件。所以，相关数据及参数的调整一定要由设计人员来完成，对此各个环节的设计人员一定要借助于 BIM 技术进行信息的有效互动和交流，以便对相关数据及资料进行共享。那么在数据整合、信息传递期间，设计人员能够从中掌握一些更精准的信息，那么在与施工人员进行交流和沟通的过程中，能够确保相关数据的有效共享和利用。

3　结语

总之，在建筑工程结构设计中，应用 BIM 技术是一个很广泛的选择，其具有可行性、集成化、可修正、可共享等特点，有利于提高设计人员的工作效率、增强建筑施工质量。与其他建筑软件相比，其具备非常突出的优势，这也是今后建筑领域中一个值得全面应用的主流技术。对此，建筑设计人员一定要对 BIM 技术的功能及应用范围进行全面了解和掌握，以便真正发挥其最大价值，为促进建筑结构设计方案的规范化、专业化，实现建筑行业的可持续发展等发挥重要作用。

参考文献

[1] 刘鹏. 建筑结构设计中 BIM 技术的应用实践分析与研究 [J]. 工程建设与设计，2018，385（11）：54-55+57.

[2] 孟凡涛. 建筑结构设计中的 BIM 技术的应用实践分析与研究 [J]. 智能城市，2018，4（02）：58-59.

[3] 李君永. 建筑结构设计中 BIM 技术的应用实践分析与研究 [J]. 中国住宅设施，2017（1）：19-20.

BIM 的装配式建筑信息管理的研究

王　庞　　江谭飞

湖南省第五工程有限公司，株洲，412000

摘　要：作为一个信息平台，BIM 技术可以很好地实现设计和施工，可以准确有效地将信息从设计转移到施工，并可以为参与各方的共同合作提供基础。借助 BIM 技术，可以实现从设计到施工的预制建筑物的高效、高质量成就，从而有助于改善预制建筑物的管理。

关键词：BIM 技术；装配式建筑；信息管理

　　2017 年住房城乡建设部印发《十三五装配式建筑行动方案》，为中国建筑业的绿色发展奠定了基础。2018 年 3 月发布的《工作要点》中指出，应积极促进 BIM 在预制建筑物中的应用，并应促进建设项目管理的创新体系。随着信息技术的飞速发展，基于 BIM 的预制建筑项目的信息管理显示出巨大的发展潜力。

1　BIM 技术应用特点

　　BIM 技术在建筑行业的首次应用可以追溯到十多年前。经过多年的发展，BIM 技术已成为推动建筑业发展和转型的重要力量。BIM 是利用信息技术将建设项目的每个阶段创建的信息集成到工程信息模型中，该模型为建筑的不同专业和不同阶段提供了一个平台，共同构成结构工程设计和施工管理的基础。BIM 技术在建筑物中的应用具有以下特点。

1.1　可视化

　　可视化的应用在建筑行业中是必不可少的。在传统建筑中，结构图仅表示由线条和数字组成的每个组件的特定信息。以前大多数的建筑形式相对简单，专业技术人员并不会觉得难以处理和想象。

　　随着建筑业的发展，建筑形式变得越来越多样化，复杂的建筑形式不再仅仅通过二维图纸清楚地表达设计意图。BIM 技术提供的可视化功能为当前问题提供了解决方案，因为所有与建筑物相关的信息都可以以三维立体形象显示。

1.2　BIM 的协同性

　　预制建筑的特色，包括设计、结构、机械、电气和室内装饰，可以通过 BIM 进行平稳、准确的跨学科数据交换，从而实现 3D 设计方面的协作以及建筑物各主要专业之间的信息交换。表 1 显示了每个专业的设计内容。

表 1　BIM 协同性设计

专业	设计内容
建筑	①三维可视化优化设计（建筑功能、平立面等） ②采光通风模拟 ③人流动向模拟 ④能耗模拟
结构	①创新装配式建筑构件参数化的标准化、模块化组装设计 ②基于受力分析的标准化配筋和预留预埋的深化设计 ③设计优化，利于生产和装配
机电	①采用专业软件进行机电管线的全 BIM 深化设计，最优化布置 ②管线空间集成综合布置（综合考虑机房检修空间、机房设备布置等） ③机电设计考虑机电安装工艺，利于集成化装配
内装	①内装系统多样化、套餐式组装设计 ② VR/AR 体验、确定内装方案 ③内装设计与建筑功能相协同

1.3　BIM 的模拟性

在设计阶段使用 BIM 技术创建 3D 信息模型，可以在阳光，风环境和能耗方面进行模拟试验。在施工阶段，可以根据 BIM 三维信息模型在 5D 模拟中添加进度尺寸和成本尺寸，以定义合理的施工组织计划并有效地管理整个项目。在运行和维护阶段，可以执行紧急疏散模拟，以合理安排紧急疏散路线，例如地震或火灾。

1.4　可优化性

在预制建筑项目的每个生命周期中，可以通过 BIM 改善包括设计、生产、建造、运营和维护在内的每个阶段。当前，当代建筑的复杂性已经大大超出预期，借助 BIM 技术和其他优化工具（例如深度设计、结构分析和绿色建筑分析），优化项目计划和改进特殊项目的设计，为管理人员提供了各种建筑信息。对于复杂的项目，改进的设计计划使所有者能够从各个方面理解设计计划，而不是简单地维护建筑物的外观，而是选择更合适的计划以完成控制投资成本的目标。

1.5　可出图性

通过 BIM 技术导出的图形是经过仿真和优化后的高质量设计图。例如，创建了完整的管线图和在碰撞检查和纠错后保存的内置零件图。

2　BIM 与装配式建筑结合的优势分析

2.1　建设方运用 BIM 的优势分析

作为项目的投资方，施工单位将领导整个项目。因此，建筑单元需要经常与项目参与者进行沟通。BIM 技术在预制房屋的设计和施工中的应用有助于实现更顺畅的通信过程，并在施工过程中更直观地从 BIM 信息模型中获取信息。通过 BIM 模型的可视化功能，施工单位和设计单位可以更好地交换信息，以实现理想的 BIM 设计计划。

2.2　设计方运用 BIM 的优势分析

设计师使用 BIM 协同作用来统一许多专业设计师，他们使用 BIM 来制作由多名设计师修改并由许多专业人士协调的解决方案。通过模拟碰撞，识别出设计冲突，及时发现专业设计中的差异，最大程度地减少设计错误，提高设计效率，避免因多次修改而造成的经济损失。使用 BIM 技术，还可以通过在 3D 模型上应用阳光模拟、环境分析、紧急逃生模拟等来改善设计结果，以实现建筑物单元的理想设计方案。根据预制建筑物的标准化，可以创建预制构件的族库，该库可以更直观地表示预制建筑物的详细特征。

2.3　生产方运用 BIM 的优势分析

为了实现在现场组装组件的精确组装，可以在工厂的预制生产期间改进组件。BIM 技术的三维精细化建模可以解决精加工零件的生产要求。零部件制造商可以使用 BIM 中的信息直观地获取每个零部件的工程信息，增强信息和嵌入式信息，从而提高零部件质量并实现精确生产。此外，构件生产单位可以使用 BIM 和 RFID 技术进行组件管理，即在组件制造过程中将 RFID 芯片作为名片嵌入，包括组件的工程和非工程信息，以提高组件生产单元的管理效率。

2.4　装配施工方运用 BIM 的优势分析

合理的场地规划是成品组件现场管理的关键。零件数量偏差，零件组件偏差和不正确的验收记录等问题通常会导致施工进度延误。通过将 BIM 技术与物联网相结合，运营商和检查人员可以直接查看与预制组件有关的信息，记录组件的存储和交付，从而节省大量时间。同时，通过模拟施工现场布置，找到最佳的行驶路径，减少施工现场零件的二次运输，提高装配效率，加快施工进度。使用 BIM 技术对装配过程进行预仿真，然后根据仿真对施工方案进行优化，从而提高了装配精度和质量，并避免了重新装配过程中可能出现的错误。

3　装配式建筑各阶段 BIM 技术应用分析

3.1　方案设计

此阶段的主要目的是指导预制建筑物的设计工作，并为后续设计阶段提供设计依据。该阶段的主要内容是在特定设计条件下建立建筑设计目标与环境之间的基本关系，提出空间结构设计，表达创意和结构设计。

3.2　初步设计

此阶段的主要目的是进一步深化方案的设计，并找到拟议项目的技术和经济可行性。基于 BIM 的感知、简单性和计划，通过比较基本的功能来选择经济解决方案。制定设计原则、设计标准、设计蓝图、关键技术问题和基本形状，并且必须详细考虑专业协作工作方法，例如建筑和结构。

3.3　施工图设计

此阶段是设计的生产和组装的阶段，主要目的是实现对深化的预制建筑设计的要求，解决生产和组装中的材料、技术措施和工艺实践问题，并提供成品组件和组装建筑的生产。在该阶段，BIM 可用于模拟操作、节点的可视化设计以及过程加深设计。

3.4　生产制造

此阶段用于预制建筑物的生产和运输的信息传输和数据完成的传递，并实现预制构件的传输和存储的信息管理。依靠 BIM 技术实现设计模型向加工模型的转换，帮助制造商准备材料，实现数控加工设备和零部件的信息化和自动化生产，从而帮助提高零部件生产质量及零部件生产效率。

3.5　施工阶段

在此阶段，应考虑施工前的准备工作，例如技术准备、材料准备和现场准备，以使项目准备就绪。然后在项目中实施成本、进度和质量管理，完成合同中规定的任务，满足验收和交付的要求。施工阶段的参与者很多，依靠 BIM 来模拟进度和模拟举升组件、准备组件需求计划和仓储场计划以及协调组件制造商的计划。

3.6　运维阶段

此阶段假设运营与维护功能可为用户提供舒适的构建环境。该项目可以通过建立基于 BIM 技术的设备运行和维护系统，来进行预制建筑物的运行和维护，并在运行和维护阶段提高设备的维护和管理水平。

4　结语

在对 BIM 技术进行综合分析的基础上，分析了预制房屋施工管理过程中所需的信息，并选择和布置了收集信息所需的设备。基于进度、质量和成本这三个目标，建立了基于 BIM 和 IoT 技术的装配组件的管理结构，从而解决了在建设过程中难以收集信息和信息实时反馈的问题，实现建筑施工过程中的动态管理。

目前，我国在预制建筑物中的工业生产和 BIM 技术的应用还不够成熟，存在一定的局限性。基于 BIM 的预制建筑工程项目的信息管理仍处于开发的早期阶段，并且正在从演示到范围的大力推动。为了将预制建筑物和基于 BIM 的信息管理完全集成，我们需要在实践中继续探索和改进。

参考文献

［1］　朱旭鹏. 装配式建筑设计中的 BIM 方法应用分析［J］. 低碳世界，2017（27）.

［2］　李其廉，郝凯凯，张慧玲，等. BIM 技术在装配式建筑中的应用分析［J］. 江西建材，2017（11）：55-56.

［3］　杨亚丽，刘可心，李彦婕. BIM 技术在装配式建筑中的应用研究综述［J］. 科学技术创新，2017（5）：258-259.

［4］　周冲，张希忠. 应用 BIM 技术建造装配式建筑全过程的信息化管理方法［J］. 建设科技，2017（3）：32-36.

［5］　陈文涛. BIM 技术在装配式建筑中的应用研究［J］. 工程技术，2017（12）：00208-00208.

信息化技术在项目成本中的应用与探索

石小洲　谢　欢　王　斌　刘小清　莫　忠

湖南省第一工程有限公司，长沙，410011

摘　要： 本文以金沙湾项目为例介绍了信息化项目成本管理模式，即借助信息化技术手段辅以配套的流程与制度来达到项目成本精细化控制的一种新管理模式，可以为以后的项目成本控制提供思路和借鉴。

关键词： 信息化；数字化；成本

1　前言

　　传统项目成本管理模式难以形成有效的成本过程管控，大多在全面审计后才能确定项目成本，但此时不仅改变不了盈亏的事实，也不能分析出项目成本盈亏的主要原因，对项目管理业绩缺乏正确的评判依据。

　　随着时代进步，很多工程建设者把目光瞄向了信息技术，通过信息化系统对项目发生成本实时收集，并与项目成本计划对比，进而了解项目成本盈亏情况，及时采取各种对应措施，实现成本过程管控。但现实操作中会遇到各种各样的问题，如在成本计划分解中，分解是否及时、准确？分解方式是否对类似的工程也有适用性，而不只是某工程的个例？成本实际收集如何保证收集数据的及时性？成本计划分解的工程量和实际验收的工程量是否一致？项目管理人员对信息软件操作的适应性、熟练程度等问题。这不仅仅是单一的信息技术应用，而是一整套基于信息技术背后的管理模式变化。

2　信息化技术成本管理基本原理

　　工程建设过程中将诸如材料、人力、机械、措施费等数据通过信息技术收集、分类汇总，结合成本控制计划迅速判断当前成本控制情况并采取对应措施进行管控，过程控制得以实现。

　　基于上述出发点，金沙湾三期项目管理团队联合软件开发机构量身定制了一套成本管理软件，软件包括内部签证、结算管理、物资管理、二次经营等成本收集应用模块，用于项目成本实时收集。项目先建立了预算成本分解标准，将预算成本逐一分解为最小工作单元成本，将成本管理目标覆盖至个人。项目根据软件应用可靠性、可追溯性、及时性等特点重新优化了管理流程与制度，不仅提升了项目成本管理水平，亦取得了良好的经济效益及经验。

3　信息化技术成本管理应用实例分析

　　金沙湾三期项目成本管理流程：预算成本分解→实际成本收集→节点成本对比→数据分析→成本纠偏。

3.1　预算成本分解

3.1.1　建立预算成本分解标准

　　基于广联达模型工程量提取规则较固定，以模型提取规则形成的工程量发包或分包有利于建立计划工程量和实际工程量一一映射关系，形成成本对比的基础。项目在建筑工程质量验收统一标准的划分规则及发包或分包合同可操作性的基础上，建立预算成本分解标准，将工程预算成本分解为一个个小的工程单元预算成本，这些单元所含的工程量可以独立发包或者自由组合发包给分包人。预算成本分解标准包含 WBS 工作分解结构标准、WBS 组织安排标准（进度安排、分包模式确定、明确工作相关责任人）、分包成本分解标准、物资成本分解标准、收入分解标准。

（1）WBS 工作分解结构标准

①结构分解路径

WBS 工作分解结构：把一个施工项目中需通过组织人、机、料等生产要素完成的生产任务（涉及分包的生产任务、不包含纯粹的管理任务），按施工组织设计的要求和一定的原则进行分解。

分解路径：一般按照从上至下原则分为工程项目、单位工程、分部工程、分项工程、工作单元五个层级。即：工程项目→单位工程→分部工程→分项工程→工作单元。结构分解规则中第一、二、三、四层级沿用建筑工程质量验收统一标准的划分规则，工作单元划分考虑到所含工程量结算后两算对比的方便性，项目建立了一套划分规则。

②工作单元

在实际施工过程中，按照施工组织设计划分的，在施工过程中安排一个分包队伍独立一次性地完成，可不再分解单项工作任务，常规生产中以施工流水段或检验批的形式体现。工作单元是一个分包队伍完成的单项工作任务，每个工作单元可单独精确计量收入、分包成本和物资成本等数据，形成收入单元、分包成本单元和物资成本单元，为精细化管理提供最小单位的基础数据支撑。

③结构分解规则：在分项工程下根据施工组织的流水段划分计划，设置"工作单元"为第五层级。一个"分项工程"可包含多个"工作单元"。工作单元名称描述应包含单位工程简称、分项工程简称和精确的部位描述三个要素，如"综合楼 5 层钢筋工程""1 栋 10 层外墙抹灰""实验楼基础底板混凝土工程"。表1所示为金沙湾三期项目 C10 栋工作单元结构分解。

表 1　某主体结构钢筋分项工程工作单元划分列表

单位工程	分部工程	分项工程	工作单元
C10 栋	主体工程	钢筋工程	1 层钢筋工程 C10-1 轴～ C10-14 轴
C10 栋	主体工程	钢筋工程	1 层钢筋工程 C10-15 轴～ C10-28 轴
C10 栋	主体工程	钢筋工程	2 层钢筋工程 C10-1 轴～ C10-14 轴
C10 栋	主体工程	钢筋工程	2 层钢筋工程 C10-15 轴～ C10-28 轴
C10 栋	主体工程	钢筋工程	3 层钢筋工程 C10-1 轴～ C10-14 轴
C10 栋	主体工程	钢筋工程	3 层钢筋工程 C10-15 轴～ C10-28 轴
C10 栋	主体工程	钢筋工程	4 层钢筋工程 C10-1 轴～ C10-14 轴
C10 栋	主体工程	钢筋工程	4 层钢筋工程 C10-15 轴～ C10-28 轴
C10 栋	主体工程	钢筋工程	5 层钢筋工程 C10-1 轴～ C10-14 轴
C10 栋	主体工程	钢筋工程	5 层钢筋工程 C10-15 轴～ C10-28 轴

（2）WBS 组织安排标准

WBS 组织安排是依据项目施工组织设计，确定出项目工作单元进度计划、分包模式、合约管理、验收方式及验收责任人等流程。

① WBS 进度安排

依据施工组织设计的进度计划安排部署，细化每个工作单元的进度计划。WBS 进度安排作为项目实施过程中的进度管理的基础依据，将对每个工作单元的进度提前与滞后即时呈现。同时将每个工作单元导入时间轴，协同每个工作单元的分包成本、物资成本、合同收入分解，结合收入合同与支出合同约定的结算和支付方式，系统自动分析项目的资金运行计划。

② 分包模式

依据施工组织设计的分包模式计划，细化每个工作单元的分包模式，包含劳务分包和专业分包两种。以明确成本核算统计科目是否包含工作单元物资组织、分包工程招标方式及上限价等。

③ 分包合约规划

依据项目部分包队伍的组织计划，在分包成本分解中明确哪些分项工程（工作单元）拟订与同一个劳务分包商或工程分包商签订分包合同，并明确拟订的分包合同名称形成分包合同规划，该合同所有工作单元的分包成本汇总成为分包工程量清单作为需求计划清单，其总额将成为该合同招标的上限总价控制红线。

④ 明确责任人

明确每个工作单元责任施工员和质量员，在生产任务实施过程中，各工作单元的安排和验收的权限与对应责任人自动匹配（图1）。

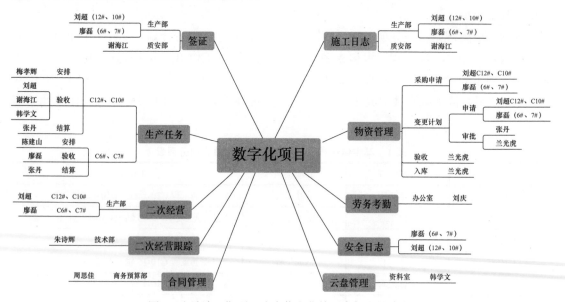

图1　金沙湾三期项目成本信息化管理责任人员确定

（3）分包成本分解标准

分包成本分解主要工作：明确每个工作单元的成本子目名称，依据施工组织方式明确成本子目的计量单位和转换工程量，明确计划不含税单价，明确增值税率，自动计算不含税总价、税金和含税总价，描述分包包含内容说明，如图2所示。

图 2　金沙湾三期项目分包成本分解的子目名称及计量统计

（4）物资成本分解标准

物资成本分解主要工作：明确每个工作单元所需的主要物资名称，明确每种物资的计量单位和转换量，明确计划不含税单价，明确增值税率，自动计算不含税总价、税金和含税总价，进行物资合约规划，如图 3 所示。

图 3　金沙湾三期项目 WBS 物资成本分解

（5）收入分解标准

收入分解主要工作：罗列工作单元合同清单子目，导入对应清单的计量单位和合同工程量，导入合同清单综合单价，自动计算总价，如图 4 所示。

3.1.2　预算成本分解

依据上述分解标准，项目首先对 C7、C10、C12、B15 等 4 栋进行 WBS 分解，将算量模型与计价信息均导入至广联达 BIM 5D，关联各层级子目工程量，导出数据信息，将其与 WBS 工作分解结构在信息化平台中进行匹配，生成预算成本分解数据信息，即计划成本信息见图 5～图 7。

金沙湾项目WBS收入分解									
单位工程	分部工程	分项工程	工作单元	清单子目名称	计量单位	合同数量	合同单价	合同总价	项目特征
C10栋	主体工程	钢筋工程	1层钢筋工程C10-1轴~C10-14轴	1. 现浇构件圆钢φ6.5（Ⅰ级钢）	t	0.586			现浇混凝土钢筋 1. 现浇构件圆钢φ6.5（Ⅰ级钢） 2. 钢筋制作、运输、安装
C10栋	主体工程	钢筋工程	1层钢筋工程C10-1轴~C10-14轴	1. 现浇构件圆钢φ8（Ⅰ级钢）	t	1.068			现浇混凝土钢筋 1. 现浇构件圆钢φ8（Ⅰ级钢） 2. 钢筋制作、运输、安装
C10栋	主体工程	钢筋工程	1层钢筋工程C10-1轴~C10-14轴	1. 现浇构件圆钢φ10（Ⅰ级钢）	t	0.196			现浇混凝土钢筋 1. 现浇构件圆钢φ10（Ⅰ级钢） 2. 钢筋制作、运输、安装
C10栋	主体工程	钢筋工程	1层钢筋工程C10-1轴~C10-14轴	1. 现浇构件螺纹钢φ6.5（Ⅲ级螺纹钢）	t	0.482			现浇混凝土钢筋 1. 现浇构件螺纹钢φ6.5（Ⅲ级螺纹钢） 2. 钢筋制作、运输、安装
C10栋	主体工程	钢筋工程	1层钢筋工程C10-1轴~C10-14轴	1. 现浇构件螺纹钢φ8（Ⅲ级螺纹钢）	t	3.320			现浇混凝土钢筋 1. 现浇构件螺纹钢φ8（Ⅲ级螺纹钢） 2. 钢筋制作、运输、安装
C10栋	主体工程	钢筋工程	1层钢筋工程C10-1轴~C10-14轴	1. 现浇构件螺纹钢φ10（Ⅲ级螺纹钢）	t	0.768			现浇混凝土钢筋 1. 现浇构件螺纹钢φ10（Ⅲ级螺纹钢） 2. 钢筋制作、运输、安装
C10栋	主体工程	钢筋工程	1层钢筋工程C10-1轴~C10-14轴	1. 现浇构件螺纹钢φ12（Ⅲ级螺纹钢）	t	1.355			现浇混凝土钢筋 1. 现浇构件螺纹钢φ12（Ⅲ级螺纹钢） 2. 钢筋制作、运输、安装
C10栋	主体工程	钢筋工程	1层钢筋工程C10-1轴~C10-14轴	1. 现浇构件螺纹钢φ14（Ⅲ级螺纹钢）	t	0.112			现浇混凝土钢筋 1. 现浇构件螺纹钢φ14（Ⅲ级螺纹钢） 2. 钢筋制作、运输、安装
C10栋	主体工程	钢筋工程	1层钢筋工程C10-1轴~C10-14轴	1. 现浇构件螺纹钢φ16 以上（Ⅲ级螺纹钢）	t	1.285			现浇混凝土钢筋 1. 现浇构件螺纹钢φ16 以上（Ⅲ级螺纹钢） 2. 钢筋制作、运输、安装
C10栋	主体工程	钢筋工程	1层钢筋工程C10-1轴~C10-14轴	1. 现浇构件螺纹钢φ18 以上（Ⅲ级螺纹钢）	t	1.355			现浇混凝土钢筋 1. 现浇构件螺纹钢φ18 以上（Ⅲ级螺纹钢） 2. 钢筋制作、运输、安装
C10栋	主体工程	钢筋工程	1层钢筋工程C10-1轴~C10-14轴	1. 现浇构件螺纹钢φ20 以上（Ⅲ级螺纹钢）	t	1.013			现浇混凝土钢筋 1. 现浇构件螺纹钢φ20 以上（Ⅲ级螺纹钢） 2. 钢筋制作、运输、安装
C10栋	主体工程	钢筋工程	1层钢筋工程C10-1轴~C10-14轴	1. 现浇构件螺纹钢φ22 以上（Ⅲ级螺纹钢）	t	0.831			现浇混凝土钢筋 1. 现浇构件螺纹钢φ22 以上（Ⅲ级螺纹钢） 2. 钢筋制作、运输、安装

图4　金沙湾项目WBS收入分解

图5　金沙湾三期项目广联达算量模型

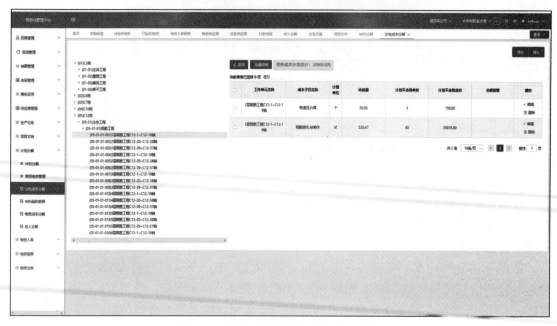

图6　金沙湾三期项目某栋分包成本分解

单位工程	分部工程	分项工程	工作单元	流水段	项目特征	单位	预算工程量	模型工程量	综合单价	合价(元)
C2栋	主体工程	钢筋工程（钢筋工程按每层设置一个单元即可，可减少特资成本分解的工作量，平时报计划也是按照楼层来报）	1层钢筋工程 C2-1~C2-9轴	C2-1-9 1F	1.现浇构件钢筋HPB300 直径6.5mm	t	8.078	0.487		
				C2-1-9 1F	1.现浇构件钢筋HPB300 直径8mm	t	18.314	0.986		
				C2-1-9 1F	1.现浇构件钢筋HPB300 直径10mm	t	5.95	0.422		
				C2-1-9 1F	1.现浇构件钢筋HPB300 直径12mm	t	0.026	0.013		
				C2-1-9 1F	1.现浇构件钢筋HRB400 直径6mm	t	18.161	0.553		
				C2-1-9 1F	1.现浇构件钢筋HRB400 直径8mm	t	44.501	2.212		
				C2-1-9 1F	1.现浇构件钢筋HRB400 直径10mm	t	11.048	1.21		
				C2-1-9 1F	1.现浇构件钢筋HRB400 直径12mm	t	22.828	1.007		
				C2-1-9 1F	1.现浇构件钢筋HRB400 直径14mm	t	12.621	1.37		
				C2-1-9 1F	1.现浇构件钢筋HRB400 直径16mm	t	17.802	0.954		
				C2-1-9 1F	1.现浇构件钢筋HRB400 直径18mm	t	5.674	0.324		
				C2-1-9 1F	1.现浇构件钢筋HRB400 直径20mm	t	4.263	0.21		
				C2-1-9 1F	1.现浇构件钢筋HRB400 直径22mm	t	9.881	0.55		
				C2-1-9 1F	1.现浇构件钢筋HRB400 直径25mm	t	17.132	0.892		
				C2-1-9 1F	1.电渣压力焊接 Φ14~18;	个	784	0		
				C2-1-9 1F	1.直螺纹套筒接头 钢筋 Φ22	个	4	0		
			1层钢筋工程 C2-10-18~C2-18轴	C2-10-18 1F	1.现浇构件钢筋HPB300 直径6.5mm	t	8.078	0.484		
				C2-10-18 1F	1.现浇构件钢筋HPB300 直径8mm	t	18.314	0.98		
				C2-10-18 1F	1.现浇构件钢筋HPB300 直径10mm	t	5.95	0.425		
				C2-10-18 1F	1.现浇构件钢筋HPB300 直径12mm	t	0.026	0.013		

图 7　BIM 5D 量价信息匹配 WBS 工作分解生成单元预算成本数据

3.2　成本数据收集

实际成本通过信息化软件结合项目流程管理、制度管理形式来收集。

（1）信息化软件模块配置

金沙湾项目信息管理软件有如下功能模块（图 8）：1. 施工日志；2. 二次经营跟踪；3. 合同管理；4. 内部签证；5. 生产任务；6. 结算管理；7. 物资管理；8. 二次经营；9. 云盘管理。

图 8　信息管理软件平台界面

内部签证模块（图 9）：对各个分包商的签证管理，能加强内部签证的及时性和客观性。

图 9　金沙湾项目信息化系统平台内部签证模块

二次经营模块（对甲方签证，图10），通过与内部签证记录对比可以知道签证工程量的成本盈亏情况，借此强化项目管理人员的二次经营理念，及时挖掘和上传二次经营机会，扩大项目开源效应。

图10　二次经营模块

二次经营跟踪；是对项目二次经营的成果巩固的监管，具体负责人员可以以这个为二次经营记录台账，项目领导可随时监控二次经营进展状态，发现二次经营的问题和难点，帮助员工协同推进项目部二次经营工作。

合同管理模块（图11），提前将项目部的所有合同上传，形成云合同台账，规范项目部的合同管理。方便现场人员随时查阅各类合同，做到履约有理有据。

图11　合同管理模块

生产任务模块（图12）：在工作单元施工前，由施工员在软件平台安排劳务作业；等完成工作单元后，由质量员和栋号长进行现场验收，同时在软件平台确认。

结算管理模块（图13）：生产任务验收后，自动进入结算，由预算员发起验收，劳务班组长确认，项目领导确认，自动转到公司相关部门。

物资管理模块（图14），本工程进场物资全部纳入信息化管理系统，系统对物资总量自动归类统计。

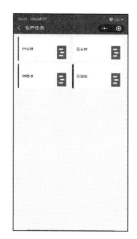

图 12 生产任务模块

图 13 结算管理模块

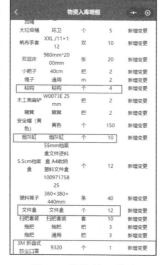

图 14 物资管理模块

（2）信息化技术配套流程及制度

因为项目成本并不是孤立存在的，它的发生必然牵涉项目各管理部室的管理过程，项目对各管理部室在验收结算中的流程进行了重新设定，同时通过建立部分项目人员管理制度，约束了权限人员不规范的软件使用行为。下面列出部分操作管理流程，图15、图16是管理部室基本管理流程结合成本信息化管理软件模块制定的新的管理流程和制度。

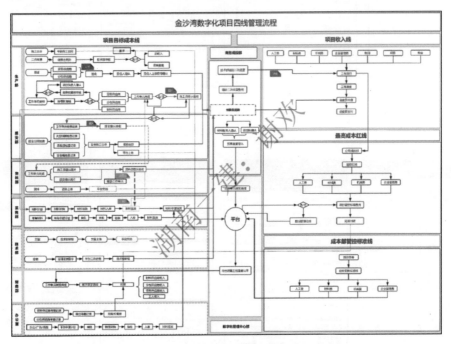

图15　项目管理部室参与的成本管理流程架构

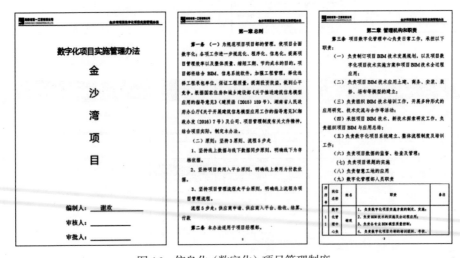

图16　信息化（数字化）项目管理制度

3.3　数据对比、分析、成本纠偏措施

信息化软件能自动对比和统计数据，从项目钢筋劳务结算对比数据情况可以发现因现场施工技术改变，造成电渣压力焊工程量与预算文件的电渣压力焊工程量不符（图17）；此对比收集方法保证了现场施工与预算员进行结算信息一致，可为项目节省成本。

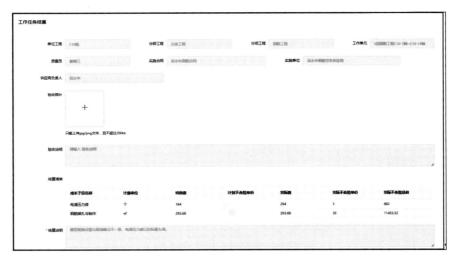

图 17　电渣压力焊结算对比图

从两算对比结果可以看到各项费用的偏差，通过系统成本追溯功能，我们能找出成本偏差原因。由图 18 可以看到，材料费总价偏差较大，我们通过成本追溯功能能随机打开一份材料对比表，可以看到表中钢筋型号以及对应型号的工程量偏差，我们可以从图 19 中知道这里的钢筋实际使用量是小于预算使用量的，成本方面有所结余。调查原因则能看到原来是部分钢筋型号变更后，用高强钢筋代替强度等级低的钢筋，钢筋总质量有所减少；另一原因是预算工程量中含现场柱纵筋预留长度；图 20 中河沙实际工程量远小于预算工程量，显示出材料成本结余，但实际该部分河沙自拌混凝土已经替换为商品混凝土。成本溯源后，知道了成本偏差是否属于正常可控范围内，同时针对偏差原因我们可以采取相应的措施进行优化处理。

A	B	C	D	E	F	G	H
		金沙湾三期两算对比分析总表					
序号	费用名称	预算成本（单位：元）	实际成本（单位：元）	总价偏差	备注		
一	**直接费**						**成本**
1	人工费	6,660,326.10	6,385,689.79	274,636.31			不含机械台班、塔吊租赁
2	材料费	13,915,323.39	12,037,697.31	1,877,626.08			
3	机械费	912,141.63	611,277.91	300,863.72			吊运费、塔吊租赁及人工
4	专业分包	2,628,173.25	2,126,861.66	501,311.59			安装、防水、土石方
5	安全文明施工费（临建）	1,047,721.65	770,422.24	277,299.41	实际成本按完成面积分摊		所有临建产生的人材机、数字化费用
二	**间接费**						
1	管理费和利润	3,674,194.28	4,732,968.34	-1,058,774.06	管理费5%，会计服务费0.2%。含管理人员相关费用2822097.2元；借款利息248534.44元（共计3962008.61)		
2	规费	1,522,700.97	891,376.97	631,324.00			
三	税金	3,306,508.02	870,197.64	2,436,310.38			
四	合同优惠	-1,699,075.87	0.00	-1,699,075.87			
五	总计	31,968,013.41	28,426,491.86	3,541,521.55			
分析情况说明：							
1、本两算对比分析内容为2019年10月24日开工至2020年1月20日。							
2、预算是按照人工是按照湘建价2017【165】号文计取，材料价按照合同价计算。							
3、形象进度从开工至2020年1月20日（C6三层，C7九层，C10六层，C12八层，地下室1-7区正负零以下及C3C8基础转胎膜、垫层、临建工程。							

图 18　两算对比分析总表

序号	材料名称	预算成本				预算总价	实际成本					工程量偏差	单价偏差	总价偏差	分析
		C7栋预算工程量	C10栋预算工程量	C12栋预算工程量	地下室预算工程量		实际单价（平均）	C6栋实际工程量	C7栋实际工程量	C3/C8/C10/C12/地下室实际工程量	实际总价				
一	钢材														
1.1	HPB300直径6.5mm	4.53	5.82	20.84	20.165						0.000	56.453			
1	HPB300直径8mm	13.61	13.48	39.27	10.096				35.240		0.000	68.709			
2	HPB300直径10mm	4.02	1.71	5.83	2.914				4.120	-1.899	0.000	17.729			
3	HPB300直径12mm										0.000	0.072			
4	HRB400直径6mm	9.07	8.04	44.42	2.107				17.370	43.710	0.000	9.643			
5	HRB400直径8mm	37.10	29.21	112.16	47.432				92.650	251.662	0.000	-83.110			1.实际总量已扣除现场剩余钢筋153.665T；2.预算工程量中含现场柱纵筋预留长度，约5.7T；3.钢筋节余率约9%
6	HRB400直径10mm	42.24	11.57	14.48	191.856				109.870	212.588	0.000	7.339			
7	HRB400直径12mm	29.37	14.27	72.17	388.019				130.187	308.902	0.000	131.036			
8	HRB400直径14mm	3.07	2.20	31.09	32.304				10.220	59.422	0.000	2.372			
9	HRB400直径16mm	20.16	13.45	20.22	67.395				35.582	113.674	0.000	12.131			
10	HRB400直径18mm	16.01	8.90	28.32	59.632				55.091	79.569	0.000	0.650			

图19　钢筋材料两算对比表

序号	材料名称	预算成本				预算总价	实际成本					工程量偏差	单价偏差	总价偏差	分析
		C7栋预算工程量	C10栋预算工程量	C12栋预算工程量	地下室预算工程量		实际单价（平均）	C6栋实际工程量	C7栋实际工程量	C3/C8/C10/C12/地下室实际工程量	实际总价				
一	钢材														
27	水车							5		34		-39.000			
二	砌体														
1	小多孔砖240*115*90								987.23			-987.231			1.C6、C7接桩（签证）使用 2.现场砌胎膜未按方案施工，导致材料超出预算量。
2	大多孔砖240*190*90								92.18			-92.176			
3	标砖240×115×53m	1.99	9.15	41.36	616.030				25.09			652.280			
三	地材														
1	河沙	23.46	19.60	93.57	597.600					48		719.782			1.地下室防水保护层实际采用商混 2.碎石用于后浇带垫层
2	机砂							16		404.6		-420.600			
3	碎石									8		-8.000			
4	水泥														
1	水泥	11486.10	8299.10	39753.70	196258.050			10000		200900		60537.050			1.地下室防水保护层实际采用商混

图20　其他材料两算对比表

3.4　成本管理应用注意事项

（1）金沙湾项目是基于生产计划的精细管理的基础上展开的精细商务成控计划管理。着重于项目劳务分包、专业分包和物资三类直接成本计划的精细分解，直接成本中的施工机械成本、项目间接成本和税金及附加成本按照其他原理进行计划。

（2）现场临时设施、安全防护、场地布置、施工机械的设备基础等内容均可列入 WBS 工作分解结构中，按照施工组织设计和专项施工方案，应用 BIM 模型设计导出工程量，并进行定额分析后提取各类工程量数据。

（3）分包成本分解：要明确各个分包的结算方式、工程量计算规则、包含的工作内容、涵盖的辅助材料与小型机具等内容。依据结算方式和计算规则提取工程量（计算规则应统一按照国家的规范执行）。计划不含税单价是公司内部的指导价格。各类分包的计划按照每个工作单元录入工程量和计划单价。

（4）物资成本分解：每个工作单元可能包含多种主要材料，均应如实列入。物资的消耗量应按照企业的标准要求列入，如钢筋应考虑不低于计划的节约率，混凝土严格按照计划体积控制，瓷砖考虑低于计划的损耗率等。

（5）计划精细分解工作首先应由工程技术部门完成 WBS 结构分解、WBS 组织安排两个分解工作，再流转到商务成本控制部门进行分包成本分解、物资成本分解和收入分解。

（6）项目应建立自身的劳务分包、专业工程分包、物资的编码体系，应建立各类物资的消耗量指标体系，应建立各类物资、分包的指导价格体系，并将体系嵌入软件，这样前期编制工作将事半功倍。

4　结语

金沙湾三期项目运用信息化技术对成本管理模式的探索是业内的一次新尝试，除了量身定制的成本管理软件外，项目还细化了预算成本分解标准，并优化了的管理流程与制度，积累了一系列的成本管理经验。通过金沙湾三期项目实践不仅提高了管理效率，有助于项目成本管理目标的实现，而且也为项目成本管理模式的改进提供了一些借鉴。

当然在项目管理运行中，还发现一些问题：如软件本身操作便捷性还有待进一步提升，管理人员权限层级设置不够合理等。随着后续类似项目的不断开展，通过发现问题不断优化改进，成本管理工作效率将进一步提升。

参考文献

[1]　王林. 最小施工单元成本管理方法［J］. 施工技术，2008（37）：99-100.

刍议建筑装饰设计施工中的节能环保技术

杨浴晖　谢腾云　文　丹　李　滔

中建五局装饰幕墙有限公司，长沙，410000

摘　要： 建筑装饰工程与人们生活的联系十分紧密，随着社会经济飞速发展，人们对工作及生活环境有了更多样化的要求，尤其在节能环保方面的要求普遍较高。本文首先阐述了当代建筑装饰设计施工节能环保技术的概念和应用价值，然后分析了当前我国建筑装饰设计施工中在节能环保方面存在的不足，最后从外墙、门窗、空间布局、照明、装饰材料等角度，对建筑装饰设计施工中的节能环保技术的应用进行研究。

关键词： 建筑装饰工程；设计施工；节能环保

如今我国社会经济发展进入了全新阶段，节能环保已经成为社会各领域的发展意识。建筑装饰工程作为打造人们工作、生活场所的专业，其节能环保意识和相关技术水平，直接影响人们所在环境的健康水平。尤其是传统建筑装饰工程中，由于设计和施工方式缺乏节能减排意识，导致建筑能耗高、环境品质差，与人们的健康生活需求及社会可持续发展理念背道而驰。因此，针对建筑装饰设计施工中的节能环保技术进行深入研究，很有必要。

1　建筑装饰设计施工中节能环保技术的概念和应用价值

1.1　概念

首先，建筑装饰工程施工主要是指针对建筑工程内外空间进行装饰设计，以满足城市建设规范，和人们关于审美、环境舒适度、环境品质感及功能性等方面需求的过程。而在该领域中所用到的节能环保技术，则主要是指从建筑装饰设计到施工两个环节，充分考虑降低建筑本身及人们居住过程中产生的能耗，通过科学的设计施工方法，满足节能减排需求的相关技术。

1.2　应用价值

在建筑装饰设计施工中应用节能环保技术，首要价值就是满足当今社会发展和人们关于节能环保等方面的需求。举例来讲，通过科学的设计和严谨的施工方法，可以提升建筑整体保温性能，可以在一定程度上降低建筑空调设备的工作强度，进而降低能耗。如果当今社会建筑普遍具备该特点，对整个社会的节能降耗及环保事业都有积极意义。其次，建筑装饰设计施工中节能环保技术的应用，可以改善人们的居住环境。例如，基于节能环保理念所设计的建筑内部空间，会综合考虑通透性和绿化率，加上绿色环保材料的应用，不仅对人们健康有益，还能打造舒适度更高的生活环境。另外，建筑装饰设计施工中节能环保技术的应用，一定程度上能降低相关成本支出。当然，前提是装饰工程的设计及施工单位深刻掌握了节能环保技术的精髓，不盲目追求成本高昂的高新科技，而是通过科学的设计和合理的施工，提高建筑内部结构合理性和工程品质，可以有效避免材料浪费，打造绿色环保且高性价比的装饰工程。

2　我国建筑装饰设计施工在节能环保方面存在的不足

2.1　节能环保意识不足

如今很多地区建筑装饰设计施工单位的工作早已形成了固定思维，很多人员对节能环保方面的技术和意义理解不深，导致在设计施工中不具备节能环保意识。一方面，在装饰工程设计时没有过多考虑当地环境和建筑结构，不科学的设计方案导致施工耗材增多，后续能耗增加；另一方面，装饰工程施工单位对施工能耗管理不严，甚至还存在为了节省成本，随意更改施工方案、使用劣质装饰材料的行为。

2.2　装饰材料不符合节能环保要求

虽然我国近年来逐步加强了对建筑施工及装饰材料环保性的审查工作，但是依然存在大量的材料供应商为了追求利益，生产和供应环保等级低、不利于人体健康和环境保护的材料。例如，人们十分排斥的甲醛、苯等物质，在很多建筑装饰工程材料中的含量依然超标，而这些污染物对相关区域空气环境的持续污染期限长达数十年之久，严重威胁着人们的健康。

2.3　专业水平较低

目前，我国很多建筑装饰工程从业者虽然具备节能环保意识，但是自身掌握的节能环保专业知识和相关技术水平较低，导致建筑装饰工程的设计和施工无法达到节能环保的要求。例如，在建筑门窗保温性的设计方面，一味追求成本昂贵的门窗材料，空间设计、施工管理等方面不满足降低能耗要求，导致成本造价高昂但施工效果无法达到预期。

3　建筑装饰设计施工中节能环保技术的应用

3.1　墙体节能

建筑工程中，墙体是重要组成部分之一，也是装饰工程设计和施工的重要对象。而对整体建筑而言，外墙决定着建筑整体的保温能力，内部墙体的构造与建筑采光和通透性息息相关。因此，需要针对墙体做好节能设计和施工。目前，针对外墙的节能环保设计技术主要有两类：其一是外墙夹层保温，主要是在外墙表面和基底之间加入保温隔热材料，表面再覆盖防水性较好且经久耐用的表层材料，这样的多层墙体具有很好的保温降噪功能；其二是外墙外保温技术，该技术使用经济性较好的保温板材料，覆盖在墙体外部，饰面再用砂浆或水性外墙涂料覆盖。目前，这两种技术是目前我国主流的外墙保温技术，但是前者造价高、施工难度较大，在大城市比较高档的建筑装饰工程中经常可以看到，后者造价较低且施工技术趋于成熟，不过近年来对于外墙保温板防火性能的讨论日趋热烈，是该技术后续需要研究的重点问题。

按体型系数小于 0.3 计算，得出表 1 计算分析结果。

表 1　各墙体材料的性能

每层材料名称 （外墙）	厚度, δ （mm）	导热系数 λ ［W/ (m·K)］	蓄热系数 S ［W/ (m²·K)］	热阻值 R （m²·K/W）	导热系数的 修正系数
热镀锌电焊网复合抗裂砂浆	10	0.93	11.31	0.01	1.00
B_1 级黑色聚苯板	50	0.032	1.29	1.562	1.00
混凝土墙	200	1.74	7.87	0.115	1.00

续表

每层材料名称 （外墙）	厚度，δ （mm）	导热系数 λ [W/(m·K)]	蓄热系数 S [W/(m²·K)]	热阻值 R （m²·K/W）	导热系数的 修正系数
混合砂浆	20	0.87	11.11	0.02	1.00
墙体各层之和	280	——	——	1.707	——
墙体热阻 $R_0=R_i+\Sigma R+R_e$	\multicolumn{5}{c}{1.707+0.15=1.857（m²·K/W）}				——
墙体传热系数	\multicolumn{5}{c}{$1/R_0$=0.54（W/m²·K）}				——

当 B_1 级黑色聚苯板（外保温）厚度为 50mm 时，墙体热阻 R_0=1.857，墙体传热系数 K=0.54<0.60。

针对建筑内部墙体的设计，需要考虑建筑整体的朝向和当地气候。例如，北方地区建筑内部墙体设计需要避免过于通透，配合窗户开口大小的设计，一定程度上增加朝南方位的光照空间，降低能耗。

3.2 门窗节能

门窗是建筑热量散失的主要部位，因此需要在整体设计和施工方面做好把控。首先门窗材质应当符合环保标准，同时在密封性、耐久性和隔热性等方面具备一定优势。图1所示是一种具有良好隔热保温性能的窗户结构，中空玻璃和特殊设计的铝合金结构，兼顾保温和隔声，同时采用的铝合金、隔热条及玻璃都是环保材料。在节能型门窗施工期间，需要采用科学的施工方法，尤其要注意做好门窗和墙体之间的密封。另外，从设计角度来讲，可以通过适当减小窗户活动开口面积，避免大面积开窗而导致热量流失，增加能耗。

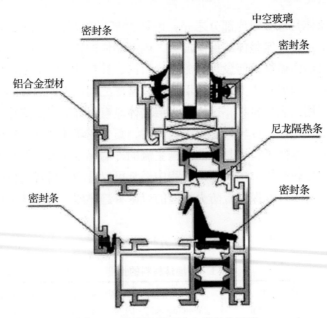

图1 一种节能型铝合金窗结构示意

3.3 照明系统节能

建筑装饰工程中，照明系统是电能消耗较大的部分，也是节能环保技术应用的重点部分。首先，需要从设计角度基于当地环境特点，通过科学的内部构造设计，增加建筑内部采光面，提高自然光利用率，降低电灯的使用率。其次，可以在建筑内部合适的地方使用反光或浅色装饰材料，提高内部采光性能。另外，积极使用节能灯光系统，在光源本身能耗较低的基础上，结合声控灯、感光灯技术，进一步降低灯光系统能耗。

3.4　重视节能环保材料的应用

目前，随着我国节能环保管理要求越来越高，社会各界的节能环保意识逐渐增强，节能环保建筑材料正逐步进入建筑装饰工程领域。这要求建筑装饰工程相关设计及施工单位深入研究节能环保技术和相关材料技术，在设计和施工中合理使用这些新型材料。另外，装饰工程设计施工单位需要逐渐建立重装修、轻装饰理念，合理减少不必要的装饰材料，降低直接成本消耗。

4　结语

总体而言，在社会经济飞速发展的新时期，人们普遍意识到节能环保的重要性。建筑装饰工程的设计和施工技术，对建筑整体节能环保性能有决定性的作用。因此，建筑装饰工程设计及施工人员需要深入研究节能环保技术，结合建筑本身特点和当地环境条件，制定科学的设计方案，在施工中积极采用节能环保材料，把控施工质量。只有这样，才能在确保装饰工程质量的基础上，为全社会的节能环保事业做出贡献。

参考文献

[1] 郭兵. 刍议建筑装饰设计施工中的节能环保技术 [J]. 建筑工程技术与设计，2018（15）：4389.

[2] 王文科. 刍议建筑装饰设计施工中的节能环保技术 [J]. 山东工业技术，2017（18）：144.

[3] 雷红琴. 刍议建筑装饰设计施工中的节能环保技术 [J]. 建筑工程技术与设计，2017（16）：869-869.

[4] 徐明东. 刍议建筑装饰设计施工中的节能环保技术 [J]. 建筑工程技术与设计，2017（15）：4455-4455.

[5] 于涛. 刍议节能施工技术在工民建建筑工程中的应用 [J]. 装饰装修天地，2019（6）：262.

浅谈铝模内置复合保温板施工技术

王仕军　殷海龙　姜　山　李林轩　董鲁召

中国建筑第五工程局有限公司山东公司，威海，264200

摘　要： 目前，我国全现浇外墙和复合保温一体化工艺被越来越多地应用到了工程实践中，但实际施工中以复合保温一体板作为外侧模板的施工质量问题较多。本文针对铝模支撑体系下复合保温施工质量进行了研究，通过采取外侧铝模 L 形支撑件、制作复合保温定位组件等一系列方法和措施，提高了外墙复合保温系统的施工质量。
关键词： 铝模；L 形支撑件；复合保温定位组件

1　引言

　　目前，我国高层住宅复合保温板应用较为广泛，但多数以单侧木模支撑体系外配复合保温板为主，与木模施工方法相比，铝模内置复合保温板施工具有施工精度高、施工周期短、材料周转率高等特点，更贴合国家倡导的绿色施工理念。我们根据本项目实际施工情况，针对在铝模内置复合保温板的情况下，如何提高外墙复合保温板施工质量做出探讨。

2　应用背景

　　本项目为中建五局总承包的威海泉乐坊住宅项目，其中 15 号楼地下 1 层、地上 25 层，16 号及 17 号楼地下 1 层、地上 24 层，三栋塔楼设计均为全现浇外墙 +100mm 厚复合保温系统。标准层层高为 2.9m，复合保温板标准尺寸为 2900mm×600mm×100mm。应龙湖地产质量管控要求，为提高外墙复合保温系统的整体施工质量，三栋塔楼自标准层以上采用外墙铝合金模板内置复合保温板施工技术。

3　工艺原理

　　在外侧铝模内置复合保温一体板，并通过设置新型撑杆、L 形角铁片等措施对复合保温一体板进行水平垂直定位，充分利用外侧铝模板拼缝严密、平整度及垂直度施工精度高的特点，使复合保温一体板与外侧铝模板紧密贴合，然后浇筑墙体混凝土，将保温板与混凝土有机粘结在一起。拆除外模板和内模板之后，可直接在复合保温一体板的外侧进行玻化微珠保温层施工，减少施工工序，加快施工速度，并形成符合建筑节能标准的永久性复合保温体系，实现节能与结构同寿命。

4　施工的重难点分析

4.1　复合保温板拼缝质量方面

　　采用铝模内置复合保温的情况下，选择合理的复合保温板轴线、标高控制方案，不仅直接影响复合保温安装施工进度、质量与安全，而且直接影响到整层结构总体施工进度。本项目的施工重点在于复合保温板标高、轴线位置的控制。

4.2　复合保温板的垂直、平整度方面

在复合保温板初步安装就位满足轴线、标高要求后，如何保证复合保温板在外置铝模情况下，能够充分利用铝合金模板施工精度高、加固体系牢固的优点，是保证复合保温板外侧的垂直度及平整度符合要求的关键点。

4.3　全现浇外墙的截面尺寸方面

外墙混凝土施工中，采用传统预制水泥块无法保证复合保温板定位牢固，如何杜绝因浇筑振动导致复合保温板内移，杜绝外墙混凝土结构截面尺寸瘦身是确保工程实体质量的核心。

5　结构施工流程

5.1　施工工艺流程

保温板排板、定制→保温板进场、弹线切割→钢筋绑扎→保温板就位、锚固件安装→外侧铝合金模板安装→保温板调整→撑杆安装→内侧铝合金模板安装→铝合金模板加固→墙体模板验收→墙体混凝土浇筑。

5.2　关键施工方法

5.2.1　复合保温板及外墙铝模深化设计

根据施工图纸编制复合保温板排板图与深化设计，对每道墙体建立三维模型，将保温板固定位置及节点大样形式进行排板设计，按照每道墙体尺寸对复合保温板进行排板编号，排板尽量保证主规格复合保温板的使用。统计每层各型号保温板数量，由厂家根据排板图及相应料单进行统一生产加工，尽量减少现场切割次数，保证现场拼装时的拼缝质量。

根据复合保温板排板图优化外墙铝模板设计，对铝模边梁下挂高度、铝模板加固点位及保温收口节点进行重点设计，保证复合保温板与铝模一次性拼装完成，避免复合保温板二次施工造成的施工拼缝。

5.2.2　保温板材料准备

对于局部厂家无法直接生产的规格，需事先在施工现场切割成符合尺寸要求的保温板。切割前需在标准板上准确弹线，弹线宽度大于需用尺寸 2mm，使用轨道切割机进行加工，保证切割精准性，以满足保温板安装质量要求。保温板最小宽度不应小于 150mm，避免因尺寸过小带来的加固及拼装问题。

在墙体钢筋绑扎完成后，根据复合保温板排板图将已完成编号的复合保温板吊运至墙体钢筋附近。复合保温板的吊运过程中，应注意过程保护，避免因碰撞造成保温板边缘破损，导致拼装不严密、拼缝较大等情况。

5.2.3　外侧铝模安装及保温板定位、调整

（1）在外侧铝合金模板的下方，距本层结构面标高以上 10mm 通过自攻丝固定一条通长的 L 形角铁支撑片，如图 1 所示。在 L 形角铁支撑片下侧粘贴与支撑片同宽的海绵条，此海绵条可将 L 形角铁支撑片与剪力墙底部混凝土进行有效隔离，以方便混凝土浇筑完成后的外侧铝合金模板拆除。

（2）在已完成混凝土结构面上弹出每道外墙铝合金模板安装（500mm）控制线，吊运外侧铝合金模板，根据控制线调整外侧铝合金模板轴线位置。

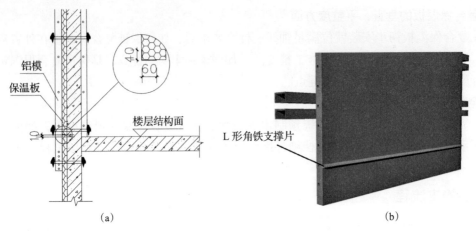

图 1　L 形角铁支撑片结构示意图

（3）将保温板搁置在 L 形支撑条上。从而确保了复合保温板的下部水平度，杜绝了因混凝土结构面高低不平而产生的保温板竖向拼缝不严的情况，能够有效防止因复合保温板拼缝不严造成浇筑混凝土时发生漏浆现象。

（4）采用新型撑杆进行复合保温板支撑与固定。

传统模板支撑方式是在内模板与复合保温板之间设置穿墙定位套管，对拉螺杆穿过内模板上的通孔、定位套管、保温板及外模板上的通孔通过螺母锁定定位，并在内模板的内表面与复合保温板之间设置水泥撑杆控制墙体内截面尺寸，然后浇筑混凝土，待浇筑混凝土冷却后将螺杆及建筑内、外模板拆卸下来。但是此方法在振捣混凝土过程中会对水泥撑杆造成影响，使水泥撑杆移位，影响浇筑后混凝土的内部界面尺寸，且浇筑混凝土后建筑墙体上会留有定位套管形成的多个孔洞，而且还需要人工将孔洞填充，费时费力。

本项目采用一次性拉片加固体系与新型撑杆配合的方式对内模板、复合保温板、外模板进行定位加固。新型撑杆包括三段，分别为封头安装段、中段及插入段，撑杆结构如图 2 所示。

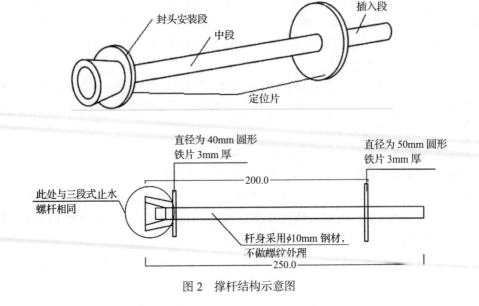

图 2　撑杆结构示意图

封头为内部中空的圆台形结构，设置在封头定位片的外侧，与三段式止水螺杆相仿，封头套装在安装段上；中段为 ϕ10mm 圆钢，设置在封头定位片与压载定位片之间；封头与压载定位片尺寸为 200mm，与设计墙体厚度一致。插入段设置在压载定位片的外侧，同为 ϕ10mm 圆钢。插入段插入复合保温板内，撑杆封头侧支撑于内侧铝模板上，通过压载定位片对复合保温板进行定位固定，使复合保温板更贴合外侧铝模，确保了复合保温板平整度。撑杆安装数量按每 1m^2 不少于 2 根进行设置，具体安装方式如图 3 所示。由于创新性地采用了插入式撑杆，可最大程度地减少了混凝土振捣过程中对撑杆移位的不利影响，同时通过设置压载片与封头装置也杜绝了外墙混凝土截面尺寸瘦身的可能。撑杆安装完毕后，进行铝合金模板的安装与整体加固。由于采用了一次性拉片及新型定位组件，故建筑墙体上无孔洞，且留在混凝土内的定位组件还能起到增加建筑墙体支撑强度的作用，同时还方便了保温板外表面抹砂浆，对于建筑墙体内表面的封头也可以凿除后用砂浆封堵，封头体积小，后续封堵施工劳动强度低。

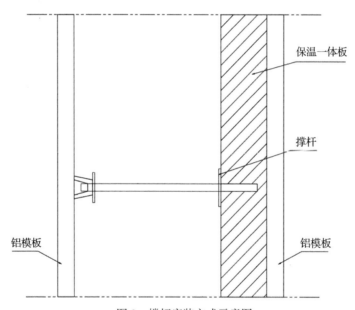

图 3　撑杆安装方式示意图

（5）铝模板固定加固。铝合金模板采用 5 道拉片 + 方通管体系进行加固，从下至上分别距墙根 0.25m、0.85m、1.65m、2.45m、2.80m，金属水平间距为 ≤ 800mm。墙柱模板安装完毕后，安装斜向支撑，斜支撑一端固定在背楞上，另一端用膨胀螺栓固定在楼板上，上部斜支撑楼面的倾角为 45°，下部斜支撑楼面倾角为 10°，斜撑间距 ≤ 2m。通过调整斜撑完成铝合金模板垂直度调整，从而确保复合保温板垂直度满足要求，铝模板加固大样如图 4 所示。

6　质量控制

在具体施工之前需要编制专项施工方案，组织施工人员进行培训交底。现场建立完善的质量管理体系、施工质量控制和检验制度，严格把控各个环节施工质量。复合保温板在运输时必须轻拿轻放，人工运输宜侧立搬运，如果水平抬运必须混凝土层面朝下搬运。

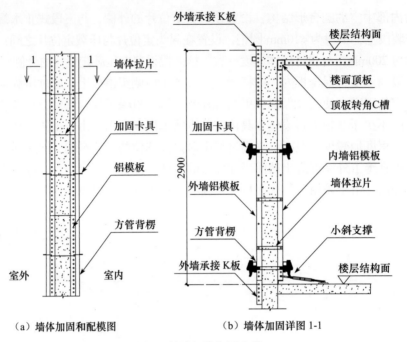

（a）墙体加固和配模图　　　　　（b）墙体加固详图1-1

图4　外墙铝模加固大样

7　结语

铝模内置复合保温板施工技术已在威海泉乐坊项目取得了较好的现场施工效果，施工技术相对于单侧木模支撑体系外配复合保温板施工，操作简单，施工周期短，铝合金模板周转率高，施工精度高，复合保温板拼缝严密，垂直度及平整度控制效果好。该技术解决了单侧木模外配复合保温板支撑体系下的保温板拼缝漏浆、胀模的质量问题并提高了保温板垂直度、平整度以及现浇外墙截面尺寸的合格率，可显著提高工程施工效率及外墙保温施工质量。

参考文献

［1］中华人民共和国建设部. 铝合金结构设计规范：GB 50429—2007［S］. 北京：中国计划出版社.

［2］中华人民共和国住房和城乡建设部组合铝合金模板工程技术规范：JGJ 386-2016［S］. 北京：中国建筑工业出版社.

［3］叠合板现浇混凝土复合保温系统：L14SJ176.LJS［S］.

［4］宋志慧，李鑫. FS保温与外墙模板一体化施工技术在高层住宅中的应用［J］. 城市住宅，2017，24（12）：100-102+107.

［5］刘卫东，张永健，苏矿源. 外墙复合保温与结构混凝土一体化施工系统在工程中的应用［J］. 施工技术，2017，46（S2）：570-573.

［6］宋志慧，李鑫. FS保温与外墙模板一体化施工技术在高层住宅中的应用［J］. 城市住宅，2017，24（12）：100-102+107.

第4篇

建筑经济与
工程项目管理

地下室钢筋混凝土无梁楼盖板施工中质量、安全控制

罗 耀

湖南省郴州建设工程集团有限公司，郴州，423000

摘 要：近年来有梁楼盖板与无梁楼盖板频频发生楼板坍塌事故，本文以资兴合一福·东江首府现场施工为例，简单地说明地下室无梁楼盖板在施工过程中常见问题及处理措施，并通过规范施工保证无梁楼盖板达到设计要求，质量达到预期的质量控制目标。

关键词：无梁楼盖；施工；质量；安全

无梁楼盖又称为板柱结构体系，随着我国城市化的不断发展，地下车库作为缓解城市资源短缺的有效途径之一已经广泛地运用于工程实际中。众所周知，楼盖在整个工程体系中占有很大的比重，楼盖方案的好坏直接影响到结构的安全和工程造价。无梁楼盖已经常用于地下车库中，具有充分利用地下车库空间和降低工程造价等优点。无梁板结构因不设置梁，板面负载直接由板传至柱，具有结构简单、层高度小、传力路径简捷、净空利用率高、造型美观、有利于通风、便于布置管线和施工、节约模板、施工快捷等优点。

1 工程概况

资兴合一福·东江首府位于资兴市沿江北路，建筑总面积160000m²，建筑高度99.3m。地下室面积23200m²，地下室一层层高3.6m，地下室顶板采用钢筋混凝土无梁楼盖板，覆土高度1.6m。本工程无梁楼盖板厚320mm，柱网尺寸为7.9m，暗梁同板厚，柱上采用台锥式承台柱帽，暗梁、柱帽大样图如图1所示。

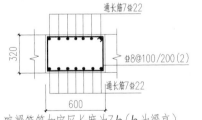

注：暗梁箍筋加密区长度为3h（h为梁高），
加密区从柱帽与板交点算起，无柱帽时从柱边算起。
暗梁范围内不配板带钢筋

（a）AL1

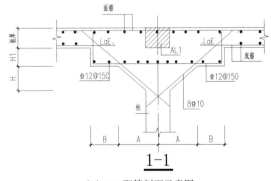

（b）ZM配筋剖面示意图

图1 暗梁、柱帽大样图

2 钢筋混凝土无梁楼盖板施工工艺

2.1 施工步骤

弹轴线并复核→搭支模架→调整托梁→摆主梁、次梁→安放梁底模并固定→梁底起拱→绑扎梁筋→安侧模→侧模拉线支撑（梁高加对拉螺栓）→复核梁模尺寸、标高、位置→与相

邻模板连固。

2.2 施工方法

柱模板搭设完毕经验收合格后，先浇捣柱混凝土，然后再绑扎梁板钢筋，梁板支模架与浇好并有足够强度的柱和原已做好的主体结构拉结牢固。经有关部门对钢筋和模板支架验收合格后方可浇捣梁板混凝土。浇筑时按梁中间向两端对称推进浇捣，由标高低的地方向标高高的地方推进。事先根据浇捣混凝土的时间间隔和混凝土供应情况设计施工缝的留设位置。从搭设架子开始至混凝土施工完毕具备要求的强度前，该施工层下 2 层支顶不允许拆除。

（1）测量员将柱网轴线弹至地下室底板并将柱帽按照设计尺寸弹出，柱帽项目先行按照设计制作定型模板，支模架搭设完成后由塔吊吊运至柱上，根据规范现浇钢筋混凝土梁、板，当跨度大于 4m，模板应起拱，起拱高度宜为全跨长度的 1/1000 ～ 3/1000。

（2）模板铺设完成后，由项目部测量员用墨线弹出钢筋间距，先绑扎柱帽底筋，后绑扎暗梁钢筋，暗梁钢筋绑扎后铺设板底钢筋，板底钢筋需锚入暗梁内，因柱帽板有加强钢筋，绑扎板面钢筋时先将 x 方向铺设完成，再将柱帽 x 方向加强钢筋同层摆放，后铺设板面 y 方向钢筋，最后将柱帽 x 方向加强钢筋同层摆放并绑扎完成，这样绑扎可以保证板面钢筋保护层厚度，绑扎效果见图 2。

（3）浇筑混凝土前以 8m 为间隔各绑扎 1 根 ϕ12mm 钢筋作为板面标高控制点，混凝土浇筑时由项目部测量员实时控制，初平后采用激光水准仪复核，混凝土初凝前用混凝土压光机进行压光（图 3），最后使用薄膜进行覆盖。

图 2　板面、柱帽钢筋绑扎效果示意图

图 3　混凝土初凝前压光机进行压光示意图

2.3 钢管扣件式满堂式脚手架

（1）底部采用配套式底座厚度 4cm，立杆采用 3m 高 ϕ48mm × 3.5mm 钢管，水平拉杆采用 4 道 ϕ48mm × 3.5mm 钢管扫地杆距地 30cm，水平拉杆 3 道间距 800cm，扫天杆距离顶部 30cm，剪刀撑平顶部配 70cm 高顶托，顶托上部主梁采用两根 ϕ48mm × 3.5mm 钢管，主梁上部小梁采用 60mm × 80mm 矩形木楞，面板采用 1.5mm 厚覆面木胶合板，如图 4 所示。

（2）水平杆的设置，每步纵横向水平杆必须拉通，水平杆件接长应采用对接扣件连

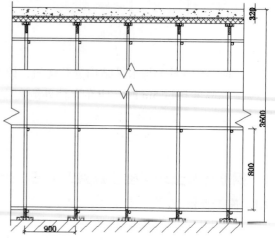
图 4　模板设计剖面图（模板支架横向）

接，水平对接接头位置要求如图5所示：

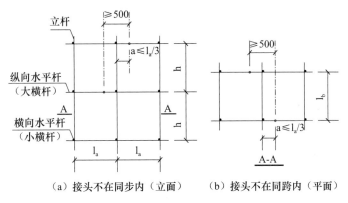

（a）接头不在同步内（立面）　　（b）接头不在同跨内（平面）

图5　水平杆接头位置要求示意图

（3）剪刀撑的设置（图6）

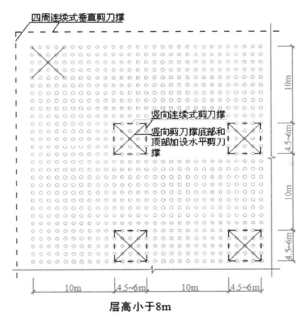

层高小于8m

图6　剪刀撑设置示意图

（4）周边拉结

竖向结构（柱）与水平结构分开浇筑，以便利用其与支撑架体连接，形成可靠整体。当支架立柱高度超过5m时，应在立柱外侧和中间有结构柱的部位，按水平间距6～9m、竖向间距2～3m与建筑结构设置一个固结点。用抱柱的方式（如连墙件），如图7所示，以提高整体稳定性和提高抵抗侧向变形的能力。

2.4　混凝土施工管理

（1）隐蔽工程。模板工程均验收合格后方可出具商品混凝土采购单，采购单详细填写工程地址、施工部位、强度等级、需求方量、添加剂、坍落度、浇筑时间等相关信息，正式施工前24小时电话再次确认混凝土材料储备、供应能力等相关信息，确保混凝土浇筑正常进行。

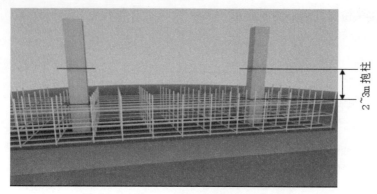

图 7　抱柱示意图

（2）根据实验室混凝土配合比，派相关人员在搅拌站进行监督和检测。

（3）开盘前检查混凝土配合比报告，实测混凝土坍落度，符合要求后方可进行浇筑，浇筑过程中按相关要求进行抽查。

（4）混凝土浇筑前输送管线的布置方式符合方案要求，浇筑过程中坚决避免堆载过大现象。

（5）墙、柱和梁板分开浇筑，竖向结构达到一定强度后方可作为模板支架的约束端。

3　常见问题及处理措施

（1）无梁楼盖抗侧刚度较差，严格控制模板支撑系统稳定性，防止发生偏侧、沉降。

（2）无梁楼盖剪切破坏面较肋梁楼盖的梁剪切破坏面的纵深范围小，弯起钢筋安装精度要求更高。施工时，要求严格控制弯起钢筋的起弯点。

（3）无梁楼盖的传力路径与肋梁楼盖的传力路径不同。在钢筋安装时，长跨底筋绑扎在短跨底筋之下，长跨面筋绑扎在短跨面筋之上。

（4）无梁楼盖较相同柱网尺寸的肋梁楼盖板厚大些。混凝土浇筑时，水化热更大些。施工时，要求严格控制水化热；完成混凝土浇筑后，要严格执行养护措施。

（5）成品保护：无梁楼盖抗侧稳定性差，且容易受到冲切破坏。做好混凝土养护的同时，要求严格控制拆模时间；材料集中堆载的位置以及施工车辆行驶路径要求严格按照楼板回顶措施进行回顶。

（6）加强施工人员与现场安装人员的技术培训，确保所有施工步骤顺利进行，相关人员应进行排查，避免材料损耗，排除安全隐患。

项目部应对钢筋混凝土无梁楼盖板施工编制专项施工方案，建立健全管理制度和质量管理体系。加强施工人员的技术交底及培训，让有关人员真正掌握图纸及相关的技术规程和标准。施工管理人员应严格检查工序施工质量，上道工序不合格决不允许后续工序施工。项目部应加强施工现场的监督管理，规范施工行为，对施工现场进行动态管理，确保施工质量。

4　结语

要保证钢筋混凝土无梁楼盖板的安全使用，应从整个施工的全寿命周期阶段进行质量控制。从材料的安全性到施工的规范性，材料集中堆载的位置以及施工车辆行驶路径要求严格按照楼板回顶措施进行回顶，甚至施工完成后保修期维护的完整性都应做到有效控制，相关的从业人员应加强对标准规范的学习，增强安全、质量责任意识，为提高建筑业施工安全、质量水准做出一份贡献，向社会展现出一个满意的答复。

参考文献

［1］ 中华人民共和国住房和城乡建设部建筑施工脚手架安全技术统一标准：GB 51210—2016［S］. 北京：中国建筑工业出版社.

［2］ 中华人民共和国住房和城乡建设部建筑施工扣件式钢管脚手架安全技术规范：JGJ 130—2011［S］. 北京：中国建筑工业出版社.

浅谈民用建筑电气安装工程常见质量问题及控制

龚文华 黄景华

湖南省郴州建设集团有限公司, 郴州, 423000

摘 要：民用建筑电气安装工程作为建筑工程的一部分，其质量要求随着整个建筑行业质量、品牌意识的提高以及人民对建筑产品的质量要求而不断提升，但在实际安装施工过程中也出现一定的质量问题和不足。本文从民用建筑电气安装工程中质量问题较集中的防雷及接地装置、灯具、吊顶内线路、屏箱柜、电缆、桥架等专项安装和地下室、配电房、电气竖井等公共部位安装中常见质量问题进行总结，从选材和工艺方面，结合相关规范规定与工程实际，提出常见质量问题的控制方法。

关键词：电气；安装；质量问题；控制

1 电气安装工程质量优良的基本要求

电气安装工程质量优良的基本要求概括为：整个工程电气系统安全、使用功能齐全、操作方便合理、观感质量上乘。

（1）所有相关的电气技术指标均符合且不低于国家标准，无违反相关规范标准强制性条文的现象存在。

（2）符合设计文件要求，整个电气系统安全可靠、功能齐全、满足使用要求。

（3）施工工艺先进，观感质量上乘。

（4）电气工程各系统检测参数满足规范要求，试运行正常，交接符合规范要求。

（5）工程资料内容齐全，编目规范，真实有效。

2 电气安装工程常见质量问题

2.1 防雷与接地装置安装（图1）

（1）材料选用不合理，有选用非镀锌钢材的现象。

（2）焊接工艺不合要求，焊接搭接长度不够，且焊接质量差。

（3）固定支架设置不合理，变形缝无补偿装置，支架间距及支撑高度不符合规范要求。

（4）屋面外露金属构件、金属管道及设备金属外壳未与防雷接地装置可靠连接。

（5）均压环及等电位联结未做或不完整，系统实测接地电阻大，不符合设计要求。

2.2 屏箱柜安装

（1）安装位置不合理，不满足本身的操作和防护距离

图1 避雷网常见质量问题

要求。

（2）保护接地不合要求且无标识，配电装置无可靠的电击保护。

（3）本体安装存在不牢固、高度不对、垂直度不合规范要求问题。

（4）屏箱柜内元器件及接线不合规范要求。

（5）屏箱柜内未分别设置中性导体（N）和保护导体（PE）汇流排，汇流排上同一端子有连接不同回路的 N 或 PE 的现象。

2.3　灯具及元器件安装

（1）器具安装固定不牢，特别是大型花灯等悬挂类灯具悬挂装置不可靠。

（2）走廊、门厅、会议室、地下室等公共场所吊顶上的灯具、探头、喷头、广播、摄像头、风口等器具安装不协调，呈"蛇形"状态。

（3）墙面安装的开关插座等器具高低不一，与装饰配合不协调。

（4）高度低于 2.4m 安装的灯具金属外壳无接地和标识。

2.4　吊顶内电气管线安装

（1）吊顶内电气管线安装随意，管线支架利用吊顶吊架或龙骨。

（2）吊顶内线缆及接头外露，防火分区无分隔等。

（3）吊顶内金属导管未与保护导体可靠连接。

（4）吊顶内连接灯具与设备的电气软管长度过长，不符合规范要求。

（5）吊顶内部分有防火要求的管线防火处理措施不到位。

2.5　电缆敷设（图 2）

（1）单独穿管敷设的电缆一般能满足要求，但沿桥架敷设电缆经常出现电缆敷设随意，无固定，层层叠置；爬坡处电缆"绷紧"，桥架盖板无法盖上等现象。

（2）电缆敷设通长未设置标识。

（3）电缆分支处搭接随意，只做简单绝缘包缠。

（4）电缆敷设转弯及接头处无预留长度。

（5）电缆敷设穿越不同防火分区，未做防火封堵。

图 2　电缆敷设常见质量问题

2.6　桥架安装

（1）多组桥架安装未做排列优化，强、弱电桥架共用或距离太近。

（2）转弯及爬坡处配件制作粗糙，影响美观。

（3）桥架支架设置不合理，排列不整齐。

（4）起始端和终点端没有与保护导体进行有效及可靠的连接，当全长大于 30m 时，每隔 20 ～ 30m 未增加一个接地连接点。

（5）桥架穿越防火分区的防火封堵不符合规范要求，穿越沉降缝未采用专用软接头或做防沉降处理。

2.7　地下室安装

（1）各专业管线甚至同一专业的管线都未采用联合支架，以至于地下室顶部支架布置凌乱，管线随意交叉，材料浪费较大。

（2）各专业管线交叉时违反规范要求，管线及桥架并行或交叉时，出现水管布置在电气管线及桥架的上方；排水管给压力管道让路；管线及桥架无间距等一系列不合规范要求的现象。

（3）照明灯具排列混乱，无法满足照度要求。

（4）穿越防火分区处无防火封堵，穿越沉降缝处无防沉降变形处理。

（5）地下室管线较多，无明晰规范的标识，造成使用及维护的不便。

2.8　配电房安装

（1）配电房内的接地干线敷设不整齐，明装部分有的贴墙敷设，未设接地螺栓，接地干线未刷颜色油漆标识。

（2）照明灯具布置不合理，在屏柜及其他高低压配电设备正上方布置。

（3）通风排气管道与设计不符，由于供配电工程一般由当地供电部门另行设计，通常会取消原设计的通风排气管道而改在配电房墙上直接装设排气扇用于配电房的通风排气，留下重大消防隐患。

（4）因配电房线路进出而在墙上和楼板上的孔洞及电缆保护管管口未做防火封堵。

（5）有无关管道和线路穿过配电房。

2.9　电气竖井安装

（1）竖井内母线槽受土建结构梁和墙体偏差影响其母线垂直偏差较大，弹簧支架固定不牢，出线插口高度不一致。

（2）竖井内设备线路较多而空间狭小，设备及线路安装位置布置不合理，井内施工及维护极为不便。

（3）接地干线缺失或安装不规范。

（4）强弱电线路敷设混乱，部分有交叉共管的现象。

（5）井内照明和检修电源缺失。

（6）穿楼板孔洞处无防水台且无防火封堵等。

3　常见质量问题的控制方法

电气安装工程规范做法如图 3 所示。

3.1　防雷与接地装置安装

（1）防雷及接地装置的材料选用应优先选用设计选型，但不能低于相关规范要求；设计无明确规定时，应根据规范要求选择，杜绝选用非镀锌钢材的现象。

（2）接地装置安装宜采用焊接，焊接应采用搭接焊，除埋设在混凝土中的接头外应采取防腐措施，焊接搭接长度应符合表 1 规定。

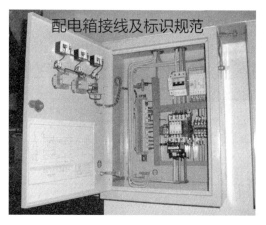

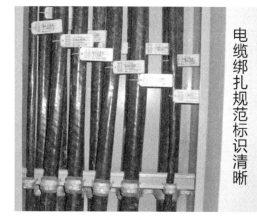
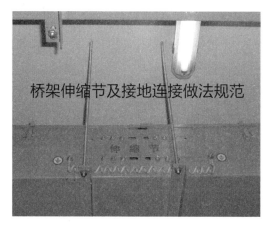
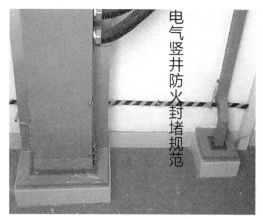

图 3　电气安装工程规范做法示例图

表 1　接地装置搭接焊标准

类别	搭接长度	焊接要求
扁钢与扁钢	$\geq 2b$	三面焊
圆钢与圆钢	$\geq 6D$	双面焊
圆钢与扁钢	$\geq 6D$	双面焊

注：b 为扁钢宽度，D 为圆钢直径。

（3）明装避雷网及引下线的安装应确保固定支架牢固可靠、间距均匀，避雷线及引下线横平竖直、标识清晰。固定支架间距见表2，高度不宜小于150mm。

表2　明敷接闪器及引下线固定支架间距表

安装方式	安装位置	扁形导体和绞线（mm）	单根圆形导体（mm）
水平安装	水平面上	500	1000
	垂直面上	500	1000
垂直安装	≤20m垂直面	1000	1000
	≥20垂直面	500	1000

（4）屋面外露金属构件、金属管道及设备金属外壳应与屋面避雷网可靠连接，形成电气通路；连接材料宜与避雷网或引下线一致。

（5）建筑物的等电位联结的范围、形式、方法、部位及联结导体的材料和截面面积均由设计根据功能要求选定，施工时必须按设计施工。

3.2　屏箱柜安装

（1）屏箱柜的安装位置要按设计要求，同时考虑土建条件及所控制的设备位置综合确定，其操作和防护间距应满足规范要求。

（2）屏箱柜必须做到接地保护完整可靠，屏箱柜的金属框架及基础型钢应与保护导体可靠连接；对于装有电器的可开启门，门和金属框架的接地端子间应选用截面面积不小于4mm的黄绿色绝缘铜芯软导线连接，并应有标识。

（3）屏箱柜必须安装固定牢固可靠，安装高度应符合设计要求，垂直度允许偏差不应大于1.5‰，相互间接缝不应大于2mm，成列盘面偏差不应大于5mm。

（4）配电箱内配线应整齐、无绞接现象，导线连接应紧密、不伤线芯、不断股；垫圈下螺丝两侧的导线截面面积应相同，同一电器器件端子上的导线连接不应多于2根，防松垫圈等零件齐全；箱内开关动作灵活可靠。

（5）屏箱柜内应分别设置中性导体（N）和保护导体（PE）汇流排，汇流排上同一端子不应连接不同回路的N或PE的现象。

3.3　灯具及元器件安装

（1）灯具安装必须牢固可靠。其中吊灯应采用灯具制造商配套的吊环及连接件；如厂家无配套吊环及连接件，自己加工的吊具应满足灯具（10kg内）本身质量的2倍、10kg以上的大型灯具应满足灯具本身质量的5倍，且应作荷载试验以证明。

（2）走廊、门厅、会议室、地下室等公共场所吊顶上的灯具、探头、喷头、广播、摄像头、风口等器具的安装，必须先组织安装各专业、装饰、土建进行统一规划，满足"居中、对称、成线、协调"八字原则，对于规模较大的宜使用BIM技术进行统一规划。

（3）墙面安装的开关插座等器具也应与相关的土建、装饰等各专业协调，应确保安装排列整齐、高度一致，尽量对称设置且与墙上瓷砖缝对齐或居中布置。

（4）对于安装高度低于2.4m安装灯具，金属外壳必须按规范要求可靠接地和标识。

3.4　吊顶内电气管线安装

（1）对于吊顶内电气管线施工质量，要按明敷电气管线的规范要求施工。

（2）吊顶内电气管线要与其他专业管线统一规划，综合布局。

（3）吊顶内电气管线支架安装牢固、布置合理、间距均匀、标高一致，不得借用吊顶的吊架或龙骨。

（4）吊顶内线缆及接头不得外露，应敷设在电气线管内或电气桥架中；线路接头必须设置在接线盒内；电气软管用于照明连接长度不得大于1.2m，用于动力连接长度不得大于0.8m。

（5）吊顶内电气管线和电气桥架穿越墙洞时必须做防火封堵。

3.5　电缆敷设

（1）单位工程电缆敷设应集中进行，并在集中敷设前制定施工方案，根据电缆的走向对系统电缆进行排序，确定敷设顺序，确保电缆在桥架上排列整齐，不扭曲重叠。

（2）敷设过程中，加强转弯及爬坡处的监护，按规定转弯半径留够预留长度，并临时固定。

（3）单根电缆敷设完成应马上进行固定，特别时转弯和爬坡处一定要两端设固定点。

（4）电缆首、末两端及分支处一定要按规定留够余长，并按规范要求做电缆接头。

（5）电缆敷设完应在电缆首端、末端、分支处设标志牌。

3.6　桥架安装

（1）强弱电桥架一定要分设并保持一定距离（水平排列不小于600mm），竖井内应分别在竖井两端设置，不得共用。

（2）桥架转弯、分支、爬坡及支吊架配件最好选用厂家配套产品或采用工厂预制构件，以保证桥架转弯半径和观感。

（3）桥架全长不大于30m时，不应少于2处与保护导体可靠连接；全长大于30m时，每隔20～30m应增加一个连接点，起始端和终点端均应可靠接地。

3.7　地下室安装

（1）施工前必须与建设、设计、监理、土建及其他相关专业施工人员沟通，合理确定配电房及其他机房的布置位置，满足各专业对设备机房的位置要求及机房内的空间要求。

（2）通过深化设计或采用BIM技术对整个地下室的管线、桥架、灯具及其他器具安装和各专业标识进行统一规划，明确管线、桥架、灯具、联合支架的安装位置和标高，确保整个地下室管线、桥架、灯具布置合理，成排成线，整齐美观。

（3）管线穿越防火分区处应做防火封堵；穿越沉降缝处需做防沉降变形处理。

3.8　配电房安装

（1）配电房室内明敷接地干线安装要求：沿建筑物墙壁水平敷设，距地面高度250～300mm，与墙壁的间距10～15mm；接地线表面沿长度方向，每段为15～100mm，分别涂以黄绿色相间的条纹；各配电室应设置不小于2个供临时用的接线柱或接地螺栓；支持件固定可靠，间距均匀，扁形导体间距宜为500mm，圆形导体间距宜为1000mm，弯曲部分宜为300～500mm。

（2）配电房灯具安装应根据配电设备布置情况，沿操作面及检修通道布置，并满足操作面对照度的要求，不得在高低压配电设备及裸母线的正上方设置灯具。

（3）对于配电房的通风排气管道，原建筑配套设计有的应按原设计施工，原设计没有或因配电设备布置需要而改为墙上安装排气扇的，则排气扇必须加设防护网以防止老鼠等小动物进出；同时排气扇必须加设防火阀，确保配电房为一个独立的防火分区。

（4）进出配电房线路在墙上及楼板上的孔洞及电缆保护管管口防火封堵应严密，屏箱柜出线口也应进行防火封堵。

（5）严禁与配电房无关的各类管道、线路穿越配电房。

3.9 电气竖井安装

（1）竖井内母线槽安装前必须先清理预留孔洞并测量土建结构偏差，再根据设计要求的母线槽离墙间距（一般 80 ～ 100mm）确定母线槽安装位置。测量完后应在竖井的上下两端设置参考点，然后拉通线在各层标注安装位置，确保安装垂直度偏差 ≤ 1.5‰，全长最大偏差不得大于 20mm；弹簧支架成对安装，支架底座要固定牢固，两个支架弹簧底座面要水平，确保固定在弹簧支座上的母线固定抱箍位置平直，受力均匀；为确保各层出线插口安装高度一致，应在订货前对竖井进行测量，并确定插口位置，安装时必须按测量位置安装。

（2）竖井电气施工前，应仔细复核现场建筑及设备尺寸，对竖井电气平面布置做深化设计，合理规划以满足规范要求。强弱电线路分别在竖井平面的两端布置，严禁强弱线路共管或共桥架，同时要尽可能地留足检修通道。

（3）竖井内应设置照度合适的照明灯并预留供检修用的电源插座；接地干线与配电房接地干线要求类似；桥架、母线槽、线管穿越墙和楼板处，必须进行防火封堵，确保封堵严密可靠。

4 结语

民用建筑电气安装工程是一个复杂的系统工程，广大建筑电气施工人员要顺应时代潮流，熟悉规范要求，不断改进施工方法和工艺，充分利用工厂预制标准构件产品及 BIM 技术，严把施工质量关，在保证安全的同时确保美观实用，创造出更多的优质建筑电气安装工程。

参考文献

［1］ 中国建筑学会建筑电气分会. 民用建筑电气设计规范实施指南［M］. 北京：中国电力出版社，2008.

［2］ 中华人民共和国住房和城乡建设部. 民用建筑电气设计规范：JGJ 16—2008［S］. 北京：中国建筑工业出版社.

［3］ 中华人民共和国住房和城乡建设部. 住宅建筑电气设计规范：JGJ 242—2011［S］. 北京：中国建筑工业出版社.

［4］ 中华人民共和国住房和城乡建设部. 建筑物防雷工程施工与质量验收规范：GB 50601—2010［S］. 北京：中国计划出版社.

［5］ 中华人民共和国住房和城乡建设部. 建筑电气工程施工质量验收规范：GB 50303—2015［S］. 北京：中国建筑工业出版社.

建筑工程资料管理中的问题及改进措施

王贵元

湖南长大建设集团股份有限公司，长沙，410000

摘　要： 资料管理作为建筑工程管理的重要组成部分，贯穿于整个工程的开展过程中，包括各个步骤及环节，资料的整理和归纳都是必不可少的。本文首先阐述了当前建筑工程资料管理的基本特征及具体要求，其后分析了建筑工程资料管理面临的主要困境，最后提出了一系列实现建筑工程资料管理规范化的策略及措施。

关键词： 建筑工程；资料管理；问题；改进措施

近年来，我国的工程建设整体质量及水平得到了快速的发展和提升，几乎所有的工程都会涉及信息数据的搜集整理、分类管理、整合优化等相关的工作。一旦发生管理水平低下或是资料有所缺失，就会直接造成工程的售后服务缺乏相应的数据及信息基础，无法对存在的故障有效排除，找到问题的关键所在。基于此，对于建筑工程而言，建筑主体单位必须正确认识建筑工程资料的高效管理对工程发展起到的重要推动作用，利用当前先进的信息技术及网络技术，对产生的一系列工程数据进行及时高效的搜集整理、分析归纳及保存，这样才能提高售后服务效率，及时找到潜在风险，并定期对建筑工程进行维护。

1　当前建筑工程资料管理的基本特征及具体要求

1.1　全局性、完整性

从一定意义上来讲，建筑工程的资料管理应当是全局性的、完整性的。其运用于工程管理的各个环节和发展阶段，从最初的设计规划到中间验收，再到最后的竣工验收，施工单位及各相关管理单位必须做好隐蔽资料及潜在工程资料的备案，工程项目结束之后，再对所有的阶段性资料进行整合归纳。具体而言，我们将工程资料主要分为：第一，基于工程项目的政府性质批文，主要包括项目的报建、土地使用权的批准、项目规划许可证等；第二，准备阶段。政府部门批准的一系列文件，例如项目施工许可证、备案登记表等；第三，施工过程中所涉及到的一系列文件。例如，中间验收、隐蔽资料的报送、图纸的审核单、技术变更单、材料送检证明、分项验收单等；第四，竣工验收时所涉及到的一系列文件，例如，验收合格意见书等文件资料。

1.2　突发性、持续性

根据上文我们可以得知，资料的管理贯穿于建筑项目实施的整个环节，包括前期准备、施工期间、竣工验收等多个阶段，不同阶段搜集整理的资料也具有一定的差异化特征。除部分由政府职能部门所开具的审批资料外，大多数的资料必须由项目管理人、现场负责人对整个流程工序进行把控，及时获取现场资料。因此，工程资料的管理在一定程度上也凸显出了其持续性及突发性，各个阶段所获得的材料会由于项目及环境的不同发生变化。

1.3　时效性

随着科学技术的不断发展，当前我国的建筑工程所涉及到的工艺创新、技术创新及材料创新越来越多样化。在实际的工作过程中，可以通过对已完成建筑工程的深入分析，汲取成功经验，不断反思，以便在后期的工作中不断优化改良。对于建筑工程资料管理而言，也会随着时代的不断发展而变化，因此其具有一定的时效性特征。例如，对于政府职能部门及企业内部的项目审批而言，签字盖章等流程手续应当尽可能快速高效，以免延误工程进度。具体的工程项目施工过程中所涉及到的图纸变更、图纸会审等内容必须及时上报下发，技术部及管理部门应当及时存档。同时，对于一些建筑单位的施工资质、中间隐蔽资料、施工材料的质量检测报告等文件资料都必须及时搜集整理，汇入到工程系统中。

2 建筑工程资料管理面临的困境

2.1 缺乏完善的工程资料管理制度

从相关的实践调查研究可以看出，在工程项目的实施过程中，由于工程各主体单位对资料管理并没有引起足够的重视，导致无法建立起健全完善统一的管理制度及条例规章，很多主体单位并没有将资料管理这一环节贯穿到整个过程中。同时，由于缺乏外界管理约束，导致很多主体单位在资料管理的过程中出现事后补齐资料、随意借阅资料、没有根据档案管理法律法规归档资料等，直接影响工程后续一系列的保修、问题查找等。

2.2 缺乏完整系统的工程资料管理基础

工程资料的不完整主要表现在以下几个方面：第一，资料的填写缺乏规范性，施工日志、安全日志、监理的签名不连贯，记录不详实；第二，项目设计图纸在会审阶段没有全面进行记录，缺少参与人员的签字，同时对于一些材料型号数量的变更，没有按照规章制度进行审批，导致实际工程量与计划工程量具有较大差异；第三，负责资料搜集整合的人员综合素质偏低，没有对施工现场所出现的信息数据进行及时有效的收集管理，导致材料资料、送检资料、现场签证等文件丢失，这些都无法为工程的竣工验收、质量保修奠定良好基础。

2.3 对现场工程资料的收集缺乏时效性

由于施工过程中，各个相关单位缺乏对资料管理的正确认知，导致现场开展资料收集整合归纳的人员较少，无法满足建筑工程的实际要求。整个过程中由于资料管理人员的不足导致管理混乱，缺乏标准性和规范性。在具体的施工过程中，资料管理人员大多是由现场施工人员充当，再由施工人员递交给管理人员进行整合，这样的操作极容易造成人为失误，资料有所丢失或是本身不全面，在一定程度上影响着资料的时效性。

3 实现建筑工程资料管理规范化的策略及措施

3.1 建立健全完善的建筑工程资料管理制度

在对建筑工程进行有效管理的过程中，首先应当建立起完善的工程资料管理制度，对资料的收集整理、归纳总结进行全面把控，明确管理的程序及流程，并且将责任落实到个人，以此实现管理的规范化、标准化、科学化。具体而言，第一，基于工程文件进行有效的管理。不管是招标阶段、项目勘察阶段、图纸设计阶段、工程施工阶段，还是监理阶段，都必须由专业的管理人员对各个环节、各个步骤的文件资料进行收集，明确管理人员的职权划分；第二，资料的整理归档必须与施工过程同步进行，不能在竣工验收之后再另行补充；第三，档案资料的管理过程中，电子资料与纸质资料必须同步保存，并行管理。档案归档、验收、移交过程中也应当同步进行；第四，对于资料的借阅保管必须通过强有力的制度手段进行约束规范，如其他部门需要查阅项目工程资料，必须做好登记，避免资料丢失。

3.2　提高建筑工程资料的收集整合效率

在具体的操作过程中，建筑单位及施工单位必须派遣专人对施工现场及工程相关的技术资料进行有效的收集整合，尽可能保证资料与实施进度同步进行，这样才能确保资料的完整性和连贯性。现场负责人必须对当天的工程量及工程资料进行移交，避免遗漏和缺失。而项目负责人应当每月定期对所收集到的工程资料进行整理分析，对于可能遗漏的资料必须及时补充追回。同时，分析资料与现场实际工程量存在的差异，找到问题所在并及时纠正，最后再将所整理好的资料上交至工程部。尤其是对于一些材料清单、质量检测报告等文件，必须及时进行传递签收，确保资料的真实性、准确性、及时性，避免后期产生纠纷。

3.3　强化建筑工程资料的保管力度

不管是建设单位还是施工单位的项目部，都应当设置档案管理室，由专人对工程资料进行管理，负责资料的整理归档，及时收集分类，编写相关的目录并在工程竣工验收之后装订成册。在档案管理的过程中，必须严格遵循企业所制定的管理制度、借阅制度，定期对档案室进行安全隐患的排查，以此确保档案资料的安全性。另外，在管理过程中，相关的档案管理人员应当每季度或半年定期对资料进行清理，查看资料是否完整连贯，有无损坏，根据实际情况做好后续的完善处理。

3.4　采用多元化的建筑工程资料管理方式

一方面，针对建筑工程资料应当积极采用分类管理的方式。众所周知，由于工程项目本身具有一定的复杂性，因此所收集到的资料类型也是多种多样的。为了高效开展管理工作，建设单位及施工单位可以通过分类管理的模式对文件进行划分，例如，施工文件、基建文件、监理资料、竣工资料等，这样提高了管理效率，也满足了后期快速查阅的需求；另一方面，充分运用 BIM 技术建立起工程资料管理库。通过建设 BIM 模型的方式将施工过程中所搜集到的一系列基础资料、技术资料进行录入，使得项目资料更易于查找，便于理解，确保资料的连贯性。

4　结语

建筑工程是一个长期、复杂的过程，环节众多，包括施工准备、工程实施、竣工验收等。建筑工程资料管理是工程管理的重要方面，各主体责任人应意识到其管理的重要性。工程资料能客观地反映出工程质量、施工现场质量等，是一系列重要信息的依据。良好的工程资料管理是完成工程验收的必要条件，而且在后续工程改建、扩建、维护等方面也发挥着关键性作用。基于工程资料管理资料丢失严重、科学机制缺乏等现状，迫切需要建立资料管理的制度，以保证工程顺利完成交付和后期的利用。

参考文献

［1］　苏碧云. 浅析建筑工程档案资料管理中的问题及处理措施［J］. 江西建材，2017（2）：283-284.

［2］　李楠楠，范丹. 分析建筑工程竣工资料管理中存在的问题及其改进策略［J］. 门窗，2017（10）.

［3］　李伟彪. 探究建筑工程资料管理中存在的问题及其改进策略［J］. 建材与装饰，2019（17）.

浅谈镀锌钢板风管施工质量通病及控制措施

欧阳冬明

湖南六建机电安装有限责任公司，长沙，410004

摘　要： 数年来，我国的建筑行业得到了飞快发展，配套的机电安装施工技术得到了改进和更新，施工质量也不断提高。但为了满足人们日益增长的生活水平需求，除了提高建筑结构本身的质量，更要求建筑物内暖通空调的质量得到保证。暖通空调系统直接影响工程质量的好坏，风管制作安装又是暖通空调中必不可少的关键环节，所以对风管制作安装过程进行有效的质量控制，发现问题有效解决是必不可少的。为此，本文就通风空调镀锌钢板风管施工要点展开论述，并全面阐述了如何从源头把控暖通工程风管制作与安装施工工艺质量。

关键词： 暖通工程；风管制作安装；质量控制

1　暖通工程风管施工要点

　　暖通工程中的风管包括空调系统风管、通风风管、消防排烟风管。风管作为暖通工程的重要硬件组成结构，是实现基本功能的重要依托，各类风管的设计与安装必须经过合理的设计之后再严格依据图纸的具体规划进行施工，且尽量保证施工图纸符合现场情况。镀锌风管作为最常见的一类风管主材，在安装施工中需要操作员具备较高的执行力，按照图纸要求保证施工工艺落地执行。比如在指定的位置画好坐标、标高、走向等，对预留孔洞的位置和尺寸进行测量与复核，之后再对每一个施工参数实行技术审核，符合设计图纸要求后再开始施工。

2　镀锌风管施工工艺流程

　　审阅图纸→主体预留预埋→确定标高→风管制作→风管预检测→测量放线→支吊架制作→支吊架安装→风管排列→法兰连接→风管安装就位→位置校正→漏风测试→质量评价。

3　镀锌风管制作通病与控制措施

　　质量通病：镀锌钢板在工厂预制成半成品，一部分风管到达施工现场拼装完成后风管不垂直，不方正，发生变形扭曲；风管异形件过边重叠，过反了边；镀锌钢板厚度不达标。

　　控制措施：风管加工厂从排料、下料到切割每一道工序都须严格进行质量控制，不允许机械带病作业，机械出现偏差及时修正，为保证后续风管拼装严密性；不同厚度的镀锌板材加工时都要对机械压缝宽度进行调整，使之压出的咬口缝与板材厚度相吻合，这是保证风管严密性的最重要一步；使用激光切割镀锌板可一定程度上控制风管不垂直、不方正、变形扭曲现象，激光切割比等离子切割热影响小，不易变形，切割精度更为精准；加工人员送料精准，不送反边，不送浅边，不过早出边，严格执行质检程序，若出现料块不合格现象须重新下料，杜绝不合格产品进入下道工序，还要求加工工人熟练操作机械，加工厂可实行"定人、定岗、定机"制度，以确保工人正确使用设备，充分发挥设备生产性能，使之生产出合格的风管半成品；风管排板过程要求不同厚度的风管分开排板，避免排板过程出现错码乱码，在软件自动排板后要检查是否有没有排板的材料，如发现软件没有排板上，须人工排板，避免遗漏。

4　风管支吊架制作安装通病与控制措施

质量通病：支架材料本身问题；支架制作焊接问题；支架防腐不到位问题；支架间距过大问题。

控制措施：现有通丝杆支架镀锌层大部分是冷镀锌，造成支架生锈，非标丝杆的丝口过深造成丝杆实际直径过小。这需要加强材料的进场检验，完善检验程序，杜绝非标材料进场；焊接工艺在确保连接部位预留间隙的基础上，提升焊接工人施工水平，避免漏焊、焊偏、焊瘤等问题，同时应及时消除焊接应力，防止焊接支架扭曲变形，焊点位置需要及时进行防锈处理，焊工必须持证上岗；支架防腐施工时必须按照设计要求多遍均匀防腐，下一遍防腐必须在上一遍防腐干透后进行，安装时也必须在防腐干透后才在适合的位置上安装支吊架。支吊架安装间距严格按设计执行，通用的支架可按《通风与空调工程施工质量验收规范》（GB 50243—2016）规范执行，每个系统不少于一个、悬吊的主风管长度超过 20m 时设置防晃支架。[1]

5　镀锌风管安装通病与控制措施

质量通病：风管拼装不正直，角码扣不到位，咬缝敲边不均匀紧密，变径的两个侧边拼接反；风管安装后不成直线，影响美观；风管密封垫片不合要求；防火阀安装方向不正确。

控制措施：风管拼装时用厚度 6mm 以上钢板垫平后再进行拼装，拼装时对不正的半成品进行修正，再放平开始拼装，拼装过程中先进行合缝咬边，锁定几个点位保证风管不会打开，再进行角码安装，然后把剩下的咬口缝合好，最后检查拼装好的风管是否正直，若不正直就平放在钢板上，一端固定，另一端翘起不平的角用锤子敲击矫正，这样反复矫正两个面直到合格为止；风管安装后不成直线时，严格控制风管安装工艺要点，风管安装要根据现场情况，可以在地面预先连接一定长度，连接好后在平整的地面上进行矫正，再用吊装的方法就位，不要吊装好后再进行矫正，那样矫正难度大。也可以逐片吊装连接就位。一般顺序是先干管，后支管；通风或空调系统中，多采用普通橡胶板垫片，防排烟风管应采用硅钛合金橡胶板、石棉绳等符合防火要求的一些密封垫片，而且连接防排烟风管所用的法兰垫片应该采用厚度 3mm 以上的燃烧性能和耐热性都符合相关规范的垫片，接口处应严密牢固，达到设计规定的要求。在施工过程中应严格把控材料进场检验和正确使用，避免采购不合格辅材，加强辅料使用管理；防火阀安装是有方向的，防火阀的熔断片要迎向气流侧，施工之前做好交底，每个系统安装风阀前也要单独做交底，保证风阀安装方向正确。[2]

6　风管系统噪声影响通病与控制措施

质量通病：消声器、消声弯头安装过程中没有单独设置支吊架；消声器内的穿孔板孔径和穿孔率不符合设计要求；风管与设备的软连接不起作用。

控制措施：消声器、消声弯头安装应单独设置支吊架，不让其承受它们自身质量外的载荷；消声器内的穿孔板孔径和穿孔率应符合设计要求，穿孔板径钻孔或冲孔后应将孔口的毛刺挫平。如有毛刺，当孔板用作松散吸声材料的壁板时，容易将壁板内的玻纤布划破，当用作共振腔的隔板时也会因气流经孔板而产生噪声；为避免噪声和振动沿着管道向围护结构传递；风管连接设备的进出口管均应设柔性连接，柔性连接头应留出振动、活动、伸缩的量，而不是让柔性连接头紧绷；风管的支架、吊架及风道穿过围护结构处，均应有弹性材料垫层，在风管穿过围护结构处，其孔洞四周的缝隙应用不燃纤维材料填充密实。

7　结语

综上所述，为保证风管制作安装的质量，施工过程中应从多工序、多方面进行严格控制，如镀锌钢板的选用、加工过程保护措施、加工过程中控制变形措施、风管支架的安装、风管拼装、风管安装等。风管的制作安装施工是暖通工程中的重要内容，其对建筑的舒适性及节能性有着重要的作用。因此，施工过程中应把握科学的施工工艺，采取正确的施工流程，从材料采购到加工生产，从施工安装到使用维护都应实行严格的质量控制，以此保证风管安装的质量合格，确保工程使用安全。

参考文献

［1］ 深圳市建设工程质量监督总站. 新版建筑设备安装工程质量通病防治手册［M］. 北京：中国建筑工业出版社，2005：93.

［2］ 庄景山. 安装工程质量常见问题与防治 300 例［M］. 北京：中国电力出版社，2015：110-119.

浅谈城市轨道交通装饰工程施工管理

郭雨秋

湖南六建装饰设计工程有限责任公司，长沙，410004

摘　要： 城市地下轨道交通装饰工程因其施工场地的独特性和装饰材料的统一性，为了优化工期、保证效益，需要做出有针对性的施工部署，在施工顺序和整体安排上可能要与通常惯例反其道而行之。要保证在运输时效内充分利用地上地下不同施工层之间的垂直洞口，在施工过程中从最底下的站台层地面工程开始，逐步向站厅、地上、墙面、顶面工程推进。

关键词： 垂直运输；反向施工；时效性；二次转运

轨道交通对经济拉动效果非常明显，除了建设过程中相关产业直接受益外，房地产（包括物业）、商业等都是未来经济的增长点。近年来，各大城市都在争取城市轨道交通项目的获批，国内城市轨道交通建设项目日益增多。较一般工程而言，轨道交通项目受到更多关注，这项民生工程，是一项政治任务，也是"急、难、重"任务。轨道交通工程装饰施工具有工期紧、配套单位多、交叉施工普遍、材料运输受限、施工场地小、作业面少等特点，再加上项目因迎接各级检查、提前试运行等要求，项目部在日常施工管理过程中，必须结合其特点做有针对性的谋划、部署。

1　根据轨道施工界面特点，反常规安排施工顺序

轨道交通项目装饰工程介入时，机电安装工程一般处于施工中段，甚至土建工程还处于中末段。这个施工阶段，有限的施工界面被各专业材料的堆放和加工区域所占据，施工现场的出入口少，材料运输的效率和施工效率均受到不同因素和程度的影响。此种情况下，整体施工顺序宜考虑由下至上，由里到外，先从站台层到站厅层，然后施工出入口通道，最后完成出入口及地上附属建筑施工，这样设置是遵循施工影响较小及材料堆放及运输影响较小的原则，整体施工可以组织分区域流水施工，又最大程度地避免了交叉施工对成品的影响。

考虑到材料的特征以及运输困难程度、垂直运输通道的时限性和现场安全文明的管理，一般从地面工程开始施工，地面工程和墙面基层施工交叉进行，墙面面层安装完毕后，顶面工程最后开展（图 1）。因地面面层一般为花岗岩板块，其加工周期较墙顶面金属制品较短，受制约的因素较少，可以较早地供应；又因水泥砂石等辅材和面层石板从楼梯通道运输效率极低，且影响施工人员通行，最适宜采用从风井口（图 2）垂直运输；风井口因有设备安装，所以运输受到一定影响，故以材料因素为主考虑先从地面工程开始施工，尽早地完成地面工程能有效地保证施工现场的卫生整洁，这样做的难点是，需要在地面成品保护上投入一定的措施和费用，但是较后期材料失去垂直运输通道所产生的费用相比，先从地面开始施工，符合项目总体利益要求。

图 1　地面工程完成并做好成品保护，墙面基层穿插进行　　　　图 2　地铁地面矮风井口

墙面工程通常采用装配式型钢龙骨基层、板块面层，受到其他配套专业和场地影响相对较小。型钢加工周期短，基层龙骨施工可安排与地面工程平行开展，能有效地推进工期且交叉施工影响较小。

因管线设备较多，顶面工程是机电通信安装单位的主要施工区域，所以放在最后，可以避免集中交叉施工引起的成品破坏和进度延误。

2　进度推进的关键是场地移交，场地移交的关键是做好协同配合工作

制约轨道交通装饰工程进度的主要因素之一是施工场地的移交。装饰工程进场时，通常土建和机电单位正处于施工中段，较长时间段在有限施工界面内交叉施工，如何做好安装、装饰的密切配合，缩短工期时间，显得尤为重要。在前期同土建和机电单位建立好沟通机制的同时，合理安排安装工序与装饰工序的交叉、衔接，可以充分利用有限时间，提高安装和装饰施工的效率。机电安装工程的末端安装需要在装饰面板开孔或预留安装空间，管线安装完成后需要覆盖隐藏，做好两者的空间位置关系协调非常重要。室内装修最为忌讳的就是在装修阶段进行局部的拆改，既会影响整体装修的效果，同时对工程的质量影响也很大，因此必须协调好与机电安装的交叉施工，防止因机电安装的部分工序未做而导致的重新拆除、返工的事件发生。

3　成本控制的核心是保证运输时效和措施

现场材料二次转运、垃圾清运、脚手架搭设三大板块费用占据措施费的半壁江山，科学合理地控制措施费，是轨道交通装饰工程成本控制最有效的方法之一。在垃圾清运和材料运输上，宜最大程度地利用风井垂直吊装运输，在运输时效段内将花岗岩、水泥、砂石等材料尽早吊装下去，抢在设备区六类房的砌筑工作尚未开始时，采用小型机械车辆对石材、水泥和砂石进行水平二次转运；垃圾适宜集中堆放，统一从风亭口吊装，在运输效率和成本上比从出入口楼梯段运输更具优势；在垂梯未安装前，站厅的电梯井口是站厅层下至站台层材料垂直运输的最佳通道。总体来说，对风亭口、风井、电梯井口等运输通道合理和及时利用，是提高材料二次运输效率和缩减运输成本的最有效关键控制点。

因站台和站厅楼梯段顶墙面施工面层材料加工周期长，如果采用一般钢管脚手架搭设操作平台，在基层完成后面层安装前需空置很长一段时间，重复搭拆费用较高，所以，在安全措施到位的前提下，可考虑使用门式脚手架分区域搭设，随用随搭，有效避免材料供应周期

过长而增加停工待料期间产生的租赁费用，以及现场对垂直和水平界面施工的限制。

城市轨道工程的管理重点和难点主要在施工区域相对集中、专业配套单位多、交叉施工普遍、材料运输受限较多、工期提前等几点上，如何有效克服场地和运输困难是摆在管理人员面前的难题，也是需要在技术处理、协调沟通、统筹规划上重下功夫的。湖南六建装饰设计工程有限责任公司在不断承接城市轨道交通装饰工程的同时，已经培养了一大批专业化管理人才，积累了对城市轨道交通装饰工程施工管理的方法。相信在未来的日子里，湖南六建装饰设计工程有限责任公司将在轨道交通装饰工程上继续强化自己的竞争力，在全国城市轨道交通工程市场上取得进一步拓展。

参考文献

［1］ 刘向红. 各地掀起城市轨道交通建设热潮［N］. 上海证券报，2018-08-22.

［2］ 中华人民共和国住房和城乡建设部城市轨道交通建设项目管理规范：GB 50722—2011［S］. 北京：中国建筑工业出版社.

五星级酒店室内精装修工程管理

曹小平

湖南六建装饰设计工程有限责任公司，长沙，410004

摘　要： 本文从五星级酒店室内精装修施工前期准备的关键控制点，到样板间精装修建设的重要性，以及技术交底，施工步骤做了研究性阐述，并就精装修施工中各作业面施工细节注意事项和交叉施工技术节点控制及沟通方法等工程管理进行了研究。

关键词： 五星级酒店；室内精装修；工程管理

1　引言

在城市不断发展的过程中，星级酒店不断增加，为人们吃住行带来了更多选择。在五星级酒店运行中，装饰装修水平具有重要作用，在现今五星级酒店建设中，其装修费用非常高，通常占到总成本的 50% 以上，为了能够保证装修效果，需要在建设中做好工程管理工作，保障酒店装修质量。

2　精装修工程管理

2.1　施工准备

全面的施工准备是保证工程高质量完成的基础，在精装修施工前，需要做好以下准备工作：第一，进度计划。在进场之后，需要能够联系工程实际做好进度计划的制定，以此为基础做好采购、资金与人员计划的调整。在施工现场，如果存在非本单位原因影响开工，则需要及时联系业主进行协调，为后续施工做好准备；第二，研究图纸。放线规划是其中的要点，放线好坏将直接对施工效果与质量产生影响。为了能够使后续施工开展更便利，则可以将同类房型空间尺寸、隔断等设计成相同的尺寸，使洗手台、石材等材料的规格尽量相同，在有效提升施工效率、材料加工效率的情况下，更好地进行品质管理；第三，临时设施。要对施工当中使用到的临时设施做好规划，包括人员、材料以及脚手架搭设方案等。特别对酒店大堂、宴会厅等高大空间，吊顶高度高、造型复杂，一般要和顶板结构协调，这类吊顶施工需要搭设满堂脚手架，需要做好详细规划以及安全施工措施[1]。

2.2　样板间建设

在精装修工程中，做好样板间的建设工作十分重要。在具体工作中，对电梯间、客房过道以及客房等具有多套设计的空间，需要在大面积施工前，做好楼层样板间的建设。通过样板间的建设，能够为工程后续大面积施工起到示范作用，帮助后续班组对施工图纸进行更好的理解。同时，样板间施工也是对施工图情况的一种验证，在对其中存在漏洞、错误及时发现，做好纠错处理，这对材料的消耗量、订购时间与使用效果进行把控，为后续项目管理计划的制定与纠正提供依据，对于优化施工图设计也具有积极意义。

在施工中，对于大量使用的材料，如地面石材、地砖以及成品木饰面、壁纸等，施工前，即需要做好一个区域墙的装修，以此进行评估，看施工班组在工作当中是否能够对技术交底要求进行正确的理解，评估施工质量、工艺是否能够满足要求，在确认各方面都能够满足要求之后，再大面积开展施工活动。而对于为了改善质量、提升效率所使用的创新技术与材料，即需要在大面积施工之前进行小面积样本施工，在经过质量评估后，再大面积开展工作[2]。

2.3　细节控制

在酒店精装修中，做好细节的控制十分关键，也直接关系到工程质量，具体来说，主要的控制内容有：第一，在各分项分部工程当中，需要制定安全施工方案，在制定完成后，由项目负责人进行审批。在施工生产中，安全是施工的基础与前提，需要做好安全施工方案的落实；第二，在施工中，需要对日后可能产生质量通病的工艺、材料进行重点防控。在施工中做好改良方案的提出，并在通过后实施，避免在质量问题发生之后再处理问题，以免对项目使用产生影响。如大面积施工的平面吊顶，则可以在3～6mm距离内对5mm的伸缩缝进行设置，避免热胀冷缩使吊顶出现开裂问题。天然木饰面也是现今酒店装修当中经常使用的材料，在一张装饰板宽度中，需要对4mm工艺缝进行设置，以此避免材料热胀冷缩而出现开裂的问题。在施工中，为了避免木基层发生变形对木饰面产生影响，则可以通过条筋挂贴方式进行处理；第三，酒店顶棚上有较多设备需要安装，包括消防喷淋、空调通风口、灯具以及强弱电桥架等。对于这部分内容来说，需要由不同专业的施工单位配合协调完成。在具体施工中，为了保证施工效果，作为装修单位即需要做好综合天花图的美观装修协调工作，并做好放线处理，在施工过程中加强观察，保证不出现关键施工节点偏离问题[3]；第四，在五星级酒店装修中，天然装饰石材也是经常用到的材料，对于该材料的订购、使用也将直接关系到整体装修效果。作为施工单位，需要指派技术精湛的施工管理人员，使其能够在现场做好放样工作，并对石材的排板、加工图做好审核。为了能够节约时间，则可以由石材厂家在工厂中排板，施工单位派人到石材厂进行材料验收，以此对存在质量问题的石材进行替换调整，保证同一部位石材在纹路、颜色方面自然协调过渡。

2.4　沟通控制

在装修施工当中，做好不同部门间的沟通十分重要，其主要包括有：第一，同业主沟通。对于五星级酒店的精装修来说，其具有复杂的施工特点，在同一个工作面当中，将涉及多个平行发包分包的单位，对于这部分单位来说，其在施工质量、成本保护、施工进度与人员管理等方面都存在相互影响的情况。该情况的存在，即需要在实际施工中积极同监理与业主单位进行沟通，使其能够牵头做好相关问题的协调解决，保证施工活动的顺利进行；第二，同设计单位沟通。五星级酒店装修规模庞大、涉及因素很多，室内精装修专业同其他专业设计存在影响与关联的情况，同时参与到设计工作的人员数量很多，在素质上也存在一定的差异。这部分情况的存在，在具体施工蓝图上也可能有很多没有考虑全面的地方，如工艺做法存在质量通病、局部节点缺失与空间尺寸存在差异等，对于该部分问题，则需要同设计单位积极沟通，共同做好施工常见问题与重点问题分析，保证施工活动顺利进行，实现更好的装修效果及创造更多经济效益；第三，分包单位沟通。在装修施工过程中，需要及时与同一区施工的其他施工单位进行交流，把握各自的工作进度与工作计划，以此为基础进行工作安排落实，对施工图纸是否存在矛盾情况进行核对。要做好参考线的统一处理，对同一设计要求存在的冲突情况，需要及时进行沟通，避免出现返工情况，要对现场材料、工具资源做好分配，保证施工的文明、安全，也需要做好场地清洁、水电接驳口施工的安排[4]；第四，管理团队沟通。在精装修施工中，管理工作十分关键，因五星级酒店装修工程规模较大，通常有多个项目管理团队施工。在实际施工过程中，为了保证不同管理人员具有共同的目标，保证施工问题能够得到及时解决，作为项目管理团队，即需要在内部建立好科学高效的施工管理机制。如规定不同区域管理人员每天需要向项目负责人汇报施工进度，共同制定解决方案等；定期召开会议，对存在的问题及时解决处理；第五，做好限额设计。在某酒店项目中，通过限额设计演练的引入，将施工图预算造价从 7.34 亿元下降到 7.05 亿元，下降幅度 3000 万元，这对于工程的顺利进行具有积极的意义。

3　结语

本文中，我对五星级酒店室内精装修工程管理进行了一定的研究，在实际工程建设中，需要充分做好装修要点的把控，以高水平工程管理工作的开展来提升施工质量。

参考文献

[1] 杨靖宇. 试论星级酒店装修工程项目精细化管理 [J]. 河南建材. 2019（03）.

[2] 蔡春辉. 装修工程项目施工精细化管理研究 [J]. 城市建设理论研究（电子版）. 2018（35）.

[3] 张文涛. 装修工程项目施工精细化管理研究 [J]. 城市建设理论研究（电子版）. 2019（01）.

[4] 黎展旺. 建筑装饰装修工程的质量管理探析 [J]. 门窗. 2014（02）.

浅析如何提高赛道安全防护栏安装合格率

王　建

湖南省第五工程有限公司，株洲，412000

摘　要：随着社会经济快速发展，越来越多的赛车场在全国开始建设。在赛车道上，速度与激情碰撞得到完美诠释，这要求赛道安全防护栏安装不管是内在施工质量还是外在美观程度，都应达到国际汽车运动联合会（FIA）验收标准。只有这样才能保证车手安全，减少主办方、车队、社会的经济损失。本文主要通过对株洲国际赛道安全防护栏施工工艺论述，就如何提高其安装合格率进行探究。

关键词：赛道；安全防护栏；重要性；安装合格率

1　概况

株洲国际赛车场占地面积约 950 亩，是中南地区首个国际赛车场。防护栏长度约 7km。防护栏立柱基础为 C30 钢筋混凝土结构，基础尺寸：500mm×400mm×1350mm，数量 1774 个，每个安全防护栏立柱上安装三块波形护栏板。安全防护栏工程分为 53 段，段与段之间有进入赛道的入口。

2　赛道安全防护栏重要性

株洲国际赛车场设计最高时速达到 272km/h，远远高于国家高速公路最高限速。因此，安全防护栏被看作赛车手最后一道"生命线"。质量高的安全防护栏，在比赛事故中能很好地吸收车辆对其碰撞能量，降低事故对车手的伤害，防止赛车冲出赛道，发生二次事故。其次，安全防护栏优美平顺的线形，在赛车高速行驶中，对车手起到良好的视线诱导，提高其行车的安全性、舒适度。最后，安全防护栏较好地与道路线形相协调，对整个赛车场的美观增添浓重的色彩。

3　赛道安全防护栏施工前的准备工作

赛道安全防护栏对应的验收标准比高速公路验收标准高一等级，采用了国际汽车运动联合会（FIA）验收标准，因此施工前准备工作尤为重要。前期准备工作主要从四个方面入手：（1）在图纸下发至项目部后，项目总工第一时间组织各级施工技术管理人员，熟悉图纸及设计要求。（2）补充完善各项规章制度，做好三级安全技术交底，做到有章可依，有规可循。（3）据设计图纸及要求，为满足工程施工质量，项目部多方比选以旋挖钻为主、螺旋钻为辅的机械组合完成钻孔施工基础作业。（4）前期集中人力物力在国际汽车运动联合会（FIA）中期验收前完成 100m 安全防护栏试验段。虚心接受国际汽车运动联合会验收官现场指导，并总结试验段经验，商讨合适的施工工艺后再大面积施工。

4　施工技术措施

4.1　放线定位

赛道安全防护栏施工中，立柱放线定位十分重要，直接关系到护栏外在整体线形美观及内在施工工程质量。因此科学合理地测量尤为重要。依据设计院提供的蓝图，专业测量人员将数据生成电脑 CAD 图纸，并严格按照设计图纸要求依次分段，按 4m 间距确定立柱平面坐标，每段剩余部分（长度小于 4m）按现场施工情况调整至整数。结合赛道纵曲线及单向横坡准确计算出立柱基础混凝土面标高，并将数据导入到 CAD 图纸。将 CAD 图纸传至设计院，经设计师同意后方可按数据施工。放样前，还应计算立柱基础底面标高及立柱顶面标高，便于控制钻孔深度及安装高度。第一次定位采用 GPS 放样混凝土基础中心位置，位置偏差控制在 10mm 内。在彩旗桩上写好编号、孔径、钻孔深度。旋挖钻依照彩旗桩上数据成孔，并依靠其对中和垂直度校正系统，保证孔位偏差及垂直度满足规范要求。第二次使用全站仪放样的中线控制点（防护栏与防护网之间的中线）：防护栏线形为直线时，按 20m 一个中线控制点放样；线形为曲线时，按 10m 一个中线控制点放样。同时，放样出辅助架立柱位置线，控制点密度同中线控制点密度，与中线平行距离为 25cm。全站仪放样完成后，测量人员用水准仪测量出中线桩标高，并做好桩位保护措施。

4.2　辅助架搭设

搭设辅助架的目的是为了固定防护栏槽钢立柱，同时便于防护栏线形调控。辅助架采用 Φ=48.3mm × 3.5mm 钢管、扣件搭设而成。辅助架（图 1）分为立杆、横杆、斜撑杆、斜杆。依据事先放样的控制点按 4m 间距布置立杆位置，立杆入土深度不小于 10cm，竖直牢固不倾斜。用水准仪抄平横杆位置，再用扣件将横杆与立杆连接。斜撑杆间距 10m，与横杆连接，保证辅助架不倾倒。斜杆的作用是用于防护栏立柱加固，间距 4m，斜支于钻孔上方，与横杆连接。在辅助架搭设过程中，我们可以根据架子的线形，对安全防护栏线形有明显不顺直处进行第一次调整。

图 1

4.3　钢筋笼及立柱安装

按照设计图纸加工钢筋笼后，运至现场。按成孔型号依次对钢筋笼编号，避免下放钢筋笼时与孔对应不上。安放钢筋笼之前，底部按十字交叉绑扎 4 个混凝土垫块。钢筋笼上部用耳筋将笼子固定，保证不晃动。对于孔位偏差超出规范的，人工使用洛阳铲等工具扩孔，同时相应钢筋笼重新加工制作。在钢筋笼安放到位后，测量人员第三次测量放样。此次放样出每段安全防护栏始端第一根立柱位置中心点。测量员使用水准仪在中线控制点上测量出立柱上第一个波形梁安装孔标高（距基础混凝土面标高 +18.3cm）及立柱第二个安装孔标高（距基础混凝土面标高 +50.9cm）。用线绳将相应标高连起，形成上下两条控制基准线。这样既保证了标高精度又校核了立柱槽钢正面与赛道中线是否垂直。始端第一根立柱准确安放到位后，用电焊将立柱与钢筋笼焊接，之后用铁丝将立柱上部与斜杆捆绑，保证其不易偏移。安装第二根立柱采用定尺杆法（图 2），即制作一个 4m 长尺杆，一端用螺丝将其与第一个立柱连接，另一端与安装立柱连接，使用水平尺保证立柱垂直度，再用卷尺控制立柱侧面至上下两条控制基准线水平距离（43cm）。在垂直度、水平距离、纵向间距均满足规范要求下，将立柱与钢筋笼焊接，再用铁丝将立柱上部与斜杆捆绑牢固。之后的立柱安装均以前一根立柱为固定对象，采用此方法，配合水平尺安装。在一段安全防护栏立柱安装完毕后，再次检查每个立柱垂直度、水平距离及立柱间距。最后整体检查安全防护栏线形，如发现不顺直处，可第二次调整线形美观平顺性。

4.4　浇筑混凝土及养护

立柱检查无误、线形美观平顺后，即进入下一道浇筑混凝土工序。采用 C30 混凝土，其坍落度控制在（18±2）cm，和易性满足设计要求。使用可移动式溜槽，分层浇筑，每层厚不超过 50cm，上一层初凝前完成下一层浇筑。振捣混凝土使用手提式 35 号振捣棒，振捣时注意不能触碰立柱。混凝土浇筑至事先标记好的停灰面时停止浇筑，待初凝后收面压光。使用洒水车洒水养护混凝土，每天至少上、下午各一次。养护 7d 且混凝土强度达到设计要求后，才进入下一道工序。

4.5　波形板安装

赛道安全防护设施施工有个不成文的规定：安全防护设施不得有任何尖锐物体或突起部位朝向赛道内侧。因此，波形板安装过程中注意不得有突起部位。镀锌波形板易损坏，应轻拿轻放，如有损坏，应 24h 内用高浓度锌修补。下面两块波形板直接用螺栓将其与立柱固定。安装最上面波形板时，先将托架装在立柱上，然后再用螺栓将最上面一块波形板固定在托架上。每段安装顺序逆赛道行车方向，严禁板搭接处外露波形板端头朝向赛道行车方向。

图 2　　　　　　　　　　　　　　　　　　　图 3

螺栓暂时不拧紧，以便每段施工完毕后如发现不顺直、不平直时可以调整。经检查合格满足各项要求后方可拧紧螺栓。整个安全防护栏施工宜安排 4 人为一组，待每一段完成后，才进入下一段施工。

5　特殊段波形板安装

所谓特殊段是指安全防护栏曲线半径≤70m 段落。这些段落立柱安装方法同普通段，但是波形板要厂家现场弯制。厂家现场弯制前，对其安全技术交底，明确施工注意事项。技术管理人员先在 CAD 上根据线形将需要弯制的波形板分类编号，统计好各段波形板弧长、弯曲度、数量等。待现场立柱浇筑完毕后，再根据现场实际情况，与厂家技术管理人员核对，如有偏差做出相应的调整。将调整后的数据确定无误后，再次交底于厂家技术和管理人员。厂家依据数据，试压试拼装，直至满足安装要求为止。

6　结语

株洲国际赛车场施工初期，项目部成立了"精做奉献 QC 质量小组"。QC 质量小组对安全防护栏试验段随机抽查 200 个点，满足各项要求 161 个点，合格率为 81%。采用上述工艺施工后，QC 质量小组对安全防护栏随机抽取 250 个点，满足各项要求 242 个点，安全防护栏安装合格率提高至 96.8%，达到国际汽车运动联合会（FIA）场地安全要求。安全防护栏是赛道安全防护设施的重要组成部分。提高安全防护栏安装合格率，既确保了工程质量又减少了二次返工带来的项目经济损失。更重要的是一次性通过国际汽车运动联合会（FIA）验收，不仅能使赛车场尽快投入使用取得积极的社会效益，也为施工企业赢得了荣誉。此次从防护栏安装施工角度出发，就提高合格率采取的措施做些肤浅探讨，认为必须将过程控制理念全面贯彻到防护栏施工中，方可打造成一条"极速、安全、平整、舒适"的国际赛车道。

参考文献

[1] 何钦. 高速公路防撞波形梁护栏的施工与质量控制 [J]. 城市道桥与防洪. 2018，07：02.

[2] 邹敏. 高速公路波形梁的设计与应用 [J]. 黑龙江交通科技. 2018，11：02.

浅析土木建筑工程施工质量管理要点

刘福云

湖南省第五工程有限公司，株洲，412000

摘　要：随着当前我国城镇化发展的步伐逐渐加大，我国土木建筑工程的施工规模也在逐渐增大。当前，土木建筑施工中出现了各种各样的影响因素直接或间接地影响着土木建筑工程的施工质量和施工效率，所以在当前的土木建筑施工中实行有效的质量控制措施迫在眉睫。本文首先对土木建筑工程和施工质量管理的相关概述进行分析，然后对现阶段土木建筑工程施工质量缺陷进行简述，最后对不同的阶段的施工质量管理要点进行分析，以此为土木建筑工程施工质量控制管理提供一些参考意见。

关键词：土木建筑工程；施工质量；管理要点

在我国的建筑行业中土木工程占据着十分重要的地位，同时地方经济与土木建筑工程息息相关。因此当下需要在土木建筑工程施工中严格地把控工程的质量，这就在土木建筑工程中需要引入现代化的先进管理理论，从实际出发将主观因素与客观因素进行融合，才可以形成统一的质量监管措施，对当下的土木建筑工程的施工质量进行有效控制。

1　土木建筑工程和施工质量管理的相关概述

（1）土木建筑工程的特殊性

土木建筑工程施工的特殊性主要在于建筑物的种类多种多样，这就导致了施工的方法不同，同时又由于土木建筑工程施工作业经常会受到周边环境和天气的影响，这样就会导致部分繁琐的施工工序和施工技术无法正常地应用。因此需要在土木建筑施工的过程中对部分施工环节加强管理，通过有效的管理措施来保障土木建筑工程施工中的施工质量。

（2）土木建筑工程施工管理工作的重要性

土木建筑工程施工中质量控制管理工作执行力度的大小，直接决定着建筑企业在发展过程中的经济效益和企业荣誉。对于建筑企业来说，一个企业的实力大小完全取决于建筑施工中的施工技术和施工设备，但是相应的施工技术和施工设备还需要良好的企业经营管理来支持。此外在当下的土木建筑施工中，各种各样的新工艺、新材料、新技术和新装备日益涌现，这就给土木建筑工程施工带来了一定的复杂性。由于施工技术的特殊性，这就对建筑施工中的生产水平提出了较高的要求，所以在土木建筑工程中进行施工管理便显得尤为重要。

2　现阶段土木建筑工程施工质量缺陷简述

土木建筑工程从基础施工到装饰装修阶段，整个过程中都可能存在着大大小小的质量缺陷。例如钢筋等原材料未采取有效的保护措施，造成质量缺陷；基础施工时未采取有效排水措施造成基础长时间被积水浸泡，影响地基承载力；混凝土构件尺寸、轴线和标高偏差过大不满足规范要求；屋面、厨房、卫生间出现渗水；砌体平整度、垂直度、灰缝饱满度不满足规范要求；内外墙粉刷或贴砖出现空鼓；栏杆安装高度不够、间距过大、安装不牢靠；门窗安装后出现变形、渗漏现象；电缆安装后不满足负荷要求；各类管道安装后出现渗漏现象等等。以上的质量缺陷，不同程度地影响着后期建筑物的使用，所以我们要抓住质量控制的要点，实施全过程的质量控制。

3 土木建筑工程准备阶段的施工质量管理要点

（1）制定建筑工程质量管理制度

工程质量的好坏是建筑企业经营过程中的核心目标，如果没有高质量的建筑工程，那么企业就无法在行业中具有强大的竞争力。这就需要相关的建筑施工企业在土木工程施工中，严格把控各个施工环节的质量，并在具体的施工质量管理中制定科学有效的管理制度。此外在土木建筑工程的施工质量管理工作中，施工方还需要根据现场的实际施工状况对施工质量管理工作进行职责划分；对投资项目的运营战略进行二次设计和审核；对土木建筑工程质量管理中各工作人员的工作进行备案；同时还需要将土木建筑工程方案与内容进行分离，检查土木建筑工程质量方案的详细内容；对工程方案中的问题制定针对性的科学解决措施，并及时上报给相关的方案负责人。

（2）做好建筑施工工程前期准备工作

在土木建筑工程的施工前期，还需要针对工程项目的特定细节进行研究，并根据执行结果制定土木建筑工程的质量目标和质量规范。同时还需要根据土木建筑工程质量管理体系的文件内容对整体的工程项目进行剖析，来确定质量目标的科学性和合理性。在施工单位确定了开发项目的施工管理方案后，就禁止对施工管理方案进行改动。

（3）完善建筑工程质量评审制度

确保土木建筑施工质量达到理想状态，那么必然需要树立完善的建筑工程质量评审制度，只有这样才可以确保建筑企业在施工中发挥出相应的作用。同时完善的建筑工程质量评审制度，还可以大幅度提升土木建筑工程的施工效率。

4 土木建筑工程施工阶段的质量管理要点

（1）对监理单位的质量控制措施

随着土木建筑工程的规模进一步扩大，新技术、新工艺、新材料、新设备的应用不断加强，大部分建筑企业在施工质量控制过程中都设置了监理制度。但是在实际的应用过程中，由于多数建筑企业对监理制度设置的不完善，导致建筑施工中工期和投资都没有取得预期的效果。因此想要保证土木建筑施工项目在施工管理中可以有条不紊地进行，取得预期的效果，那么必然需要设置完善的监理制度，让土木建筑工程的整体施工过程由监理单位进行管理，并且建筑工程的开发商还需要根据企业具体的施工要求，让土木建筑工程的监理工程师根据监理合同的内容开展工作。只有这样才可以确保监理工程师对监理合同中的各项规则和各项职责落实到位，从根本上保障土木建筑工程的施工质量。

（2）对施工单位的质量控制措施

土木建筑工程施工中所投资的施工成本数额巨大，因此为了保障土木建筑工程的整体施工过程可以正常地进行，那么就需要对各施工单位进行对比，来选择最适宜该土木建筑工程项目的施工单位。近些年来，我国相关的建筑企业在发展过程中有了突飞猛进的进步，但是与国外的建筑施工企业相比，我国的建筑施工企业在施工技术、施工管理、施工运营等各个过程都存在着较多的不足之处。这就需要当下的建筑施工单位在土木建筑工程项目的施工管

理工作中采用 "管理准绳化" 的战略目标来保障土木建筑工程项目管理的顺利实施。同时相关建筑工程的监理机构还需要根据监理合同上面的条例对我们建筑工程项目采取综合性的监理措施，这就需要对建筑施工人员、建筑施工资料、建筑施工设备、建筑施工方案等进行统一化的管理和控制。同时还需要在土木建筑工程施工开展后，监理单位对工程的施工质量和施工工艺进行重点考核，在考核的过程中还需要相关施工企业留意考核过程中的问题，并采取针对性的措施来解决施工现场出现的问题，从而保障土木建筑的施工质量。

（3）在建筑施工中做好施工预防工作

在土木建筑施工中采取的预防措施主要需要从以下两个方面进行。第一个方面从原材料及半成品的质量检查工作中进行，这就需要建筑施工企业对原材料和半成品的质量制定一套严格的审核制度。相应的审核制度需要让原材料和半成品经过三道检验程序，才可以进入施工现场。第二个方面便是加强标准施工过程中的质量审核措施，这就需要在建筑工程施工质量控制过程中，提高施工单位管理人员的素质和质量监控手段。另外还需要在土木建筑工程施工质量管理中采取预防方案，在预防工作中只有每一个施工环节中的负责人在工程验收签字后，才可以让施工进入下一个阶段。通过这样的措施就可以及时发现建筑施工过程中的质量隐患，从而将施工损失降到最低。

（4）对建筑施工的每一个环节进行监测

在土木建筑工程的施工中，需要对每一个施工环节进行严密监控，来确保整个施工过程可以达到相关的规范标准。这就需要施工现场的管理人员做好考勤工作，并且还需要经常到施工现场了解工程的施工进度，同时还需要对相关施工环节的具体施工内容进行二次审核，减少施工过程中的施工质量问题。同时，施工质量管理人员还需要及时记录现场出现的问题，对长期出现在施工过程中的质量问题加以留意，并采取针对性的措施来预防建筑施工过程中的隐患。

5　结语

土木建筑工程质量的好坏直接取决于施工质量的控制措施，而制定控制措施必须抓住要点，不能泛泛而谈。因此在当前的建筑工程实施过程中，需要制定完善的科学化质量控制目标，通过以质量控制为中心，来全面保障土木建筑工程的施工过程，确保既定目标的实现。每个土木建筑工程的参与单位都应根据质量控制的要点，在工程的各个阶段进行管控，保证在完整施工过程中，让质量管理体系平稳有效地运行，这样，土木建筑工程施工质量就会得到有效的管控。通过这样的施工质量管控措施，必定会减少甚至消除土木建筑工程质量的缺陷，从而打造出优质的工程。

参考文献

[1] 许钰. 土木建筑施工质量控制措施探析 [J]. 中国建材科技，2014，5（s2）：46-46.

[2] 郭文墨. 土木建筑施工质量控制措施探析 [C]. 建筑科技与管理学术交流会. 2015.

建筑屋面施工质量问题及应对措施

易根平

湖南省第五工程有限公司，株洲，412000

摘　要：屋面是房屋建筑工程最顶部的位置，是抵御外界因素干扰的第一层防线，提高屋面的质量在一定程度上有利于房屋整体质量的提升。提高屋面的施工质量是房屋建筑质量提升的关键步骤之一。

关键词：建筑屋面；渗漏；施工质量

建筑物的屋面是经受雨水最直接、受水面积最大的部位。屋面防水质量好坏直接影响建筑物的正常使用，屋面漏水会侵蚀建筑物结构主体，并进一步缩短建筑物的使用寿命。屋面防水是确保工程质量的一个重要环节，但多年来我国建筑屋面渗漏问题一直较突出，我国每年要耗费大量资金和劳力进行返修和治理。为此要提高屋面防水工程的质量，施工是关键，并要加强管理和维护。

1　当前建筑屋面防水存在的不足之处

1.1　施工材料问题

在屋面防水施工中，防水材料是保障防水质量的基础，防水材料种类很多，部分设计人员对其众多防水材料性能品质认识不清，在具体制订防水方案中未充分考虑地区气候、温度、环境等因素的影响，就按照以往经验进行设计，或直接选用新型防水材料造成质量隐患。同时防水材料市场上产品质量参差不齐也加大了屋面施工材料不达标的质量风险。

1.2　施工设计问题

在屋面防水施工时，防水材料是保障防水质量的龙头。在建筑工程建设中，经常存在这样的现象：由于一项建筑工程的设计复杂，建筑师主要把精力用在平面布局、立面造型、装饰构造等方面，而对防水设计既不重视也不作为重点内容，再加上目前很多人包括投资商和建设商，对建筑工程防水的重要性缺乏清醒的认识，致使整个工程尚未封顶，就已发生渗漏水问题，最后不得不边建设边堵漏；有的直至房屋封顶，渗漏水的问题还没有解决。部分设计人员在屋面设计施工图中仅仅绘制了大体的屋面平面关系图，并且缺乏对相应防水设计结构细节的全面了解。同时屋面的排水设计有的只是照搬其他现成的设计，没有根据实际屋面的汇流面积、当地的气候条件进行相应的设计，当出现较大的降雨降雪时，就会排水不畅，导致屋面大量积水。同样屋面防水层的排气口位置安排不合理，局部出现起包的情况。

1.3　屋面施工问题

在屋面防水施工中，首先，要对屋面找平，但是部分施工单位在找平阶段没有严格按照标准进行施工，只是在表面一层进行抹平，找平层的厚度不够，并且有的施工人员没有按照规范要求设置分仓缝，导致找平层出现收缩裂缝，进而出现渗漏，部分找平层表面不平整导致积水。其次，在施工中沥青材料以及涂膜防水厚度不够，没有起到足够的防水功能，同时对于出屋面的天沟、管根、泛水、檐沟以及出水口等需要重点设防部位并没有设置必要的附加层，结果防水层厚度没有达到相应的标准。

1.4　后期管理问题

屋面在建筑物中属于外围护的保护层，因此会伴随着日晒雨淋等恶劣天气的侵害，在建筑工程竣工后，如果防护不及时，屋面也容易渗漏。出现渗漏后，如果管理不到位，没有及时地进行处理，那么缺陷会随之增大，长期未清扫屋面，檐沟、天沟等处容易堵塞，侵蚀防水层；同时由于在建筑物的屋面安装广告支架、太阳能、天线等，这些都会破坏防水层的完整性，随着时间的推移而造成渗漏。

2　加强屋面防水工程质量应对措施

在建筑防水工程中，"材料是基础，设计是龙头，施工是关键，管理是保证"这是确保防水工程质量的四大要素，也就是说提高防水工程质量必须综合各方面的因素，进行全方位的评价。选择符合要求的高性能防水材料，进行可靠、耐久、合理、经济的防水工程设计，认真组织、精心施工，完善维修、保养管理制度，才能有效地保证建筑防水工程的质量和可靠性，彻底根治防水工程质量差、过早失效的问题，从而真正满足建筑物和构筑物的防水耐用年限要求。

为确保防水工程的质量，材料、设计、施工、管理四者缺一不可，换句话说，以上四个方面的缺陷都会通过渗漏这一特殊的方式表现出来。有优质的防水材料，先进的设计，要使防水层达到不渗漏水，施工是关键。而要施工质量好，首先要提高建筑防水施工队伍的素质，特别是要提高操作工人的操作技能水平，这是防水工程质量的重要保证。在材料、设计、施工有保证的前提下，创造出优质工程，管理维护成为保证和延长建筑防水工程使用年限的重要因素。

2.1　优选防水材料，严把质量关。

择优选用和合理使用防水材料是保证防水工程质量的一大关键。按照工程类别合理确定防水等级和相应的设防要求是非常重要的工作。在具体制订防水方案中，设计人员就面临着选材及其施工方法问题。

选材应考虑如下内容：

（1）设防道数和防水层的厚度要求；

（2）是采用单一品种材料还是同种材料叠层使用；

（3）是采取刚柔材料结合还是卷材与涂料复合使用；

（4）如何对变形缝等细部构造提出选材条件与要求等。

这些选择还需考虑与地区气候、气温、环境等因素相结合。根据材料的特点与施工要求选材。根据近几年不断制订、修订的有关防水技术规范的总体情况分析，以及大量工程实践证明，市场上有一批性能好、质量可靠的新型建筑防水材料。据此，设计人员应熟悉与掌握这些材料的特性，在各类防水工程中择优选用。

选用优良的防水材料还必须有精细的施工作保证，业内人士称"三分材料、七分施工"就说明这一问题。为此设计人员还应熟悉各种防水材料的基本施工方法，例如铺贴卷材的方法有：满粘法（全粘法）、空铺法、条粘法、点粘法、热熔法、冷粘法（冷施工）、自粘法、热风焊接法（使用于卷材搭接缝部位）、机械固定法等。合成高分子涂料的施工方法有：刷、刮、抹、喷等方法。虽然这些施工方法在有关技术规范中都有说明或规定，但在施工图上要明确提出要求，对保证防水工程质量也是十分重要的。

根据气候环境、工程地质、结构类型选材。气候寒冷的地区，应选用耐低温的防水材料；气温比较高的地区，应选用耐热度较高的防水材料。

施工时也必须严把质量关，坚持实行对防水材料使用认证检测制度，确认一批可靠的防水材料在本地区推荐使用。选用新型防水材料应坚持高标准，有国家标准或行业标准的一定要执行，目前尚无统一行业标准的一定要执行地方标准。选用新型防水材料要注意技术配套，应优先选用具有配套材料、施工工具、施工规程及标准的产品，且通过对进入现场的防水材料的抽样检测，杜绝残次品及假冒伪劣产品。

2.2 遵循主动性、整体性防水设计并认真贯彻技术标准

将建筑的防水功能从土建工程规划设计开始，就作为一项重要的子系统工程加以考虑，并对不同的建筑部位做出不同的防水方案、土建与防水施工配合实施的防水方案，以实现建筑的整体防水。这种"主动性、整体性防水理念"已被众多的房屋开发商接受并实施于建筑工程之中，不断创造出建筑防水工程的精品。主动性、整体性防水理念对提高建筑工程防水质量的重要意义在于：

（1）从设计时，就重视"主动性、整体性防水"，才能从根本上杜绝建筑物或构筑物的渗漏水顽疾。

（2）优良的建筑工程，应做到主动性防水，因为建筑防水技术是一门综合性、应用性很强的工程技术学科，提高建筑工程的防水质量，必须从整个防水体系出发，既要研究防水体系内的每个环节，又要研究这些环节之间的关联性，只有这样，才能解决建筑工程防水体系的问题。

（3）整体性防水是建筑工程达到优良标准的必备条件之一。建筑物或构筑物，尤其是高档新型住宅小区的整体密封、立体防水是现代社会对建筑工程的必然要求。

（4）做到、做好主动性、整体性防水符合我国防水工程行业多年实践总结的经验："防排结合，刚柔并举，多道设防，复合用材，节点增强，综合治理"，遵循上述防水设计原则，可大大地减少房屋建筑工程渗漏水的问题。

设计要认真贯彻技术标准。房屋建筑工程的防水工程设计，必须要由有防水设计经验的人员承担。防水工程设计应适应结构工程设计的特点和需要、认真贯彻《屋面工程质量验收规范》（GB 50207—2012），同时应执行或参考华北、西北、西南标准办公室的"防水构造标准图集"以及地方建设行政主管部门编写的地方规程及推荐方法。

2.3 制定合理的施工方案并严格实施

防水工程设计一般只是对材料及工程设计的总体要求进行了规定，在施工前，还需要根据现场的具体环境及具体部位提出相应的操作要求，制定具体指导施工的施工方案，并由防水施工专业队的技术负责人向操作人员进行技术交底，经讨论无异议后，即应全面贯彻实施。做好屋面防水层，先要从基层抓起，要高标准地把各构造层施工好，确保各构造层都能达到合格标准。其中屋面防水工程的找平层施工是确保卷材防水层质量的关键，常因施工不规范使找平层产生裂缝，并拉裂卷材层，也会因找平层酥松和脱皮，而产生与卷材层脱壳、翘边等弊病；还会因找平层的排水不畅而有积水的洼坑。以上原因都会使屋面产生渗漏

水。在基础找平阶段，首先要对屋面的基层进行仔细的清扫，可以用水进行清洗，保证基层在找平后整洁平整。如果采用水泥砂浆材料，应掺入 10% 的 U 型膨胀剂，等待沉淀后，施加二次压力以确保层面平整。同时要注意加强后期养护，防止出现裂缝。在保温层的施工阶段，要合理地对排气孔进行设置，可以在排气通道上填制相应的干燥物，保证排气通道的畅通。在防水层的施工阶段，要检查屋面是否存在裂缝，并且要注意各个节点的部位是否铺设油毡，保证沥青和涂膜防水的厚度达到要求，在施工完成后，可以通过倒水进行试验，确保防水层中没有渗水现象的发生。

3 结语

建筑工程质量事关群众的生命财产安全，既是社会的热点，也是舆论的焦点。建筑工程防水施工关系建筑工程使用寿命及人民安居乐业，高质量的建筑防水不仅能够提升房屋的经济效益，而且还能在一定程度上降低资源的耗费，并符合我国可持续发展理念的要求，故必须引起各方重视。

参考文献

[1] 张巍. 建筑屋面渗漏原因及防治措施 [J]. 南京工业职业技术学院学报，2009（2）.

[2] 郭强. 建筑屋面防水施工技术要点与质量控制研究 [J]. 建筑技术开发，2019（20）.

关于房屋建筑装饰装修施工管理技术及材料应用的探讨

陈　勇

湖南省第五工程有限公司，株洲，412000

摘　要： 本文分析了建筑装饰工程施工的技术特点，阐述了施工技术管理的现状，行业存在的问题。在此基础上，有针对性地对建筑装饰工程施工管理技术要求进行了探讨，并对技术管理措施提出了建议。

关键词： 建筑工程装饰；工程；施工；技术；管理

当前，城镇化发展正在由速度型向速度与质量并重转变，随着人民生活水平和生活质量的提高，人们对居住环境的要求越来越高，对生产、工作和生活所处的建筑环境的美观和舒适性要求不断提高。因此，建筑装饰工程已成为重要的建筑施工项目之一。建筑装饰工程是指以保护建筑主体结构、丰富和完善建筑物实用功能、增强美化效果及舒适性为目的，选择特定的装饰材料，针对建筑物表面和空间进行处理的过程。该工程具有投资成本高、技术细节繁琐、专用工具种类多、工序衔接要求高等特点，这对施工管理提出了更高的要求。因此，有效加强对建筑装饰施工技术的管理，把握好每个技术环节，使各个工序协调一致，才能够保证施工的顺利进行和整体装饰工程的质量和效果。这就需要建筑装饰行业不断提高自身的技术水平和管理水平。为人们营造一个良好、舒适的生活环境，使建筑装饰行业适应社会发展的需求。

1　建筑装饰行业技术管理过程中存在的问题

（1）没有完善的管理体系

目前，我国大多数施工企业都是施工设计一体化，先期设计满意后便与用户签订合同，对于具体材料使用的材质、达到什么标准、什么样的效果没有具体的标准，因此一些装饰企业为了抢工期忽略了质量，一旦提出异议，不是返工就是扣工程款，不仅给用户造成很多不便，也给企业造成一定的经济损失。

（2）装饰材料把关不严

因为缺少完善的管理体系，使用的材料都由装饰公司自行采购，因此装饰公司为了降低成本、增加利润往往使用质次价廉的材料，直接影响了装饰质量、效果、寿命。

2　建筑装饰行业技术水平及技术特点

（1）施工技术特点

建筑装饰工程在建筑工程中是后期处理工程，其管理性、技术性、科学性和艺术性特点突出。当前，人们对各类建筑的要求从实用性向舒适性、艺术性转变，对建筑装饰的要求越来越高，这就要求施工企业进一步加强施工技术管理，使建筑装饰工程既体现技术细节的完美，又突出布局、色彩、材料的科学性，还能体现出独特的艺术之美。装饰工程是一个系统工程，它不仅是对建筑物本身的修饰和美化，还要结合周边环境，使建筑装饰与环境协调与配套；不仅追求材料的实用性和适用性，还要考虑材料的环保要求和对人生命健康的影响。近年来，随着人们对建筑装饰工程要求的提高，以及信息技术传播手段的丰富，新材料、新技术、新器具、新工艺日新月异，这就要求施工企业以开放的眼光，积极和及时学习新的理论和管理技术，跟上时代发展的步伐，以创新求生存、以创新求提升。

（2）建筑装饰工程施工技术管理现状分析

当前，各类建筑的使用功能由传统的综合型向专一型转变，结合使用功能，往往要对原有建筑进行装饰改造，以增加美观效果，增强实用性和舒适性。但是，因原有建筑质量参差不齐，有的过于粗糙忽略了细节处理，致使装饰工程在使用过程中出现一系列问题，如装饰材料脱落、外墙装饰墙砖剥蚀、掉落、空鼓等。另外，有的施工企业在工程中标后，将工程分包，很多分包企业没有相关资质，这必然导致施工技术及管理不到位，装修质量隐患很多。设计与施工脱钩，再加上近年来新技术、新材料层出不穷，致使在施工过程中对新材料、新方法了解不足，如果仓促施工，就可能导致使用不当的问题，无法实现设计效果。

3　施工技术要求

3.1　对设计的要求

在建筑装饰工程施工前，要结合建筑物具体用途进行合理化设计。构造设计要与建筑物的主体结构受力特征相一致，与温度变化协调。要把握好建筑物空间造型比例，使装饰工程所营造的空间比例协调，感觉舒适。装饰层的厚度与分层应均匀平整，线条流畅。同时还要重视构造的防水、防腐、防潮、防火以及防空气渗透等处理。

3.2　对材料的要求

（1）木材。室内装饰工程施工所用的木材，一般为阔叶树木材。对木材的技术要求包括其甲醛释放量、强度、含水量、湿胀干缩和变形等指标。关于木材制品，如实木地板、人造木板等，其加工精度和外观质量等是主要技术指标。

（2）建筑玻璃。在建筑装饰工程中，装饰性建筑玻璃要求抗冲刷性、保湿性和透光性良好，还要具备较好的耐腐蚀、隔声等功能。

（3）高分子材料。高分子材料主要指建筑用涂料和塑料。对涂料的技术要求主要是装饰性、耐腐蚀性、耐磨性、干燥速度、附着性等。对塑料的要求主要是绝热、绝缘、耐磨、耐腐、隔声、无毒害等。

4　常用施工技术及效果

4.1　外墙墙体保温装饰技术

（1）技术要点

在房屋建筑工程中，墙体保温是施工中的重要组成部分。过去采用的墙体保温技术，一般将砂石与混凝土进行混合，从而达到保温目的。这种施工技术达不到装饰效果，而且也对建筑施工的建筑材料造成了浪费，整体效果不佳。另外，采用这种保温施工技术，其使用的寿命也不长，在使用一定时期后，经常出现损坏与裂缝。当前，墙体保温施工技术得到了发展，不再使用砂石与混凝土，而是采用聚苯板等新型保温材料，将保温施工技术与装饰施工技术进行有机融合。

（2）技术效果

利用这种装饰施工技术，不仅材料轻便，便于施工作业，而且远远超过了传统的保温施工技术的保温效果。更重要的是，利用这种材料，可以进行各种装饰设计，美化效果突出，有利于提升建筑物整体装饰技术水平。

4.2　内墙墙面装饰施工技术

（1）技术要点

墙面施工包括抹灰、铺装面板、涂饰、软包和裱糊等。其技术要点是，各层之间应粘结牢固，这是保证无空鼓、无脱层、无裂缝、无爆灰的基础。在墙面施工中，基层处理是重要的技术环节。因此，在墙面施工之前，要对基层表面进行找平处理，并对灰尘、污垢等杂质进行清理。之后，对其进行喷水保湿。在墙面抹灰作业前，要将门窗框及护栏安装完备，将墙体上施工留下的孔洞进行填实处理。室内的柱面、墙面和门洞阳角的做法应严格按照设计要求，如没有具体要求，做暗护角时要按照 1∶2 配比的水泥砂浆，使其高度不小于 2m，宽度不小于 50mm。在分层抹灰施工中，要对底、中、面各层厚度合理控制，使每层都达到5～7mm，总厚度达到 25mm[3]。在饰面施工中，主要排列方式有对缝和错缝两种。在铺装技术上，石材饰面的方法主要是粘贴法和楔固法；金属饰面材料主要以龙骨安装为主；木材饰面主要为龙骨钉固法。

（2）技术效果

在运用这种施工技术时，其装饰效果主要体现在墙体裱糊上，因其使用材料的不同而呈现不同的效果。一是玻璃纤维，这种材料的特点是强度大，其缺点是遮盖效果不好，致使施工完毕后，基层的颜色还能透过材料显现出来。二是无纺布，这种材料弹性较大，其表面上呈现出动物绒毛的质感，另外还有通透性好、清洗方便的特点。

4.3　窗户安装装饰施工技术

（1）技术要点

在传统的施工技术中，窗户的安装通常利用水泥来达到稳定的效果。这种技术的缺点是，长时期使用时水泥会脱落，对建筑物安全造成了威胁。当前，窗户安装常用的施工技术为密封膏安装法，运用这种技术时，首先将窗户进行临时固定，然后用密封膏将窗户四周进行封堵处理，等外墙的涂料处理完毕、室内的腻子作业完成之后，再用密封胶将窗框四周进行填堵。

（2）技术效果

这种施工技术增强了窗户的密封性能，使窗体与内外墙体有机融为一体，增加了美观性，达到了很强的装饰效果。

4.4　地面装饰施工技术

（1）技术要点

开展地面施工时，须事先完成下方暗管和沟槽施工。面层铺装要在其他装饰工程完成之后方可进行。当铺设材料为竹、木、毯、塑料类面层时，要在完成抹灰并对管道进行压力测试之后进行。开展地面施工时要做好施工材料、施工温度等环境控制工作，并可通过采用相应的技术措施保障施工的质量。

（2）技术效果

不同的地面铺装材料可达到不同的装饰效果。其中，大理石地面坚实、细密、色泽鲜亮、高贵庄重。木质地面弹性好、质地轻、易加工、脚感舒适、典雅大方。陶瓷地面耐磨防潮、强度较大、质感较佳、表面平整，有利于增强室内光线强度。

5　针对房屋建筑装修施工技术管理存在问题的解决措施

5.1　建立完善管理体系

任何建筑工程的目标就是达到使用功能并保证质量，因此，就需建立完善的各项质量管理体系。在施工前，必须对装饰的要求与建筑物的实际条件进行详细的整理分析，依照相关的管理制度以及标准对问题进行分析，制定出有针对性的质量管理体系，并不断完善。管理体系必须进行详细的职责划分，对技术人员的分配、材料的使用等进行合理安排。还应定期进行专业人员的培训，一方面提供施工人员的专业水平，另一方面，提升整体素质，保证整体水平。

5.2　加大施工技术管理的监管力度

切实落实施工技术管理制度，促进管理制度的有效开展，从而保证施工质量。实际的管理工作也是施工中的重点，所以在施工期间，必须安排相应的现场监督人员，针对施工现场的各因素、各环节等进行巡查监管，同时还要保证施工环节的记录，确保有章可循，为后续工作提供依据。

5.3　优化资源与现场管理

施工材料调配与人力资源的配置是确保目标实现的重要基础，也是提高质量的重要因素，必须充分兼顾人力资源与施工机械材料，合理规划施工工序，并保证施工安全，进一步实现工期缩短、减少工程资源浪费的目标。而对施工现场优化管理，首先就要在保证工程进度与质量的基础上促进安全化与文明化，还应不断提升施工人员的技术与素质，充分了解材料设备的性能与使用标准。同时做好相关技术交底工作，一旦发现问题，应及时采取措施处理，及时排除问题，确保项目施工安全进行。

6　结语

当前，对建筑装饰工程施工的技术质量要求越来越高，但在现实施工中，还存在诸多技术问题。对此，要对施工中的管理技术、施工进度、人力资源分配、材料调配及施工质量等项目进行配备、监督与检验，而施工技术管理的水平就体现在设施和材料选用方面要把好技术细节，要强化施工技术措施，保证墙面、地面和幕墙等方面的施工质量，确保施工技术的实施达到应有的装饰效果。

参考文献

[1]　李叶亮. 浅谈建筑装饰工程的施工技术管理 [J]. 建材与装饰，2015（10）：115-116.

[2]　于万众. 建筑装饰工程施工技术管理探讨 [J]. 合作经济与科技，2014（16）：116.

[3]　从国利. 建筑装饰工程工艺流程施工技术管理 [J]. 城市建设理论研究（电子版），2015（6）：105.

论幕墙施工管理控制要点

刘　益

湖南艺光装饰装潢有限责任公司，株洲，412000

摘　要： 21世纪人口急剧膨胀，住房资源日益紧缺，高层建筑、超高层建筑在城市中已经屡见不鲜，对这些建筑来说，围护结构采用传统的砖墙显然不能适应，混凝土墙体则因其过于笨重而日显劣势，唯有幕墙以其耐候性好、轻巧美观、安装方便、密封性佳、维护简便等诸多优点而在高层建筑上迅速崛起，独领风骚。本文通过对幕墙施工管理、质量控制等要点进行分析，能够更全面地解决施工过程中出现的施工问题，有效地提高了幕墙施工技术，提高了施工质量。

关键词： 幕墙；施工管理；质量控制

1　幕墙工程的施工管理与质量控制的必要性

我国建筑业正处在转型发展的黄金时期，研发的建筑材料也在不断进步，幕墙安装所需要的各种结构构件，如铝合金型材、钢材、幕墙接驳件等种类齐全，幕墙施工工艺范围变得越来越广泛，并且占据十分重要的位置。建筑幕墙在施工过程中有着一定的特殊性，由于影响施工质量的因素过多，对于施工质量的保证不容易把控，从而会影响建筑物整体的质量。因此，幕墙专业管理人员对建筑幕墙的施工管理有着十分重大的责任，采取一定的防范手段，避免幕墙施工过程中发生事故，控制好幕墙施工质量显得尤为重要。

建筑幕墙安装施工特点：（1）工程交叉环节多。现场施工安全工序环节较多，部分需要交叉进行。（2）工期较紧。幕墙工程一般都在主体封顶后、内装饰接近收尾时进行，往往由于前期工作的延误，迫使幕墙工程赶工，以便整体工程能按时交工。（3）受环境、气候、温度影响大，幕墙的安装施工大部分是露天高空作业。（4）现场防火要求高，保温隔热材料应采用不燃材料。电焊作业严格执行动火安全管理制度，确保现场防火安全。（5）要求配合程度高。大型新建工程的幕墙安装施工大多数用土建搭设的脚手架作业，有些部位的脚手架影响幕墙的安装，需要进行调整。针对幕墙安装施工特点制订施工方案，尽量杜绝安全事故，确保质量符合要求。

2　幕墙施工前的准备管理工作

（1）挑选合格材料。板材、骨架、粘结材料和密封材料等是组成幕墙的基础材料，材料的质量标准必须符合国家标准。选择材料供应商第一要求是保证好质量。材料出厂前，厂家应自测并送相关检验机构检测。如材料质量不合格，则应找出相应的问题并解决，直到材料质量合格才能进入市场。

（2）设计图纸合理。设计图纸对幕墙安装甚至整体建筑的质量都有着特别重大的作用。施工现场组装如有困难，可以在工厂提前组装好。设计师应结合实际环境进行设计。比如幕墙的承载性、抗风性、力学性能等，要求的数据需要很精确。强化设计人员质量意识和加强责任心，对待项目需要一丝不苟。施工组织管理工作要合理安排，包括安全防范、材料使用、具体施工等，各项工作要有条不紊地进行。

（3）预埋件在幕墙施工中是最基础也是特别重要的一道工序，必须严格按照规定进行，规格和性能都要符合标准。预埋方式要做到安全可靠，预埋件安装做到无缺损、无遗漏。还应考虑在运输途中幕墙可能变形或者损坏等情况，提前做好预防措施，尽量避免材料损坏。

3　加强幕墙施工过程的质量控制

（1）严格审查建筑幕墙图纸。幕墙施工质量的好坏必须以图纸是否设计合理为前提。在施工前施工单位应对图纸进行讨论分析，发现施工图纸不合理应反馈给建设方与设计方。通过严格把控图纸，制订详细的施工流程，并且对施工过程中可能发生的问题制订好相应的对策，做到减少甚至避免施工质量问题的出现。

（2）建筑幕墙施工流程设计。建筑幕墙施工流程设计要具有规范性、科学性、高效性和有序性的特点。通过仔细审查施工图纸，对施工流程不断地进行调整和优化，并且对人工、材料与进度进行宏观调控。要做好建筑幕墙施工流程设计，还需要清楚地了解相关制度规范以及每个岗位的职责划分等，结合施工现场的具体情况和建筑幕墙的特性，制订合理的建筑幕墙施工流程。

（3）建立健全的质量管理控制体系。对工程关键工序、细节、性能等制订严格的标准，质量管理体系要及时发现问题并不断完善。需要制订安全与质量两个方面的制度，项目所有人员要牢记施工管理制度，按照规定严格实行每一道施工工序；及时排除施工环境中的安全隐患，对于施工机具的使用，严格按照规范要求，对于贵重或者关键的施工设备，要做好保养工作。总而言之，要保证工程的整体施工质量。

（4）提高幕墙施工技术控制。

①幕墙骨架的安装。定位安装幕墙骨架是最重要的一道工序，通过使用控制点和测量仰角轴参考点，以确保挂在主框架和主横截面尺寸的幕墙满足设计要求，便于架设钢架。安装过程中，这种技术的使用，提高了质量并且降低了难度，幕墙安装架的施工质量得到了保证。

②着重注意幕墙施工过程的安全。一般建筑幕墙施工采用外脚手架室外作业完成。因此，幕墙施工面临着严峻的安全挑战。我们必须确保脚手架和其他工具的稳定性和安全性。由于长期户外作业对施工人员的安全构成极大威胁，必须采取有效措施，加强施工安全管理，降低建筑幕墙的风险，保证幕墙施工的顺利完成。

③在施工中，石材幕墙施工及特殊防护技术必须按照石材幕墙的有关规定进行。只有采用普通机械打磨或高压水清洗，才能有效地清除附着在石材幕墙上的化学残留，防止水渍造成的色差。先进的加工工艺能较好地抵抗构件的破坏，满足了幕墙施工的需要。

④预埋件和后埋件的安设要严格控制。埋件主体是幕墙结构的重要组成部分，确定了建筑幕墙埋件的具体位置。后埋件的使用可通过调整化学膨胀螺栓和预埋螺栓进行调整。但由于螺栓松动，安全系数降低，只能在特殊情况下作为补救措施，必须保证安全螺栓的位置。

4　验收工作的完善

（1）管理和监理队伍对施工前和施工中的质量要求非常严格，但施工后容易松懈，忽视了验收环节。因此，要提高管理人员的验收质量意识，加强对这一环节的重视。各阶段施工结束后，应及时安排专业技术人员进行验收。具体工作包括设计方案是否标准、方案变更是否可行的、计算是否准确、材料使用是否合理、幕墙的性能试验结果是否达标、施工过程是否对环境造成危害等，并应做好详细记录。

（2）一般来说，幕墙施工有其固定的工序，特别是一些关键工序。其验收工作不容忽视，但应严格按照行业标准执行验收制度。一旦发现不符合施工要求的部位，应进行整改或返工，验收合格后方可开工。玻璃板的制作和安装要求高，宽度和厚度按设计要求确定。黏合剂要具有很高的硬度和粘结性。橡胶条必须稳定不松动。以密封胶为施工重点，为防止质量缺陷，尽量安排有经验的专业人员负责。最后，检查并验收该环节的要求，如固定板连接的质量、密封胶填缝是否有气泡等。横梁立柱和节点安装同样是施工重点，验收的主要工作包括横梁水平度、立柱垂直度、两者的固定情况、预埋件埋设质量、节点连接情况等。

5　结语

目前，我国的幕墙施工技术与国外还存在一定的差距。因此，我国建筑业应在保证工程质量的前提下，加大对幕墙施工技术的改进、创新和优化力度，为未来中国建筑屹立在世界之巅做出自己的一份贡献。

参考文献

［1］ 刘云华. 浅谈建筑幕墙施工中的质量问题与控制方法［J］. 门窗，2015（1）：18-19.

［2］ 陈龙君. 建筑工程玻璃幕墙施工技术要点分析［J］. 科技创新与应用，2014（7）：204.

［3］ 师伟伟. 浅谈建筑幕墙施工中的质量问题与控制方法［J］. 建筑工程技术与设计 2015（12）：98.

浅谈室内装饰工程安全管理问题及应对措施

王子逸

湖南艺光装饰装潢有限责任公司，株洲，412000

摘　要：近年来，我国随着社会经济实力与人们生活水平逐步提高，室内装饰工程数量持续增长。同时，在室内装饰工程施工过程中，施工单位更多地将重点放在进度、成本、质量控制上，而在一定程度上忽视了安全文明施工的重要性，这对于施工作业人员的安全、室内装饰工程项目的管理都造成了负面影响。本文主要强调室内装饰工程中安全文明施工的重要性，结合室内装饰工程的特点对现场安全文明施工存在的问题进行分析，并提出管理措施，以期起到有效的借鉴作用。

关键词：装饰工程；安全管理

1　建筑室内装饰工程的概念与特点

装饰即是美化。建筑装饰是指以美化建筑及建筑空间为目的的行为。它作为建筑中一个不可或缺又相对独立的重要组成部分，是建筑的物质功能和精神功能得以实现的关键。

建筑室内装饰工程的特点是施工场地小、缺乏足够的材料堆场以及工作面，同一楼层内通常有吊顶工程及地面铺装工程，区别于主体工程的是各工序难以组织流水施工或者平行交叉作业。在满足进度的要求下，建筑室内装饰工程中常出现垂直交叉作业的情况。

2　建筑室内装饰工程安全管理的意义和特点

建筑室内装饰工程安全管理的意义：建设工程领域，想要完成一个优秀的项目，首先要在保障安全的前提下抓质量，在质量达标的前提下追求进度、追求利益最大化；一旦项目发生安全事故，不仅增加项目成本，还影响建筑企业和施工单位的社会形象，导致无法实现工程项目综合效益的最大化。不难看出，安全文明施工是完成项目一切目标的基础更是保障，所以，在建筑室内装饰工程项目中，需要秉持"安全第一"的原则，深入现场，真抓实干，降低发生安全事故的可能性。

建筑室内装饰工程安全管理的特点：相比建筑主体工程，建筑室内装饰工程工期相对较短导致同步施工工序较多、施工场地狭小、施工分包单位及作业人员多等，这些都给安全管理增加了难度。而在实际的项目管理过程中，不同于主体工程，人们习惯性地认为建筑室内装饰工程发生安全事故的可能性较小，所以施工单位往往更重视成本、进度以及质量，却轻视安全管理。

3　建筑室内装饰工程安全管理中存在的问题

安全责任制未落实到个人，建筑室内装饰工程具有人员多、施工工艺复杂等特点，在实际施工中要求各部门相互协调配合完成施工。但就绝大多数实际情况来说，由于各部门的权责分配不明确，一旦发生问题，没有部门或者工作人员进行处理，导致安全管理与具体的工程项目管理部门脱轨。

大多数情况下为保证建设单位对进度的要求，项目管理团队选择忽视安全管理，盲目追求进度，不少项目出现专职安全员权力被架空，专职安全管理人员针对安全隐患提出的整改意见往往与进度冲突，导致整改意见被无视或者无法彻底整改。

由于建筑室内装饰工程普遍项目周期较短，项目规模不大，项目往往没有设置专职安全员（由其他岗位人员兼任）或一名专职安全员负责施工单位承接的数个项目的安全管理，在工期较为紧张的时间段，容易缺少对项目安全文明施工的监督，机具设备的不安全状态持续时间增长，作业人员的不安全状态无人监管，同样使发生安全事故的可能性大大增加。

建筑室内装饰项目施工过程中，脚手架、施工机具等常出现因使用周期短而被不被重视的情况，例如脚手架因为使用周期短，导致搭设过程较为随意，不按照施工方案搭设，临边防护不到位等情况；施工机具短期使用过程中，常被忽略是否因为机具本身老化而存在安全隐患。

建筑室内装饰工程中的施工人员多由农民工组成，施工人员的专业知识较少，并且在施工过程中对注意事项的了解不够深入，安全意识薄弱，在施工前缺乏培训，对施工流程不清楚，难以实现规范化施工。施工人员的专业技能不足，导致在施工过程中对各环节可能存在的问题没有详细的了解。企业在岗前对施工人员的安全教育工作落实不到位，没有进行实例分析，导致没有引起施工人员对安全问题的重视，由于安全防护装置佩戴不标准，存在违规操作以及无资质操作的情况，就会留下安全隐患，造成安全事故。

项目安全技术交底缺乏针对性：在建筑室内装饰工程项目中，由于不同项目同一工序具有一定程度的相似性，导致不同项目在对劳务作业人员的安全教育及安全技术交底时，采用相同或者类似的交底文件，难免会出现项目特有危险源及特有安全隐患的遗漏，导致劳务作业人员甚至项目管理人员在工作中不能意识到身边的安全隐患，加大了发生安全事故的可能性。

每日班前安全教育的缺失：在每日施工作业前，对作业人员的班组安全教育以及安全技术交底严重缺乏；建筑工程领域，每天施工现场的环境及安全隐患不尽相同，在建筑室内装饰工程中更加明显，而在项目管理过程中，管理团队往往只针对施工作业人员进行入场三级安全教育，却忽视了每日班前安全教育的重要性，而这种现象必然导致作业人员对于安全隐患的认知不足，增加了安全事故发生的可能性。

4 建筑室内装饰工程安全管理具体措施

4.1 加强施工作业人员的安全教育及安全技术交底

（1）加强施工作业人员安全法律法规知识的教育，在施工前，需进行专门的安全知识与法律讲解，加强施工作业人员施工现场的安全管理，强化施工作业人员的管理意识。

（2）落实安全技术交底工作，在正式施工前，必须明确作业流程和重要工序内容，结合项目实际情况进行有针对性的安全技术交底，熟悉施工现场环境和施工操作要点；建立现场专项管理小组，组织责任管理人员和技术指导人员对现场作业进行全面监管，保证安全管理工作的落实。

（3）工程施工内容繁杂，涉及专业项目较多，如临时用电，因其危险系数较高，需注重现场安全维护；对于部分需要上岗资格的工种，如焊工、电工、架子工等，必须保证作业人员持证上岗。

（4）定期开展安全生产培训，提高施工作业人员的安全意识，将施工作业人员作为重点培训对象，辅助其掌握相关制度规范，可通过考核判断施工作业人员对工法的掌握情况，并与日常生产活动紧密结合。

（5）认真落实对施工作业人员的班前安全教育，力争让作业人员认识到当日作业的安全隐患以及需要注意的事项，同时通过日积月累的引导，增强作业人员的自主安全防范意识。

4.2 制订安全管理体系，严格按照相关规范及标准设置专职安全员，严格执行安全生产制度，项目管理人员及施工作业人员必须正确戴安全帽方可进入施工现场，相关外来技术人员进入现场必须进行详细的时间登记；对施工现场的安全防护用品需进行定期的检查和更新，保持现场安全防护用品随时能用；另外，专职安全员需要对施工现场进行定期或不定期的安全状况检查，及时排除安全隐患。

4.3 对于现场安全文明施工，绝不抱侥幸心理，不能因为项目周期短而忽视一些必要的临边防护、施工机具检查等工作，力争通过高标准、高要求的安全管理将安全事故发生的可能性降到最低。

4.4 严格落实安全生产责任制，安全生产责任制的建立与实施的主要目的是细化安全管理责任，并落实到个人，增强施工人员的安全防护意识。所以，在建立安全生产制度时，需明确安全生产责任，对于重要责任人的权责范围需明确，通过科学的管理手段保证工程建设安全。同时，需定期对各项作业进行检查，对安全责任人的工作进行分析与总结，若出现违规操作或者是违反安全生产条例的行为必须严惩；必须把安全生产责任制贯彻落实到位，而不是纸上谈兵。

4.5 加大安全管理相关的资金投入，购买质量达标的安全防护用品，保证施工作业人员的生命安全，施工现场需要设置安全设施，对于存在安全隐患的部位要设置安全警示标志；同时针对建筑室内装饰工程污染大的特征，做好作业人员的职业健康防控工作。

5　结语

综上所述，建筑室内装饰工程安全管理是建筑装饰工程施工作业的重要内容，也是保证建筑室内装饰项目进度、成本、质量的基础和重要保障，对全方位做好项目管理具有积极作用。所以，施工单位应重视安全管理方案的编制和实施过程的监控，从而有效降低安全事故发生的可能性。对于建筑室内装饰工程施工安全管理中现存的问题，需不断地完善、落实安全管理体系来为建筑室内装饰工程安全管理奠定基础。

参考文献

［1］ 赵晓妮. 建筑施工安全管理措施优化研究［J］. 山西建筑，2019，45（02）：245-246.

［2］ 赵挺生，刘文，张亚静，等. 基于施工流程的安全管理方法研究［J］. 中国安全科学学报，2016，26（12）：122～127.

［3］ 张帆. 建筑施工现场安全管理存在的问题及措施［J］. 绿色环保建材，2019（1）：151-154.

滤水板架空层金刚砂耐磨地面
施工技术及效益分析

喻义军　　唐　凯

湖南省第五工程有限公司，株洲，412000

摘　要： 本研究介绍了一种架空层金刚砂耐磨地面施工技术，通过采用重式连接满铺滤水板架空做法，进行新旧混凝土隔离，可有效解决金刚砂固化地坪开裂问题。以实际工程案例为基础对该施工技术基本原理及详细工艺流程进行细致阐述，并就主要质量控制难点进行详细阐述，此外，结合案例对该工艺所产生的经济效益做出分析。结果表明，在地坪施工过程中，采用滤水板层可用于地坪底部排水，使金刚砂固化地坪保持干燥，可有效解决地坪受潮产生的色差问题，此外，采用该工艺可产生显著的经济效益。

关键词： 滤水板；地坪；架空层；金刚砂

1　引言

　　随着经济的飞速发展，我国建筑行业也迎来了快速发展，对于一般建筑而言，其地面施工十分重要。目前，已有许多学者针对地面施工技术做出了详细介绍，并充分认识到了地面施工技术的重要性[1-6]。张天模[7]认为地面施工技术为民用建筑的根基所在；安振辉[8]认为地面施工技术不仅涉及建筑工程质量问题，更对其最终功能性特征产生显著影响。此外，另有许多学者结合具体工程案例对相关地坪施工技术进行了深入剖析[9, 10]。杨尚书等[11]结合具体实际工程案例，详细介绍了金刚砂耐磨地坪施工技术的施工要点和工艺流程；金雄伟等[12]集合某工业厂房施工过程介绍了一次成形金刚砂地坪施工工艺要点，并依据实际施工过程给出了提高施工质量的相关控制措施；阮仕善等[13]从金刚砂地面施工技术入手，针对其耐磨特性进行深入讨论，在此技术上进一步提出了科学合理的施工质量控制技术；周鑫等[14]针对水磨石地面施工技术进行了详细阐述并进一步提出了其具体的质量控制措施；张利等[15]细致分析了工程耐磨混凝土地面施工技术的主要技术要点，并针对关键施工步骤，给出了具体处理措施。上述地面施工工艺应用广泛，且在一定程度上保证了较好的施工质量，但仍旧易出现地面渗水、地坪开裂等问题。

　　基于以上论述，虽然目前已有许多学者针对地面施工技术展开了研究，并提出了一部分较为实际可靠的新型地面施工技术，但仍存在部分问题，在此基础上，本研究结合具体实际工程案例，将滤水板架空层金刚砂耐磨地面施工技术具体机理及施工要点进行详细阐述，并结合实际工程案例对其效益进行分析对比，为地面施工提供了一个新视角和新思路。

2　工艺原理及优势

2.1　工艺基本原理

　　在现有金刚砂+固化地坪常规做法的基础上增加滤水板架空层。通过采用重式连接方法满铺滤水板架空做法，进行新旧混凝土隔离的同时用作地坪底部排水层，可有效解决金刚砂固化地坪开裂及受潮色差问题，如图 1 所示。在排水沟、集水井、结构柱、坡道口等位置设置角钢边框，解决开裂问题的同时，提高地坪施工的观感质量，具有高效、快速、优质的工艺效果。

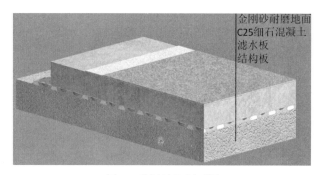

图 1　地坪结构剖面图

2.1　工艺优势

相比金刚砂 + 固化地坪施工方法，滤水板架空层金刚砂耐磨地面施工技术具有以下工艺优势：

（1）通过架空做法将原始地面与地坪混凝土隔离，可避免新旧混凝土粘结、温度应力及混凝土塑性收缩等产生的开裂；

（2）地坪底部设置滤水层，地坪施工对基层处理的要求低；

（3）地坪结构层底部设置滤水板作为滤水层，可解决地坪受潮出现的色差问题；

（4）在各节点位置设置角钢进行细部分隔处理，提高细部施工质量的同时，地坪的整体观感质量也显著提高。

3　工艺流程及施工要点

滤水板架空层金刚砂耐磨地面施工技术主要工艺流程如下：基层处理→定位放线→排水沟边框安装→集水井边框安装→柱框安装→基层清理→滤水板铺装→结构板钢筋网片绑扎→结构板混凝土浇筑→精密激光整平机摊铺整平→金刚砂耐磨地面施工→混凝土密封固化剂施工。滤水板架空层金刚砂耐磨地面施工技术核心在于滤水板架空层的引进和处理上，为进一步明晰滤水板架空层金刚砂耐磨地面施工技术，针对施工过程中主要质量控制难点进行进一步阐述，其主要包括排水沟边框安装、集水井边框安装、滤水板铺装、精密激光整平机摊铺整平以及金刚砂耐磨地面施工。

3.1　排水沟边框安装

排水沟施工最常见的质量问题有沟盖板安装不平整、翘角。为杜绝此类问题，排水沟两侧盖板基座需保证水平面。本研究排水沟沟盖板规格为 200mm × 580mm × 45mm（壁厚1.5mm）304 不锈钢盖板，排水沟边框材料采用 50mm × 50mm × 3mm 镀锌角钢，基座边框净宽为 210mm，角钢顶标高为地坪完成面标高。为保证排水沟安装顺直、平整，盖板基座角钢安装前，需沿定位线植入 $\phi8@2000$ 竖向钢筋作为基座临时支撑，如图 2 所示。竖向钢筋上部采用 100mm 长 $\phi6$ 钢筋进行水平定位。定位高度为角钢底标高，角钢通过焊接固定在 $\phi6$ 水平钢筋上。通过上述做法，可确保基座边框净宽误差控制在 2mm 以内，平整度误差控制在 2mm 以内。

3.2　集水井边框安装

集水井基座安装：现场集水井尺寸为 1250mm × 1250mm，基座制作尺寸为 1400mm ×

绿色建筑施工与管理（2020）

1400mm，基座材质为 50mm×50mm×3mm 镀锌角钢。基座安装前需植 $\phi 8$ 竖向钢筋作为基座临时支撑，因基座长度较小，基座可直接采用焊接固定，安装高度与找平层高度一致，如图 3 所示。

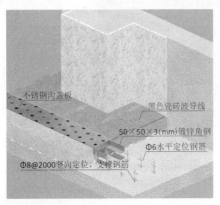

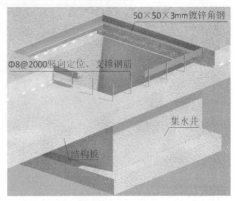

图 2　柱框安装 BIM 策划效果图　　　　　　图 3　集水井边框安装 BIM 策划效果图

3.3　滤水板铺装

滤水板滤水性好，排水畅通。材料有良好的强度和延展性，能适合地基变形能力而不影响排水性能。滤水板施工需预留运输路线。本研究滤水板为 12mm 厚，如图 4 所示，滤水板采用满铺，接口处采用重式连接铺装，整体平整、无起鼓、漏铺。

3.4　精密激光整平机摊铺整平

本研究地面平整度要求为 2m 靠尺落差 ±2.0mm 以内。为了达到超平精度要求，本研究采用美国 Somero 精密激光找平机进行混凝土整平施工作业。通过采用精密激光整平机可实现混凝土楼面施工一次成形，有效解决地面空鼓、起壳、开裂、平整度等问题，实现超平地坪施工，相比传统施工方法，平整度及密度可提高 3～5 倍以上。

3.5　金刚砂耐磨地面施工

待基层混凝土初凝时开始提浆作业，本研究使用圆盘磨光机对混凝土进行打磨提浆找平。打磨提浆找平作业完成后撒布金刚砂耐磨材料，金刚砂分两次撒布，第一次撒布量是全部用量的 2/3，第二次撒布量是全部用量的 1/3。撒布材料时按照先边角后中间的顺序进行，横竖交替力求均匀。然后使用刀片磨光机进行抛光处理，抛光次数为 5～8 次。边角和磨光机不便处理的部位采用人工收光。在地坪表面抛光养护后 2～5d 内完成切缝。切缝必须保证原柱距和地坪的美观性，以 4～6m 间距为宜，沿柱轴线切割，如图 5 所示。

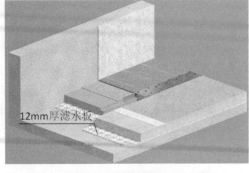

图 4　12mm 厚滤水板　　　　　　　　　　图 5　分格缝设置

4　工程案例应用及经济效益分析

4.1　工程案例应用

　　为进一步验证该施工技术方法的可行性和实用性，分别将其应用于两个实际工程项目，均取得了较好的结果。其一为新桂广场·新桂国际项目，位于株洲市新塘路与桂花路交会处的东北角。项目主要由 1 号办公楼和 2 号住宅组成，设置两层地下车库。项目新建总建筑面积 54567.71m²。1 号办公楼为地上 26 层，建筑高度 99.75m；2 号住宅为地上 24 层，建筑高度 72.45m。地下室负二层地坪采用本方法施工，应用面积为 5240m²。在东帆国际大厦滤水板架空层金刚砂耐磨地面施工经验的基础上，新桂国际项目耐磨地面通过采用本方法施工，地下室地坪色泽均匀、整体观感良好，细部处理美观，且无一处漏水，最终地坪成果如图 6 所示。经统计，本方法实施增加总成本为 97516 元，为 18.61 元 /m²。

图 6　地坪成果图

4.2　经济效益

　　为进一步明晰该施工方案经济效益，本研究拟以新桂广场·新桂国际地下室金刚砂耐磨地坪施工为例进行计算说明。该案例应用面积为 5240m²，与普通金刚砂耐磨地面成本比对分析如表 1 所示，从表中可知，相比普通金刚砂耐磨地面，采用本研究方法每 1m² 需增加 18.61 元，通过增加较少的成本，可大幅提高耐磨固化地坪施工质量及观感质量。

表 1　经济效益对比表

项次	普通金刚砂耐磨地面（元 /m²）	滤水板架空层金刚砂耐磨地面（元 /m²）
人工费	30.31	28.68
机械	17.36	14.57
基层凿毛	8	0
材料费		
12 厚滤水板	0	18.01
100 厚 C25 混凝土	56.27	56.27
φ6@150×150 单层钢筋	20.19	20.19
角钢	6.3	7.44
金刚砂耐磨	16.5	16.5
固化抛光	10	10
铸铁沟盖板	2.89	2.89
不锈钢盖板	0	3.88
合计	112.15	135.18
成本总增加	97516 元	
每 1m² 增加	18.61 元	

5　结论

本研究就滤水板架空层金刚砂耐磨地面施工技术进行详细阐述，并着重介绍该工艺原理和施工质量控制主要难点，并以实际工程案例为依托对其效益进行细致分析，得到结论如下：

（1）滤水板架空层金刚砂耐磨地面施工技术效果良好，在地坪施工过程中，采用滤水板层可用于地坪底部排水，使金刚砂固化地坪保持干燥，可有效解决地坪受潮产生的色差问题，可大幅度提高耐磨固化地坪施工质量及观感质量。

（2）虽然采用滤水板架空层金刚砂耐磨地面施工技术将增加一部分短期施工费用，但其可产生显著的长期经济、社会效益，可为地坪施工提供一种新思路和新方法。

参考文献

［1］岳杨，王东琦. 建筑工程中整体地面施工技术分析［J］. 江西建材，2014，1（15）：1-2.

［2］窦华勇，刘重. 建筑工程中整体地面施工技术探究［J］. 建材与装饰，2012，12（35）：11-13.

［3］阮文勇. 建筑工程中整体地面施工技术分析［J］. 现代装饰（理论），2014，1（8）：190-190.

［4］陈杰. 建筑工程中整体地面施工技术探讨［J］. 环球市场，2013，12（17）：34-35.

［5］王宝申，朱晓锋. 大面积一次成形耐磨混凝土地面施工技术［J］. 施工技术，2010，1（2）：76-79.

［6］尹华柱，荆延森，蔡英淑. 仿天然石水磨石地面施工技术［J］. 建筑技术，2004，35（9）：681-682.

［7］张天模. 民用建筑地面施工技术探究［J］. 黑龙江科技信息，2017（16）：213.

［8］安振辉. 谈谈建筑工程中整体地面施工技术［J］. 江西建材，2014（24）：12-13.

［9］朱生良. 建筑施工中整体地面施工技术分析［J］. 科技创新与应用，2014，12（27）：244-244.

［10］赵美楼. 民用建筑地面施工技术探究［J］. 科学中国人，2014，1（11）：101-101.

［11］杨尚书，李永毅. 大面积金刚砂耐磨地坪施工技术［J］. 山西建筑，2013，（34）：109-111.

［12］金雄伟，陆小荣. 一次成形金刚砂地坪施工技术［J］. 2001，5（11）：51-51.

［13］阮仕善. 金刚砂耐磨地面施工技术及质量控制［J］. 四川建材，2015，7（3）：161-162.

［14］周鑫. 水磨石地面施工技术及质量控制措施［J］. 门窗，2009（10）：250-250.

［15］张利. 耐磨混凝土地面施工技术要点［J］. 科技信息. 2008，12（27）：122-123.

浅谈单层大面积不同步施工楼面平整度控制

沈志敏　谢艳华　杨　劲　刘金坷　鲍道四　李　超　刘　刚

中国建筑第五工程局有限公司, 长沙, 410004

摘　要： 安庆碧桂园一期商业项目研制了单层大面积不同步施工现浇混凝土楼面施工作业人员行走通道，避免了作业人员行走时直接踩踏在顶板钢筋上，大大提高了钢筋保护层合格率及楼板的平整度；借鉴墙面抹灰充筋原理和地坪施工工艺原理，想办法设置楼板厚度"灰饼"，从而将楼板厚度控制在 ±3mm 以内，创新性地解决了单层大面积不同步施工楼面平整度控制的施工难题，希望能为同行提供参考。

关键词： 单层大面积；施工楼面；平整度控制

1　工程概况

安庆碧桂园一期商业项目位于安庆市迎江区港口路与皖江大道交会处向东 200m。项目占地面积约 6.5 万 m^2，总建筑面积为 79453.62m^2；其中 B-1 楼，地下室建筑面积 13181.29m^2，地上建筑面积为 49695.22m^2，单层建筑面积约 12500m^2，划分 6 个施工缝，楼板一次浇筑面积达 2100m^2，平整度控制面积范围较大；本项目由于单层面积大，土建设计基本已达极限，地下室建筑面层为 50mm 厚 C20 细石混凝土，还要保证排水措施，地上为 25mm 厚保温板加 40mm 细石混凝土保护层，在施工过程中要严格控制找平层的厚度，既要保证地下室排水措施，又要保证地上结构整体荷载符合要求，故楼板的平整度控制显得尤为重要。

2　单层大面积不同步施工楼面平整度控制技术要点

2.1　模架安装

根据确定的方案弹线布点立杆，进行支模架体系的搭设（图 1），在搭设过程中，采用激光扫平仪校核立杆垂直度，整体搭架搭设完成之后，再用扫平仪进行板面标高扫平，在立杆上做标记板面标高，便于后期楼板标高控制。

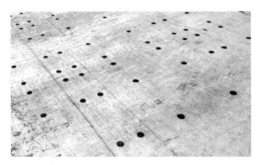

图 1　立杆布点及排距图

2.2　模板安装

梁模板需要提前进行模板裁制，配置模板时根据立杆定位线安装支架，从一侧开始铺设，并保证拼缝严密，将底模固定在支模架上，复核梁底模板标高与轴线位置，并通过立杆和基准线进行轴线标高的调整。以梁侧模压底模的方式进行侧模安装，模板装完后，核对立杆位置来检查梁模中心线及标高、断面尺寸（图2）。

图2　模板成形图

2.3　钢筋绑扎

模板安装预验收合格之后，根据图纸要求进行钢筋绑扎，先将箍筋和纵向受力筋固定，然后再绑腰筋，绑扎好之后进行整体分段下放梁模板，然后再进行板钢筋绑扎，绑扎完之后，用卷材复核保护层厚度，对照图纸复核钢筋间距、数量等基本设计要求（图3）。

图3　钢筋成形检查图

2.4　楼面灰饼布置

楼板模板铺好后，沿楼板长向中轴线，每隔10m左右放置一个标准板厚灰饼，灰饼尺寸约为100mm，高度同板厚。将"饼"固定在平板上，饼顶标高即楼板设计标高，采用水准仪进行控制。标高"饼"间距不超过刮尺长度，每自然间楼板上四周和中间必须布"饼"，每块板转角、死角处必须布"饼"（图4）。

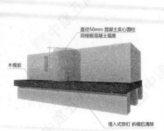

图4　灰饼布置图

2.5　施工作业人员行走通道的布设

在绑扎好的钢筋板面上放置施工作业人员行走通道，可供施工现场作业人员及验收检查人员行走，为施工提供便利，有效地保护顶板已绑扎好的钢筋不被踩踏，可大大提升楼板厚度、平整度、钢筋保护层合格率（图5）。

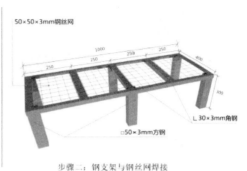

步骤一：焊接钢支架　　　　　　　　　　　步骤二：钢支架与钢丝网焊接

图5　施工作业人员行走通道图

2.6　混凝土浇筑

混凝土浇筑过程中，全面质量控制按鱼刺图"人机料法环测"六个方面进行分析。"人"。安排专职质检员对浇筑过程进行巡检，浇筑时旁站，每次浇筑混凝土必须有看筋、看模人员，及时处理可能发生的露筋、胀模而导致的漏水隐患，浇筑混凝土超方导致板厚增加，不利于结构荷载；"机"。施工之前调试机器，保证振动棒、汽车泵、地泵、平板振动器、抽水泵正常使用，每个出料口保证最少2台振动棒，一台备用振动棒；"料"。严格控制混凝土坍落度，现场安排试验员对现场浇筑混凝土随机抽查坍落度，发现不合格现象及时将混凝土退回；"法"。浇筑过程中采用"分区、分层浇筑"，分区即每块板块不超过12m为一区进行分区浇筑；混凝土浇筑必须严格按规范进行操作；"环"。浇筑之前提前看天气预报，消除由于天气影响混凝土施工质量的隐患；"测"。通过以上措施把板面平整度控制在3mm以内。

2.7　标高控制台激光红外仪器安装与调试

标高控制台安装后在浇筑完成的混凝土面上，再将激光红外设备固定在平台上并调平。确保激光平面扫射标高略高于楼板标高上方30mm。混凝土刮尺粗平板：混凝土浇筑摊铺开始后，用铝合金刮尺将混凝土赶平至"饼"顶。结合激光红外精平，将激光红外水平仪开关打开，调节激光红外仪水平光幕至设计标高 +30mm 处，用卷尺进行精平（图6）。

图6　安庆碧桂园一期商业项目混凝土板面成形质量

2.8　混凝土养护

混凝土浇筑完毕后注意板面养护，常温下在 12 个小时之内加以覆盖，并浇水养护。高温下 6 小时之内要浇水养护。梁板等水平构件应不间断浇水，保持湿润，柱采用涂刷养护液养护。保证这些关键构件始终处于湿润状态，养护时间为浇筑后不少于 7d，有抗渗要求的养护时间不少于 14d，以确保结构混凝土强度。

3　结语

综上所述，施工作业人员行走通道及楼板厚度"灰饼"的应用对提高单层大面积不同步施工现浇混凝土楼面平整度控制技术具有重要意义，但同时，公共建筑建筑具有层高高、单层面积大、施工技术要求高的特点，如果操作不当很容易造成工期进度的滞后，也会为建筑施工质量埋下隐患。此次安庆碧桂园一期商业项目单层大面积不同步施工楼面平整度控制采用的施工技术，由于防范在先，措施得当，效果理想，为类似工程施工提供了借鉴和参考。

参考文献

［1］　陈贤镇. 大面积混凝土地面平整度控制实例［J］. 2007（11）.

［2］　郑华，姜庆刚，齐朋. 筏板结构平整度控制激光整平施工技术［J］. 2016，001.

［3］　陈锋. 超长混凝土结构板面平整度控制新方法［J］. 2017，025.

钢结构装配式住宅建设现状及发展建议

侯雄信[1] 曾 艳[3] 王江营[1,2] 刘 维[1,2]

1. 湖南建工集团有限公司，长沙，410004

2. 湖南省建筑施工技术研究所，长沙，410004

3. 湖南省第四工程有限公司，长沙，410119

摘 要： 钢结构装配式住宅是适合工业化建造的最佳结构形式，具有显著的循环经济特征和绿色环保属性。本文通过分析国内外钢结构装配式建筑发展情况，指出了我国目前在推进钢结构装配式住宅中存在的社会观念、技术体系、管理政策、产业链、人才队伍、基础设施等方面的问题，并在此基础上提出了比较全面的发展建议，以期能够促进我国钢结构装配式住宅高质量快速发展。

关键词： 钢结构；装配式住宅；技术体系；产业链；管理政策

1 推进钢结构装配式住宅建设的重要意义

目前，我国常见的住宅结构体系以砖混结构和现浇混凝土结构为主，其多采用传统粗放型生产方式，资源浪费严重，对环境造成了巨大负担。2019 年底召开的全国建设工作会议上，住房城乡建设部提出了 2020 年九项重点工作，对推广钢结构装配式新型农村住宅，开展钢结构住宅试点做出具体部署，把钢结构住宅的推广应用，提高到着力改善农村住房条件和居住环境，建设"美丽乡村"工作高度；提高到推进建筑业供给侧结构性改革，促进建筑业产业转型升级的高度来认识，发展钢结构住宅的政策导向性非常明确。

钢结构建筑具有天然的装配化属性，是适合工业化建造的最佳结构形式，最有条件率先实现产业化，并起到示范引领作用。钢结构装配式住宅是以钢结构系统作为主要受力体系，以外围护系统、设备管线系统和内装系统相配套，进行集成设计建造的建筑。钢结构住宅在原材料生产、建造、使用、拆除及回收再利用等整个生命周期具有显著的循环经济特征，符合节能、节地、节水、节材和环保要求。因此，推进钢结构装配式住宅建设具有十分重要的作用和意义：

（1）以社会大生产方式进行住宅生产，优化资源配置，减少中间环节，提高效率；

（2）加速提高住宅建设的速度和质量，满足人民生活水平、住宅质量和品质提高的需求；

（3）化解钢铁产能过剩，带动经济全面发展，有助于使住宅成为经济增长点；

（4）促进住宅建设相关领域技术与管理水平的提高，提高生产效率和经济效益；

（5）适应将来劳动力紧缺的状况。

2 国内、外钢结构装配式住宅建设发展现状

2.1 国外发展现状

在欧洲，由于"二战"后对住宅的大量需求，推动了建筑工业化的发展，逐步完善的工业化体系又带动了钢结构住宅的发展。美国没有走大规模预制装配化发展道路，其住宅建筑

市场发育完善，构件部品部件的标准化、系列化、商品化和社会化程度高，注重住宅的个性化、多样化。日本也是为了解决"二战"后房屋的大量需求，在 20 世纪 60 年代初期就提出了住宅产业的概念，对住宅实行部品化、批量化生产；日本注重住宅的质量和品质，为此制定了许多相协调的政策和制度；日本是一个多地震国家，钢结构住宅产业化基础好。

国外发达国家和地区的钢结构建筑的用钢量在钢材总消耗量中的比率明显高于我国，美国、日本等国家钢结构用钢量占钢材产量的 30% 以上。钢结构广泛应用于各类工业与民用建筑中，特别是在民用住宅中，钢结构住宅的市场份额较大。钢结构在住宅中的广泛应用，拉动了建筑用钢量的不断增长，带动了相关行业的发展。

2.2　国内发展现状

1996 年建设部提出："力争在我国'十五'期间，建筑钢结构用钢量达到全国钢材总产量的 3%，到 2015 年达到 6%"。1999 年，国家将"轻型钢结构住宅建筑通用体系的开发和应用"作为建筑业用钢的突破点，并列入重点技术创新项目。2001 年，建设部发布《钢结构住宅建筑产业化技术导则》。2002 年，建设部批准在天津建立我国首个"国家住宅产业化基地"，目前天津已建成钢结构住宅近 20 万 m^2。2004 年，建设部发布《关于推广应用新技术和限制、禁止使用落后技术的公告》，把钢结构住宅列为住宅产业化领域的推广技术。

十八大确立生态文明目标后，国家相继发布文件促进钢结构住宅产业化发展。2013 年，国务院发布《关于化解产能严重过剩矛盾的指导意见》：推广钢结构在建设领域的应用，提高公共建筑和政府投资建设领域钢结构使用比率，在地震等自然灾害高发地区推广轻钢结构集成房屋等抗震型建筑。2016 年，国务院发布《关于钢铁行业化解过剩产能实现脱困发展的意见》，全国人大总理报告强调"大力发展钢结构和装配式建筑，提高建筑工程标准和质量"。2017 年，国家颁发了国家标准《装配式钢结构建筑技术标准》。2019 年，住房城乡建设部颁发了《装配式钢结构住宅建筑技术标准》。2019 年，住房城乡建设部提出开展钢结构装配式住宅建设试点，并批复了湖南等 7 个省份开展钢结构装配式住宅建设试点的方案。2020 年，全国住房和城乡建设工作会议部署了九大任务，明确要求"总结推广钢结构装配式等新型农房建设试点经验，提升农房品质和农村生活条件"和"大力推进钢结构装配式住宅建设试点"，这对推动钢结构住宅产业的发展具有重要意义。

3　钢结构装配式住宅建设中存在的问题

3.1　社会观念问题

（1）对钢结构装配式住宅的综合效益认识不足。开发商和消费者更愿意接受直接成本较低的传统混凝土结构住宅和砖混结构住宅，对钢结构装配式住宅全寿命周期综合成本，包括设计、采购、一体化建造、使用、维修保养、废弃处置、资金周转、得房率、环境生态效益等成本要素缺乏分析和认识，过于注重直接成本，着眼于短期利润，限制了市场推广。

（2）对钢结构装配式住宅的性能优势认识不足。早年轻钢住宅由于技术体系欠成熟，在使用过程中产生了一系列质量问题，导致社会上对于钢结构装配式住宅的建设质量、耐久性持怀疑态度，进而忽略了布置灵活、开间大、房型丰富等优点。

3.2　技术体系问题

（1）规范体系不完整。我国与钢结构住宅相关的技术规程主要包括两类：一类是结构类相关规范规程，另一类是居住建筑类设计规范规程，但缺乏针对多高层钢结构住宅的规范。

（2）围护体系等配套设施不健全。现有"三板"构件及围护体系仍不成熟，其与主体结构连接等方面不够完善，缝隙处理材料耐久性能差，造成钢结构装配式住宅舒适性较差。

（3）住宅部品化率较低。钢结构装配式住宅部品标准缺乏统一管理与协调，存在模数不协调、接口不统一、安装不规范等与住宅建筑体系脱节的现象。

（4）采用新技术集成不够。多高层钢结构住宅还不能实现设计、制作、营运、维护一体化和建筑、结构、机电、厨卫、装修一体化，导致钢结构住宅的品质不高。

3.3　管理政策问题

（1）钢结构住宅产业化政策体系不完备。我国钢结构装配式住宅产业化政策还没有形成完备的体系，虽然一些地区提出了鼓励政策，但未形成协调一致的政策体系，导致一些政策难以实施。一些政策在执行过程中存在滥竽充数的情况，不但违背了各类政策的初衷，还进一步侵占和挤压了钢结构装配式住宅的发展空间。

（2）钢结构装配式住宅的造价管理模式及验收程序不完善。现行工程量清单计价规范缺乏钢结构装配式住宅的清单计价项目，不同单位之间难以达成价格共识。

3.4　产业链问题

（1）我国许多省市尚未在钢结构装配式住宅方面形成完整的产业链，一些材料或技术依赖于外地企业，增加了工程成本。

（2）钢结构装配式住宅建设项目多为 EPC 项目，但一些生产、施工企业不具备这方面能力，只能联合其他单位进行建设，便又回到了传统建设模式。

（3）企业间存在无序竞争现象。我国钢结构企业数量较多，但水平参差不齐，行业集中度不高，存在恶性竞争现象。缺乏研发能力强、市场占有率高、有一定话语权、具备行业整合能力的龙头企业。

3.5　其他问题

（1）人才队伍不齐。部分建筑设计师对钢结构建筑的特点缺乏充分的认识，不能充分发挥其布置灵活、开间大、房型丰富等优点；部分结构设计师钢结构专业能力和素养不足，更愿意设计传统混凝土结构；而目前施工现场多为临时培训的农民工，很难满足工程要求。

（2）在农村建设钢结构装配式住宅面临道路运输、电力系统、配套设备等制约因素，影响建设成本。

4　钢结构装配式住宅推进建议

4.1　加强政府组织推动

借鉴国际国内先进经验，对钢结构装配式住宅建设推进工作进行整体规划、统一管理。补充、完善钢结构装配式住宅各类行政管理政策，使相关政策能够形成闭环，加大执行力度。建立企业与政府管理部门之间的沟通渠道和定期沟通机制。

4.2　加强技术创新

组织高校、科研院所与钢结构企业进行产学研协同攻关，研发适合钢结构装配式住宅的新型"三板"结构和新型围护结构体系。积极推广应用住宅通用化产品和成套技术，在钢结构住宅中采用先进的节能、环保技术，提升钢结构住宅的功能品质、提高建设效率。四是深入研究钢结构住宅的防火技术。加快 BIM 技术的应用。全面提升建筑一体化协同设计能力，充分发挥建筑设计龙头作用。整合优化全国技术优势，培育成熟的钢结构装配式住宅技术体系，暂停其他不成熟技术体系的应用。

4.3　加强质量管理

建立部品构件生产认证制度，对相关建材，如隔墙板、外墙板、密封防水材料、配套产品实施目录管理。开展工程质量检查，消除质量隐患，建立完善的质量安全保证体系。建立黑名单机制，对钢结构装配式住宅建设弄虚作假、质量不达标、整改不到位的企业进行通报批评，情节严重者禁入湖南市场。加强市场监管，杜绝恶性竞争。

4.4　加强产业链建设

加强钢结构装配式住宅产业链中上下游企业相互合作，实现全产业链的资源优化和整体效益最大化。完善钢结构产业布局，积极创建钢结构住宅生产基地，带动所在地区乃至全省、全国的钢结构装配式住宅产业化发展，促进企业转型升级。

4.5　提高性价比

钢结构装配式住宅可以通过模数化设计，规模化、工业化建造，降低建设成本；充分发挥其多样性、个性化、大空间的优势，在面积、套型上下功夫；增加住宅的科技含量，提高住宅的防火、抗震安全性，使钢结装配式住宅朝着高品质、高性价比方向发展。

4.6　加强宣传引导和技术培训

采用新技术和新工艺建造一批高质量的钢结构装配式住宅精品示范工程，充分发挥新闻媒体的舆论导向作用，大力宣传钢结构装配式住宅的优势，消除公众对钢结构住宅的误解，提高全社会的认知和认同度。定期组织现场工作会，组织管理、设计、施工、质检等相关单位人员进行现场观摩，交流项目管理、建设经验。建立贯穿全产业链的人员培训机制，尽快突破我国钢结构装配式住宅的人才瓶颈。

参考文献

［1］ 廖礼平. 绿色装配式建筑发展现状及策略［J］. 企业经济, 2019（12）：139-146.

［2］ 沈万玉, 李花, 王从章, 等. 基于高层钢结构住宅的外挂墙板技术研究与应用［J］. 工程与建设, 2019（6）：989-990.

［3］ 郝懿. 装配式钢结构建筑安装的关键技术要点分析［J］. 建材与装饰, 2019（36）：46-47.

［4］ 刘志刚. 装配式钢结构建筑体系概述与技术要点分析［J］. 价值工程, 2019（36）：20-22.

后　记

科技创新与绿色发展，特别是装配式建筑的研究与应用是我国可持续发展的重大举措。《绿色建筑施工与管理》（2020）一书，系湖南省土木建筑学会施工专业学术委员会会员单位及百万建筑湘军在工程管理、绿色建造、信息化技术、装配式建筑科技等方面取得的丰硕成果和积累的丰富经验，可供工程建设领域科技工作者参考与借鉴。

本书在编著过程中得到了湖南建工集团有限公司、湖南省第五工程有限公司、中国建筑第五工程局有限公司、中建五局第三工程有限公司、五矿二十三冶建设集团有限公司以及中南大学、湖南大学、长沙理工大学和中国建材工业出版社等有关领导、专家、教授和学者的大力支持和帮助，在此致以衷心的感谢与崇高的敬意。

由于编者水平有限，书中如有不足之处，敬请读者批评指正。

编者

2020 年 9 月

湖南省第五工程有限公司

　　湖南省第五工程有限公司创建于1953年，系省属国有大型特级建筑施工企业，隶属于湖南建工集团有限公司。注册资本金15亿元。现有员工7000余人，各类专业技术人员逾2000人，其中高级职称200余人（研究员级高级工程师8人），中级职称1000余人，一级建造师200余人，二级建造师300余人，年施工生产能力300亿元以上。下辖分子公司23家，其中子公司5家、经营公司15家、专业公司3家，设有附属单位职工医院（株洲市康复医院）。主要资质：建筑工程施工总承包特级资质；建筑行业（建筑工程、人防工程）甲级设计资质；机电工程、市政公用工程总承包一级资质；环保工程、地基基础工程、钢结构工程、建筑装饰装修工程专业承包一级资质；公路工程、水利水电工程总承包二级资质；城市及道路照明工程专业承包三级资质；电力工程总承包三级资质以及施工劳务资质和其他专业资质。业务范围涉及施工、投资、开发、设计、咨询、建材、工程设备、劳务等建筑业上中下游产业领域。施工足迹遍布湖南各地州市和全国20多个省、直辖市、自治区，并承建了越南、也门、利比里亚、马来西亚、博茨瓦纳等国家的重点工程。

　　在湖南省委、省政府、省国资委和湖南建工集团的坚强领导下，公司秉承"诚信经营、用户至上"的宗旨，坚持"一流、超越"的质量、职业健康安全和环境管理体系方针，矢志不渝打造精品工程、品牌工程。累计荣获中国建设工程鲁班奖 19 项、国家优质工程奖 9 项、全国市政金杯示范工程 2 项、中国安装工程优质奖（中国安装之星）3 项、中国钢结构金奖 1 项、全国建筑工程装饰奖 8 项、全国建设工程项目施工安全生产标准化工地 11 个，以及湖南省芙蓉奖、湖南省优质工程、浙江钱江杯、四川天府杯金奖、贵州"黄果树杯"、部优工程等 300 多项。公司先后荣获全国优秀施工企业、中国建筑业竞争力 200 强企业、全国建筑业 AAA 级信用企业、全国施工总承包 200 强、全国"安康杯"竞赛优胜单位、湖南省"建筑强企"、湖南省"守合同、重信用"单位、湖南省省属监管企业文明单位、株洲市文明单位、湖南建工集团文明单位等 200 多项综合类荣誉。

　　在新时代，湖南省第五工程有限公司坚持以习近平新时代中国特色社会主义思想为指导，以"弘扬工匠精神、打造百年老店"为战略目标，坚持新发展理念，以高度的使命感和责任感推进公司持续健康快速发展，竭诚与社会各界携手并进，精心雕塑无愧于时代的建筑精品，开启新时代更加波澜壮阔的新征程！

公司地址：湖南省株洲市荷塘区玫瑰路 288 号

公司网址：http://www.hns5j.com/

电话：0731-22953888、22953666

传真：0731-28229046

邮编：412000

请扫码关注公司微信公众号：